普通高等教育“十三五”规划教材

AutoCAD 2015 基础与实训

于春艳　甘荣飞　主编

黄坤　金乌吉斯古楞　曹文龙　祝艺丹　副主编

田福润　主审

化学工业出版社

·北京·

本书以 AutoCAD 2015 版为平台，第一～十一章主要讲解 AutoCAD 的操作基础、绘图环境的设置、二维绘图和编辑命令、尺寸标注和文字注释、图块和属性等内容，并结合工程实例讲解 AutoCAD 的操作技巧、专业图的绘制方法等。第十二～十六章主要通过实例详细介绍建筑施工图、结构施工图、设备施工图、道桥施工图及机械图的绘图方法和步骤。为方便读者学习，本书相关章节后面配有“习题与操作”练习。

本书可以作为工科院校各专业 AutoCAD 的学习用教材，也可作为机械设计、印刷、建筑设计和广告设计初学者的参考书阅读。

图书在版编目（CIP）数据

AutoCAD 2015 基础与实训 / 于春艳，甘荣飞主编.
北京：化学工业出版社，2016.2（2020.1重印）
普通高等教育“十三五”规划教材
ISBN 978-7-122-25916-5

Ⅰ.①A… Ⅱ.①于… ②甘… Ⅲ.① AutoCAD 软件－高等学校－教材 Ⅳ.①TP391.72

中国版本图书馆 CIP 数据核字（2015）第 307365 号

责任编辑：满悦芝　石　磊　　　　文字编辑：刘丽菲
责任校对：边　涛　　　　　　　　装帧设计：关　飞

出版发行：化学工业出版社（北京市东城区青年湖南街 13 号　邮政编码 100011）
印　　装：高教社（天津）印务有限公司
787mm×1092mm　1/16　印张 21¼　字数 537 千字　2020 年 1 月北京第 1 版第 4 次印刷

购书咨询：010-64518888　　　　售后服务：010-64518899
网　　址：http: // www. cip. com. cn
凡购买本书，如有缺损质量问题，本社销售中心负责调换。

定　　价：39.80 元　　

前 言

AutoCAD 是由 Autodesk 公司开发的通用计算机辅助绘图和设计软件，是目前世界上应用最广的 CAD 软件。其强大的功能和简洁易学的操作界面得到广大工程技术人员的欢迎。目前，AutoCAD 已广泛应用于土木工程、航天、造船、石油化工、冶金、纺织等领域，极大地提高了设计人员的工作效率。

AutoCAD 2015 继承了 Autodesk 公司一贯为广大用户考虑的方便性和高效率，为多用户合作提供了便捷的工具与广泛的标准，以及方便的管理功能。与以前版本相比，AutoCAD 2015 在性能和功能方面都有较大的增强和改善。

AutoCAD 软件的特点

1．具有完善的图形绘制功能；
2．具有强大的图形编辑功能；
3．可以采用多种方式进行二次开发或用户定制；
4．可以进行多种图形格式的转换，具有较强的数据交换能力；
5．支持多种硬件设备；
6．支持多种操作平台；
7．具有通用性、易用性，适用于各类用户。

本书根据 AutoCAD 课程的教学特点，结合当前高等教育特点及学生的基本状况，为了使学习者在短时间内掌握 AutoCAD 2015 的基本知识和操作技能，本书以 AutoCAD 2015 绘制建筑、机械图样相关内容为基础，结合工程实例循序渐进、深入浅出地介绍 AutoCAD 的操作方法和技巧。全书理论与实例相结合，结构紧凑，内容详实，以实例操作为引导，将命令贯穿其中，突出适用性和可操作性。

本书的内容框架

本书共 16 章。

1．第一部分（第一～十一章）主要包括 AutoCAD 2015 的基本操作；作图环境的设置；二维绘图和编辑命令；图层、图块、文字与表格、尺寸标注、平面图形与投影图画法以及布局的创建与图形的打印输出等内容。

2．第二部分（第十二～十六章）主要包括绘制建筑施工图、结构施工图、设备施工图、桥涵工程图以及机械工程图的方法步骤等内容。

本书的特色

1．内容丰富。本书涵盖了 AutoCAD 2015 几乎所有的功能，主要包括二维图形的绘制与编辑、精确作图工具的用法、文字与表格的用法、尺寸标注、图层和图块的用法、布局的创建与图形的打印输出方法以及各专业工程图样的绘图方法等。

2．叙述详细。本书对 AutoCAD 2015 的基本命令进行详细讲解。对于命令的启动、操作步骤、各选项的含义及注意事项等均做了详细的介绍。

3．突出重点。本书作为工科院校 CAD 课程的教材，为满足学生在课程设计及毕业设计中绘图需要，以 AutoCAD 2015 绘制建筑、机械图样为主线介绍相关命令的使用方法。

4．联系实际。本书的主要章节均配有典型例题，对照例题进行操作可以帮助读者对知识的理解。重点章节的后面都附有精心挑选的习题，可以检验和巩固各章节的基本知识。第十二～十六章为各专业图实训，所列例题均选自工程实例。

5．通俗易懂。本书尽量采用通俗的语言来叙述，避免使用难懂的词汇，保持语言流畅，使读者更容易阅读和理解。书中采用图文并茂的方式，对于不易读懂的部分附以插图帮助读者理解。

本书由于春艳、甘荣飞主编，黄坤、金乌吉斯古楞、曹文龙、祝艺丹任副主编，参加编写的还有满羿、王红艳、刘玉杰、邵文明。具体分工是：甘荣飞编写第一章、第二章、第十五章；金乌吉斯古楞编写第三章、第七章、第十一章；黄坤编写第四章、第六章、第十二章；祝艺丹编写第五章、第八章、第十六章；曹文龙编写第九章、第十章、第十三章；于春艳编写第十四章；满羿、王红艳、刘玉杰、邵文明参加书稿审核及书中部分 CAD 插图的绘制。全书由于春艳统稿。

本书由田福润教授主审；审稿人对本教材初稿进行了详尽的审阅和修改，提出了许多宝贵意见，在此对他表示衷心感谢。

对本书存在的问题，我们热忱希望广大读者提出宝贵意见与建议，以便今后继续改进。

编者

2015 年 12 月于长春

目 录

第一章 AutoCAD 2015 操作基础

第一节 AutoCAD 2015 简介 ……… 1
一、AutoCAD 软件的特点 ……… 1
二、AutoCAD 软件的格式 ……… 1
第二节 AutoCAD 2015 安装、启动及退出 … 2
一、AutoCAD 2015 安装 ……… 2
二、AutoCAD 2015 启动 ……… 2
三、AutoCAD 2015 退出 ……… 3
第三节 AutoCAD 2015 操作界面 ……… 4
一、工作空间 ……… 4
二、工作界面组成 ……… 6
第四节 AutoCAD 2015 执行命令方式和作图原则 ……… 12
一、通过菜单栏与工具栏执行 ……… 13
二、使用命令执行 ……… 13
三、使用透明命令 ……… 14
四、作图原则 ……… 14
第五节 坐标系及坐标表示方法 ……… 15
一、世界坐标系（WCS）和用户坐标系（UCS） ……… 15
二、坐标输入方法 ……… 15
第六节 AutoCAD 2015 文件的操作 ……… 16
一、新建文件 ……… 16
二、打开已有文件 ……… 19
三、文件的保存 ……… 21
第七节 帮助系统 ……… 22
一、帮助系统概述 ……… 23
二、关键字搜索主题 ……… 23
三、即时帮助系统 ……… 24

第二章 AutoCAD 2015 绘图环境的设置

第一节 单位和图形界限的设置 ……… 25
一、设置图形单位 ……… 25
二、设置图形界限 ……… 26
第二节 图元特性的设置 ……… 27
一、颜色设置 ……… 27
二、线宽设置 ……… 28
三、线型设置及线型比例 ……… 29
第三节 辅助绘图工具 ……… 31
一、捕捉和栅格 ……… 31
二、推断约束 ……… 34
三、动态输入 ……… 38
四、正交模式 ……… 39
五、极轴追踪 ……… 39
六、对象捕捉 ……… 40
七、对象捕捉追踪 ……… 44
八、对象捕捉和极轴追踪的参数设置 ……… 45
第四节 图形的显示控制 ……… 47
一、鼠标功能键设置 ……… 47
二、实时平移 ……… 47
三、图形缩放 ……… 48
四、图形重画及重生成 ……… 49
五、显示图标、属性及文本窗口 ……… 50
第五节 其他选项设置 ……… 52
一、【文件】选项 ……… 52
二、【显示】选项 ……… 52
三、【系统】选项 ……… 54
四、【用户系统配置】选项 ……… 55
五、【配置】选项 ……… 56
六、【选择集】选项 ……… 56

第三章　图形绘制命令

第一节　直线……57
第二节　多段线的绘制与编辑……62
一、多段线的绘制……62
二、多段线的编辑……64
第三节　绘制圆和圆环……66
一、绘制圆……66
二、绘制圆环……69
第四节　绘制圆弧……70
第五节　绘制椭圆……71
第六节　矩形和正多边形……73
一、绘制矩形……73
二、绘制正多边形……74
第七节　点及等分对象……76
一、点的样式……76
二、点的绘制……77
三、定数等分对象……77
四、定距等分……78
第八节　多线的绘制与编辑……79
一、多线样式设置……80
二、绘制多线……83
三、多线编辑……85
【习题与操作】……86

第四章　基本编辑命令

第一节　创建选择集……88
一、点选……88
二、窗口（W）选择……88
三、窗交（C）选择……89
四、栏选（F）选择……89
五、全部（A）选择……90
六、删除（R）……90
第二节　删除与恢复对象……90
一、删除对象……90
二、恢复对象……90
第三节　编辑对象……90
一、移动命令……90
二、旋转命令……91
三、比例缩放命令……92
第四节　复制对象……93
一、复制命令……93
二、偏移命令……94
三、镜像命令……96
四、阵列命令……97
第五节　修改对象……101
一、修剪与延伸命令……101
二、打断与合并命令……103
三、倒角与圆角命令……104
四、拉伸命令……109
五、分解命令……111
第六节　利用夹点编辑图形……112
一、利用夹点拉伸对象……113
二、利用夹点移动对象……113
三、利用夹点旋转对象……113
四、利用夹点复制对象……114
五、利用夹点删除对象……114
六、利用夹点的其他操作……114
第七节　特性编辑……115
一、使用【特性】对话框修改对象特性……115
二、使用【特性】选项板修改对象特性……116
三、使用【特性匹配】工具修改对象特性……117

第五章　图层与管理

第一节　创建及设置图层……118
一、创建新图层……119
二、删除图层……119
三、置为当前图层……119
四、设置图层的颜色、线型、线宽……120
第二节　图层状态的控制……121
一、控制图层的可见性……122
二、冻结或解冻图层……122

三、锁定或解锁图层……123
四、打印/不打印……123
第三节　有效地使用图层……123
一、切换当前图层……124
二、变其他图层为当前层……124
三、修改对象所属的图层……124
第四节　图层的管理……125
一、图层工具……125
二、寻找图层……125
【习题与操作】……128

第六章　图案填充

第一节　图案填充的创建……130
一、图案填充……130
二、渐变色填充……134
第二节　图案填充的编辑……136
一、修改填充边界……136
二、角度和比例……139
三、填充图案的分解……139

第七章　文字、表格及对象查询

第一节　文字注写……140
一、设置文字样式……140
二、单行文字输入……143
三、多行文字输入……144
四、特殊字符的输入……146
第二节　文字编辑……147
一、使用 DDEDIT 命令修改……147
二、使用【特性】对话框修改文本……148
三、文字的查找与替换……148
第三节　表格的创建与使用……149
一、创建表格……149
二、编辑表格……150
第四节　对象查询……153
一、距离……153
二、半径……153
三、角度……154
四、面积（选择的对象应该为实体或面域）·154
五、列表……155
六、点坐标……156
七、时间……156
八、状态……157
九、设置变量……157
【习题与操作】……157

第八章　尺寸标注与编辑

第一节　创建尺寸标注样式……159
一、尺寸的基本要素……159
二、设置尺寸标注样式……159
第二节　尺寸标注方法……165
一、线性标注……166
二、对齐标注……166
三、弧长标注……167
四、半径标注……168
五、直径标注……169
六、角度标注……170
七、基线标注……171
八、连续标注……172
第三节　尺寸标注的编辑……173
一、利用【编辑标注】命令编辑尺寸文字和尺寸界线……173
二、利用【编辑标注文字】命令调整标注文本的位置……174
三、利用【标注间距】命令调整尺寸线之间的间距……175
四、利用对象【特性】对话框修改属性……176
第四节　公差标注……176
一、尺寸公差标注……176
二、形位公差标注……178
【习题与操作】……179

第九章 图块及设计中心

第一节 创建与使用图块……181
一、创建图块……181
二、重新定义图块……183
三、创建外部图块……183
四、在图形文件中插入图块……184
第二节 块的属性及属性编辑……188
一、创建块属性……188
二、属性的编辑……191
第三节 动态块……195
一、动态块概述……195
二、块编辑器……196
第四节 AutoCAD 2015 设计中心……199
一、设计中心主界面……199
二、利用设计中心制图……201
【习题与操作】……203

第十章 布局的创建与图形的打印输出

第一节 模型空间与图纸空间简介……204
一、模型空间……204
二、图纸空间……206
第二节 布局的创建与管理……208
一、使用布局命令创建布局……208
二、使用布局向导创建布局……208
第三节 视口的创建与编辑……209
一、创建视口……209
二、创建特殊形状的浮动视口……210
三、浮动视口的激活……210
四、视口的编辑与调整……210
第四节 图形的打印输出……210
一、图形的设置……210
二、页面设置……211
三、打印样式……213
四、图形打印……214
五、发布 DWF 文件……214
【习题与操作】……215

第十一章 工程制图基础

第一节 创建样板图文件……219
一、设置绘图环境……219
二、创建并设置图层……219
三、设置文字样式……219
四、设置尺寸标注样式……220
五、绘制 A3 图框及标题栏……220
六、保存为样板图文件……220
第二节 平面图形的绘制……220
一、选择样图文件创建新的图形文件……220
二、作图步骤……221
第三节 组合体三视图的绘制……223
一、切割型组合体三视图绘制……223
二、叠加型组合体三视图绘制……225
三、综合型组合体三视图绘制……226
第四节 正等轴测图的绘制……228
一、设置正等轴测作图模式……229
二、在正等轴测作图模式下画直线……229
三、圆的轴测投影……229
四、轴测图尺寸标注……232
第五节 正面斜二测轴测图的绘制……235
【习题与操作】……237

第十二章 建筑施工图实训

第一节 创建样板图文件……240
一、设置绘图环境……240
二、设置图层……240
三、设置文字样式……241

四、设置标注样式……241
五、创建图块……243
六、绘制图幅……243
七、保存为样板图文件……243
第二节　绘制建筑施工图……244
一、选择样图文件创建新的图形文件……244
二、轴网的绘制……244
三、墙体的绘制……245
四、门窗的绘制……246
五、尺寸标注……247
六、其他图例的绘制……249
七、轴号、标高、材料图例、指北针、文字等的绘制……249
第三节　建筑立面图的绘制……249
一、选择样图文件创建新的图形文件……249
二、绘制立面图步骤……249
第四节　建筑剖面图的绘制……254
一、选择样图文件创建新的图形文件……254
二、绘制剖面图步骤……254
第五节　建筑详图的绘制……258
一、选择样图文件创建新的图形文件……258
二、绘制详图步骤……259

第十三章　结构施工图实训

第一节　创建样板图文件……265
一、基本参数设定……265
二、创建并设置图层……265
三、创建图块……266
四、保存为样板图文件……267
第二节　钢筋混凝土简支梁的构件详图……267
一、选择样图文件创建新的图形文件……267
二、绘制钢筋混凝土简支梁立面图……268
三、绘制钢筋混凝土简支梁断面图……269
四、绘制钢筋混凝土简支梁钢筋详图……270
五、钢筋混凝土简支梁钢筋用量表……271

第十四章　设备施工图实训

第一节　创建样板图文件……273
一、基本参数设定……273
二、绘制 A3 图幅及标题栏……273
三、创建采暖施工图样图文件……274
四、创建给水排水施工图样图文件……275
五、创建建筑电气施工图样图文件……276
第二节　采暖施工图的绘制……277
一、绘制底层采暖平面图……281
二、绘制顶层采暖系统图……286
三、绘制采暖系统图……286
第三节　绘制给水排水施工图……289
一、给水排水平面图……289
二、给水排水系统图……293
第四节　建筑电气施工图……295
一、底层插座平面图……295
二、底层照明平面图……300
三、建筑电气系统图……301

第十五章　桥涵工程图实训

第一节　桥梁工程图实训……302
一、桥梁总平面布置图的绘制……302
二、桥台图……305
第二节　涵洞工程图实训……306

第十六章　机械工程图实训

第一节　创建样板图文件……309
一、设置绘图环境……309
二、创建并设置图层……309
三、设置文字样式……310

四、设置尺寸标注样式……310
五、创建常用图块……310
六、绘制A3图框及标题栏……311
七、保存为样板图文件……311
第二节　绘制零件图……311
一、绘制底座零件图……311
二、绘制螺杆……314
三、绘制螺套、绞杠、顶垫零件图……315
第三节　装配图的绘制……316
一、装配图的绘制方法……316
二、装配图的绘制实例……316

附录

一、AutoCAD 2015快捷键……324
二、常用功能键……326
三、常用Ctrl组合快捷键……327

参考文献……328

第一章

AutoCAD 2015 操作基础

第一节 AutoCAD 2015 简介

AutoCAD 是 Autodesk 公司开发的通用计算机辅助绘图和设计软件，是目前世界上应用最广的 CAD 软件。它市场占有率居世界第一，被广泛应用于土木工程、航天、造船、石油化工、冶金、纺织等领域。自 1982 年 11 月推出至今已经历了二十多个版本。近十多年来，AutoCAD 几乎每年都在更新版本，每次版本的更新除了在使用功能上有所加强外，使用界面也有所改变。高版本可以兼容低版本，反之则不能。高版本 AutoCAD 的操作更为方便、运行速度更快，但对计算机配置的要求较高、占用的空间也较大。

一、AutoCAD 软件的特点

① 具有完善的图形绘制功能；
② 有强大的图形编辑功能；
③ 可以采用多种方式进行二次开发或用户定制；
④ 可以进行多种图形格式的转换，具有较强的数据交换能力；
⑤ 支持多种硬件设备；
⑥ 支持多种操作平台；
⑦ 具有通用性、易用性，适用于各类用户。

二、AutoCAD 软件的格式

AutoCAD 软件格式主要有以下几种。

1. dwg 格式

dwg 格式是 AutoCAD 默认生成的文件，即 AutoCAD 的标准格式。打开 dwg 格式文件需用 AutoCAD 或兼容工具。dwg 文件是二进制格式，可以通过 AutoCAD 内的转换器转为 dxf 文本文件，这样可以很方便地实现数据的读写。

2. dxf 格式

dxf 格式是一种图形互换的文件格式，即 AutoCAD 的交换格式。dxf 是 Autodesk 公司开发的用于 AutoCAD 与其他软件之间进行 CAD 数据交换的 CAD 数据文件格式。dxf 是一种开放的矢量数据模式。

3. dwt 格式

dwt 格式是 AutoCAD 的样板文件，也称为模板文件。把图层、标注样式等都设置好后另存为 dwt 格式，可以根据自己的习惯保存在常用的途径之中，默认是在 AutoCAD 安装目录下。在制图时系统提示选择模板文件后，选择 dwt 文件即可，或直接把 dwt 文件命名为 acad.dwt(为 CAD 默认模板)，替换默认模板。

4. dws 格式

为了保护自己的文档，可以将 CAD 图形用 dws 的格式保存。dws 格式的文档，只能查看，不能修改。

第二节　AutoCAD 2015 安装、启动及退出

一、AutoCAD 2015 安装

在安装 AutoCAD 之前，应关闭正在运行的应用程序，同时确保关闭了所有的杀毒软件。将 AutoCAD 的安装盘插入 CD-ROM 驱动器，稍后即可出现 AutoCAD 的安装界面。如果关闭了光盘的自动运行功能，只需要找到光盘驱动器下的“Setup.exe”文件，双击运行它，也可以启动 AutoCAD 的安装程序，切换到“安装”选项卡，单击“安装”链接启动安装向导，安装程序则先后显示如图 1-1 中（a）和（b）所示的安装界面，然后根据计算机的提示，输入数据和单击按钮就可以完成软件安装。

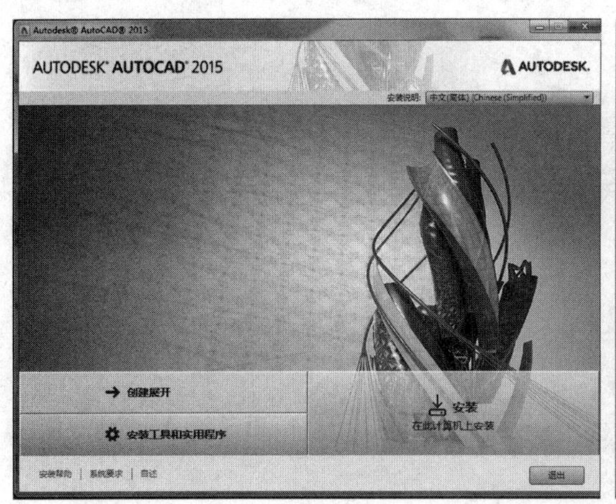

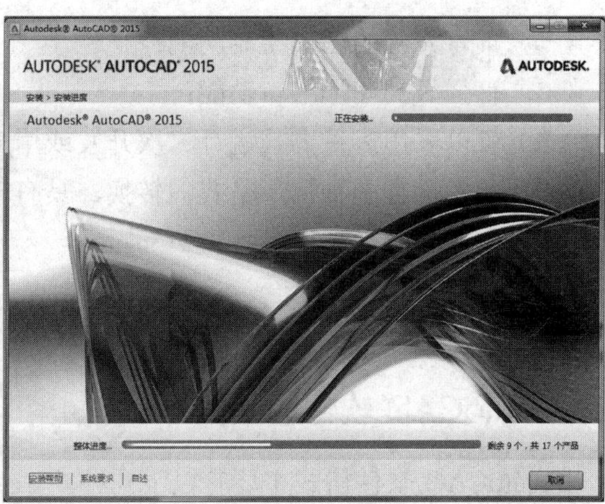

图 1-1　AutoCAD 2015 的安装界面

二、AutoCAD 2015 启动

（1）双击桌面上的图标，即可启动该软件，进入 AutoCAD 2015 的默认工作空间【草图与注释】，其界面如图 1-2 所示。

（2）点击【开始】→【程序】→【Autodesk】→【Autodesk CAD 2015】，便可启动。

（3）利用保存在电脑中用 AutoCAD 绘制的图形文件，双击即可在打开文件的同时启动

AutoCAD。

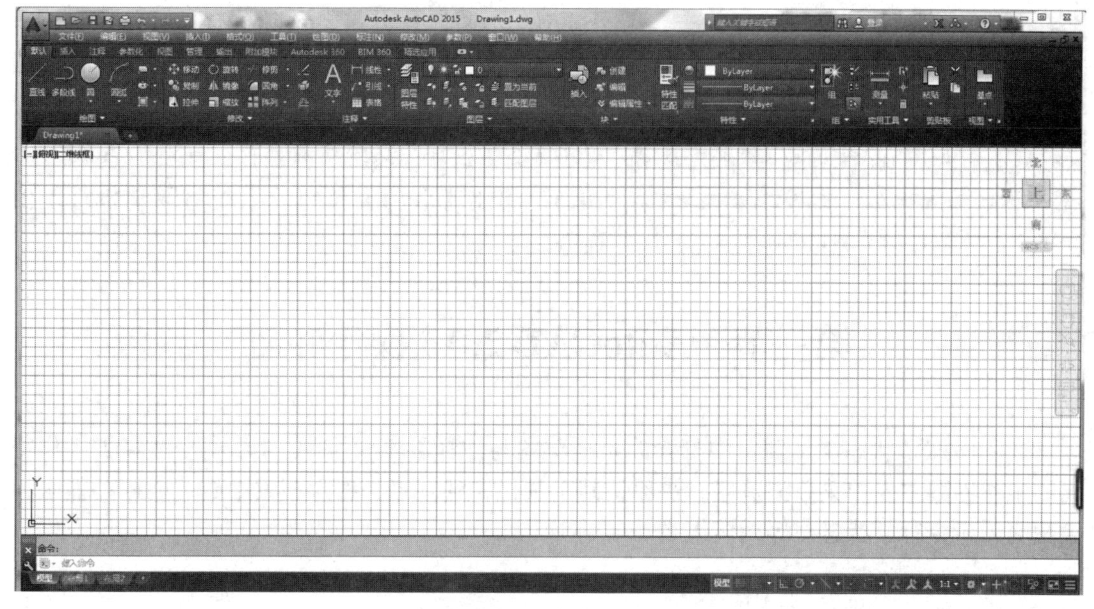

图 1-2 【草图与注释】工作空间界面

三、AutoCAD 2015 退出

当用户需要退出 AutoCAD 2015 绘图软件时，首先需要退出当前 AutoCAD 文件，如果当前的绘图软件已经存盘，那么用户可以使用以下几种方式退出 AutoCAD 绘图软件。

（1）按【Alt+F4】组合键。

（2）单击菜单栏【文件】→【退出】命令。

（3）在命令行中输入【Quit】或【Exit】后，按【Enter】键。

（4）展开【菜单浏览器】面板（图 1-3），单击【退出 Autodesk AutoCAD 2015】按钮。

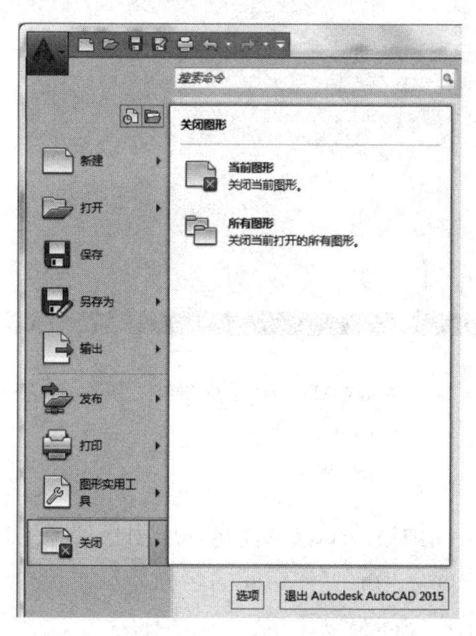

图 1-3 【菜单浏览器】面板

图 1-4　保存对话框提示

如果用户退出 AutoCAD 软件，没有将当前的 AutoCAD 文件存盘，那么系统将会弹出如图 1-4 所示的对话框，单击【是】按钮，将会弹出【图片另存为】对话框，用于对图形进行命名保存；单击【否】按钮，系统将放弃存盘并退出 AutoCAD 2015；单击【取消】按钮，系统将取消执行退出命令。

第三节　AutoCAD 2015 操作界面

在程序默认状态下，窗口中打开的是【草图与注释】工作空间。【草图与注释】工作空间的工作界面主要由菜单浏览器、快速访问工具栏、选项卡、信息搜索中心、面板功能区、绘图区、命令行、状态栏等元素组成。如图 1-5 所示。

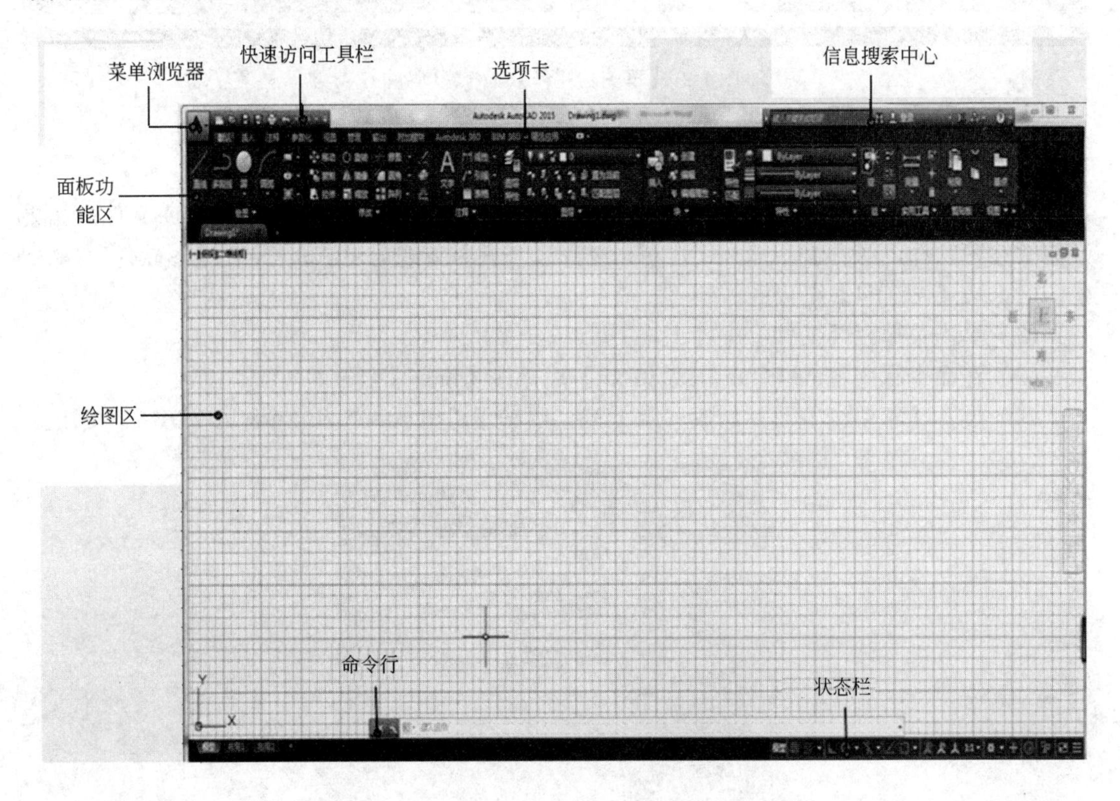

图 1-5　AutoCAD 2015【草图与注释】工作空间

一、工作空间

当用户指定初始化安装选项后，AutoCAD 将基于用户选择的项目自动创建一个新的工作空间并将其置为当前工作空间。当前工作空间的名称显示在状态栏的工作空间切换开关图标处，用户可选择它来访问工作空间菜单。

AutoCAD 2015 提供【草图与注释】、【三维基础】、【三维建模】三种工作空间模式。用户在工作状态下可随时切换工作空间，如图 1-6 所示。

默认情况下打开 AutoCAD 2015 将自动进入【草图与注释】工作空间，AutoCAD 2015 软件还为用户提供了【三维基础】和【三维建模】工作空间，如图 1-7 和图 1-8 所示。

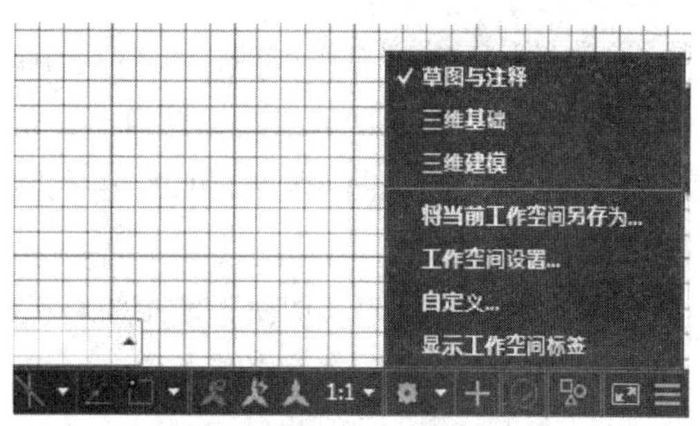

图 1-6　工作空间的切换

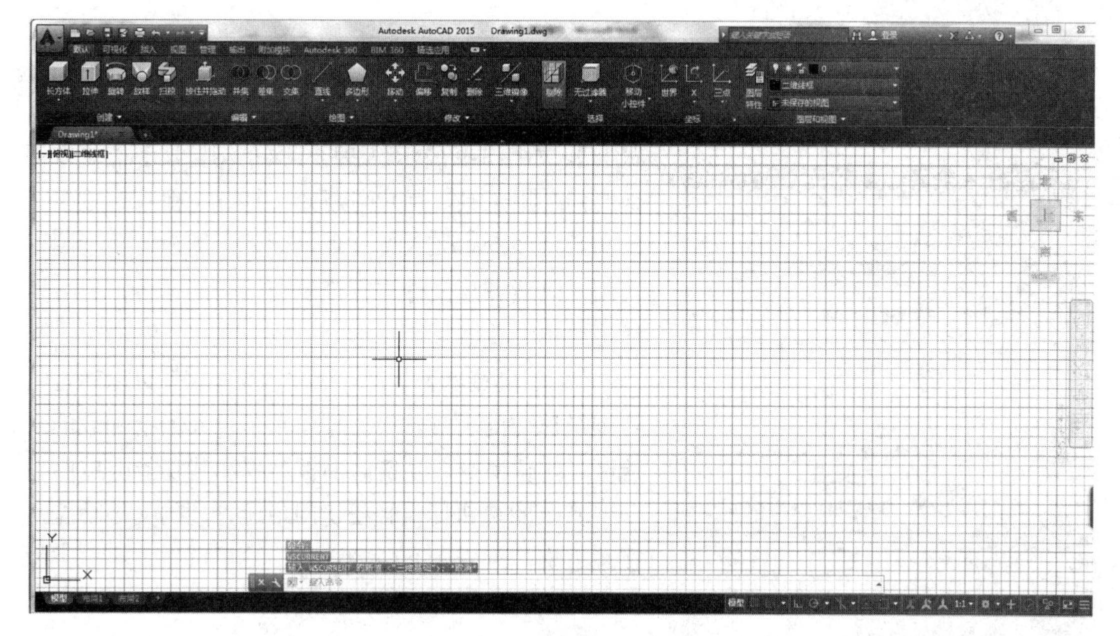

图 1-7 【三维基础】工作空间

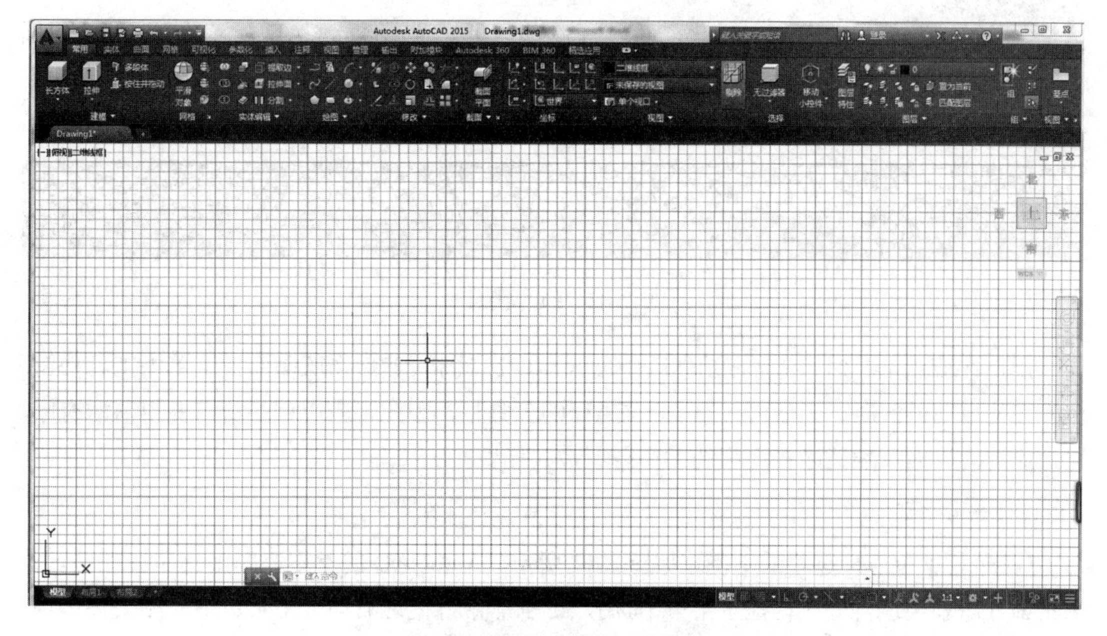

图 1-8 【三维建模】工作空间

无论选用何种工作空间，在启动 AutoCAD 2015 之后，系统都会自动打开一个名为【Drawing1.dwg】的默认绘图文件窗口。另外，无论选择何种工作空间，用户都可以在日后对其进行更改，也可以保存自己的自定义工作空间。

提示

单击状态栏上的【切换工作空间】按钮，可以打开【工作空间设置】对话框，在此对话框中可以方便快速更改工作空间。

二、工作界面组成

1. 菜单浏览器

【菜单浏览器】按钮，位于 AutoCAD 2015 界面的左上角，单击该按钮，可展开【菜单浏览器】，如图 1-9 所示。通过【菜单浏览器】能更方便地访问公用工具。用户可新建、打开、保存、输出、发布和打印 AutoCAD 文件。此外，用户可执行图形实用工具对图形文件进行恢复查核和清理等，也可以通过菜单浏览器关闭图形。

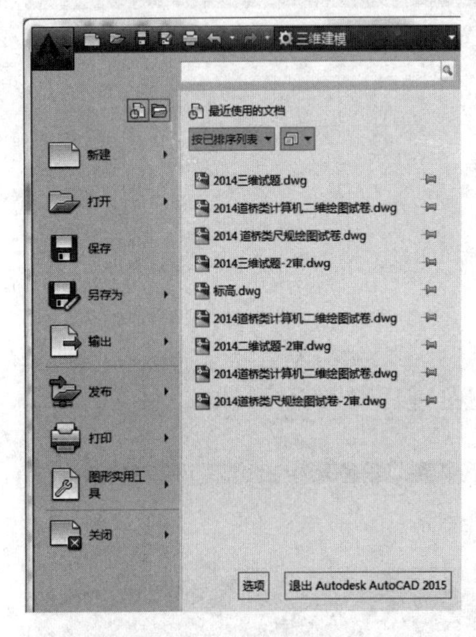

图 1-9 【菜单浏览器】

【菜单浏览器】上有一个搜索工具，您可以通过它查询快速访问工具、应用程序菜单以及当前加载的功能区、定位命令、功能区面板名称和其功能区控件。

其上的按钮提供轻松访问最近打开的文档功能，在最近文档列表中有新的选项，除了可按大小、类型和规则列表排序外，还可按照日期排序。

2. 功能区

【功能区】代替了 AutoCAD 众多的工具栏，以面板的形式将各工具按钮分门别类地集合在选项卡内，如图 1-10 所示。

图 1-10 【功能区】

用户在调用工具时，只需在功能区中展开相应选项卡，然后在所需面板上单击工具按钮。由于在使用功能区时，无需再显示 AutoCAD 的工具栏，因此，应用程序窗口变得简洁有序。通过简洁的界面，功能区将可用的工作区域最大化。

3. 菜单栏

【菜单栏】位于标题栏的下侧，如图 1-11 所示。AutoCAD 的常用制图工具和管理编辑等工具都分门别类地排列在这些主菜单中，用户可以非常方便地启动各主菜单中的相关菜单项，进行图形绘图工作。具体操作就是在主菜单项上单击左键，展开此主菜单，然后将光标移至需要启动的命令选项上，再单击左键即可。

图 1-11 应用程序窗口及【菜单栏】

默认设置下，【菜单栏】是隐藏的，当变量 MENUBAR 的值为 1 时，显示菜单栏，为 0 时，隐藏菜单栏；或是通过快捷访问工具栏中的【自定义】打开【自定义快速访问工具栏】下拉文件菜单找到【显示菜单栏】或是【隐藏菜单栏】，如图 1-12 所示。

图 1-12 【菜单栏】的显示和隐藏

AutoCAD 2015 为用户提供了【文件】、【编辑】、【视图】、【插入】、【格式】、【工具】、【绘图】、【标注】、【修改】、【参数】、【窗口】、【帮助】等十二个主菜单。各菜单的主要功能如下。

①【文件】菜单是主要用于对图形文件进行设置、管理和打印发布等。

②【编辑】菜单主要用于对图形进行一些常规的编辑，包括复制、粘贴、链接等命令。

③【视图】菜单主要用于调整和管理视图，调整图形的显示等。

④【插入】菜单用于向当前文件引入外部资源等，如块、参照、图像等。

⑤【格式】菜单用于设置与绘图环境有关的参数和样式等，如绘图单位、颜色、线型、

文字及尺寸样式等。

⑥【工具】菜单为用户设置了一些辅助工具和常规的资源组织管理工具。

⑦【绘图】菜单是一个二维和三维图元的绘制菜单，几乎所有的绘图和建模工具都组织在此菜单内。

⑧【标注】菜单是一个专用于为图形尺寸标注的菜单，它包含了所有与尺寸标注相关的工具。

⑨【修改】菜单是用于对图形进行修整和编辑。

⑩【参数】菜单用于对管理和设置图形创建的各种参数。

⑪【窗口】菜单用于对 AutoCAD 文档窗口和工具栏状态进行控制。

⑫【帮助】菜单主要用于为用户提供一些帮助性的信息。

菜单左端的图标就是【菜单浏览器】图标，菜单栏最右边的图标按钮是 AutoCAD 文件的窗口控制按钮，如【最小化】按钮、【还原/最大化】按钮、【关闭】按钮，用于控制图形文件窗口的显示。

4. 工具栏

【工具栏】也成为【工具条】以图标按钮形式出现的工具条，使用工具栏执行命令，也是较为常用的一种方式。用户只需将光标移至工具按钮上稍一停留，光标指针的下侧就会出现此图标所代表的命令名称。在按钮上单击左键，即可快速激活该命令。

在任一工具栏上单击右键，即可打开工具栏菜单， AutoCAD 2015 为用户提供了非常丰富全面的工具栏。在菜单栏执行【工具】→【工具栏】→【AutoCAD】命令，即可打开相应的工具栏，如图 1-13 所示。

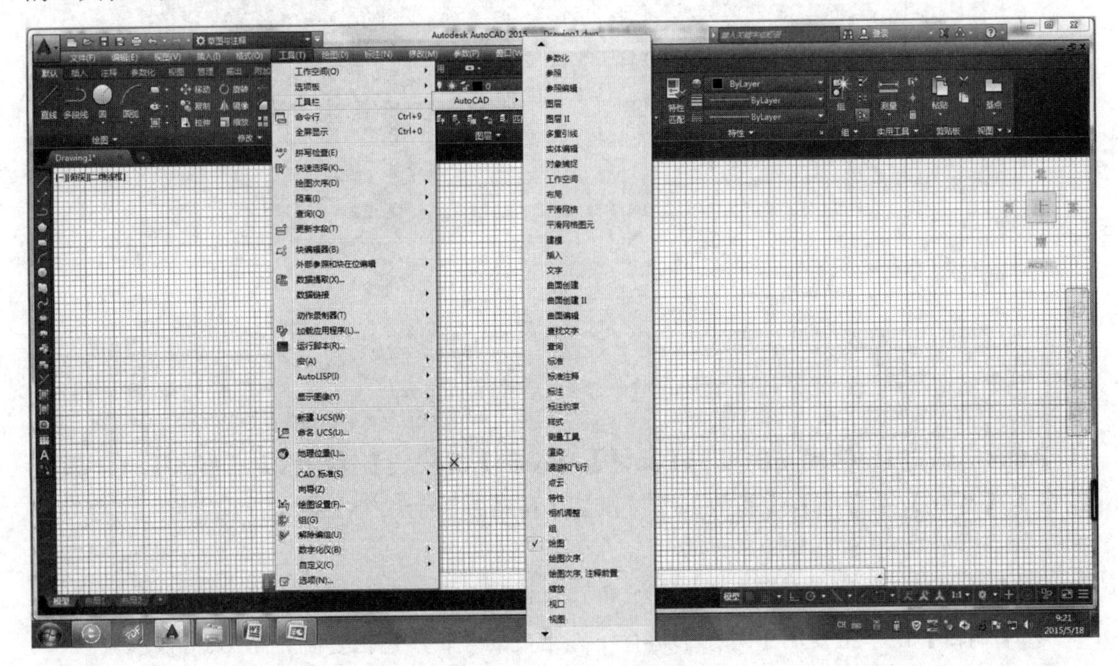

图 1-13 【工具栏】菜单

提示

带有勾号表示当前已打开的工具栏，不带勾号的表示当前没有打开的工具栏。为了增大绘图空间，只将常用的工具条放在用户界面上，其他工具条隐藏，需要时候再调出。

在工具栏右键菜单上选择【锁定位置】→【固体的工具栏/面板】选项，可以将绘图区四周的工具栏固定，如图 1-14 所示，工具栏一旦被固定后，是不可以被拖动的。

5. 选项板

选项板是一项十分人性化的功能，使用起来也很方便。它可以根据用户的意愿显示或隐藏，不占用绘图空间，如图 1-15 所示，选项板上一共包含【建模】、【约束】、【注释】、【建筑】、【机械】、【电力】、【土木工程】、【结构】、【图案】、【表格】等选项卡，规范地划分应用领域，使用户非常方便地找到需要的工具。

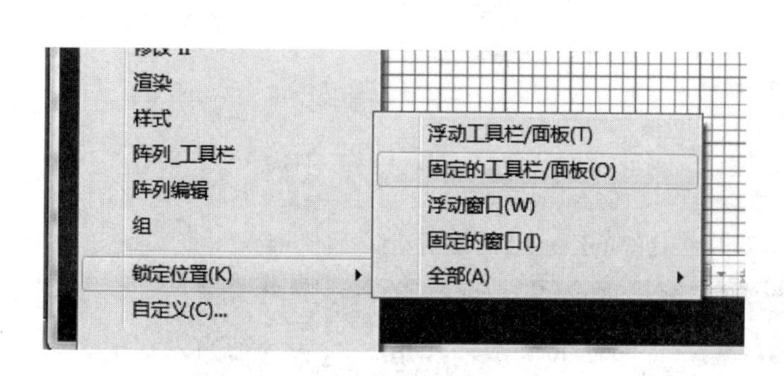

图 1-14　固定工具栏

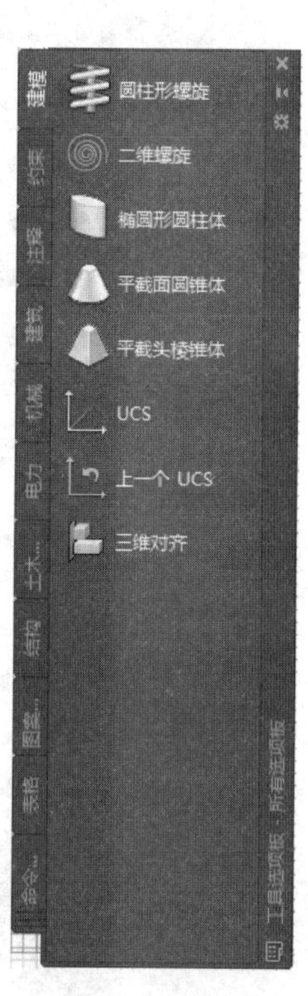

图 1-15 【选项板】

6. 绘图窗口

绘图区位于用户界面正中央空的白区域，是 AutoCAD 画图和显示图形的地方。图形的设计与修改工作就是在此区域内进行操作的。缺省状态下绘图区是一个无限大的电子屏幕。无论尺寸多大或多小的图形，都可以在绘图区中绘制和灵活显示。

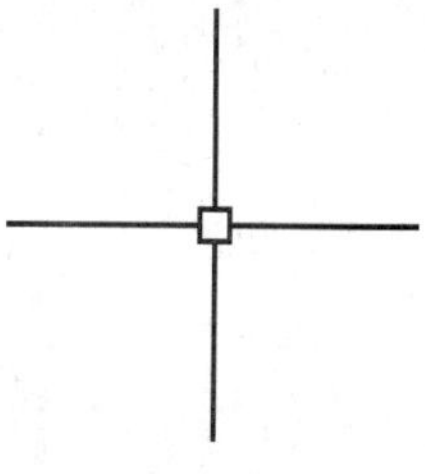

【十字光标】绘图区内的两条正交十字线叫十字光标，当移动鼠标时可以改变十字光标的位置，十字光标的交点代表当前点的位置。它由【拾取点光标】和【拾取光标】叠加而成，其中【拾取点光标】是点的坐标拾取器，当执行绘图命令时，显示为拾取点光标；【拾取光标】是对象拾取器，当选择对象时显示为选择光标，当没有任何命令执行的前提下，显示为十字光标，如图 1-16 所示。

图 1-16 【十字光标】

在绘图区左下部有 3 个标签，即【模型】、【布局 1】和【布局 2】，代表了两种绘图空间，即模型空间和布局空间。模型标签代表了当前绘图区窗口是处于模型空间，通常在模型空间进行绘图。【布局 1】和【布局 2】是缺省设置下的布局空间，主要是用于图形的打印输出。用户可以通过单击标签，在这两种操作空间中进行切换。

绘图区的底色的可以进行修改，在绘图区空白处单击鼠标右键，在弹出的随位菜单中，单击【选项】，或是单击菜单中【工具】→【选项】→【显示】，弹出如图 1-17 所示的对话框，单击对话框左侧【颜色】按钮，弹出如图 1-18 所示【图形窗口颜色】对话框，在对话框右上角的颜色选项中选择需要的颜色即可。

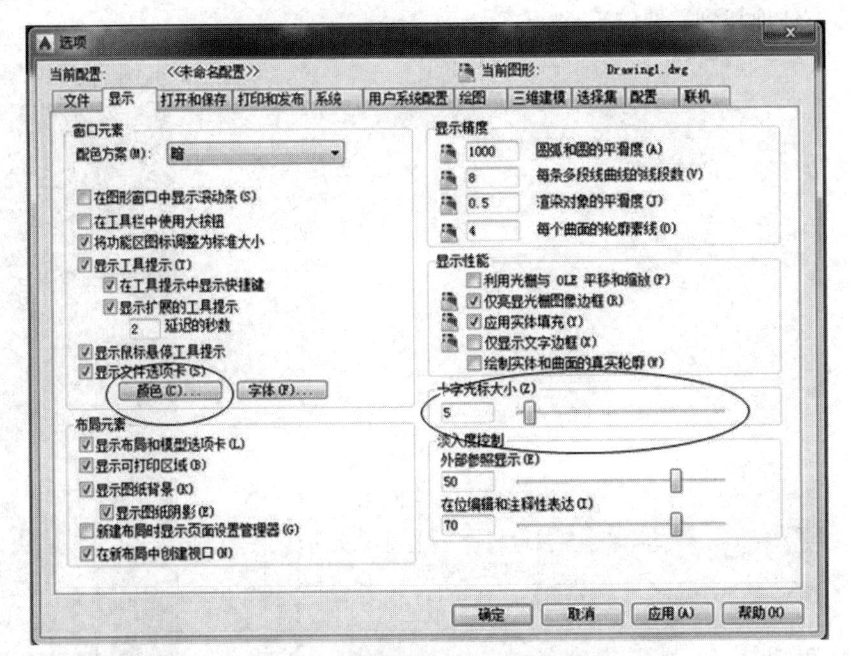

图 1-17 【选项】→【显示】对话框

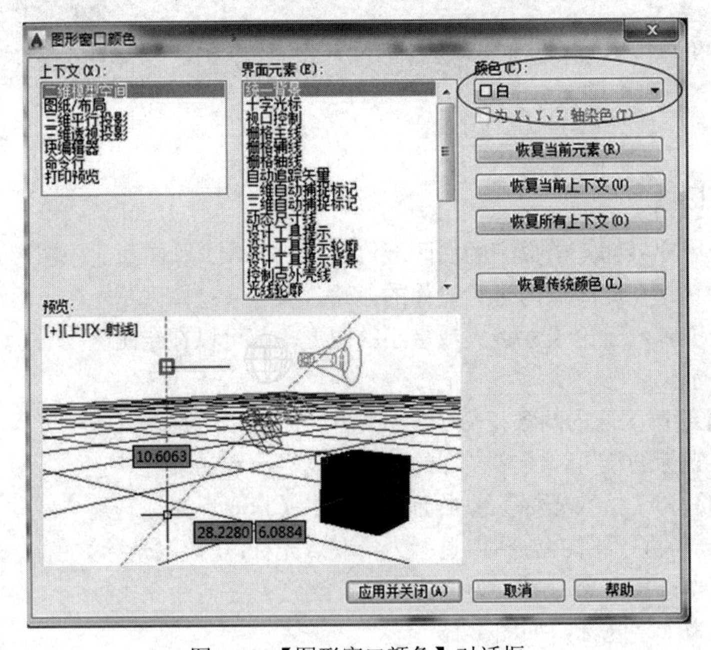

图 1-18 【图形窗口颜色】对话框

在图 1-17 所示的【选项】对话框的右下部位拖动【十字光标大小】下面的滑块就可以改变十字光标的大小。图 1-19 所示的【选项】→【选择集】界面的左上部位的【拾取框大小】下面的滑块就可以改变拾取光标的大小。

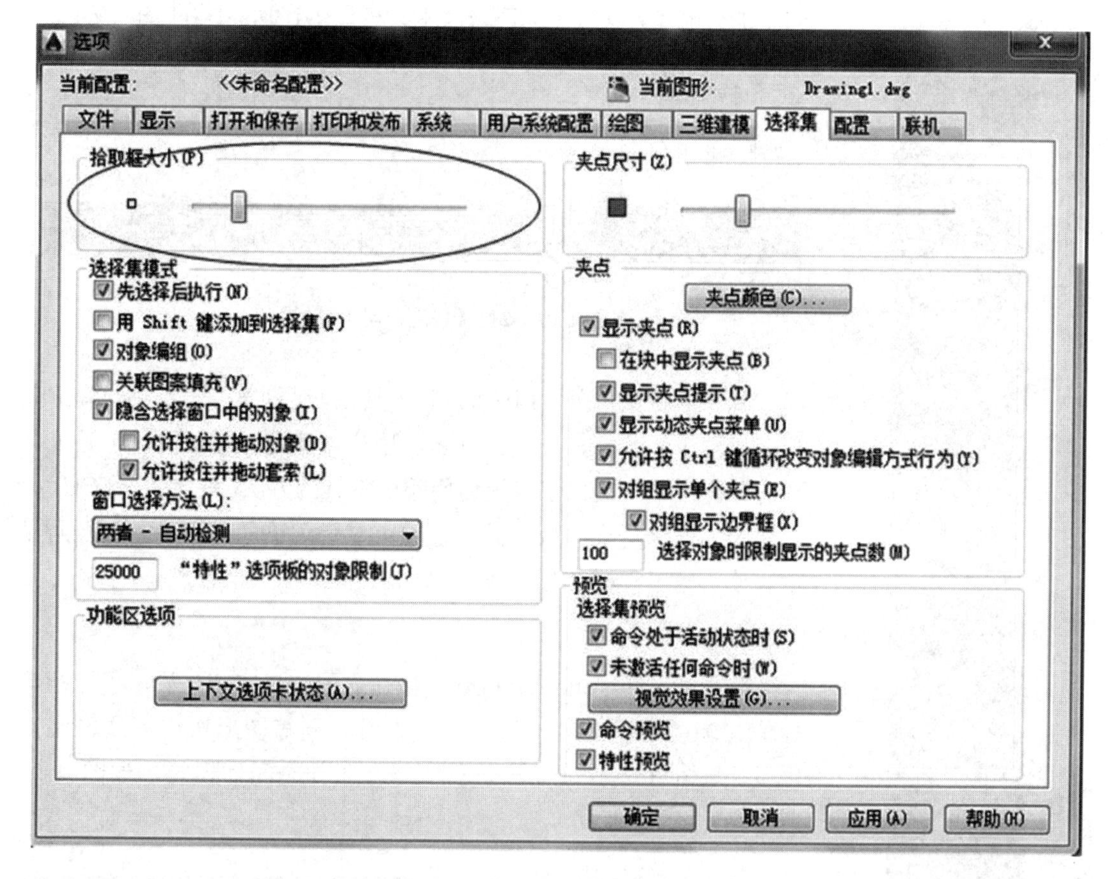

图 1-19 【选项】→【选择集】对话框

7. 命令窗口

命令行位于绘图区下侧，也称命令对话区，是用户与 AutoCAD 进行数据交流的区域，主要功能就是用于显示用户输入的命令和提示当前命令的操作步骤，如图 1-20 所示。通过【F2】键，可以查看命令行中已经运行过的命令的运行记录。

图 1-20 【命令行】窗口

命令行可以分为命令历史窗口和命令输入窗口两部分，上面为命令历史窗口，用于记录执行过的操作信息，下面一行是命令输出窗口，用于提示用户输入命令或命令选项。

8. 快速访问工具栏

快速访问工具栏带有更多的功能并与其他的 Windows 应用程序保持一致。放弃和重做工具包括了历史支持，右键菜单包括了新的选项，使用户可轻易从工具栏中移除工具、在工具间添加分隔条，以及将快速访问工具栏显示在功能区的上面或下面，如图 1-21 所示。

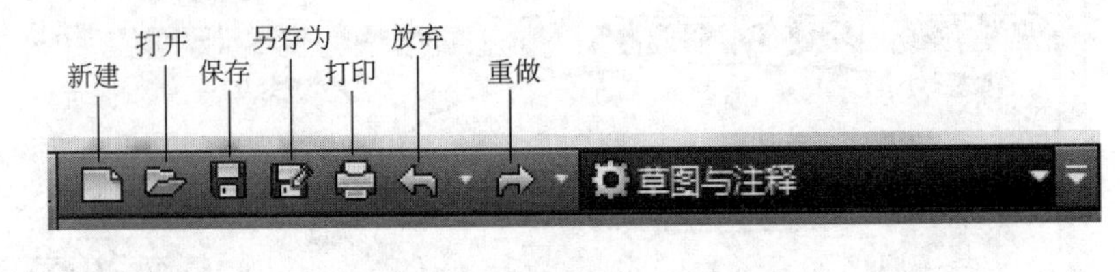

图 1-21 【快速访问工具栏】

除了右键菜单外，【快速访问工具栏】还包含了一个新的弹出菜单，该菜单显示一常用工具列表，用户可选定并置于快速访问工具栏内。弹出菜单提供了轻松访问额外工具的方法，它使用了 CUI 编辑器中的命令列表面板。其他选项可显示菜单栏或在功能区下面显示快速访问工具栏进行查找。

9. 状态栏

状态栏位于 AutoCAD 2015 操作界面的最底部，显示了光标坐标值、辅助绘图工具按钮、用于查看布局与图形按钮，注释比例以及用于对工具栏或窗口进行固定，工作空间切换等，如图 1-22 所示。

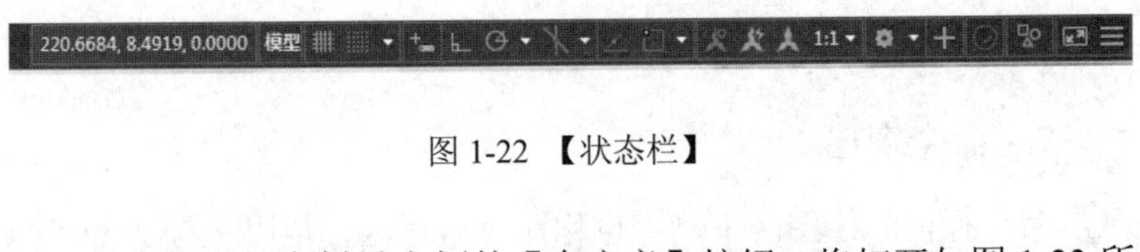

图 1-22 【状态栏】

单击位于状态栏最右侧的【自定义】按钮，将打开如图 1-23 所示的状态栏快捷菜单，菜单中的各选项均可在状态栏上显示，可以通过各菜单项以及菜单中的各功能键控制各辅助按钮的开关状态，前面有勾号的将在状态栏里面显示，无勾号的将隐藏。

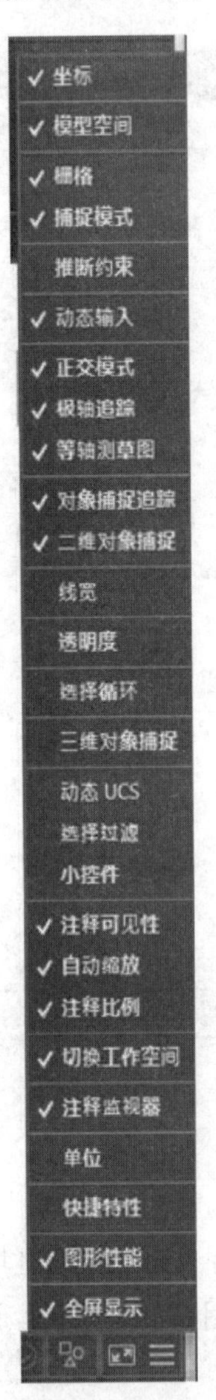

图 1-23 【自定义】菜单栏

第四节 AutoCAD 2015 执行命令方式和作图原则

AutoCAD 2015 是人机交互式软件，当用该软件绘图或进行其他操作时，首先要向 AutoCAD 2015 发出命令。AutoCAD 2015 给用户提供了多种执行命令的方式，用户可以根据自己的习惯和熟练程度选择更顺手的方式来执行软件中繁多的命令。下面介绍几种常用的命令执行方式。

一、通过菜单栏与工具栏执行

这是一种最简单最直观的命令执行方法，初学者很容易掌握。只需要用鼠标单击菜单栏或工具栏上的按钮，即可执行对应的 AutoCAD 2015 命令。但是，使用这种方式往往较慢，用户需要手动在庞大的【菜单栏】（图 1-24）和【工具栏】（图 1-25）中区寻找命令，用户需对软件的结构有一定的认识。

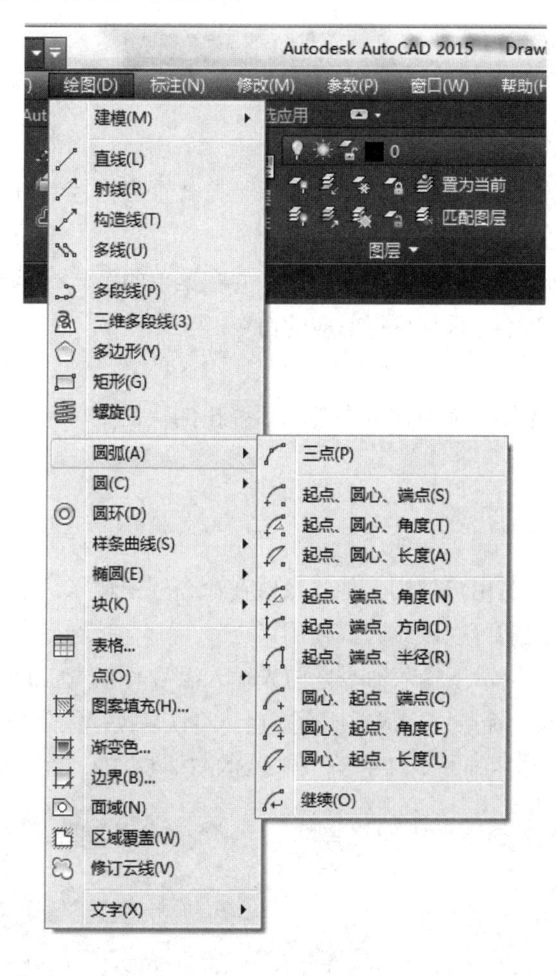

图 1-24 【菜单栏】

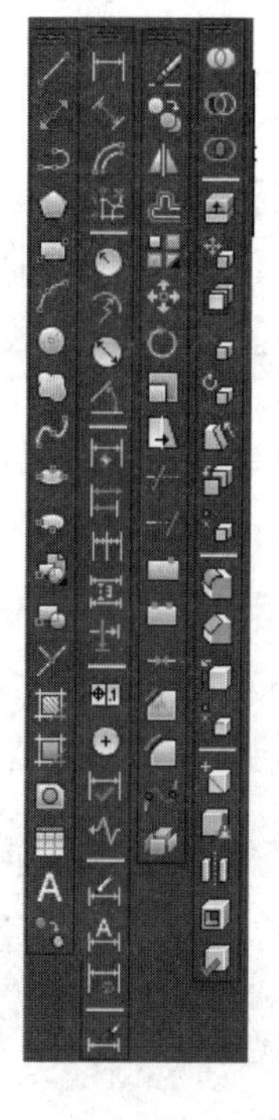
图 1-25 【工具栏】

二、使用命令执行

通过键盘在命令输入窗口输入对应的命令后按【Enter】键或空格键，即可启动对应的命令，然后 AutoCAD 会给出提示，提示用户应执行后续的操作。要想采用这种方式，用户需要记住各个 AutoCAD 命令，AutoCAD 2015 常用命令及其快捷键见附录一。【命令行】和有效选择列表见图 1-26。

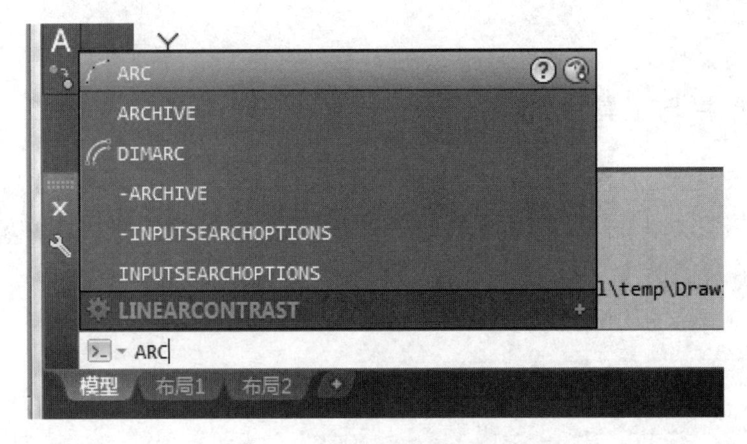

图 1-26 【命令行】和有效选择列表

当执行完某一命令后，如果需要重复执行该命令，可以用以下方式重复执行该命令。

① 直接按键盘上的【Enter】键或空格键。

② 使光标位于绘图窗口右击，AutoCAD 会弹出快捷菜单，并在菜单的第一行显示出重复执行上一次所执行的命令，选择此菜单项可重复执行对应的命令。

提示

在执行命令过程中，可以通过【Esc】键，或右击绘图窗口后弹出的快捷菜单中选择【取消】菜单终止命令的执行。

三、使用透明命令

许多命令可以透明使用，即它们可以在用户使用其他命令时在命令行中输入。不选择对象、创建新对象或结束绘图任务的命令通常可以以该方式使用。

要以透明方式使用某个命令，在任何提示下输入命令之前先输入撇号（'）。在命令行中，双尖括号（>>）置于命令前，提示显示透明命令。完成透明命令后，将恢复执行原命令。常使用的透明命令多为修改图形设置的命令，绘图辅助工具命令，例如 SNAP，GRID，ZOOM 等。

【例 1-1】 将打开栅格，并在 LINE 命令的中间将其设定为一个单位的间隔。

命令: LINE

指定第一个点: 'grid

>>指定栅格间距(X) 或 [开(ON)/关(OFF)/捕捉(S)/主(M)/自适应(D)/界限(L)/跟随(F)/方面(A)] <0.5000>: 1

正在恢复执行 LINE 命令

指定第一个点:

在透明打开的对话框中所做的更改，直到被中断的命令已经完成后才能生效。同样，透明重置系统变量时，新值在开始下一命令时才能生效。

四、作图原则

为了提高作图速度，用户最好遵循如下的作图原则：

（1）始终用1∶1绘图，如要更改图样的大小，可以在打印时在图纸空间设置出图比例；

（2）为不同类型的图元对象设置不同的图层，并由图层控制其颜色、线型和线宽；

（3）作图时，应随时注意命令行的提示，根据提示决定下一步操作，这样可以有效地提高作图效率及减少错误的操作；

（4）使用栅格捕捉对象捕捉、极轴追踪、正交模式等功能，可以提高绘图精度；

（5）不要将图框和图绘制在一幅图中，可在布局中将图框以块的形式插入，然后再打印输出；

（6）自定义样板文件、经常使用设计中心可以提高作图效率。

第五节　坐标系及坐标表示方法

在绘图过程中，AutoCAD经常会要求用户输入点来确定所绘对象的位置、大小和方向。在要求输入点时，一种方法是通过单击鼠标拾取光标中心作为一个点的数据输入，另外一种方法是输入坐标值。打开动态输入时，可以在光标旁边的工具提示中输入坐标值。可以按照笛卡尔坐标系（*X*,*Y*）或极轴坐标输入二维坐标。笛卡尔坐标系有三个轴，即*X*，*Y*，*Z*。

一、世界坐标系（WCS）和用户坐标系（UCS）

AutoCAD有两个坐标系统：一个是固定坐标系，称为世界坐标系（WCS）；另一个是可移动坐标系，称为用户坐标系（UCS）。

用户可以根据绘图窗口显示的坐标系图标区别WCS和UCS，如图1-27所示。图1-27（a）为WCS图标，图1-27（b）为沿（－1，－1，1）方向观察时的WCS图标，图1-27（c）为将WCS坐标原点移动一个新位置后的UCS图标。

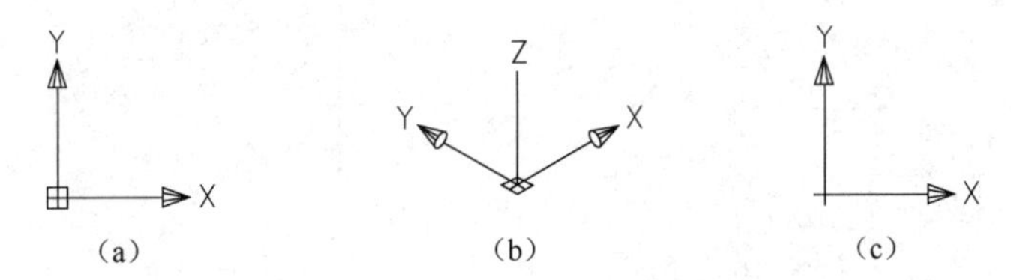

图1-27　AutoCAD的坐标系图标

在AutoCAD中，用户可以使用UCS命令来创建用户坐标系。UCS对于输入坐标、定义绘图平面和设置视图非常有用。创建三维对象时，可以重新定位UCS来简化工作。

二、坐标输入方法

要使用AutoCAD坐标来定位点，则在命令提示输入点时，在命令行中输入坐标值，如果启用了状态栏中的【DYN】，则在光标附近的工具栏提示中输入坐标值。

1. 绝对坐标

绝对直角坐标是相对于坐标系原点（0，0，0）为基点定位所有的点。在二维绘图中，*Z*坐标默认为0或采用当前默认高度设置，因此用户仅输入*X*、*Y*坐标值即可，坐标间用逗号分隔，实际输入时不加小括号。

【例 1-2】 用绝对笛卡尔坐标从点（4，3）到点（10，8）绘制一直线，如图 1-28 所示。

命令: LINE↙

指定第一点: 4,3↙(命令行输入绝对笛卡尔坐标)

指定下一点或[放弃(U)]: 10,8↙

指定下一点或[放弃(U)]: ↙

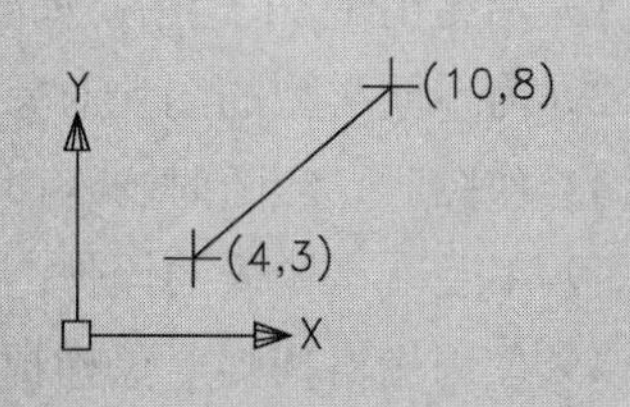

图 1-28　使用绝对笛卡尔坐标绘制一直线

2. **相对坐标**

相对直角坐标是基于上一输入点的坐标而言，要指定相对直角坐标，需在坐标前面添加一个“@”符号，即（@$\triangle x$，$\triangle y$）。相对直角坐标绘制如图 1-29 所示。

【例 1-3】 用相对坐标绘制图 1-29 所示图样。

命令: LINE↙

指定第一点: (在屏幕上指定任意一点 *A*)

指定下一点或[放弃(U)]:@6,5↙(输入相对直角坐标指定点 *B*，画出直线 *AB*)

指定下一点或[放弃(U)]:↙

3. **直接距离输入法**

输入相对坐标的另一种方法是：通过移动光标指定方向，然后直接输入距离，此方法称为直接距离输入法（或导向距离输入）。如在绘制图 1-30 所示直线 *AB* 时，先由点 *A* 移动光标使直线方向为 30°，然后在命令行输入“8↙”，得到同样结果。

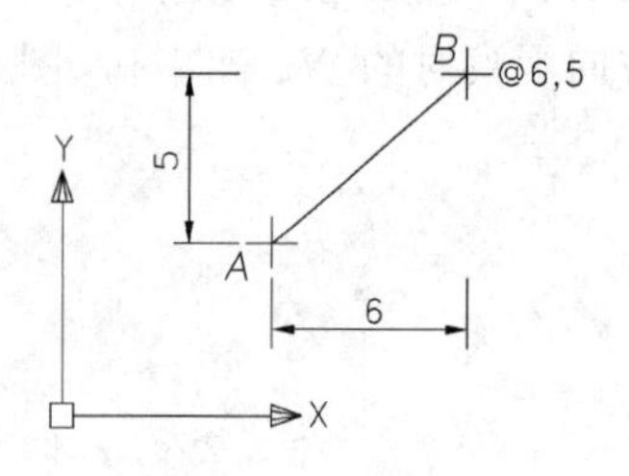

图 1-29　使用相对直角坐标绘制一直线

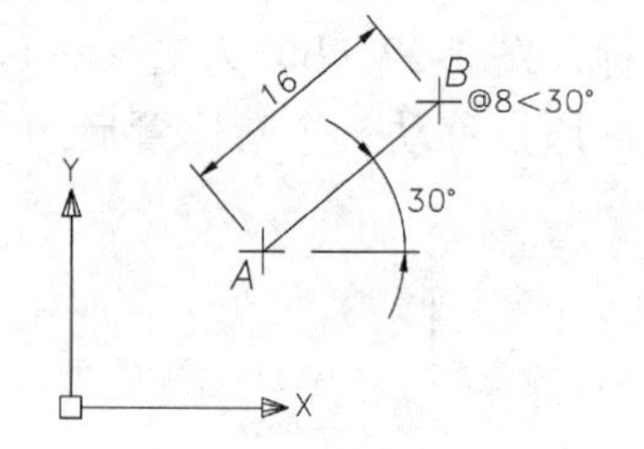

图 1-30　使用极坐标绘制一直线

第六节　AutoCAD 2015 文件的操作

一、新建文件

AutoCAD 2015 提供了许多种图形文件的创建方式。一般情况下，程序默认的方式是【选择样板】，图形样板文件储存在安装目录下的 acadm\template 文件夹中。在 AutoCAD 中创建一个新文件，只需选择【文件】→【新建】命令，或是单击【快速访问工具栏】的新建按钮“ ”，AutoCAD 弹出【选择样板】对话框，如图 1-31 所示，初学者一般选择样板文件 acadiso.dwt 即可，单击【打开】按钮，就会以对应的样板为模板建立新图形。

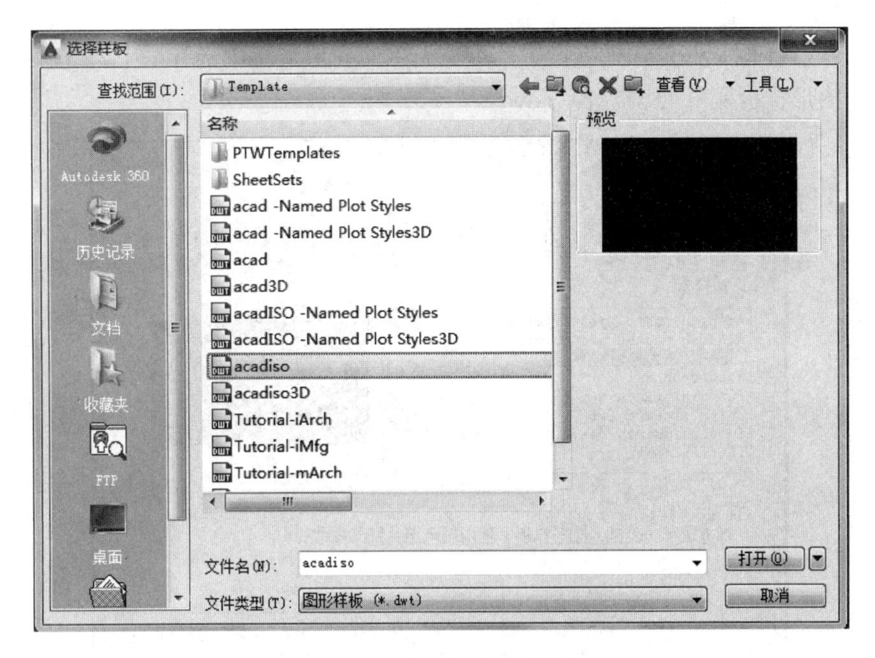

图 1-31 【选择样板】对话框

1. 草图创建

将 STARTUP 系统变量设置为 1，将 FILEDIA 系统变量设置为 1。单击【快速访问工具栏】中的新建按钮“![]”，打开【创建新图形】对话框。如图 1-32 所示。

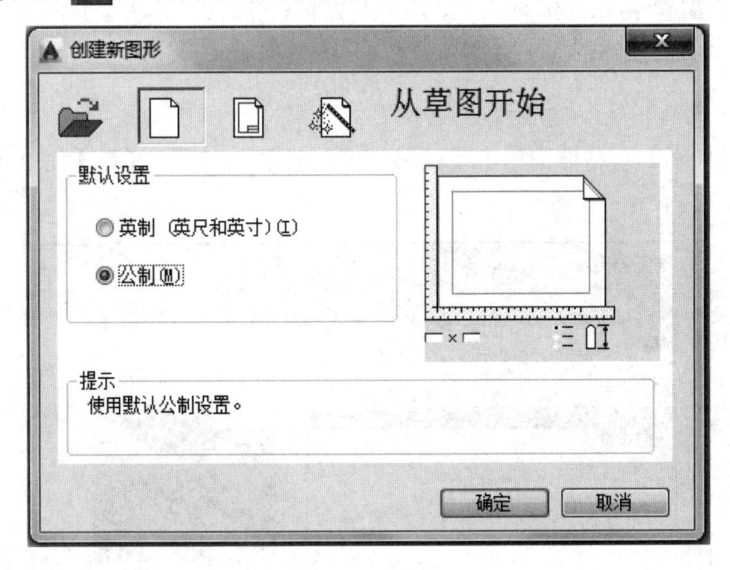

图 1-32 【创建新图形】对话框

在【从草图开始】选项卡中有两个默认的设置：英制（英尺和英寸），英尺、英寸、码等单位；公制，千米、米、厘米等单位，我国实行“公制”的测量制度。

2. 样板创建

在【创建新图形】对话框里点击【从草图开始】按钮，打开【使用样板】选项卡，如图

1-33 所示。图形样板文件包含标准设置。可从提供的样板文件中选择一个，或者创建自定义样板文件。图形样板文件的扩展名为 dwt。

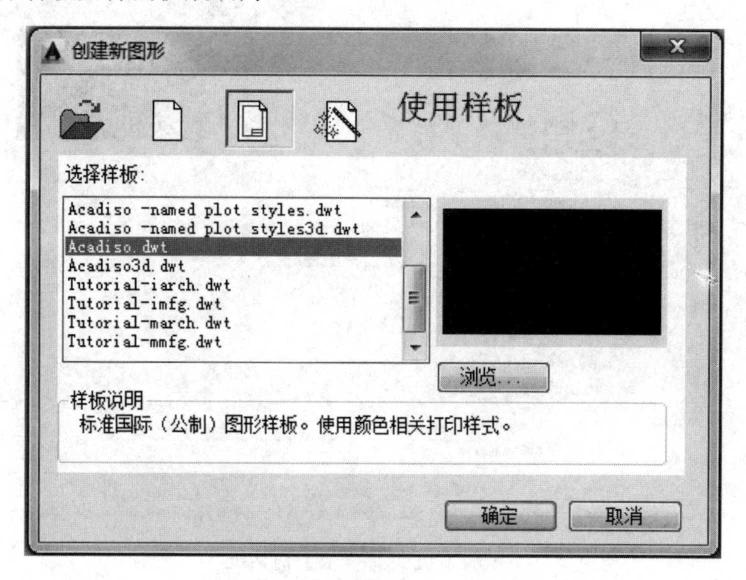

图 1-33 【使用样板】选项卡

需要创建使用相同惯例和默认设置的多个图形时，通过创建或自定义样板文件而不是每次启动时都指定惯例和默认设置可以节省很多时间。通常存储在样板文件中的惯例和设置包括：① 单位类型和精度；② 标题栏、边框和徽标；③ 图层；④ 捕捉、栅格和正交设置；⑤ 栅格界限；⑥ 标注样式；⑦ 文字样式；⑧ 线型。

3. 向导创建

在【创建新图形】对话框中单击【使用向导】按钮“”。打开【使用向导】选项卡。如图 1-34 所示。

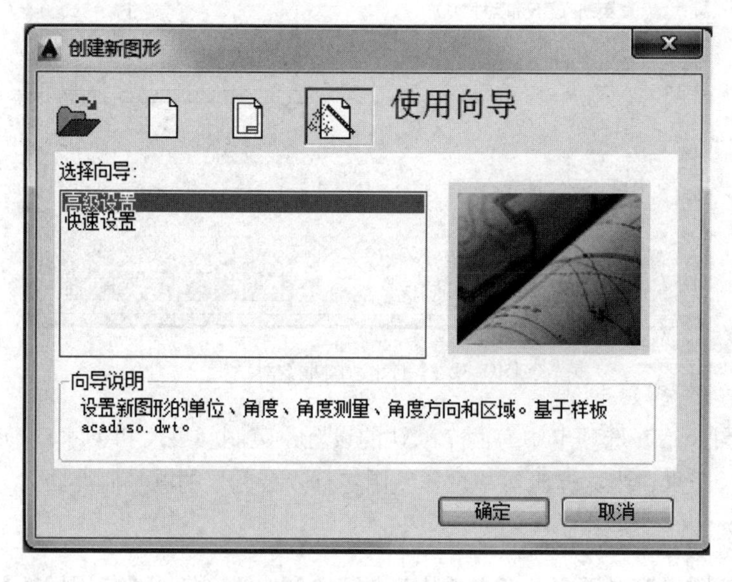

图 1-34 【使用向导】选项卡

设置向导逐步地建立基本图形，有两个向导选项卡来设置图形。

① 【快速设置】向导：设置测量单位、显示单位的精度和栅格界限。

② 【高级设置】向导：设置测量单位、显示单位的精度和栅格界限，还可以进行角度设置（例如测量样式的单位、精度、方位和方向）。

二、打开已有文件

打开图形文件的方法有一般打开方法、以查找方式打开文件和局部打开图形方式等。

1. 一般打开方式

当用户需要查看、使用或编辑已经存盘的图形时，可以使用【打开】命令，执行【打开】命令主要有以下几种方式：

◎ 单击【文件】菜单中的【打开】命令；

◎ 单击【快速访问工具栏】中的【打开】按钮；

◎ 在命令行输入 OPEN 按【Enter】键；

◎ 单击【菜单浏览器】，执行【打开】命令；

◎ 按【Ctrl+O】组合键。

激活【打开】命令后，将自动打开【选择文件】对话框，在此对话框中选择需要打开的图形文件，如图 1-35 所示。单击【打开】按钮，即可将此文件打开。

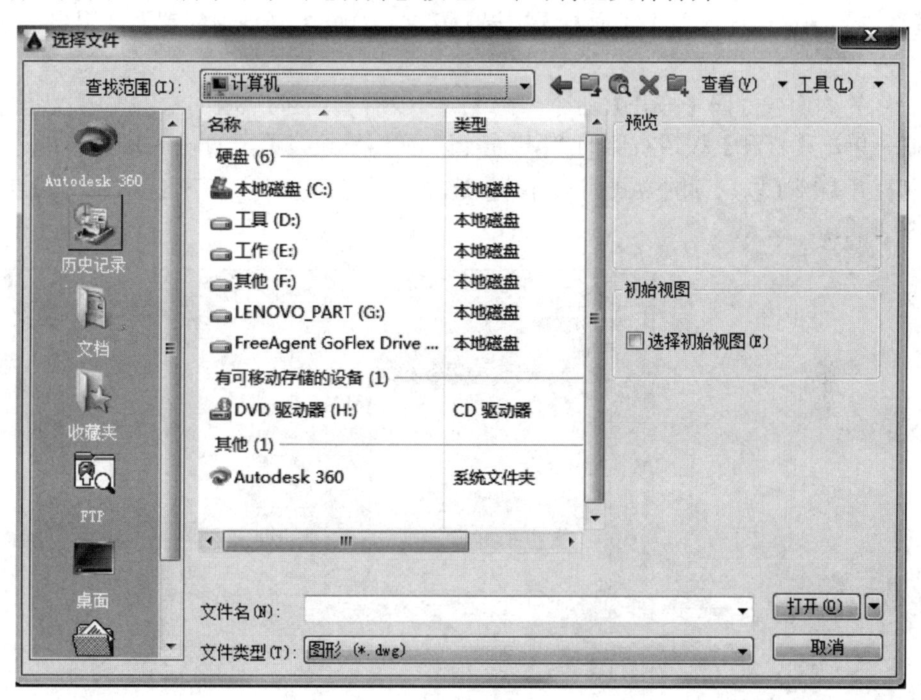

图 1-35 【选择文件】对话框

2. 以查找方式打开文件

单击【选择文件】对话框的【工具】按钮，打开下拉菜单，如图 1-36 所示，选择【查找】选项，打开【查找】对话框，如图 1-37 所示。在该对话框中，可由用户自定义文件的名称、类型及查找的范围，最后单击【开始查找】，即可进行查找。

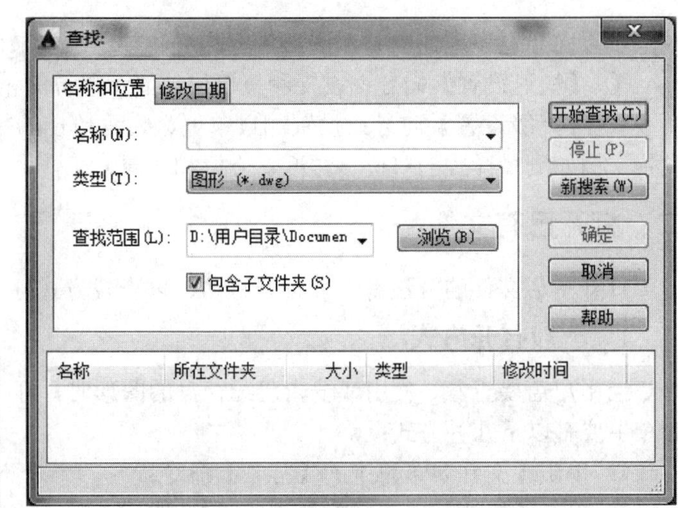

图 1-36 【工具】下拉菜单　　　　图 1-37 【查找】对话框

3. 局部打开文件

局部打开命令允许用户处理图形的某一部分，只加载指定视图或图层的几何图形。如果图形文件为局部打开，指定的几何图形和命名对象将被加载到图形文件中。命名对象包括：【块】、【图层】、【标注样式】、【线型】、【布局】、【文字样式】、【视口配置】、【用户坐标系】及【视图】等。

该命令的调用方式同【打开】命令。在【选择文件】的对话框中，用户指定需要打开的图形文件，单击【打开】按钮右侧的“▾”按钮，弹出下拉菜单，如图 1-38 所示，选择其中的【局部打开】或【以只读的方式局部打开】选项，系统将进一步打开【局部打开】对话框，如图 1-39 所示。

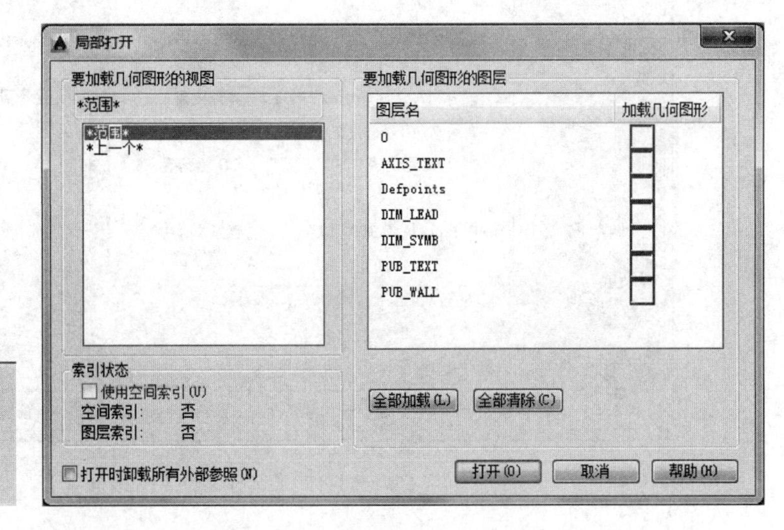

图 1-38 【打开】按钮下拉菜单　　　　图 1-39 【局部打开】对话框

在该对话框中，【要加载的几何图形的视图】栏显示了选定的视图和图形中可用的视图，默认的视图是【范围】，用户可在列表中选择某一视图进行加载。

在【要加载几何图形的图层】栏中显示了选定图形文件中所有有效的图层。用户可选择一个或多个图层进行加载，选定图层上的几何图形将被加载到图形中，包括模型空间和图纸空间几何图形。用户可单击【全部加载】按钮选择所有图层，或单击【全部清除】按钮取消所有的选择。如果用户点击了【打开时卸载所有外部参照】复选框，则不加载图形中包括的外部参照。如果用户没有指定任何图层进行加载，那么选定视图中的几何图形也不会被加载，因为其所在的图层没有被加载。

提示

用户也可以使用“Partialopen”或“_partialopen”命令以命令的形式来局部打开图形文件。

三、文件的保存

保存命令用于将绘制的图形以文件的形式进行存盘，存盘的目的就是为了方便以后查看、使用或修改编辑等。

1. 保存与另存文件

【保存】：按照原路径保存文件，将原文件覆盖，储存新的进度。

执行【保存】命令主要有以下几种方式：

◎ 单击【文件】菜单中的【保存】命令；

◎ 单击【快速访问工具栏】中的【保存】按钮；

◎ 单击【菜单浏览器】，执行【保存】命令；

◎ 按组合键【Ctrl +S】；

◎ 在命令行输入“SAVE”命令，对文件进行保存。

激活保存命令后，刻打开【图形另存为】对话框，如图 1-40 所示。在此对话框内设置存盘路径、文件名和文件格式后，单击【保存】按钮，即可将当前文件存盘。

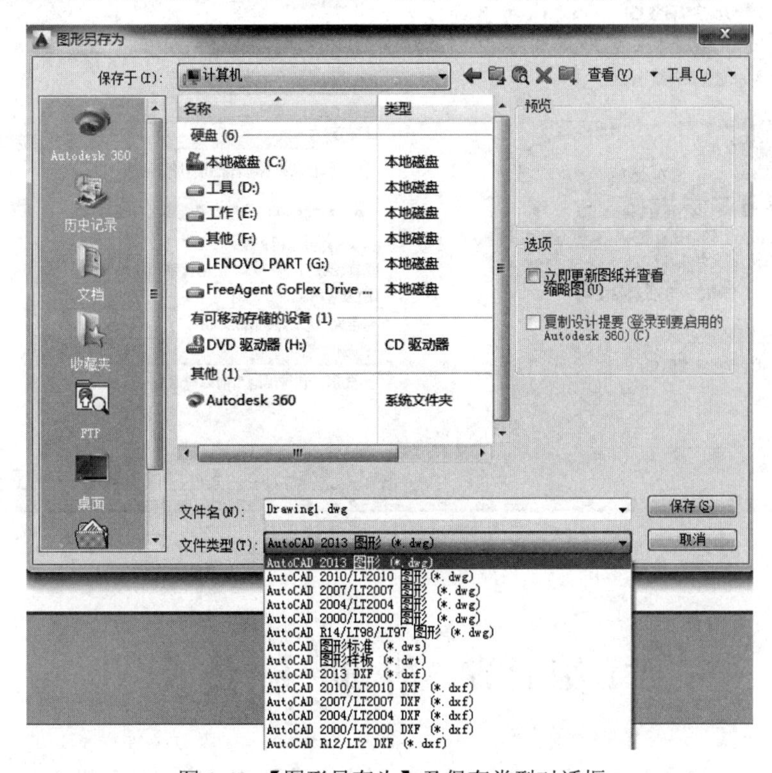

图 1-40 【图形另存为】及保存类型对话框

另存为：命令将当前绘制的图形以新文件名存盘，不覆盖原文件。另存时可对文件的路径、名称、格式等进行重设。

当用在已存盘的图形基础上进行了其他的修改工作，又不想将原来的图形覆盖，可以使用【另存为】命令，将修改后的图形以不同的路径或不同的文件名进行存盘。

执行【另存】命令主要有以下几种方式：

◎ 单击【文件】菜单中的【另存为】命令；

◎ 按组合键【Ctrl+Shift+S】；

◎ 在命令行输入“SAVE AS”命令，对文件进行另存。

2. 自动保存文件

为了防止断电，死机等意外，AutoCAD 2015 为用户指定了【自动保存】这个人性化的功能命令。启动该功能后，系统按照设定的时间每隔一段时间就自动保存文件，可以避免由于意外造成所做工作的丢失。

执行【工具】→【选型】命令，打开【选型】对话框，并选择【打开和保存】选项卡，可设置自动保存的文件格式和时间间隔等参数，如图 1-41 所示。或是利用系统变量 SAVETIME 来设置自动保存时间。

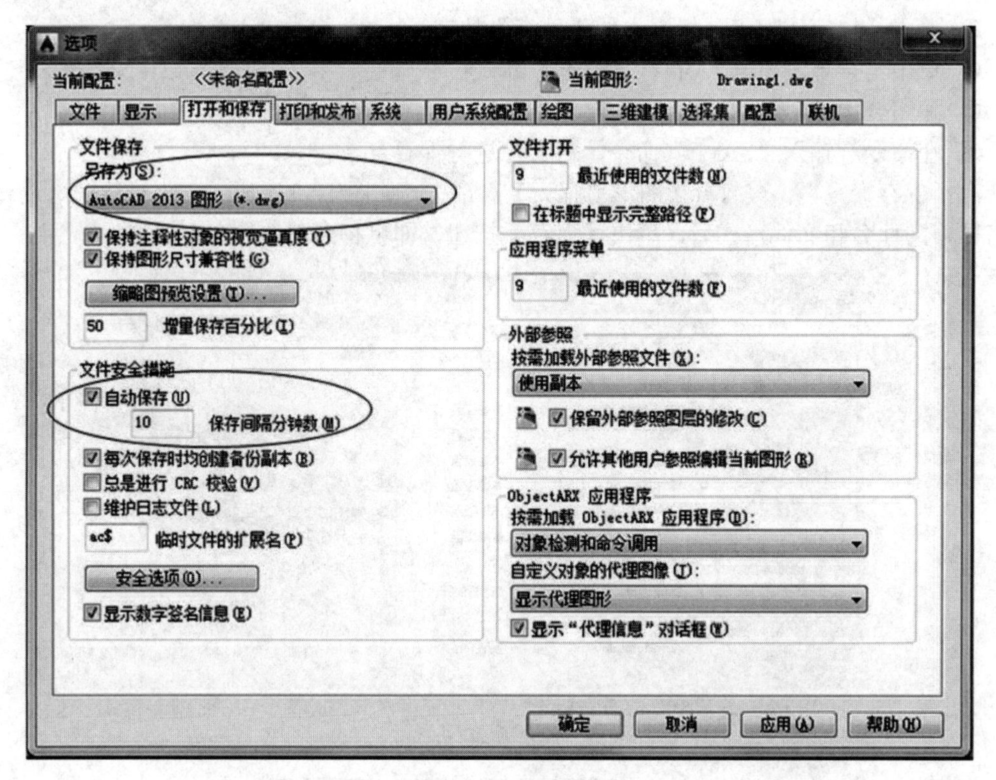

图 1-41 【打开和保存】对话框

第七节 帮 助 系 统

为了方便用户的使用，AutoCAD 2015 为用户提供了非常完美的帮助系统，用户可以通过帮助系统查询使用方法和命令等。

一、帮助系统概述

AutoCAD 2015 的帮助系统几乎包括所有 AutoCAD 2015 的知识。执行【菜单栏】中的【帮助】命令，或按【F1】键，即可调出【Autodesk AutoCAD 2015-帮助】对话框，如图 1-42 所示。该对话框上列出了 AutoCAD 2015 版本的新功能，在联网情况下，用户可观看其提供的快速入门视频。

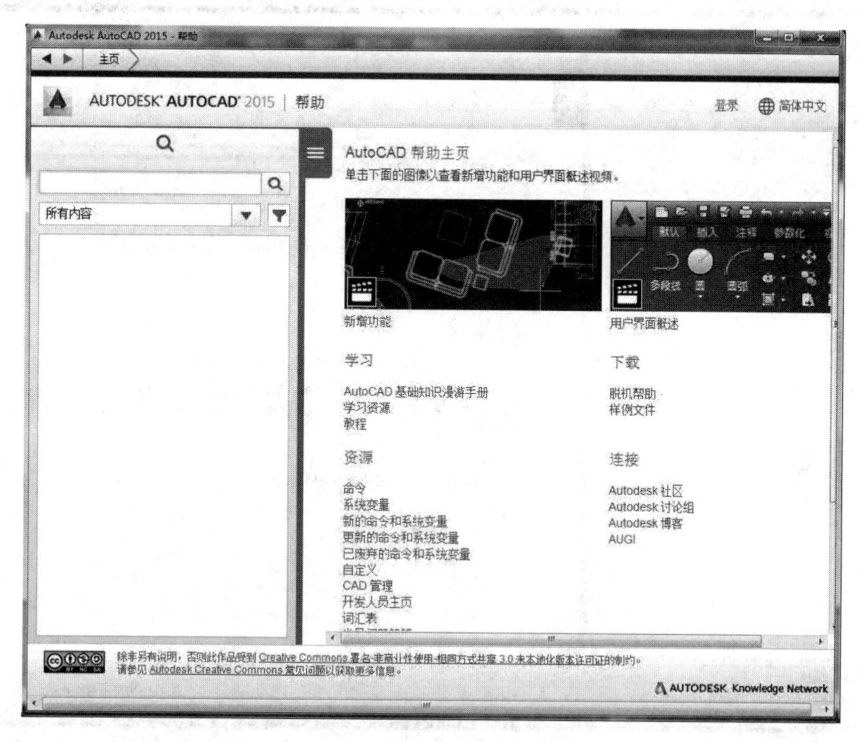

图 1-42 【Autodesk Auto CAD 2015-帮助】对话框

二、关键字搜索主题

单击右侧的【搜索】选项卡，打开搜索器，如图 1-43 所示，在搜索器中输入需要查找的帮助内容，单击【查找】按钮“🔍”，即可搜索到相关内容。

图 1-43 搜索器

三、即时帮助系统

在使用 AutoCAD 2015 时，对于不太熟悉的命令，可以先在命令行输入命令，比如【ARC】，按【Enter】键，然后再按【F1】键就会弹出该命令的帮助文件，继而得到相应（概念、操作步骤、命令）的帮助。如图 1-44 所示。

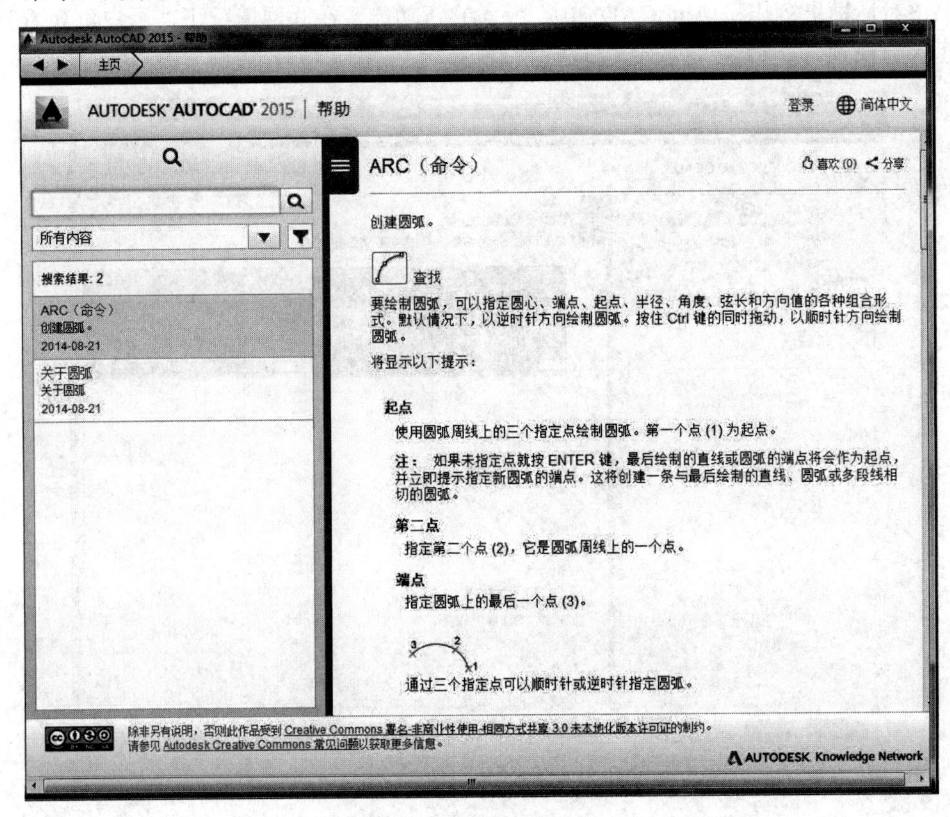

图 1-44　即时帮助命令的查看

第二章

AutoCAD 2015 绘图环境的设置

绘图环境设置是为了符合用户一些绘图需要而进行的个性化设置，进行这些设置以后，可以提高绘图的速度。设置了合适的绘图环境，不仅可以简化大量的调整、修改工作，而且有利于统一格式，以便图形的管理和使用。

第一节　单位和图形界限的设置

一、设置图形单位

对任何图形而言，总有其大小、精度以及采用单位。AutoCAD 中，在屏幕上显示的只是屏幕单位，但屏幕单位应该对应一个真实的单位。不同的单位其显示格式是不同的。同样也可以设定或选择角度类型、精确和方向。

◎【命令】UNITS↙。

◎【下拉菜单】【格式】→【单位】。

执行该命令后，弹出图 2-1 所示【图形单位】对话框。

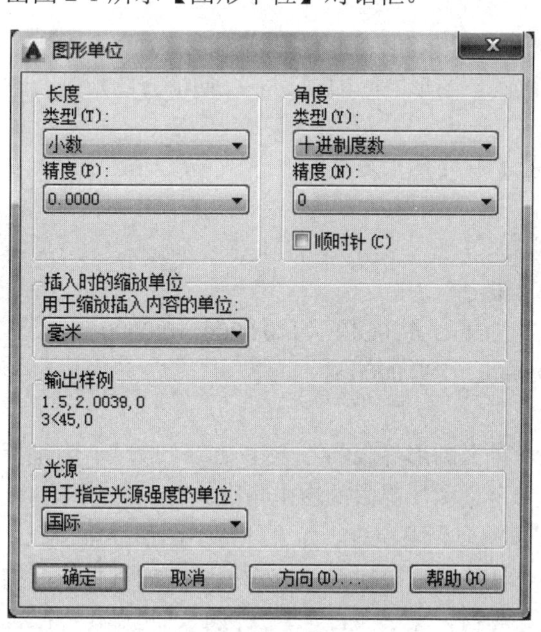

图 2-1 【图形单位】对话框

该对话框中包括长度、角度、插入时的缩放单位、输出样例和光源五个区。

（1）长度　设定长度的单位类型及精确度。

① 类型：通过下拉列表框，可以选择长度单位类型。

② 精度：通过下拉列表框，可以选择长度精度。

（2）角度　设定角度单位类型和精度。

① 类型：通过下拉列表，可以选择角度单位类型。

② 精度：通过下拉列表框，可以选择角度精度。

③ 顺时针：控制角度方向的正负。选中该复选框时，顺时针为正，否则，逆时针为正。缺省逆时针为正。

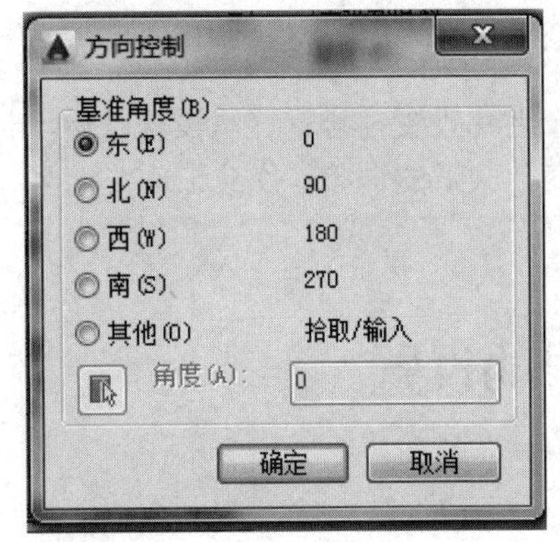

图 2-2 【方向控制】对话框

（3）插入时的缩放单位　控制插入到当前图形中的块和图形的测量单位。

（4）输出样例　该区示意了以上设置后的长度和角度输出格式。

（5）光源　指定当前图形中光源强度的单位，有国际、美国和常规三种选择。

图形单位对话框还有四个按钮：【确定】、【取消】、【方向】和【帮助】。

方向按钮用来设定角度方向。点取该按钮后，弹出如图 2-2 所示【方向控制】对话框。

该对话框中可以设定基准角度方向，缺省 0 为东的方向。如果要设定东、南、西、北四个方向以外的方向作为 0 方向，可以点取“其他”单选框，此时下面的“拾取”和“输入”角度项为有效，用户可以点拾取按钮，进入绘图界面点取某方向作为 0 方向或直接键入某角度作为 0 方向。

二、设置图形界限

图形界限是绘图的范围，相当于手工绘图时图纸的大小。设定合适的绘图界限，有利于确定图形绘制的大小、比例、图形之间的距离，以便检查图形是否超出“图框”。

◎ 命令：LIMITS↙。

◎ 下拉菜单：【格式】→【图形界限】。

【命令及提示】

命令：_LIMITS

重新设置模型空间界限：

指定左下角点或[开（ON）/关（OFF）]<0.0000，0.0000>：

指定右上角点<420.0000，297.0000>：

参数说明如下。

（1）指定左下角点　定义图形界限的左下角点，一般默认为坐标原点。

（2）指定右上角点　定义图形界限的右上角点。

（3）开（ON）　打开图形界限检查。如果打开了图形界限检查，系统不接受设定的图形界限之外的点输入，但对具体的情况检查的方式不同。如对直线，如果有任何一点在界限之外，均无法绘制该直线。对圆、文字而言，只要圆心、起点在界限范围之内即可，甚至对于单行文字，只要定义的文字起点在界限之内，实际输入的文字不受限制。对于编辑命令，拾取图形对象点不受限制，除非拾取点同时作为输入点，否则，界限之外的点无效。

（4）关（OFF）　关闭图形界限检查。

【例 2-1】 设置绘图界限（420，297）的 A3 图幅，并通过栅格显示该界限。

操作过程如下。

命令：LIMITS

重新设置模型空间界限：重新设置模型空间界限：

指定左下角点或[开（ON）/关（OFF）]<0.0000，0.0000>：

指定右上角点<420.0000，297.0000>：

命令：ZOOM

指定窗口角，输入比例因子（nv 或 nxp），或[全部（A）/中心点(C)/动态(D)/范围(E)/上一个(P)/比例(S)/窗口(W)]<实时>：a（或者双击鼠标滚轮键，也可以达到此目的。）

正在重生成模型。

命令：按【F7】键<栅格 开>

结果如图 2-3 所示。

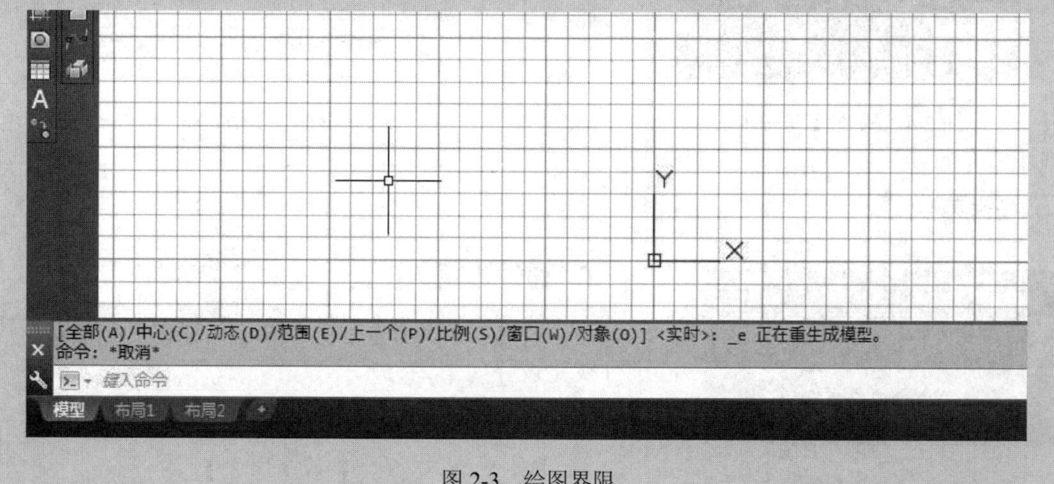

图 2-3　绘图界限

第二节　图元特性的设置

利用 AutoCAD 绘图时，可根据不同行业的需要，为图形对象指定颜色、线型及线宽等图元特性。

一、颜色设置

1. 通过选项卡设置

在【选项卡】中的【特性】第一行列表框右侧的按钮进行颜色设置，列出了 AutoCAD 常用的 7 种索引颜色和当前图形中使用过的其他颜色。从中可直接选取需要的颜色。如图 2-4 所示。

2. **通过下拉菜单选择**

◎ 下拉菜单:【格式】→【颜色】。

命令执行后,打开【选择颜色】对话框,如图 2-5 所示,用户可以选择更多的颜色。

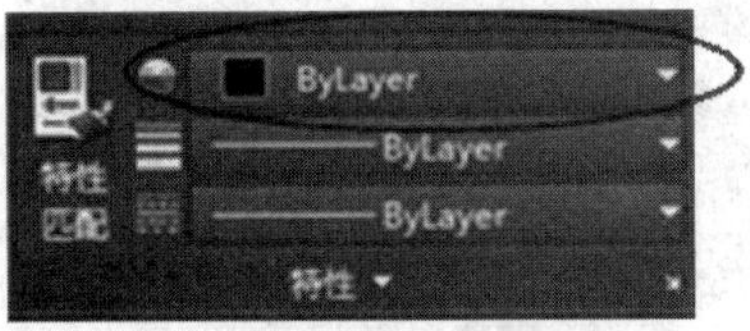

图 2-4 【特性】选项卡

图 2-5 【选择颜色】对话框

二、线宽设置

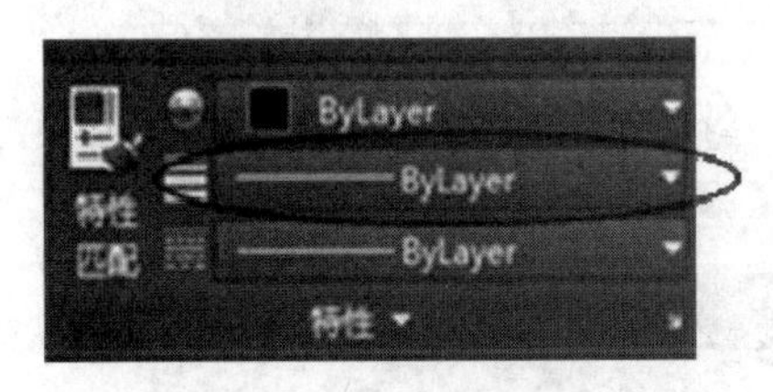

图 2-6 【特性】选项卡

1. **通过选项卡设置**

在【选项卡】中的【特性】第二行列表框右侧的按钮进行线宽设置如图 2-6 所示。

2. **通过下拉菜单选择**

◎ 下拉菜单:【格式】→【线宽】。

命令执行后,在弹出的如图 2-7 所示【线宽设置】对话框中,可在左侧的【线宽】列表中选择线宽。

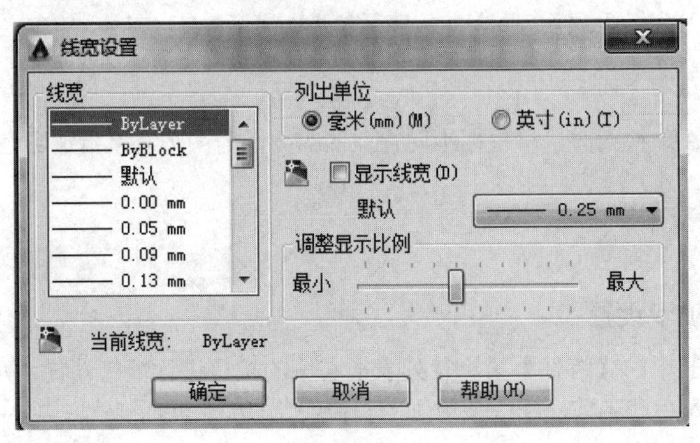

图 2-7 【线宽设置】对话框

由于线宽属性属于打印设置，因此，默认情况下系统并不显示线宽的实际设置效果。如果需要在绘图区显示线宽。通过【状态栏】或【线宽设置】对话框勾选【显示线宽】即可查看绘图窗口的线宽。

三、线型设置及线型比例

1. 通过选项卡设置

在【选项卡】中的【特性】第三行列表框右侧的按钮进行线型设置，开始绘制新图时，该列表中只提供“Continuous（实线）”一种线型，如需设置其他线型，可点取【其他】选项进行加载。如图 2-8 所示。

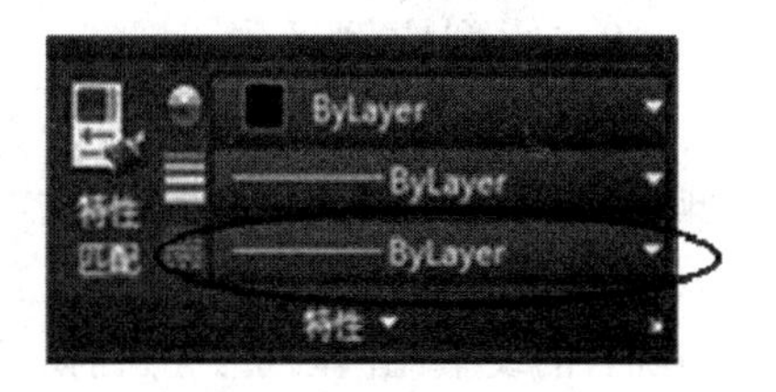

图 2-8 【特性】选项卡

2. 通过下拉菜单选择

◎ 下拉菜单：【格式】→【线型】。

命令执行后，打开【线型管理器】对话框，如图 2-9 所示，单击对话框中的【加载】按钮，系统弹出【加载或重载线型】对话框，如图 2-10 所示。从中选择相应的线型，单击【确定】按钮返回【线型管理器】对话框，所选择的线型显示在当前列表中。

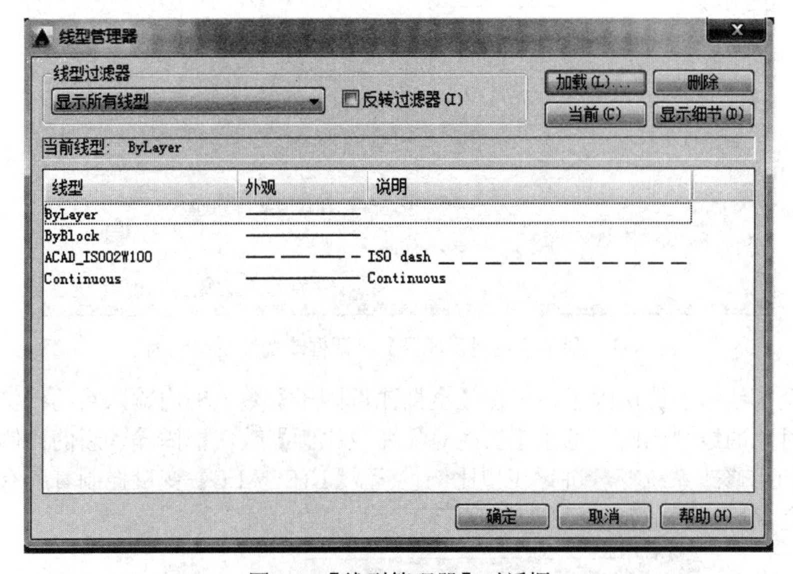

图 2-9 【线型管理器】对话框

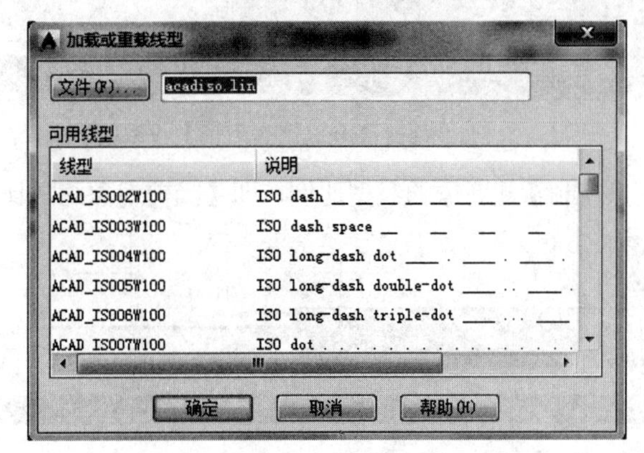

图 2-10 【加载或重载线型】对话框

提示

在【加载或重载线型】对话框中，按住【Shift】键可以连续选择线型，按住【Ctrl】可以跳跃性选择线型。

3. 线型比例设置

用 AutoCAD 绘图时，可能会遇到这种情况，点画线或虚线在屏幕上却显示的是连续线型，这说明线型比例与当前图形不匹配，需要调整线型比例因子。

线型比例有【全局比例因子】和【当前对象缩放比例】。【全局比例因子】控制所有新的和现有的线型比例因子。【当前对象缩放比例】控制新建对象的线型比例。在弹出的如图 2-9 所示【线型管理器】对话框中，单击右上角【显示细节】按钮，在对话框底部出现【详细信息】选项组，如图 2-11 所示。

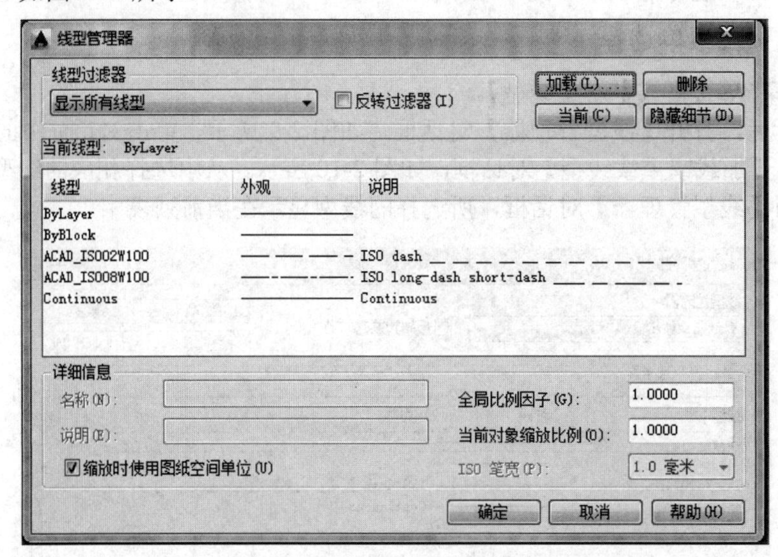

图 2-11　利用【线型管理器】对话框改变线型比例因子

要修改全部线型的比例因子，可在【全局比例因子】数值框内输入新的比例因子；如只需改变新建对象的线型比例，可在【当前对象缩放比例】数值框内输入新的比例因子。

也可以利用修改系统变量进行线型比例设置。【LTSCALE】变量控制着所有线型的线型比例，即【全局比例因子】，如图 2-12 所示。

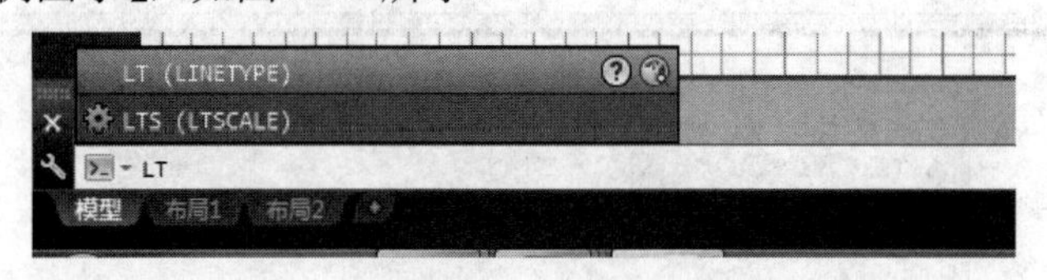

图 2-12　命令修改【全局比例因子】线型比例

【CELTSCALE】变量控制新建对象的线型比例，即【当前对象缩放比例】，如图 2-13 所示。

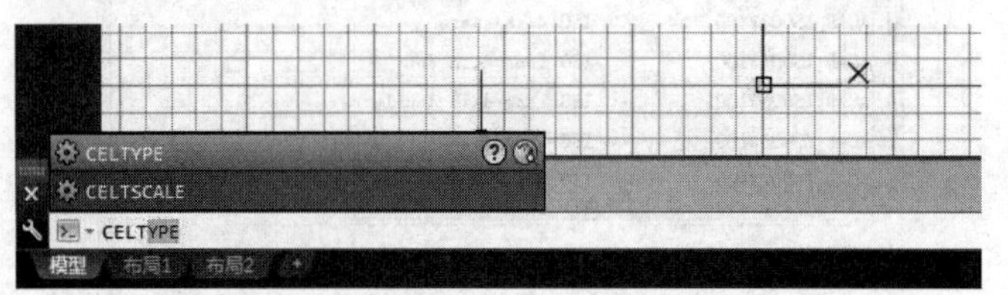

图 2-13　命令修改【当前对象缩放比例】线型比例

所有线型最终的缩放比例是【当前对象比例因子】与【全局比例因子】的乘积，例如CELTSCALE=0.5 的图形中描绘的点画线，如果将 LTSCALE 设为 2，其效果与在 CELTSCALE=1 的图形中描绘 LTSCALE=1 的点画线时的效果相同。

第三节　辅助绘图工具

在绘图的过程中，经常要制定一些已有对象上的点，例如端点、圆心和两个对象的交点等。如果只凭观察来拾取，不可能非常准确地找到这些点。为此，AutoCAD 提供了精确地绘制图形的功能，可以迅速、准确地捕捉到某些特殊点，从而能精确地绘制图形。

一、捕捉和栅格

在绘制图形时，尽管可以通过移动光标来指定点的位置，但却很难精确指定点的某一位置。因此，要确定定位点，必须使用坐标输入或启用捕捉功能。捕捉和栅格提供了一种精确绘图工具。通过捕捉可以将屏幕上的拾取点锁定在特定的位置上，而这些位置，隐含了间隔捕捉点。栅格是在屏幕上可以显示出来具有指定间距的网格，这些网格只是绘图时提供一种参考作用，其本身不是图形的组成部分，也不会被输出。栅格设定太密时，在屏幕上显示不出来。可以通过图 2-14 所示【草图设置】对话框设定捕捉点即栅格点。

1. 捕捉模式

捕捉模式用于设定鼠标光标移动的间距，使用【捕捉模式】功能，可以提高绘图效率。【捕捉模式】可以单独打开，也可以和其他模式一同打开。如图 2-14 所示，打开捕捉模式后，光标按设定的移动间距来捕捉点的位置，并绘制出图形。

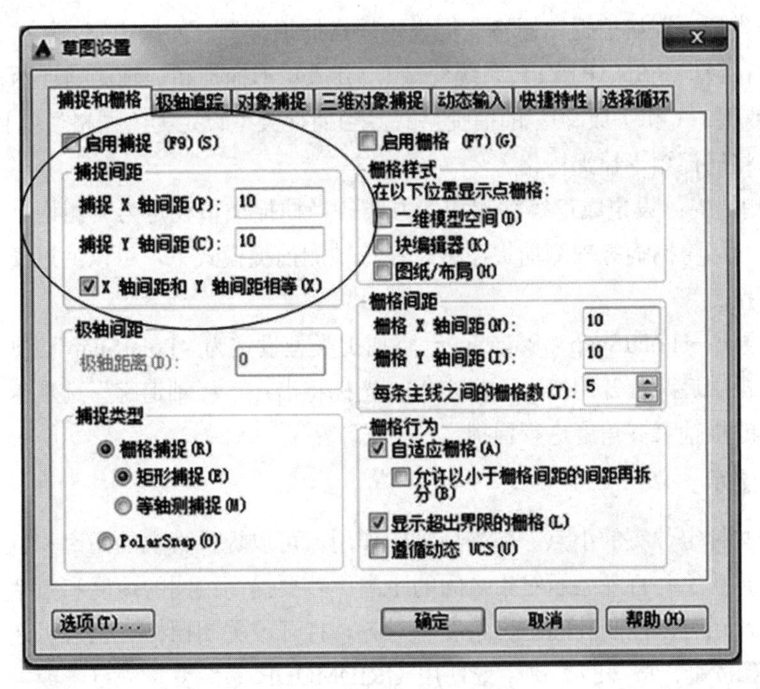

图 2-14 【草图设置】对话框

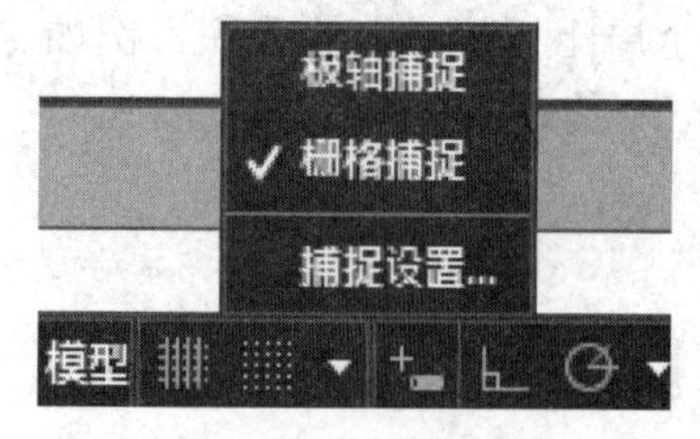

图 2-15 捕捉设置

用户可通过以下的方式来打开或关闭【捕捉】功能。

◎ 状态栏 单击【捕捉模式】按钮■，或其右侧箭头，弹出的菜单栏单击捕捉设置，将弹出【草图设置】对话框，如图 2-15 所示：在【捕捉和栅格】选项卡中，勾选或取消勾选【启用捕捉】复选框。

◎ 键盘快捷键 按【F9】键。

◎ 下拉菜单：【工具】→【绘图】命令，则弹出【草图设置】对话框。

◎ 命令行：输入 DSETTINGS 变量弹出【草图设置】对话框。

参数说明如下。

（1）捕捉间距 控制捕捉位置的不可见矩形栅格，以限制光标仅在制定的 X 和 Y 间隔内移动。

① 捕捉 X 轴间距：指定 X 方向的捕捉间距，间距值必须为正实数（SNAPUNIT 系统变量）。

② 捕捉 Y 轴间距：指定 Y 方向的捕捉间距，间距值必须为正实数（SNAPUNIT 系统变量）。

③ X 轴间距和 Y 轴间距相等 为捕捉间距和栅格间距强制使用同一 X 和 Y 间距值。捕捉间距可以与栅格间距不同。

（2）极轴间距 控制在极轴捕捉模式下的极轴间距。选定“捕捉类型和样式”下的“PolarSnap”时，设定捕捉增量和距离。如果改值为 0，则 PolarSnap 距离采用“捕捉 X 轴间距”的值。“极轴距离”设置无效（POLARDIST 系统变量）。

（3）捕捉类型→栅格捕捉 栅格捕捉设定栅格捕捉类型。如果指定点，光标将沿垂直或水平栅格点进行捕捉（SNAPTYPE 系统变量）。分成矩形捕捉和等轴测捕捉两种方式。

① 矩形捕捉：X 和 Y 成 90° 的捕捉格式。当捕捉类型设定为“栅格”并且打开“捕捉”模式时，光标将捕捉矩形捕捉栅格。

② 等轴测捕捉：设定成正等轴测捕捉方式。当捕捉类型设定为“栅格”并且打开“捕捉”模式时，光标将捕捉等轴测捕捉栅格。在等轴测捕捉模式下，可以通过【F5】在三个轴测平面之间切换。

（4）捕捉类型→PolarSnap PolarSnap 将捕捉类型设定为“PolarSnap”。如果启用了“捕捉”模式并在极轴追踪打开的情况下指定点，光标将沿在“极轴追踪”选项卡上相对于极轴追踪起点设置的极轴对齐角度进行捕捉。

2. 栅格显示

栅格是一些标定位置的小点，起坐标纸的作用，可以提供直观的距离和位置的参照。利用栅格可以对齐对象并直观显示对象之间的距离。若要提高绘图的速度和效率，可以显示并捕捉矩形栅格，还可以控制其间距、角度和对齐。打开或关闭栅格，也可以通过单击状态栏上的【栅格】■按钮、按【F7】键，或使用 GRIDMODE 系统变量来打开或关闭栅格模式。栅格设置对话框如图 2-16 所示。

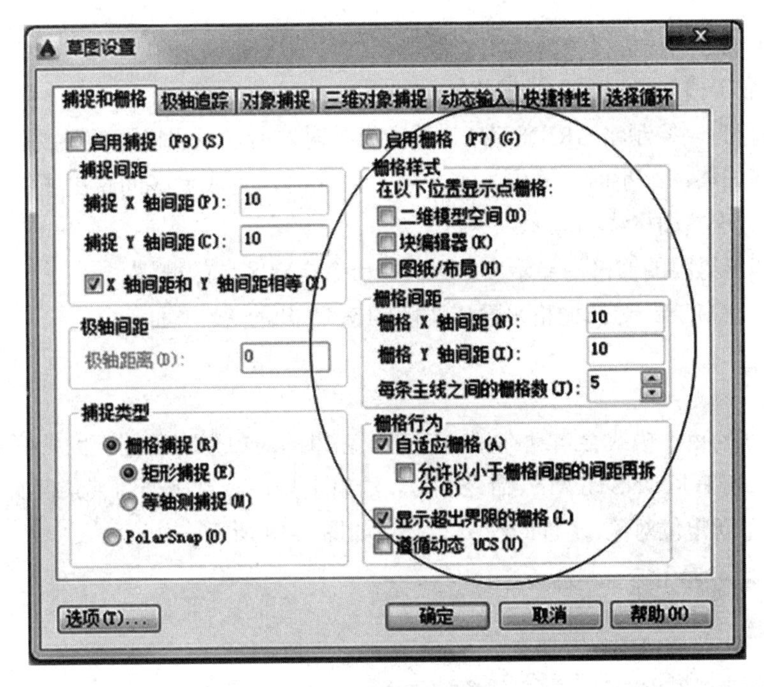

图 2-16 格栅设置

参数说明如下。

（1）栅格样式　在【草图设置】中设定栅格样式，也可以使用 GRIDSTYLE 系统变量设定栅格样式。

① 二维模型空间（D）：将二维模型空间的栅格样式设定为点栅格。

② 块编辑器（K）：将块编辑器的栅格样式设定为点栅格。

③ 图纸/布局（H）：将图纸和布局的三个样式设定为点栅格。

栅格的显示可以为点矩阵，也可以为线矩阵。仅在当前视觉样式设置为【二维线框】时栅格才显示为点，否则栅格将显示为线，如图 2-17 所示。在三维中工作时，所有视觉样式都显示为线栅格。

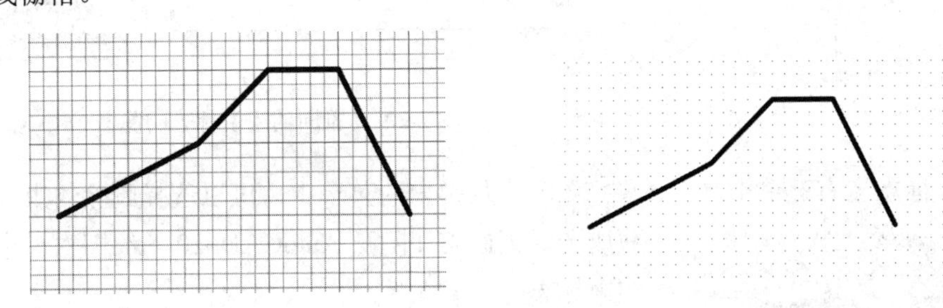

图 2-17　栅格以点和线的显示

（2）栅格间距　控制栅格的显示，有助于直观显示距离。利用 LIMITS 命令和 GRIDDISPLAY 系统变量可以控制栅格的界限。

① 栅格 *X* 间距：指定 *X* 方向上的栅格间距。如果该值为 0，则栅格采用“捕捉 *X* 轴间距”的数值集。

② 栅格 *Y* 间距：指定 *Y* 方向上的栅格间距。如果该值为 0，则栅格采用“捕捉 *Y* 轴间距”的数值集。

③ 每条主线之间的栅格数：指定主栅格线相对于次栅格线的频率。将 GRIDSTYLE 设定为 0 时，将显示栅格线而不显示栅格点。

（3）栅格行为　控制将 GRIDSTYLE 设定为 0 时，所显示栅格线的外观。

① 自适应栅格：缩小时，限制栅格密度。放大时，生成更多间距更小的栅格线。主栅格线的频率确定这些栅格线的频率。

② 显示超出界限的栅格：显示出 LIMITS 命令指定区域的栅格。

③ 遵循动态 UCS：更改栅格平面以跟随动态 UCS 的 *XY* 平面。

二、推断约束

启用“推断约束”模式会自动在正在创建或编辑的对象与对象捕捉的关联对象或点之间应用约束。与 AUTOCONSTRAIN 命令相似，约束也只在对象符合约束条件时才会应用。推断约束后不会重新定位对象。【推断约束】开启如图 2-18 所示。

图 2-18 【推断约束】开启及工具条

选择 AutoCAD 2015 几何工具，如【直线】、【矩形】工具，在绘图窗口中绘制图形，即可显示约束标志，如图 2-19 所示。

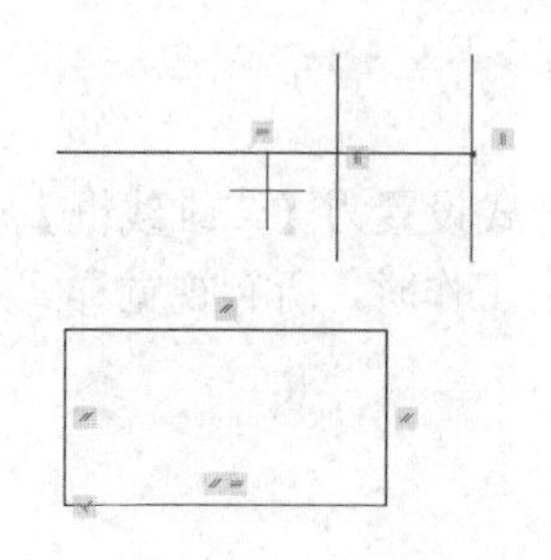

图 2-19 【推断约束】显示标志

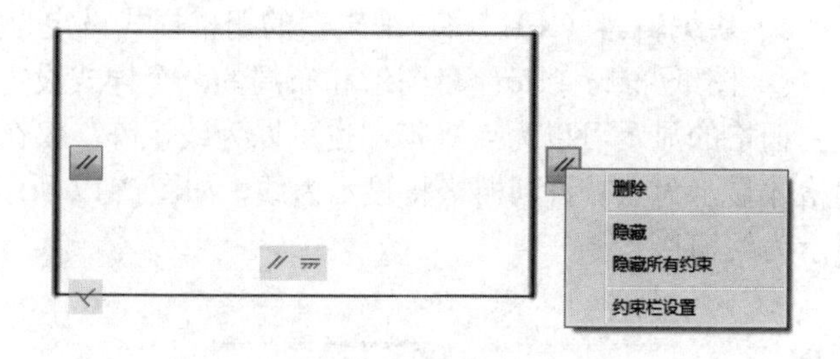

图 2-20 【推断约束】标志的隐藏

在约束标志上右键单击鼠标（图 2-20），从弹出的菜单中，可以选择删除约束标志，隐藏所选约束标志和隐藏 AutoCAD 2015 绘图窗口中所有的约束标志等。

图 2-21 【推断约束设置】命令

1. 推断约束的设置

在状态栏【推断约束】图标上单击鼠标右键，或是系统变量 CONSTRAINTINFER，也可以通过菜单栏中的【参数】菜单进行设置，弹出如图 2-21 所示【推断约束设置】及如图 2-22 所示【约束设置】对话框，【约束设置】包括【几何】约束、【标注】约束和【自动约束】。

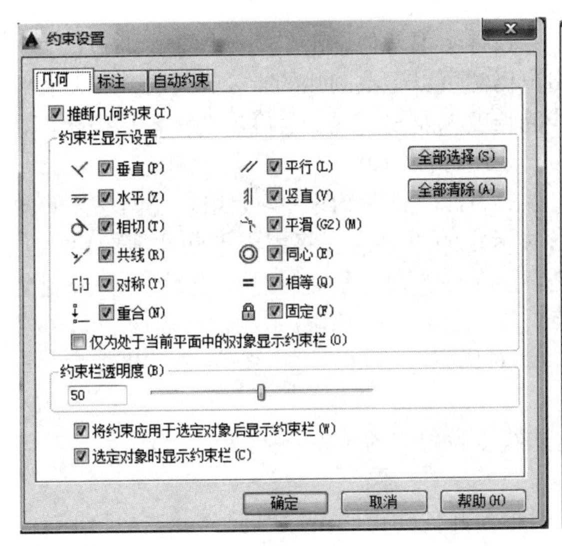

（a）

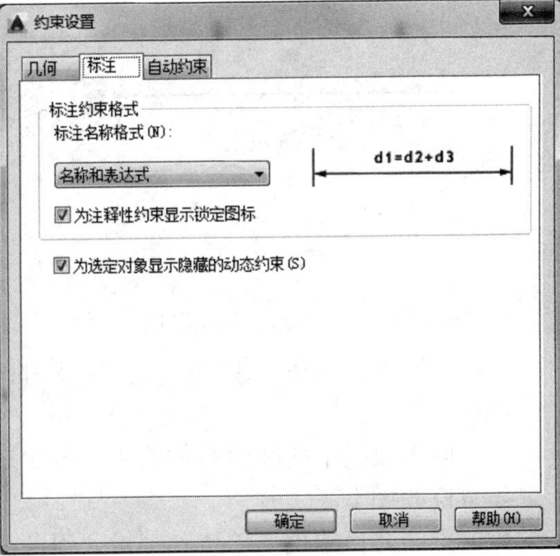

（b）

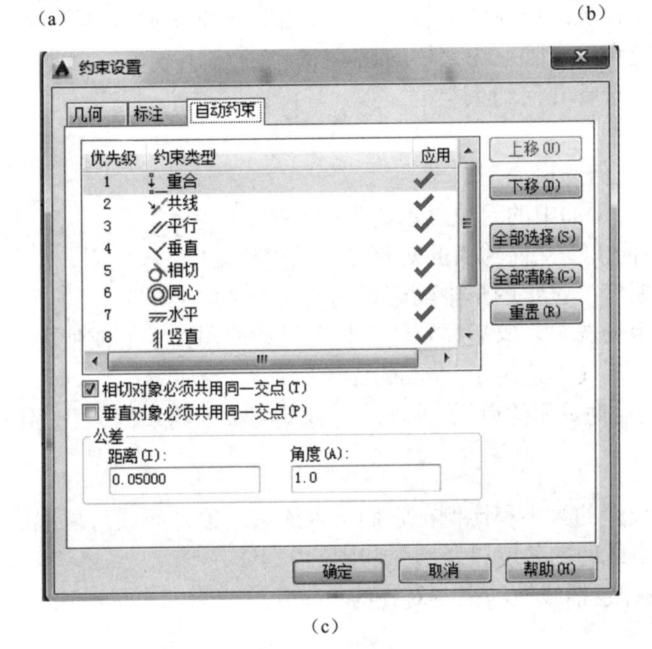

（c）

图 2-22 【约束设置】对话框

2. 几何约束

用户可指定二维对象或对象上的点之间的几何约束。之后编辑受约束的几何图形时，将保留约束。因此，通过使用几何约束，用户可以在图形中精确实现设计意图。

在图 2-23 中，为几何图形应用了以下约束。

① 每个端点都约束为与每个相邻对象的端点保持重合——这些约束显示为蓝色小方块。

② 垂直线约束为保持相互平行且长度相等。

③ 右侧的垂直线被约束为与水平线保持垂直。

④ 水平线被约束为保持水平。

⑤ 圆和水平线的位置约束为保持固定距离，这些“固定”约束显示为锁定图标。

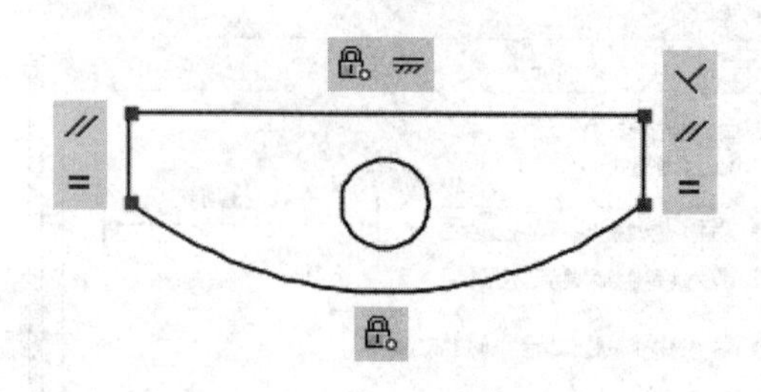

图 2-23　约束显示为锁定图标

设计上的几何图形未完全约束。通过夹点，用户仍然可以更改圆弧的半径、圆的直径、水平线的长度以及垂直线的长度。要指定这些距离，需要应用标注约束。

打开了“推断约束”时，用户在创建几何图形时指定的对象捕捉将用于推断几何约束。但是，不支持下列对象捕捉：① 交点；② 外观交点；③ 延伸；④ 象限。

无法推断下列约束：① 固定；② 平滑；③ 对称；④ 同心；⑤ 等于；⑥ 共线。

提示

可以向多段线中的线段添加约束，就像这些线段为独立的对象一样。

参数说明如下。

（1）推断几何约束　创建和编辑几何图形时推断几何约束（不适用于 AutoCAD LT）。

（2）约束栏显示设置　控制图形编辑器中是否为对象显示约束栏或约束点标记。例如，可以为水平约束和竖直约束隐藏约束栏的显示。

（3）全部选择　选择几何约束类型。

（4）全部清除

① 清除选定的几何约束类型。

② 仅为处于当前平面中的对象显示约束栏。

③ 仅为当前平面上受几何约束的对象显示约束栏。

（5）约束栏透明度　设定图形中约束栏的透明度。

（6）将约束应用于选定对象后显示约束栏　手动应用约束后或使用 AUTOCONSTRAIN 命令时显示相关约束栏（不适用于 AutoCAD LT）。

（7）选定对象时临时显示约束栏　临时显示选定对象的约束栏（不适用于 AutoCAD LT）。

3. 标注约束

标注约束控制设计的大小和比例。它们可以约束对象之间或对象上的点之间的距离、对象之间或对象上的点之间的角度以及圆弧和圆的大小。

图 2-24 所示图样包括线性约束、对齐约束、角度约束和直径约束。

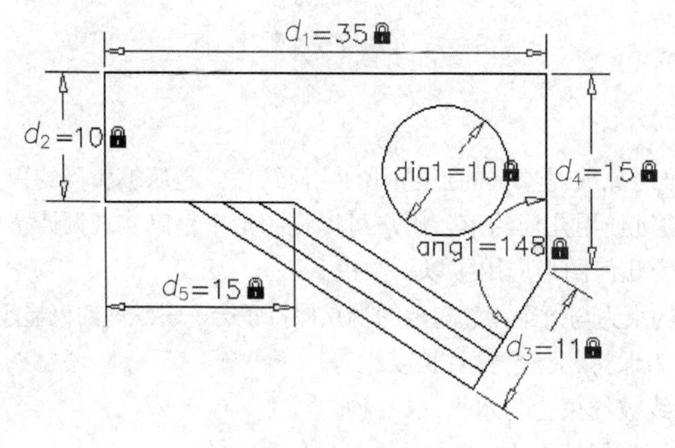

图 2-24 【标注约束】样式

如果更改标注约束的值，会计算对象上的所有约束，并自动更新受影响的对象。此外，可以向多段线中的线段添加约束，就像这些线段为独立的对象一样。

提示

标注约束中显示的小数位数由 LUPREC 和 AUPREC 系统变量控制。

标注约束与标注对象是有所不同的，标注约束与标注对象在以下几个方面有所不同。

① 标注约束用于图形的设计阶段，而标注通常在文档阶段进行创建。

② 标注约束驱动对象的大小或角度，而标注由对象驱动。

默认情况下，标注约束并不是对象，仅以一种标注样式显示，在缩放操作过程中保持相同大小，且不能输出到设备。如果需要输出具有标注约束的图形或使用标注样式，可以将标注约束的形式从动态更改为注释性。

参数说明如下。

（1）标注约束格式　设定标注名称格式和锁定图标的显示。

（2）标注名称格式

① 为应用标注约束时显示的文字指定格式。

② 将名称格式设定为显示：名称、值或名称和表达式。例如：宽度=长度/2。

（3）为注释性约束显示锁定图标　针对已应用注释性约束的对象显示锁定图标（DIMCONSTRAINTICON 系统变量）。

（4）为选定对象显示隐藏的动态约束　显示选定时已设定为隐藏的动态约束。

4. 自动约束

控制应用于选择集的约束，以及使用 AUTOCONSTRAIN 命令时约束的应用顺序。应用多个几何约束之前检查以下条件。

① 对象是否在“自动约束”选项卡中指定的公差内彼此垂直或相切？

② 在指定的公差内，它们是否也相交？

③ 如果满足第一个条件，则将始终应用相切约束和垂直约束（如果清除复选框）。

④ 如果选择其他复选框，则会将距离公差作为相交对象的考虑因素。如果对象不相交，但是这些对象之间的最短距离在指定的位置公差内，则会应用约束（即使复选框处于选中状态）。

参数说明如下。

（1）自动约束标题

① 优先级：控制约束的应用顺序。

② 约束类型：控制应用于对象的约束类型。

③ 应用：控制将约束应用于多个对象时所应用的约束。

（2）上移　通过在列表中上移选定项目来更改其顺序。

（3）下移　通过在列表中下移选定项目来更改其顺序。

（4）全部选择　选择所有几何约束类型以进行自动约束。

（5）全部清除　清除所有几何约束类型以进行自动约束。

（6）重置　将自动约束设置重置为默认值。

（7）相切对象必须共用同一交点　指定两条曲线必须共用一个点（在距离公差内指定）以便应用相切约束。

（8）垂直对象必须共用同一交点　指定直线必须相交或者一条直线的端点必须与另一条直线或直线的端点重合（在距离公差内指定）。

（9）公差　设定可接受的公差值以确定是否可以应用约束。

① 距离：距离公差应用于重合、同心、相切和共线约束。

② 角度：角度公差应用于水平、竖直、平行、垂直、相切和共线约束。

三、动态输入

【动态输入】功能是控制指针输入、标注输入、动态提示以及绘图工具提示的外观，即提示提供另外一种方法来输入命令。当动态输入处于启用状态时，工具提示将在光标附近动态显示更新信息。当命令正在运行时，可以在工具提示文本框中指定选项和值。用户可通过以下命令方式来执行此操作。

◎ 【草图设置】对话框：在【动态输入】选项卡下勾选或取消勾选【启用指针输入】等复选框。

◎ 状态栏：单击【动态输入】按钮。

◎ 快捷键【F12】。

启用【动态输入】时，工具提示将在光标附近显示信息，该信息会随着光标的移动而动态更新。当某命令处于活动态时，工具提示将为用户提供输入的位置。如图 2-25 中（a）、（b）所示为绘图时动态和非动态输入比较。

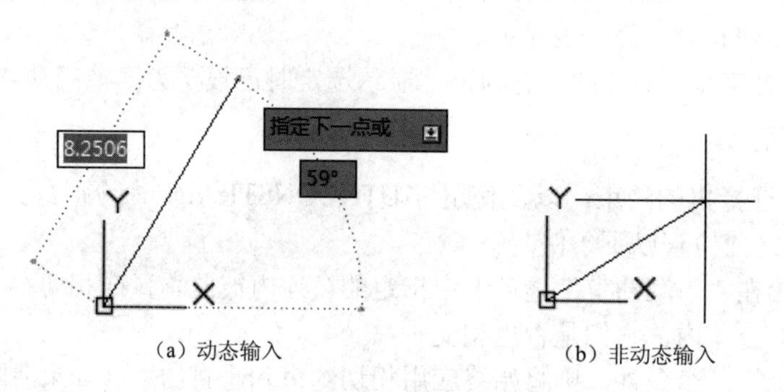

（a）动态输入　　（b）非动态输入

图 2-25　动态输入和非动态输入

【动态输入】有三个组件：指针输入、标注输入和动态提示。用户可通过【草图设置】对话框来设置动态输入显示时的内容。

（1）指针输入　当启用指针输入且有命令在执行时，十字光标的位置将在光标附近的工具提示中显示为坐标。绘制图形时，用户可在工具提示中直接输入坐标值来创建对象，而不用在命令行中另行输入。指针输入时，不管是相对坐标输入还是绝对坐标输入，其输入格式与在命令行中输入相同。

（2）标注输入　若启用标注输入，当命令提示输入第二点时，工具提示将显示距离（第二点与起点的长度值）和角度值，且在工具提示中的值将随光标的移动而发生改变。在标注输入时，按键盘【Tab】键可以交换动态显示长度和角度值。

用户在使用夹点来编辑图形时，标注输入的工具提示框中可能会显示旧的长度、移动夹点时更新的长度、长度的改变、角度、移动夹点时角度的变化、圆弧的半径等信息。

（3）动态提示　启动动态提示时，命令提示和命令输入会显示在光标附近的工具提示中，用户可以在工具提示（而不是在命令行）中直接响应。按键盘的下箭头键可以查看和选择选项。按上箭头键可以显示最近的输入。要在动态提示工具提示中使用 PASTECLIP（粘贴），可在键入字母之后，在粘贴输入之前用空格键将其删除。否则，输入将作为文字粘贴到图形中。

四、正交模式

正交模式用于控制是否以正交方式绘图，或者在正交模式下追踪对象点。在正交模式下，可以方便地绘制出与当前 *X* 轴或 *Y* 轴平行的直线。在绘图和编辑过程中，可以随时打开或关闭“正交”。输入坐标或指定对象捕捉时将忽略“正交”。常用打开【正交】的方式有以下几种。

◎ 状态栏：单击【正交锁定】按钮。

◎ 快捷键：【F8】。

◎ 命令行：ORTHO↙。

要临时关闭“正交模式”，请在操作时按住【Shift】键。直接距离输入不适用于此替代。当创建或移动对象时，可以使用“正交”模式将光标限制在相对于用户坐标系 (UCS) 的水平或垂直方向上。在三维视图中，“正交”模式额外限制光标只能上下移动。在这种情况下，工具提示会为该角度显示+*Z* 或–*Z*。

提示

在“正交”模式处于打开状态的情况下，使用直接距离输入来创建指定长度的水平和垂直直线，或按指定的距离水平或垂直移动或复制对象。

五、极轴追踪

极轴追踪是按程序默认给定或用户自定义的极轴角度增量来追踪对象点。如极轴角度为 45°，光标则只能按照给定的 45° 范围来追踪，即是说光标可在整个象限的 8 个位置上追踪对象点。如果事先知道要追踪的方向（角度），使用极轴追踪是比较方便的。

通常可以采用以下方式进行打开和关闭【极轴追踪】功能。

◎ 状态栏：单击【极轴追踪】按钮。

◎ 快捷键：【F10】。

◎ 在【草图设置】中【极轴追踪】对话框中勾选或取消勾选【启用极轴追踪】复选框，如图 2-26 所示。

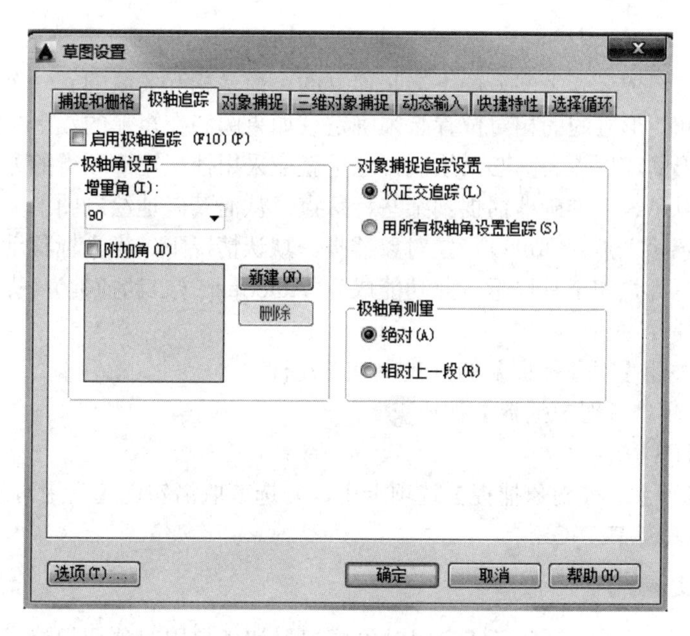

图 2-26 【极轴追踪】设置对话框

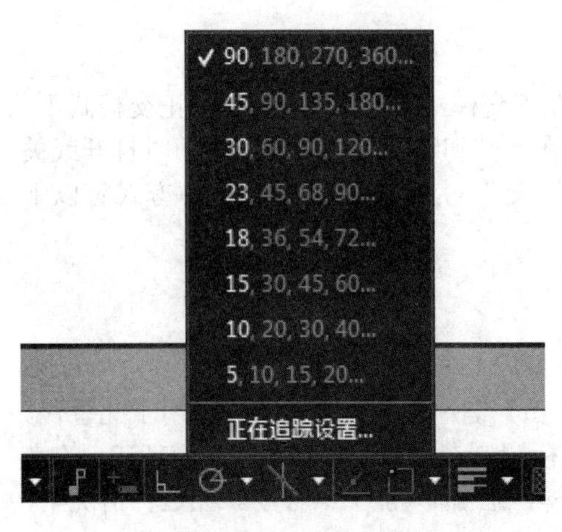

图 2-27 【极轴追踪】按钮

可以在状态栏中【极轴追踪】右侧下拉选择快捷菜单中的【正在追踪设置】来进行设置，如图 2-27 所示。

在【草图设置】对话框中的【极轴追踪】选项卡如图 2-26 所示。该选项卡中包含了【启用极轴追踪】复选框、极轴角设置、对象捕捉追踪设置和极轴角测量单位三个区。

(1) 启用极轴追踪　该复选框控制在绘图时是否使用极轴追踪。

(2) 极轴角设置区

① 角增量：设置角度增量大小。缺省为 90°，即捕捉 90° 的整数倍角度 0°、90°、180°、270°。用户可以通过下拉列表选择其他的预设角度，也可以键入新的角度。绘图时，当光标移到设定的角度及其整数倍角度附近时，自动被“吸”过去并显示极轴和当前方位。

② 附加角：该复选框设定是否启用附加角。附加角和角增量不同，在极轴追踪中会捕捉角增量及其整数倍角度，并且会捕捉附加角设定的角度，但不一定捕捉附加角。如设定了角增量为 45°，附加角为 30°，则自动捕捉的角度为 0°、45°、90°、135°、180°、225°、270°、315° 及 30°，不会捕捉 60°、120°、240°、300°。

③ 新建：新增一附加角。

④ 删除：删除一选定的附加角。

(3) 极轴角测量区

① 绝对：设置极轴角为绝对值，在极轴显示时有明确的提示。

② 相对上一段：设置极轴角为相对上一段的角度，在极轴显示时有明确的提示。

六、对象捕捉

绘制的图形各组成元素之间一般不会是孤立的，而是相互关联的。一个图形中有一矩形和一个圆，该圆和矩形之间的相对位置必须确定。如果圆心在矩形的左上角定点上，在绘制圆时，必须以矩形的该顶点为圆心来绘制，这里就应采用捕捉矩形顶点的方式来精确定点。对象捕捉功能可以迅速、准确地捕捉到某些特殊点，从而精确地绘制图形。

无论何时提示输入点，都可以指定对象捕捉。默认情况下，当光标移动到对象的对象捕捉位置时，将显示标记和工具提示。此功能成为 AutoSnap（自动捕捉），提供了视觉提示，指示正在使用的捕捉对象。

常用打开和关闭【对象捕捉】的方式有以下几种。

◎ 状态栏：单击【对象捕捉】按钮。

◎ 快捷键【F3】。

◎ 【草图设置】→【对象捕捉】选项卡中，勾选或取消勾选【启用对象捕捉】复选框。

◎ 命令行：DSETTINGS↙。

1. 对象捕捉模式

【对象捕捉】选项卡中包含了【启用对象捕捉】和【启用对象捕捉追踪】两个复选框以

及对象捕捉模式区，如图 2-28 所示。

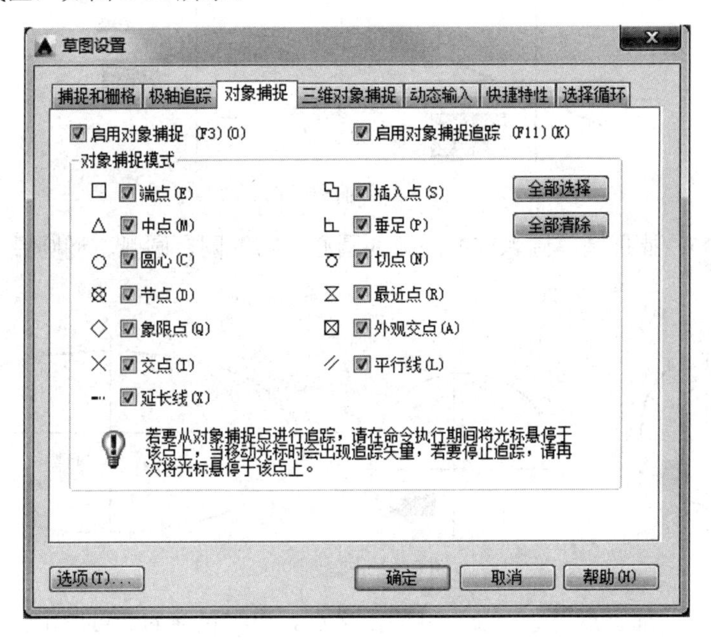

图 2-28 【对象捕捉】选项卡

（1）启用对象捕捉　控制是否启用对象捕捉。

（2）启用对象捕捉追踪　控制是否启用对象捕捉追踪如图 2-29 所示，捕捉该正六边形的中心。可以打开对象捕捉追踪，然后在输入点的提示下，首先将光标移到直线 *A* 上，出现中点提示后，将光标移到端点 *B* 上，出现端点提示后，向左移到中心位置附近，出现提示，该点即是中心点。

（3）【对象捕捉模式】区的各项说明

① 端点（□）：捕捉直线、圆弧、多段线、填充直线、填充多边形等端点，拾取点靠近哪个端点，即捕捉该端点，如图 2-30 所示。

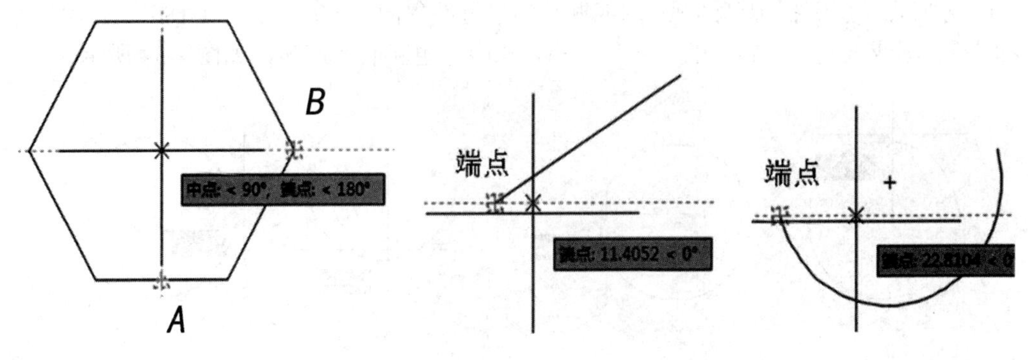

图 2-29　对象捕捉追踪　　图 2-30　捕捉端点

② 中点（△）：捕捉直线、圆弧、多段线的中点。对于参照物，“中点”将捕捉指定的第一点。当选择样条曲线或椭圆弧时，“中点”将捕捉对象起点和端点之间的中点，如图 2-31 所示。

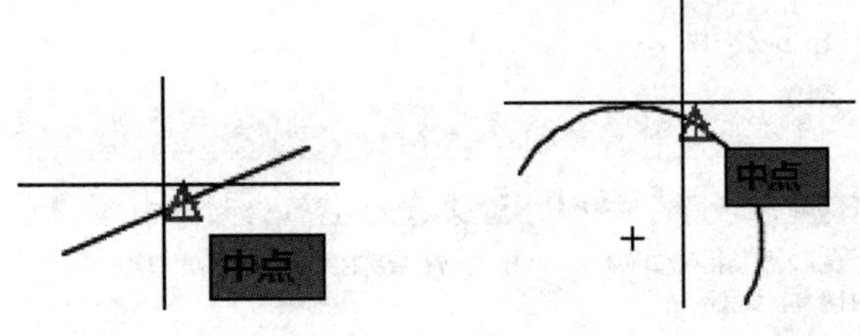

图 2-31　捕捉中点

③ 圆心（○）：捕捉圆、圆弧或椭圆弧的圆心，拾取圆、圆弧、椭圆弧而非圆心，如图 2-32 所示。

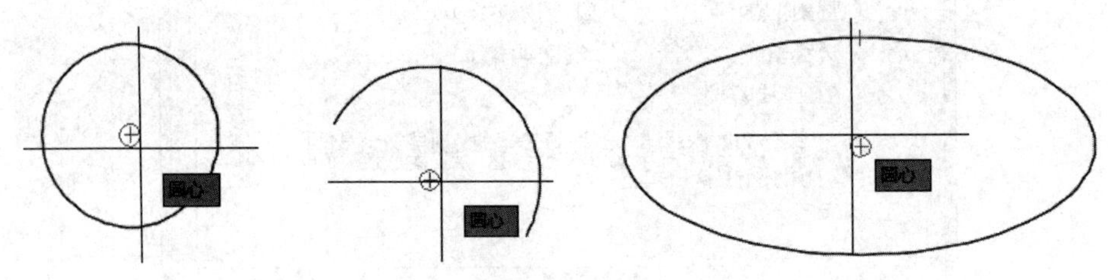

图 2-32　捕捉圆心

④ 节点（⊗）：捕捉点对象以及尺寸的定义点。块中包含的点可以用作快速捕捉点，如图 2-33 所示。

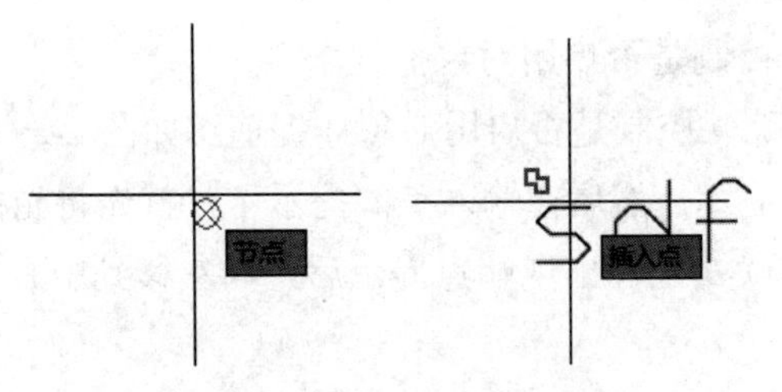

图 2-33　捕捉节点和插入点

⑤ 插入点（㇄）：捕捉块、文字、属性、形、属性定义等插入点。如果选择块中的属性，AutoCAD 将捕捉属性的插入点而不是块的插入点，如图 2-33 右图所示。

⑥ 象限点（◇）：捕捉到圆弧、圆或椭圆的最近的象限点（0°、90°、180°、270°点）。如果圆弧、圆或椭圆是旋转块的一部分，那么象限点也随着块旋转，如图 2-34 所示。

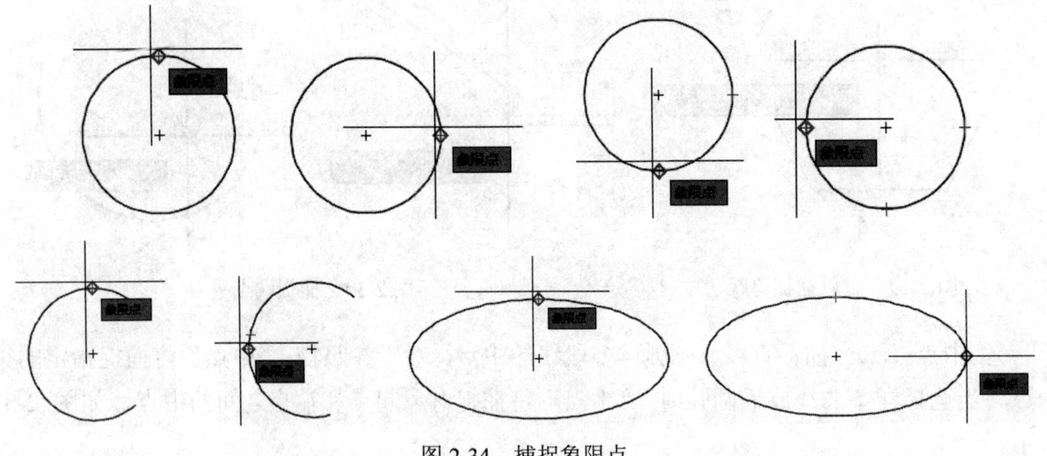

图 2-34　捕捉象限点

⑦ 交点（×）：捕捉两图形元素的交点，这些对象包括圆弧、圆、椭圆、椭圆弧、直线、多线、多段线或样条曲线等，如图 2-35 所示。

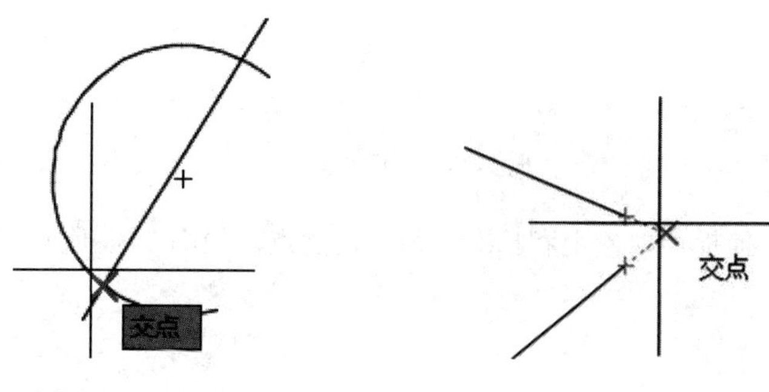

图 2-35　捕捉交点　　　　图 2-36　捕捉延伸交点

⑧ 延长线（ ╍ ）：可以使用【延伸】对象捕捉延伸直线和圆弧。与【交点】或【外观交点】一起使用【延伸】，可获得延伸交点。要使用【延伸】，在直线或圆弧端点上暂停后将显示小的加号，表示直线或圆弧已经选定，可以延伸。沿着延伸路径移动光标将显示一个临时延伸路径。如果【交点】或【外观交点】处于【开】状态，就可以找出直线或圆弧与其他对象的交点，如图 2-36 所示。

⑨ 垂足（⊾）：【垂足】可以捕捉到与圆弧、圆、参照、椭圆弧、直线、多线、多线段、射线、实体或样条曲线正交的点，也可以捕捉到对象的外观延伸垂足，所有最后结果是垂足未必在所选的对象上。当用【垂足】指定第一点时，AutoCAD 将提示指定对象上的一点。当用【垂足】指定第二点时，AutoCAD 将捕捉刚刚指定的点以创建对象或对象外观延伸的一条垂线。如图 2-37 绘制一直线同时垂直于直线和椭圆，在输入点的提示下，采用【垂足】响应。

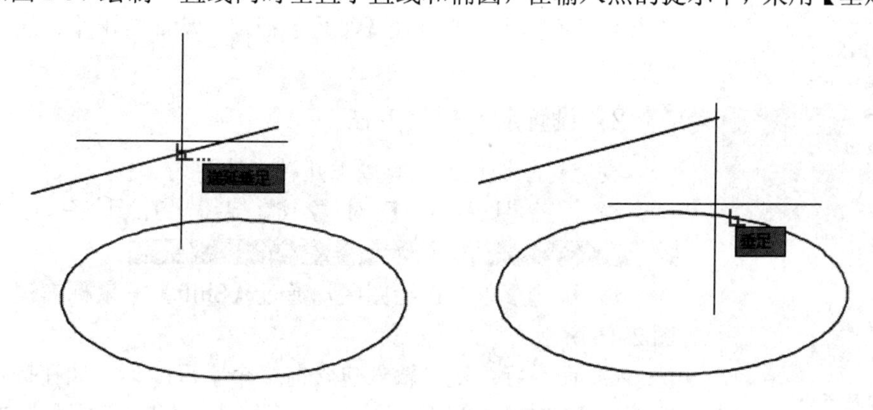

图 2-37　捕捉垂足

⑩ 外观交点（⊠）：和交点类似的设定。捕捉空间两个对象的视图交点，注意在屏幕上看上去【相交】，如果第三个坐标不同，这两个对象并不真正相交。采用【交点】模式无法捕捉该【交点】。如果要捕捉该交点，应该设定完成【外观交点】。

⑪ 切点（ȣ）：捕捉与圆、圆弧、椭圆相切的点。如绘制一直线和圆相切，则该直线的上一个端点和切点之间的连线保证和圆相切。对于捕捉需要多个点建立相关的关系，AutoCAD 显示一个递延的自动捕捉【切点】创建两点或三点圆。如图 2-38 绘制一直线垂直于直线并和圆相切。

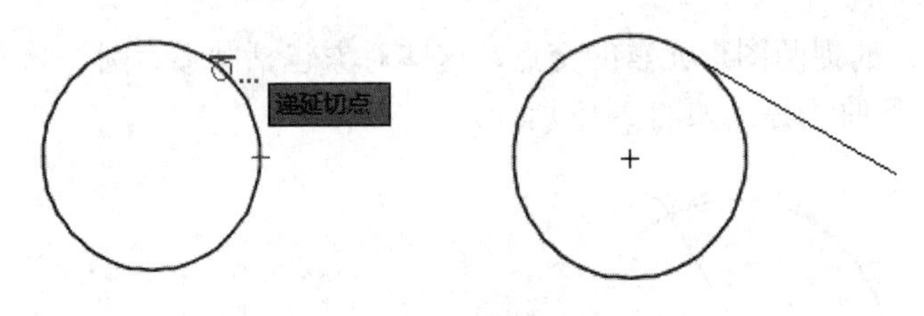

图 2-38　捕捉切点

⑫ 最近点（⌧）：捕捉该对象上和拾取点最靠近的点，如图 2-39 所示。

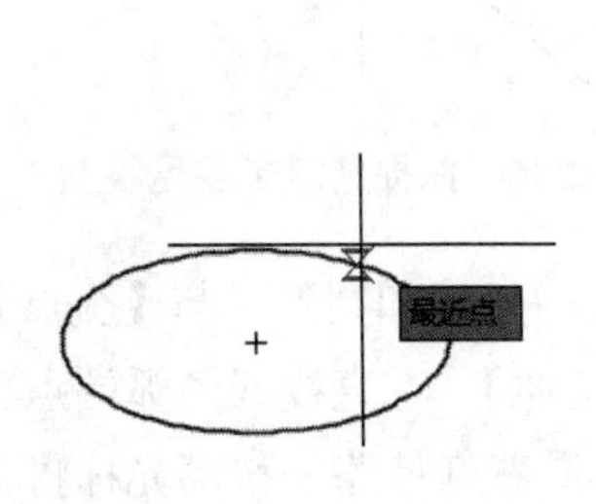

图 2-39　捕捉最近点

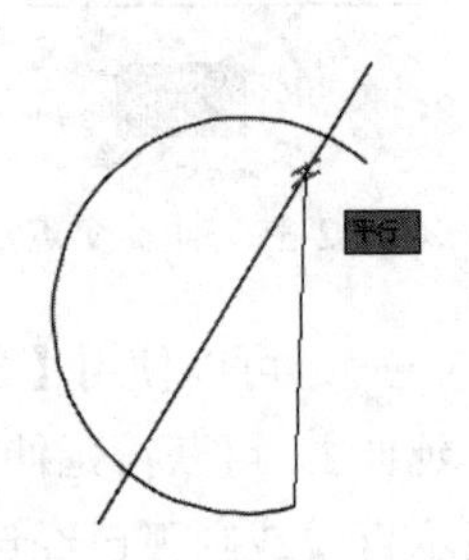

图 2-40　捕捉平行线

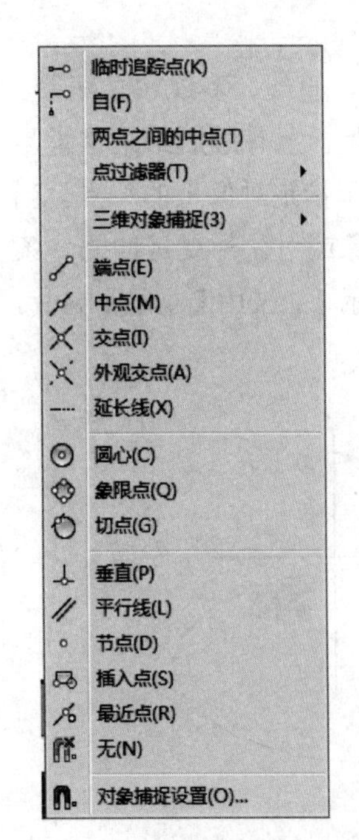

图 2-41　对象捕捉快捷菜单

⑬ 平行线（⫽）：绘制直线段时应用【平行线】捕捉。要想应用单点对象捕捉，请先指定直线的【起点】，选择平行对象捕捉（或将【平行】对象捕捉设置为执行对象捕捉），然后移动光标到想与之平行对象上，随后将显示小的平行线符号，表示此对象已经选定。再移动光标，在最近与选定对象平行时自动跳到平行的位置。该平行对齐路径以对象和命令的起点为基点。可以与【交点】或【外观交点】对象捕捉一起使用【平行】捕捉，从而找出平行线与其他对象的交点，如图 2-40 所示。

2. 设置对象捕捉方法

设定对象捕捉方式有以下几种方法。

◎ 工具栏：【对象捕捉】工具条上的按钮 。

◎ 快捷菜单：在绘图区，通过【Shift】＋鼠标右键执行，如图 2-41 所示。

◎ 命令行：键盘输入包含前三个字母的词。如在提示输入点时输入【MID】，此时会用中点捕捉模式，同时可以用诸如【END】【PER】【QUA】【QUI】【END】的方式输入多个对象捕捉模式。

◎ 通过【对象捕捉】选项卡来设置，如图 2-28 所示。

七、对象捕捉追踪

对象捕捉追踪按照对象的某种特定关系来追踪，这种特定的关系确定了一个未知度。如果事先不知道具体的追踪方向或角度，但知道与其他对象的某种关系（如相交、垂直等），则用对象捕捉追踪。极轴追踪和对象捕捉追踪可以同时使用。可以通过以下方式打开或是关闭【对象捕捉追踪】功能。

◎ 状态栏：单击【对象捕捉追踪】按钮。

◎ 快捷键【F11】。

使用对象捕捉追踪，在命令中指定点时，光标可以沿基于其他对象捕捉点的对齐路径进行追踪。在使用对象捕捉追踪功能时候，必须打开一个或多个对象捕捉。

八、对象捕捉和极轴追踪的参数设置

在图形比较密集时，即使采用对象捕捉，也可能由于图线较多而出现误选现象，所以应该设置合适的靶框。同样，用户也可以设置在自动捕捉时提示标记或在极轴追踪时是否显示追踪向量等。设置捕捉参数可以满足用户的需要。可以通过以下方式进行设置对象捕捉和极轴追踪的参数。

◎ 下拉菜单：【工具】→【选项】。

◎ 快捷菜单：在命令行或文本窗口或绘图区用【Shift】+鼠标右键，在快捷菜单中选择【选项】。执行【选择】命令以后，弹出如图 2-42 所示的【选项】对话框，其中【绘图】选项卡可以设置对象捕捉参数和极轴追踪参数。

◎ 命令行：OPTIONS↙。

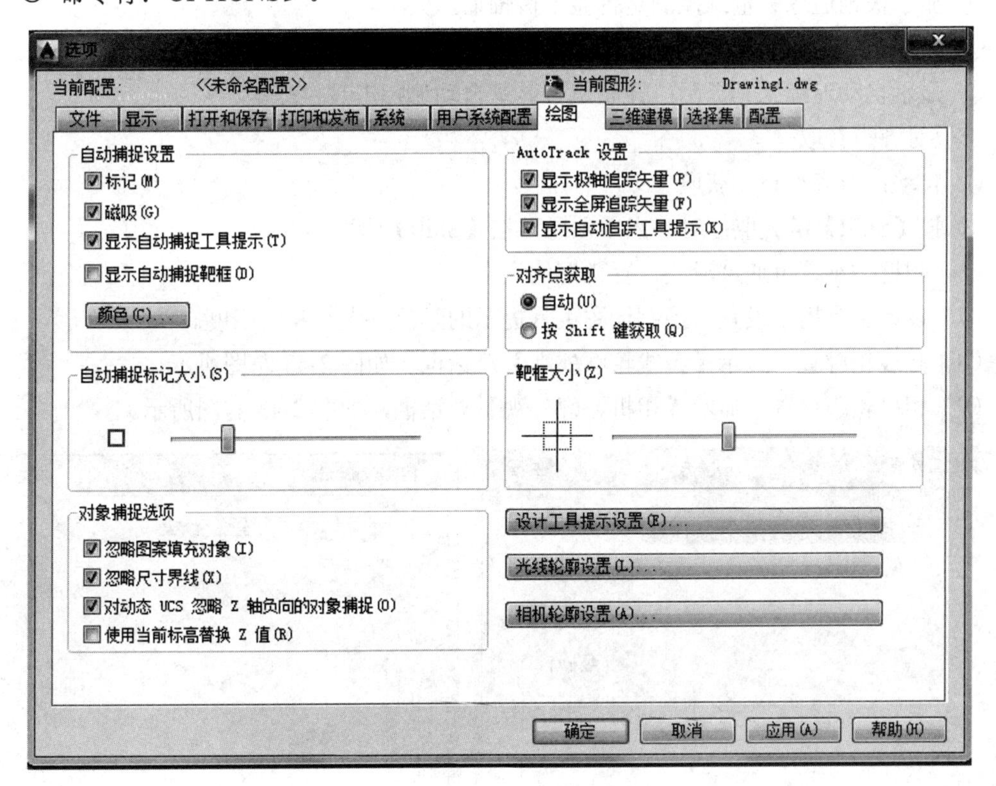

图 2-42 【绘图】选项卡

参数说明如下。

（1）自动捕捉设置

① 标记（M）：设置是否显示自动捕捉标记，不同的捕捉点，标记不同。

② 磁吸（G）：设置是否将光标自动锁定在最近的捕捉点上。

③ 显示自动捕捉工具提示（T）：控制是否显示捕捉点类型提示。

④ 显示自动捕捉靶框（D）：控制是否显示自动捕捉靶框。

⑤ 颜色：设置自动捕捉标记颜色。

（2）自动捕捉标记大小　通过滑块设置自动捕捉标记大小。向右移动增大，向左移动减小。

（3）对象捕捉选项　设置执行对象捕捉模式。

① 忽视图案填充对象（I）：指定对象捕捉模式。

② 忽视尺寸界线（X）：指定对象捕捉模式。

③ 对动态 UCS 忽略负 Z 轴负向的对象捕捉（O）：指定使用动态 UCS 期间对象捕捉忽略具有负 Z 值的几何体。

④ 使用当前标高替换 Z 值（R）：指定对象捕捉忽视对象捕捉位置的 Z 值，并使用为当前 UCS 设置的标高的 Z 值。

（4）AutoTrack 设置　控制与 AutoCAD 行为相关的设置，此设置在启用极轴追踪或对象捕捉时可用。

① 显示极轴追踪矢量：控制是否显示极轴追踪矢量。

② 显示全屏追踪矢量：控制是否显示全屏追踪，该矢量显示的是一条参照线。

③ 显示自动追踪工具提示：控制是否显示自动追踪工具栏提示。

（5）对齐点获取

① 自动：对齐点自动获取。

② 按【Shift】键获取：对齐点必须通过按【Shift】键才能获取。

（6）靶框大小　可通过滑块设置靶框的大小。

（7）设计工具提示设置　控制绘图工具提示的颜色、大小和透明度。

（8）光线轮廓置　显示【光线轮廓外观】对话框，如图 2-43 左图所示。

（9）相机轮廓设置　显示【相机轮廓外观】对话框，如图 2-43 右图所示。

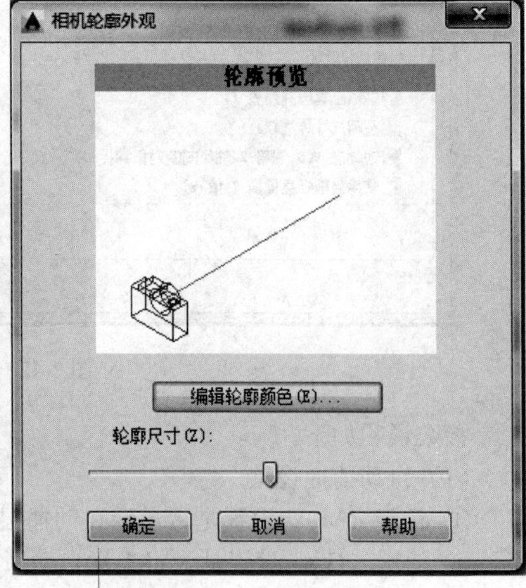

图 2-43 【光线轮廓外观】和【相机轮廓外观】对话框

第四节　图形的显示控制

在使用 AutoCAD 绘图时，经常需要观察整体布局和进行局部操作，一些细微部分常常需要放大才能看清楚。实现这些，就要依靠 AutoCAD 的显示控制命令。通过显示控制命令，还可以保存和恢复命名视图，设置多个视口等。

显示控制用来增大或减小当前视口中视图的比例，改变的仅仅是观察者的视觉效果，而图形的尺寸、空间几何要素并没有改变。

一、鼠标功能键设置

AutoCAD 的鼠标功能键设置如表 2-1 所示。

表 2-1　AutoCAD 鼠标键功能键设置

左键	选取功能键	
右键	打开快捷菜单	
中间滚轮	向前或向后旋转滚轮	即时放大或缩小
	压着不放和拖拽	即时平移
	双击	缩放成整个绘图窗口的范围
	【Shift+】压着不放或拖拽	作垂直或水平的平移
	【Ctrl+】压着不放或拖拽	摇杆式即时平移
	Mbuttonpan=0，单击滚轮	对象捕捉快捷菜单
【Shift+】右键	对象捕捉快捷菜单	

二、实时平移

实时平移可以在不改变图形缩放比例的情况下，在屏幕上观察图形的不同内容，相当于移动图纸。在命令行中输入 PAN 命令，光标变成一只手的形状，按住鼠标左键移动，可以使图形一起移动。由于是即时平移，AutoCAD 记录的画面很多，所有随后显示上一个命令意义不大。

光标形状变为手形。按住定点设备上的拾取键可以锁定光标于相对视口坐标系的当前位置。图形显示随光标向同一方向移动，如图 2-44 所示。

到达逻辑范围（图纸空间的边缘）时，将在此边缘上的手形光标上显示边界栏。根据此逻辑范围处于图形顶部、底部还是两侧，将相应地显示出水平（顶部或底部）或垂直（左侧或右侧）边界栏，如图 2-45 所示。

图 2-44　即时移动光标形式

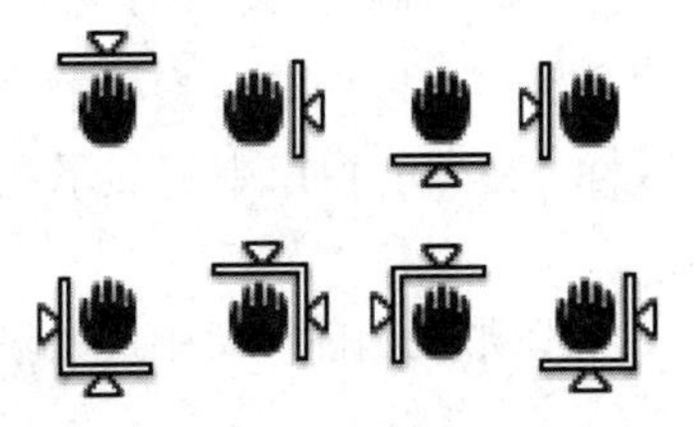

图 2-45　在边缘处光标形式

释放拾取键，平移将停止。可以释放拾取键，将光标移动到图形的其他位置，然后再按拾取键，接着从该位置平移显示。要随时停止平移，请按【Enter】键或【Esc】键。

提示

① 在用 AutoCAD 绘制大型、复杂的图时，可不断用该命令移动视窗，以便观察和作图。

② PAN 命令是一透明命令，可在执行其他命令的过程中随时启动。

③ 通常通过按住滚轮并拖动可平移视图。

三、图形缩放

使用【PAN】的“实时”选项，可以通过移动定点设备进行动态平移。与使用相机平移一样，【PAN】不会更改图形中的对象位置或比例，而只是更改视图。可以通过放大和缩小操作更改视图的比例，类似于使用相机进行缩放。【ZOOM】不更改图形中对象的绝对大小，只改变视图的放大比例。当在图形中进行局部特写时，可能经常需要将图形缩小以观察总体布局。使用【缩放到上一个】可以快速返回到上一个视图。通常用的启用图形的缩放方式有如下两种。

◎ 命令行：ZOOM↙。

◎ 工具栏：。

【命令及显示】

命令：ZOOM
指定窗口的角点，输入比例因子（nX 或 nXP），或者
ZOOM [全部(A) 中心(C) 动态(D) 范围(E) 上一个(P) 比例(S) 窗口(W) 对象(O)] <实时>:

参数说明如下。

① 指定窗口角点：通过定义一窗口来确定放大范围，在视口中点取一点即确定该窗口的一个角点，随即提示输入另一个角点。执行结果同窗口参数。即【菜单】→【视图】→【缩放】→【窗口】。

② 输入比例因子（nX 或 nXP）：按照一定的比例来进行缩放。大于 1 为放大，小于 1 为缩小。X 指相随与模型空间缩放，XP 指相对于图纸空间缩放。即【菜单】→【视图】→【缩放】→【比例】。

③ 全部（A）：在当前视口中显示整个图形，其范围取决于图形所占范围和绘图界限中较大的一个。即【菜单】→【视图】→【缩放】→【全部】。

④ 中心（C）：指定一中心点，将该点作为视口中图形显示的中心。在随后的提示中，要求指定中心点和缩放系数及高度，系统根据给定的缩放系数（nX）或欲显示的高度进行缩放。如果不想改变中心点，在中心点提示后直接回车即可。即【菜单】→【视图】→【缩放】→【圆心】。

⑤ 动态（D）：动态显示图形。该选项集成了平移命令和显示缩放命令中的【全部】和【窗口】功能。当应用该选项时，系统显示一平移观察框，可以拖动它到适当的位置并单击，此时出现一向右的箭头，可以调整观察框的大小。如果再单击鼠标左键，可以移动观察框。如果回车或右击鼠标，在当前窗口中将显示观察框中的部分内容。即【菜单】→【视图】【缩放】→【动态】。

⑥ 范围（E）：将图形在当前视口中最大限度地显示。即【菜单】→【视图】→【缩放】→【范围】。

⑦ 上一个（P）：恢复上一个视口内显示的图形，最多可以恢复 10 个图形显示。即【菜

单】→【视图】→【缩放】→【上一个】。

⑧ 比例（S）：根据输入的比例显示图形，对模型空间，比例系数后加 X，对于图纸空间，比例后加上 XP。显示的中心为当前视口中图形的显示中心。即【菜单】→【视图】→【缩放】→【比例】。

⑨ 窗口（W）：缩放由两点定义的窗口范围内的图形到整个窗口范围。即【菜单】→【视图】→【缩放】→【窗口】。

⑩ 对象（O）：将选取的图形缩放到整个窗口范围。即【菜单】→【视图】→【缩放】→【对象】。

⑪ 实时：在提示后直接回车，进而实时缩放状态。按住鼠标向上或向左为放大图形显示，按住鼠标向下或向右为缩小图形显示。即【菜单】→【视图】→【缩放】→【实时】。

提示

① 如果圆曲线在图形放大后成折线，这时可用 REGEN 命令重生成图形。

② 该命令为透明命令，可在其他命令的执行过程中执行，为图形的绘制和编辑带来方便。

③ 在 ZOOM 命令指示下，直接输入比例系数则以比例方式缩放；如果直接用定标设备在屏幕上拾取两对角点，则以窗口方式缩放。

④ 在启用【实时】选项后，单击鼠标右键可出现弹出式菜单，如图 2-46 所示，可以从该菜单选项中对图形进行缩放和平移，以及退出实时状态，回到原始状态。

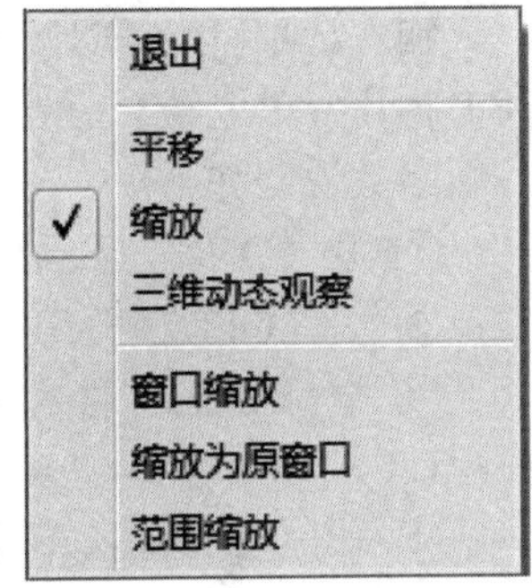

图 2-46　弹出式菜单

四、图形重画及重生成

1. 图形重画

◎在绘图过程中，有时会在屏幕上留下一些“橡皮屑”。为了去除这些“橡皮屑”，更有利于我们绘制和观察图形，可以执行图形重画。执行方式主要有如下两种。

◎ 下拉菜单：【视图】→【重画】。

命令行：REDRAW↙、REDRAWALL↙。

REDRAW 命令只对当前视窗中的图形起作用，重现以后可以消除残留在屏幕上的标记点痕迹，使图形变得清晰，如图屏幕上有好几个视窗，可用 REDRAWALL 命令对所有视窗中的图形进行重现显示。

打开或关闭图形中某一图层或者关闭栅格后，系统也将自动对图形刷新并重新显示。

2. 图形重生成

重生成同样可以刷新视口，它和重画的区别在于刷新的速度不同，重生成的速度比较重画速度要慢。

◎ 下拉菜单：【视图】→【重生成】、【视图】→【全部重生成】。

◎ 命令行：REGEN↙、REGENALL↙。

AutoCAD 在可能的情况下会执行重画而不执行重生来刷新视口。有些命令执行时会引起重生成，如执行重画无法清除屏幕上的痕迹，也只能重生成。

REGEN 命令重新生成当前视口。REGENALL 命令对所有的视口都执行重生成。

五、显示图标、属性及文本窗口

如果想知道目前工作的坐标系统或不希望 UCS 图标影响图形观察，或者需要放大文本窗口观察历史命令及其提示以及查询命令的结果，均可以通过显示控制命令来实现。

1. UCS 图标显示

显示命令可以控制 UCS 图标是否显示以及是显示在原点还是始终显示在绘图区的左下角，操作方法如下。

命令行：UCSICON

命令行显示：

命令：UCSICON

输入选项[开（ON）/关（OFF）/全部（A）/非原点（N）/原点（OR）/可选（S）/特性（P）]<开>：*取消*

参数说明如下。

① 开（ON）：显示 UCS 图标。

② 关（OFF）:关闭 UCS 图标。

③ 全部（A）：将对图标的修改应用到所有活动视口。否则，UCSICON 命令只影响当前视口。

④ 非原点（N）：不管 UCS 原点在何处，在视口的左下角显示图标。

⑤ 原点（OR）：在当前 UCS 的原点(0,0,0)处显示该图标。如果原点超出视图，它将显示在视口的左下角。

⑥ 可选（S）：控制 UCS 图标是否可选并且可以通过夹点操作。

⑦ 特性（P）：显示【UCS 图标】对话框，从中可以控制 UCS 图标的样式、可见性和位置。

2. 标准命令窗口

命令窗口可用于启动命令并通过输入值响应提示。它还提供过去的活动历史记录和下一步操作的指导。

如图 2-47 所示，临时提示历史记录显示在浮动命令窗口的上方。

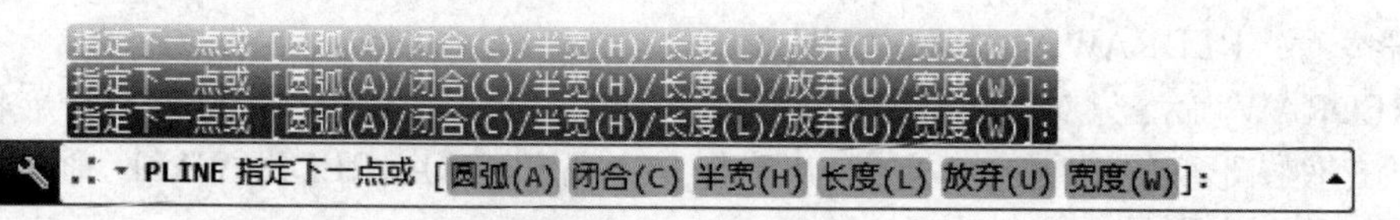

图 2-47　命令窗口

使用标准键在命令窗口中进行操作如表 2-2 所示：

表 2-2　标准键在命令窗口中的操作

水平移动光标	左箭头键和右箭头键
循环浏览在当前任务中使用的命令	上箭头键和下箭头键
删除选定值	【Delete】键
删除选定值或删除光标前的字符	【Backspace】键
指定选项	单击该选项或输入大写字母
结束命令并清除命令窗口	【Esc】键
在命令，系统变量和内容搜索列表之间循环浏览	【Tab】键

更改命令提示设置可以按如图 2-48 所示的按钮。

图 2-48　更改命令提示设置

3. 文本窗口控制

打开一个文本窗口，该窗口将显示当前任务的提示和命令行条目的历史记录。文本窗口与命令窗口相似，不同之处在于文本窗口显示当前工作任务中提示和响应的完整历史记录。如果命令窗口是固定的或关闭的，则按【F2】键来打开文本窗口。LIST 命令将显示所选对象的详细信息，此外，如果命令窗口是固定的或关闭的，它还将打开文本窗口。

执行命令 TEXTSCR 后系统将弹出如图 2-49 所示的文本窗口。

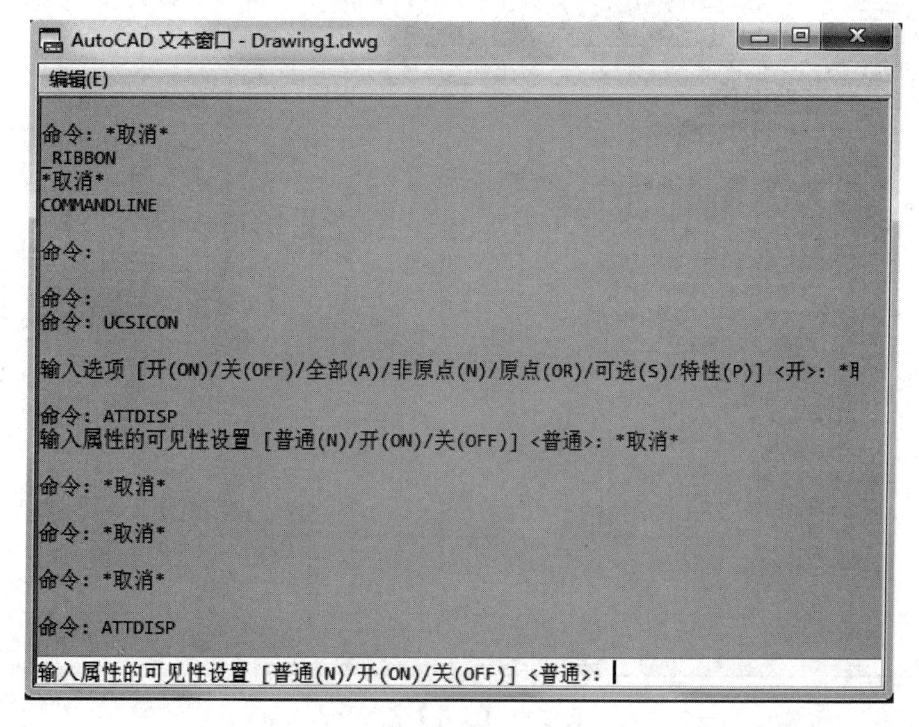

图 2-49　文本窗口

可以采取与浏览命令窗口相同的方式来浏览文本窗口。因为它包含更详细的信息，用户还可以执行表 2-3 所示的操作。

表 2-3　标准键在文本窗口中的操作

在文本窗口中向后和向前移动	滚动条或鼠标滚轮
移动到文本窗口的开始或结束位置	【Home】和【End】键
选择部分文字	【Shift+箭头键】,【Shift+Home】键,【Shift+End】键
将所有文字复制到剪贴板	COPYHIST 命令
将命令保存到日志文件	LOGFILEON 命令
重复上一个命令序列	选择该序列，然后按【Ctrl+C】组合键。在命令行中，按【Ctrl+V】组合键

虽然命令行窗口同样可以通过鼠标拖动移到屏幕中间，并且可以改变其大小超过缺省的文本窗口大小，但文本窗口带有编辑菜单，而命令行窗口不带该菜单。

文本窗口记录了从打开图形后用户对图形进行的一切操作。

第五节　其他选项设置

一、【文件】选项

【文件】选项卡如图 2-50 所示。在该对话框中可以指定文件夹，供 AutoCAD 搜索不在缺省文件夹中的文件，如字体、线型、填充图案、菜单等。

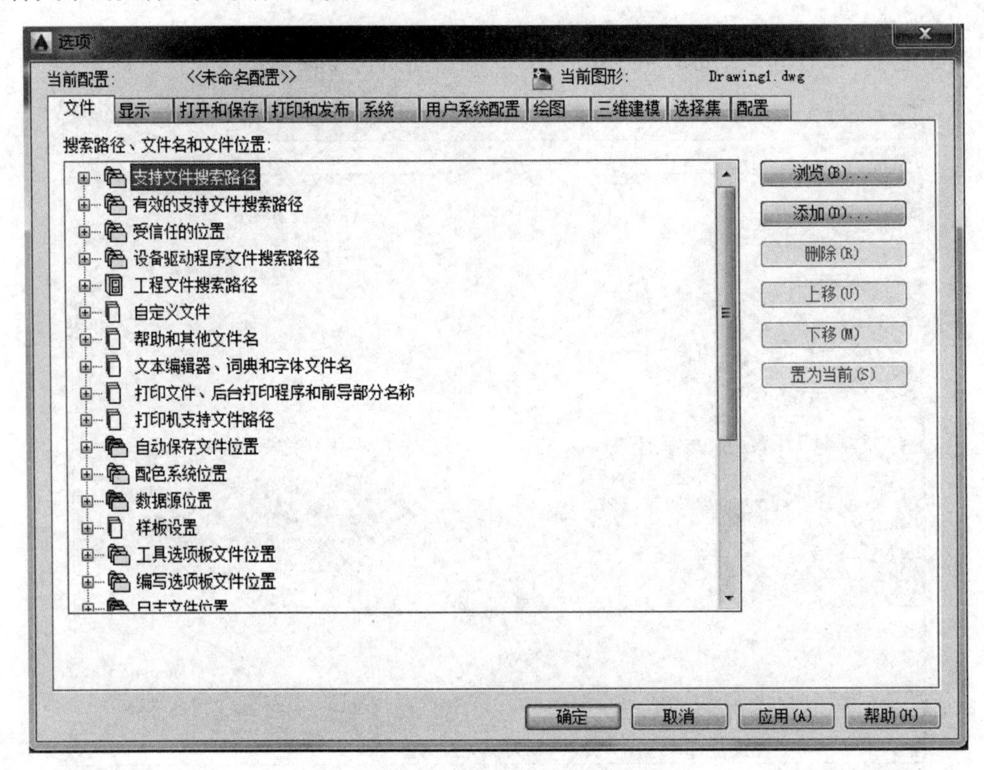

图 2-50 【文件】选项卡

二、【显示】选项

【显示】选项卡可以设定 AutoCAD 在显示器上的显示状态和设置工作界面的显示效果，例如是否显示 AutoCAD 2015 屏幕菜单；是否显示滚动条；是否在启动时最小化 AutoCAD 2015 窗口；AutoCAD 2015 图形窗口和文本窗口的颜色和字体等，如图 2-51 所示。

前述的某些选项在 AutoCAD LT 中不可用。

参数说明如下。

（1）窗口元素　控制绘图环境特有的显示设置。

① 配色方案（M）：以深色或浅色控制界面元素（例如状态栏、标题栏、功能区栏、选项板和应用程序菜单边框）的颜色设置（COLORTHEME 系统变量）。

② 在图形窗口中显示滚动条（S）：在绘图区域的底部和右侧显示滚动条。

③ 在工具栏中使用大按钮：以 32×32 像素的更大格式显示按钮。

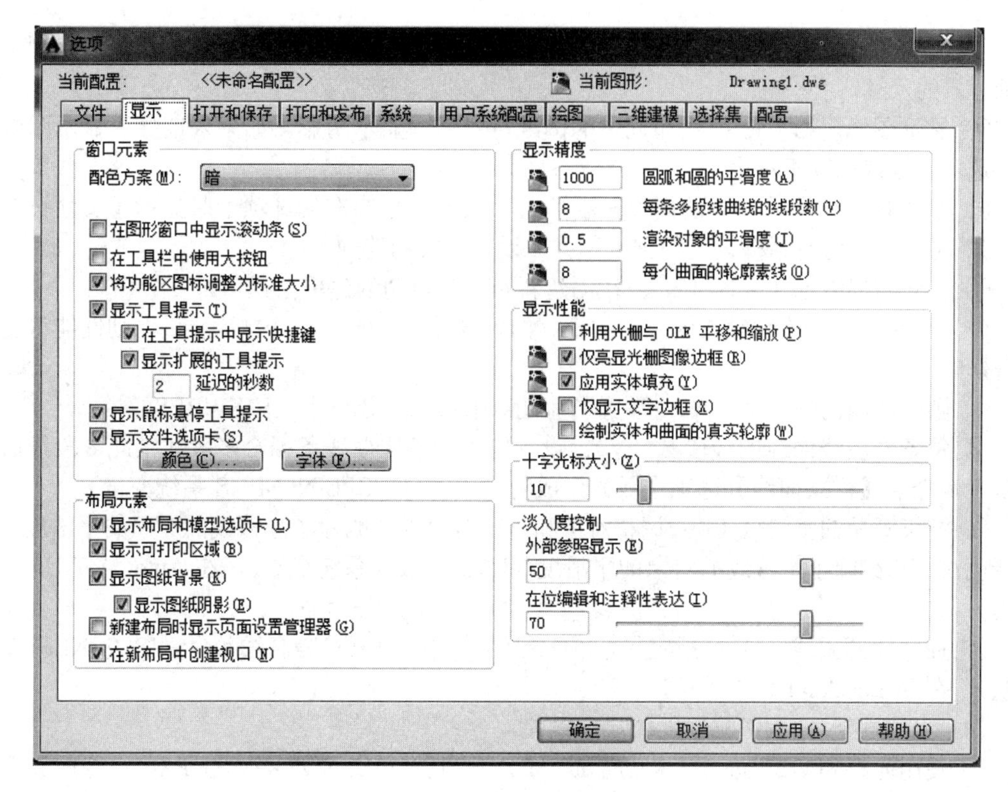

图 2-51 【显示】选项卡

④ 将功能区图标大小调整为标准大小：当它们不符合标准图标的大小时，将功能区小图标缩放为 16×16 像素，将功能区大图标缩放为 32×32 像素（RIBBONICONRESIZE 系统变量）。

⑤ 显示工具提示（T）：控制工具提示在功能区、工具栏及其他用户界面元素中的显示（TOOLTIPS 系统变量）。

⑥ 在工具提示中显示快捷键：在工具提示中显示快捷键（【Alt】+按键或【Ctrl】+按键）。

⑦ 显示扩展的工具提示：控制扩展工具提示的显示。

⑧ 延迟的秒数：设置显示基本工具提示与显示扩展工具提示之间的延迟时间。

⑨ 显示鼠标悬停工具提示：控制当光标悬停在对象上时鼠标悬停工具提示的显示（ROLLOVERTIPS 系统变量）。

⑩ 显示文件选项卡：显示位于绘图区域顶部的【文件】选项卡（FILETAB 和 FILETABCLOSE 命令）。

⑪ 颜色：显示【颜色选项】对话框。使用此对话框指定主应用程序窗口中元素的颜色。

⑫ 字体：显示【命令行窗口字体】对话框。使用此对话框指定命令窗口文字字体。

（2）布局元素　控制现有布局和新布局的选项。布局是一个图纸空间环境，用户可在其中设置图形进行打印。

① 显示布局和模型选项卡（L）：在绘图区域的底部显示布局和“模型”选项卡。清除该选项后，状态栏上的按钮将替换这些选项卡。

② 显示可打印区域（B）：显示布局中的可打印区域。可打印区域是指虚线内的区域，其大小由所选的输出设备决定。

③ 显示图纸背景（K）：显示布局中指定的图纸尺寸的表示。图纸尺寸和打印比例确定图纸背景的尺寸。

④ 显示图纸阴影（E）：在布局中的图纸背景周围显示阴影。如果未选择“显示图纸背景”选项，则该选项不可用。

⑤ 新建布局时显示页面设置管理器（G）：第一次单击布局选项卡时显示【页面设置管理器】。可以使用此对话框设置与图纸和打印设置相关的选项。

⑥ 在新布局中创建视口（N）：在创建新布局时自动创建单个视口。

（3）显示精度　控制对象的显示质量。如果设置较高的值提高显示质量，则性能将受到显著影响。

① 圆弧和圆的平滑度（A）：设置当前视口中对象的分辨率（VIEWRES 命令）。

② 每条多段线曲线的线段数（V）：设置要为每条样曲线条拟合多段线（此多段线通过 PEDIT 命令的【样条曲线】选项生成）生成的线段数目（SPLINESEGS 系统变量）。

③ 渲染对象的平滑度（J）：调整着色和渲染对象以及删除了隐藏线的对象的平滑度。调整着色对象和删除了隐藏线的对象的平滑度（FACETRES 系统变量）。在 AutoCAD LT 中不可用。

④ 曲面轮廓索线（O）：指定显示在三维实体的曲面上的等高线数量（ISOLINES 系统变量）。在 AutoCAD LT 中不可用。

（4）显示性能 控制影响性能的显示设置。

① 使用光栅和 OLE 进行平移与缩放（P）：控制执行实时 ZOOM 或 PAN 命令时光栅图像和 OLE 对象的显示（RTDISPLAY 系统变量）。在 AutoCAD LT 中不可用。

如果打开了拖动显示并选择【使用光栅和 OLE 进行平移与缩放】，将有一个对象的副本随着光标移动，就好像是在重定位原始位置（DRAGMODE 系统变量）。

② 仅亮显光栅图像边框（R）：控制是亮显整个光栅图像还是仅亮显光栅图像边框（IMAGEHLT 系统变量）。在 AutoCAD LT 中不可用。

③ 应用实体填充（Y）：指定是否填充图案、二维实体以及宽多段线（FILLMODE 系统变量）。

④ 仅显示文字边框（X）：控制文字的显示方式（QTEXTMODE 系统变量）。

⑤ 绘制实体和曲面的真实轮廓（W）：控制三维实体对象轮廓边在二维线框或三维线框视觉样式中的显示（DISPSILH 系统变量）。在 AutoCAD LT 中不可用。

（5）十字光标大小（Z）　按屏幕大小的百分比确定十字光标的大小（CURSORSIZE 系统变量）。

（6）淡入控制　控制 DWG 外部参照和 AutoCAD 中参照编辑的淡入度的值。

① 外部参照显示（E）：控制所有 DWG 外部参照对象的淡入度（XDWGFADECTL 系统变量）。此选项仅影响屏幕上的显示。它不影响打印或打印预览。

② 在位编辑和注释性表达（I）：在位参照编辑的过程中指定对象的淡入度值。未被编辑的对象将以较低强度显示（XFADECTL 系统变量）。通过在位编辑参照，可以编辑当前图形中的块参照或外部参照。有效值范围从 0%到 90%。在 AutoCAD LT 中不可用。

三、【系统】选项

【系统】选项卡可以控制系统设置。设置诸如是否“允许长符号名”、是否在“用户输入错误时音响提示”、是否“在图形文件中保存连接索引”，制定当前系统定点设备等，如图 2-52 所示。

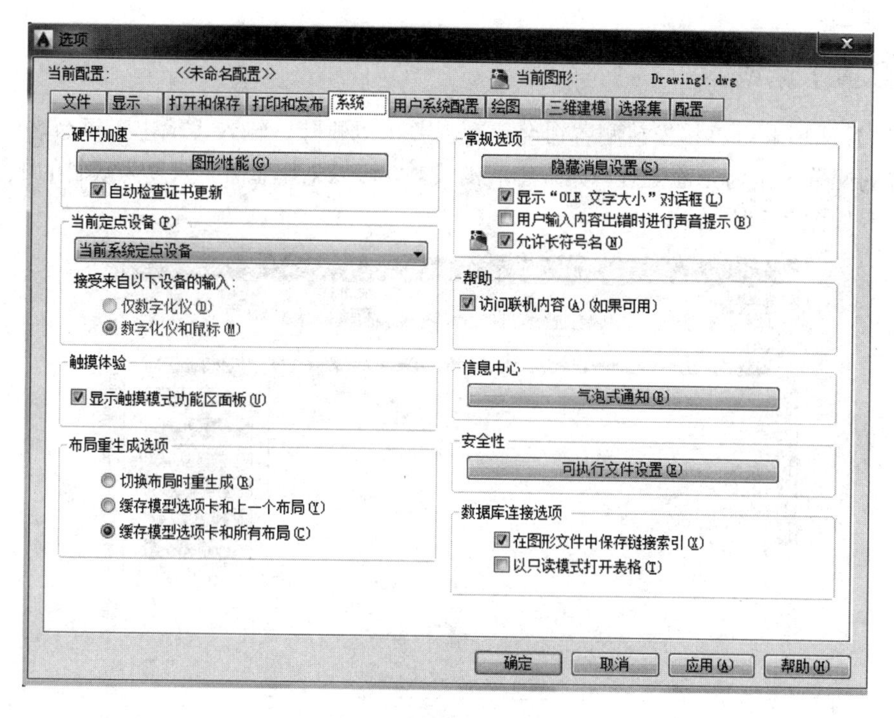

图 2-52 【系统】选项卡

【系统】选项卡所示的某些选项在 AutoCAD LT 中不可用。

四、【用户系统配置】选项

在【用户系统配置】选项卡中可以实现控制优化工作方式的选项。设置按键格式、坐标输入的优先次序、对象排序方式、设置线宽等，如图 2-53 所示。

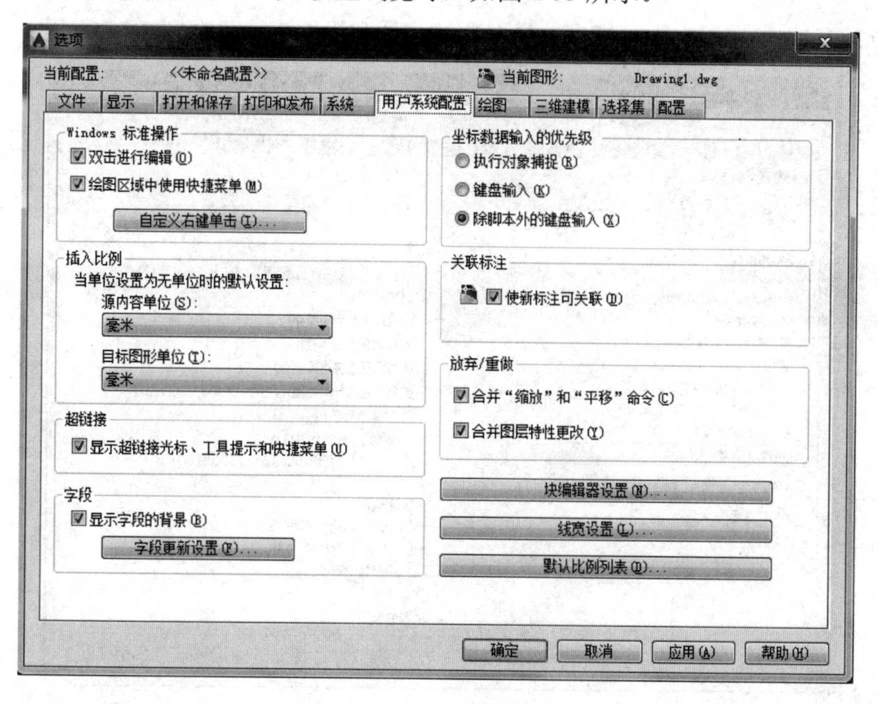

图 2-53 【用户系统配置】选项卡

五、【配置】选项

【配置】选项卡可以将当前配置命名保存，并可以删除、输入、输出、重命名配置，可以将选择的配置设定为当前配置。如果想取消设置，可以采用重置，恢复为缺省的配置。【配置】选项卡如图 2-54 所示。

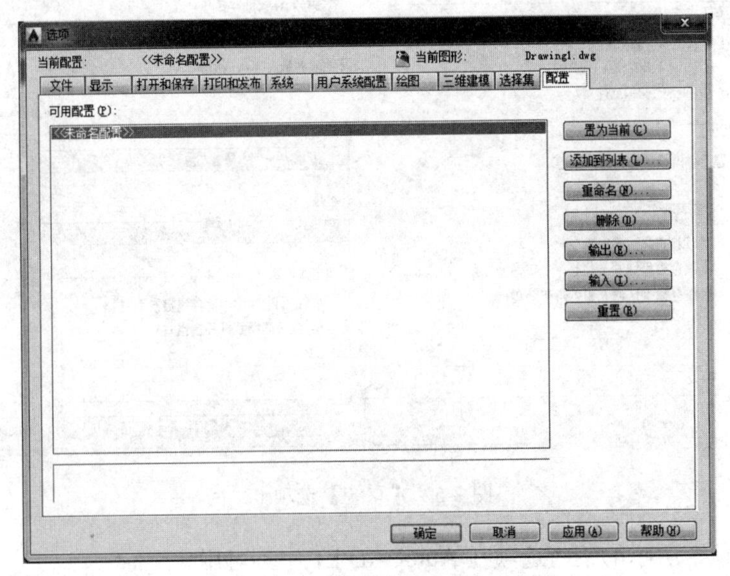

图 2-54 【配置】选项卡

六、【选择集】选项

【选择集】选项卡中可控制 AutoCAD 2015 选择工具和对象的方法。用户可以控制 AutoCAD 2015 收取框的大小，指定选择对象的方法和设置夹点，如图 2-55 所示。

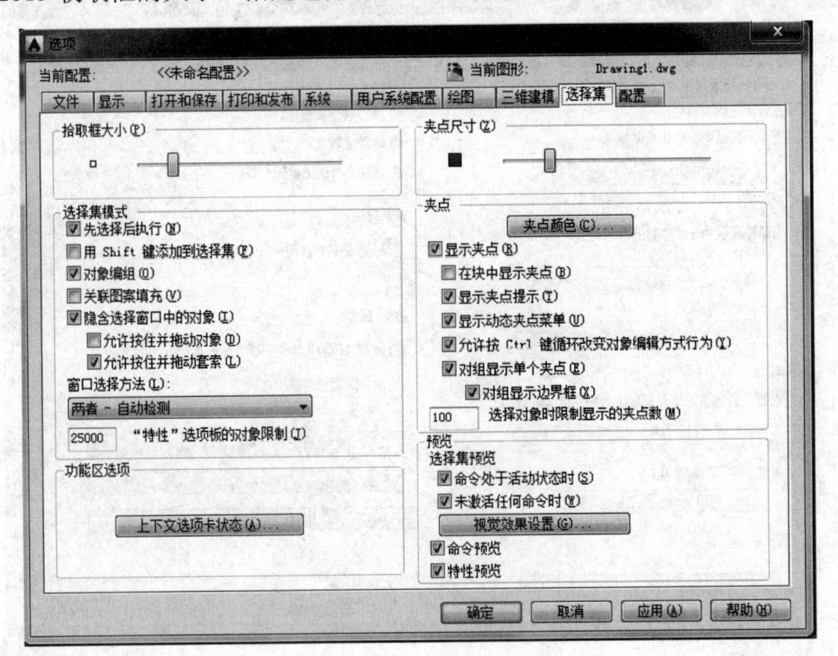

图 2-55 【选择集】选项卡

第三章

图形绘制命令

任何一张工程图纸，不论其复杂与否，都是由一些基本的图素，如点、线、圆、弧等组合而成。为此 AutoCAD 系统提供了一系列画基本图元的命令，利用这些命令的组合并通过一些编辑命令的修改和补充，就可以很轻松、方便地完成我们所需要的任何复杂的二维图形。当然，如何快速、准确、灵活地绘制图形，关键还在于是否熟练掌握并理解绘图、编辑命令的使用方法和技巧。

第一节 直 线

根据指定的端点可以绘制一条或多条首尾相连的直线段，且每条直线段可以独立于系列中的其他直线单独进行编辑。

该命令有以下三种调用方式。

◎ 下拉菜单：【绘图】→【直线】。

◎ 工具栏：【绘图】中的 （直线）按钮。

◎ 命令行：LINE↙（或 L）。

该命令执行后，命令行提示如下：

命令: LINE↙

第一点：（在屏幕上指定一点）

指定下一点或 [放弃(U)]:【指定直线段的另一端点位置，或执行“放弃(U)”选项重新确定起始点】

指定下一点或 [放弃(U)]:【可直接按【Enter】键或【Space】键结束命令，或确定直线段的另一端点位置，或执行“放弃(U)”选项取消前一次操作】

指定下一点或 [闭合(C)/放弃(U)]:【可直接按【Enter】键或【Space】键结束命令，或确定直线段的另一端点位置，或执行“放弃(U)”选项取消前一次操作，或执行“闭合(C)”选项创建封闭多边形】

指定下一点或 [闭合(C)/放弃(U)]:【也可以继续确定端点位置、执行“放弃(U)”选项、执行“闭合(C)”选项】

说明

① 闭合：在“指定下一点或[闭合（C）/放弃（U）]:”提示下键入 C，则将刚才所画的

折线封闭起来，形成一个封闭的多边形。

② 放弃：在“指定下一点或[闭合（C）/放弃（U）]:”提示下键入U，则取消刚画的线段，退回到前一线段的终点。

③ 用LINE命令绘制出的一系列直线段中的每一条线段均是独立的对象。

④ 动态输入：如果单击状态栏上的“动态输入”按钮，会启动动态输入功能。启动动态输入并执行LINE命令后，AutoCAD一方面在命令窗口提示“指定第一点:”，同时在光标附近显示出一个提示框(称之为“工具栏提示”)，工具栏提示中显示出对应的AutoCAD提示“指定第一点:”和光标的当前坐标值，如图3-1所示。

图3-1 绘制长方形实例

此时用户移动光标，工具栏提示也会随着光标移动，且显示出的坐标值会动态变化，以反映光标的当前坐标值。在前面的图所示状态下，用户可以在工具栏提示中输入点的坐标值，而不必切换到命令行进行输入（切换到命令行的方式：在命令窗口中，将光标放到“命令:”提示的后面单击鼠标拾取点）。

技巧

① 如果绘制水平线或垂直线，可用【F8】快捷键或状态栏上的【正交】按钮将正交打开，即可快速绘制水平线或垂直线。

② 当直线的起点已确定，可以使用鼠标给定方向，直接输入距离来绘制直线。

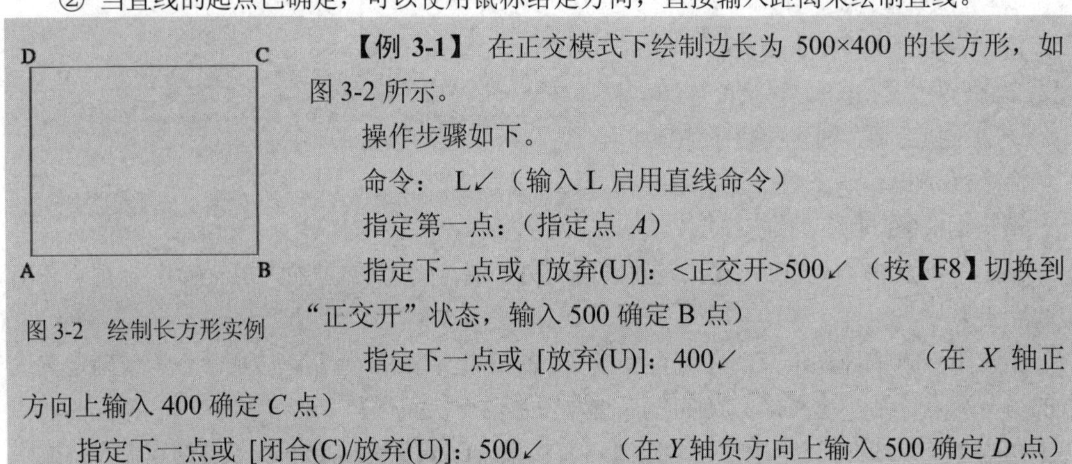

图3-2 绘制长方形实例

【例3-1】 在正交模式下绘制边长为500×400的长方形，如图3-2所示。

操作步骤如下。

命令： L↙（输入L启用直线命令）

指定第一点：（指定点 *A*）

指定下一点或 [放弃(U)]：<正交开>500↙（按【F8】切换到“正交开”状态，输入500确定B点）

指定下一点或 [放弃(U)]：400↙ （在 *X* 轴正方向上输入400确定 *C* 点）

指定下一点或 [闭合(C)/放弃(U)]：500↙ （在 *Y* 轴负方向上输入500确定 *D* 点）

指定下一点或 [闭合(C)/放弃(U)]：C↙ （输入 *C* 闭合该折线，退出直线命令）

【例3-2】 利用极轴追踪绘制边长为50的五角星，如图3-3所示。

操作步骤如下。

点击下拉菜单【工具】下的【绘图设置】，选择【极轴追踪】。在【极轴追踪】对话框中，增量角设置为72，其他不变，点击确定。

命令：L↙（输入 *L* 启用直线命令，指定 *A* 点）

指定下一点或 [放弃(U)]：（指定点 *B*，*A* 点平行向右 50）

指定下一点或 [放弃(U)]：（指定点 *C*，当十字光标出现无限长虚线时，表明追踪到所需角度，输入 50，回车。如图 3-4 所示）

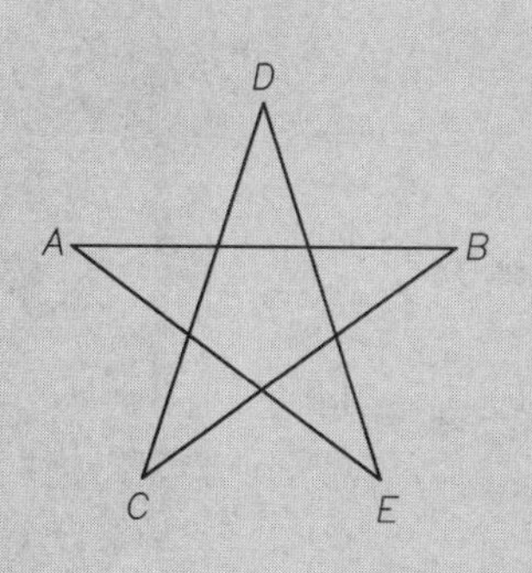

图 3-3　五角星

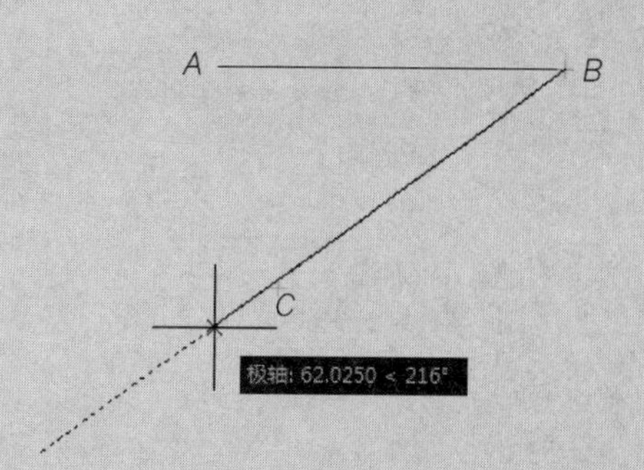

图 3-4　绘制五角星

指定下一点或 [放弃(U)]：（指定点 *D*，方法同 *C* 点）

指定下一点或 [放弃(U)]：（指定点 *E*，方法同 *C* 点，）

指定下一点或 [放弃(U)]：*C*↙（完成作图）

【例 3-3】 利用栅格捕捉绘制边长为 40 的四边形，并且向内每隔 8 再作一个四边形。如图 3-5 所示。

操作步骤如下。

命令：UCS↙

指定 UCS 的原点或 [面(F)/命名(NA)/对象(OB)/上一个(P)/视图(V)/世界(W)/X/Y/Z/Z 轴(ZA)] <世界>：(指定原点)

指定 *X* 轴上的点或 <接受>: 在 *X* 方向输入 420↙

指定 *XY* 平面上的点或 <接受>:在 *Y* 方向输入 297↙

在状态栏中打开【显示图形栅格】和【捕捉图形栅格】，结果如图 3-6 所示。

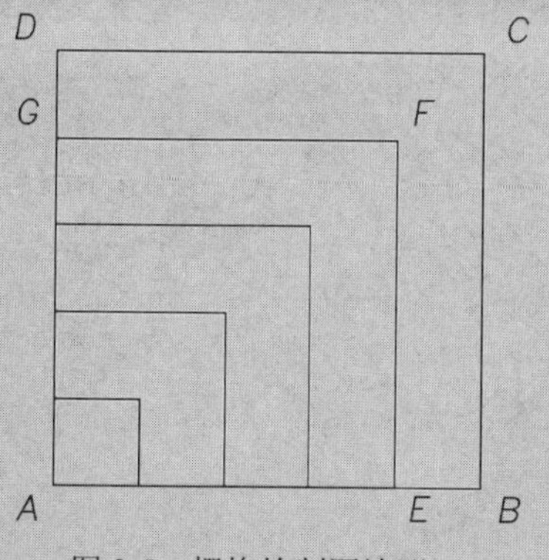

图 3-5　栅格绘制四边形

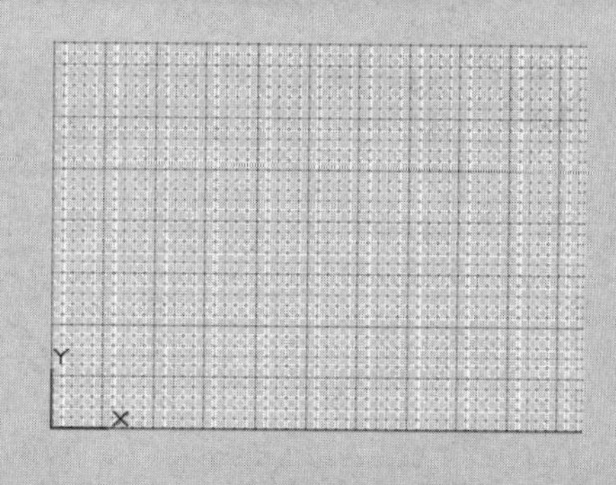

图 3-6　显示图形栅格

在状态栏中打开【捕捉设置】，选择【捕捉和栅格】进行栅格设置，将捕捉间距设置成 *X* 和 *Y* 轴间距均为 8，栅格间距设置为 *X* 和 *Y* 轴间距也均为 8，设置情况如图 3-7 所示。点击确定。

草图设置

捕捉和栅格 | 极轴追踪 | 对象捕捉 | 三维对象捕捉 | 动态输入 | 快捷特性 | 选择循环

☑ 启用捕捉 (F9)(S)

捕捉间距
捕捉 X 轴间距(P): 8
捕捉 Y 轴间距(C): 8
☑ X 轴间距和 Y 轴间距相等(X)

极轴间距
极轴距离(D): 0

捕捉类型
◉ 栅格捕捉(R)
◉ 矩形捕捉(E)
○ 等轴测捕捉(M)
○ PolarSnap(O)

☑ 启用栅格 (F7)(G)

栅格样式
在以下位置显示点栅格:
☐ 二维模型空间(D)
☐ 块编辑器(K)
☐ 图纸/布局(H)

栅格间距
栅格 X 轴间距(N): 8
栅格 Y 轴间距(I): 8
每条主线之间的栅格数(J): 5

栅格行为
☑ 自适应栅格(A)
☐ 允许以小于栅格间距的间距再拆分(B)
☐ 显示超出界限的栅格(L)
☐ 遵循动态 UCS(U)

选项(T)... 确定 取消 帮助(H)

图 3-7 【捕捉和栅格】对话框

命令： L↙

指定第一个点：*（指定点 A）*

指定下一点或 [放弃(U)]:（指定点 *B*，距离点 *A* 向右查 5 个点，即是距离 *A* 为 40 的点）

指定下一点或 [放弃(U)]:（指定点 *C*，方法同上）

指定下一点或 [放弃(U)]:（指定点 *D*，方法同上）↙

命令： L(LINE)↙

指定第一个点：指定点 *E* (*B* 左侧第一个点)

指定下一点或 [放弃(U)]:（指定点 *F*，距离点 *E* 向上 4 个点）

指定下一点或 [放弃(U)]:（指定点 *G*，距离点 *F* 向左 4 个点）

其余线段绘制方法同上，完成作图。

【例 3-4】 利用对象捕捉画房屋的桁架，如图 3-8 所示。

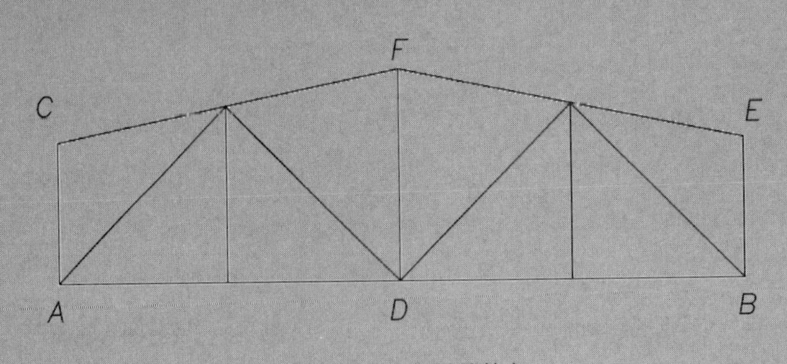

图 3-8 房屋的桁架

操作步骤如下。

命令： L↙
指定第一个点：（指定点 A）
指定下一点或 [放弃(U)]：（光标指向 *A* 点水平右侧）100↙↙
命令： L↙
指定第一个点：（指定点 *A*）
指定下一点或 [放弃(U)]：（光标指向 *A* 点正上方）20↙↙
命令：MI↙
选择对象:选择直线 *AC*↙
选择镜像线第一点：(利用对象捕捉点击直线 *AB* 中点，标注为点 *D*)
指定镜像线的第二点:（向上点击一点）
要删除源对象吗？[是(Y)/否(N)] <N>:↙（新增直线另一端点标注为 *E*）
（绘制长度为 30 的垂直直线 *DF*，并连接 *CF* 和 *FE*，方法略）
命令： L↙
指定第一个点：（指定点 *A*）
指定下一点或 [放弃(U)]：（利用对象捕捉，点击 *CF* 中点）
指定下一点或 [放弃(U)]：（点击点 *D*）
指定下一点或 [放弃(U)]：（利用对象捕捉，点击 *FE* 中点）
命令： L↙
指定第一个点：（指定 *CF* 中点）
指定下一点或 [放弃(U)]：（捕捉 *AD* 上的垂足点）
（以 *DF* 为镜像线，利用镜像功能绘制 *DF* 另一侧垂直线。）
连接相应点，完成作图。

【例 3-5】 利用对象捕捉和追踪功能，绘制边长为 100 的如图 3-9 所示平面图形。

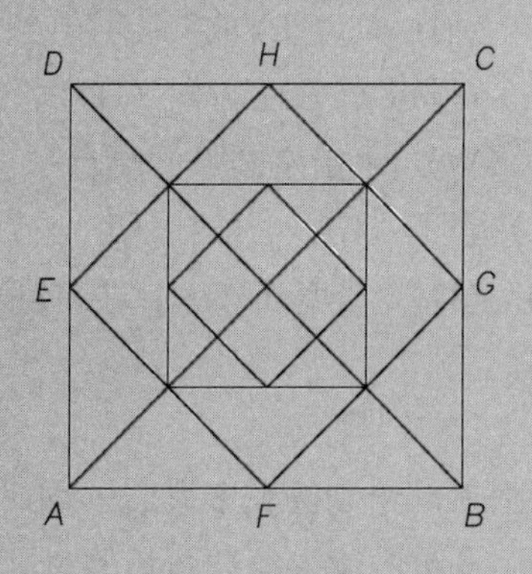

图 3-9 对象捕捉和追踪功能习题

操作步骤如下。
命令： REC↙
指定第一个角点或 [倒角(C)/标高(E)/圆角(F)/厚度(T)/宽度(W)]:指定一点 *A*
指定另一个角点或 [面积(A)/尺寸(D)/旋转(R)]:D↙
指定矩形的长度 <40.0000>: 100↙

指定矩形的宽度 <40.0000>: 100↙

指定另一个角点或 [面积(A)/尺寸(D)/旋转(R)]:指定一点

（利用直线命令连接对角线，方法略）

命令：L↙

指定第一个点：（指定 *AB* 中心点）

指定下一点或 [放弃(U)]:（指定 *BC* 中点）

（继续连接 *CD*，*DA* 中点，绘制内侧第二个矩形。利用直线命令和对象捕捉功能，绘制内侧第三个和第四个矩形）

第二节　多段线的绘制与编辑

多段线由不同宽度的、首尾相连的直线段或圆弧段序列组成，作为单一对象使用。使用多线段可以一次编辑所有线段，但也可以分别编辑各线段。可以设置各线段的宽度，使线段倾斜或闭合。

一、多段线的绘制

该命令有以下三种调用方式。

◎ 下拉菜单:【绘图】→【多段线】。

◎ 工具栏:【绘图】中多段线按钮。

◎ 命令行：PL↙。

该命令执行后，命令行提示如下。

指定起点:　（指定多段线起点）

当前线宽为 0.0000　（系统默认的当前线宽）

指定下一个点或 [圆弧(A)/半宽(H)/长度(L)/放弃(U)/宽度(W)]: *A*↙

指定圆弧的端点或[角度（A）/圆心（CE）/方向（D）半宽（H）/直线（L）/半径（R）/第二个点（S）/放弃（U）/宽度（W）]: 指定圆弧的端点

指定圆弧的端点或[角度（A）/圆心（CE）/闭合（CL）/方向（D）/半宽（H）/直线（L）/半径（R）/第二个点（S）/放弃（U）/宽度（W）]:（可回车结束命令，亦可进入其他操作项）

说明

① “圆弧”选项用于绘制圆弧。绘制圆弧多段线的同时提示转换为绘制圆弧的系列参数。端点：输入绘制圆弧的端点；角度：输入绘制圆弧的角度；圆心：输入绘制圆弧的圆心；闭合：将多段线首尾相连成封闭图形；方向：确定圆弧的方向；半宽：输入多段线一半的宽度；直线：转换成直线绘制方式；半径：输入圆弧的半径；第二点：输入决定圆弧的第二点；放弃：放弃最后绘制的一段圆弧；宽度：输入多段线的宽度。

② “半宽”选项用于多段线的半宽。在绘制多段线过程中，每一段都可以重新设置半宽值。

③ “长度”选项用于指定所绘多段线的长度。其方向与前一直线相同或与前一圆弧

相切。

④ “宽度”选项用于确定多段线的宽度。要求设置起始线宽和终点线宽。

⑤ 放弃选项用于放弃最后绘制的一段多段线。

技巧

① 如要用多段线命令绘制空心线，可将系统变量 FILL 设置成 OFF；切换到绘制实心线则将其设置为 ON。

② 可以通过设置不同的起始线宽和终点线宽，来绘制图中常用的箭头符号或渐变线。

③ 在设置多段线线宽时，要考虑出图比例，建议多用颜色来区分线宽，这样打印输出时，无论比例大小，线性都不受影响。

注意

① 多段线用【分解】命令分解后将失去宽度意义，变成一段一段的直线或圆弧。

② 打印输出多段线时，如果用多段线的线宽大于该线所在图层设定的线宽，则以设定的多线线宽为准，不受图层限制；如果它小于图层中设定的线宽，则以图层中设定的线宽为准。

【例 3-6】 用多段线命令绘制如图 3-10 所示图形。

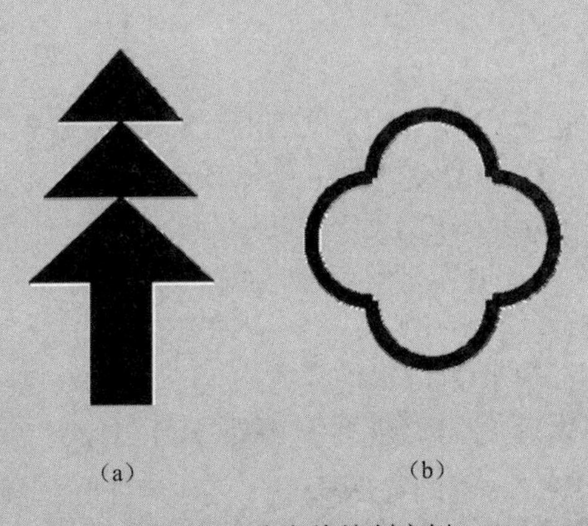

（a）　　（b）

图 3-10　多段线绘制实例

操作过程如下。

完成图 3-10（a）所示图形操作如下。

命令:PL↙

指定起点：(指定起始点)

当前线宽为 0.0000

指定下一个点或 [圆弧(A)/半宽(H)/长度(L)/放弃(U)/宽度(W)]: W↙（进入设置线宽状态）

指定起点宽度<0.0000>:10 ↙

指定端点宽度<2.0000>: 10↙

指定下一个点或 [圆弧(A)/半宽(H)/长度(L)/放弃(U)/宽度(W)]: 30 ↙

指定下一个点或 [圆弧(A)/半宽(H)/长度(L)/放弃(U)/宽度(W)]: W ↙

指定起点宽度 <10.0000>:30↙

指定端点宽度<2.0000>: 0↙

指定下一点或 [圆弧(A)/闭合(C)/半宽(H)/长度(L)/放弃(U)/宽度(W)]: 20↙

指定下一个点或 [圆弧(A)/半宽(H)/长度(L)/放弃(U)/宽度(W)]: W ↙
指定起点宽度 <10.0000>:25↙
指定端点宽度<2.0000>: 0↙
指定下一点或 [圆弧(A)/闭合(C)/半宽(H)/长度(L)/放弃(U)/宽度(W)]: 20↙
指定下一个点或 [圆弧(A)/半宽(H)/长度(L)/放弃(U)/宽度(W)]: W ↙
指定起点宽度 <10.0000>:20↙
指定端点宽度<2.0000>: 0↙
指定下一点或 [圆弧(A)/闭合(C)/半宽(H)/长度(L)/放弃(U)/宽度(W)]: 20↙↙
完成作图
完成图 3-10（b）所示图形操作如下。
命令:PL↙
指定起点:（指定起始点）
当前线宽为 0.0000
指定下一个点或 [圆弧(A)/半宽(H)/长度(L)/放弃(U)/宽度(W)]: W↙（进入设置线宽状态）
指定起点宽度<0.0000>:3↙
指定端点宽度<2.0000>: 3↙
指定下一个点或 [圆弧(A)/半宽(H)/长度(L)/放弃(U)/宽度(W)]: A↙
指定圆弧的端点(按住【Ctrl】键以切换方向)或[角度(A)/圆心(CE)/方向(D)/半宽(H)/直线(L)/半径(R)/第二个点(S)/放弃(U)/宽度(W)]: D↙
指定圆弧的起点切向:（在所需方向点击一点）
指定圆弧的端点(按住【Ctrl】键以切换方向): 30↙
指定圆弧的端点(按住【Ctrl】键以切换方向)或[角度(A)/圆心(CE)/闭合(CL)/方向(D)/半宽(H)/直线(L)/半径(R)/第二个点(S)/放弃(U)/宽度(W)]: D↙
指定圆弧的起点切向:在所需方向点击一点
指定圆弧的端点(按住【Ctrl】键以切换方向): 30↙
指定圆弧的端点(按住【Ctrl】键以切换方向)或[角度(A)/圆心(CE)/闭合(CL)/方向(D)/半宽(H)/直线(L)/半径(R)/第二个点(S)/放弃(U)/宽度(W)]: D↙
指定圆弧的起点切向:在所需方向点击一点
指定圆弧的端点(按住【Ctrl】键以切换方向): 30↙
指定圆弧的端点(按住【Ctrl】键以切换方向)或[角度(A)/圆心(CE)/闭合(CL)/方向(D)/半宽(H)/直线(L)/半径(R)/第二个点(S)/放弃(U)/宽度(W)]: D↙
指定圆弧的起点切向:在所需方向点击一点
指定圆弧的端点: 30↙↙
完成作图。

二、多段线的编辑

该命令有以下三种调用方式。

◎ 下拉菜单:【修改】→【对象】→【多段线】。

◎ 工具栏:【修改】中显示更多选项，点击【多段线】按钮 。

◎ 命令行：PE↙。

该命令执行后，命令行提示如下。

选择多段线或[多条（M）]：(如所选线段不是多段线则提示)所选的对象不是多段线，是否将其转换为多段线？<Y>

（所选对象为多段线或响应“Y”则提示） 输入选项[闭合（C）/合并（J）/宽度（W）/编辑顶点（E）/拟合（F）/样条曲线（S）/非曲线化（D）/线型生成（L）/反转（R）/放弃（U）]：

说明

① 合并（J）：将首尾相连的直线、圆弧或多段线合并为一条多段线。

② 宽度（W）：统一调整多段线的宽度。

③ 编辑顶点（E）：选择该项后，将出现下一级编辑选项，使用户能编辑顶点及与顶点相邻的线段。此时，系统在顶点显示“×”标记。

④ 拟合（F）：用圆弧拟合多段线，该曲线通过多段线的所有顶点，并使用指定的切线方向。

⑤ 样条曲线（S）：生成由多段线的顶点控制的样条曲线，这些点只作为样条曲线的曲率控制点或控制框架。

⑥ 非曲线化（D）：取消或拟合样条曲线，回到初始状态。

⑦ 线型生成（L）：用于控制非连续线型多段线顶点处的线型。

【例 3-7】 用多段线编辑命令绘制如图 3-11 所示图形。

操作步骤如下。

命令:REC↙

指定第一个角点或 [倒角(C)/标高(E)/圆角(F)/厚度(T)/宽度(W)]:指定点 *A*

指定另一个角点或 [面积(A)/尺寸(D)/旋转(R)]: D↙

指定矩形的长度 <24.2344>: 40↙

指定矩形的宽度 <30.0000>: 30↙

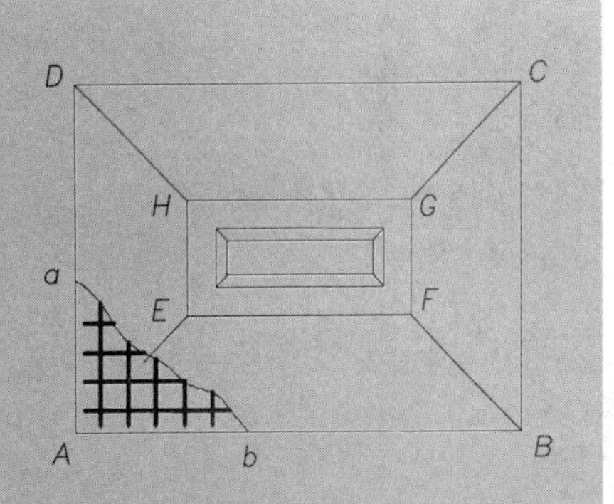

图 3-11 多段线编辑习题（一）

指定另一个角点或 [面积(A)/尺寸(D)/旋转(R)]:点击另一角点

（矩形 *ABCD* 绘制完成）

命令:O↙

指定偏移距离或 [通过(T)/删除(E)/图层(L)] <2.5000>: 10↙

选择要偏移的对象，或 [退出(E)/放弃(U)] <退出>:选择矩形 *ABCD*

指定要偏移的那一侧上的点，或 [退出(E)/多个(M)/放弃(U)] <退出>:（在矩形 *ABCD* 内侧点击一点）

命令:O↙

指定偏移距离或 [通过(T)/删除(E)/图层(L)] <2.5000>: 2.5↙

选择要偏移的对象，或 [退出(E)/放弃(U)] <退出>:选择矩形 *EFGH*

指定要偏移的那一侧上的点，或 [退出(E)/多个(M)/放弃(U)] <退出>:（在矩形 *EFGH* 内侧点击一点）

（将所得矩形继续向内偏移 1，步骤略。调用直线命令将图中所示顶点连接。）

命令:PL↙

指定起点：（在边 *AD* 上指定一起点）

指定下一个点或 [圆弧(A)/半宽(H)/长度(L)/放弃(U)/宽度(W)]: W↙（进入设置线宽状态）

指定起点宽度<0.0000>:0↙

指定端点宽度<2.0000>: 0↙

指定下一个点或 [圆弧(A)/半宽(H)/长度(L)/放弃(U)/宽度(W)]: L↙

（绘制如图 3-12 所示折线 *ab*）

命令:PE↙

选择多段线或 [多条(M)]:（选择多段线 *ab*）

输入选项 [闭合(C)/合并(J)/宽度(W)/编辑顶点(E)/拟合(F)/样条曲线(S)/非曲线化(D)/线型生成(L)/反转(R)/放弃(U)]: S↙↙（折线 *ab* 变为曲线 *ab*，如图 3-13 所示）

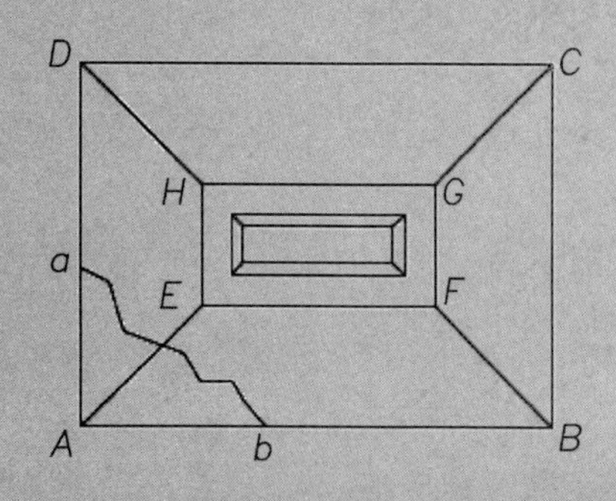

图 3-12　多段线编辑习题（二）

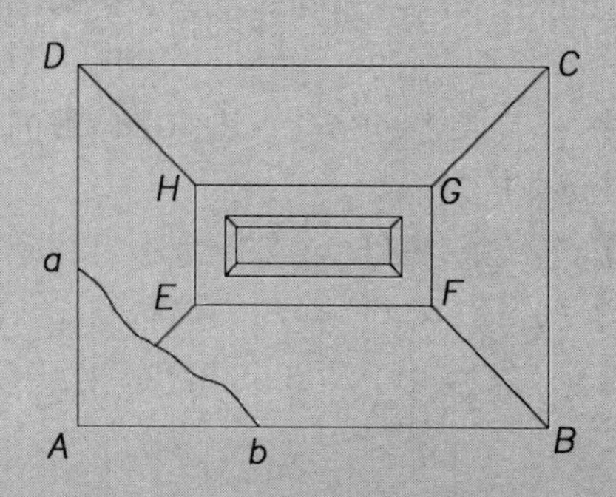

图 3-13　多段线编辑习题（三）

（调用直线命令，采用粗实线在区域 *Aab* 内绘制交叉直线。利用修剪工具修剪掉不需要的线段，完成绘图，步骤略。）

第三节　绘制圆和圆环

一、绘制圆

绘制圆有多种方法可供选择。系统默认的方法是指定圆心和半径。指定圆心和直径或用两点定义直径亦可以创建圆。还可以用三点定义圆的圆周来创建圆。可以创建与三个现有对象相切的圆，或指定半径创建与两个对象相切的圆。

该命令有以下三种调用方式。

◎ 下拉菜单:【绘图】→【圆】。

◎ 工具栏:【绘图】→【圆】按钮。

◎ 命令行：CIRCLE（或 C）↙。

该命令执行后，命令行提示如下。

指定圆的圆心或 [三点(3P)/两点(2P)/相切、相切、半径(T)]:（指定圆的中心）

指定圆的半径或【直径】:（输入半径值）↙

说明

① 半径（R）：定义圆的半径大小。

② 直径（D）：定义圆的直径大小。

③ 两点（2P）：指定两点作为圆的一条直径上的两点。

④ 三点（3P）：指定三点确定圆。

⑤ 相切、相切、半径（TTR）：指定与绘制的圆相切的两个元素，接着定义圆的半径。半径值绝对不能小于两元素间的最短距离。

⑥ 相切、相切、相切（TTT）：这种方式是三点定圆的中特殊情况。要指定和绘制的圆相切的是三个元素。AutoCAD 自动计算圆的圆心和半径来绘制圆。

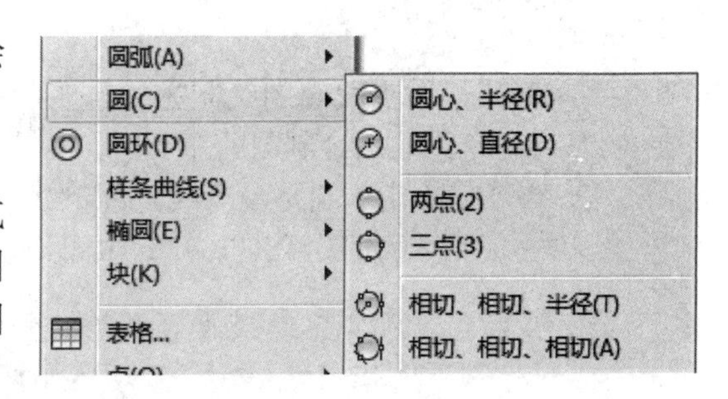

图 3-14　六种画圆方式

AutoCAD 提供了六种画圆的方式，通过下拉菜单选择画圆命令，下拉列表显示如图 3-14 所示。

可根据已知条件，选用六种不同的画圆方式，如图 3-15 所示。

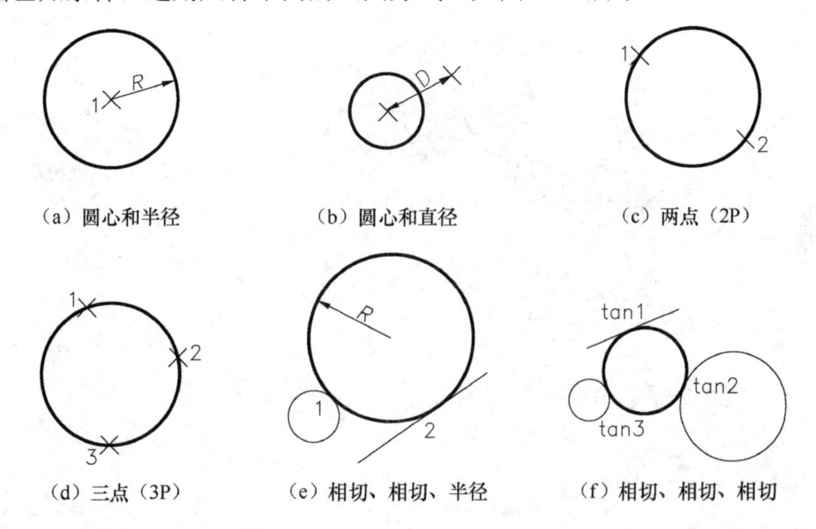

（a）圆心和半径　（b）圆心和直径　（c）两点（2P）

（d）三点（3P）　（e）相切、相切、半径　（f）相切、相切、相切

图 3-15　圆的六种绘制方法示例

使用【相切、相切、半径】方式绘制圆，在工程图中常用来作圆弧连接，相切的对象可以是直线、圆弧、圆。在拾取相切对象时，所拾取的位置不同，所绘制圆的位置可能是不同的，如图 3-16 所示。因此，在选择拾取点时尽可能靠近切点。

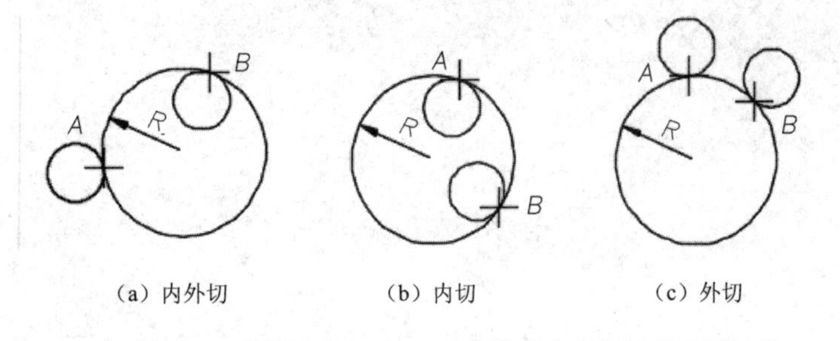

（a）内外切　（b）内切　（c）外切

图 3-16　用【相切、相切、半径】方式绘图的不同效果

技巧

① 作圆与直线相切时，圆可以与直线没有明显的切点，只要直线延长后与圆相切就行。

② 指定圆心或其他某点时可以配合对象捕捉方式准确绘制圆。

③ 圆的显示分辨率由系统变量 VIEWRES 控制，其值越大，显示的圆越光滑。但 VIEWRES 的值与出图无关。

注意

① 在菜单栏中点取圆的绘制方式是明确的，相应的提示不再给出可以选择的参数。而通过按钮或命令行输入绘制圆的命令时，相应的提示会给出可能的多种参数。

② CIRCLE 绘制的圆是没有线宽的单线圆，有线宽的圆环可用 DONUT 命令。

③ 圆不能用 PEDIT、EXPLODE 编辑，它本身是一个整体。

【例 3-8】 绘制如图 3-17 所示图形。先用“圆心、半径”方式绘制一个半径为 30 的圆 *A*，再画一条直线 *L*，然后用“相切、相切半径”方式绘制一个半径为 50 的圆 *B*，再用“相切、相切、相切”方式绘制圆 *C*。

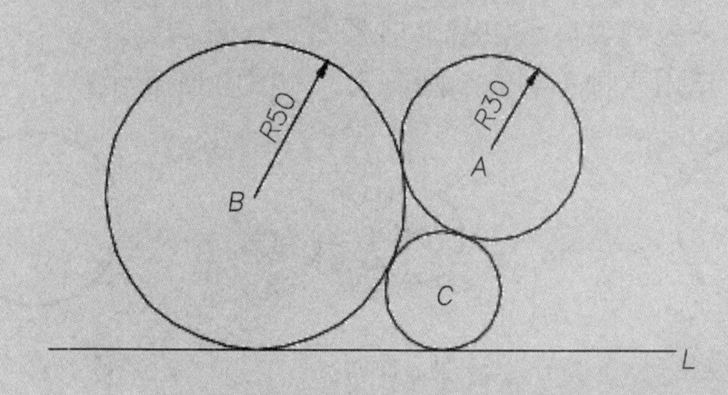

图 3-17 圆的绘制

操作步骤如下。

命令：C↙

指定圆的圆心或 [三点(3P)/两点(2P)/相切、相切、半径(T)]: （指定圆的圆心）

指定圆的半径或 [直径（D）]：30 ↙ （指定圆 *A* 的半径）

命令：L↙

LINE 指定第一点： （指定直线第一个端点）

指定下一点或 [放弃（U）]： （指定直线第二个端点）

指定下一点或 [放弃（U）]：↙ （回车结束直线命令）

命令：C↙

指定圆的圆心或 [三点(3P)/两点(2P)/相切、相切、半径(T)]:T （改变绘制圆的方式，进入“相切、相切、半径”方式画圆）

指定对象与圆的第一个切点： （在圆 *A* 上捕捉一点）

指定对象与圆的第二个切点： （在直线上捕捉一点）

指定圆的半径<30.00>：50↙ （指定圆 *B* 的半径）

命令：C↙

指定圆的圆心或 [三点(3P)/两点(2P)/相切、相切、半径(T)]: 3P↙ （改变绘制圆的方式，进入三点画圆方式）

指定圆上的第一个点： （在圆 *A* 上捕捉一点）

指定圆上的第二个点： （在圆 B 上捕捉一点）

指定圆上的第三个点： （在直线上捕捉一点）

二、绘制圆环

该命令有以下两种调用方式。

◎ 下拉菜单：【绘图】→【圆环】。

◎ 命令行：DONUT↙。

该命令执行后，命令行提示如下。

指定圆环的内径<0.5000>：（输入内径值）↙

指定圆环的外径<0.5000>：（输入外径值）↙

指定圆环的中心点或<退出>：（指定圆环中心）

说明

① 内径：定义圆环的内圈直径。

② 外径：定义圆环的外圈直径。

③ 中心点：指定圆环的中心位置。

④ 退出：结束圆环绘制，否则可以连续绘制同样的圆环。

技巧

① 圆环是由宽弧线段组成的闭合多段线构成的。可改变系统变量 FILL 的当前设置来决定圆环的填充图案。

② 要使圆环成为填充圆，可以指定圆环的内径为零。

【例 3-9】 绘制如图 3-18 所示不同内径的圆环。

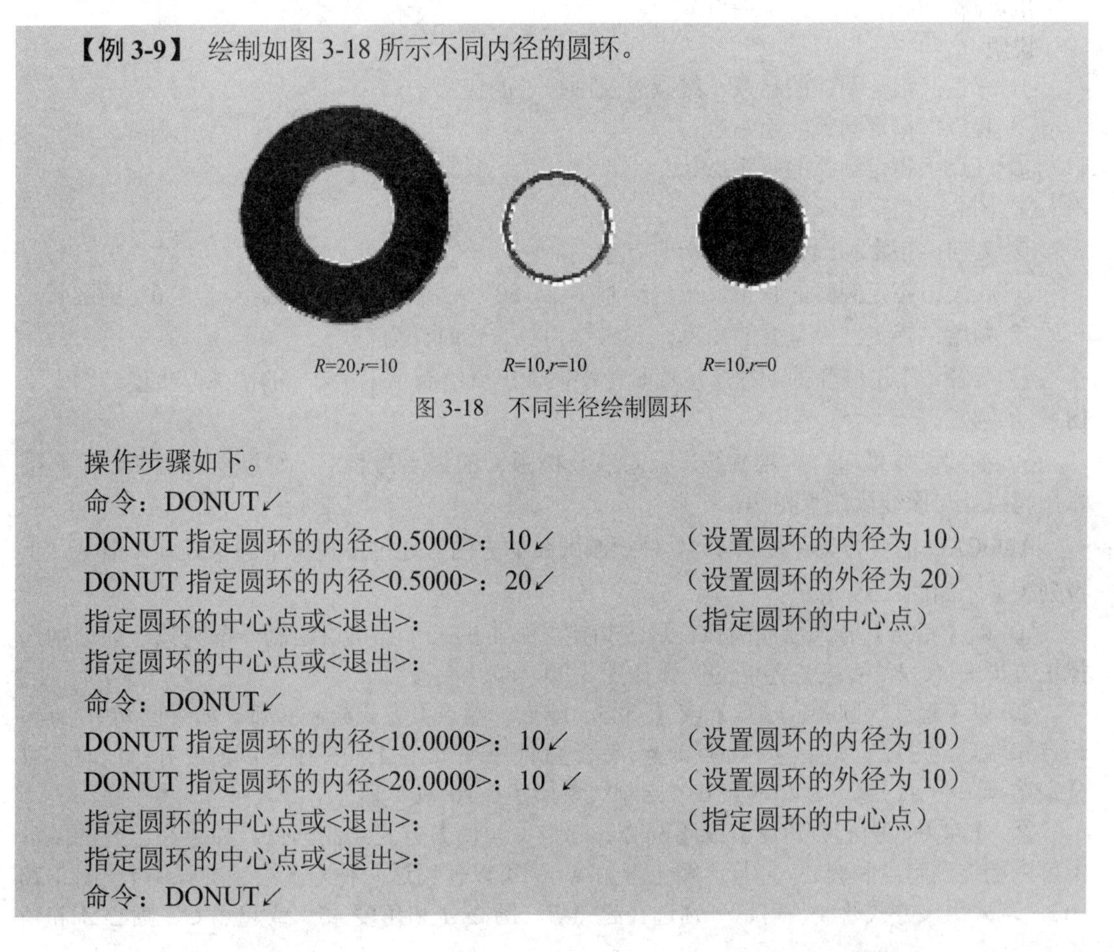

图 3-18　不同半径绘制圆环

操作步骤如下。

命令：DONUT↙

DONUT 指定圆环的内径<0.5000>：10↙　　（设置圆环的内径为 10）

DONUT 指定圆环的内径<0.5000>：20↙　　（设置圆环的外径为 20）

指定圆环的中心点或<退出>：　　（指定圆环的中心点）

指定圆环的中心点或<退出>：

命令：DONUT↙

DONUT 指定圆环的内径<10.0000>：10↙　　（设置圆环的内径为 10）

DONUT 指定圆环的内径<20.0000>：10 ↙　　（设置圆环的外径为 10）

指定圆环的中心点或<退出>：　　（指定圆环的中心点）

指定圆环的中心点或<退出>：

命令：DONUT↙

DONUT 指定圆环的内径<0.5000>：0↙　　　　　（设置圆环的内径为 0）
DONUT 指定圆环的内径<0.5000>：10↙　　　　（不改变圆环的外径值）
指定圆环的中心点或<退出>:　　　　　　　　（指定圆环的中心点）
指定圆环的中心点或<退出>:

第四节　绘 制 圆 弧

圆弧在工程图中是常见的曲线图形，有多种绘制圆弧的方法。下面介绍通过直接绘制的方法绘制圆弧。当圆弧给定条件不足时，最好利用辅助圆修剪来创建圆弧。

该命令有以下三种调用方式。

◎ 下拉菜单：【绘图】→【圆弧】。

◎ 工具栏：【绘图】→【圆弧】按钮。

◎ 命令行：ARC↙。

该命令执行后，命令行提示如下。

指定圆弧的起点或 [圆心（C）]:（指定起点）

指定圆弧的第二个点或 [圆心（C）/端点（E）]:（指定第二个点）

指定圆弧的端点:（指定端点）

说明

① 三点：指定圆弧的起点、终点以及圆弧上的任意一点。

② 起点：指定圆弧的起始点。

③ 终点：指定圆弧的终止点。

④ 圆心：指定圆弧的圆心。

⑤ 方向：指定和圆弧起点相切的方向。

⑥ 长度：指定圆弧的弦长。正值绘制小于 180° 的圆弧，负值绘制大于 180° 的圆弧。

⑦ 角度：指定圆弧包含的角度。顺时针为负，逆时针为正。

⑧ 半径：指定圆弧的半径。按顺时针绘制，正值绘制小于 180° 的圆弧，负值绘制大于 180° 的圆弧。

⑨ 继续：以最后一次绘制线段（直线或圆弧）的终点为起点，继续绘制圆弧，且新圆弧在起点处与原线段终点相切。

AutoCAD 的下拉菜单提供了 11 种绘制圆弧的方法，通过下拉菜单选择画圆弧命令，下拉列表显示如图 3-19 所示。

① 以【三点】方式绘制圆弧。通过指定圆弧上的三个点可以绘制一条圆弧，如分别选择正方形的 *A*、*B*、*C* 三点绘制的圆弧如图 3-20（a）所示。

② 以【起点、圆心、端点】或【圆心、起点、端点】方式绘制圆弧。如果已知中心点、起点和端点，可以首先指定中心点或起点来绘制圆弧。如在工程图中绘制门的开启线时，可分别选择圆心 *A*、起点 *B* 和端点 *C*，绘制结果如图 3-20（b）所示。

③ 【起点、圆心、角度】或【圆心、起点、角度】方式绘制圆弧。如果在已有的图形中可以捕捉到起点和圆心，并且已知包含角度，则可以使用这两种方式绘制圆弧。对于图 3-20（b），若采用该方式绘制，可以分别选择起点 *B*、圆心 *A* 和角度 45° 或起点 *C*、圆心 *A* 和角

度–45°来完成。

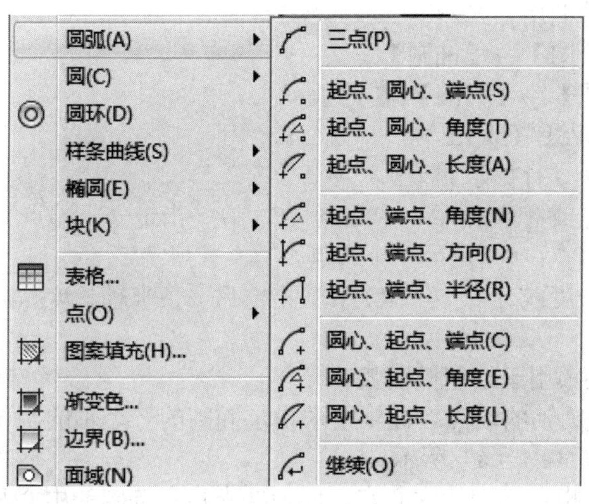

图 3-19　11 种画圆弧方式

④ 以【起点、圆心、长度】或【圆心、起点、长度】方式绘制圆弧。这里的“长度”是指圆弧的弦长，要求所给定的弦长不得超过起点到圆心距离的两倍。若弦长为负值，可以强制性地绘制大圆弧。如采用此方式分别选择起点 *A*、圆心 *C*、长度 15，绘制结果如图 3-20（c）所示。

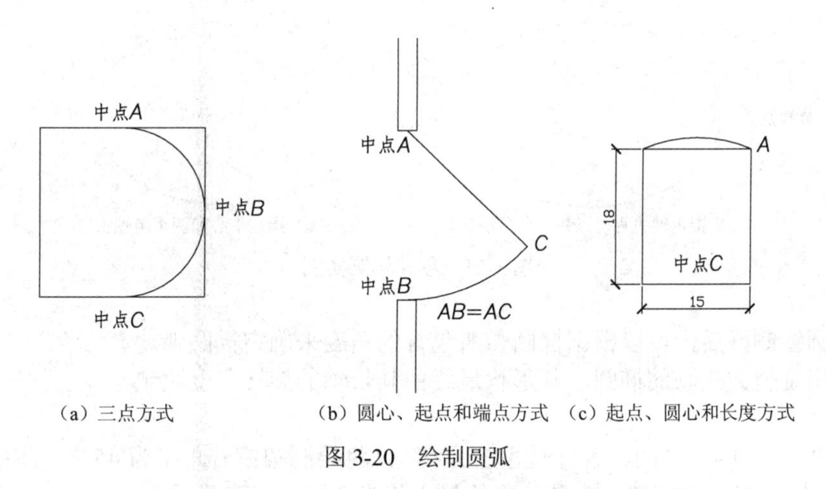

（a）三点方式　（b）圆心、起点和端点方式　（c）起点、圆心和长度方式

图 3-20　绘制圆弧

技巧

① 获取圆心或其他某点时可以配合对象捕捉方式准确绘制圆弧。

② 在菜单中点取圆弧的绘制方式是明确的，相应的提示不再给出可以选择的参数。而通过按钮或命令行输入绘制圆弧命令时，相应的提示会给出可能的多种参数。

③ ARC 命令不能一次绘制封闭的圆或自身相交的圆弧。定位点相同，而定位顺序不同，绘制出的圆弧不一定相同。

第五节　绘制椭圆

绘制椭圆比较简单，和绘制正多边形一样，系统自动计算各点数据。椭圆是由椭圆的长轴和短轴来确定的。

该命令有以下三种调用方式。

◎ 下拉菜单：【绘图】→【椭圆】。

◎ 工具栏：【绘图】→【椭圆】按钮。

◎ 命令行：ELLIPSE（或 EL）↙。

该命令执行后，命令行提示如下。

指定椭圆的轴端点或 [圆弧(A)、中心点（C）]：（指定一个端点）

指定轴的另一个端点：（指定另一个端点）

指定另一条半轴长度或 [旋转（R）]：（指定另一条半轴长度）

说明

① 圆弧（A）：该项用于绘制椭圆弧。

② 端点：指定椭圆轴的端点。此项要求指定椭圆的一个轴的两个端点和另一个轴的半轴长度绘制椭圆，如图 3-21（a）所示。

③ 中心点（C）：指定椭圆的中心点。此项要求指定椭圆的中心和两个半轴长度来绘制椭圆，如图 3-21（b）所示。

④ 半轴长度：指定半轴的长度。

⑤ 旋转（R）：指定一轴相对于另一轴的旋转角度。即以长轴为直径的圆以长轴为轴向电脑屏幕内侧进行旋转，而从我们的角度来看，圆慢慢变成椭圆。

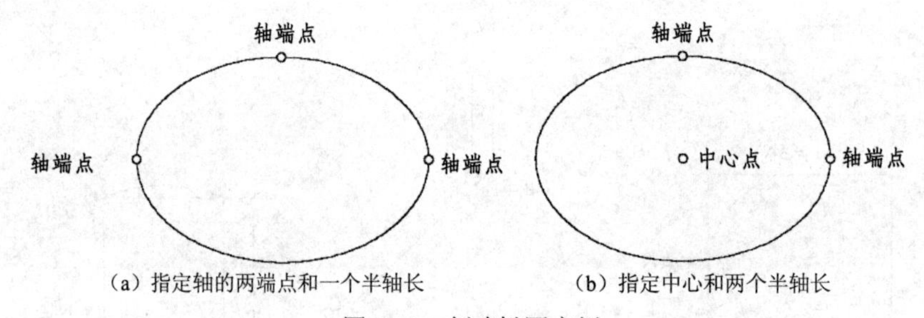

图 3-21　创建椭圆实例

技巧

① 椭圆绘制好后，可以根据椭圆弧所包含的角度来确定椭圆弧。

② 采用旋转方式画的椭圆，其形状最终由其长轴的旋转角度决定。

注意

① 在 0° ~ 89.4° 之间，若旋转角度为 0° ，将绘制圆；若角度为 45° ，将成为一个从视角上看上去呈 45° 的椭圆，旋转角度的最大值为 89.4° ，大于此角后，命令无效。

② “椭圆”命令绘制的椭圆是一个整体，不能用“分解”和“编辑多线段”等命令修改。

【例 3-10】 绘制一个长轴为 300，短轴为 100 的椭圆I；长轴为 300，旋转角度为 80° 的椭圆 II，如图 3-22 所示。

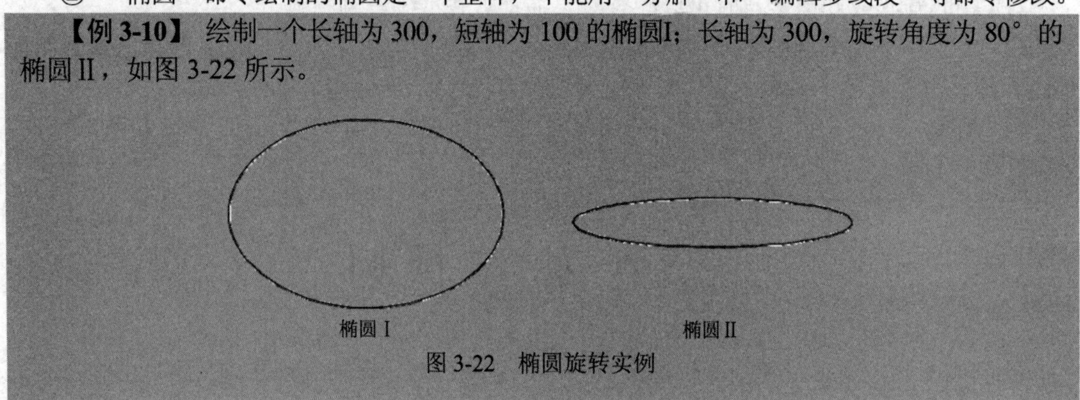

图 3-22　椭圆旋转实例

操作步骤如下。
命令： ELLIPSE↙
指定椭圆的端点或 [圆弧(A)、中心点（C）]: （指定椭圆长轴的一个端点）
指定轴的另一个端点：300↙ （指定椭圆长轴长，确定另一端点）
指定另一条半轴长度或[旋转（R）]：100 ↙ （指定椭圆的短半轴长度）
命令： ELLIPSE↙
指定椭圆的端点或 [圆弧(A)、中心点（C）]: （指定椭圆长轴的一个端点）
指定轴的另一个端点：300↙ （指定椭圆长轴长，确定另一端点）
指定另一条半轴长度或[旋转（R）]：R ↙ （通过旋转角度确定短半轴长）
指定绕长轴旋转的角度：80↙ （指定短半轴相对于长轴的旋转角度为 80°）

第六节 矩形和正多边形

一、绘制矩形

根据指定的尺寸或条件绘制矩形。
该命令有以下三种调用方式。
◎ 下拉菜单:【绘图】→【矩形】。
◎ 工具栏:【绘图】→【矩形】按钮 。
◎ 命令行：RECTANG（或 REC）↙。
该命令执行后，命令行提示如下。
指定第一个角点或 [倒角(C)/标高(E)/圆角(F)/厚度(T)/宽度(W)]:（指定一点）
指定另一个角点或[面积（A）尺寸（D）旋转（R）]:（确定对角线另一端点）

说明

① 通过“面积”选项根据面积绘制矩形，通过“尺寸”选项根据矩形的长和宽绘制矩形，通过“旋转”选项表示绘制按指定角度放置的矩形。
② “倒角”选项表示绘制在各角点处有倒角的矩形。
③ “标高”选项用于确定矩形的绘图高度，即绘图面与 *XY* 面之间的距离。
④ “圆角”选项确定矩形角点处的圆角半径，使所绘制矩形在各角点处按此半径绘制出圆角。
⑤ “厚度”选项确定矩形的绘图厚度，使所绘制矩形具有一定的厚度。
⑥ “宽度”选项确定矩形的线宽。

【例 3-11】 绘制一个倒圆角半径为 2 的矩形，矩形线宽为 0.4。如图 3-23 所示。
操作步骤如下。
命令：RECTANG↙
指定第一个角点或 [倒角(C)/标高(E)/圆角(F)/厚度(T)/宽度(W)]:W↙ （进入设置线宽状态）

图 3-23 倒圆角矩形

指定矩形的线宽<0.0000>:0.4 ↙ （设置矩形的线条宽度为 0.4）
指定第一个角点或 [倒角(C)/标高(E)/圆角(F)/厚度(T)/宽度(W)]:F ↙ （进入圆角设置状态）
指定矩形的圆角半径<0.0000>：2 ↙ （设置倒圆角的半径为 2）
指定第一个角点或 [倒角(C)/标高(E)/圆角(F)/厚度(T)/宽度(W)]: （指定矩形的第一角点）
指定另一个角点: （指定矩形的另一角点）

二、绘制正多边形

在 AutoCAD 中可以精确绘制边数多达 1024 的正多边形。创建多边形是绘制正方形、等边三角形和八边形等的简便方式。

该命令有以下三种调用方式。

◎ 下拉菜单:【绘图】→【多边形】。

◎ 工具栏:【绘图】→【矩形】按钮下拉菜单中（正多边形）。

◎ 命令行：POLYGON（或 POL）↙。

该命令执行后，命令行提示如下。

输入侧面数<4>:（输入边数）

指定正多边形的中心点或 [边(E)]:（指定中心点）

输入选项[内接于圆（I）/外切于圆（C）]<I>：I↙

指定圆的半径:（输入半径）↙

说明

① 侧面数：输入正多边形的边数。最大为 1024，最小为 3。

② 指定正多边形的中心点（此默认选项要求用户确定正多边形的中心点）。指定后将利用多边形的假想外接圆或内切圆绘制等边多边形。

③ 已知边长。根据多边形某一条边的两个端点绘制多边形。

④ 内接于圆（I）：绘制的正多边形内接于随后定义的圆。

⑤ 外切于圆（C）：绘制的正多边形外接于随后定义的圆。

⑥ 圆的半径：定义内接或外切圆的半径。

【例 3-12】 绘制分别内接和外切于半径为 30 的圆的等边三角形。如图 3-24 所示。

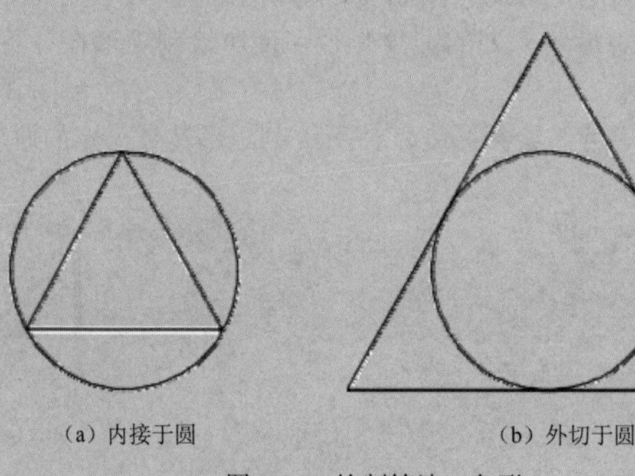

（a）内接于圆 （b）外切于圆

图 3-24 绘制等边三角形

操作步骤如下。

命令：POL↙

输入侧面数 <4>: 3↙

指定正多边形的中心点或 [边(E)]:（指定一中心点）

输入选项 [内接于圆(I)/外切于圆(C)] <C>: I↙

指定圆的半径: 30↙[完成图 3-24（a）]

命令：POL↙

输入侧面数 <3>:↙

指定正多边形的中心点或 [边(E)]:（指定一中心点）

输入选项 [内接于圆(I)/外切于圆(C)] <C>: C↙

指定圆的半径: 30↙[完成图 3-24（b）]

技巧

① 键入 E，即采用给定边长的两个端点画多边形，系统提示输入边的第一端点和第二端点，这两点不仅确定了边长，还确定了多边形的位置和方向。

② 绘制的正多边形实质上是一条多段线，可以通过分解命令使之分解成单个的线段，然后进行编辑，也可以用 PEDIT 命令对其进行线宽、顶点等方面的修改。

注意

① 因为正多边形是一条多段线，所以不能用“中心点”捕捉方式来捕捉一个已存在的多边形的中心。

② 内接于圆方式画多边形是以中心点到多边形顶点的距离来确定半径的，而外切于圆方式画多边形则是以中心点到多边形各边的垂直距离来确定半径的，同样的半径，两种方式绘制出的正多边形大小不相等。

【例 3-13】 分别绘制内接和外切于直径为 30 的圆的正五边形，如图 3-25 所示。

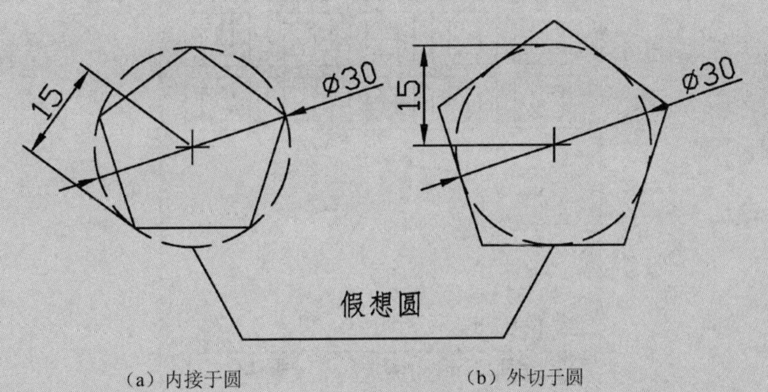

（a）内接于圆　　（b）外切于圆

图 3-25　绘制多边形实例

操作步骤如下。

命令： POLYGON ↙

输入边数<4>:5 ↙

指定正多边形的中心点或 [边(E)]:　　（指定中心点）

输入选项[内接于圆（I）/外切于圆（C）]<I>: ↙　（采用内接于圆方式）

指定圆的半径：15 ↙　　（中心点到顶点的距离为 15）

结果如图 3-25（a）所示。
命令： POLYGON↙
输入边数<5>: （回车重复命令）
指定正多边形的中心点或 [边(E)]: （指定中心点）
输入选项[内接于圆（I）/外切于圆（C）]<C>： C↙ （采用外切于圆方式）
指定圆的半径：15↙ （中心点到各边的垂直距离为 15）
结果如图 3-25（b）所示。

第七节 点及等分对象

AutoCAD 2015 中有多种点的创建方式和设置。点主要用于辅助绘图，例如绘制点阵列的多个对象、将某曲线打断成多段线，以及作为参考等。

一、点的样式

在 AutoCAD 中，可以创建单独的点对象作为绘图的参考点。
该命令有以下两种调用方式。
◎ 下拉菜单：【格式】→【点样式】。
◎ 命令行：DDPTYPE(或 DDP)↙。
该命令执行后，系统弹出【点样式】对话框（图 3-26）。

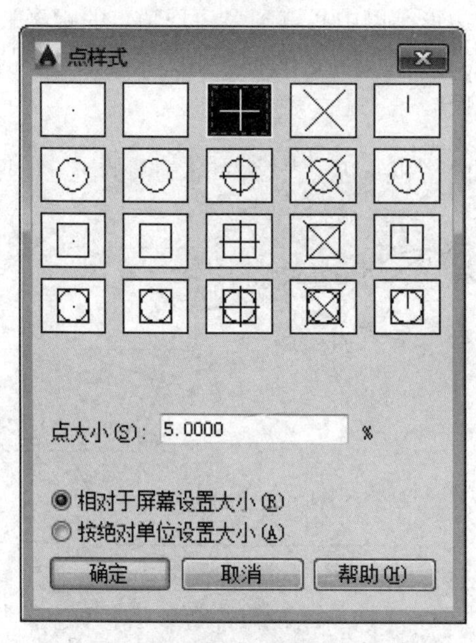

图 3-26 【点样式】对话框

说明

① 点显示图像：对话框列出了点的多种显示样式，其中默认样式为“•”，在绘图过程中，可以根据需要选择点的样式。点样式存储在 PDMODE 系统变量中。

② 点的大小：可以相对于屏幕设置点的大小，也可以用绝对单位设置点的大小。系统将点的显示大小存储在 PDSIZE 系统变量中。相对于屏幕尺寸设置，按屏幕尺寸的百分比设

置点的显示大小。当进行缩放时，点的显示大小并不改变。用绝对单位设置尺寸，按“点大小”下指定的实际单位设置点显示的大小。当进行缩放时，系统显示的点的大小随之改变。

二、点的绘制

该命令有以下三种调用方式。

◎ 下拉菜单：【绘图】→【点】(单点适用于绘制一个点，多点适用于绘制多个点)。

◎ 工具栏：【绘图】显示更多选项，点击【多点】。

◎ 命令行：POINT(或 PO)↙。

该命令执行后，命令行提示如下。

当前点模式：POMODE=3　POSIZE=0.0000

指定点：(指定点的位置)

说明

指定点的方法很多，常见的有如下四种。

① 用鼠标指定，移动鼠标，在绘图区找到指定点并单击左键，即完成点的输入。

② 绝对坐标，输入方式为：*X,Y*。输入 *X,Y* 的数值，中间用逗号隔开，表示它们相对原点的距离。

③ 相对坐标，输入方式为：@Δ*X*，Δ*Y*。@表示用相对坐标输入坐标值，Δ*X* 和Δ*Y* 的值表示该点相对前点在 *X* 和 *Y* 方向上的增量。

④ 极坐标，输入方式为：@距离<方位角。表示从前一点出发，指定到下一点的距离和方位角（与 *X* 轴正向的夹角），@符号会自动设置前一点的坐标为（0,0）。

技巧

① 捕捉点时，可设置“节点”和“最近点”捕捉模式。

② 可以把修改点样式获取的点定义成块，必要时插入使用，这样既获得了特殊符号，还节省作图时间。

注意

改变系统变量 PDMODE 和 PSSIZE 的值后，只影响在这之后绘制的点，而已绘制好的点不发生改变。只有在用 REGEN 命令或重新打开图形时才会改变。

三、定数等分对象

要将某条直线、多段线、圆环等按照一定的数目进行等分，可以直接采用定数等分命令在符合要求的位置上放置点。在所选对象等分数位置上插入点或块。

该命令有以下三种调用方式。

◎ 下拉菜单：【绘图】→【点】→【定数等分（D)】。

◎ 工具栏：【绘图】中显示更多选项，点击【定数等分】。

◎ 命令行：DIVIDE（或 DIV）↙。

该命令执行后，命令行提示如下。

选择要定数等分的对象：(选择要放置点的对象)

输入线段数目或 [块（B）]：(输入定数等分的数目)

说明

① 对象：选择要定数等分的对象。

② 线段数目：定数等分的数目。

③ 块（B)：给定长度将所选对象分段，并在分隔处放置给定的块。

④ 是否对齐块和对象？[是（Y）/否（N）]<Y>:是否将块和对象对齐。如果对齐，则将

块沿所选择的对象对齐，必要时会旋转块。如果不对齐，则直接在定数等分点上复制块。

注意

① 使用 DIVIDE 命令生成的点的捕捉模式为节点，它生成的点标记并没有把对象断开，只是起等分测量的作用。

② DIVIDE 命令用于定数插入点时，点的形式可以预先定义，也可以在插入点后再定义点的大小和形式。

③ DIVIDE 命令最多只能将一个对象进行 32767 等分。

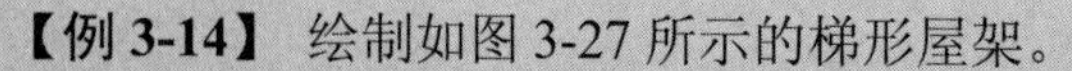

【例 3-14】 绘制如图 3-27 所示的梯形屋架。

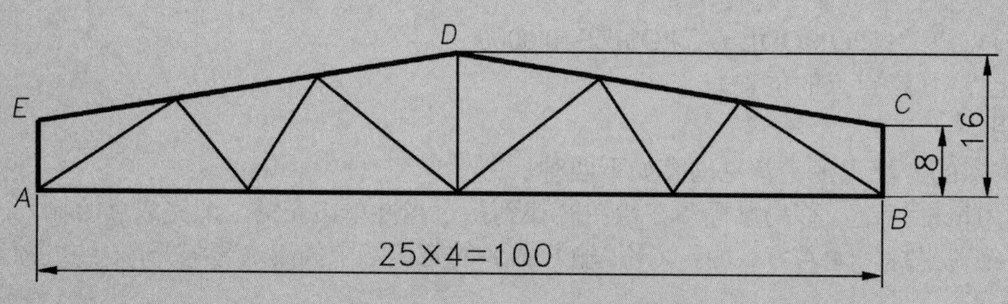

图 3-27　梯形屋架

操作步骤如下。

命令： LINE↙

指定第一个点：给定起始点（*E*）

指定下一点或[放弃（U）]：（鼠标给定方向）8↙(*A*)

指定下一点或[放弃（U）]：（鼠标给定方向）100↙（*B*）

指定下一点或[闭合（C）放弃（U）]：8↙（*C*）

指定下一点或[闭合（C）放弃（U）]：↙

LINE↙（捕捉 *AB* 中点）

指定第一个点：AB 中点

指定下一点或[放弃（U）]：16↙（*D*）

指定下一点或[闭合（C）放弃（U）]：↙

LINE（连接 *ED* 和 *DC*，步骤略）

DIVIDE↙

选择要定数等分的对象：（选择直线 *AB*）

输入线段数目或 [块（B）]：4↙

DIVIDE↙

选择要定数等分的对象：（选择直线 *ED*）

输入线段数目或 [块（B）]：3↙

DIVIDE↙

选择要定数等分的对象：（选择直线 *DC*）

输入线段数目或 [块（B）]：3↙

LINE（依次连接所有等分点，步骤略）

ERASE（删除所有等分点，步骤略）或将【点样式】设定为 PDMODE＝1。

四、定距等分

如果要将某条直线、多段线、圆环等按照一定的距离进行等分，可以直接采用定距等分命令在符合要求的位置上放置点。

该命令有以下三种调用方式。

◎ 下拉菜单：【绘图】→【点】→【定距等分（M）】。

◎ 工具栏：【绘图】显示更多选项中【定距等分】。

◎ 命令行：MEASURE 或 ME↙。

该命令执行后，命令行提示如下。

选择要定距等分的对象：(选择要放置点的对象)

指定线段长度或 [块（B）]：(输入等分距离, 或用鼠标指定两点来确定长度)

说明

① 对象：选择要定距等分的对象。

② 线段长度：制定等分的长度。

③ 块（B）：给定长度将所选对象分段，并在分隔处放置给定的块。

④ 是否对齐块和对象？[是（Y）/否（N）]<Y>：是否将块和对象对齐。如果对齐，则将块沿所选择的对象对齐，必要时会旋转块。如果不对齐，则直接在定距等分点上复制块。

注意

① 使用 MEASURE 等分命令时，一次只能选择一个对象。为直线等分时，是从距离选择对象时所拾取的点较近端开始等分；为矩形等分时，等分点为绘制矩形时的起点，方向为顺时针。

② MEASURE 命令用于定距插点时，点的形式可以预先定义，也可以在插入点后再定义点的大小和形式。

③ MEASURE 命令并未将实体断开，而只是在相应位置上插入点或块。

【例 3-15】 将图 3-28 所示长度为 110 的直线按指定距离 30 进行等分。

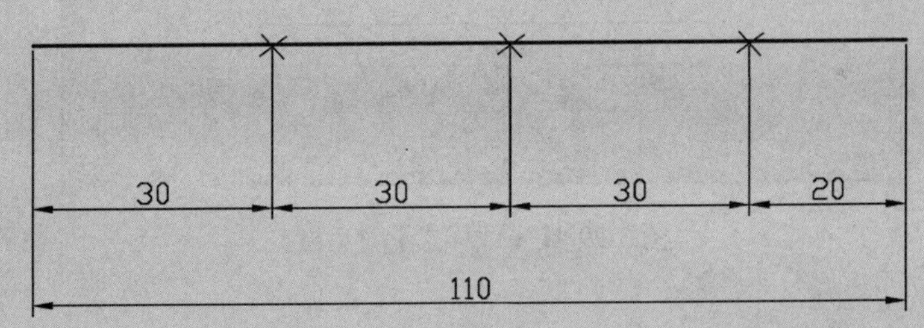

图 3-28 直线定距等分实例

操作步骤如下。

命令: MEASURE↙

选择要定距等分的对象:点击直线 (靠近直线左端选取直线)

指定线段长度或 [块(B)]：30↙

第八节 多线的绘制与编辑

多线可包含 1～16 条平行线，每条平行线称为元素。通过指定距离多线初始位置的偏移量可以确定元素的位置。可以创建和保存多线样式或使用包含两个元素的默认样式。可以设置每个元素的颜色和线型，显示或隐藏多线的接头。所谓接头是那些出现在多线元素每个顶点处的线条。有多种类型的封口可用于多线。

一、多线样式设置

该命令有以下两种调用方式。

◎ 下拉菜单：【格式（O）】→【多线样式（M）】。

◎ 命令行：MLSTYLE↙。

该命令执行后，系统弹出【多线样式】对话框，显示当前的多线样式，如图3-29所示。

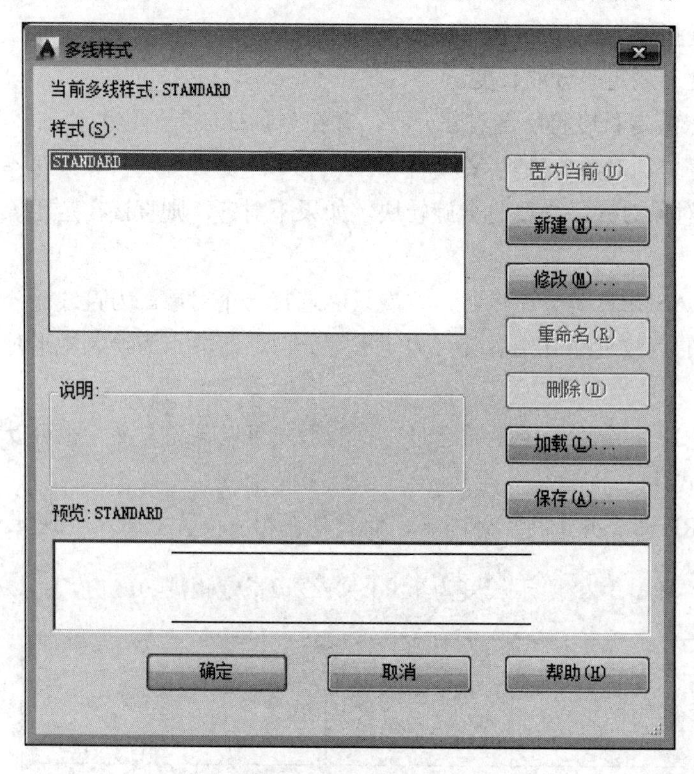

图3-29 【多线样式】对话框

说明

① 当前多线样式：显示当前多线样式的名称，该样式将在后续创建的多线中用到。

② 样式：显示已加载到图形中的多线样式列表。多线样式列表可包括存在于外部参照图形（XREF）中的多线样式。

③ 说明：显示选定多线样式的说明。

④ 预览：显示选定多线样式的名称和图像。

⑤ 置为当前：使该多线样式置为当前。注意不能将外部参照中的多线样式设定为当前样式。

⑥ 新建：在图3-29所示“多线样式”对话框中单击【新建】按钮，在弹出的如图3-30所示【创建新的多线样式】对话框中输入“新样式名”，再单击【继续】按钮，弹出【新建多

线样式】对话框，如图 3-31 所示。通过该对话框可设置多线样式的封口、填充、图元等内容。

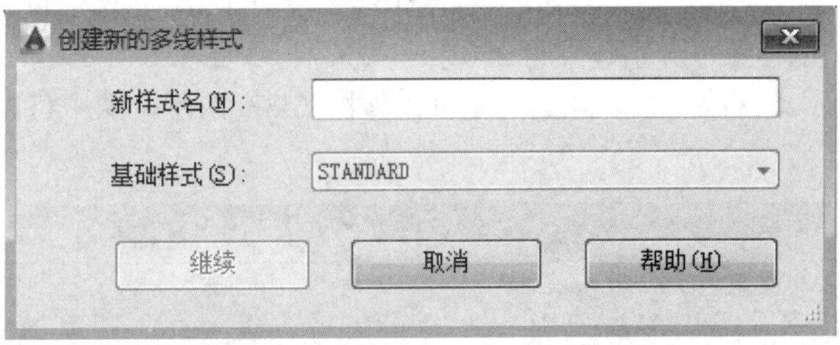

图 3-30 【创建新的多线样式】对话框

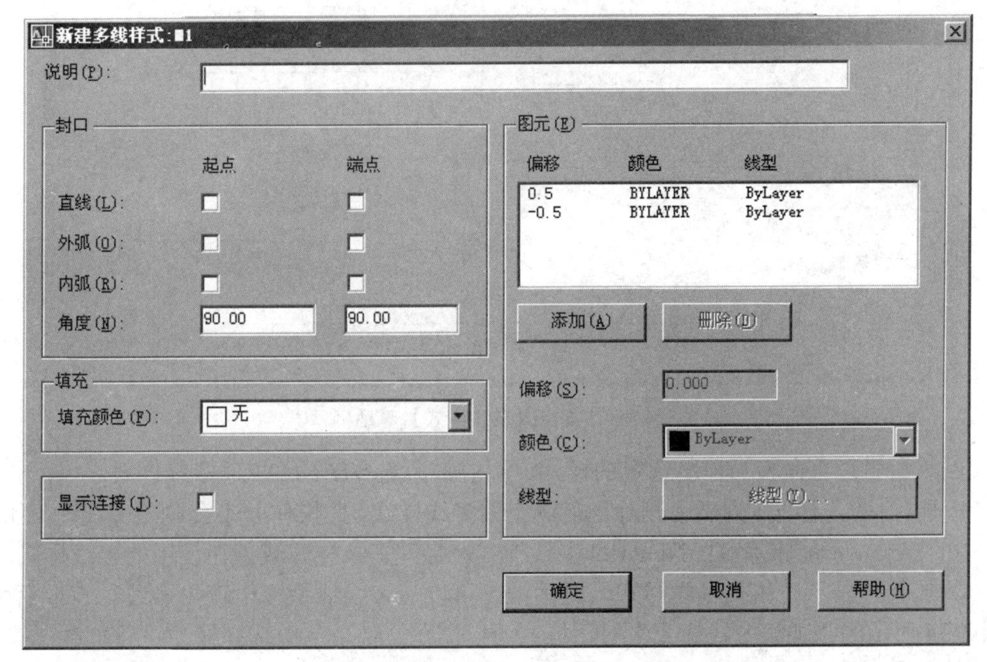

图 3-31 【新建多线样式】对话框

各选项说明如下。

a.【说明】文本框：可以添加说明文字，对创建的多线样式进行描述。

b.【封口】选项区：可以设置多线起点和端点处的封口形式，如图 3-32 中（a）～（d）所示。

c.【填充】列表框：用于设置多线的填充背景色，如图 3-32（e）所示。

d.【显示连接】复选框：用于选择是否在多线的拐角处显示连接线，如图 3-32（f）所示。

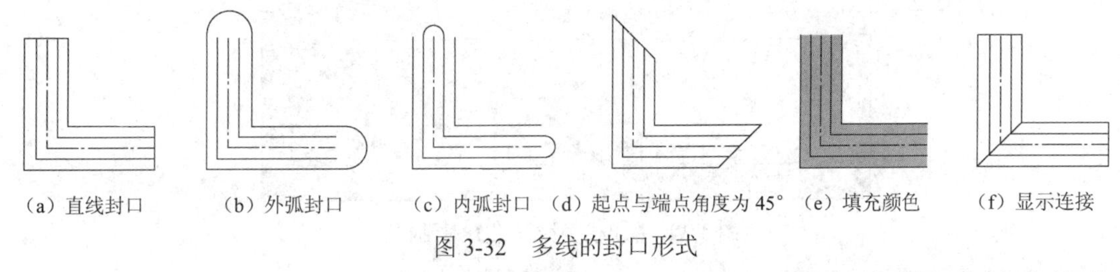
（a）直线封口 （b）外弧封口 （c）内弧封口 （d）起点与端点角度为 45° （e）填充颜色 （f）显示连接

图 3-32 多线的封口形式

e.【图元】选项区：在列表框中显示每条多线相对于多线中心线的偏移量、颜色和线型。如果要增加多线中线条的数目，则单击【添加】按钮，此时在【图元】列表中将加入一个偏移量为 0 的新线条元素，然后在【偏移】、【颜色】、【线型】中分别设置线条元素的偏移量、颜色、线型。如要绘制 370 厚的墙，轴线距墙内缘为 120，轴线的位置相当于多线中心线，则两条多线的偏移量可分别设置为 250 和－120。

⑦ 修改：显示【修改多线样式】对话框，如图 3-33 所示，从中可以修改选定的多线样式。

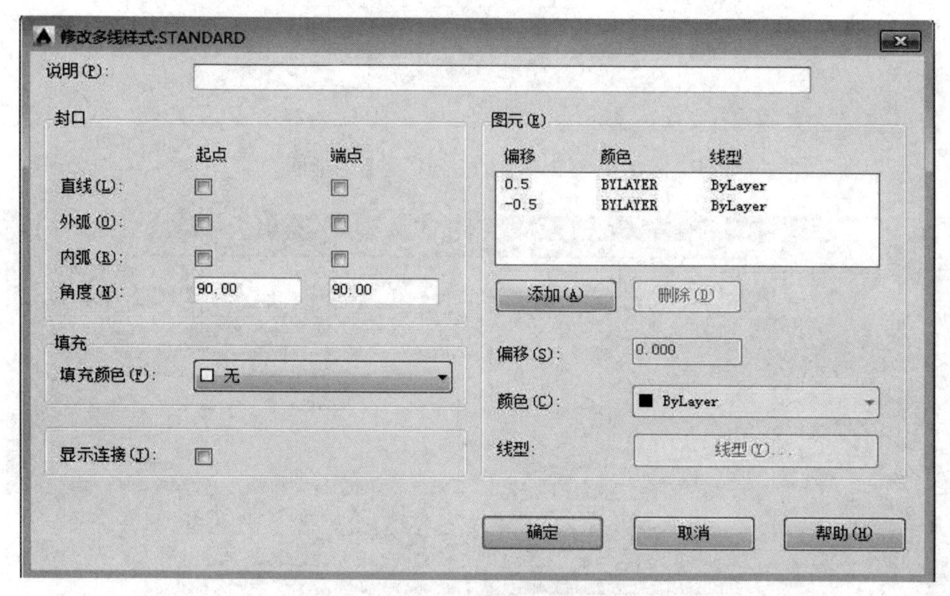

图 3-33 【修改多线样式】对话框

⑧ 重命名：重命名当前所选定的样式。不能重命名 STANDARD 多线样式。

⑨ 删除：从“样式”列表中删除当前选定的多线样式。此操作并不会删除多线库（MLN）文件中的样式。不能删除 STANDARD 多线样式、当前多线样式或正在使用的多线样式。

⑩ 加载：显示“加载多线样式”对话框，可以从多线线型库中调出多线。点取后弹出如图 3-34 所示的“加载多线样式”对话框。可以浏览文件，从中选择线型进行加载。

⑪ 保存：将多线样式保存或复制到 mln 文件。如果指定了一个已存在的 MLN 文件，新样式定义将添加到此文件中，并且不会删除其中已有的定义。

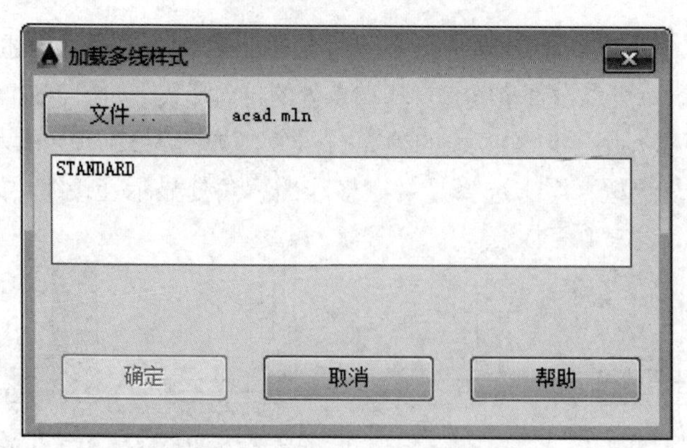

图 3-34 【加载多线样式】对话框

注意

① 用 PRUGR 命令可清除图形中未用的多线线型定义。

② 利用多线设置中的偏移项可设置到偏移点的距离不等的多线样式。

二、绘制多线

该命令有以下两种调用方式。

◎ 下拉菜单：【绘图】→【多线】。

◎ 命令行：ML↙。

该命令执行后，命令行提示如下。

当前设置：对正=上，比例=20.00，样式=STANDARD

指定起点或[对正（J）/比例（S）/样式（ST）]:（指定起点）

指定下一点:（指定多线端点）

指定下一点或 [放弃(U)]:（指定多线另一端点）

指定下一点或 [闭合(C)/放弃(U)]:↙ （结束命令）

说明

① 当前设置：显示当前多线的设置属性。

② 对正（J）：用于设置多线的偏移方式。当输入"J"后，命令行接着提示：输入对正类型 [上(T)/无(Z)/下(B)] <无>:

③ 上（T）：从左至右（顺时针）绘制多线时，多线上最顶端的线（偏移量为正值中最大者）随光标移动，如图 3-35（a）所示。

④ 无（Z）：从左至右（顺时针）绘制多线时，多线的中心线（偏移量为 0 者）随光标移动，如图 3-35（b）所示。

⑤ 下（B）：从左至右（顺时针）绘制多线时，多线上最底端的线（偏移量为负值中最小者）随光标移动，如图 3-35（c）所示。

设置多线由 3 条平行线组成，其中一条线型为 Continuous，偏移量为 2；一条线型为 Center2，偏移量为 0；另一条线型为 Continuous，偏移量为–1。当用不同对正方式从左至右绘图时，结果如图 3-35 所示。

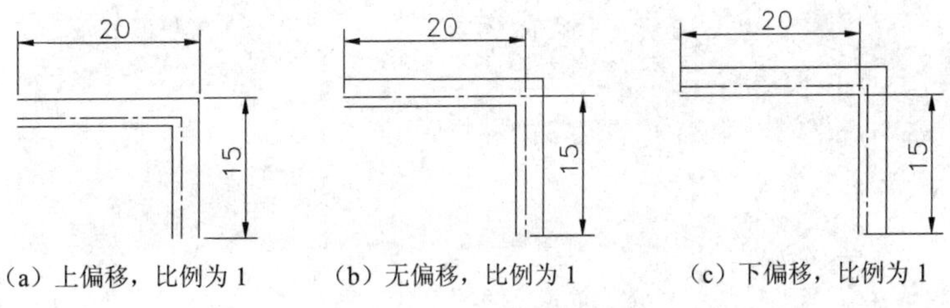

（a）上偏移，比例为 1　（b）无偏移，比例为 1　（c）下偏移，比例为 1

图 3-35　多线【对正】方式

⑥ 比例（S）：用于指定多线宽度相对于多线样式中定义宽度的比例因子。例如，绘制 370 的墙，【多线样式】中定义的两条平行线的偏移量分别为 250 和–120，则绘制多线时，【比例】设置为 1；若定义的两条平行线的偏移量分别为 25 和–12，则【比例】应设置为 10。

⑦ 样式（ST）：用于选择多线的样式，系统默认的多线样式为 STANDARD。选择该选项后，命令行提示如下。

输入多线样式名或 [?]: (输入多线样式的名称)

在提示下，输入相应的多线样式名即可。若输入"?"，则在文本窗口中显示当前已加载的多线样式。

【例 3-16】 使用【多线】命令绘制如图 3-36 所示墙体，其中外墙厚 4.9，内墙厚 2.4。

操作步骤如下。

（1）设置【多线样式】

样式一：由 3 条线组成，其中一条线型为 Continuous，偏移量为 3.7；一条线型为 Center，偏移量为 0；另一条线型为 Continuous，偏移量为–1.2。

样式二：由 3 条线组成，其中一条线型为 Continuous，偏移量为 1.2；一条线型为 Center，偏移量为 0；另一条线型为 Continuous，偏移量为–1.2。

（2）绘制墙体

命令:MLINE↙

当前设置: 对正=上，比例=20.00，样式=STANDARD

指定起点或[对正(J)/比例(S)/样式(ST)]: J↙

输入对正类型[上(T)/无(Z)/下(B)]<上>: Z↙

指定起点或[对正(J)/比例(S)/样式(ST)]: St↙

输入多线样式名或[？]: 样式一↙

指定起点或[对正(J)/比例(S)/样式(ST)]:S↙

输入比例<20.00>:1↙

指定起点或[对正(J)/比例(S)/样式(ST)]:（在屏幕上指 *A* 点）

指定下一点:↙向上移动光标

指定下一点或[放弃(U)]:50↙向右移动光标

指定下一点或[闭合(C)/放弃(U)]:100↙向下移动光标

指定下一点或[闭合(C)/放弃(U)]:25↙向左移动光标

指定下一点或[闭合(C)/放弃(U)]:25↙向下移动光标

指定下一点或[闭合(C)/放弃(U)]:25↙向左移动光标

指定下一点或[闭合(C)/放弃(U)]:C↙

命令:MLINE↙

当前设置:对正=无, 比例=1.00, 样式=样式一

指定起点或[对正(J)/比例(S)/样式(ST)]:ST↙

输入多线样式名或[？]:样式二↙

指定起点或[对正(J)/比例(S)/样式(ST)]:在屏幕上指 *G* 点，向下移动光标

指定下一点:50↙↙

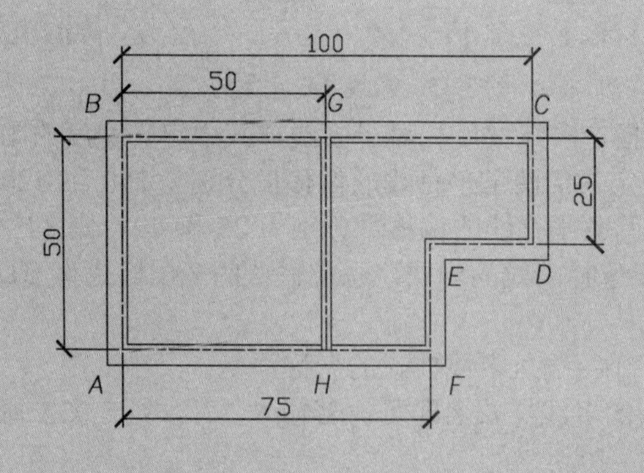

图 3-36 【多线】命令绘制墙体

三、多线编辑

该命令有以下三种调用方式。

◎ 下拉菜单：【修改】/【对象】/【多线】。

◎ 命令行：MLEDIT↙。

◎ 双击对象多线。

该命令执行后，弹出【多线编辑工具】对话框，如图 3-37 所示，从中选择相应的样例图像按钮即可编辑多线。

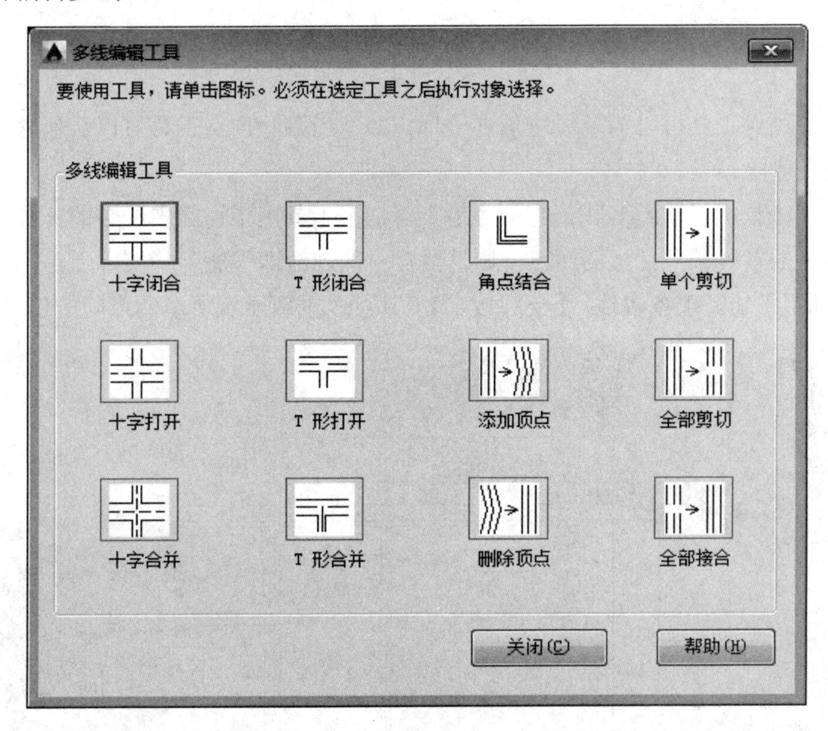

图 3-37 【多线编辑工具】对话框

使用三种十字形工具可以消除各种相交线，如图 3-38 所示。当选择十字形中的某种工具后，还需要选取两条多线，AutoCAD 总是切断所选的第一条多线，并根据所选工具切断第二条多线。在使用【十字合并】工具时可以生成配对元素的直角，如果没有配对元素，则多线将不被切断。

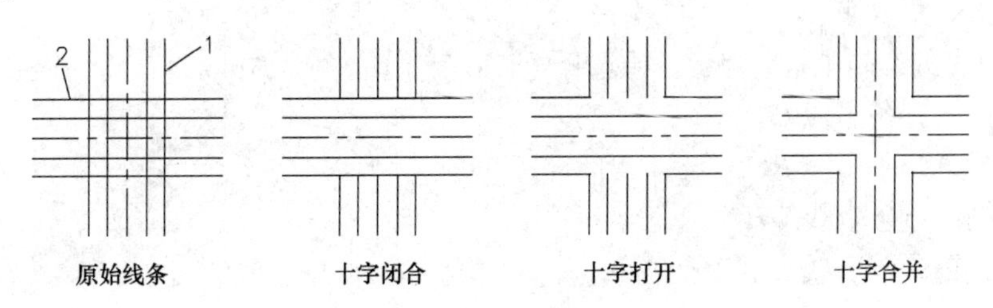

图 3-38 多线的十字形编辑效果

使用 T 字形工具和角点结合工具也可以消除相交线，如图 3-39 所示。此外，角点结合工具还可以消除多线一侧的延伸线，从而形成直角如图 3-39 所示。使用该工具时，需要选取两条多线，只需在要保留的多线某部分上拾取点，AutoCAD 就会将多线剪裁或延伸到它们的相交点。

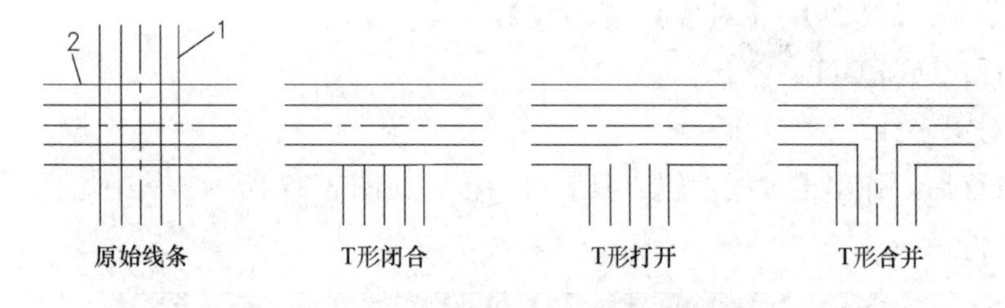

图 3-39　多线的 T 形编辑效果

使用添加顶点工具可以为多线增加若干顶点，使用删除顶点工具可以从包含三个或更多顶点的多线上删除顶点。

使用剪切工具可以切断多线。其中【单个剪切】工具用于切断多线中的一条，只需简单地拾取要切断的多线某一元素的两点，则这两点中的连线即被删除（实际上是不显示）；【全部剪切】工具用于切断整条多线。【全部接合】工具可以重新显示所选两点间的任何切断部分。

【例 3-17】 对图 3-36 所示墙体的连接处进行修改，修改结果如图 3-40 所示。

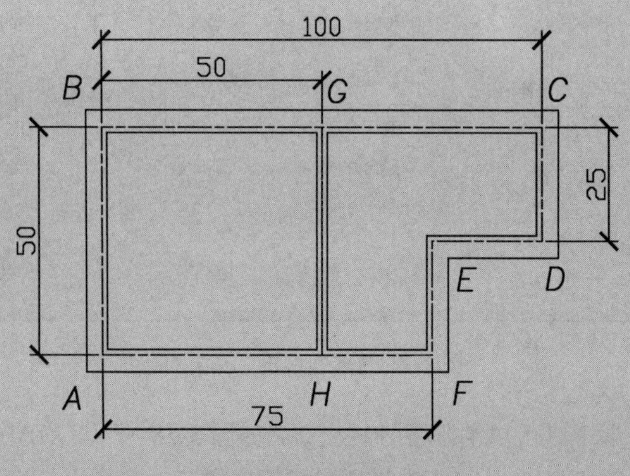

图 3-40 【多线】命令修改墙体

操作步骤如下。

① 双击对象多线。

② 在【多线编辑工具】对话框中选择【T 形合并】选项，AutoCAD 将切换到图形界面。

③ 选择第一条多线 *GH*。

④ 选择第二条多线 *BC*。

⑤ 选择第一条多线 *GH*。

⑥ 选择第二条多线 *AF*。

【习题与操作】

1．用直线命令绘制图形，如图 3-41 和图 3-42 所示。

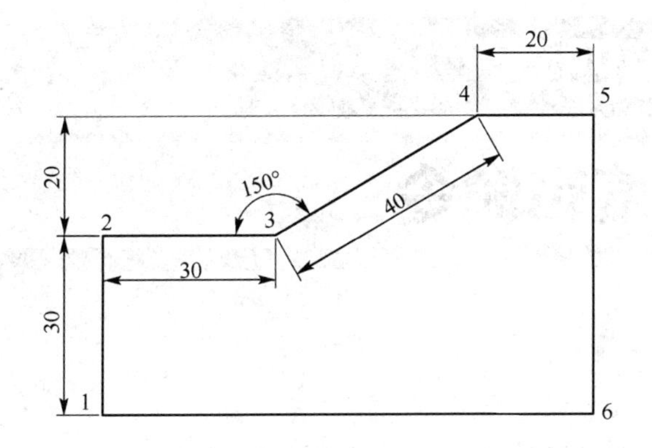

图 3-41 用直线命令绘制图形（一）

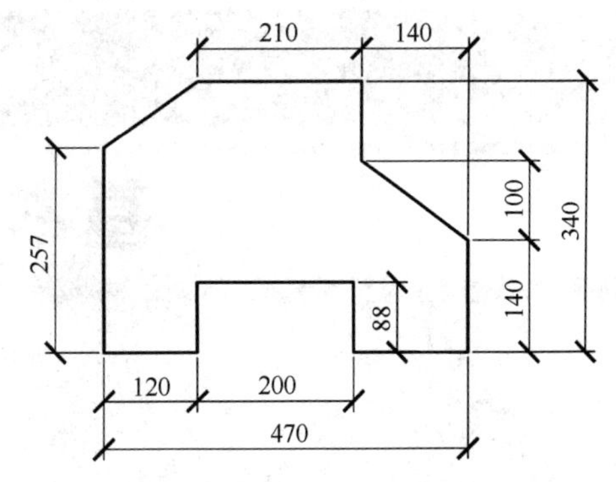

图 3-42 用直线命令绘制图形（二）

2．用多段线命令绘制如图 3-43 所示图形。

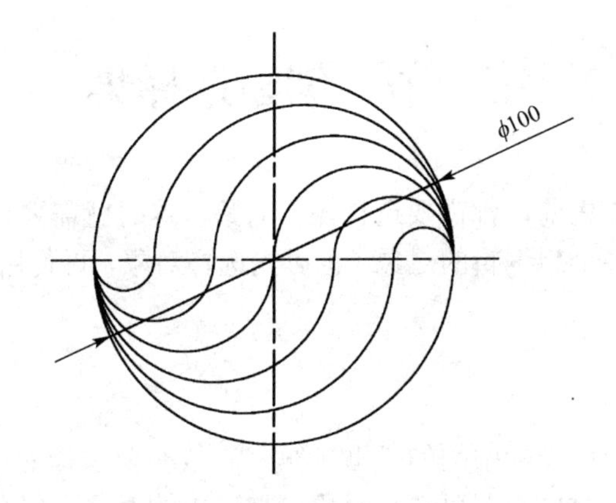

图 3-43 多段线练习题

3．用圆命令绘制如图 3-44 所示图形。

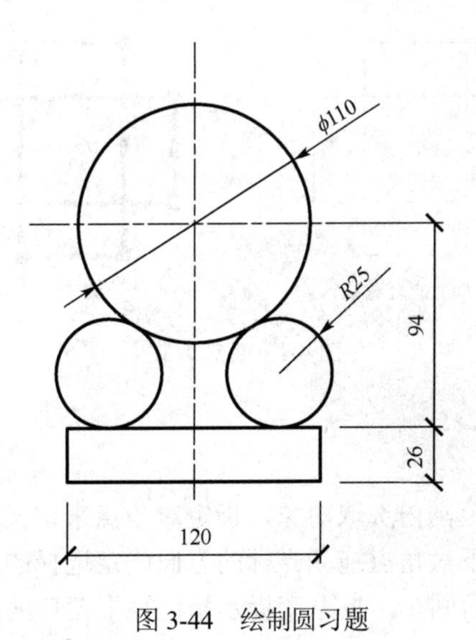

图 3-44 绘制圆习题

第四章

基本编辑命令

本章要学习的编辑命令，可以对二维图形进行修改，通过编辑功能中的复制、偏移、阵列、镜像等命令可以帮助用户合理地构造和组织图形，以保证绘图的准确性，简化作图步骤，从而极大地提高绘图效率。

第一节　创建选择集

在进行每次编辑操作之前，都需要选择操作对象，这时就需要构建选择集。首先要选择命令然后再选择单个或多个想编辑的对象（也可先选择对象，再使用相应的命令），这样才能完成对所选对象的编辑。

一、点选

在选择对象时，将十字光标中间的靶框（“⌖”）放在要选择的对象位置时，选取的对象就会以亮度方式显示，此时单击即可选择对象，被选中的对象不仅会亮显，而且显示带有句柄方式的夹点（默认为蓝色），如图 4-1 所示。

拾取框的大小由【选项】对话框中【选择集】选项卡中控制。用户可以选择一个对象，也可以逐个选择多个对象。该方法只能逐个拾取所需对象，不便于选取大量对象。

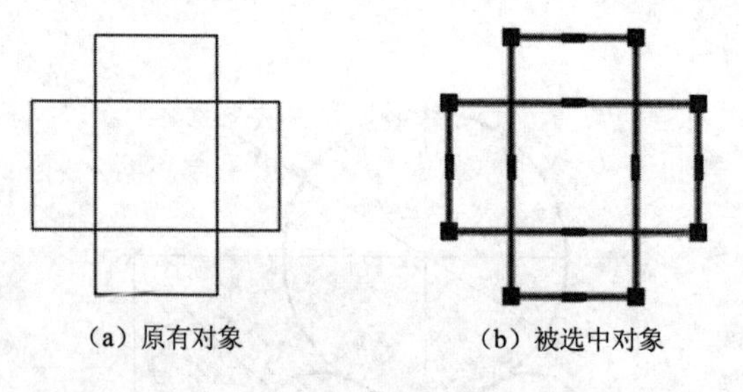

（a）原有对象　　（b）被选中对象

图 4-1　点选方式

二、窗口（W）选择

在指定两个角点的矩形范围内选取对象，指定对角点来定义矩形区域，区域背景的颜色将更改。从左上对角点向右下对角点拖动光标的方向确定选择的对象。也可以在提示“选择对象”时，输入字母“W”后回车，按系统提示指定矩形窗口的两个对角点，也可以直接在图形空白区域单击一点，从左上至右下拖动窗口，则出现一个边线为实线的矩形选择窗口，如图 4-2（a）所示。此时，只有完全包含在窗口内的对象才能被选中，如图 4-2（b）所示。

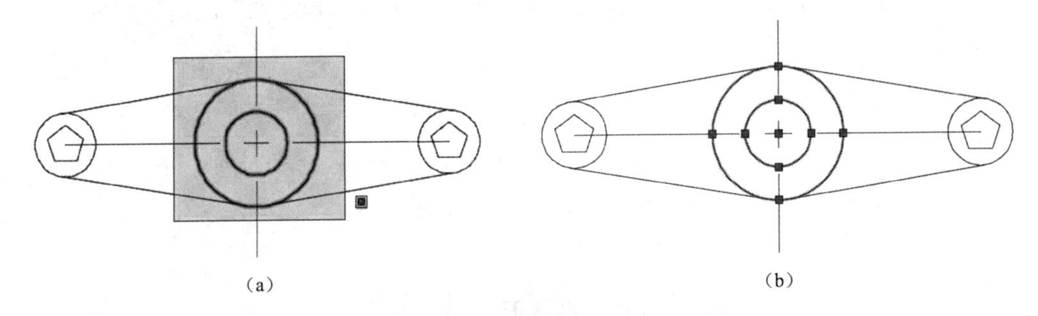

（a）　　（b）

图 4-2　窗交（W）选择

三、窗交（C）选择

窗交（C）选择方式是使用交叉窗口选择对象，该方法与用窗口（W）选择对象的方法类似。在提示“选择对象”时，输入字母“C”后回车，指定矩形窗口的两个对角点，或直接在图形空白区域单击一点，从右下至左上拖动窗口，则出现一个边线为虚线的矩形选择窗口，如图 4-3（a）所示。此时，不仅完全包含在窗口内的对象被选中，与窗口相交的对象也被选中，如图 4-3（b）所示。

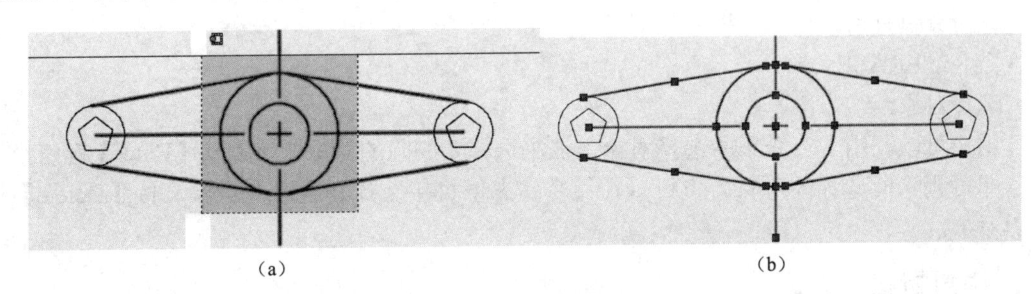

（a）　　（b）

图 4-3　窗交（C）选择

四、栏选（F）选择

在提示“选择对象”时，输入字母“F”后回车，可以通过绘制一条开放的多点栅栏（多段直线）来选择对象，所有与栅栏线相交的对象均会被选中，并且栅栏可以自身相交，如图 4-4 所示。

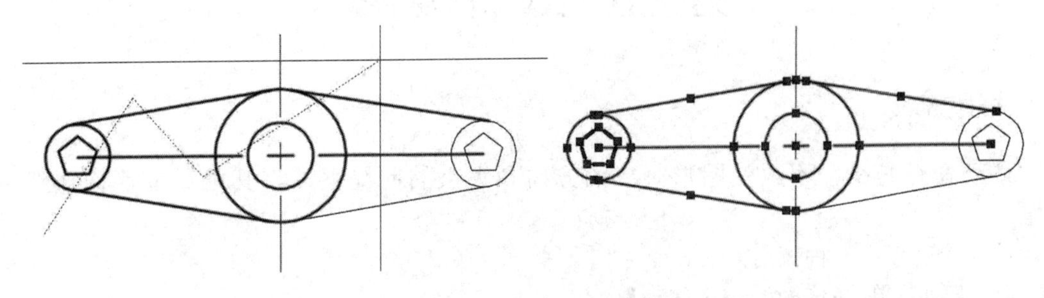

图 4-4　栏选（F）选择

五、全部（A）选择

在提示“选择对象”时，输入“ALL”后回车，则可以选择除锁定图层和冻结图层以外的所有对象。

六、删除（R）

要从已经选择的对象中删除对象，可以在提示“选择对象”时，输入“R”后回车，或者按住【Shift】键，单击要从选择集中移出的对象即可。

第二节　删除与恢复对象

一、删除对象

删除命令用于删除图中不需要的对象。

该命令有以下三种调用方式。

◎ 下拉菜单：【修改】→【删除】。

◎ 工具栏：【修改】工具栏中的按钮。

◎ 命令行：ERASE↙。

该命令执行后，命令行提示如下。

命令:_ERASE ↙

选择对象:

用户可以利用上节介绍的选择对象方法来选择要删除的对象，然后按【Enter】键或空格键，即可删除所选择的对象。也可以在命令状态下直接选择要删除的对象，按【Delete】键删除对象。

二、恢复对象

恢复删除的对象，使用 OOPS 命令，用户可以将最近一次使用【删除】、【创建块】、WBLOCK（写块）等命令删除的对象恢复到图形中。若想恢复前几次删除的实体对象，需使用 UNDO（放弃）命令。

恢复删除的对象也可直接单击【标准】工具栏中的按钮和按钮。

第三节　编 辑 对 象

一、移动命令

移动命令是指在不改变图形对象的方向和大小的前提下，将其由原位置移动到新位置。

该命令有以下三种调用方式。

◎ 下拉菜单：【修改】→【移动】。

◎ 工具栏：【修改】工具栏中的移动按钮。

◎ 命令行：MOVE↙。

该命令执行后，命令行提示如下。

命令: _MOVE↙

选择对象:(选择要移动的对象)

选择对象:↙

指定基点或 [位移(D)] <位移>:(在屏幕上指定基点)

指定第二个点或 <使用第一个点作为位移>:

说明

移动对象时指对象的重新定位。可以在指定方向上按指定距离移动对象，对象的位置发生了改变，但方向和大小不改变。

【例 4-1】 将图 4-5（a）所示圆移动到矩形中。

操作步骤如下。

命令: _MOVE↙

选择对象:(选择圆对象)

选择对象: ↙

指定基点或 [位移(D)] <位移>:(捕捉圆心、圆上或任意一点作为位移的基点)

指定第二个点或 <使用第一个点作为位移>(捕捉两条直线的交点)

结果如图 4-5（b）所示。

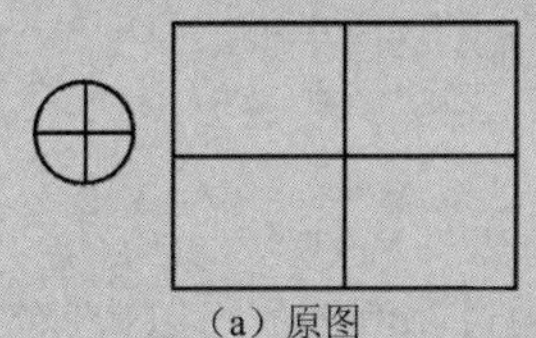

（a）原图

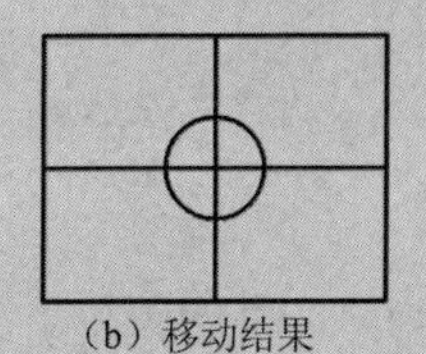

（b）移动结果

图 4-5　移动对象

二、旋转命令

旋转　命令是指将图形对象绕某一指定基准点旋转，改变图形对象的方向。该命令有以下三种调用方式。

◎ 下拉菜单：【修改】→【旋转】。

◎ 工具栏：【修改】工具栏中的旋转按钮。

◎ 命令行：ROTATE↙。

该命令执行后，命令行提示如下。

命令: _ROTATE↙

UCS　当前的正角方向:ANGDIR=逆时针　ANGBASE=0

选择对象:(选择要旋转的对象)

选择对象:↙

指定基点:(在屏幕上指定基点)

指定旋转角度, 或 [复制(C)/参照(R)] <0>:

说明

① 旋转角度：角度值为正，按逆时针旋转；角度值为负，按顺时针旋转。

② 复制（C）：将对象旋转的同时进行复制。

③ 参照（R）：以参照方式旋转对象，需要依次指定参考方向的角度值和相对于参考方向的角度值，适用于旋转角度未知的情况。

【例 4-2】 将图 4-6（a）所示对象，旋转复制到图 4-6（b）所示位置。

操作步骤如下。

命令: RO ROTATE↙

UCS 当前的正角方向: ANGDIR=逆时针 ANGBASE=0

找到 5 个

指定基点: ↙

指定旋转角度，或 [复制(C)/参照(R)] <0>: C 旋转一组选定对象。

指定旋转角度，或 [复制(C)/参照(R)] <0>: –90

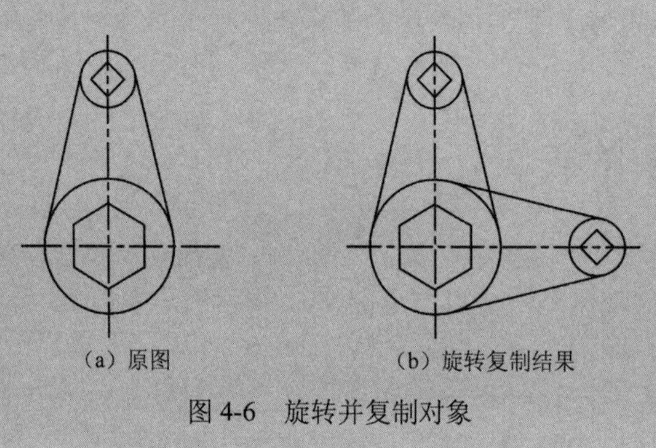

（a）原图　　（b）旋转复制结果

图 4-6　旋转并复制对象

三、比例缩放命令

在绘图过程中发现绘制的图形过大或者过小，通过比例缩放可以快速实现图形的大小转换，使缩放后对象的比例保持不变。缩放时可以指定一定的比例，也可以参照其他对象进行缩放。

该命令有以下三种调用方式。

◎ 下拉菜单：【修改】→【缩放】。

◎ 工具栏：【修改】工具栏中的 缩放 按钮。

◎ 命令行：SCALE↙。

该命令执行后，命令行提示如下。

命令: _SCALE↙

选择对象:(选择要缩放的对象)

选择对象:↙

指定基点:(在屏幕上指定基点)

指定比例因子或 [复制(C)/参照(R)] <1>:

说明

① 选择对象：选择比例缩放的对象。

② 指定基点：对象缩放中的基准点，即缩放图形中位置保持不变的中心点。

③ 指定比例因子：对象放大或缩小对象的比例。大于 1 的比例因子使对象放大，小于 1 的比例因子使对象缩小，还可以拖动光标使对象变大或缩小。

④ 复制（C）：将缩放对象先复制，再进行缩放操作。

⑤ 参照（R）：将所选对象按参照方式进行缩放，需要依次输入参照长度的值和新长度的值，AutoCAD 根据两者的值自动计算出比例因子（比例因子＝新长度值/参照长度值），然

后进行缩放。

【例 4-3】 将图 4-7 所示正六边形缩放为圆内接正六边形。

操作步骤如下。

命令: SC SCALE↙

选择对象: 指定对角点: 找到 1 个

选择对象:（选择正六边形）↙

指定基点:（捕捉圆心）

指定比例因子或 [复制(C)/参照(R)]:

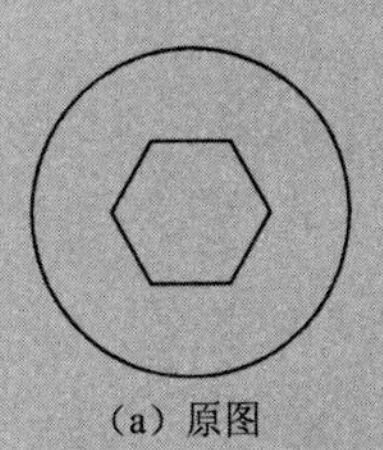

（a）原图

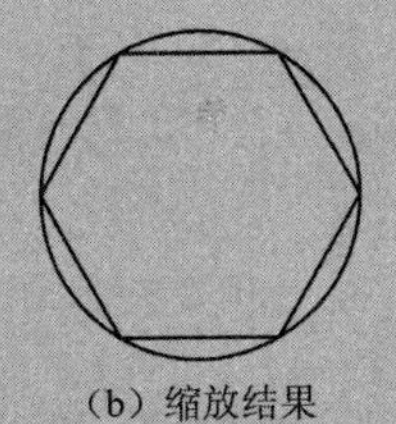

（b）缩放结果

图 4-7 缩放对象

【例 4-4】 将图 4-8 所示圆形的直径以参照方式缩放至直线的长度。

操作步骤如下。

命令: SC SCALE↙

选择对象: 指定对角点: 找到 1 个

选择对象: ↙

指定基点:

指定比例因子或 [复制(C)/参照(R)]: R

指定参照长度 <1.0000>: 指定第二点:点取 A、B

指定新的长度或 [点(P)] <1.0000>:点取 A、C

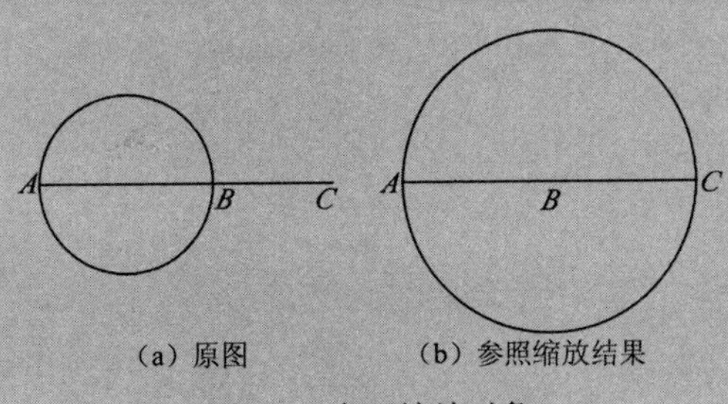

（a）原图 （b）参照缩放结果

图 4-8 参照缩放对象

第四节 复 制 对 象

一、复制命令

复制命令就是将已有的对象复制出副本，并放置到指定的位置。

该命令有以下三种调用方式。

◎ 下拉菜单:【修改】→【复制】。

◎ 工具栏:【修改】工具栏中的复制按钮。

◎ 命令行:COPY↙。

该命令执行后，命令行提示如下。

命令: _COPY↙

选择对象: (选择要复制的对象)

选择对象: ↙

指定基点或 [位移(D)/模式(O)] <位移>:(在屏幕上指定基点)

指定第二个点或 <使用第一个点作为位移>:

【例 4-5】 如图 4-9（a）所示，将图形左侧圆与多边形复制到图形的右侧和下侧，其圆心为两点画线交点，如图 4-9（b）所示。

操作步骤如下。

命令: CO COPY↙

选择对象: 指定对角点: 找到 2 个

选择对象:（选择圆与其内部正六边形）↙

当前设置: 复制模式 = 多个

指定基点或 [位移(D)/模式(O)] <位移>:（指定圆心为基点）

指定第二个点或 [阵列(A)] <使用第一个点作为位移>:

指定第二个点或 [阵列(A)/退出(E)/放弃(U)] <退出>:

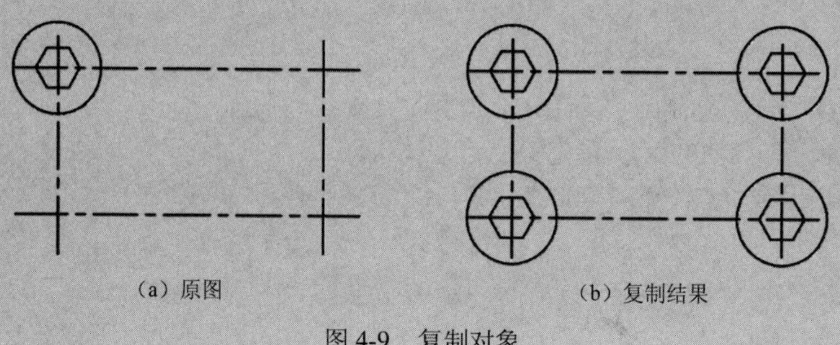

（a）原图　　（b）复制结果

图 4-9　复制对象

二、偏移命令

偏移　单一对象可以将其偏移，从而产生复制的对象，可以用来创建同心圆、平行线、平行曲线。命令可以通过指定点或指定距离创建与已有对象平行的新对象。

该命令有以下三种调用方式。

◎ 下拉菜单:【修改】→【偏移】。

◎ 工具栏:【修改】工具栏中的按钮。

◎ 命令行:OFFSET↙。

该命令执行后，命令行提示如下。

命令: _OFFSET↙

当前设置:删除源=否　图层=源　OFFSETGAPTYPE=0

指定偏移距离或 [通过(T)/删除(E)/图层(L)]<通过>:(给出偏移距离)

选择要偏移的对象，或 [退出(E)/放弃(U)]<退出>:(选择要偏移的对象)

指定要偏移的那一侧上的点，或 [退出(E)/多个(M)/放弃(U)] <退出>:(屏幕上指定方向)

选择要偏移的对象，或 [退出(E)/放弃(U)] <退出>:

说明

① 指定偏移距离：在距现有对象指定的距离处创建对象，输入偏移距离，该距离可以通过键盘输入，也可以通过点取两个点来定义，如图 4-10 所示。

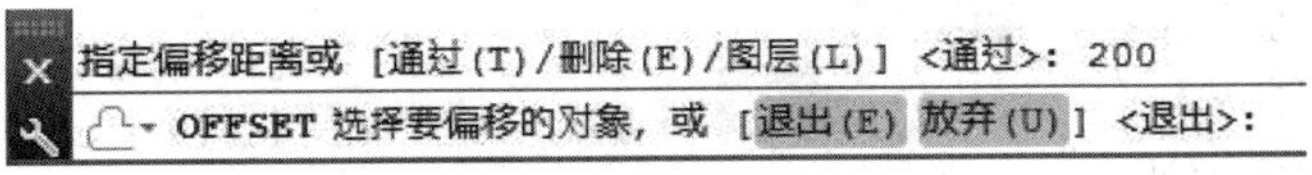

指定偏移距离或 [通过(T)/删除(E)/图层(L)] <通过>: 200

OFFSET 选择要偏移的对象，或 [退出(E) 放弃(U)] <退出>:

图 4-10 偏移命令栏

② 通过（T）：创建通过指定点的对象。

③ 删除（E）：偏移源对象后将源对象删除。

④ 图层（L）：确定将偏移对象创建在当前图层上还是源对象所在的图层上。

⑤ 选择要偏移的对象：选择将要偏移的对象。

⑥ 退出（E）：回车则退出偏移命令。

⑦ 放弃（U）：输入“U”，重新选择将要偏移的对象。

⑧ 指定要偏移的那一侧上的点：指定点来确定往哪个方向偏移。

⑨ 退出（E）：退出 OFFSET 命令。

⑩ 多个（M）：输入“多个”偏移模式，这将使用当前偏移距离重复进行偏移操作。

⑪ 放弃（U）：恢复前一个偏移。

技巧

① 在画相互平行的直线时，只要知道之间的距离，就可以通过偏移命令快速实现。

② 偏移命令一次只能对一个对象进行偏移，但可以偏移多次。

【例 4-6】 如图 4-11 所示，对不同图形执行偏移命令，会产生不同的结果。

图 4-11 不同图形偏移效果不同

命令: OFFSET

当前设置: 删除源=否 图层=源 OFFSETGAPTYPE=0

指定偏移距离或 [通过(T)/删除(E)/图层(L)] <通过>: 20/15/10

选择要偏移的对象，或 [退出(E)/放弃(U)] <退出>:

指定要偏移的那一侧上的点，或 [退出(E)/多个(M)/放弃(U)] <退出>:

选择要偏移的对象，或 [退出(E)/放弃(U)] <退出>:

指定要偏移的那一侧上的点，或 [退出(E)/多个(M)/放弃(U)] <退出>:

选择要偏移的对象，或 [退出(E)/放弃(U)] <退出>:

指定要偏移的那一侧上的点，或 [退出(E)/多个(M)/放弃(U)] <退出>:

选择要偏移的对象，或 [退出(E)/放弃(U)] <退出>:

三、镜像命令

镜像命令可以复制与原有对象对称的图形。对于对称图形，可以只绘制一半甚至四分之一，然后通过镜像命令镜像出对称的部分。

该命令有以下三种调用方式。

◎ 下拉菜单：【修改】→【镜像】。

◎ 工具栏：【修改】工具栏中的 镜像 按钮。

◎ 命令行：MIRROR↙。

该命令执行后，命令行提示如下。

命令: _MIRROR

选择对象: (选择要镜像的对象)

选择对象: ↙

指定镜像线的第一点:(屏幕上指定第一点)

指定镜像线的第二点:(屏幕上指定第二点)

要删除源对象吗？[是(Y)/否(N)] <N>:

说明

① 选择对象：选择要镜像的对象。

② 指定镜像线第一点：确定镜像轴线的第一点。

③ 指定镜像线第二点：确定镜像轴线的第二点。

④ 是否删除源对象？[是(Y)/否(N)] <N>: Y 是删除源对象，N 是保留源对象。

技巧

① 镜像以给定两点形成的镜像线为对称线，其长度和角度均可以是任意的。

② 对于文字的镜像，可以通过 MIRRTEXT 变量控制是否使文字改变方向，若 MIRRTEXT 变量值等于 0，则文字方向不改变；若 MIRRTEXT 变量值等于 1（默认值），则镜像后文字方向改变，如图 4-12 所示。

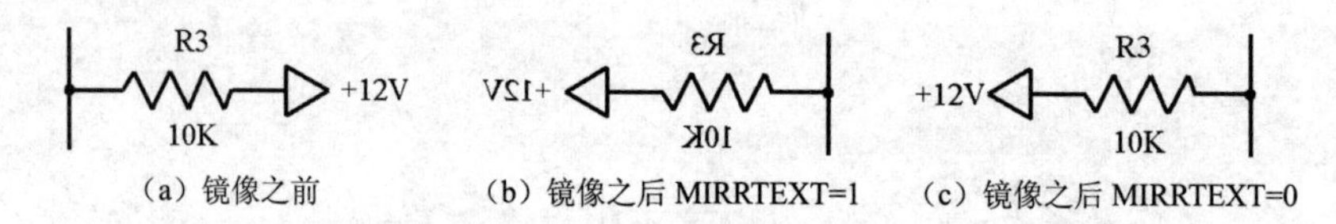

（a）镜像之前　（b）镜像之后 MIRRTEXT=1　（c）镜像之后 MIRRTEXT=0

图 4-12　文字的镜像（一）

③ MIRRHATCH 会影响使用 GRADIENT 或 HATCH 命令创建的图案填充对象。使用 MIRRHATCH 系统变量控制是镜像还是保留填充图案的方向，如图 4-13 所示。

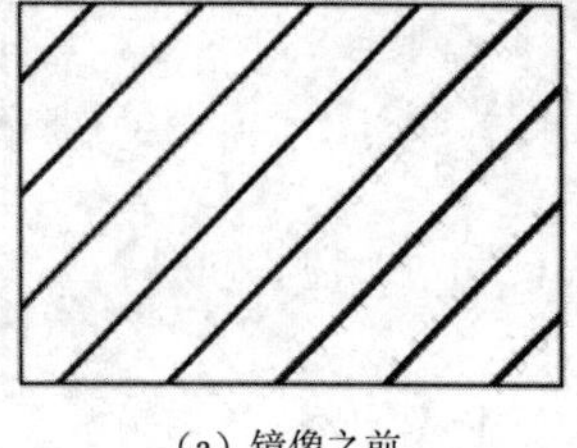
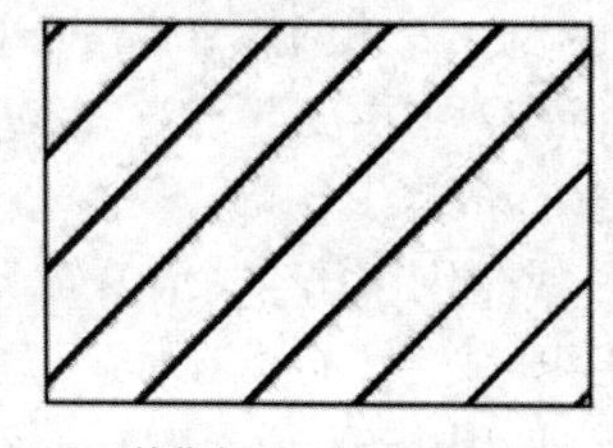
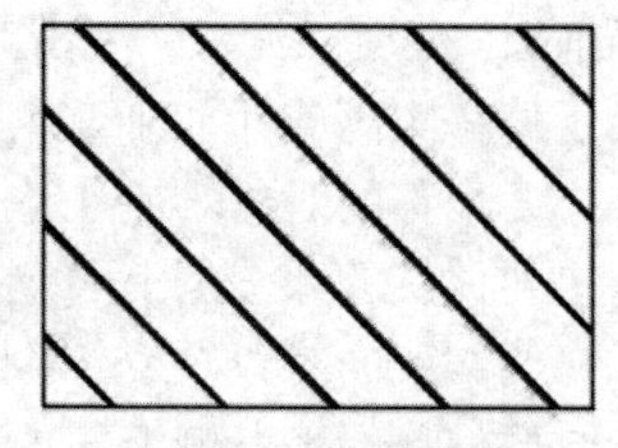

（a）镜像之前　（b）镜像之后 MIRRHATCH=0　（c）镜像之后 MIRRHATCH=1

图 4-13　文字的镜像（二）

【例 4-7】 利用镜像命令绘制图 4-14 所示图形。

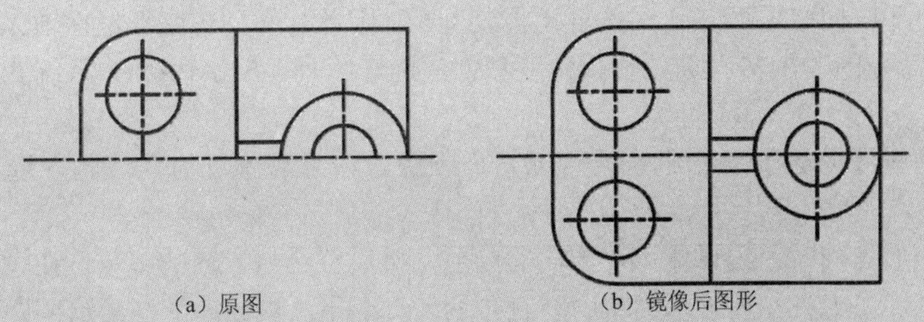

（a）原图　　（b）镜像后图形

图 4-14　镜像对象

操作步骤如下。

命令：MIRROR↙

选择对象：选择对象：指定对角点：找到 2 个

选择对象：↙

指定镜像线的第一点：（选择点画线左端点）

指定镜像线的第二点：（选择点画线右端点）

要删除源对象吗？[是（Y）/否（N）]<N>:↙

四、阵列命令

阵列可以在均匀隔开的矩形、环形或路径阵列中多重复制对象。

该命令有以下三种调用方式。

◎ 下拉菜单：【修改】→【阵列】。

◎ 工具栏：【修改】工具栏中的 阵列 按钮。

◎ 命令行：ARRAY↙。

该命令执行后，可以以矩形或者环形方式多重复制对象。

1. 矩形阵列

矩形阵列是指将对象按行和列的方式进行排列，如图 4-15 所示。

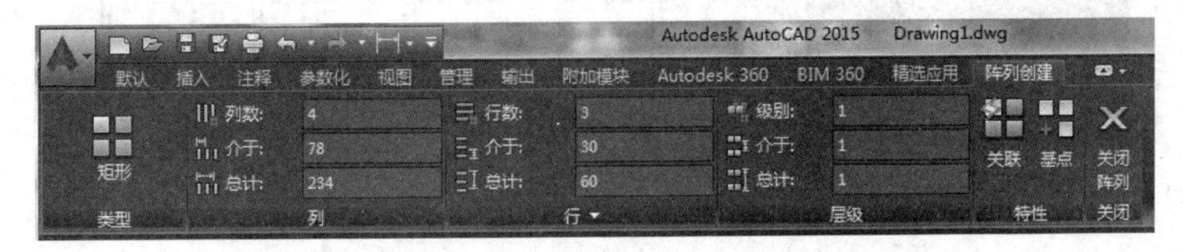

图 4-15　矩形阵列工具栏

在 AutoCAD 2015 中，矩形阵列工具的应用比前期版本要成熟得多。

说明

① 行数：使用非零整数指定行数。如果只指定了一行，则必须指定多列，反之亦然。

② 列数：指定列数。

③ 行间距或指定单位单元：指定行间距，包括要排列的对象的长度，如果要向下添加行，请将行间距指定为负值，若要同时指定行间距和列间距，请指定表示矩形对角点的两组坐标或图形位置。

④ 列间距：指定列之间的距离，要向左添加列，将列间距指定为负值。将沿当前捕捉旋转角定义的基线构造矩形阵列。该角度通常为零，因此行和列与图形坐标轴 *X* 和 *Y* 正交。使用 SNAP 命令的“旋转”选项更改角度和创建旋转阵列。SNAPANG 系统变量存储捕捉旋转角度。

操作是通过【阵列】对话框来实现的，而新版本中才有拖动方法、输入选项的方法来操作。

在绘制矩形阵列时，先设置水平方向的参数，再设置垂直方向的参数，在设置窗户的水平阵列时，直接在工具栏里输入列数（共有几列）、介于（列间距，注意窗间距包括窗本身的宽度），如图 4-16 所示。或者也可以拖动光标成水平的图形阵列，如图 4-17 所示。

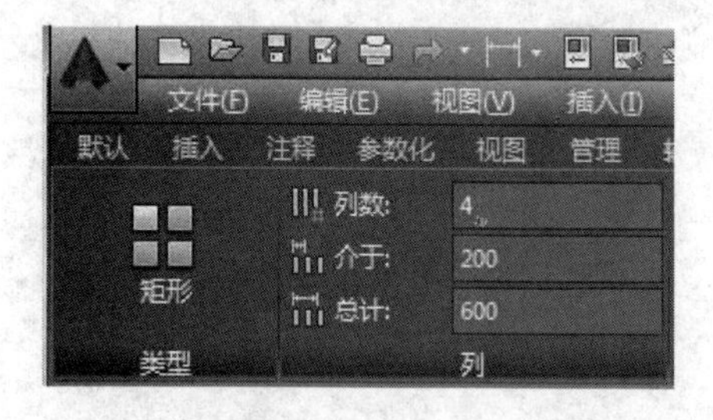

图 4-16　水平方向阵列输入数值法

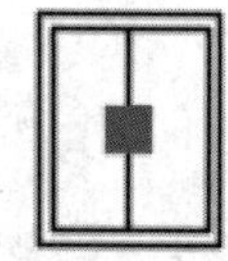

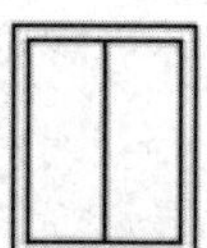

图 4-17　水平方向阵列鼠标拖动法

垂直方向阵列，如图 4-18 所示直接输入数值：行数（共有几行）、介于（行间距，注意窗的行间距包括窗本身的高度）。或者也可以拖动光标则生成垂直方向上的竖直阵列，如图 4-19 所示。

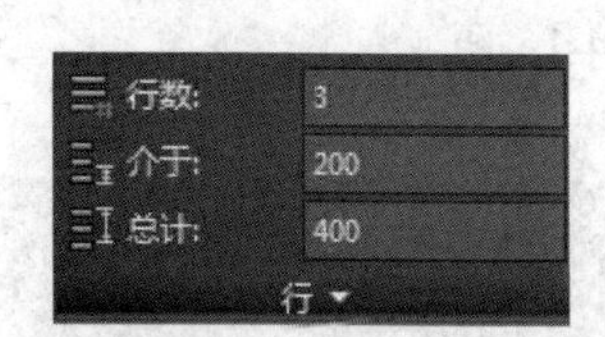

图 4-18　垂直方向阵列输入数值法

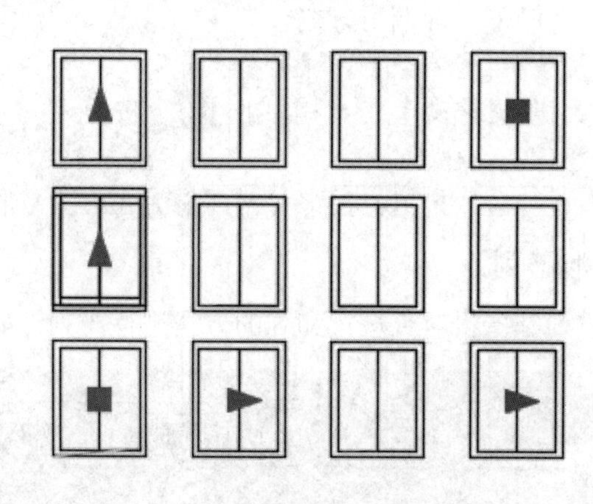

图 4-19　多阵列方式鼠标拖动法

关于矩形阵列，在矩形阵列中，项目分布到任意行、列和层的组合。动态预览可允许快速地获得行和列的数量和间距。添加层来生成三维阵列。

注意

虽然用户无法在 AutoCAD LT 中的此样例中创建对象，但可以创建具有多个层的阵列，通过拖动阵列夹点，可以增加或减小阵列中行和列的数量和间距。可以围绕 *XY* 平面中的基点旋转阵列。在创建时，行和列的轴相互垂直；对于关联阵列，可以在以后编辑轴的角度。

2. 路径阵列

路径阵列也是 AutoCAD 2015 的新增功能，在路径阵列中，对象可以均匀地沿路径或部分路径分布，如图 4-20 所示。

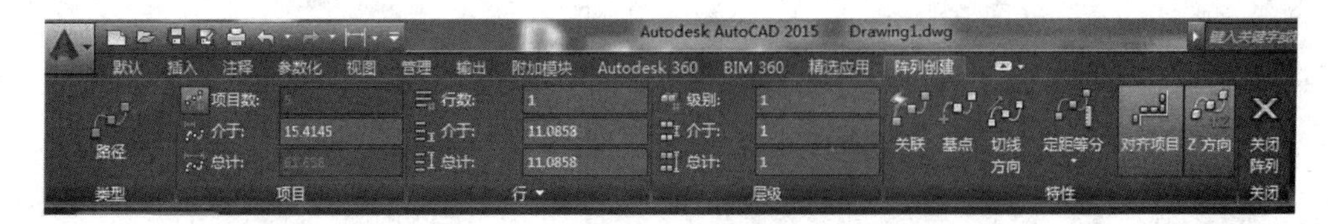

图 4-20　路径阵列工具栏

路径阵列编辑参数范围的设置，用于调整间距、项目数和阵列层级，如项目数（阵列的数目）、介于（项目之间的垂直距离），如图 4-21 所示。也可以使用选定路径阵列中的夹点来更改阵列配置，如图 4-22 所示。

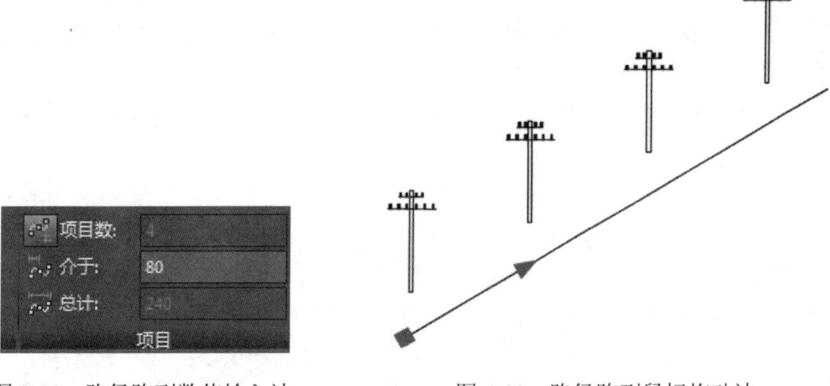

图 4-21　路径阵列数值输入法　　　　图 4-22　路径阵列鼠标拖动法

多行路径阵列可以直接输入数值，行数（要阵列的行数）、介于（行间距），如图 4-23 所示。也可以当将光标悬停在方形基准夹点上，然后进行拖动鼠标进行阵列，如图 4-24 所示。

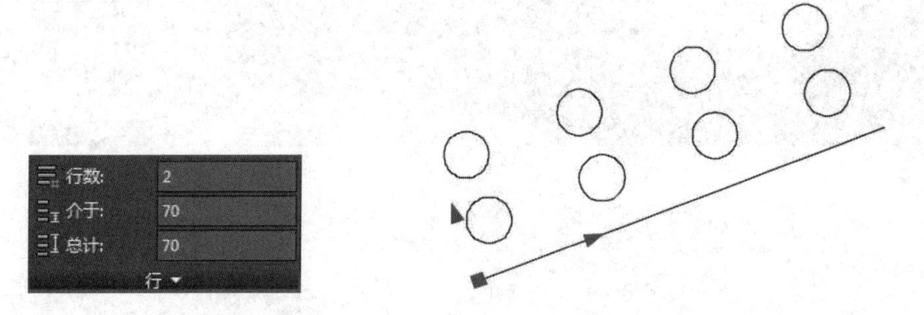

图 4-23　多行路径阵列输入数值法　　　　图 4-24　多行路径阵列鼠标拖动法

3. 环形阵列

环形阵列是通过围绕指定的圆心复制选定对象来创建阵列。在 AutoCAD 2015 中，若要精确的阵列对象，须在命令行中输入填充角度值和项目数，项目数（环形阵列的项数）、介于（项目间的角度）、填充（指定阵列中第一项和最后一项的角度）。如图 4-25 参数设置对话框所示。也可以通过拖动光标来确定阵列的角度和个数，如图 4-26 所示。

在环形阵列中，项目将均匀地围绕中心点或旋转轴分布。使用中心点创建环形阵列时，旋转轴为当前 UCS 的 *Z* 轴。可以通过指定两个点重新定义旋转轴。

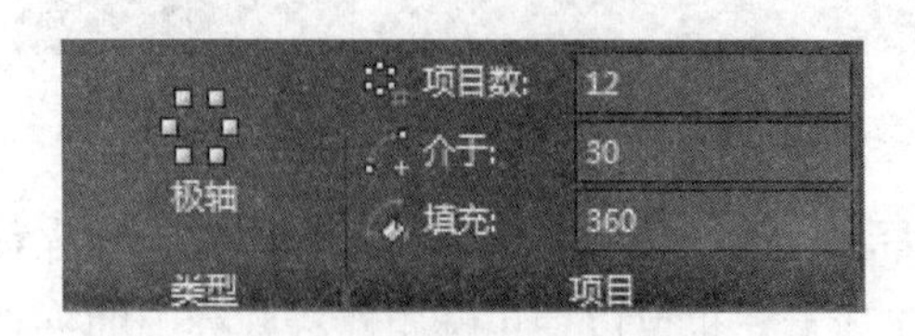

图 4-25 填写参数值来创建环形阵列

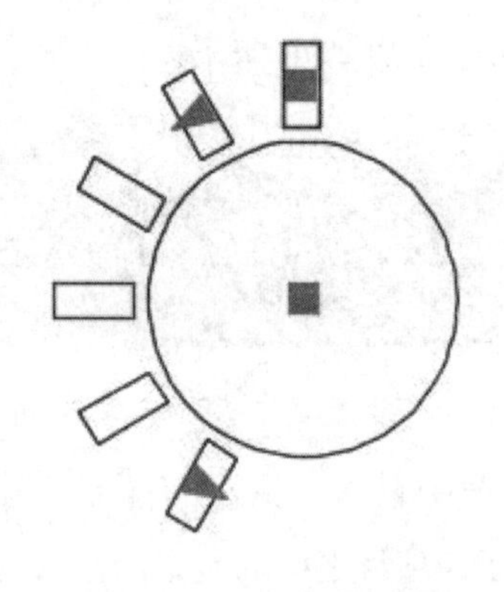

图 4-26 拖动光标来创建环形阵列

阵列的中心点：指定阵列的中心位置。

基点：相对于选定对象指定新的参照（基准）点，对对象指定阵列操作时，这些选定对象将与阵列圆心保持不变的距离。

阵列中项目的数目：指定围绕中心点排列的项目总数。如果不输入值，则阵列基于要填充的角度和项目值之间的角度。

要填充的角度（+=逆时针，–=顺时针）：指定第一个和最后一个阵列对象的基点间的夹角。为逆时针旋转输入正数或为顺时针旋转输入负数。

项目间的角度（+=逆时针，–=顺时针）：根据阵列中心点和阵列对象的基点指定对象间的夹角。为逆时针旋转输入正数或为顺时针旋转输入负数。

注意

要显示此选项，请在“项目数”提示下按【Enter】键或在“填充角度”提示下输入 0（零）。

【例 4-8】 餐桌布置平面图画法，利用环形阵列来完成，如图 4-27 所示。

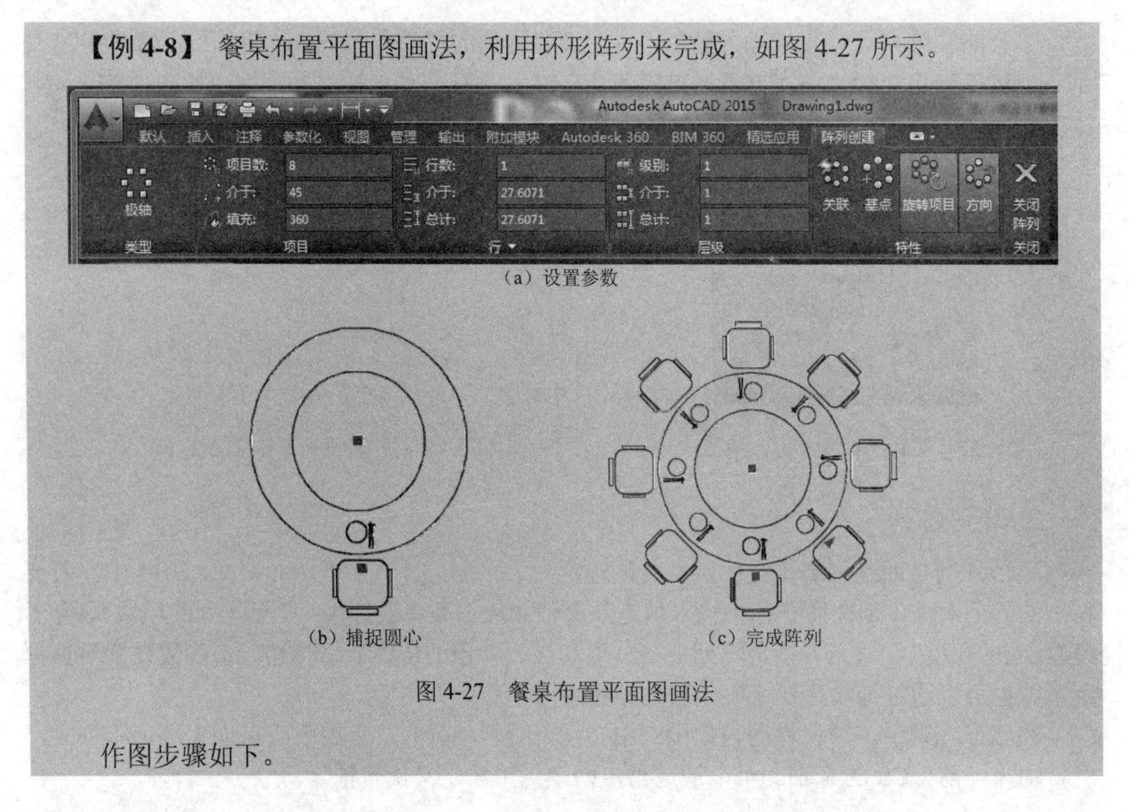

（a）设置参数

（b）捕捉圆心

（c）完成阵列

图 4-27 餐桌布置平面图画法

作图步骤如下。

① 设置对象捕捉方式为圆心捕捉。

② 选择餐具和椅子图形，单击【环形阵列】按钮 环形阵列，捕捉圆心为中心点，如图4-27（b）所示。

③ 在弹出的【阵列创建】选项卡中设置阵列参数，如图4-27（a）所示。

④ 创建完成的餐桌如图4-27（c）所示。

第五节 修改对象

一、修剪与延伸命令

修剪 命令以一个或多个对象为剪切边界，修剪其他对象。

该命令有以下三种调用方式。

◎ 下拉菜单：【修改】→【修剪】。

◎ 工具栏：【修改】工具栏中的 修剪 按钮。

◎ 命令行：TRIM↙。

该命令执行后，命令行提示如下。

命令：TR（TRIM）

当前设置：投影=UCS，边=无

选择剪切边…

选择对象或<全部选择>：（选择修剪边界，直接回车可选择图中全部对象作为剪切边）

选择对象：

选择要修剪的对象，或按住 Shift 键选择要延伸的对象，或[栏选（F）/窗交（C）/投影（P）/边（E）/删除（R）/放弃（U）]：

在修剪对象时，边界的选择是关键，而边界必须要与修剪对象相交，或其延长线相交，才能成功修剪对象。因此，系统为用户设定了两种修剪模式，即【修剪模式】和【不修剪模式】，默认模式为【不修剪模式】。

说明

① 选择要修剪的对象：一定选择要修剪对象的被剪掉部分，可点选、窗口选或栏选等。

② 按住【Shift】键选择要延伸的对象：当剪切边与被修剪对象不相交时，不能修剪。此时，可在选择剪切边后，按住【Shift】键同时让剪切边与被修剪对象相交，然后再进行修剪。

③ 投影（P）：主要应用于三维空间中两个对象的修剪，可将对象投影到某一平面上执行修剪操作。

④ 边（E）：确定修剪方式。执行该选项提示如下。

输入隐含边延伸模式 [延伸(E)/不延伸(N)] <不延伸>:

a.延伸（E）：如果剪切边与被修剪对象不相交，可延伸修剪边，然后进行修剪。

b.不延伸（N）：该选项为默认选项。只有当剪切边与被修剪对象真正相交时，才能进行修剪。

⑤ 删除（R）：删除选择的对象。

⑥ 放弃（U）：放弃【修剪】命令最后一次所做的修改。

【例 4-9】 如图 4-28 所示，使用修剪命令来绘制窗格。

命令: Tr（TRIM）↙

当前设置:投影=UCS，边=无

选择剪切边...

选择对象或 <全部选择>:(选择修剪边界,直接回车可选择图中全部对象作为剪切边)

选择对象: ↙

选择要修剪的对象，或按住【Shift】键选择要延伸的对象，或

[栏选(F)/窗交(C)/投影(P)/边(E)/删除(R)/放弃(U)]:

图 4-28　修剪命令

延伸命令与修剪命令的作用正好相反，可以延长指定的对象，使之与另一对象相交或外观相交。用于延伸的对象有直线、圆弧、椭圆弧、非闭合的二维多段线和三维多段线以及射线等。

该命令有以下三种调用方式。

◎ 下拉菜单:【修改】→【延伸】。

◎ 工具栏:【修改】工具栏中的延伸按钮。

◎ 命令行: EXTEND↙。

该命令执行后，命令行提示如下。

命令: EXTEND

当前设置: 投影=USC，边=无

选择边界的边…

选择对象或<全部选择>:（选择延伸边界，直接回车可选择图中全部对象作为剪切边）

选择对象: ↙

选择要延伸的对象，或按住 Shift 键选择要修剪的对象，或[栏选（F）/窗交（C）/投影（P）/边（E）/放弃（U）]:

各选项的含义可参照【修剪】命令。要注意的是，选择要延伸的对象时，选择框应靠近要延伸的那一端。

【例 4-10】 如图 4-29 所示，使用修剪与延伸命令绘制新的窗格。

命令: _EXTEND↙

当前设置:投影=USC, 边=无

选择边界的边...

选择对象或 <全部选择>:(选择延伸边界,直接回车可选择图中全部对象作为剪切边)

选择对象: ↙

选择要延伸的对象，或按住 Shift 键选择要修剪的对象，或
[栏选(F)/窗交(C)/投影(P)/边(E)/放弃(U)]:

图 4-29　修剪与延伸对象

二、打断与合并命令

打断命令可以将对象指定两点间的部分删除，或将对象分成两部分，还可以使用【打断于点】命令将对象在一点处断开成两个对象。

该命令有以下三种调用方式。

◎ 下拉菜单：【修改】→【打断】。

◎ 工具栏：【修改】工具栏中的【打断】和【打断于点】按钮。

◎ 命令行：BREAK↙。

该命令执行后，命令行提示如下。

命令: _BREAK↙

选择对象: (选择要断开的对象) ↙

指定第二个打断点 或 [第一点(F)]:

说明

① 默认情况下，以选择对象时的拾取点作为第一个打断点，第二打断点的选取有以下三种方式。

a. 直接点取对象上的另一点，则两点之间的部分被切断并删除。

b. 如输入“@”，则将对象在选择对象时的拾取点处一分为二，而不删除其中的任何部分。该结果也可通过【打断于点】命令实现。

c. 若在对象外拾取一点，AutoCAD 会从对象中选取与之距离最近的点作为第二打断点。因此，将第二点指定在要删除部分的端点之外，可以将该部分全部删除。

② 第一点（F）：输入“F”，重新确定第一打断点。

对于圆、矩形等封闭图形使用【打断】命令时，AutoCAD 将沿逆时针方向将第一断点到第二断点之间的那段线删除。例如，在图 4-30 所示图形中，使用打断命令时，单击 *A* 点和 *B* 点与单击 *B* 点和 *A* 点产生的效果是不同的。

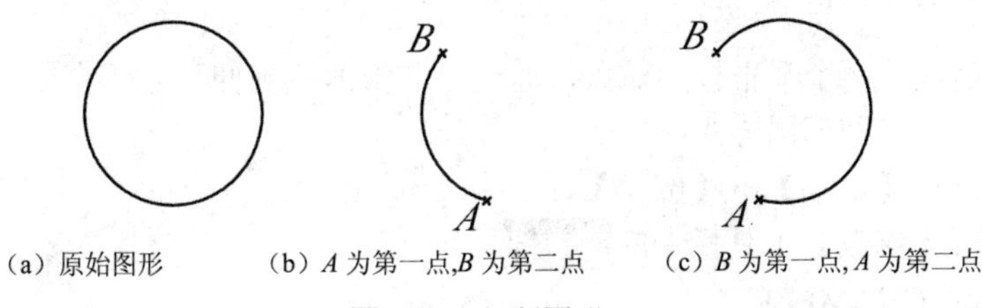

图 4-30　打断图形

合并命令是将同角度的两条或多条线段合并为一条线段，还可以将圆弧或椭圆弧合并为一个整圆和椭圆，如图 4-31 所示。

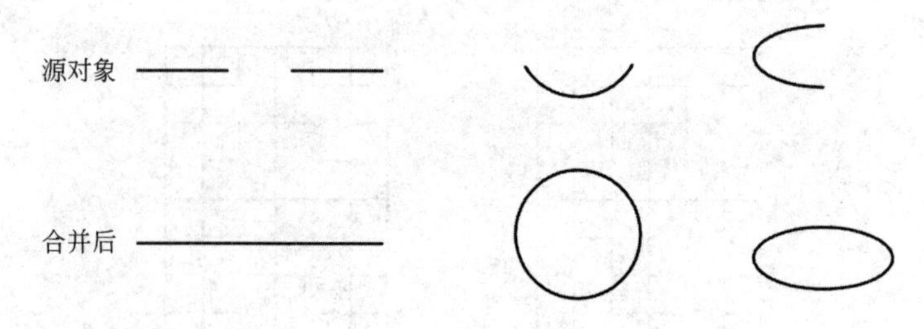

图 4-31　合并对象示例

该命令有以下三种调用方式。

◎ 下拉菜单：【修改】→【合并】。

◎ 工具栏：【修改】工具栏中的按钮。

◎ 命令行：JOIN↙。

该命令执行后，命令行提示如下。

命令：_JOIN↙

选择源对象或要一次合并的多个对象：找到 1 个

选择要合并的对象：找到 1 个，总计 2 个

选择要合并的对象：↙

已将 1 条直线合并到源

如果所选源对象为圆弧或椭圆弧，则系统提示：

选择椭圆弧，以合并到源或进行[闭合（L）]：L↙

（源对象为圆时，命令行提示：）已将圆弧转换为圆

（源对象为椭圆圆时，命令行提示：）已成功地闭合椭圆

（1）打断对象的步骤

① 依次单击【常用】选项卡 →【修改】面板 →【打断】。

② 选择要打断的对象。

默认情况下，在其上选择对象的点为第一个打断点。要选择其他打断点，请输入 F（第一个），然后指定第一个断点。

③ 指定第二个打断点，要打断对象而不创建间隙，请输入 @0,0 以指定上一点。

（2）合并对象的步骤

① 依次单击【常用】选项卡→【修改】面板→【合并】。

② 选择源对象或选择多个对象以合并在一起。

③ 有效对象包括直线、圆弧、椭圆弧、多段线、三维多段线和样条曲线。

三、倒角与圆角命令

倒角命令是连接两个非平行的对象，通过自动修剪或延伸使之相交或用斜线连接。

该命令有以下三种调用方式。

◎ 下拉菜单：【修改】→【倒角】。

◎ 工具栏：【修改】工具栏中的倒角按钮。

◎ 命令行：CHAMFER↙。

该命令执行后，命令行提示如下。

命令: _CHAMFER↙

("修剪"模式) 当前倒角距离 1=0.0000, 距离 2=0.0000

选择第一条直线或 [放弃(U)/多段线(P)/距离(D)/角度(A)/修剪(T)/方式(E)/多个(M)]:

选择第二条直线，或按住【Shift】键选择直线以应用角点或[距离(D)/角度(A)/方法（M）]:

说明

① 第一条直线：选择倒角的第一条直线。

② 第二条直线：选择倒角的第二条直线。

③ 放弃（U)：恢复在命令中执行的上一个操作。

④ 多段线（P)：以当前设定的倒角距离对多段线的各顶点（交角）修倒角。

⑤ 距离（D)：设置倒角距离尺寸。如果两个倒角距离都为 0，则倒角操作将延伸或修剪这两个对象使之相交，不产生倒角。

⑥ 角度（A)：根据第一个倒角距离和角度来设置倒角尺寸。

⑦ 修剪（T)：用于设置倒角后是否自动修剪原拐角边，默认为修剪。

⑧ 方式（E)：用于设定按距离方式还是按角度方式进行倒角。

⑨ 多个（M)：用于在一次倒角命令执行过程中，为多个对象绘制倒角。

⑩ 方法（M)：设定修剪方法为距离或角度。

技巧

① 如果两距离设定为 0 和修剪模式，可以通过倒角命令修齐两直线，而不论这两条不平行直线是否相交或需要延伸才能相交。

② 选择直线时的拾取点对修剪的位置有影响，一般保留拾取点的线段，而超过倒角的线段将自动被修剪。

③ 对多段线倒角时，如果多段线的最后一段和开始点是相连而不封闭，则该多段线的第一个顶点将不会被倒圆角。

【例 4-11】 用两种不同的修剪模式将直线 *A* 和直线 *B* 连接起来，距离为 10，角度为 45°，如图 4-32 所示。

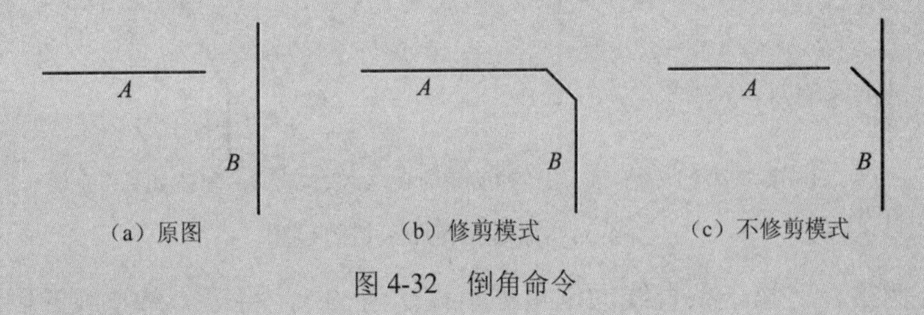

（a）原图　（b）修剪模式　（c）不修剪模式

图 4-32　倒角命令

操作过程如下。

命令: _CHAMFER

(“修剪”模式) 当前倒角距离 1 = 0.0000，距离 2 = 0.0000

选择第一条直线或 [放弃(U)/多段线(P)/距离(D)/角度(A)/修剪(T)/方式(E)/多个(M)]: D
指定 第一个 倒角距离 <0.0000>: 10 指定 第二个 倒角距离 <10.0000>: 10

选择第一条直线或 [放弃(U)/多段线(P)/距离(D)/角度(A)/修剪(T)/方式(E)/多个(M)]:

选择第二条直线，或按住 Shift 键选择直线以应用角点或 [距离(D)/角度(A)/方法(M)]:

(“不修剪”模式) 当前倒角距离 1 = 0.0000，距离 2 = 0.0000

选择第一条直线或 [放弃(U)/多段线(P)/距离(D)/角度(A)/修剪(T)/方式(E)/多个(M)]: A
指定第一条直线的倒角长度 <0.0000>: 10 指定第一条直线的倒角角度 <0>: 45
选择第一条直线或 [放弃(U)/多段线(P)/距离(D)/角度(A)/修剪(T)/方式(E)/多个(M)]: T
输入修剪模式选项 [修剪(T)/不修剪(N)] <修剪>: N
选择第一条直线或 [放弃(U)/多段线(P)/距离(D)/角度(A)/修剪(T)/方式(E)/多个(M)]:
选择第二条直线，或按住 Shift 键选择直线以应用角点或 [距离(D)/角度(A)/方法(M)]:

倒角命令是连接两个对象，使它们以平角或倒角相接，倒角使用成角的直线连接两个对象。它通常用于表示角点上的倒角边，如图 4-33 所示。

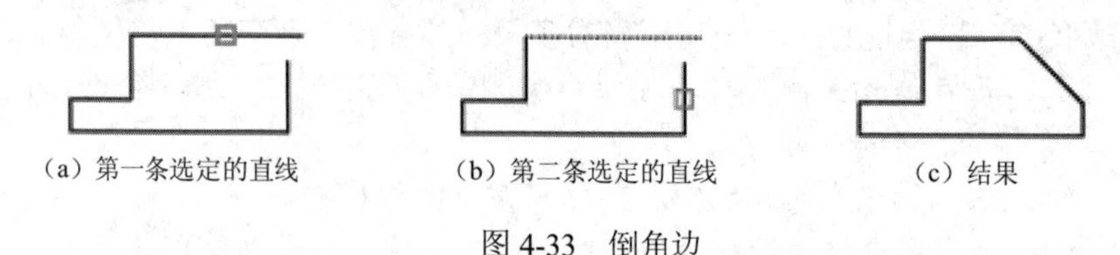
（a）第一条选定的直线　（b）第二条选定的直线　（c）结果

图 4-33　倒角边

可以倒角的对象包括：直线、多段线、射线、构造线，使用单个 CHAMFER 命令便可以为多段线的所有角点加倒角。

注意

给通过直线段定义的图案填充边界加倒角会删除图案填充的关联性。如果图案填充边界是通过多段线定义的，将保留关联性；如果要被倒角的两个对象都在同一图层，则倒角线将位于该图层。否则，倒角线将位于当前图层上。此图层影响对象的特性（包括颜色和线型）；使用“多个”选项可以为多组对象倒角而无需结束命令。

（1）通过指定距离进行倒角　倒角距离是每个对象与倒角线相接或与其他对象相交而进行修剪或延伸的长度。如果两个倒角距离都为 0，则倒角操作将修剪或延伸这两个对象直至它们相交，但不创建倒角线。选择对象时，可以按住 【Shift】键，以使用值 0（零）替代当前倒角距离，如图 4-34 所示。

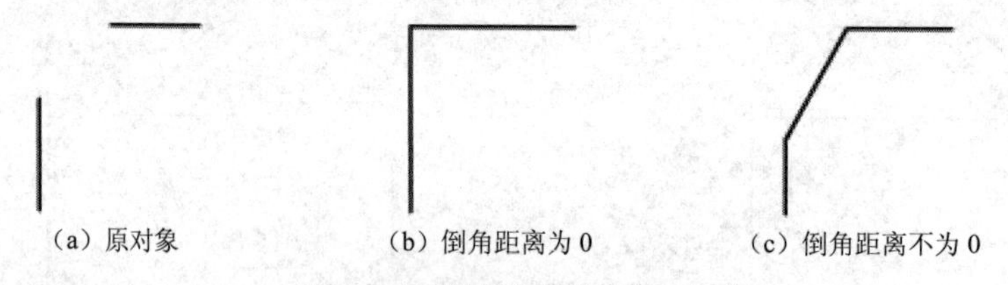
（a）原对象　（b）倒角距离为 0　（c）倒角距离不为 0

图 4-34　通过指定距离进行倒角

在以下样例中，将第一条直线的倒角距离设定为 0.5，将第二条直线的倒角距离设定为 0.25。指定倒角距离后，如图所示选择两条直线，如图 4-35 所示。

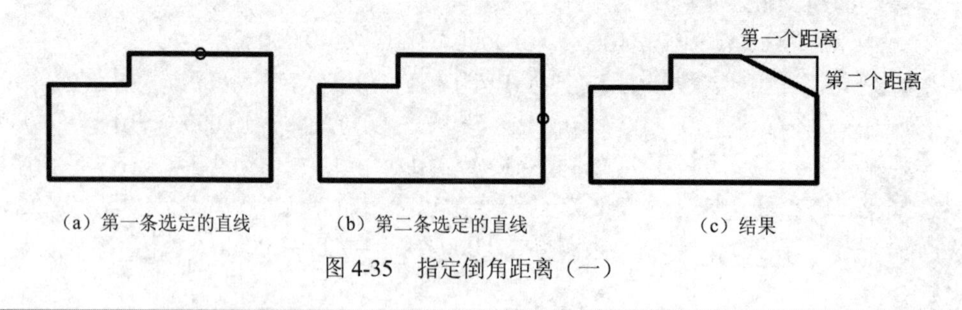

（a）第一条选定的直线　（b）第二条选定的直线　（c）结果

图 4-35　指定倒角距离（一）

（2）修剪和延伸被倒角对象　缺省情况下，对象在倒角时被修剪，但可以用“修剪”选项指定保持不修剪的状态。

（3）按指定长度和角度进行倒角　可以通过指定第一个选定的对象的倒角线起点及倒角线与该对象形成的角度来为两个对象倒角，在本例中，将对两条直线进行倒角，使倒角线沿第一条直线距交点 1.5 个单位处开始，并与该直线成 30° 角，如图 4-36 所示。

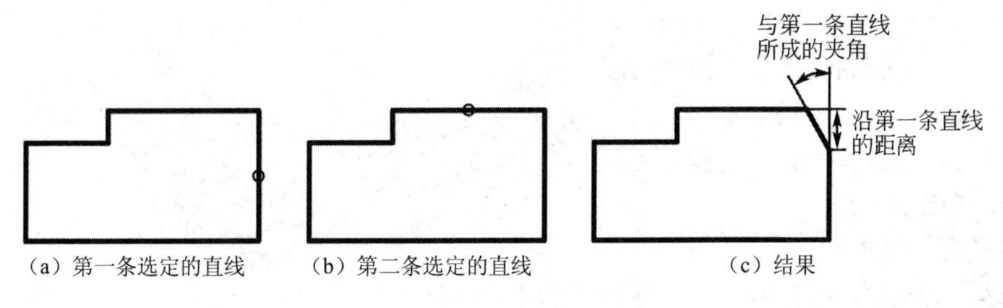

图 4-36　指定倒角距离（二）

（4）为多段线和多段线线段倒角　可以为相邻或只能用一条圆弧段分开的多段线的线段创建倒角。如图所示，如果它们被圆弧段间隔，倒角将删除此圆弧并用倒角线替换它，如图 4-37 所示。

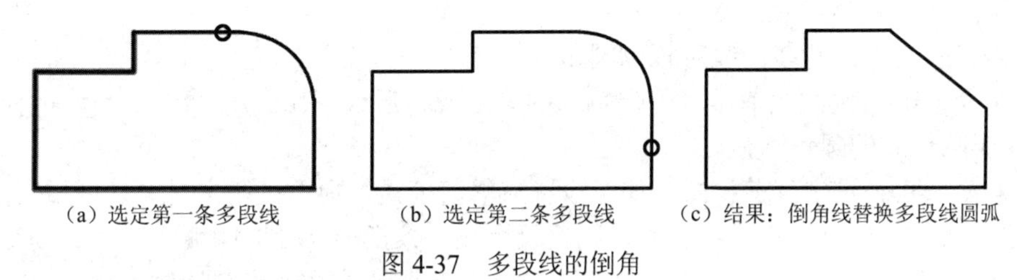

图 4-37　多段线的倒角

还可以为开放多段线的端点创建倒角。此操作将创建闭合多段线。

（5）对整条多段线倒角　对整条多段线进行倒角时，每个交点都被倒角，要得到最佳效果，保持第一和第二个倒角距离相等，并将倒角距离设定为相同的值，如图 4-38 所示。

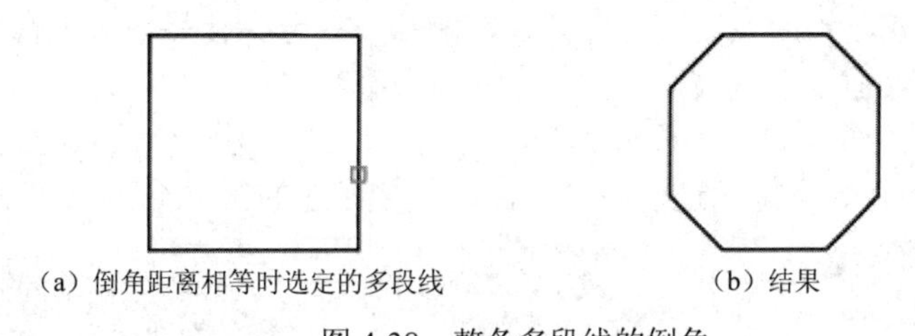

图 4-38　整条多段线的倒角

对整条多段线倒角时，只对那些长度足够适合倒角距离的线段进行倒角。在下面的例子中，某些多段线线段太短而不能进行倒角，如图 4-39 所示。

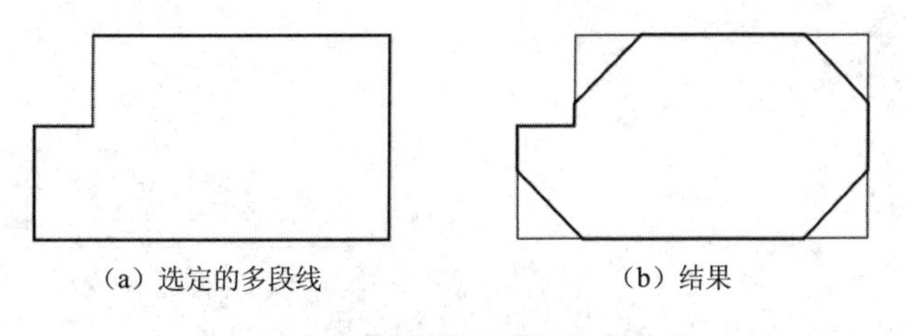

图 4-39　线段太短不能进行倒角

圆角命令与倒角命令类似，只是用圆弧代替了倒角线，给对象加圆角，可以对圆弧、圆、椭圆、椭圆弧、直线、多段线、射线、样条曲线和构造线执行圆角操作。还可以对三维实体和曲面执行圆角操作。如果选择网格对象执行圆角操作，可以选择在继续进行操作之前将网格转换为实体或曲面。此外，还可以对相互平行的直线进行圆角。

该命令有以下三种调用方式。

◎ 下拉菜单：【修改】→【圆角】。

◎ 工具栏：【修改】工具栏中的 圆角 按钮。

◎ 命令行：FILLET↙。

该命令执行后，命令行提示如下。

命令: _FILLET↙

当前设置: 模式=修剪, 半径=0

选择第一个对象或 [放弃(U)/多段线(P)/半径(R)/修剪(T)/多个(M)]:

选择第二条直线，或按住【Shift】键选择对象以应用角点或[半径(R)]:

参数说明如下。

① 选择第一个对象：选择倒圆角的第一个对象。

② 选择第二个对象：选择倒圆角的第二个对象。

③ 放弃（U）：恢复在命令中执行的上一个操作。

④ 多段线（P）：对多段线进行倒圆角。

⑤ 半径（R）：更改当前半径值，输入的值将成为后续 FILLET 命令的当前半径。修改此值并不影响现有的圆角圆弧。

⑥ 修剪（T）：设定修剪模式。如果设置成修剪模式，则不论两个对象是否相交或不足，均自动进行修剪。如果设定成不修剪，则仅仅增加一条指定半径的圆弧。

⑦ 多个（M）：控制 FILLET 是否将选定的边修剪到圆角圆弧的端点。

技巧

① 如果将圆角半径设置为 0，则在修剪模式下，点取不平行的两条直线，它们将会自动准确相交。

② 如果为修剪模式，拾取点时应点取要保留的那一部分，让另一段被修剪。

③ 倒圆角命令不仅适用于直线，对圆和圆弧以及直线之间同样可以倒圆角。

④ 对多段线倒圆角时，如果多段线本身是封闭的，则在每一个顶点处自动倒圆角。如果多段线的最后一段和开始点是相连而不封闭，则该多段线的第一个顶点将不会被倒圆角。

【例 4-12】 用两种不同的修剪模式将直线 *A* 和直线 *B* 连接起来，圆角半径为 10，如图 4-40 所示。

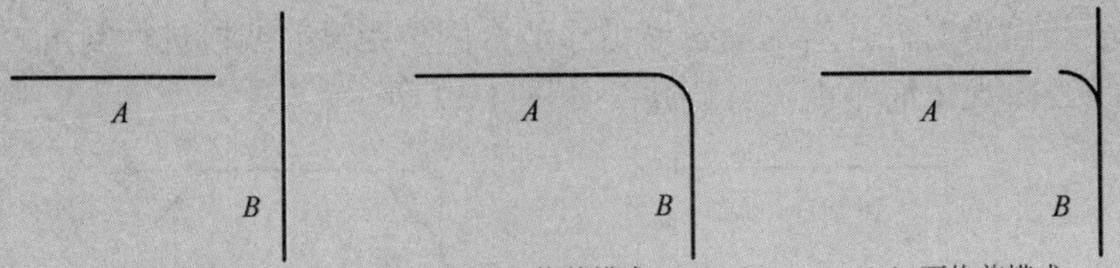

A B

（a）原图

A B

（b）修剪模式

A B

（c）不修剪模式

图 4-40　圆角命令

操作过程如下。

命令: _FILLET

当前设置: 模式 = 修剪，半径 = 2.0000

选择第一个对象或 [放弃(U)/多段线(P)/半径(R)/修剪(T)/多个(M)]: R 指定圆角半径 <2.0000>: 10

选择第一个对象或 [放弃(U)/多段线(P)/半径(R)/修剪(T)/多个(M)]:

选择第二个对象，或按住 Shift 键选择对象以应用角点或 [半径(R)]:

命令: _FILLET

当前设置: 模式 = 修剪，半径 = 10.0000

选择第一个对象或 [放弃(U)/多段线(P)/半径(R)/修剪(T)/多个(M)]: R 指定圆角半径 <10.0000>: 10

选择第一个对象或 [放弃(U)/多段线(P)/半径(R)/修剪(T)/多个(M)]: T

输入修剪模式选项 [修剪(T)/不修剪(N)] <修剪>: N

选择第一个对象或 [放弃(U)/多段线(P)/半径(R)/修剪(T)/多个(M)]:

选择第二个对象，或按住 Shift 键选择对象以应用角点或 [半径(R)]:

使用圆角命令可使与对象相切并且具有指定半径的圆弧连接两个对象，如图 4-41 所示。

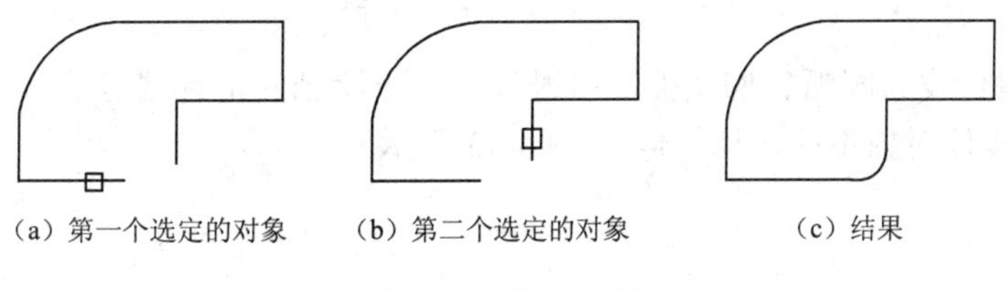

（a）第一个选定的对象　（b）第二个选定的对象　（c）结果

图 4-41　圆角使用

【例 4-13】 对象之间可以有多个圆角存在，一般选择靠近期望的圆角端点的对象倒角，选择对象的位置对圆角的影响如图 4-42 所示。

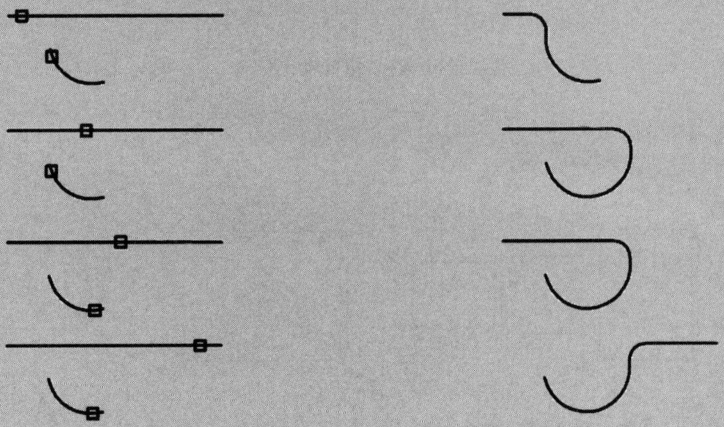

图 4-42　选择对象的位置对圆角的影响

四、拉伸命令

拉伸是调整图形大小、位置的一种十分灵活的工具。命令是指在一个方向上按用户指定的距离拉伸、压缩或移动对象。

该命令有以下三种调用方式。

◎ 下拉菜单：【修改】/【拉伸】。

◎ 工具栏：【修改】工具栏中的 拉伸 按钮。

◎ 命令行：STRETCH↙。

该命令执行后，命令行提示如下。

命令: _STRETCH↙

以交叉窗口或交叉多边形选择要拉伸的对象...

选择对象:(以交叉窗口选择要拉伸的对象)

选择对象: ↙

指定基点或 [位移(D)] <位移>:(在屏幕上指定基点)

指定第二个点或 <使用第一个点作为位移>:

说明

① 拉伸命令是通过改变端点的位置来拉伸或压缩对象的指定部分，其他图形对象间的几何关系保持不变。

② 拉伸对象时，必须使用交叉窗口或交叉多边形方式选择对象，选择窗口内的对象被拉伸，而选择窗口以外的则不会被拉伸；若整个图形对象均在窗口内，则执行的结果是对其移动。

③ 可拉伸用直线、圆弧、椭圆弧、多段线等命令绘制的带有端点的对象；对于圆、椭圆、块、文字等实体对象不能进行拉伸,如图 4-43 所示。

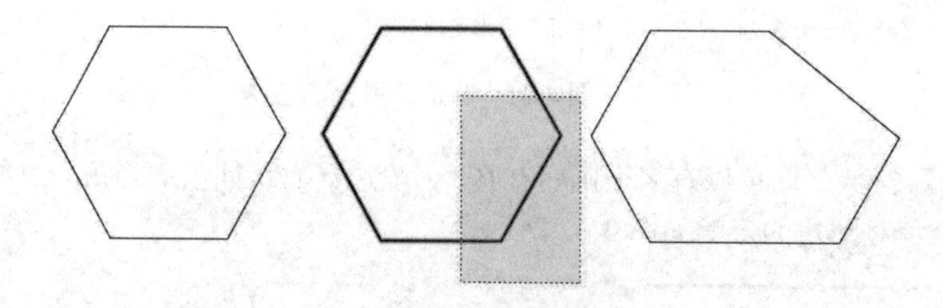

图 4-43 拉伸命令

【例 4-14】 将图 4-44（a）所示窗口向左侧拉伸 10，结果如图 4-44（b）所示。

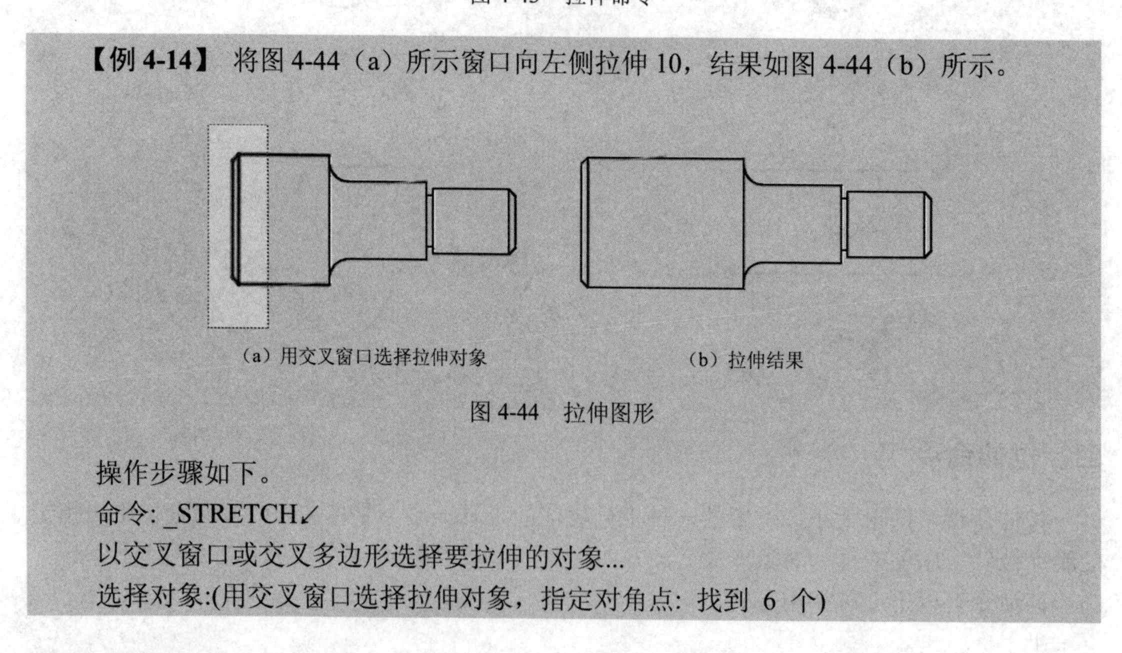

（a）用交叉窗口选择拉伸对象　（b）拉伸结果

图 4-44 拉伸图形

操作步骤如下。

命令: _STRETCH↙

以交叉窗口或交叉多边形选择要拉伸的对象...

选择对象:(用交叉窗口选择拉伸对象，指定对角点: 找到 6 个)

选择对象: ↙
指定基点或 [位移(D)] <位移>:(在屏幕上指定一点)
指定第二个点或 <使用第一个点作为位移>:10↙

【例 4-15】 将已知的建筑平面图左侧卧室开间拉伸 600，如图 4-45 所示。

图 4-45　建筑平面图的拉伸

操作步骤如下。
命令: S （STRETCH）↙
以交叉窗口或交叉多边形选择要拉伸的对象...
选择对象: 指定对角点: 找到 38 个
选择对象: ↙
指定基点或 [位移(D)] <位移>:
指定第二个点或 <使用第一个点作为位移>:键盘输入 600

五、分解命令

块、多段线、尺寸和图案填充等对象是一个整体。如果要对其中单一的元素进行编辑，普通的编辑命令无法实现。但如果将这些对象分解成若干个单独的对象，就可以采用普通的编辑命令进行修改了，如图 4-46 所示。

该命令有以下三种调用方式。

◎ 下拉菜单:【修改】/【分解】。
◎ 工具栏:【修改】工具栏中的按钮。
◎ 命令行：EXPLODE↙ 。

该命令执行后，命令行提示如下。
命令:EXPLODE↙
选择对象: (选取要分解的对象)
选择对象:↙

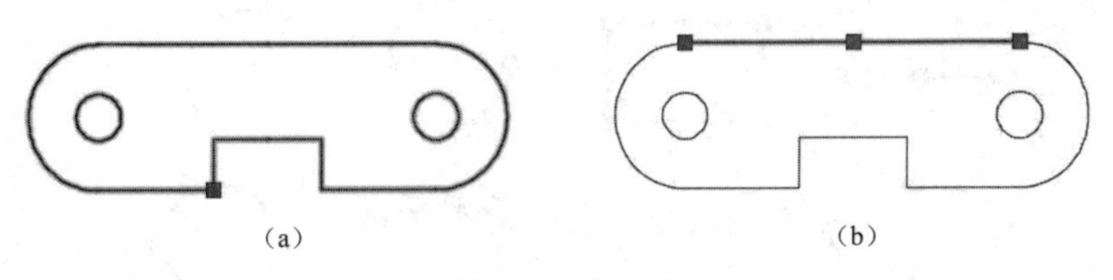

图 4-46　分解示例

说明

可分解的组合对象有三维实体、三维网格、图块、剖面线、多线、多段线、矩形、多边形、圆环、面域、多行文字、尺寸标注等。分解的结果取决于对何种对象进行分解，不同的对象有以下不同的分解结果。

① 块：分解成多个图元，分解一个包含属性的块将删除属性值并重显示属性定义。

② 尺寸标注：分解成直线、文字和箭头。

③ 多行文本：分解成单行文本。

④ 图案填充：分解成直线、圆弧或样条曲线。

⑤ 多段线：分解成直线、圆弧，并丢掉宽度信息。

任何分解对象的颜色、线型和线宽都可能会改变；且分解命令的操作是不可逆的，要谨慎使用。

第六节　利用夹点编辑图形

夹点又称为穴点、关键点，是指图形对象上可以控制对象位置、大小的关键点。比如直线，中点可以控制其位置，两个端点可以控制其长度和位置，所以一条直线有三个夹点。

当在命令提示状态下选择了图形对象时，会在图形对象上显示出蓝色小方框表示的夹点。

（1）重要说明　锁定图层上的对象不显示夹点。

选择多个共享重合夹点的对象时，可以使用夹点模式编辑这些对象；但是，任何特定于对象或夹点的选项将不可用。

（2）使用夹点进行拉伸的技巧　当选择对象上的多个夹点来拉伸对象时，选定夹点间的对象的形状将保持原样。要选择多个夹点，请按住【Shift】键，然后选择适当的夹点。

文字、块参照、直线中点、圆心和点对象上的夹点将移动对象而不是拉伸它。

当二维对象位于当前 UCS 之外的其他平面上时，将在创建对象的平面上（而不是当前 UCS 平面上）拉伸对象。

如果选择象限夹点来拉伸圆或椭圆，然后在输入新半径命令提示下指定距离（而不是移动夹点），此距离是指从圆心而不是从选定的夹点测量的距离。

（3）限制夹点显示以改善性能　可以限制显示夹点的对象的最大数目。例如，如果图形包含带许多夹点的图案填充对象或多段线，选择这些对象将花费很长时间。初始选择集包含的对象数目多于指定数目时，GRIPOBJLIMIT 系统变量将不显示夹点。如果将对象添加到当前选择集中，该限制则不适用。

部分常见对象的夹点模式如图 4-47 所示。

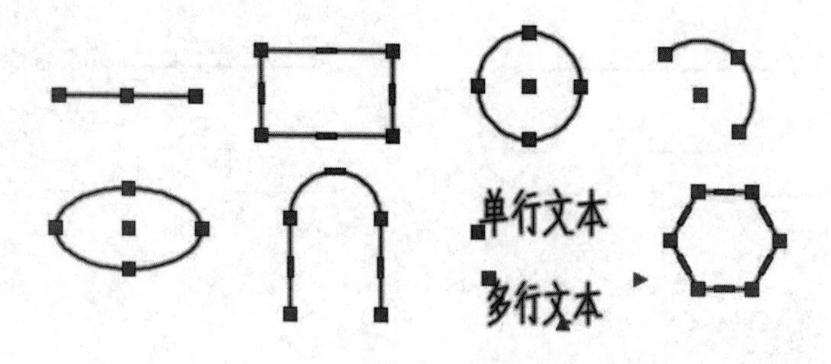

图 4-47　常见对象的夹点模式

AutoCAD的夹点是一种集成的编辑模式，具有非常实用的功能，它可以为用户提供一种方便快捷的编辑操作途径。使用夹点可以实现对象的【拉伸】、【移动】、【旋转】、【缩放】及【镜像】等操作。默认情况下，执行【拉伸】操作。按回车键或空格键，将以【拉伸】、【移动】、【旋转】、【缩放】及【镜像】的顺序切换5种编辑功能，用夹点编辑对象的操作步骤与5种对应的编辑命令基本一致。其主要特点是不用选择命令，操作比较方便。

一、利用夹点拉伸对象

利用夹点拉伸对象，选中对象的两侧夹点，该夹点和光标一起移动，在目标位置按下鼠标左键，则选取的夹点将会移动到新的位置。如图4-48所示。

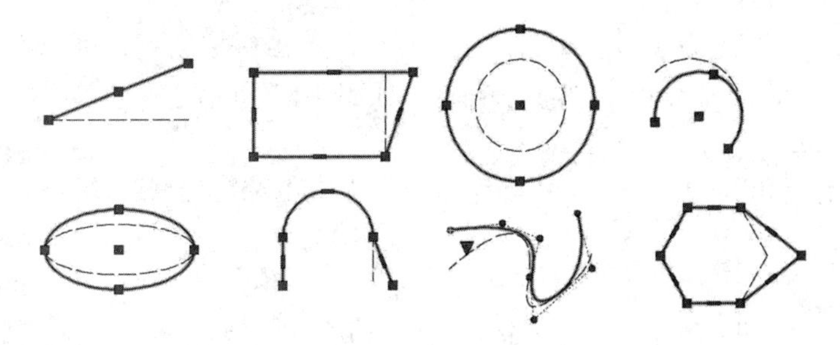

图4-48　常见对象夹点拉伸

二、利用夹点移动对象

利用夹点移动对象，可以选中目标后，单击鼠标右键，在随位菜单中选择“移动”操作。也可以选中某个夹点进行移动，则所选对象随之一起移动，在目标点按下鼠标左键即可，所选对象就移动到新的位置，如图4-49所示。

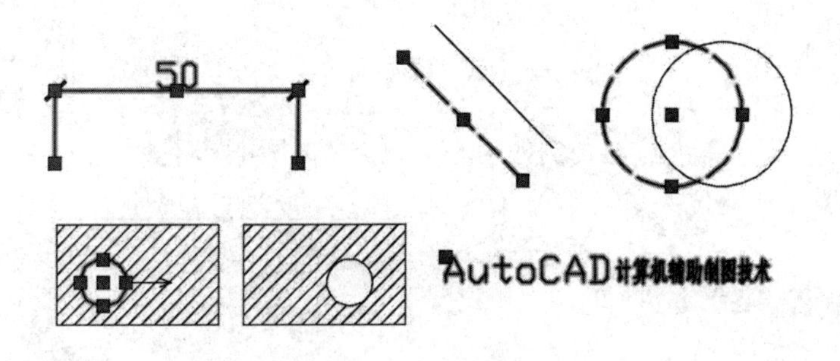

图4-49　常见对象的夹点移动

三、利用夹点旋转对象

利用夹点可将选定的对象进行旋转。

首先选择对象，出现该对象的夹点，再选择一基点，键盘输入ROTATE(RO)（单击鼠标右键弹出快捷菜单，从中选择旋转）。

【例4-16】 利用夹点将图4-50（a）所示图形逆时针旋转30°变成图4-50（b）所示。

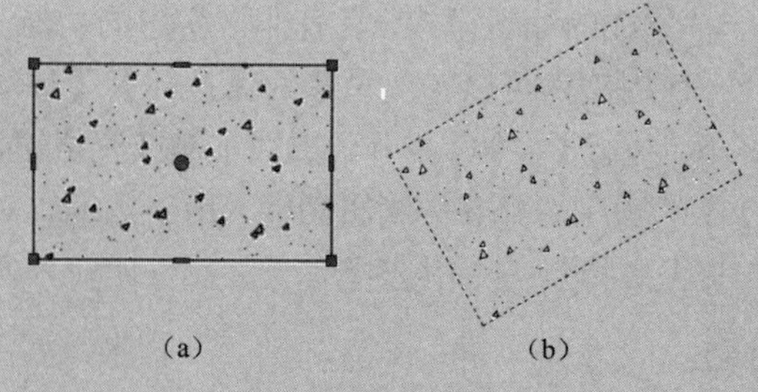

（a）　　　　　　（b）

图 4-50　夹点旋转

操作步骤如下。

命令：选定对象

将十字光标放到任意夹点上（例如中心夹点），单击鼠标右键，弹出在左图所示的随位菜单，单击“旋转”，命令行出现如下提示，如图 4-51 所示。

命令: ROTATE↙

UCS 当前的正角方向:　ANGDIR=逆时针　ANGBASE=0 找到 2 个

指定基点: ↙

指定旋转角度，或 [复制(C)/参照(R)] <30>: 30

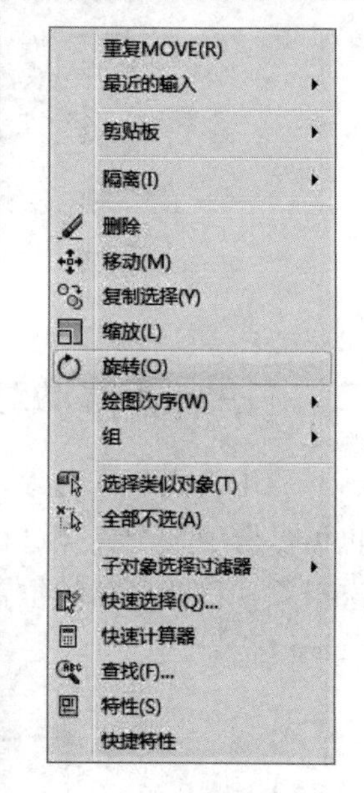

图 4-51　鼠标右键菜单栏

四、利用夹点复制对象

利用夹点可将选定的对象多重复制。

首先选择对象，出现该对象的夹点，再选择一个基点，键入 COPY(CO)（单击鼠标右键弹出快捷菜单，从中选择复制选择）。

【例 4-17】 利用夹点将如图 4-52（a）所示图形再复制三个，变成图 4-52（b）所示。

操作步骤如下。

命令：选定对象

将十字光标放到任意夹点上（例如中心夹点），单击鼠标右键，弹出如图 4-51 所示的随位菜单，单击【复制选择】，命令行出现如下提示。

命令: COPY ↙找到 8 个

当前设置:　复制模式 = 多个

指定基点或 [位移(D)/模式(O)] <位移>:

指定第二个点或 [阵列(A)] <使用第一个点作为位移>:

指定第二个点或 [阵列(A)/退出(E)/放弃(U)] <退出>:

五、利用夹点删除对象

选中对象后，按【Delete】键直接删除对象。

六、利用夹点的其他操作

选择对象，出现该对象的夹点后，单击鼠标右键弹出快捷菜单，点击“最近的输入”，子菜单列出最近使用过的命令，可以从中选择所要的操作，如图 4-53 所示。

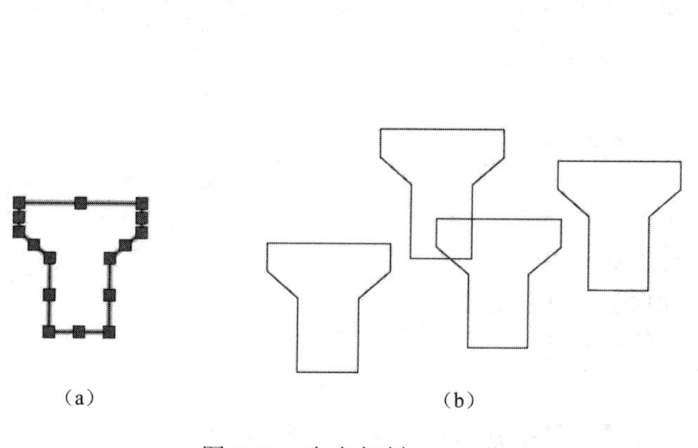

图 4-52　夹点复制

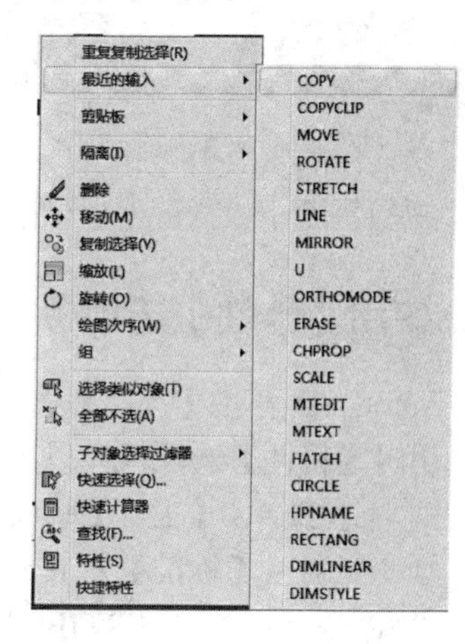

图 4-53　夹点的快捷操作菜单

第七节　特性编辑

利用 AutoCAD 绘制的图形，具有颜色、图层及线型等各种特性，如果想要改变其特性，可以使用【特性】对话框、【特性】选项板和【特性匹配】工具来进行查看和修改。

一、使用【特性】对话框修改对象特性

调用【特性】对话框，只有一种方式：下拉菜单：【修改】→【特性】，弹出【特性】对话框。使用【特性】对话框可以显示和修改对象特性，如图层、颜色、线型和线宽。操作过程如下。

① 首先选择图形对象，此时【特性】对话框显示被选择对象的特性。

② 在【特性】对话框相应的下拉列表中选择想要更改成的特性。

【例 4-18】 将图 4-54（a）所示图形的中心线改为点画线，颜色改为红色，将轮廓线宽改为 0.35 mm。修改后的结果如图 4-54（b）所示。

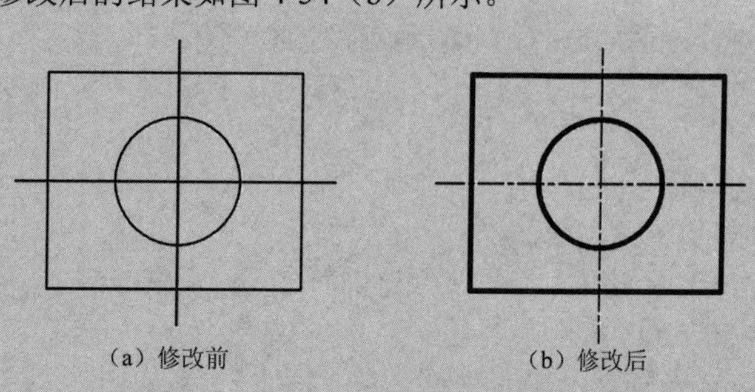

图 4-54　使用【特性】对话框修改对象特征

修改图形特性的步骤如下。

① 选择图形中心线。

② 单击【特性】对话框的“线型下拉列表”右侧箭头，选择“CENTER”作为中心

线对象线型。

③ 单击【特性】对话框的“颜色下拉列表”右侧箭头，选择“红”作为中心线对象颜色。

④ 选择圆角矩形和圆图线，单击【特性】对话框的“线宽下拉列表”右侧箭头，选择“0.35 mm”作为轮廓图形的线宽。

二、使用【特性】选项板修改对象特性

AutoCAD 可在【特性】选项板中查看和修改对象特性。

调用【特性】选项板有以下三种方法。

◎ 下拉菜单:【工具】→【选项板】→【特性】。

◎ 工具栏:【标准】工具栏中的特性按钮。

◎ 命令行：PROPERTIES↙。

启动该命令后，在绘图窗口内弹出【特性】选项板。若要关闭【特性】选项板，只要单击窗口右上角的 ✕ 按钮即可。

图 4-55（a）所示为选择一个对象时显示的图形窗口。当选择多个对象时，将显示“全部”选项，选项板中显示所选对象的通用特性，如图 4-55（b）所示。

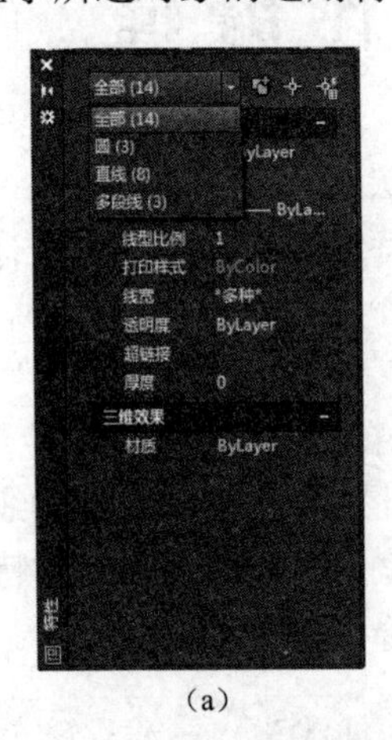

（a）

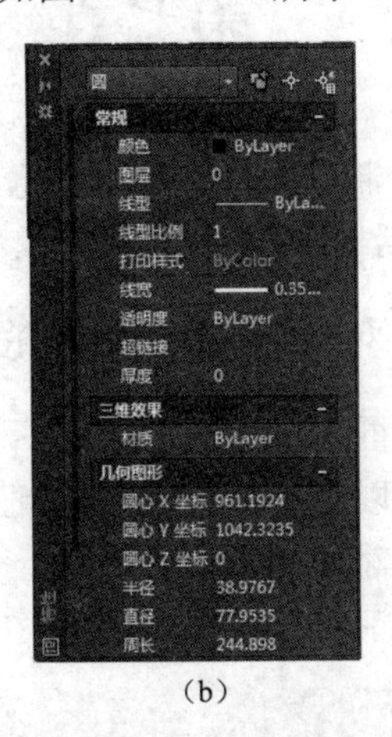

（b）

图 4-55 【特性】选项板

【例 4-19】 分别修改图 4-56（a）所示点画线的比例因子、尺寸数字 40、水平方向尺寸 60 的尺寸起止符号、内部圆的半径和汉字高度，要求如图 4-56（b）所示。

操作步骤如下。

① 首先选择点画线。

② 启动对象【特性】选项板。

③ 在【线型比例】编辑框内，将线型比例“1”改为“0.6”。

④ 结果如图 4-56（b）所示。

用同样的方法，选择竖直尺寸标注 40，在【特性】选项板中将【文字】选项板中的文字旋转由“0”改为“90”；选择水平尺寸标注 60，在【特性】选项板中将【直线和箭头】选项板中的箭头 1 和箭头 2 由“建筑标记”改为“实心闭合”；选择内部圆，在【特性】选项板中将【几何图形】选项板中的半径由“12”改为“6”；选择文字，在【特性】选项板中将【文字】选项板中的高度由“3.5”改为“5”，最终结果如图 4-56（b）所示。

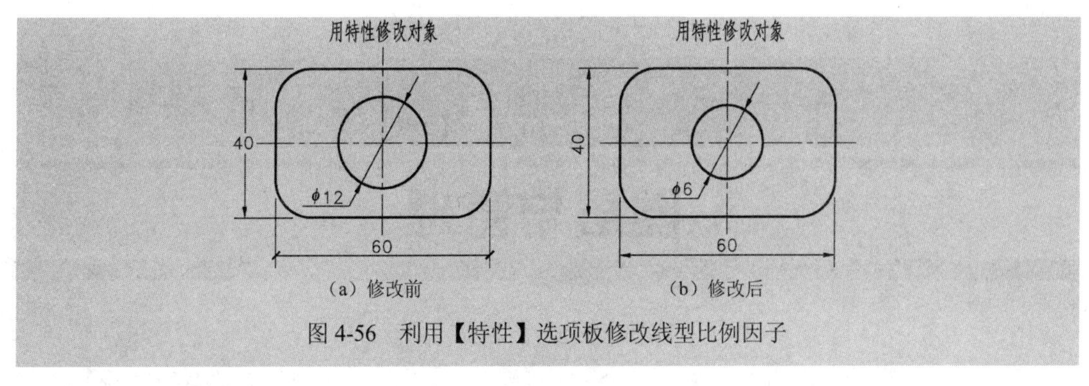

（a）修改前　（b）修改后

图 4-56　利用【特性】选项板修改线型比例因子

三、使用【特性匹配】工具修改对象特性

特性匹配的功能是将源对象的特性复制给目标对象，使目标对象的全部或部分特性与源对象相同。

该命令有以下三种调用方法。

① 下拉菜单：【修改】→【特性匹配】。

② 工具栏：【标准】工具栏中的按钮。

③ 命令行：MATCHPROP↙。

启动该命令后，命令行提示如下。

命令: MATCHPROP↙

选择源对象:

当前活动设置: 颜色 图层 线型 线型比例 线宽 厚度 打印样式 标注 文字 填充图案 多段线 视口 表格材质 阴影显示 多重引线

选择目标对象或 [设置(S)]:

可应用的特性类型包含颜色、图层、线型、线型比例、线宽、打印样式、透明度和其他指定的特性。

将显示以下提示：

【目标对象】指定要将源对象的特性复制到其上的对象；

【设置】显示“特性设置”对话框，从中可以控制要将哪些对象特性复制到目标对象。默认情况下，选定所有对象特性进行复制。

【例 4-20】 利用【特性匹配】命令将图 4-57（a）所示圆、竖向尺寸 50、正六边形分别与虚线、水平尺寸、外框粗线相匹配，匹配后结果如图 4-57（b）所示。

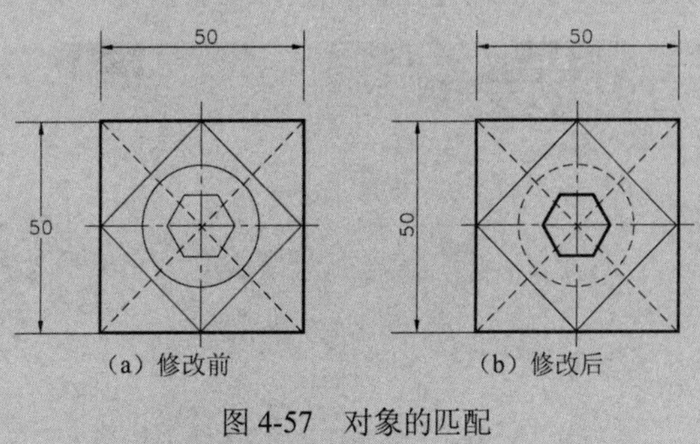

（a）修改前　（b）修改后

图 4-57　对象的匹配

说明

目标对象可以同时选择多个，选择目标对象时光标变为“ ”

第五章

图层与管理

本章将学习 AutoCAD 的一些比较高级的功能，包括如何设置图层、颜色、线型及线宽，指定图层状态，了解图层管理器的使用方法。掌握了这些内容，就能有效地管理图形信息及控制图形显示。

第一节　创建及设置图层

图层用于按功能编组图形中的对象，以及用于执行颜色、线型、线宽和其他特性的标准。

图层是管理图样的强有力工具，绘图时应考虑将图样划分为哪些图层以及按什么样的标准进行划分。如果图层的划分较合理且采用了良好的命名，则会使图形信息更清晰、更有序，对以后修改、观察及打印图样带来很大便利。无论任何图样都可以根据图形元素的性质划分图层，从而创建图层。常用的图层一般可分为：轮廓线层、中心线层、虚线层、剖面线层、尺寸标注层、文字说明层等。

激活图层命令有以下四种方式。

◎ 下拉菜单：【格式】/【图层】。

◎ 工具栏：图层工具栏中的按钮。

◎ 选项板：

◎ 命令行：LAYER↙。

命令执行后，将打开如图 5-1 所示【图层特性管理器】对话框。

图 5-1 【图层特性管理器】对话框

对图层的管理、设置工作，大部分是在【图层特性管理器】对话框中完成的。该对话框显示图层的列表，可以添加、删除和重命名图层；设置和修改其特性或添加说明。图层过滤器用于控制在列表中显示哪些图层；还可以同时对多个图层进行修改。

一、创建新图层

在同一工程图中，需建立多个图层，创建新图层操作步骤如下。

① 激活图层命令，打开【图层特性管理器】对话框。

② 在【图层特性管理器】对话框中单击按钮，系统自动在图层列表框中建立一个新图层。为便于区分不同图层，应取一个能表征图元特征的新名字取代该缺省名。图名不可重复，不可含有标点符号，最长为 255 个字符。用户可以任意定义图层名，如果不定义图层名，则系统自动对图层名命名为“图层 1”“图层 2”……，如图 5-2 所示。用户可以根据作图需要建立多个图层。为便于管理图层，建议用户以图层的功能为依据对图层进行命名，如“粗实线”“细实线”“点画线”“虚线”，也可以根据专业图的需要进行命名，如建筑专业以“墙线”“轴线”等命名。

③ 关闭【图层特性管理器】即可完成图层的创建过程。

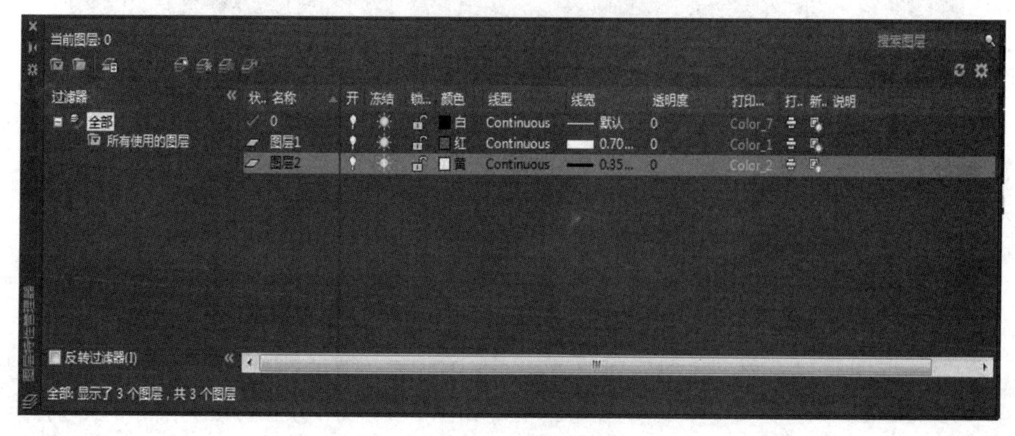

图 5-2 创建图层

提示

若在【图层特性管理器】对话框的列表框中事先选中一个图层，然后单击【新建】按钮或【Enter】键，则新图层与被选择的图层具有相同颜色、线型、线宽等设置。

二、删除图层

在 AutoCAD 中，为了减少图形所占空间，可以删除不使用的图层，操作步骤如下。

① 单击工具栏中 按钮，打开【图层特性管理器】对话框。

② 在图层列表中单击左键选中要删除的图层，如“图层 1”，单击按钮，则“图层 1”的状态图标便消失。

③ 关闭【图层特性管理器】即可删除。

注意

0 图层、当前图层、有图元的图层和依赖外部参照的图层都不能删除。

三、置为当前图层

当需要在某个图层上绘制图形时，必须先使该图层成为当前层，系统默认“0”层为当前层。置为当前图层操作步骤如下。

① 单击，打开【图层特性管理器】对话框。

② 在图层列表中单击左键选中要置为当前的图层，如粗实线图层，单击按钮，则粗实线图层的状态图标变为，如图 5-3 所示。

③ 关闭【图层特性管理器】，完成操作。

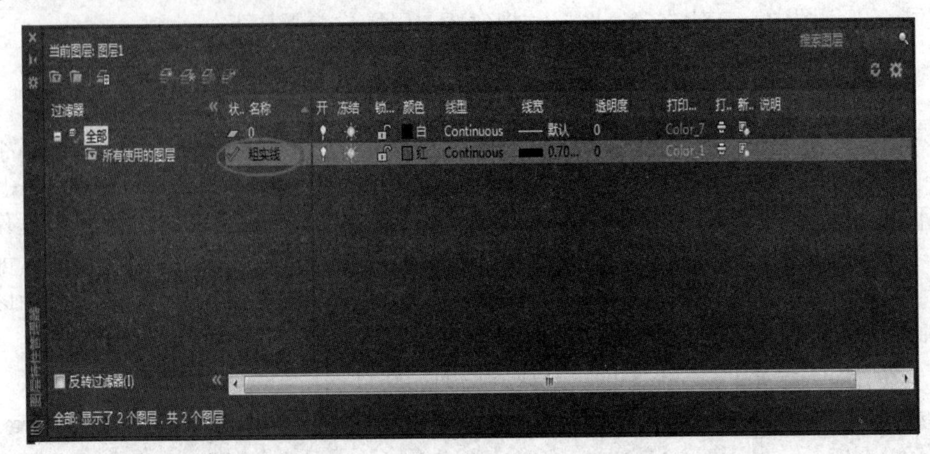

图 5-3　利用【图层特性管理器】对话框置为当前图层

四、设置图层的颜色、线型、线宽

1. 不同图层设置线型

绘图过程中，用户常常要使用不同的线型，AutoCAD 允许用户为每个图层分配一种线型。

① 在【图层特性管理器】对话框中选中图层。

② 对话框图层列表的“线型”列中显示了与图层相关联的线型，缺省情况下，图层线型是“Continuous”，打开【选择线型】对话框，如图 5-4 所示，通过此对话框可以选择一种线型或从线型库文件中加载更多种类的线型。

③ 单击【加载】按钮，打开【加载或重载线型】对话框。该对话框列出了线型文件中包含的所有线型，可以在列表框中选择所需一种或几种线型，单击【确定】按钮，这些线型就加载到 AutoCAD 中。当前线型文件是“acadiso.lin”，单击【文件】按钮，可选择其他的线型库文件。

2. 设定线宽

国家标准在线宽方面有严格规定：建筑图样一般分为三种线宽，即粗、中、细；机械图样一般分为两种线宽，即粗和细。这一点在学习中已经了解。设定线宽的常用方法如下。

① 在【图层特性管理器】对话框中选中图层。

② 在该对话框【详细信息】区域的【线宽】下拉列表中选择线宽值，或单击图层列表【线宽】列中的图标【默认】，打开【线宽】对话框，如图 5-5 所示，通过此对话框也可设置线宽。【线宽】对话框显示不同的线宽，单击某一线宽即可选择。也可在【线宽控制】中选择。

如果要使图形对象的线宽在模型空间中显示宽窄的变化，可以调整线宽比例。在状态栏的【线宽】按钮上单击右键，弹出快捷菜单，然后选择【设置】选项，打开【线宽设置】对话框，如图 5-6 所示，在此对话框的【调整显示比例】区域中移动滑块就改变了显示比例值。

一般地，该滑块在靠近左侧 2～3 刻度格内为图示理想状态。

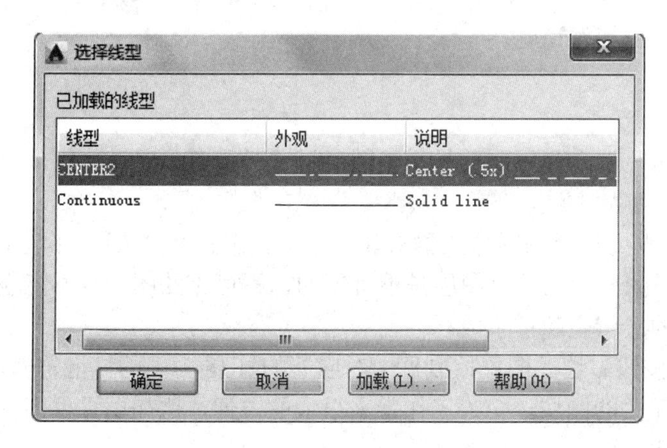

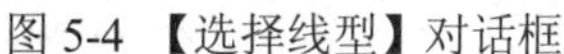

图 5-4 【选择线型】对话框

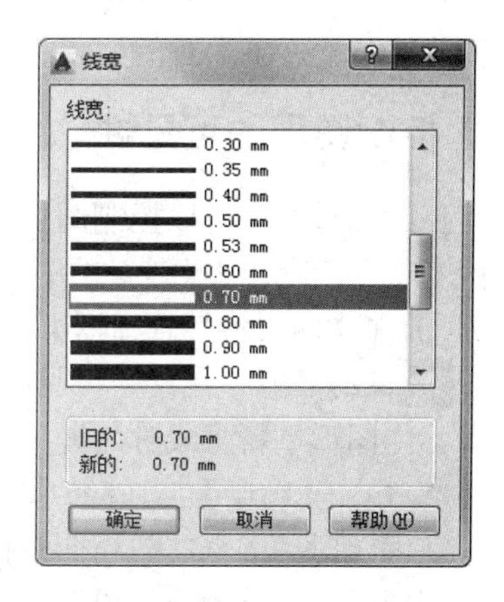

图 5-5 【线宽】对话框

有时绘图时会出现这样一种现象：选择了图样中的某些图线，在【线宽控制】中选择了对应的线宽，可是图面上仍然没有什么改变，这时应该查看一下【状态栏】中【线宽】按钮是否被激活。只有在该按钮被激活的状态下图样的线宽才会随着操作而改变。

3. 颜色的设定

为了区分不同的图层，通常给图层赋予不同的颜色。颜色可以使用户在绘图过程中比较直观地区分各元素的性质，也便于检查、修改。

在图层名称后的【颜色】名称上单击鼠标，在弹出的【选择颜色】对话框中，如图 5-7 所示，选择合适的颜色。此时，【颜色】文本框将显示选中颜色的名称。

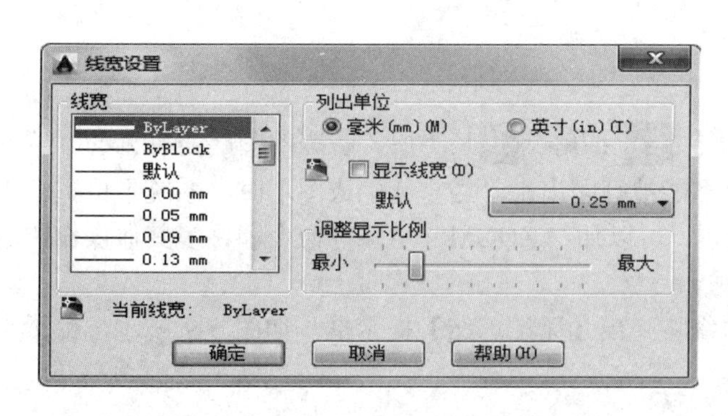

图 5-6 【线宽设置】对话框

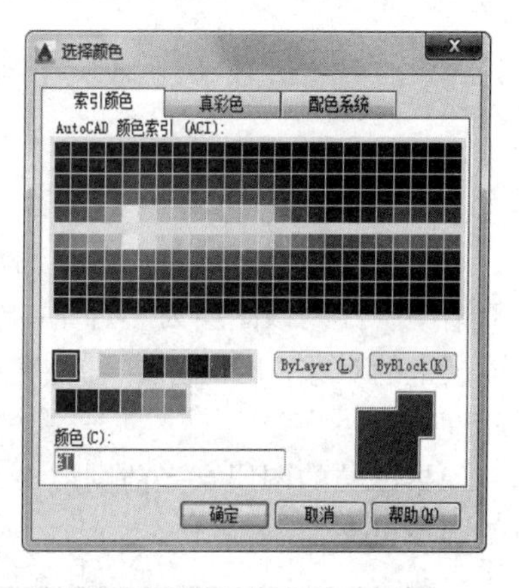

图 5-7 【选择颜色】对话框

第二节　图层状态的控制

假如工程图样中包含大量信息，并且很多图层，则用户可通过控制图层状态使编辑、绘制、观察等工作变得更方便一些。图层状态主要包括 ：打开与关闭、冻结与解冻、锁定与解锁、打印与不打印等，AutoCAD 用不同形式的图标表示这些状态，如图 5-2 所示。所以可通过【图层特性管理器】对话框对图层状态进行控制，单击【图层】 工具栏上的 就可以打开此对话框。下面对图层状态作以详细的说明。

一、控制图层的可见性

在绘图过程中可以控制图层的可见性，当不需要显示的图层设置为不可见时，可以使绘图区变得更清晰。设置某一图层不可见的方法如下。

① 在【图层特性管理器】对话框中选择该图层，单击其中显示状态打开/关闭的灯泡符号， 图标表示该图层是可见的， 图标表示该图层是不可见的，不可见的图层也不能被打印。当图形重新生成时，被关闭的层将一起被生成。

② 单击【图层】工具栏中图层按钮右边的图层控制框中对应层的打开/关闭的灯泡符号。

在编辑时关闭一些与当前工作无关的图层，会给工作带来很大的方便，比如由零件图拼画装配图时，需关闭零件图的“标注”层。

如果关闭的图层是当前图层，系统将弹出【关闭当前图层】提示框，如图 5-8 所示，可根据需要选择是否关闭当前图层。

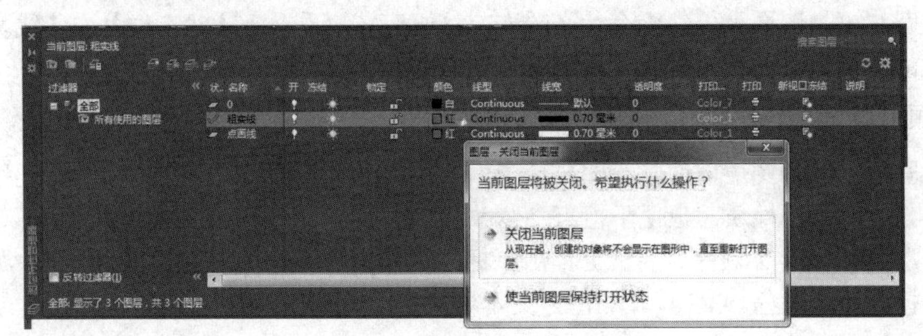

图 5-8 【关闭当前图层】对话框

二、冻结或解冻图层

单击【冻结或解冻】图标，将冻结 或解冻 某一层。解冻的图层是可见的，若冻结某个图层，则该图层为不可见，也不能被打印出来。当重新生成图形时，系统不再重新生成该层上的对象，因而冻结一些图层后，可以加快 ZOOM、PAN 等命令和许多其他操作的运行速度。

如果冻结的图层是当前图层，系统将弹出【无法冻结】提示框，如图 5-9 所示，提示当前图层不可冻结。

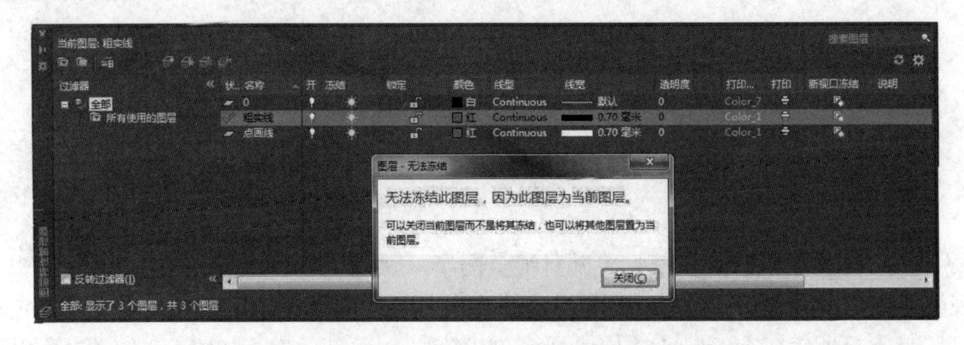

图 5-9 利用【无法冻结】对话框

提示

解冻一个图层将引起整个图形重新生成，而打开一个图层则不会导致这种现象（只是重画这个图层上的对象）。因此如果需要频繁地改变图层的可见性，应关闭该图层而不应冻结。

三、锁定或解锁图层

锁定图层功能可以用来锁定某个对象所在的图层，被锁定的图层是可见的，但图层上的对象不能被编辑。可以将锁定的图层设置为当前层，并能向它添加图形对象。锁定图形可以通过以下方法来实现。

① 在【图层特性管理器】对话框中选择该图层，单击锁定符号，图层则处于被锁定状态。反之，处于被锁定状态。 图标表示锁定， 图标表示解锁。

② 单击【图层】工具栏中图层控制下拉列表中对应层的锁定或解锁的小锁符号。

上述两项在设置绘图环境时一般采用默认项，即图层为打开、解冻、解锁状态，而只在进行图形绘制和编辑等操作时根据需要进行改变。

四、打印/不打印

当指定某层不打印后，该图层上的对象仍是可见的。图层的不打印设置只对图形中可见的图层（即图层是打开的并且是解冻的）有效。若图层设为可打印但该层是冻结的或关闭的，此时 AutoCAD 将不打印该图层。在【图层特性管理器】中，图层列表上端的【打印】项，设定图层的打印和不打印。 图标表示打印， 图标表示不打印。

有关图层的控制除了利用【图层特性管理器】对话框控制图层外，都可通过【图层】工具栏上的【图层控制】下拉列表控制图层状态。

第三节　有效地使用图层

绘制复杂图形时，常常要从一个图层切换至另一个图层，频繁地改变图层状态或是将某些对象修改到其他图层上，如果这些操作不熟练，将会降低设计效率。

利用图层的功能，以便对图形进行更好的管理。控制图层的一种方法是单击【图层】工具栏中的 按钮，打开【图层特性管理器】对话框，通过此对话框完成上述任务。除此之外，还有另一种更简捷的方法——使用【图层】工具栏中【图层控制】下拉列表，如图 5-10 所示，该下拉列表包含了当前图形中所有图层，并显示各层的状态图标。

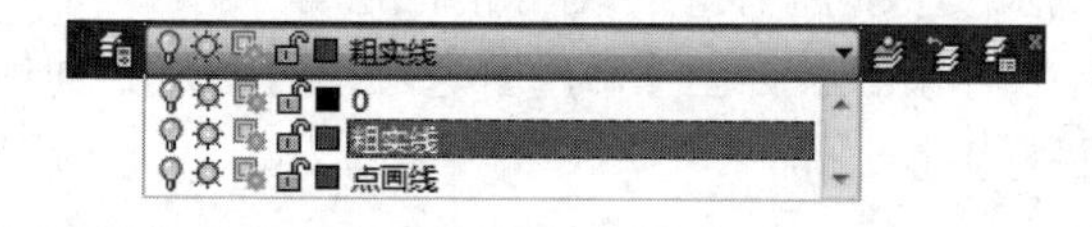

图 5-10 【图层控制】下拉列表

此列表主要包含切换当前图层、设置图层状态、修改已有对象所在的图层等 3 项功能。【图层控制】下拉列表有 3 种显示模式。

① 如果用户没有选择任何图形对象，则该下拉列表显示当前图层。

② 若选择了一个或多个对象，而这些对象又同属于一个图层时，下拉列表显示该图层。

③ 若选择多个对象，而这些对象不属于同一层时，该下拉列表是空白的。

一、切换当前图层

要在某个图层上绘图，必须先使该层成为当前层。通过【图层控制】下拉列表，可以快速地切换当前层，方法是单击【图层控制】下拉列表右边的箭头，打开列表，选择欲设置成当前层的图层名称。操作完成后，该下拉列表自动关闭。

提示

① 此方法只能在当前没有对象被选择的情况下使用。

② 用右键单击【图层特性管理器】对话框中的某一个图层，将弹出光标菜单，如图 5-11 所示，利用此菜单可以设置当前层、新建图层或选择某些图层。

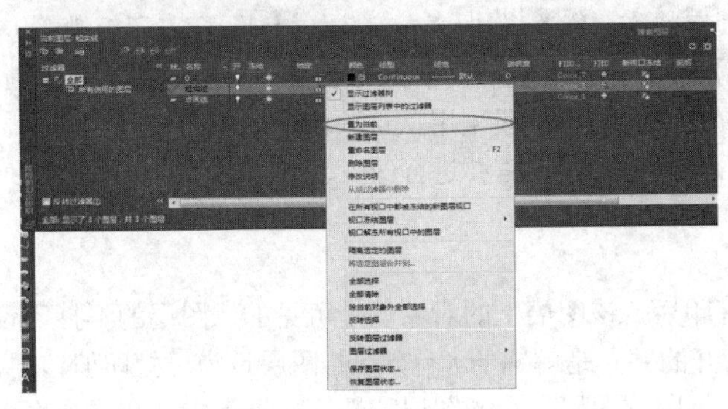

图 5-11　弹出光标菜单

二、变其他图层为当前层

将某个图形对象所在图层修改为当前图层有两种方法。

① 选择图形对象，则【图层控制】下拉列表中将显示该对象所在层，再按下【Esc】键取消选择，然后通过【图层控制】下拉列表切换当前图层。

② 单击【图层】工具栏上的按钮，AutoCAD 提示“选择将使其图层成为当前图的对象”选择某个对象，则此对象所在图层就成为当前图层。但有时也可以根据需要先绘制图样，然后用格式刷(【标准】工具栏中的第 11 项)将已绘制的图样修改成所需要的样式。

三、修改对象所属的图层

在实际绘图过程，频繁地设置当前层是件很费时费力的事。因此，可以先在 0 层上绘制完图形，然后再更改到其应在的图层。

可以通过以下几种方式更改一个或多个对象的图层。

① 选择要更改图层的对象，然后在【常用】选项卡【图层】面板的【图层特性管理器】（如图 5-12 所示）选择目标图层。

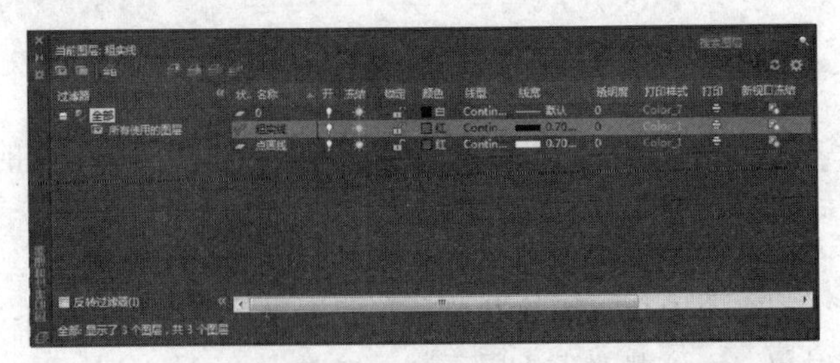

图 5-12　通过【图层】面板修改对象所属的图层

② 选择要更改图层的对象，然后在弹出的【快捷选项板】的【图层】下拉列表（如图5-13 所示）中选择目标图层。

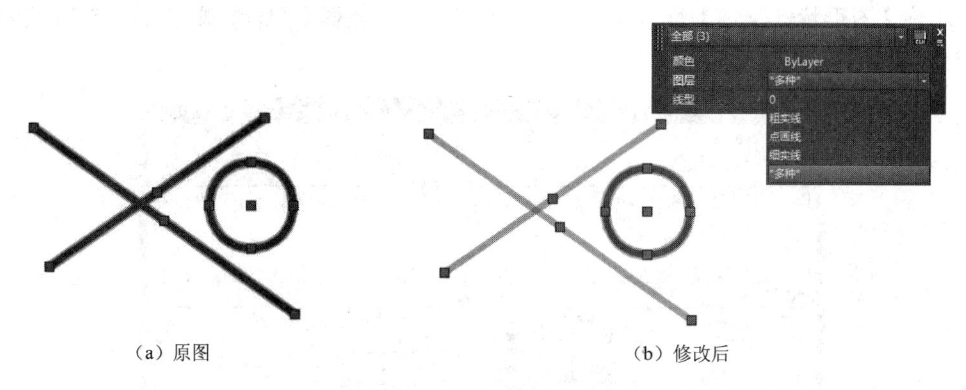

（a）原图　　（b）修改后

图 5-13　通过【快捷选项板】 修改对象所属的图层

第四节　图层的管理

图层的管理主要包括显示所需的一组图层、重新命名图层等，下面分别进行进介绍。

一、图层工具

单击菜单中【格式】→【图层工具】，即可打开子菜单，如图 5-14 所示。

在工具栏中还有【图层Ⅱ】，这里比【图层特性管理器】中的项目及功能更多。例如“图层匹配”“图层隔离”“图层合并”等。

图 5-14 【图层工具】菜单

二、寻找图层

如果图样中包含的图层较少，就可以很容易地找到某个图层或具有某种特征的一组图层，但当图层数目达到几十个时，这项工作就变得相当困难了。在【图层特性管理器】对话框中有几个有用的工具可轻松地找到所需的图层。

1. 排序图层

假设有几个图层名称均以某一字母开头，如 D-wall、D-door、D-window 等，若想很快地从【图层特性管理器】对话框的列表中找出它们，可单击图层列表顶部的【名称】按钮，此时，AutoCAD 将所有图层以字母顺序排列出来，再次单击此按钮，排列顺序就会颠倒过来。单击列表框顶部的其他按钮，也有类似的作用，例如，单击开按钮，则图层按关闭、打开状态进行排列，读者可自行试一试。

2. 过滤图层

如果工程图样中有大量的图层，则可以通过设置“图层特性过滤器”来管理图层，使图层列表中仅显示满足过滤条件的图层。

以“线型=实线”为过滤条件，新建图层特性过滤器的步骤如下：

① 在【图形特性管理】对话框中单击【新建特性过滤器】图标，弹出如图 5-15 所示【图层过滤器特性】对话框。

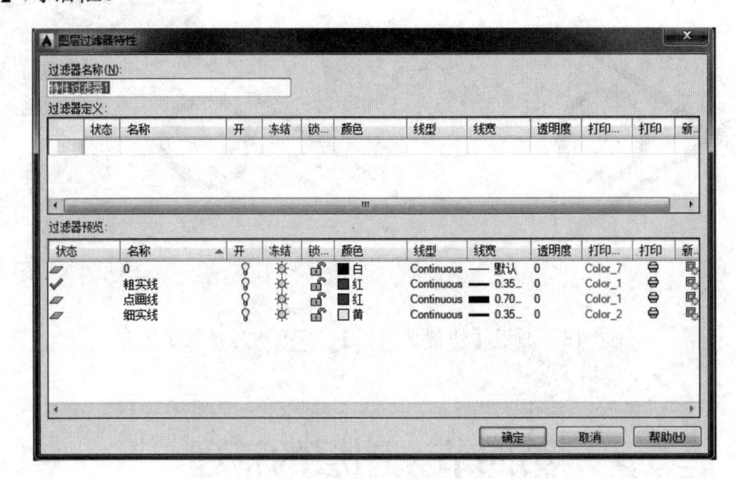

图 5-15 【图层过滤器特性】对话框

② 在【过滤器名称】文本框中输入新过滤器的名称：实线图层。

③ 指定过滤条件（可以选择多个特性作为过滤条件）：在【过滤器定义】列表中，单击“线型”栏，在该栏的右侧出现一个小图标；单击该图标，将弹出【选择线型】对话框；选择实线（Continuous）；单击【确定】按钮，返回【图层过滤器特性】对话框。

④ 单击【图层过滤器特性】对话框中的【确定】按钮，返回【图层过滤器特性】对话框。

在【过滤器】列表框中，选择【实线图层】过滤器，则图层列表中只显示“0 层”和“图层 2”；选择【所有使用的图层】过滤器，则图层列表中将显示全部四个图层。

3. 重新命名图层

良好的图层命名将有助于图样进行管理。要重新命名一个图层，可打开【图层特性管理器】对话框，选择图层名称，然后在【详细信息】区域的【名称】框中输入新名称。输入完成后，请不要【Enter】键，若按此键，AutoCAD 又建立一个新图层。

4. 图层转换器

利用【图层转换器】可以将没有遵循图层标准或其他图层标准的图层名称和特性转换为已定义的图层标准。

可以通过以下几种方式调用【图层转换器】。

◎ 功能区：【管理】选项卡→【CAD 标准】面板→【图层转换器】

◎ 菜单：【工具（T）】→【CAD 标准(S)】→【图层转换器(L)】

◎ 命令：LAYTRANS

执行命令后，将弹出【图层转换器】对话框，如图 5-16 所示。

转换器：当前图形中要转换图层。可以通过在“转换自”列表中选择图层或通过过滤器指定图层。

转换为：目标图层。可以通过【新建】按钮新建图层或通过【加载】按钮加载其他文件中的图层。

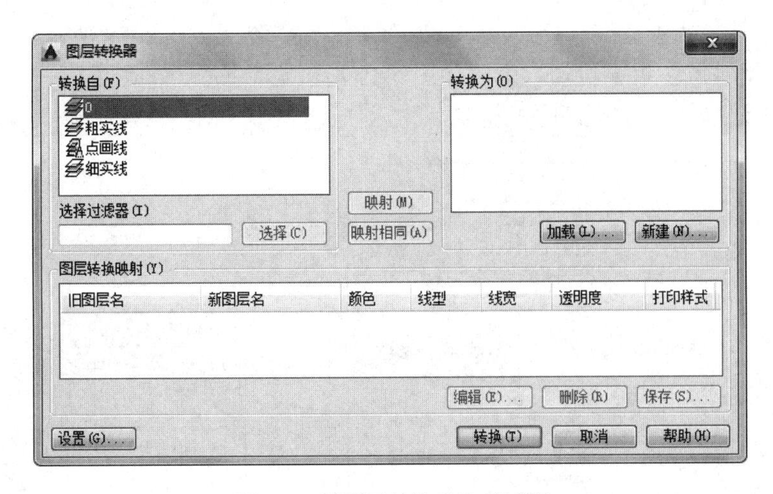

图 5-16 【图层转换器】对话框

映射：将“转换自”中选定的图层特性与【转换为】中选定的图层特性一一对应。

映射相同：映射在两个列表中具有相同名称的所有图层。

加载：使用图形、图形样板或所指定的标准文件加载【转换为】列表中的图层。如果指定的文件包含保存过的图层映射，则那些映射将被应用到“转换自”列表中的图层上，并且显示在“图层转换映射”中。可以从多个文件中加载图层。

新建：定义一个要在“转换为”列表中显示并用于转换新图层。

【例 5-1】 使用图层转换器。

现有一张工程图中，有 4 层是用来放置中心线的，颜色、线宽等特性都不相同。现要把所有的中心线都转移到“中心线”图层上，并删除原来的 4 个图层。

操作步骤如下。

① 打开“图层转换器.dwg”文件，然后调用【图层转换器】，弹出【图层转换器】对话框;

② 单击【新建】按钮，弹出【新建层】对话框，如图 5-17 所示，输入名称、指定线型、颜色、线宽后单击【确定】按钮。

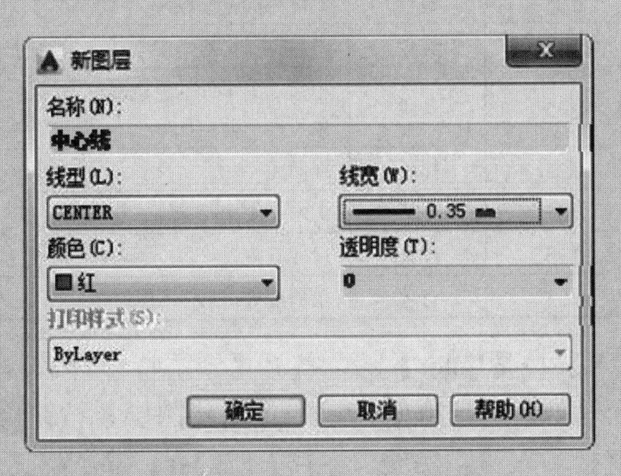

图 5-17 【新建层】对话框

③ 在【图层转换器】对话框的“转换自”列表中选择“中心线 1”“中心线 2”、“中

心线 3”、“中心线 4”四个图层（按住【Ctrl】键的同时，用鼠标左键依次点选）；在“转换为”列表中选择“中心线”层；单击【映射】按钮。结果如图 5-18 所示。

④ 单击【转换（T）】按钮，弹出如图 5-19 所示对话框。

⑤ 单击【仅转换（R）】，完成转换。

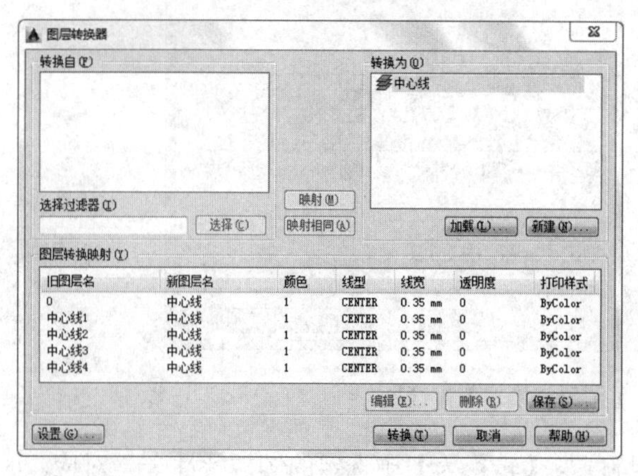

图 5-18 【图层】映射

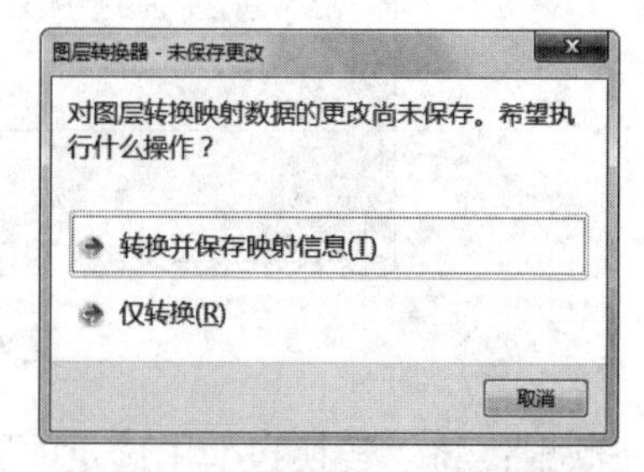

图 5-19 【图层转换】警告对话框

提示

在图 5-19 中，无论单击【转换并保存映射信息（T）】还是选择【仅转换（R）】，都会完成转换。不同之处在于前者会弹出“保存图层映射”对话框，用于将“图层映射”保存为标准文件。

【习题与操作】

按表 5-1 设置图层。

表 5-1 图层列表

图层名称	线型名称	宽 度	颜 色	主 要 用 途
粗实线	Continuous	0.7	黑/白	可见轮廓线
细实线	Continuous	0.35	绿色	尺寸线、尺寸界限、剖面线、指引线、重合断面轮廓线、过渡线等
波浪线	Continuous	0.35	绿色	断裂处的分界线、剖视图的分界线等
虚线	Dashed	0.35	黄色	不可见的轮廓线
中心线	Center	0.35	红色	轴线、对称线、中心线、齿轮的分度圆等
双点画线	Phanton	0.35	蓝色	相邻辅助零件的轮廓线、中断线、轨迹线、极限位置的轮廓线、假象投影形体轮廓线
剖面线	Continuous	0.35	黑色	剖面线
文本	Continuous	0.35	黑色	文本、表格等
尺寸标注	Continuous	0.35	洋红	尺寸标注
其他符号	Continuous	0.35	青色	粗糙度等符号

① 命令行中输入 LA 并按【Enter】键，打开【图层特性管理器】对话框。

② 在【图层特性管理器】对话框中，单击【新建图层】按钮，列表框中显示出名称为“图层 1”的图层，直接输入“粗实线”，并按【Enter】键结束。

③ 再按【Enter】键，又创建一个新图层，并输入“细实线”。用同样的方法共创建 7 个，并按表 5-1 中的图层名称进行命名。结果如图 5-20 所示。图层“0”前有标记“√”表示是

当前图层（0 图层和 define 图层不可删除、不可重命名）。

④ 给图层分配线型：单击“虚线”图层对应的“线型”项，弹出【选择线型】对话框：单击【加载】按钮，弹出【加载或重载线型】对话框，选择“Center”并单击【确定】按钮返回【图层特性】对话框。用同样的方式，将“虚线”图层的线型设置为“Dashed”。

⑤ 指定图层颜色：单击“细实线”图层对应的“颜色”项，弹出【选择颜色】对话框：单击【绿色】按钮，然后单击【确定】按钮返回【图层特性】对话框。用同样的方式，按表 5-1 设置其他图层的颜色。

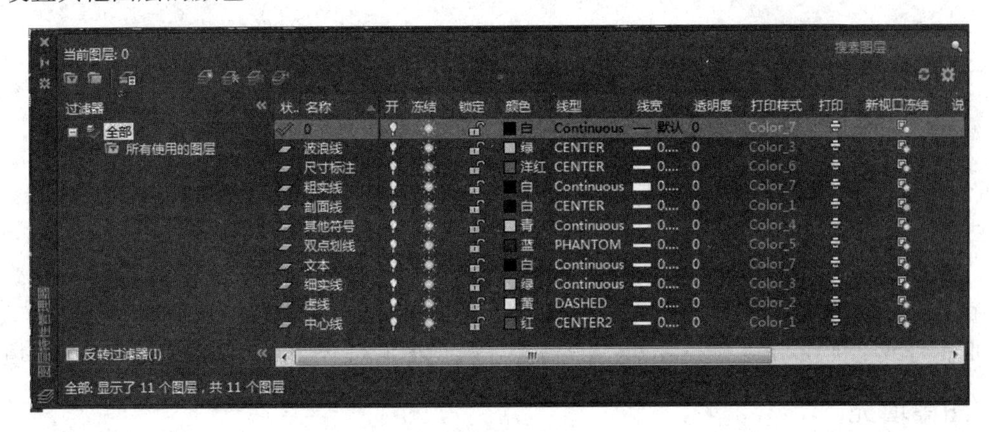

图 5-20　创建图层

⑥ 设置线宽：单击【粗实线】图层对应的“线宽”项，弹出【线宽】对话框；单击【0.7mm】后单击【确定】按钮，返回【图层特性】对话框。

⑦ 在【图层特性管理】对话框单击右上角的【关闭】按钮，退出【图层特性管理】对话框。

第六章

图 案 填 充

第一节　图案填充的创建

在各类工程图样中，通常需要在剖到的断面范围内绘制国家标准规定的材料图例，也称为剖面符号或剖面线、图例线。AutoCAD 提供了实现图例符号一次完成的命令，即图案填充。

一、图案填充

图案填充是将某种图案充满图形中的指定封闭区域的命令。

该命令有以下三种调用方法。

◎ 下拉菜单：【绘图】→【图案填充】。

◎ 工具栏：【绘图】工具栏中的按钮。

◎ 命令行：BHATCH↙或 HATCH↙。

启动该命令后，工具栏位置变为【图案填充】选项卡，如图 6-1 所示，用户可以设置图案填充时的类型和图案、角度和比例等特性。

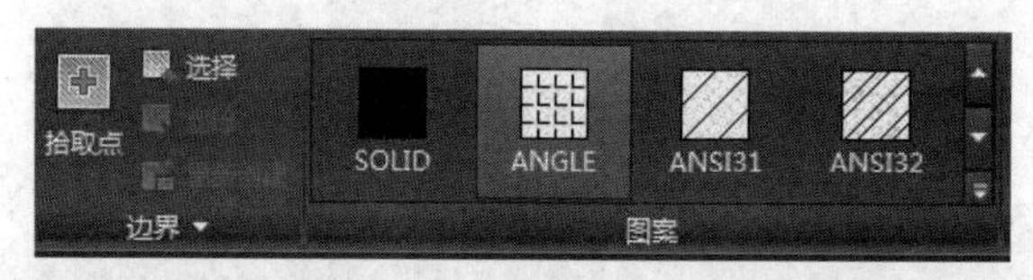

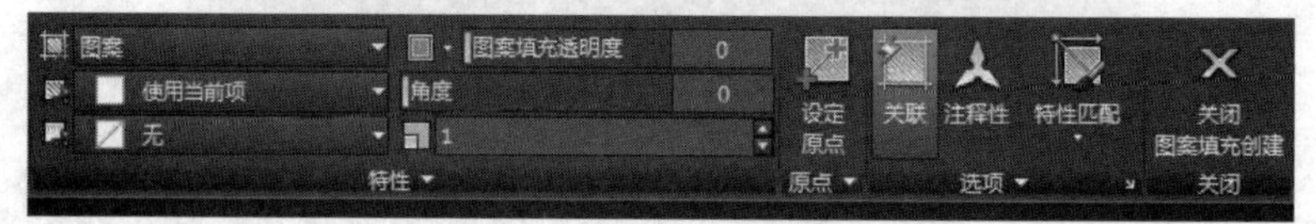

图 6-1 【图案填充】选项卡

1. 【边界】选项区

用于选择图案填充边界的方式，如图 6-2 所示。

（1）拾取点　单击该按钮切换到绘图窗口，在需要填充的区域内任意指定一点，系统会自动计算出包围该点的封闭填充边界，同时亮显该边界。若边界未封闭，则会显示错误提示信息。

（2）选择　可以通过选择对象的方式来定义填充区域的边界。

（3）删除　在使用【拾取点】选择填充区域后，单击该按钮，可以删除该填充区域内的封闭边界（又称孤岛），包括文字对象。

位于图案填充边界内的封闭区域或文字对象将视为孤岛。

2. 【图案】选项区

拖动滚动条上、下箭头，在图案显示区内根据需要选择图案如图 6-3 所示，也可单击箭头，打开的【填充图案选项板】进行选择，如图 6-4 所示。

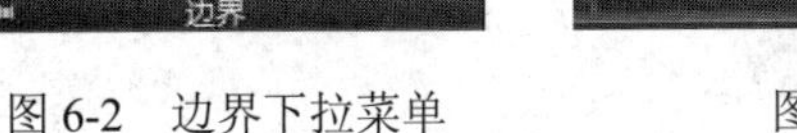

图 6-2　边界下拉菜单

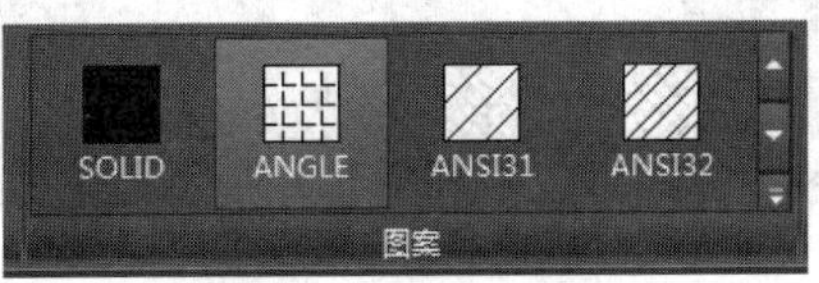

图 6-3　图案选项区

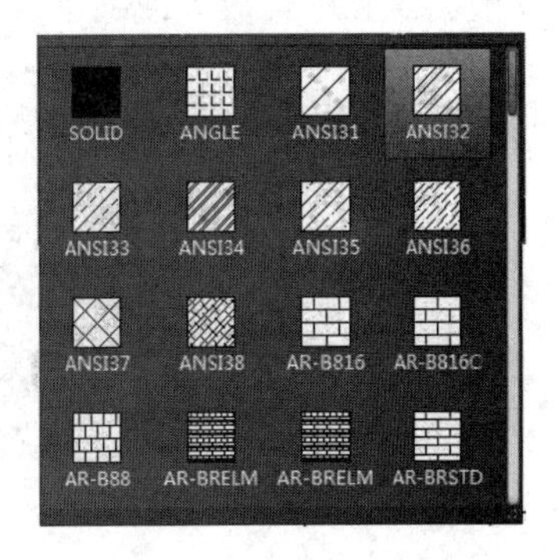

图 6-4　填充图案的类型

3. 【特性】选项区

特性选项区如图 6-5 所示。

（1）点击【图案】右侧箭头，弹出类型下拉列表框，如图 6-6 所示，用于设置图案的填充类型，包含了实体、渐变色、图案和用户定义。其中【用户定义】可使用基于当前线型定义的图案，此图案是由不同角度和比例控制的一组平行线或相互垂直的两组平行线组成。

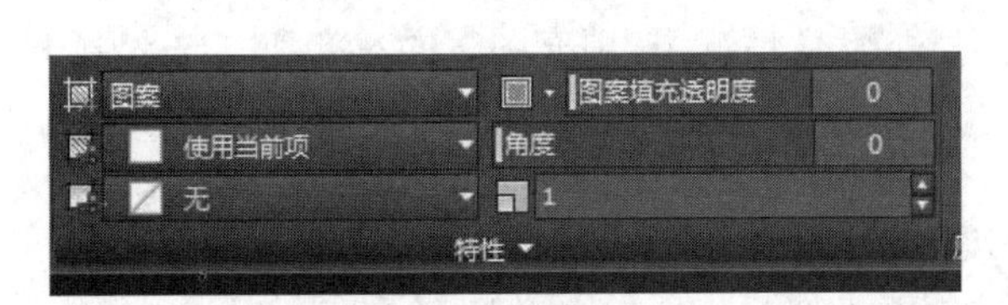

图 6-5 【特性】选项区

图 6-6　图案下拉菜单

（2）颜色。使用图案填充和实体填充的指定颜色替代当前颜色，如图 6-7（a）所示。

背景色：为新图案填充对象指定背景色。选择“无”可关闭背景色，如图 6-7（b）所示。

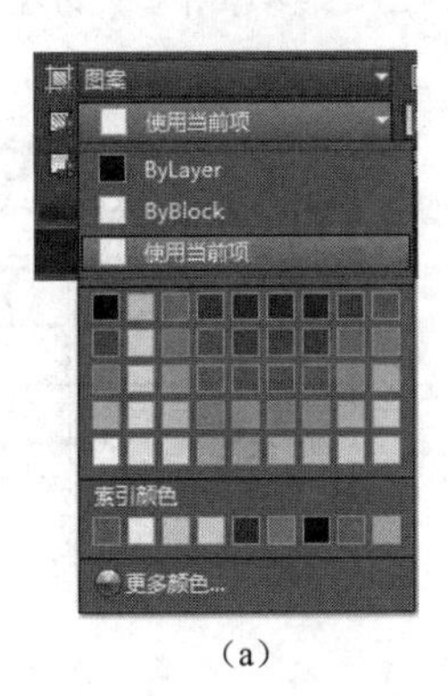

（a）

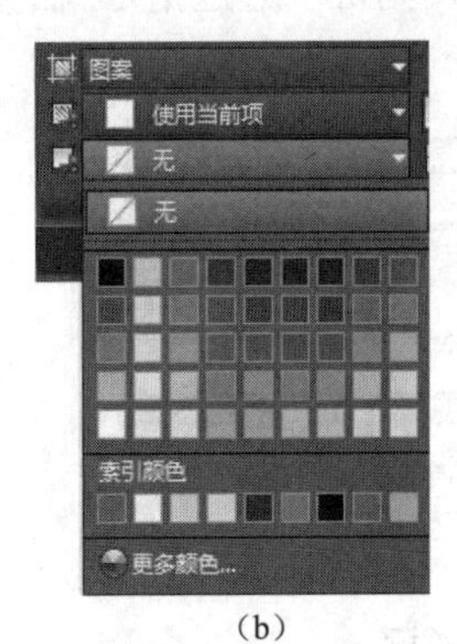

（b）

图 6-7 【图案】选项区

（3）图案填充透明度是对图案填充透明度进行设定。包括使用当前项、ByLayer 透明度、ByBlock 透明度和透明度值，如图 6-8（a）所示。

（4）角度是用于设置填充图案的旋转角度，每种图案默认的旋转角度都为 0，如图 6-8（b）所示。

（5）比例是用于设置图案填充时的比例值。每种图案在定义时的初始比例为 1，用户可以根据需要进行放大或缩小，如图 6-8（b）所示。

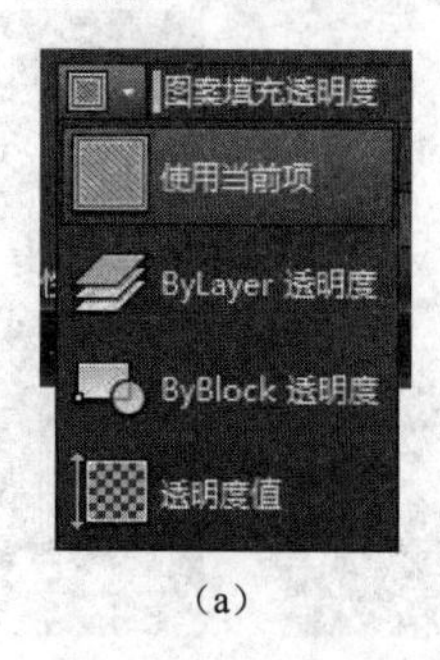

（a）

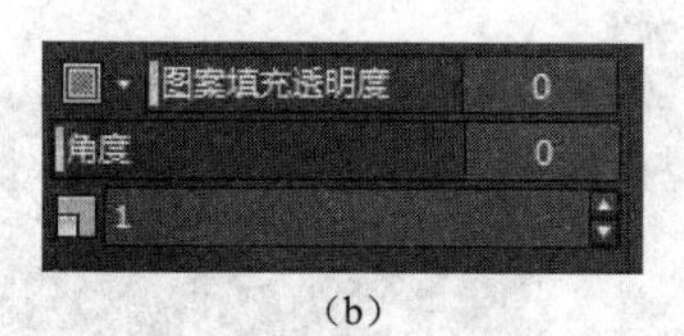

（b）

图 6-8　图案填充透明度与角度

4. 【原点】选项

图 6-9　其他选项区

设定原点用于控制图案填充原点的初始位置（图 6-9）。

一些类似于砖形的图案，需要与填充边界上的一点对齐，此时可能需要调整原点的位置。默认情况下，所有图案的原点与当前 UCS 坐标系一致。

默认情况下，填充图案的对齐和方向是由 UCS（用户坐标系）原点和方向决定的，但用户可以根据需要更改这些设置。

◎ 依次单击【常用】→【绘图】→【图案填充】。

◎ 在【特性】面板上，从【图案填充类型】下拉列表中单击【图案】。

◎ 在【图案】面板上，单击一种填充图案。

◎ 在【原点】面板上，单击【设定原点】，并在图形中指定一个点。

提示

如果创建砖图案，则可以通过指定新的原点，在图案填充区域的左下角开始绘制完整的砖，如图 6-10 所示。

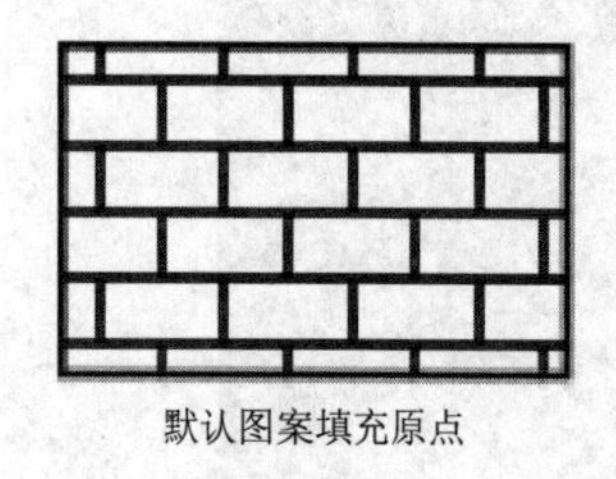

默认图案填充原点

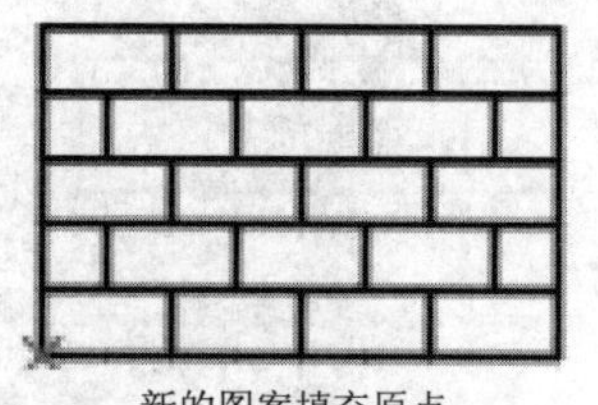

新的图案填充原点

图 6-10　图案填充原点示例

5. 【选项】选项区

（1）关联　用于创建关联图案填充。选择关联，图案与边界成为一体，当用户修改其边界时，填充图案将自动更新。

（2）注释性　指定选择集中的图案填充为注释性。此特性会自动完成缩放注释过程，从而使注释能够以正确的大小在图纸上打印或显示。

（3）特性匹配　使用选定图案填充对象的特性，设置图案填充特性。

点击选项右侧箭头，则显示两列表如图 6-11 所示。

① 创建独立的图案填充：选择此选项，一次创建的多个填充对象为相互独立对象，否则将把所有封闭边界的填充图案当成一个整体。

② 孤岛检测：位于图案填充边界内的封闭区域称为孤岛，从图案填充拾取点指定的区域边界开始向内自动填充孤岛检测，如图 6-12 所示。

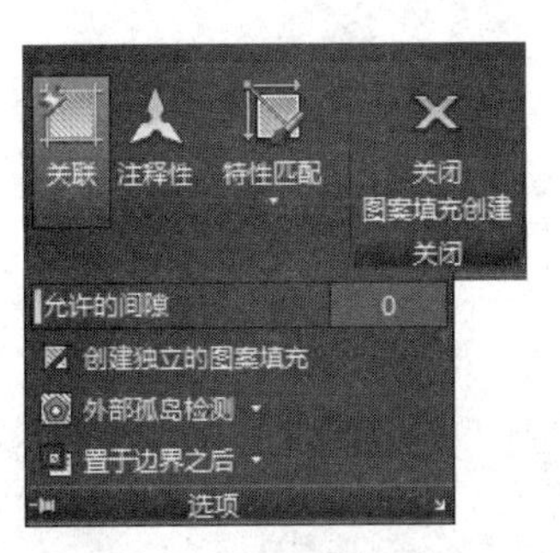

图 6-11　选项下拉菜单

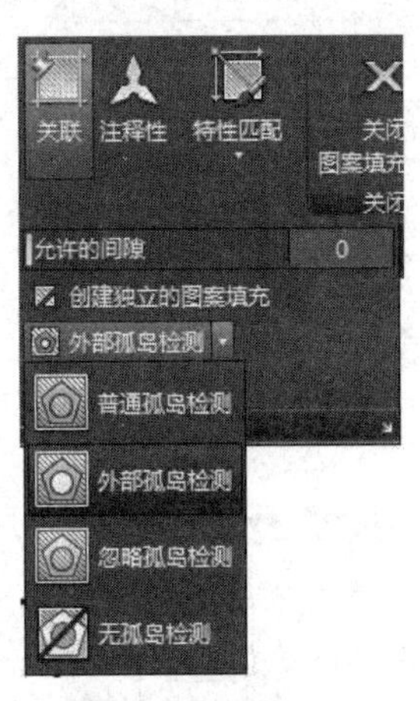

图 6-12　孤岛检测

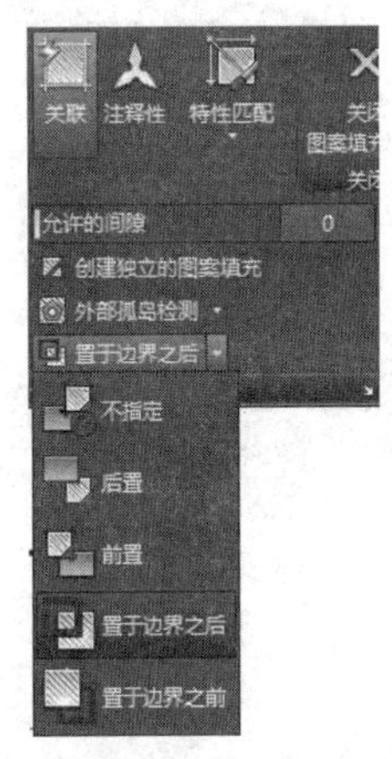

图 6-13 选项板选项

③ 置于之前和之后：用于指定填充绘图顺序，图案填充可以放在图案填充边界及所有其他对象之后或之前，如图 6-13 所示。

【例 6-1】　按照下列操作练习图案填充的相关命令，如图 6-14 所示。

填充前的图形如图 6-14（a）所示。启动【图案填充】命令，打开【图案填充和渐变色】对话框。选择图案类型中的“AR-B816”进行填充。【图案填充原点】设置为【使用当前原点】，单击【边界】选项区中【拾取点】按钮，在矩形内部单击一点 *A*，填充结果如图 6-14（b）所示；【图案填充原点】设置为【指定的原点】，即矩形边界的左下角点 *B*，同样在矩形内部单击一点 *A*，填充结果如图 6-14（c）所示；重复图 6-14（b）的绘图步骤，单击【删除边界】按钮，选择图中“孤岛”二字后填充结果如图 6-14（d）所示；【图案填充原点】设置为【指定的原点】，即矩形边界的左下角点 *B*，单击【边界】选项区中【添加：选择对象】按钮，分别单击“矩形 C”和“圆 D”边界，填充结果如图 6-14（e）所示；图案填充设置为【关联】，图形变形后结果如图 6-14（f）所示。

【例 6-2】　利用关联性练习图案填充命令，如图 6-15 所示。

更改原边界时，并不更新非关联图案填充。图案填充关联性在默认情况下处于打开状态，由 HPASSOC 系统变量控制。可以使用【选项】选项板、【特性】选项板或【图案填充编辑】对话框中的【关联】按钮来更改图案填充的关联性。

注意

OSOPTIONS 系统变量控制如何在图案填充对象中使用对象捕捉。

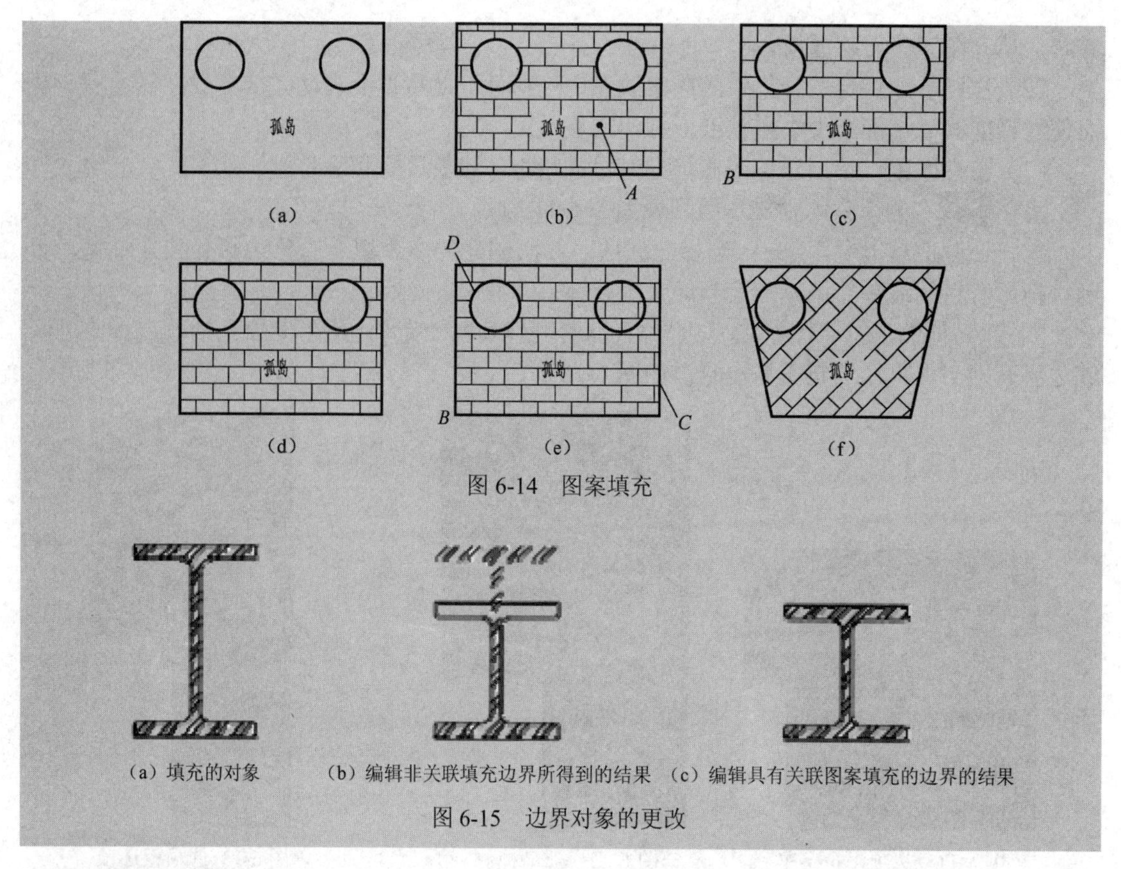

(a) (b) (c)

(d) (e) (f)

图 6-14 图案填充

(a) 填充的对象 (b) 编辑非关联填充边界所得到的结果 (c) 编辑具有关联图案填充的边界的结果

图 6-15 边界对象的更改

二、渐变色填充

该命令的调用方式有如下两种。

◎ 命令行：GRADIENT。

◎ 下拉菜单：【绘图】→【渐变色】。

1. 【图案】选项区

在【图案填充和渐变色】对话框中，选择【渐变色】选项卡，如图 6-16 所示，用户可以填充单色或双色渐变色。渐变图案预览窗口，显示用于简便填充的九种固定图案，这些图案包括线状、球状和抛物面状，如图 6-17 所示。

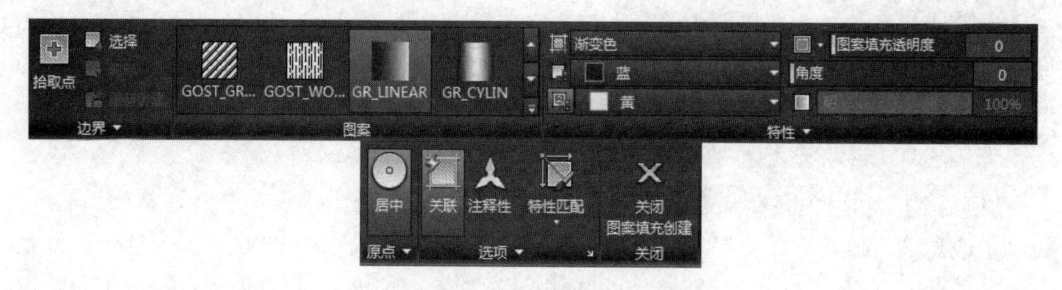

图 6-16 渐变色填充工具条

2. 【特性】选项区

（1）颜色选项组 用于设置渐变色的颜色。用于指定使用从较深着色到较浅色调平滑过渡的单色填充。单击颜色后面的箭头，将显示【选择颜色】对话框，从中可以选择系统提供的索引颜色、真彩色或配色系统颜色,如图 6-18 所示。

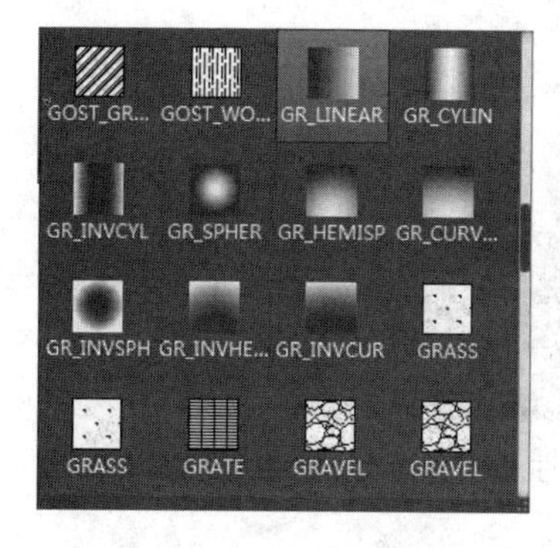

图 6-17　渐变图案预览窗口

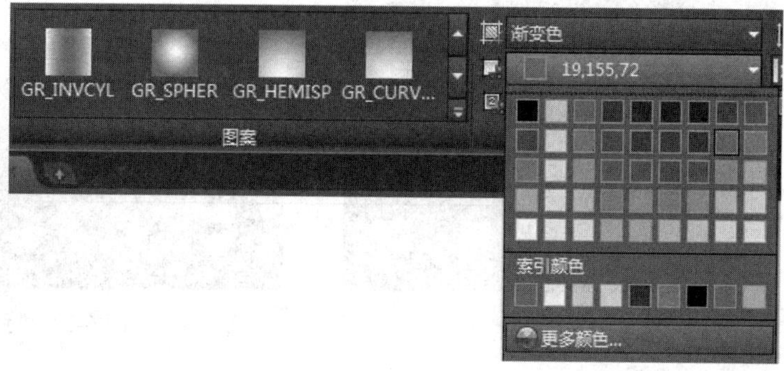

图 6-18　渐变色颜色选项卡

（2）【双色】选择按钮　用于指定在两种颜色之间平滑过渡的双色渐变填充如图 6-19 所示。

（3）【单色】选项　指定填充是使用一种颜色与指定染色（颜色与白色混合）间的平滑转场还是使用一种颜色与指定着色（颜色与黑色混合）间的平滑转场。(GFCLRSTATE 系统变量)。

（4）【颜色样例】选项　指定渐变填充的颜色（可以是一种颜色，也可以是两种颜色）。单击浏览按钮【更多颜色…】以显示【选择颜色】对话框，从中可以选择 AutoCAD 颜色索引（ACI）颜色、真彩色或配色系统颜色。(GFCLR1 和 GFCLR2 系统变量)，如图 6-20 所示。

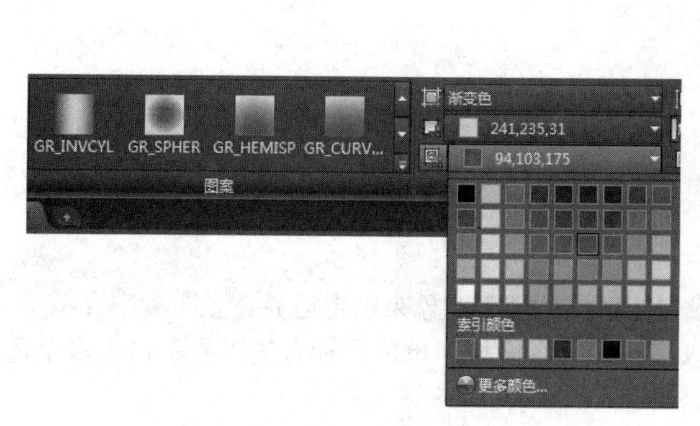

图 6-19　双色渐变选项卡

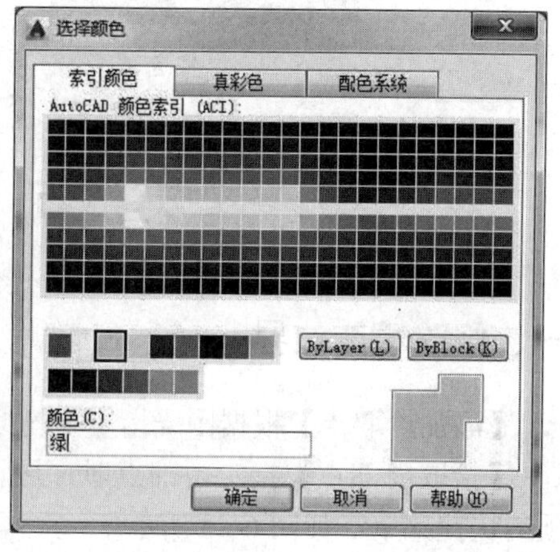

图 6-20　颜色样例选项板

（5）【渐变图案】选项　显示用于渐变填充的固定图案。这些图案包括线性扫掠状、球状和抛物面状图案，如图 6-21 所示。

（6）【角度】选项　用于指定渐变填充的角度。相对当前 UCS 指定角度，此选项与指定给图案填充的角度互不影响，在【特性】面板上，指定图案填充角度，如图 6-22 所示。

3. 【其他】选项

居中用于指定对称的渐变配置。如果没有选定此选项，渐变填充将朝左上方变化，创建光源在对象左边的图案。

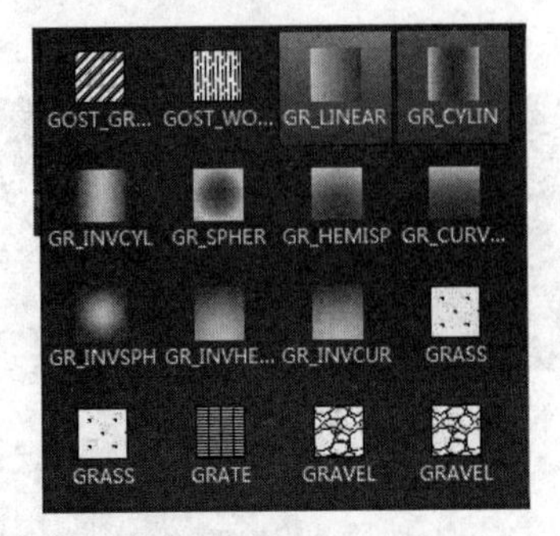

图 6-21　渐变图案选项卡

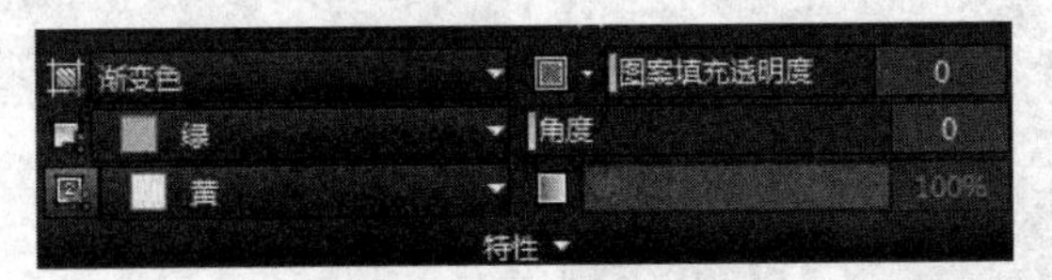

图 6-22　特性选项卡

技巧

在某些情况下，这样操作可能会更简单，即在创建图案填充对象之前移动或旋转 UCS（用户坐标系）来与现有对象对齐，如图 6-24 所示，在要进行图案填充的每个区域中指定一个点，按【Enter】键应用图案填充并退出命令。

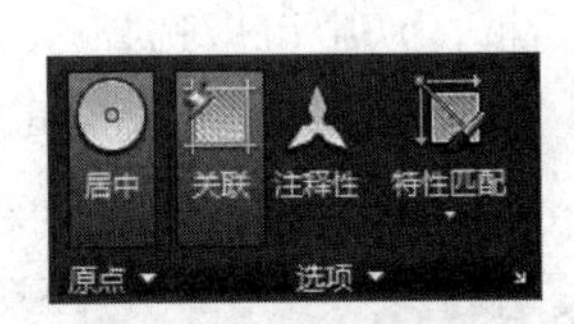

图 6-23　其他选项卡

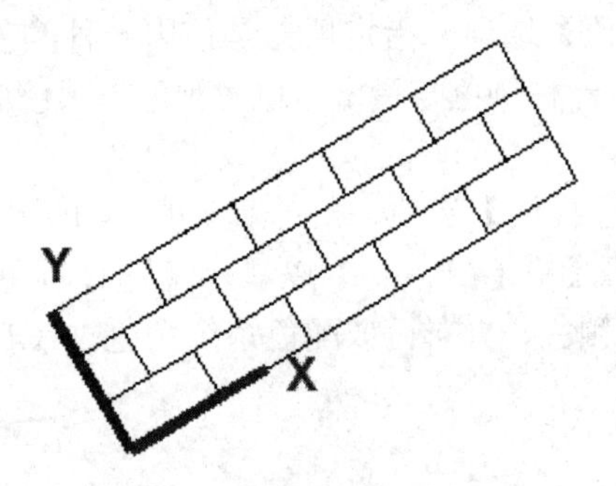

图 6-24　旋转 UCS 坐标系

第二节　图案填充的编辑

一、修改填充边界

【添加拾取点】根据围绕指定点构成封闭区域的现有对象来确定边界。

【拾取内部点】指定内部点时，可以随时在绘图区域中单击鼠标右键以显示包含多个选项的快捷菜单，如图 6-25 所示。

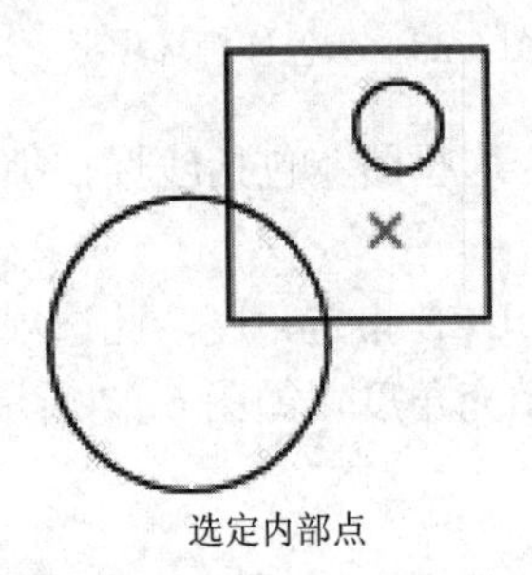

选定内部点

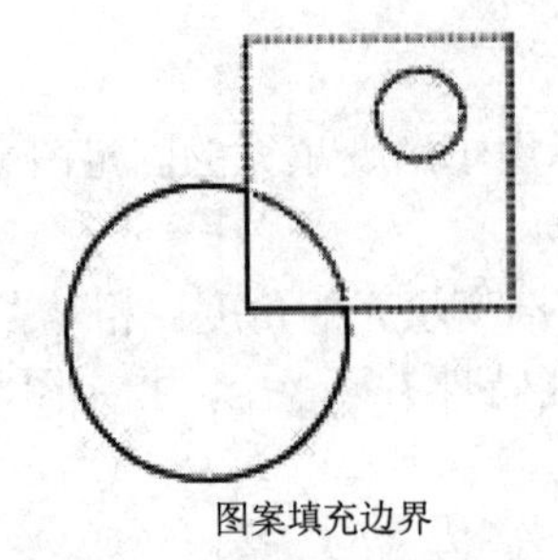

图案填充边界

结果

图 6-25　拾取点选择边界

如果打开了“孤岛检测”，最外层边界内的封闭区域对象将被检测为孤岛。HATCH 使用此选项检测对象的方式取决于指定的孤岛检测方法。

注意

红色圆显示在边界对象的未连接端点处，以标识图案填充边界中的间隙。这些圆是临时的，可通过 REDRAW 或 REGEN 来删除。

添加选择对象：根据构成封闭区域的选定对象确定边界。

选择对象：不会自动检测内部对象。必须选择选定边界内的对象，以按照当前孤岛检测样式填充这些对象，如图 6-26 所示。

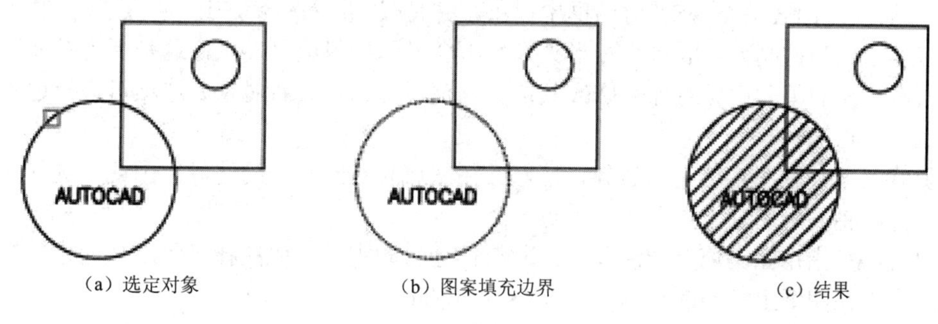

（a）选定对象　（b）图案填充边界　（c）结果

图 6-26 “选择对象”选择边界

每次单击【选择对象】时，HATCH 将清除上一选择集，选择对象时，可以随时在绘图区域单击鼠标右键以显示快捷菜单。可以利用此快捷菜单放弃最后一个或所有选定对象、更改选择方式、更改孤岛检测样式或预览图案填充，如图 6-27 所示。

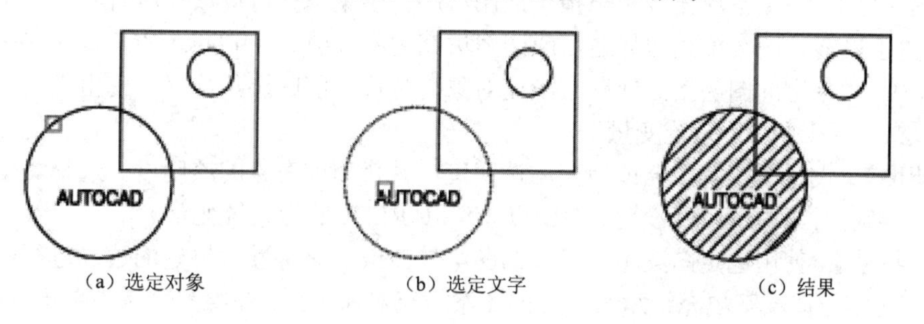

（a）选定对象　（b）选定文字　（c）结果

图 6-27 【清除上一选择集】选择边界

【删除边界】：从边界定义中删除之前添加的任何对象。选择对象，从边界定义中删除对象，如图 6-28 所示。

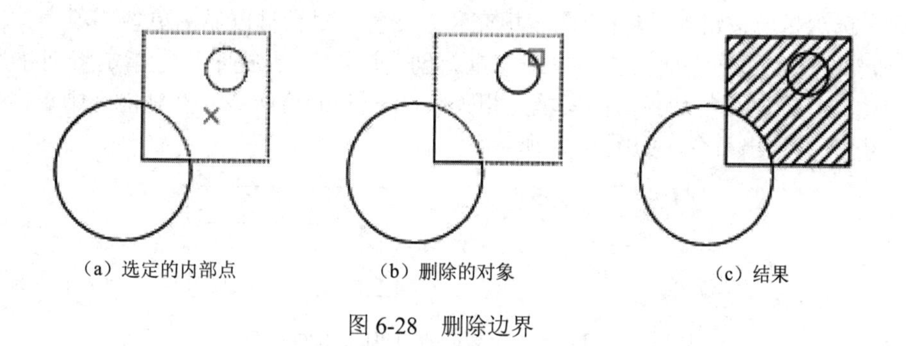
（a）选定的内部点　（b）删除的对象　（c）结果

图 6-28 删除边界

【添加边界】向边界定义中添加对象。

【重新创建边界】围绕选定的图案填充或填充对象创建多段线或面域，并使其与图案填充对象相关联（可选）。

【查看选择集】：使用当前图案填充或填充设置显示当前定义的边界。仅当定义了边界时才可以使用此选项。

【选择边界对象】：选择构成选定关联图案填充对象的边界的对象。使用显示的夹点可修改图案填充边界。

注意

此选项仅在"图案填充编辑"对话框中提供，并替代"查看选择集"选项。选择关联图案填充时，将显示成为控制夹点的单个圆形夹点。不会显示任何边界夹点，这是因为只能通过更改关联图案填充的关联边界对象来修改其边界。使用【选择边界对象】选项可选择边界对象并对其执行夹点编辑。

若要修改非关联图案填充的边界，请修改图案填充对象本身的边界。因此，选择非关联图案填充时，将显示控制夹点和边界夹点。

【注释性】：指定图案填充为注释性。此特性会自动完成缩放注释过程，从而使注释能够以正确的大小在图纸上打印或显示。（HPANNOTATIVE 系统变量）

【关联】：指定图案填充或填充为关联图案填充。关联的图案填充或填充在用户修改其边界对象时将会更新。（HPASSOC 系统变量）

【创建独立的图案填充】：控制当指定了几个单独的闭合边界时，是创建单个图案填充对象，还是创建多个图案填充对象。（HPSEPARATE 系统变量）

【绘图次序】：为图案填充或填充指定绘图次序。图案填充可以放在所有其他对象之后、所有其他对象之前、图案填充边界之后或图案填充边界之前。（HPDRAWORDER 系统变量）

【图层】：为指定的图层指定新图案填充对象，替代当前图层。选择"使用当前值"可使用当前图层。（HPLAYER 系统变量）

【透明度】：设定新图案填充或填充的透明度，替代当前对象的透明度。选择"使用当前值"可使用当前对象的透明度设置。（HPTRANSPARENCY 为系统变量）

【继承特性】：使用选定图案填充对象的图案填充或填充特性对指定的边界进行图案填充或填充。在选定想要图案填充继承其特性的图案填充对象之后，在绘图区域中单击鼠标右键，并使用快捷菜单中的选项在"选择对象"和"拾取内部点"选项之间切换。HPINHERIT 系统变量控制是由 HPORIGIN 还是由源对象确定结果图案填充的图案填充原点。

【预览】：使用当前图案填充或填充设置显示当前定义的边界。在绘图区域中单击或按【Esc】键返回到对话框。单击鼠标右键或按【Enter】键接受图案填充或填充。

【更多选项扩展按钮】：展开"图案填充和渐变色"对话框以显示更多选项。

在功能区的"边界"面板上，单击"重新创建边界"；在提示下，指定将创建为新边界的对象类型，以及是否将边界与图案填充相关联；按【Enter】键或者在功能区中单击"关闭"，应用图案填充并退出命令，如图 6-29 所示。

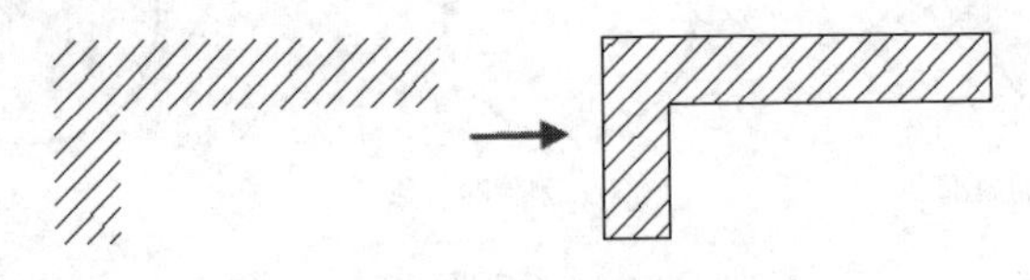

图 6-29　重新创建边界图案填充

注意

① 还可以在无边界图案填充对象上单击鼠标右键，然后选择【生成边界】，但是，此选项不允许创建关联性边界。

② 在某些情况下，先删除图案填充对象，然后从所需的边界对象创建一个新的图案填充对象会更容易。

二、角度和比例

图案填充角度设置由截面视图内的图案填充使用的角度列表，截面视图中的第一个部件将使用列表中的第一个条目，第二个部件使用第二个条目，依此类推。列表中必须至少包含一个角度，如图 6-30 所示。

图 6-30　图案填充角度和比例

填充图案的比例可以单独进行设定，也可以根据每个布局视口的比例自动设定，如果专门为单个视图或以固定比例创建填充图案，则可以在界面中或使用 HPSCALE 系统变量手动设置当前图案填充的比例，如果使用不同比例的布局视口，则可以通过创建注释性图案填充，自动应用比例因子。此方法比使用不同的比例因子创建重复的填充图案对象效率更高。

注意

为防止意外创建大量图案填充线，在由 HPMAXLINES 系统变量控制的单个填充操作中创建的图案填充线的最大数目是有限的。此限制可避免内存和性能问题，单个图案填充中封闭区域的数目受 HPMAXAREAS 系统变量的限制。从 2012 版本开始，非常稀疏的图案填充也会更改为实体填充。由于并非始终需要此操作，因此要恢复使稀疏图案填充保留为空白的传统行为，请将 HPMAXAREAS 设置为 0。

设定填充图案比例步骤如下。

① 依次单击【常用】选项卡→【绘图】面板→【图案填充】。

② 在【特性】面板上，从【图案填充类型】下拉列表中单击【图案】。

③ 在【图案】面板上，单击一种填充图案。

④ 在【特性】面板上，输入填充图案比例。

⑤ 在要进行图案填充的每个区域中指定一个点。

⑥ 按【Enter】键或者在功能区中单击【关闭】，应用图案填充并退出命令。

三、填充图案的分解

分解图案填充后，将失去其所有的关联性，标注或图案填充对象被替换为单个对象（例如直线、文字、点和二维实体）要在创建标注时自动将其分解，请将 DIMASSOC 系统变量设置为 0。

可以分解多段线、标注、图案填充或块参照等合成对象，将其转换为单个的元素。例如，分解多段线将其分为简单的线段和圆弧。分解块参照或关联标注使其替换为组成块或标注的对象副本，外部参照（xref）是一个链接（或附着）到其他图形的图形文件。不能分解外部参照和它们依赖的块。

第七章

文字、表格及对象查询

在工程设计中除了相关的一系列图形外，文字是重要的图形元素，为图形提供如注释说明、技术要求、标题和钢筋明细表等信息，是工程制图中不可缺少的组成部分。AutoCAD 提供了较强的文本标注和表格功能，以满足设计中的不同需要，提高工作效率。

第一节 文字注写

一、设置文字样式

不同工程图使用不同的文字样式，因此设置不同的文字样式是文字注写的首要任务。字形是具有大小、字体、倾斜度、文字方向等特性的文本样式。每种字形使用特定的字体，字体可预先设置其大小、倾斜度、文本方向、宽高比例因子等文本特性。当设置好文字样式后，可以利用该文字样式和相关的文字注写命令注写文字。

该命令有以下三种调用方式。

◎ 下拉菜单:【格式】→【文字样式】。

◎ 工具栏:【注释】显示更多选项中【文字样式】按钮。

◎ 命令行：STYLE↙。

执行该命令后，弹出【文字样式】对话框，如图 7-1 所示。利用该对话框可以修改或创建文字样式。将对话框中所做的样式更改完成后，单击【应用】按钮保存，再单击【关闭】按钮退出【文字样式】对话框。

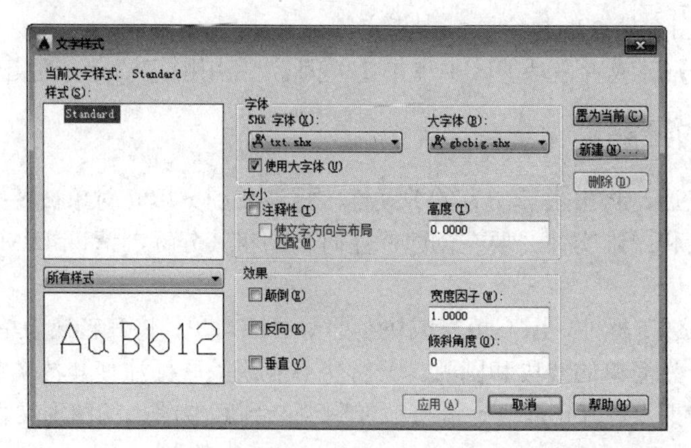

图 7-1 【文字样式】对话框（一）

说明

① 样式：列出了当前可以使用的文字样式，系统默认的文字样式为 Standard。样式名前的 ▲ 图标指示该样式为 Annotative（注释性）。样式名最长可达 255 个字符，名称中可包含字母、数字和特殊字符。

② 新建：执行该命令，则弹出如图 7-2 所示【新建文字样式】对话框，自动建立名为“样式 *n*”的样式名。用户可以输入自己定义的新样式名，如“汉字”、“数字和字母”等，然后单击【确定】按钮，返回到【文字样式】对话框。

新建文字样式
样式名：样式 1
确定
取消

图 7-2 【新建文字样式】对话框

③ 删除：删除不需要的文字样式，但无法删除已使用的文字样式、当前文字样式和默认的 Standard 文字样式。

④ 字体：更改样式的字体，如果更改现有文字样式的方向或字体文件，当图形重生成时所有具有该样式的文字对象都将使用新值。

a. 字体名下拉列表框：下拉列表框中列出所有注册的“TrueType”字体和“Fonts”文件夹中编译的（.shx）型字体。在工程图中，汉字常采用“仿宋_GB2312”。字体名前带有“@”表示文字竖向排列。

b.【使用大字体】复选框指定亚洲语言的大字体文件，主要指汉字。只有在【字体名】中选择“.shx”文件，该复选框才有效。此时可创建支持汉字等大字体的文字样式。

⑤ 大小：用于将文字指定为注释性对象及指定文字的高度。

a.【注释性】复选框：在图形中将注释行文字用于节点或标签，通过使用注释性文字样式创建注释性文字，可以设置图纸上的文字高度。

b.【使文字方向与布局匹配】复选框：指定图纸空间视口中的文字方向与布局方向匹配。如果清除【注释性】选项，则该选项不可用。

c.【高度或图纸文字高度】文本框：选择【注释性】复选框，显示【图纸文字高度】文本框，需设置要在图纸空间中显示的文字高度。否则，显示【高度】文本框，用于设置输入文字时文字的高度。在工程图中通常采用 20、14、10、7、5、3.5 七种字号。

⑥ 效果：用于设置文字的书写效果，如上下颠倒、左右反向、纵向垂直、宽度因子和倾斜角度，如图 7-3 所示。其中倾斜角度的范围在±85° 之间，向右倾斜为正，向左倾斜为负。制图国家标准规定：工程图样中的汉字应采用直体（倾斜为 0° ）长仿宋字，其宽高比（宽度因子）为 0.7；数字和字母可选用斜体（倾斜为 15° ）。

注意

垂直仅适用于支持垂直方向的“.shx”字体，对于“TrueType”字体和符号不可用。更改文字样式中的“颠倒”、“反向”特性后，使用该文字样式创建的文本都会相应改变，但是宽度因子、倾斜角度的设置只会影响其后新输入的文字。

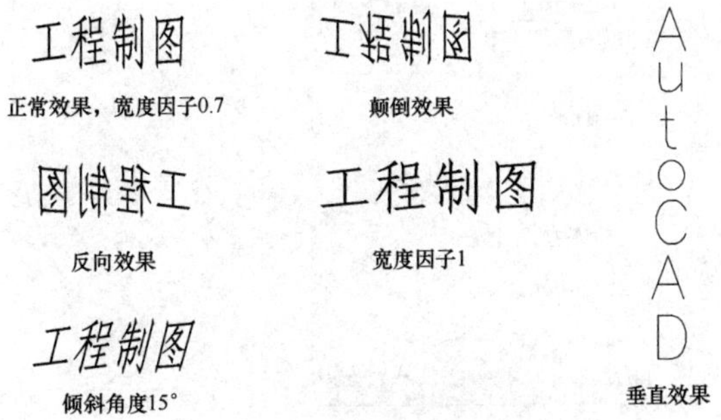

工程制图
正常效果，宽度因子0.7
工程制图
颠倒效果
工程制图
反向效果
工程制图
宽度因子1
工程制图
倾斜角度15°
AutoCAD
垂直效果

图 7-3 文字的各种效果

⑦ 预览：显示随着字体的更改和效果的修改而动态更改的样例文字。

⑧ 置为当前：将在“样式”下选定的样式设定为当前。

⑨ 应用：将对话框中所有的样式更改应用到当前样式和图形中具有当前样式的文字。

注意

文字高度应设置为“0”，在书写文字时可任意给定高度，以满足不同需要；否则，使用该文字样式每次只能写固定高度的字。

一般工程图样中应设置两种文字样式，分别用于书写汉字和数字字母等。

【例 7-1】 设置用于书写汉字的字型名为“汉字”的文字样式。

操作步骤如下。

命令：STYLE↙

弹出如图 7-1 所示【文字样式】对话框。点击【新建】按钮，弹出如图 7-2 所示【新建文字样式】对话框，在样式名内输入“汉字”，点击确定。弹出如图 7-4 所示对话框。

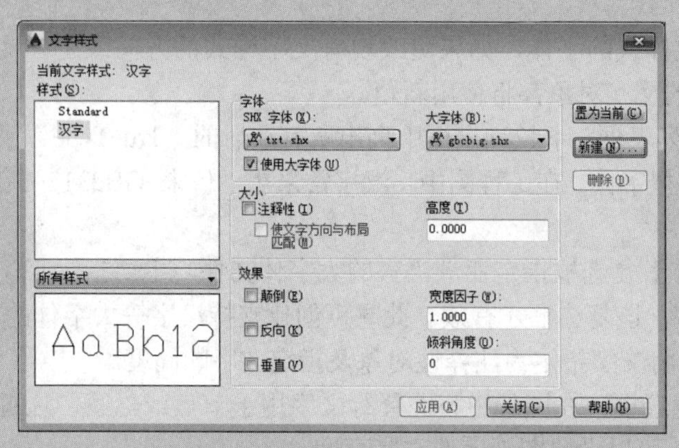

图 7-4 【文字样式】对话框（二）

将“SHX 字体”下方的【使用大写字体】勾掉，然后选择“仿宋 GB_2312”，【宽度因子】改为 0.7，其他不变。分别单击【应用】【关闭】完成操作。

【例 7-2】 设置用于书写数字和字母的字型名称为“数字字母”的文字样式。

操作步骤如下。

命令： STYLE↙

弹出如图 7-1 所示【文字样式】对话框。点击【新建】按钮，弹出如图 7-2 所示【新建文字样式】对话框，在样式名内输入“数字字母”，点击确定。（也可在例 7-1 步骤中的【应用】后点击【新建】实现以上步骤）。弹出如图 7-5 所示对话框。

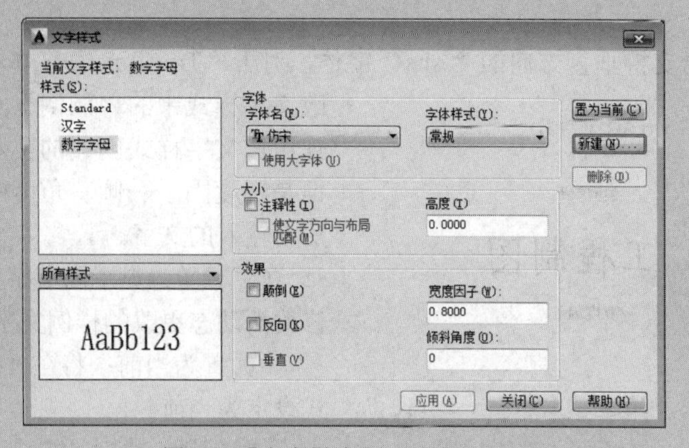

图 7-5 【文字样式】对话框（三）

将“SHX 字体”下方的【使用大写字体】勾掉，然后选择【romand】,【宽度因子】改为 0.7，其他不变。单击【应用】【关闭】完成操作。

二、单行文字输入

TEXT 和 DTEXT 功能相同，都可以用来输入单行文字。单行文字是指 AutoCAD 将输入的每行文字作为一个对象，可以单独编辑和修改，如对其进行重定位或调整格式。一般用于只有一种字体和文字样式，且内容较短的文字对象，如图名、标签、编号等。

该命令有以下三种调用方式。

◎ 下拉菜单:【绘图】→【文字】→【单行文字（S)】。

◎ 工具栏:【注释】中【文字】按钮下的“单行文字”。

◎ 命令行：TEXT 或 DTEXT（DT）↙。

该命令执行后，命令行提示如下。

当前文字样式：“Standard”　文字高度：2.5000　注释性：否　对正：左

指定文字的起点或[对正（J）/样式（S）]:（指定起点）

指定高度<2.5000>:（给定一点，确定文字高度）

指定文字的旋转角度<0>：0↙，输入文字。

说明

① 起点：指定文字对象的起点，默认情况下对正点为左对齐。

② 对正(J)：用于控制文字的对齐方式。在出现的提示中可以选择文字对正选项。包括：[对齐(A)/调整(F)/中心(C)/中间(M)/右(R)/左上(TL)/中上(TC)/右上(TR)/左中(ML)/正中(MC)/右中(MR)/左下(BL)/中下(BC)/右下(BR)]。

AutoCAD 为文字定义了 4 条定位线：顶线、中线、基线、底线，如图 7-6 所示。各种对齐方式均以定位线上的点为基准点，其显示效果如图 7-7 所示。几种常用选项的含义如下。

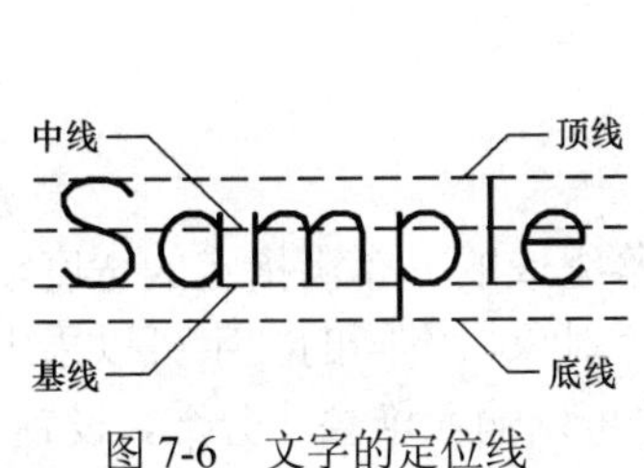

图 7-6　文字的定位线

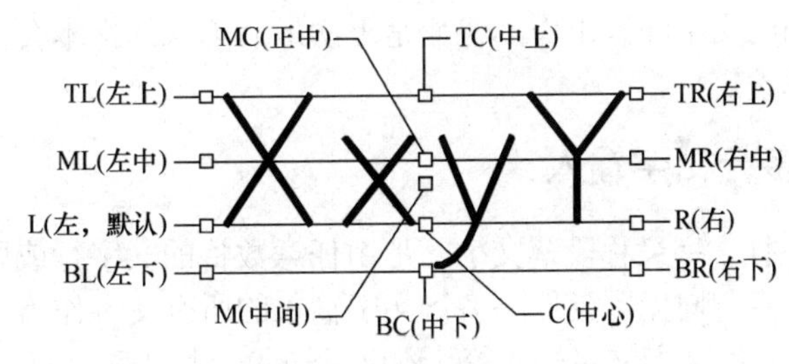

图 7-7　文字的对齐方式

a. 对齐（A)：指定文本行基线的起点和终点，保持宽度因子不变，自动调整字高，使用户输入的文本均布在两点之间，且文字行的旋转角度与两点间连线的倾斜角一致。

b. 调整（F)：指定文本行基线的起点和终点，保持字高不变，自动调整字宽，使用户输入的文本均布在两点之间。

c. 中心（C)：指定文本行基线的中点对齐文字。

d. 中间（M)：指定文本行的水平中点和指定高度的垂直中点对齐文字。

e. 右（R)：指定文本行基线的右端点对齐文字。

例如，在长度为 20、高度为 5 的矩形框内，若使用默认方式“左对齐”，捕捉矩形的左下角点，书写高度为 5、宽度比例为 0.7 的“仿宋_GB2312”字体，结果如图 7-8（a）所示；若使用“对齐”方式，分别捕捉矩形的左下角点和右下角点作为文本行基线的起点和终点，书写宽度比例为 0.7 的字，结果如图 7-8（b）所示；若使用“调整”方式，则结果如图 7-8（c）所示。

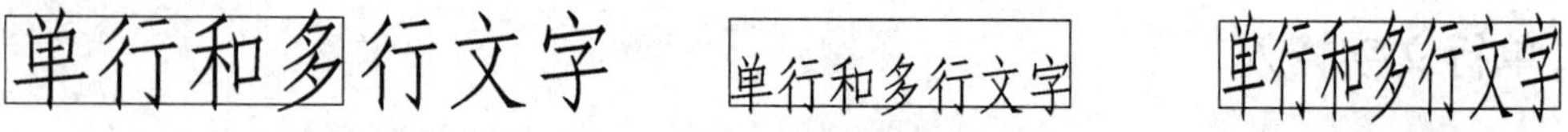

单行和多行文字　　单行和多行文字　　单行和多行文字

（a）左对齐　　（b）对齐　　（c）调整

图 7-8　文字的“对齐”和“调整”方式

注意

① 在输入文字的过程中，可以随时改变文字的位置，将光标移动到新位置并按拾取键，可再次继续输入文字。

② 在输入文字时，不论采用哪种对正方式，在屏幕上都是临时按“左对齐”方式排列，只有在命令结束后，才按指定的方式重新排列。

③ 如果上次使用的是 TEXT 或 DTEXT 命令，再次使用该命令时，按【Enter】键响应“指定文字的起点”，AutoCAD 将跳过指定高度和旋转角度的提示，输入的文本将直接放置在前一行文字的下方。

④ 系统的变量 DTEXTED 设置为 1，将显示【编辑文字】对话框；设置为 2，将显示在位文字编辑器。

⑤“旋转角度”是指文字行基线相对 *X* 轴的旋转角度；“倾斜角度”是指文字字符本身相对 *Y* 轴正方向的倾斜角度。

技巧

① 在系统提示输入字型名时，这时输入“？”，将会列出当前字型的字体、高度等字型参数。

② TEXT 命令允许在输入一段文本后，退出此命令去做别的工作，然后又进入此命令继续前面的文字注写工作，特征是上次最后输入的文本会亮显，且字高、角度等文本特性承袭上次的设定。

三、多行文字输入

多行文字又称段落文字，是由任意数目的文字行或段落组成的，布满指定的宽度，还可以沿垂直方向无限延伸。多行文字输入的所有文本作为一个对象，不同的文字可以采用不同的字体、字高和文字样式等。还可以输入一些特殊字符，并可以输入堆叠式分数，设置行距，进行文本的查找与替换，导入外部文件等。与单行文字相比，多行文字在设置上更灵活，它适用于创建较长且较为复杂的文字说明，如图样的技术要求等。

该命令有以下三种调用方式。

◎ 下拉菜单：【绘图】→【文字】→【多行文字】。

◎ 工具栏：【注释】中【文字】按钮下【多行文字】。

◎ 命令行：MTEXT（T）↙。

该命令执行后，命令行提示如下：

当前文字样式：“Standard”　文字高度：2.5000　注释性：否

指定第一角点：(在屏幕上拾取一点)

指定对角点或 [高度(H)/对正(J)/行距(L)/旋转(R)/样式(S)/宽度(W)/栏(C)]: (在屏幕上拾取另一点，输入文字)。

说明

① 指定第一角点：定义多行文本输入范围的一个角点。

② 指定对角点：定义多行文本输入范围的另一个角点。该项为默认选项，AutoCAD 将两个对角点形成的矩形区域作为文本注释区，矩形区域的宽度就是所标注文本的宽度。指定文本框的另一个对角点后，系统自动分别在菜单栏和绘图区域中弹出如图 7-9（a)所示【文字格式】工具栏和如图 7-9（b)所示的顶部带有标尺的【文本输入】窗口两部分。

（a）【文字格式】工具栏

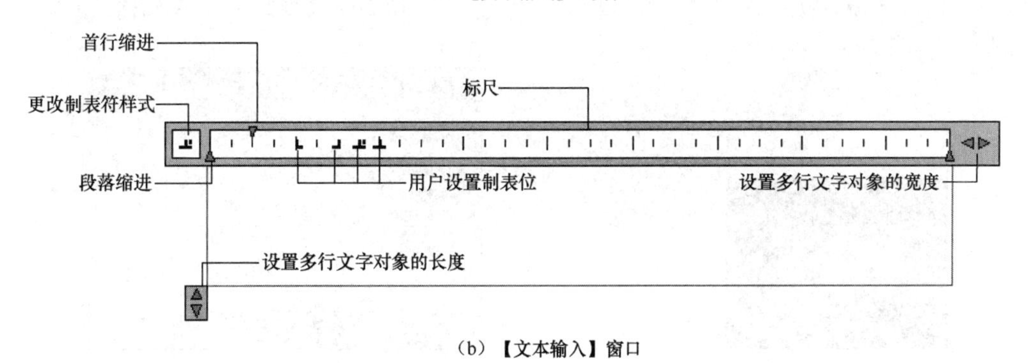

（b）【文本输入】窗口

图 7-9　文字编辑器

③ 高度（H)：用于指定矩形范围的高度。

④ 对正（J)：设置对正类型。

⑤ 行距（L)：设置行距类型。

⑥ 旋转（R)：指定旋转角度。

⑦ 样式（S)：指定文字样式。

⑧ 宽度（W)：定义矩形宽度。

⑨ 栏（C)：显示用于设置栏的选项，例如类型、列数、高度、宽度及栏间距大小。

几种常用选项如下。

① 堆叠：【格式】中【堆叠】按钮。如果选定文字中包含堆叠字符“/”（正向斜杠）、“#”（磅符号）、“^”（插入符），单击该按钮，可以创建堆叠文字（堆叠文字是一种垂直对齐的文字或分数），堆叠字符左侧的文字将堆叠在字符右侧的文字之上。默认情况下，“/”字符堆叠成居中对齐的分数形式；“#”字符堆叠成由斜线分开的分数形式；“^”字符堆叠成左对齐、上下排列的公差形式，如图 7-10 所示。选择堆叠文字，然后单击鼠标右键，弹出快捷菜单，在其中选择“堆叠特性”，弹出【堆叠特性】对话框，如图 7-11 所示。

② 列：单击该按钮弹出如图 7-12 所示的【栏】菜单。通过该菜单可以将多行文字对象的格式设置为多栏，通过【分栏设置】对话框（图 7-13）可以指定栏和栏间距的宽度、高度及栏数。

③ 行距：单击【段落】中的【行距】按钮或输入 L。用于设置多行文字的行间距，每个多行文字对象中所有文字行的行距相等。【至少】和【精确】都要求输入行距比例或行距（图形单位测量的绝对值）来指定行距，其有效值在 2.0833（0.25*x*）～33.3333（4*x*）之

间。其中行距比例是将行距设置为单倍行距的倍数，以“*nx*”表示，单倍行距是文字字符高度的 1.66 倍。单击菜单中的【更多】选项，则弹出【段落】对话框。

I /2:1 = $\frac{I}{2:1}$

40H8#f7=40$^{H8}/_{f7}$

Ø36+0.027^-0.002=Ø36$^{+0.027}_{-0.002}$

图 7-10 文字堆叠效果

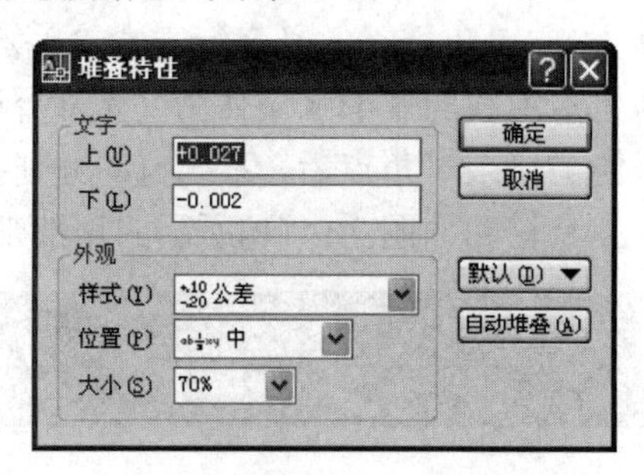

图 7-11 【堆叠特性】对话框

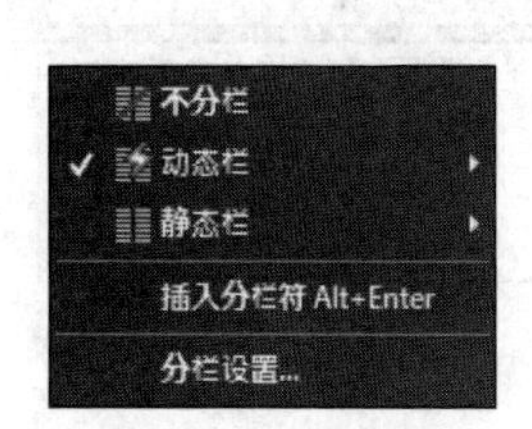

图 7-12 【栏】菜单

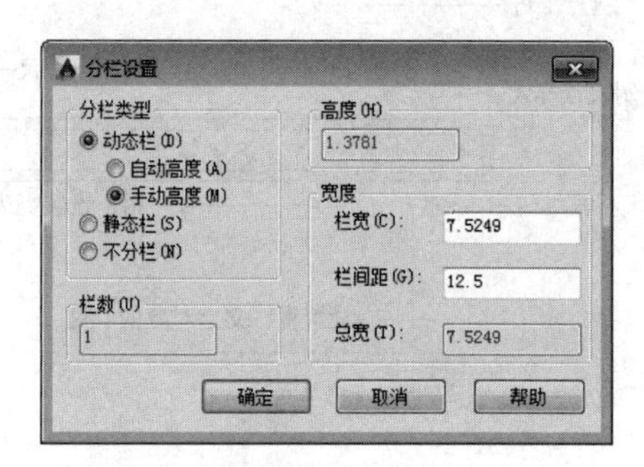

图 7-13 【分栏设置】对话框

④ 追踪：单击格式菜单栏【显示更多】，选择【追踪】按钮。设定选定字符之间的间距。1.0 是常规间距，设置为大于 1.0 可增大间距，设置为小于 1.0 可减小间距。

注意

① 多行文字可用 EXPLODE（分解）命令进行分解，分解后，每一行作为一个独立的对象。

② 文字边框用于定义多行文字对象中段落的宽度。多行文字对象的长度取决于文字量，而不是边框的长度。可以用夹点移动或旋转多行文字对象。

③ SHX 字体不支持粗体或斜体。

四、特殊字符的输入

在工程图中，经常要标注一些特殊字符，如上划线、下划线、°（度）、ϕ（直径）、±（公差）等，这些字符无法通过键盘直接输入。用户可使用某些替代形式输入这些符号。

1. 单行文字输入特殊字符的方法

在使用单行文字输入特殊字符时，可直接输入特定的控制代码来创建特殊字符。表 7-1 列出了部分特殊字符及其控制代码。例如，要输入“ϕ10±0.02”，可由键盘输入“%%c10%%p0.02”，控制代码中的字母大小写均可。

表 7-1 特殊字符及其控制代码

特 殊 字 符	控 制 代 码	特 殊 字 符	控 制 代 码
度符号（°）	%%d	公差符号（±）	%%p
直径符号（ϕ）	%%c	百分号（%）	%%%
上划线（$\overline{\quad}$）	%%o	下划线（___）	%%u

在输入上（下）划线符号时，第一次出现控制代码表示上（下）划线开始，第二次出现控制代码表示上（下）划线结束。

要输入其他特殊字符如×、α、Ⅱ、※等，可使用 Windows 系统提供的模拟键盘。但要注意当前文字样式应设置为中文字体或支持使用大字体。

2. 多行文字输入特殊字符的方法

多行文字比单行文字具有更大的灵活性，因为它本身就具有一些格式化选项。用户可直接借助图 7-9（a）所示【文字格式】工具栏中符号按钮@▾，可直接输入“°”、“ϕ”等。通过符号按钮@▾下的【其他】，打开【字符映射表】对话框（图 7-14），输入某些字符，如 80m^3。当然，用户仍然可以借助 Windows 系统提供的模拟键盘输入其他一些特殊字符。

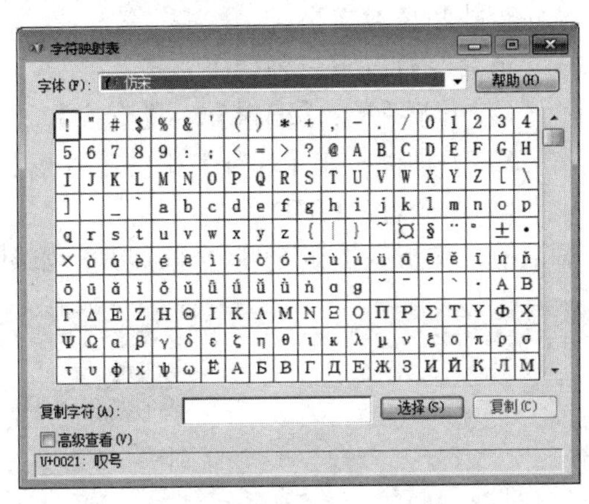

图 7-14　字符映射表

3. 多行文本转换成单行文本（分解）

如需将多行文字转换为单行文字，直接选中多行文字，用“分解”命令可将其转换为相应行数的单行文字。

第二节　文 字 编 辑

对已输入的文字进行编辑和修改，编辑文字涉及两个方面，即修改文本内容和文本特性。单行文本字体的修改则通过修改文本样式来进行。如果采用特性编辑器，还可以同时修改文字的其他特性。

一、使用 DDEDIT 命令修改

该命令有以下三种调用方式。

◎ 下拉菜单：【修改】→【对象】→【文字】。

◎ 工具栏：直接双击文字或选择文字对象，单击右键，在快捷菜单中选择【编辑】选项。

◎ 命令行：DDEDIT↙。

说明

执行文字编辑命令后，首先要选择欲修改的文字，如果选择的对象是单行文字，则直接在屏幕上修改即可。如果选择的对象是多行文字，则弹出如图 7-9（b）所示【在位文字编辑器】对话框，可在【文本输入】窗口内编辑修改多行文字内容。

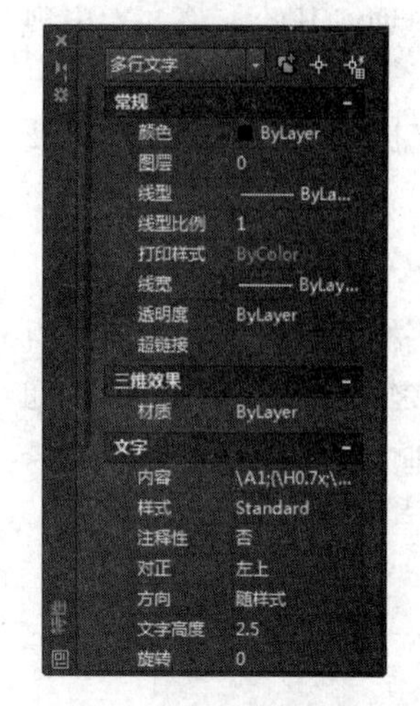

图 7-15　编辑多行文字的【特性】对话框

二、使用【特性】对话框修改文本

所有对象的修改都可使用【特性】编辑器，这一工具同样适用于文本。图 7-15 所示为多行文字的【特性】对话框。用户可在窗口特性列表中编辑文字对象的内容及各种特性。

三、文字的查找与替换

对文字内容进行编辑时，如果当前输入的文本较多，不便于快速查找和修改内容，可以通过使用 AutoCAD 中的查找与替换功能轻松查找和替换文字。

该命令有以下三种调用方式。

◎ 下拉菜单：【编辑】→【查找】。

◎ 工具栏：在【注释】中的【查找】中输入内容。

◎ 命令行：FIND↙。

打开【查找和替换】对话框，按折叠按钮后全部展开，如图 7-16 所示。

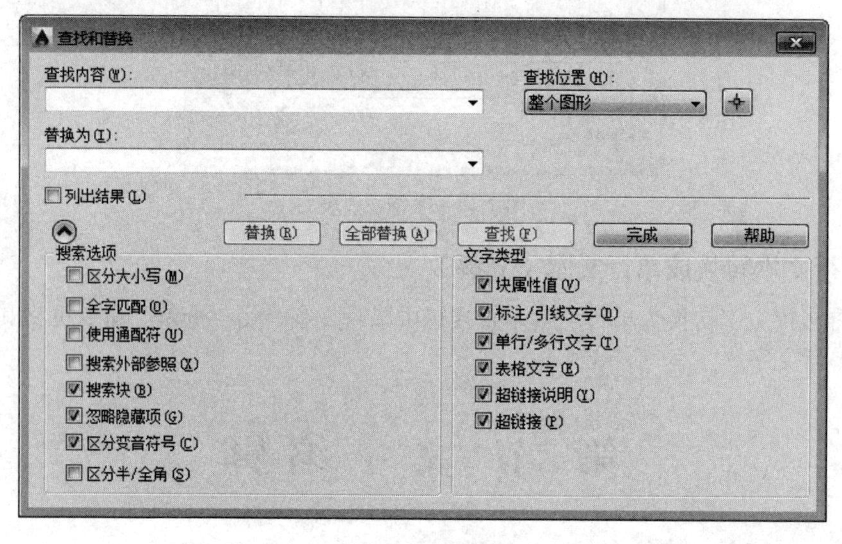

图 7-16　查找和替换

说明

该对话框指定要查找、替换或选择的文字和控制搜索的范围及结果。对话框包含了查找内容、替换为、查找位置、搜索选项和文字类型等区域。

① 查找内容：指定要查找的字符串，输入包含任意通配符的文字字符串，或从列表中选择最近使用过的六个字符串的其中之一。

② 替换为：指定用于替换找到文字的字符串。输入字符串，或从列表中最近使用过的六个字符串中选择一个。

③ 查找位置：指定是搜索整个图形、当前布局还是搜索当前选定的对象。

④【选择对象】按钮：暂时关闭对话框，允许用户在图形中选择对象。

⑤ 列出结果：在显示位置（模型或图纸空间）、对象类型和文字的表格中列出结果，可以按列对生成的表格进行排序。

⑥ 搜索选项：定义要查找的对象和文字的类型。

⑦ 文字类型：指定要包含在搜索中的文字类型。默认情况下，选定所有选项。

第三节　表格的创建与使用

一、创建表格

表格是在行和列中包含数据的复合对象，完成表格样式设定后，即可根据设置的表格样式创建表格，并在表格内输入相应的内容，将表格链接至 Microsoft Excel 电子表格中的数据。

该命令有以下三种调用方式。

◎ 下拉菜单：【绘图】/【表格】。

◎ 工具栏：【注释】中的▦（表格）按钮。

◎ 命令行：TABLE。

执行该命令后，弹出【插入表格】对话框，如图 7-17 所示。

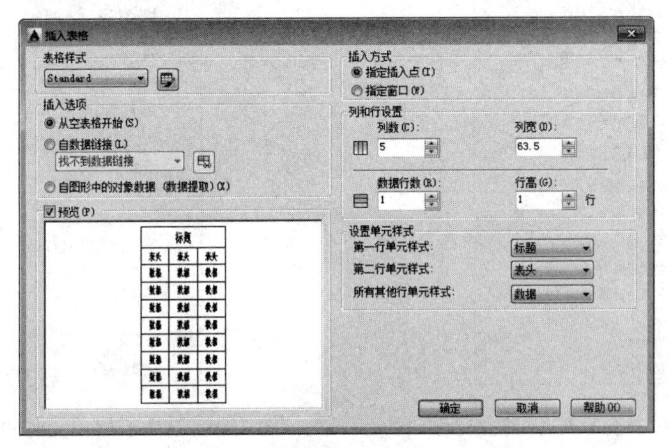

图 7-17 【插入表格】对话框

说明

① 表格样式：在要从中创建表格的当前图形中选择表格样式。通过单击下拉列表旁边的按钮，用户可以创建新的表格样式。

② 插入选项：指定插入表格的方式。选择【自数据链接】可以从外部导入数据创建表格；选择【自图形中的对象数据（数据提取）】可以用于从可输出到表格或外部文件的图形中提取数据创建表格。

③ 预览：控制是否显示预览。如果从空表格开始，则预览将显示表格样式的样例。如创建表格链接，则预览将显示结果表格。处理大型表格时，清除此选项以提高性能。

④ 插入方式：指定表格位置。选择【指定插入点】可以在绘图窗口中的某点插入固定大小的表格（表格自上而下，插入点位于表格的左上角；表格自下而上，插入点位于表格的左下角）；选择【指定窗口】可以在绘图窗口中通过拖动表格边框来创建任意大小的表格。此时，表格的行数、列数、列宽和行高取决于窗口的大小及列和行设置。

⑤ 列和行设置：设置列和行的数目和大小。可以通过改变列、列宽、数据行和行高文本框中的数值来调整表格的外观大小。

⑥ 设置单元样式：对于那些不包含起始表格的表格样式，请指定新表格中行的单元格式。

二、编辑表格

在 AutoCAD 中，可以通过调整表格的样式，对表格的特性进行编辑；还可以使用表格的快捷菜单来编辑表格，选中整个表格或表格单元时的快捷菜单分别如图 7-18 和图 7-19 所示。

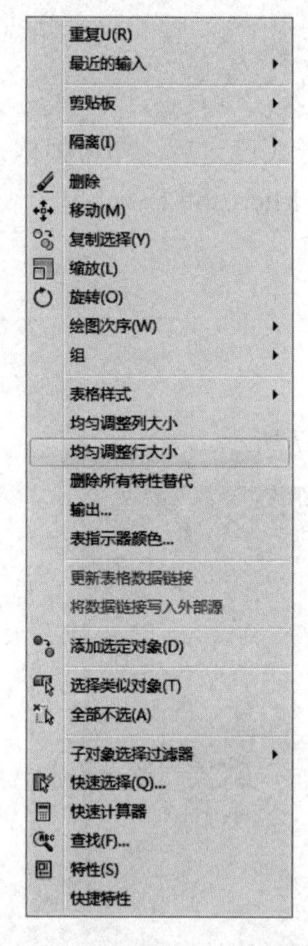

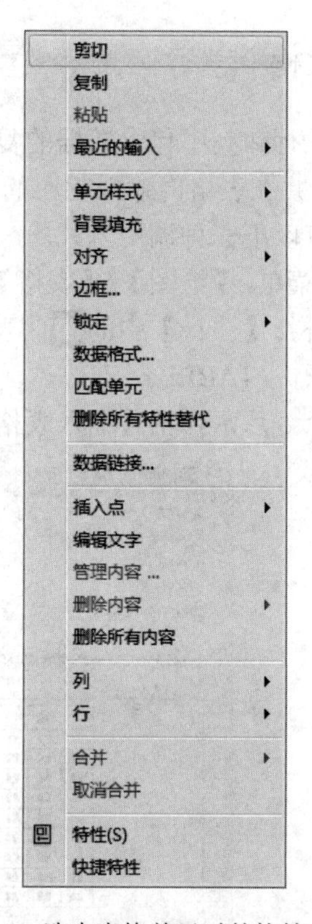

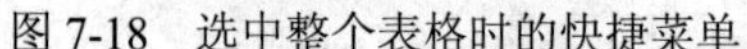
图 7-18　选中整个表格时的快捷菜单

图 7-19　选中表格单元时的快捷菜单

1. 编辑表格

从表格的快捷菜单可知，编辑表格功能可以对表格进行剪切、复制、删除、移动、缩放和旋转等简单操作，还可以均匀调整表格的行、列大小，删除所有特性替代等。另外，在选中表格时，表格的四周及标题行上将显示许多夹点，也可以通过拖动这些夹点来编辑表格。

2. 编辑表格单元

当选中表格单元时，会弹出【表格】工具栏，通过该工具栏或表格单元的快捷菜单可对表格单元进行编辑。其中，【对齐】命令用于设置文字的对齐方式，如左上、右下、正中等；【边框】命令用于设置边框的格式，如线宽、颜色等；【匹配单元】命令是指用当前选中的表格单元格式（源对象）匹配其他表格单元（目标对象），此时鼠标指针变成刷子形状，单击目标对象即可进行匹配；【插入点】命令用于设置插入到表格中的块、字段和公式；【合并】命令用于当选中多个连续的表格单元后，全部、按行或按列合并表格单元。

注意

① 选中一个单元后，按【F2】键可以编辑该单元文字。

② 在表格的单元格内部单击，只能选中所在单元格；在表格的任意一个单元格的边框上单击，将选中整个表格。

③ 按键盘上的【Tab】键，可以切换到下一个单元格或下一行的左侧单元格。若在最后一个单元格中进行转行，则在表格最下方自动添加一个数据行。

④ 要选择多个单元格，可单击并在多个单元上拖动，或按住【Shift】键并在另一个单元内单击。

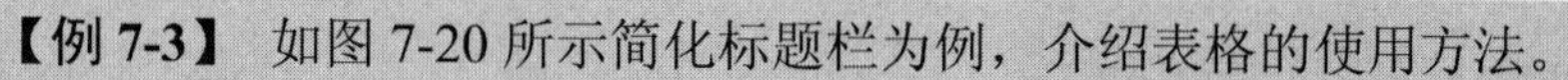

【例 7-3】 如图 7-20 所示简化标题栏为例，介绍表格的使用方法。

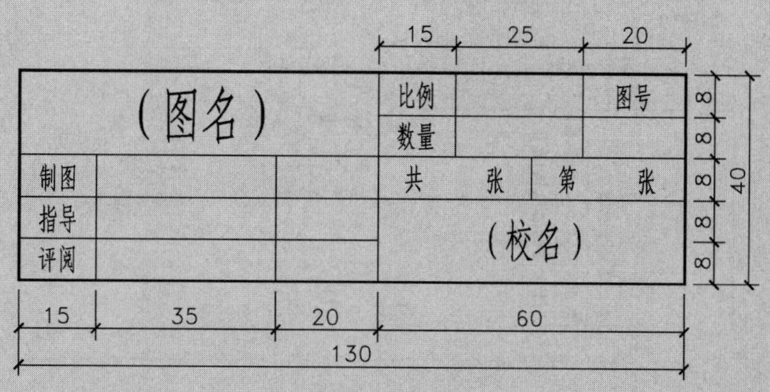

图 7-20 简化标题栏的格式

操作步骤如下。

（1）设定文字样式 见【例 7-1】。

（2）设定表格样式 单击下拉菜单【格式】中的【表格样式】命令。弹出【表格样式】对话框，点击 新建(N)... 按钮，在弹出的【新建表格样式】对话框中输入【标题栏】样式名，点击 继续 按钮，在弹出的【新建表格样式：标题栏】对话框的【单元样式】选项区中，设定【数据】单元格的样式，【常规】和【文字】两个选项卡的设置分别如图 7-21 和图 7-22 所示。

图 7-21 【常规】选项卡的设置

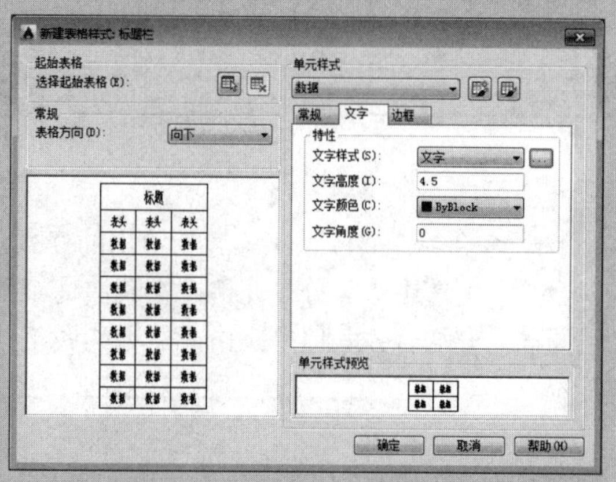

图 7-22 【文字】选项卡的设置

（3）插入表格样式 单击【绘图】工具栏中 按钮，弹出【插入表格】对话框，设置如图 7-23 所示，单击 确定 按钮，在屏幕上适当位置单击鼠标左键，在弹出的界面中再次单击 确定 按钮，显示图 7-24 所示的表格。

（4）编辑表格和表格单元

a. 删除行。AutoCAD 插入表格时，最上面一行比下面其他数据行高（表格方向：向下），因此需将最上面一行删除。可在该单元格内部单击鼠标左键，选中单元格，在其快捷菜单中（图 7-19）单击【行】→【删除】即可。

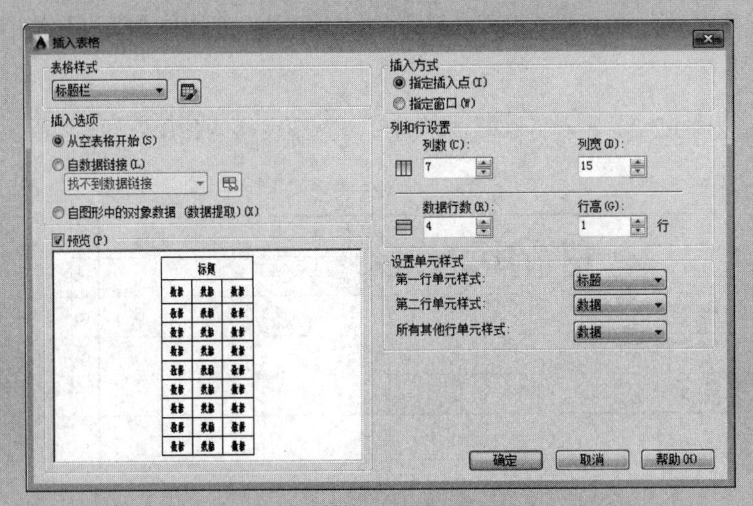

图 7-23 【插入表格】对话框的设置

b. 改变表格的宽度。例如，改变第二列单元格的宽度为 35。先在第二列任意一个单元格内部单击鼠标左键，选中单元格，在其快捷菜单中单击【特性】对话框，在其中修改单元格宽度为“35”。A、B、C、D、E、F、G 各列的宽度分别为 15、35、20、15、15、10、20，最终修改结果如图 7-25 所示。

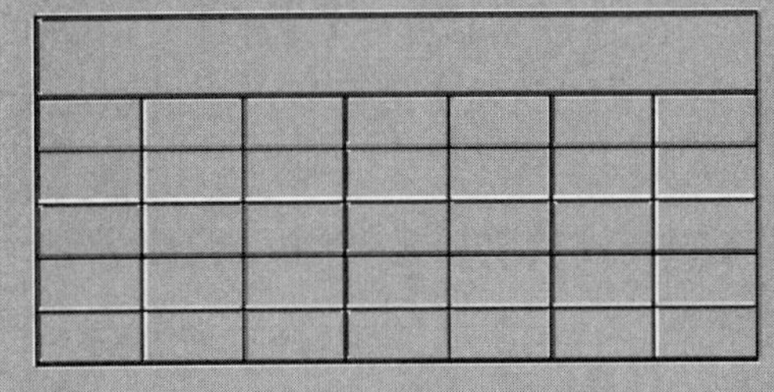

图 7-24 插入的原始表格

图 7-25 改变单元格宽度

c. 合并单元格。按照标题栏给出的样式，合并必要的单元格。如将 1、2 行 A、B、C 列合并，可选中该部分单元格，在其快捷菜单中单击【合并】→【全部】即可完成操作。用同样的方法合并其他单元格，结果如图 7-26 所示。

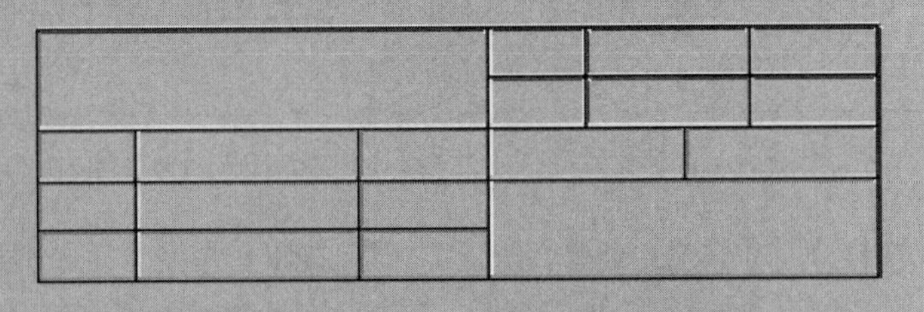

图 7-26 合并单元格

（5）书写表格内容

在需要书写文字的表格内部三击鼠标左键，切换到文本输入状态，同时打开【文字格式】工具栏，然后按照标题栏的要求如内容、字高、文字样式等填写即可。

第四节 对 象 查 询

查询命令提供了下列功能：了解对象的数据信息，计算某表达式的值，计算距离、面积、质量特性和识别点的坐标等。

一、距离

通过距离命令可以直接查询面屏幕上两点之间的距离，XY 平面的夹角以及 X、Y、Z 方向上的增量。

该命令有以下三种调用方式。

◎ 下拉菜单：【工具】→【查询】→【距离】。

◎ 工具栏：【实用工具】中的 (距离)按钮。

◎ 命令行：MEASUREGEOM↙。

该命令执行后，命令行提示如下：

命令：MEASUREGEOM↙

输入选项 [距离（D）/半径（R）/角度（A）/面积（AR）/体积（V）]<距离>：↙

指定第一点:（指定测量距离第一点）

指定第二个点或 [多个点(M)]:（指定测量距离第二点，将显示距离；XY 平面中的倾角；与 XY 平面的夹角；X 增量；Y 增量；Z 增量；）

输入选项 [距离(D)/半径(R)/角度(A)/面积(AR)/体积(V)/退出(X)] <距离>:Esc（退出）

说明

① 距离（D）：测量指定点之间的距离。

② 半径（R）：测量指定圆弧或圆的半径和直径。

③ 角度（A）：测量指定圆弧、圆、直径或顶点的角度。

④ 面积（AR）：测量对象或定义区域的面积和周长，但无法计算自交对象的面积。

⑤ 体积（V）：测量对象或定义区域的体积。

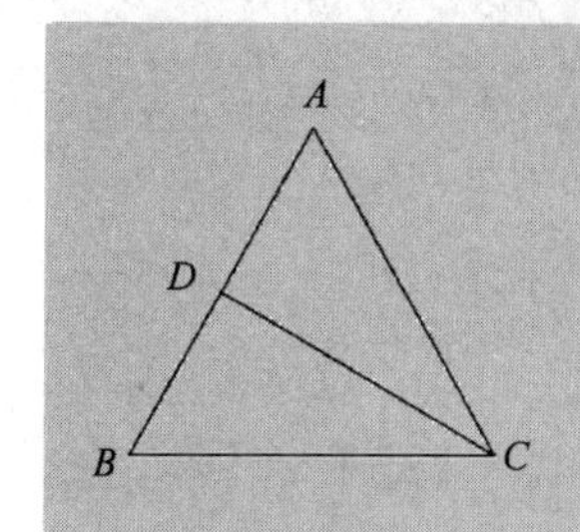

图 7-27 测量两点之间距离

【例 7-4】查询如图 7-27 所示 CD 的长度。

操作步骤如下：

命令：DIST

指定第一点：　　（点取 C 点）

指定第二个点或[多个点（M）]：　　（点取 D 点）

距离=86.6025，XY 平面中的倾角=150，与 XY 平面的夹角=0

X 增量=–75.0000，Y 增量=43.3013，Z 增量=0.0000

二、半径

该命令有以下三种调用方式。

◎ 下拉菜单：【工具】→【查询】→【半径】。

◎ 工具栏：【实用工具】中【测量】下拉菜单（半径）按钮。

◎ 命令行：MEASUREGEOM↙。

【例 7-5】 查询图 7-28 所示图形的圆的直径。

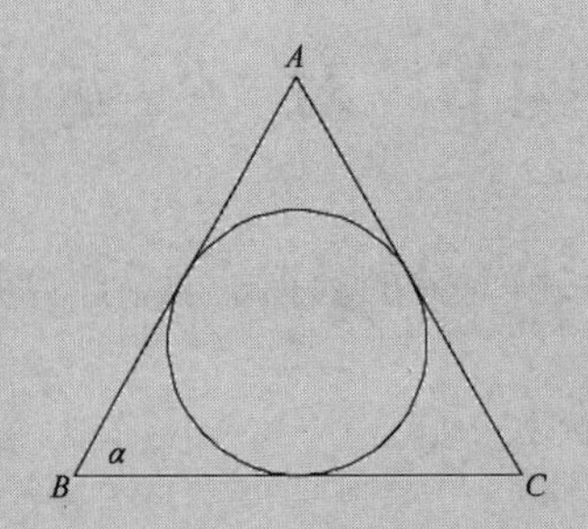

图 7-28 测量圆的直径与角度实例

操作步骤如下：

命令：MEASUREGEOM↙

输入选项 [距离（D）/半径（R）/角度（A）/面积（AR）/体积（V）]<距离>：RADIUS 选择半径

选择圆弧或圆：选择要度量的圆

半径=50.0000

直径=100.0000

输入选项 [距离(D)/半径(R)/角度(A)/面积(AR)/体积(V)/退出(X)] <半径>: R 按【Esc】退出

三、角度

该命令有以下三种调用方式。

◎ 下拉菜单：【工具】→【查询】→【角度】。

◎ 工具栏：【实用工具】中【测量】下拉菜单（角度）按钮。

◎ 命令行：MEASUREGEOM↙。

【例 7-6】 测量图 7-28 所示 α 角。

操作步骤如下。

命令：MEASUREGEOM↙

输入选项 [距离（D）/半径（R）/角度（A）/面积（AR）/体积（V）]<距离>：A↙（选择角度）

选择圆弧、圆、直线或<指定顶点>：（选择角度的一条边）

选择第二条直线：（选择角度的另一条边）

角度=60° 自动测量并显示角度值

输入选项 [距离(D)/半径(R)/角度(A)/面积(AR)/体积(V)/退出(X)] <角度>:（按【Esc】退出）

四、面积（选择的对象应该为实体或面域）

该命令有以下三种调用方式。

◎ 下拉菜单：【工具】→【查询】→【面积】。

◎ 工具栏：【实用工具】中【测量】下拉菜单（面积）按钮。

◎ 命令行：MEASUREGEOM↙。

【例 7-7】 查询图 7-28 所示圆的面积。

操作步骤如下。

命令：MEASUREGEOM↙

输入选项 [距离（D）/半径（R）/角度（A）/面积（AR）/体积（V）]<距离>:（选择面积）

指定第一个角点或 [对象(O)/增加面积(A)/减少面积(S)/退出(X)] <对象(O)>:（指定 *A* 点）

指定下一个点或[圆弧（A）/长度（L）/放弃（U）]:（依次指定 *B* 点）

指定下一个点或[圆弧（A）/长度（L）/放弃（U）]:（依次指定 *C* 点）

指定下一个点或[圆弧（A）/长度（L）/放弃（U）]: ↙

区域=12990.3811，周长 519.6152　　（自动测量并显示面积值）

输入选项 [距离（D）/半径（R）/角度（A）/面积（AR）/体积（V）]<面积>: 按【Esc】结束

五、列表

该命令有以下两种调用方式。

◎ 下拉菜单：【工具】/【查询】/【列表】。

◎ 命令行：LIST↙。

说明

选择对象：选择欲查询的对象。

【例 7-8】查询图 7-29 中（a）和（b）所示两条直线是否相交。

操作步骤如下：

（a）命令：List　　（调用“列表”命令）

选择对象: 找到 1 个　　（选择一条直线）

选择对象: 找到 1 个， 总计 2 个　　（选择另一条直线）

选择对象:　　（回车后出现文本窗口显示以下信息）

直线　图层: "0"

空间: 模型空间

厚度=194.7846

句柄=1f6a

自点，*X*=4574.9990　*Y*=−587.6275　*Z*=0.0000

到点，*X*=4633.5892　*Y*=−646.1511　*Z*=0.0000

长度=82.8119，在 *XY* 平面中的角度=315

增量 *X*=58.5902，增量 *Y*=−58.5235，增量 *Z*=0.0000

直线　图层: "0"

空间: 模型空间

厚度=194.7846

句柄=1f69

自点，*X*=4633.5892　*Y*=−578.2100　*Z*=0.0000

到点，*X*=4570.2849　*Y*=−652.2052　*Z*=0.0000

(a)　(b)

图 7-29　列表练习

长度=97.3793，在 *XY* 平面中的角度=229
增量 *X*=−63.3043，增量 *Y*=−73.9953，增量 *Z*=0.0000
结果显示两条直线在同一个平面上，所以相交。
（b）命令: LIST （调用“列表”命令）
选择对象: 找到 1 个 （选择一条直线）
选择对象: 找到 1 个，总计 2 个 （选择另一条直线）
选择对象: （回车后出现文本窗口显示以下信息）
直线 图层: "0"
空间: 模型空间
厚度 =194.7846
句柄 = 1f67
自点，*X*=4687.4072 *Y*=−606.7246 *Z*=0.0000
到点，*X*=4828.7112 *Y*=−606.7246 *Z*=0.0000
长度 = 141.3040，在 *XY* 平面中的角度 = 0
增量 *X*=141.3040，增量 *Y*=0.0000，增量 *Z*=0.0000
直线 图层: "0"
空间: 模型空间
厚度=194.7846
句柄=1f68
自点，*X*=4680.7103 *Y*=−638.1641 *Z*=0.0000
到点，*X*=4829.3809 *Y*=−638.1641 *Z*=0.0000
长度=148.6706，在 *XY* 平面中的角度=0
增量 *X*=148.6706，增量 *Y*=0.0000，增量 *Z*=0.0000
结果显示两条直线在同一个平面上，因此相互平行。

六、点坐标

该命令有以下两种调用方式。
◎ 下拉菜单:【工具】→【查询】→【点坐标】。
◎ 命令行：ID↙。
该命令执行后，命令行提示如下。
命令: ID↙
指定点:（指定求坐标点）
说明
指定点：点取欲查其坐标的点。指定点是点取要查其坐标的点。点取后将出现点的 *X*、*Y* 和 *Z* 坐标值。

七、时间

时间命令可以显示图形的编辑时间，最后一次修改时间等信息。
该命令有以下两种调用方式。
◎ 下拉菜单:【工具】→【查询】→【时间】。
◎ 命令行：TIME↙。

执行此命令后，将在文本窗口显示当前时间、此图形的各项时间统计、创建时间、上次更新时间、累计编辑时间、消耗时间计时器 (开)和下次自动保存时间等信息，并出现提示：“输入选项[显示（D）/开（ON）/关（OFF）/重置（R）]:”。

说明

① 显示（D）：显示以上信息。

② 开（ON）：打开计时器。

③ 关（OFF）：关闭计时器。

④ 重置（R）：将计算器重置为零。

八、状态

状态命令可以显示图形的显示范围、绘图功能、参数设置、磁盘空间利用情况等信息。

该命令有以下两种调用方式。

◎ 下拉菜单：【工具】→【查询】→【状态】。

◎ 命令行：STATUS↙。

该命令执行后：随即显示该文件中的对象个数、图形界限、显示范围、基点、捕捉分辨率、栅格间距、当前图层、当前颜色、当前线型、当前线宽、打印样式、当前标高、厚度、填充模式、栅格显示模式、正交模式、快速文字模式、捕捉模式、对象捕捉模式、可用图形文件磁盘空间、可用临时磁盘空间、可用物理内存和可用交换文件空间等信息。

九、设置变量

变量在 AutoCAD 中扮演着十分重要的角色。变量值的不同直接影响着系统的运行方式和结果。熟悉系统变量是精通 AutoCAD 的前提。显示或修改系统变量可以通过 SETVAR 命令进行，也可以直接在命令提示后键入变量名称。在命令的执行过程中输入的参数或在对话框中设定的结果，都可以直接修改相应的系统变量。

该命令有以下两种调用方式。

◎ 下拉菜单：【工具】→【查询】→【设置变量】。

◎ 命令行：SETVAR↙。

该命令执行后，命令行提示如下：

输入变量名或 [?]：?

输入要列出的变量<*>：↙

说明

① 变量名：输入变量名即可查询该变量的设定值。

② ？：输入问号“？”，则出现【输入要列出的变量<*>】的提示。直接回车后，将分页列表显示所有变量及其设定值。

【习题与操作】

1．将图 7-30（a）所示文字替换为图 7-30（b）所示文字内容。

工程制图	画法几何
（a）	（b）

图 7-30　文字替换

2．绘制如图 7-31 所示钢筋表。

钢 筋 表

编号	简 图	规格	单根长/mm	根数	总长/m	重量/kg
①		Φ25	8840	4	35.36	136
②		Φ22	9260	2	18.52	55
③		Φ16	9300	2	18.60	29
④		Φ16	2680	4	10.72	17
⑤		Φ8	1890	59	111.51	44

图 7-31 钢筋表

提示：使用绘图和编辑命令绘制表格，使用单行文字书写表格文字。

3．多行文字练习。

热处理要求（黑体）：

（1）对零件进行时效处理；

（2）蜗杆分度圆直径 ＝100H7/n6；

（3）齿形角 α＝20°；

（4）底板螺栓孔中心距为 $200^{+0.020}_{-0.016}$；

（5）未注圆角半径 *R*3～*R*5。

要求：字高 5，宽度因子 0.7，除特殊规定外其余用长仿宋体。

4．使用表格命令绘制如图 7-32、图 7-33 所示明细表和标题栏。

4	螺钉	6	Q235-A	
3	从动齿轮	1	45	m=2.5 z=1.4
2	主动齿轮	1	45	m=2.5 z=1.4
1	泵体	1	HT200	
序号	名 称	数量	材 料	备 注
	明 细 表			

图 7-32 明细表

提示：字高 4.5；页边距：垂直设置为 1。

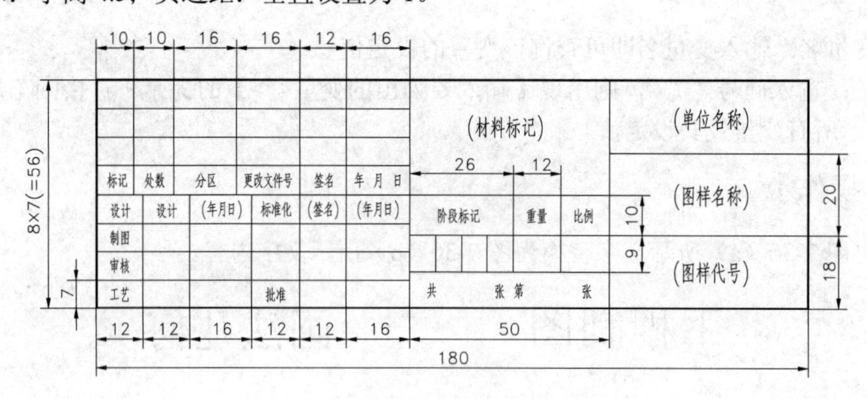

图 7-33 标题栏

第八章

尺寸标注与编辑

AutoCAD 提供了一套完整、灵活的尺寸标注系统，系统按照图形的测量值和相应的标注样式对各类对象进行标注，同时还提供了功能强大的尺寸编辑功能。

第一节　创建尺寸标注样式

一、尺寸的基本要素

一个完整的尺寸是由尺寸线、尺寸界线、尺寸起止符号和尺寸数字组成，如图 8-1 所示。

① 尺寸线：用来表示尺寸度量的方向，用细实线绘制。

② 尺寸界线：用来表示所注尺寸的范围，用细实线绘制。

③ 尺寸起止符号：用来表示尺寸的起止位置。用户可以为尺寸起止符号指定不同的形状，按照相关国家标准规定：机械制图采用实心箭头形式，建筑制图采用 45° 中粗短斜线形式。

④ 尺寸数字：用来表示所注尺寸的实际大小。尺寸数字应按标准字体书写，在同张图纸中的字高要一致。尺寸数字在图中遇到图线时须将图线断开。

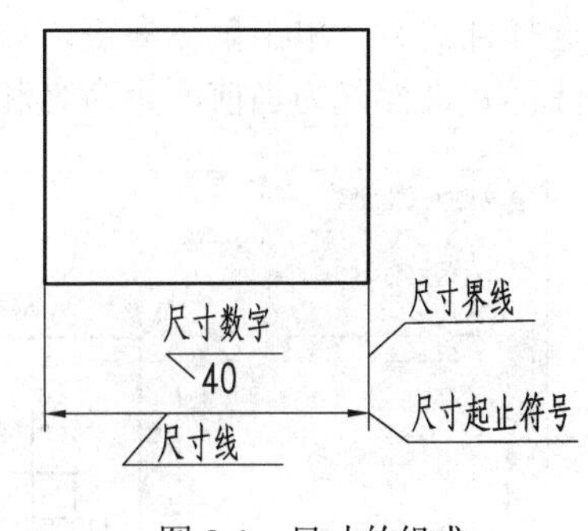

图 8-1　尺寸的组成

二、设置尺寸标注样式

1. 创建尺寸标注的步骤

一般情况下，在对所绘制的图形进行尺寸标注之前，应进行如下操作：

① 创建独立的尺寸标注图层，以便于控制尺寸标注对象的显示与隐藏；

② 建立用于尺寸标注的文字样式；

③ 创建尺寸标注样式。

使用【对象捕捉】和【标注】等功能进行尺寸标注。

尺寸的外观形式称为尺寸样式。创建尺寸样式的目的是为了保证标注在图形上的各个尺寸形式相同、字体一致。各项目对应的尺寸要素设置如表 8-1 所示。

表 8-1　尺寸要素设置表

项目代号	类　别	项目名称	设置新值
1	尺寸界线	起点偏移量	≥2（机械制图为 0）
2		超出尺寸线	2～3
3	尺寸起止符号或箭头	第一个	建筑标记或实心闭合
		第二个	建筑标记或实心闭合
		箭头大小	2.5（机械制图箭头为 5）
4	文字外观	文字样式	“数字”
		文字高度	3.5
5	文字位置	垂直	缺省位置
		水平	缺省位置
		从尺寸线偏移	1

标注样式控制标注的格式和外观，缺省情况下，AutoCAD 提供的标注样式是“ISO-25”，用户可以根据需要创建新的尺寸标注样式。【标注样式】命令的调用方式有以下四种。

◎ 下拉菜单：【格式】→【标注】。

◎ 工具栏：【样式】或【标注】工具栏中的【标注样式管理器】。

◎ 命令行：DIMSTYLE↙ 。

◎ 选项板：【注释】→【标注】。

该命令执行后，系统弹出【标注样式管理器】对话框，如图 8-2 所示。在【样式】选项区中显示当前图形可供选择的所有标注样式，并突出显示当前标注样式。在【样式】选项区选择样式名，单击鼠标右键，系统弹出快捷菜单，如图 8-3 所示。利用该快捷菜单可以对标注样式进行置为当前、重命名和删除操作，但如果某样式已使用，则无法删除该样式。

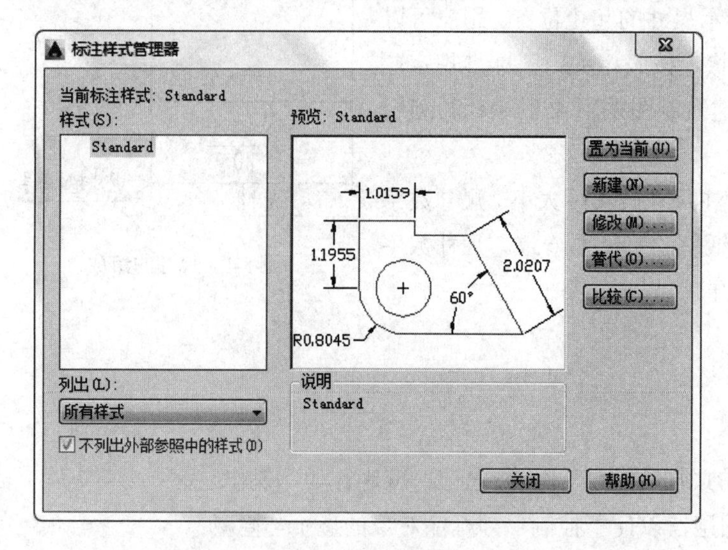

图 8-2 【标注样式管理器】对话框

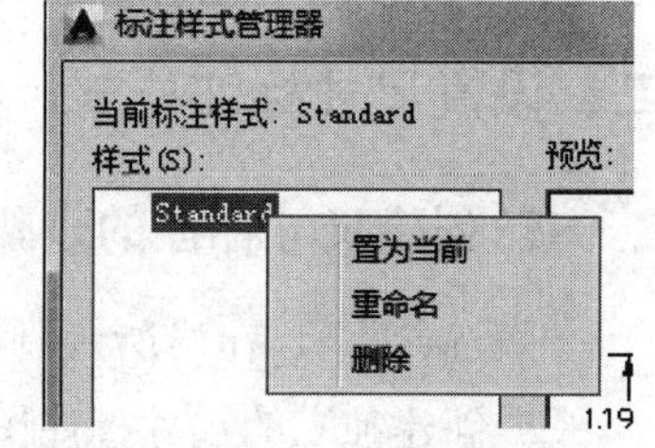

图 8-3　快捷菜单

在【标注样式管理器】对话框中单击【新建】按钮，在弹出的【创建新标注样式】对话框（图 8-4)中输入新样式名，如“机械标注”，然后单击【继续】按钮，弹出【新建标注样式】对话框，如图 8-5 所示。该对话框与【标注样式管理器】对话框中单击【修改】或【替代】按钮，所弹出对话框的选项相同，均包括【线】、【符号】和【箭头】、【文字】、【调整】、【主单位】、【换算单位】及【公差】七个选项卡。

下面以【新建标注样式：机械标注】对话框为例，对各项选项卡常用选项分别进行介绍。

2. 【线】选项卡

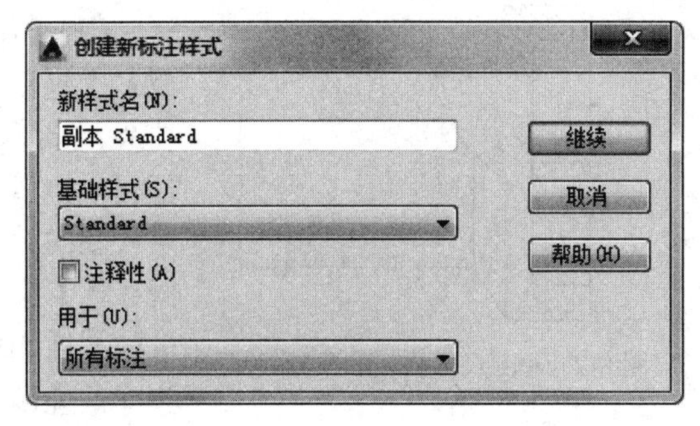

图 8-4 【创建新标注样式】对话框

用于设置尺寸线和尺寸界线的格式和位置，如图 8-5 如图所示。

(1)【尺寸线】选项区 【颜色】、【线型】、【线宽】下列列表框用于设置尺寸线的颜色、线型、线宽，一般设为“ByBlock”或“ByLayer”。当尺寸线的箭头采用倾斜、建筑标记、小点、积分或无标记等样式时，【超出标记】文本框用于设置尺寸界线的长度。【基线间距】文本框用来指定基线标注时，相邻两条平行尺寸线之间的距离，一般为 8～10mm，如图 8-6 所示。隐藏选项用来确定【尺寸线 1】和【尺寸线 2】的开关，常用于半剖和局部剖视图的标注，如图 8-7 所示。

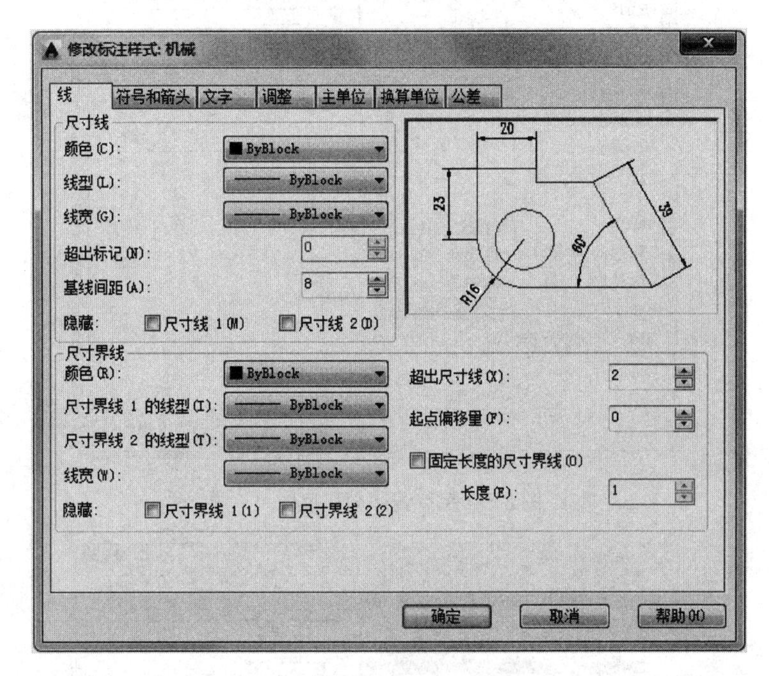

图 8-5 【新建标注样式】/【线】选项卡

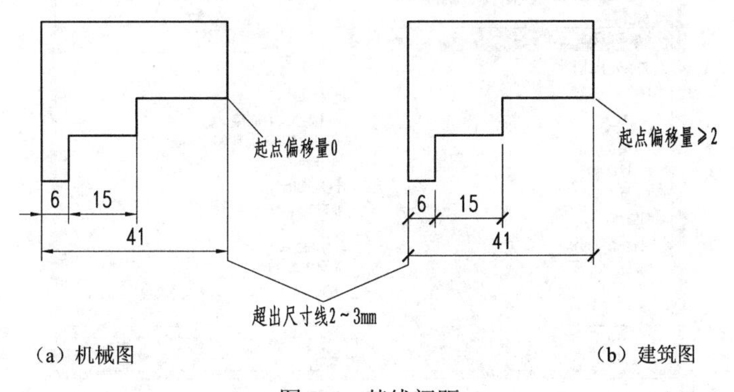

图 8-6 基线间距

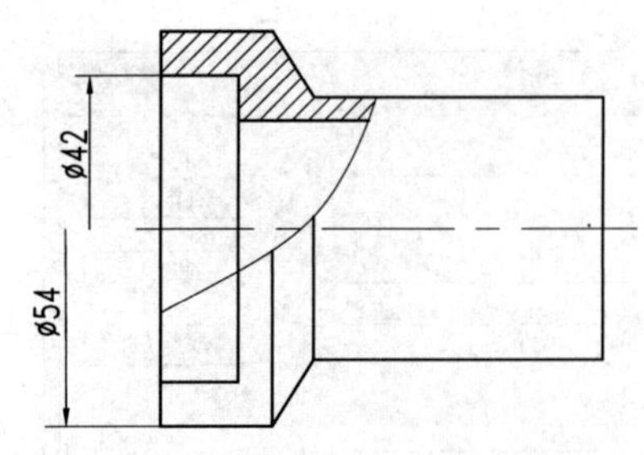

图 8-7　隐藏尺寸界线和尺寸线

（2）【尺寸界线】选项区　【颜色】、【尺寸界线 1 的线型】、【尺寸界线 2 的线型】、【线宽】下列表框用于设置尺寸界线的颜色、线型和线宽，一般设为“ByBlock”或“ByLayer”。【超出尺寸线】文本框用来指定尺寸界线超出尺寸线的长度，一般设为 2~3mm，如图 8-8 所示。【起点偏移量】文本框用来指定尺寸界线相对于起点的偏移量，机械图样的偏移量为 0，水工及建筑图样的偏移量不小于 2mm，如图 8-8 所示。

3.【符号和箭头】选项卡

用于设置各专业图尺寸起止符号的种类和大小、圆心标记的类型和大小、弧长符号相对标注文字的位置等，如图 8-9 所示。

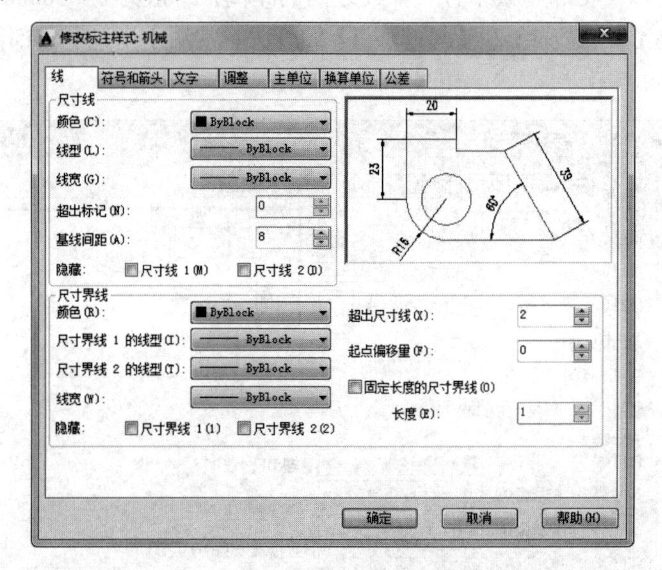

图 8-8　起点偏移量和超出尺寸线

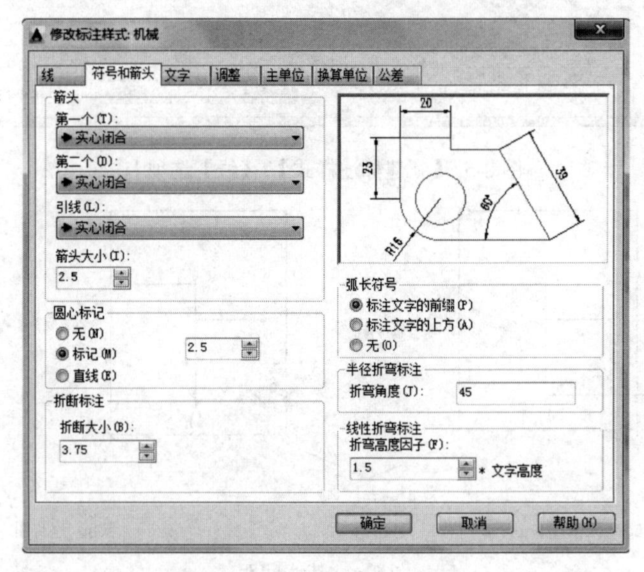

图 8-9　【符号和箭头】选项卡

按照相关国家标准规定：箭头形式，机械制图采用【实心闭合】，大小≈4*d*（*d* 为粗实线的宽度）；水工制图采用【倾斜】，大小为 2～3mm；建筑制图采用“建筑标记”大小为 2～3mm。在【第一个】、【第二个】和【引线】下拉列表框中均有【实心闭合】【建筑标记】【倾斜】【无】等样式，用户根据需要进行选择。

4.【文字】选项卡

用于设置标注尺寸文字的外观、位置和对齐方式，如图 8-10 所示。

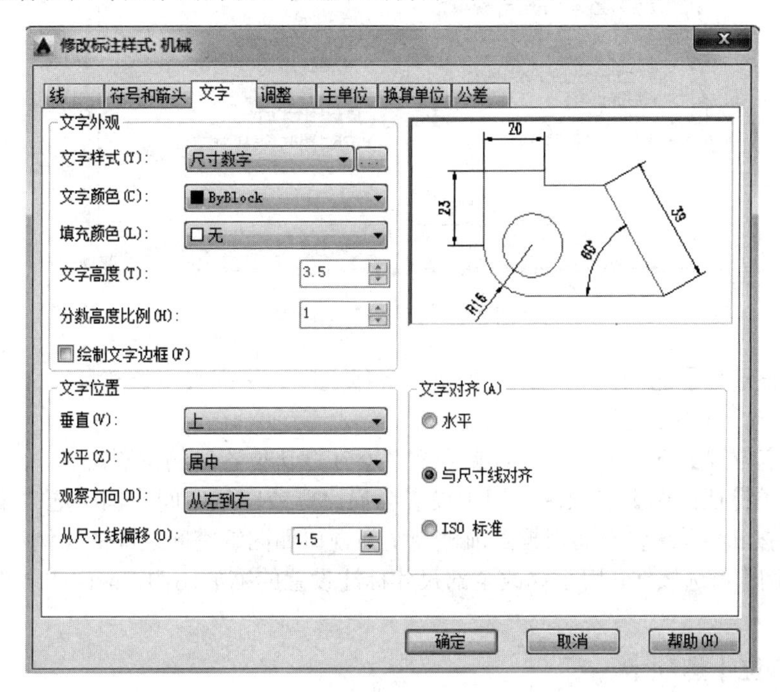

图 8-10 【文字】选项卡

（1）【文字】选项区 【文字样式】下拉列表框用于选定尺寸标注的文字样式，也可以单击其后的 按钮，打开【文字样式】对话框，选择文字样式或新建文字样式。【文字高度】编辑框用于设置标注文字的字高。

（2）【文字位置】选项区 【垂直】下拉列表框用于控制标注文字相对于尺寸线的垂直位置，一般选【上方】。【水平】下拉列表框用于控制标注文字在尺寸线方向上相对于尺寸界线的水平位置，一般选【居中】。

【从尺寸偏移】选用于设置标注与尺寸线之间的距离。当标注文字位于尺寸线上方时，从尺寸线偏移表示尺寸文本底线与尺寸下线之间的距离。

（3）【文字对齐】选项区 【水平】单选按钮，标注文字字头朝上，常用于角度标注。【与尺寸线对齐】单选按钮中时，标注文字字头方向与尺寸线方向一致。【IOS 标准】单选按钮指当文字在尺寸界线内时，文字与尺寸线对齐；当文字在尺寸界线外时，文字水平排列。

5.【调整】选项卡

控制标注文字、箭头、引线和尺寸线的位置，如图 8-11 所示。

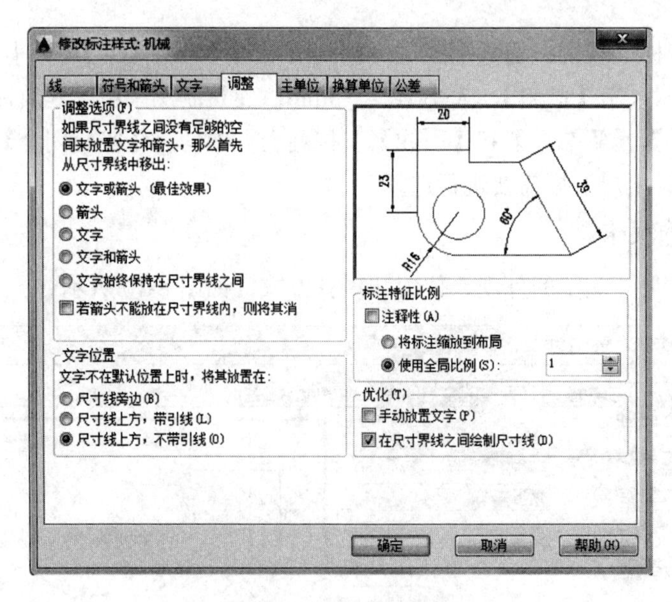

图 8-11 【调整】选项卡

(1)【调整选项】选项区　用来根据尺寸界线之间的空间大小调整标注文字和箭头的放置位置，一般选“文字或箭头（最佳效果）”。

(2)【文字位置】选项区　用于设置当文字不在默认位置时的位置。

(3)【标注特征比例】选项区　用于设置全局比例或图纸空间比例。选中【将标注缩放到布局】单选按钮，系统将自动根据当前模型空间视口和图纸空间之间的比例设置比例因子。【使用全局比例】单选按钮，用于修改全部尺寸标注设置的缩放比例，该比例不改变尺寸的测量值。

6.【主单位】选项卡

用于设置除角度之外其余各标注类型的格式和精度、标注文字的前缀和后缀等，如图 8-12 所示。

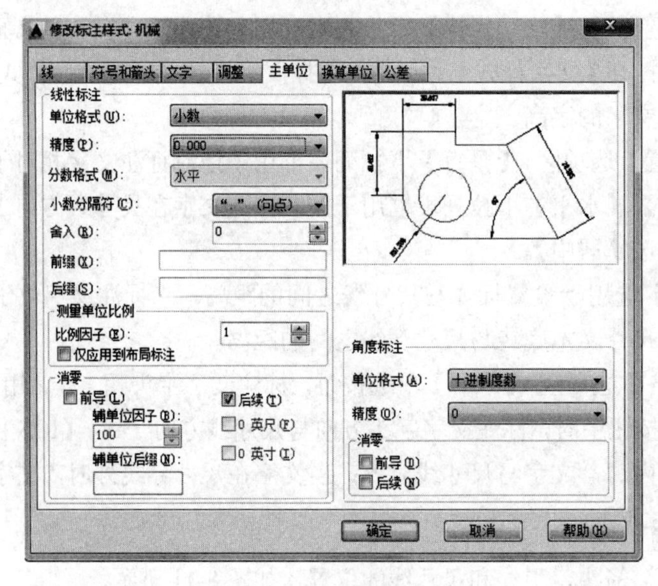

图 8-12 【主单位】选项卡

标注尺寸时，常在次改选项卡中设置测量单位比例，图 8-13（a）测量单位比例为 1，图 8-13（b）测量单位比例为 2。

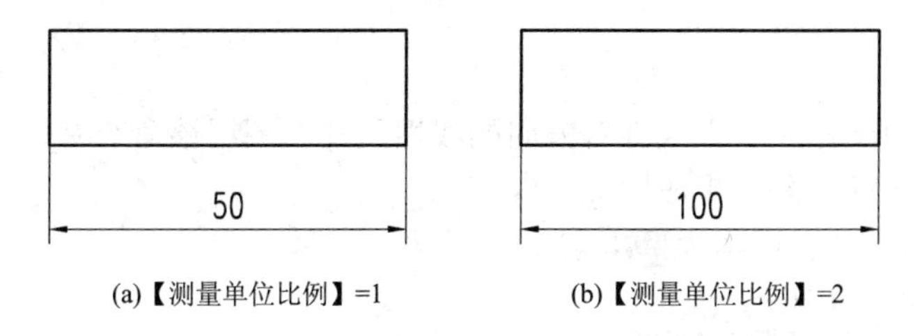

(a)【测量单位比例】=1　　(b)【测量单位比例】=2

图 8-13　设置【测量单位比例】

7.【换算单位】选项卡

用于转换用不同单位制测量的标注，通常是显示英制标注的等效公制标注，或公制标注的等效英制标注。

8.【公差】选项卡

该选项卡用于控制标注文字中公差的格式，主要用于机械制图的公差标注，各项设置如图 8-14 所示。

设置【公差】标注时，【主单位】选项卡中的【精度】应设置为 0.000，【小数分隔符】设置为“.”（句点），如图 8-14 所示。

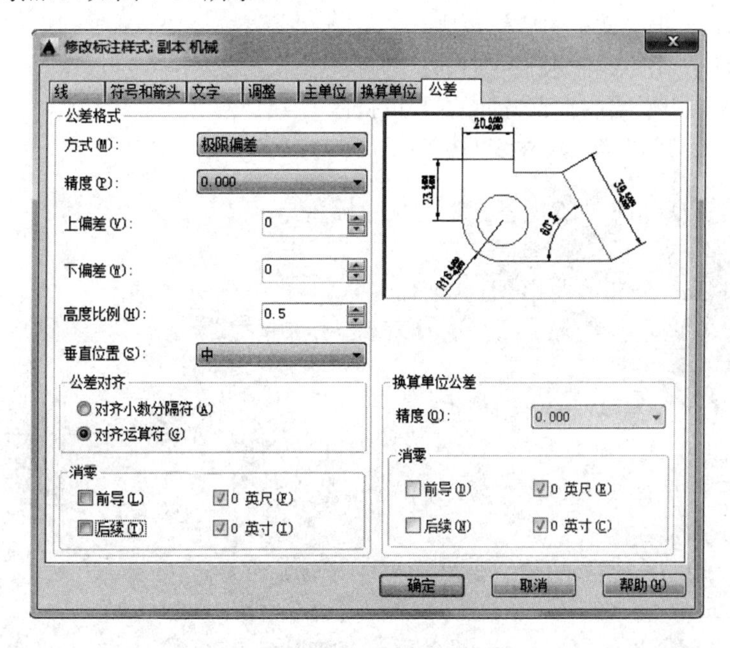

图 8-14 【公差】选项卡

第二节　尺寸标注方法

AutoCAD 提供了一套完整的尺寸标注命令，有线性标注、对齐标注、弧长标注、坐标标注、半径标注、折弯标注、直径标注、角度标注、快速标注、基线标注、连续标注等。下面先将前面的设置的【机械标注】设置为当前的标注样式，分别介绍这些命令。

一、线性标注

线性标注命令用于标注水平或垂直方向的线性尺寸。调用该命令有以下三种方式。

① 下拉菜单：【标注】→【线性】。

② 工具栏：标注工具栏中的按钮。

③ 命令行：DIMLINEAR↙。

④ 选项板：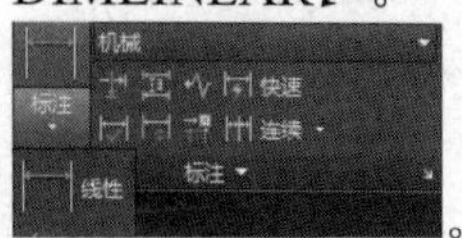

。

该命令执行后，命令行提示如下。

命令:DIMLINEAR

指定第一条尺寸界线原点或<选择对象>：(指定一点)

指定第二条尺寸界线原点：(指定第二点)

指定尺寸线位置或[多行文字（M）/文字（T）/角度（A）/水平（H）/垂直（V）/旋转（R）]：(屏幕上指定尺寸线的位置)

说明

① 多行文字（M）/文字（T）：可以修改系统自动测量的尺寸数字。

② 角度（A）：指定文字的旋转角度。

③ 水平（H）：用于绘制水平方向的尺寸标注。

④ 垂直（V）用于绘制垂直方向的尺寸标注。

⑤ 旋转（R）：可以修改尺寸线的旋转角度。

【例 8-1】 完成如图 8-15 所示图形的尺寸标注。

操作步骤如下。

命令：DIMLINEAR（调用线性标注命令）

指定第一条尺寸界线原点或<选择对象>：（捕捉点 A）

指定第二条尺寸界线原点：（捕捉点 B）

指定尺寸线位置或[多行文字（M）/文字（T）/角度（A）/水平（H）/垂直（V）/旋转（R）]：（屏幕上指定尺寸线的位置）

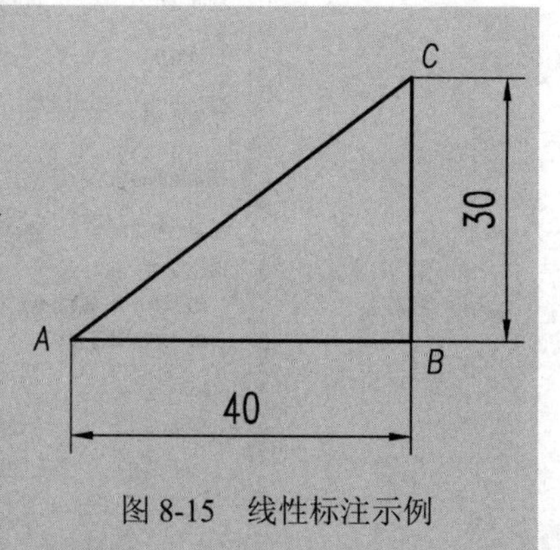

图 8-15　线性标注示例

标注文字=40（系统自动标注测量值）

命令：DIMLINEAR↙（空格或回车，重复命令）

指定第一条尺寸界线原点或<选择对象>：（捕捉点 B）

指定第二条尺寸界线原点：（捕捉点 C）

指定尺寸线位置或[多行文字（M）/文字（T）/角度（A）/水平（H）/垂直（V）/旋转（R）]：标注文字=40（系统自动标注测量值）

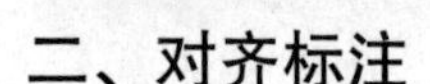

二、对齐标注

对齐标注命令用于标注倾斜的线性尺寸。调用该命令有以下四种方式。

◎ 下拉菜单:【标注】→【对齐】。

◎ 工具栏:【标注】工具栏中的按钮。

◎ 命令行:DIMAIGANED↙。

◎ 选项板: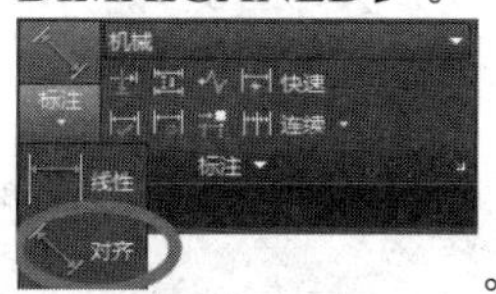

。

该命令执行后,命令行提示如下。

命令: DIMAIGANED

指定第一条尺寸界线原点或<选择对象>:(指定一点)

指定第二条尺寸界线原点:(指定第二点)

指定尺寸线位置或[多行文字(M)/文字(T)/角度(A)];

各选项说明如下。

(1)多行文字(M)/文字(T):可以修改系统自动测量的尺寸数字。

(2)角度(A):指定尺寸文字的旋转角度。

【例 8-2】 完成如图 8-16 所示图形的尺寸标注。

操作步骤如下:

命令: DIMAIGANED(调用对齐标注命令)

指定第一条尺寸界线原点或<选择对象>:(捕捉 *A* 点)

指定第二条尺寸界线原点:(捕捉 *C* 点)

指定尺寸线位置或[多行文字(M)/文字(T)/角度(A)];(屏幕上指定尺寸线位置)

标注文字=36(系统自动标注测量值)

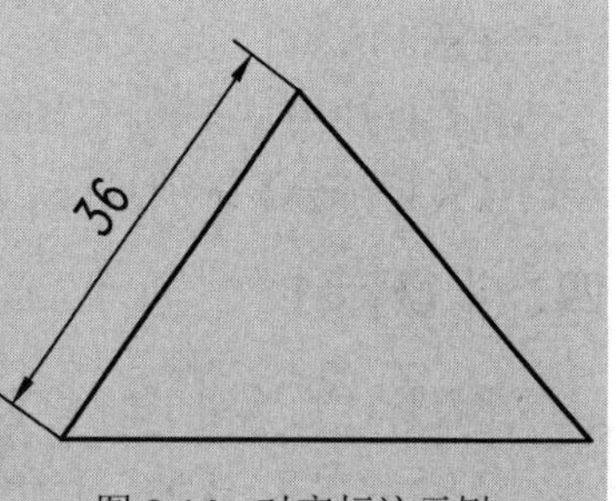

图 8-16 对齐标注示例

三、弧长标注

弧长标注命令主要用于标注圆弧或多段线圆弧的弧线长度。调用该命令有以下四种方式。

◎ 下拉菜单:【标注】/【弧长】。

◎ 工具栏:【标注】工具栏中的按钮。

◎ 命令行:DIMARC↙。

◎ 选项板: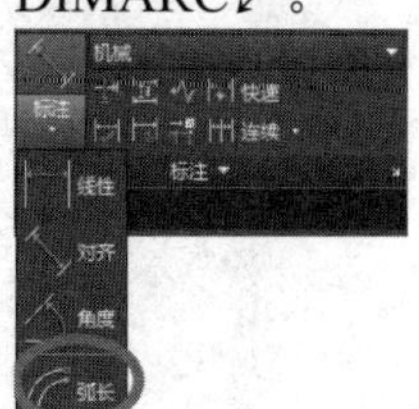

。

该命令执行后,命令行提示如下。

命令:DIMARC

选择弧线段或多段线弧线段:(选择图例圆弧)

指定弧长标注位置或[多行文字(M)/文字(T)/角度(A)/部分(P)/引线(L)]:

说明

① 多行文字(M)/文字(T):可以修改系统自动测量的尺寸数字。

② 角度（A）：指定标注文字的旋转角度。

③ 部分（P）：缩短弧长标注的长度。

④ 引线（L）：添加引线对象。仅当圆弧（或弧线段）大于 90° 时才会显示此选项。引线是按径向绘制的，指向所标注圆弧的圆心。

【例 8-3】 完成如图 8-17 所示图形的尺寸标注。

操作步骤如下。

命令：DIMARC

选择弧线段或多段线弧线段：（选择圆弧）

指定弧长标注位置或[多行文字（M）/文字（T）/角度（A）/部分（P）/引线（L）]：（指定尺寸线位置）

标注文字=107（系统自动标注测量值）

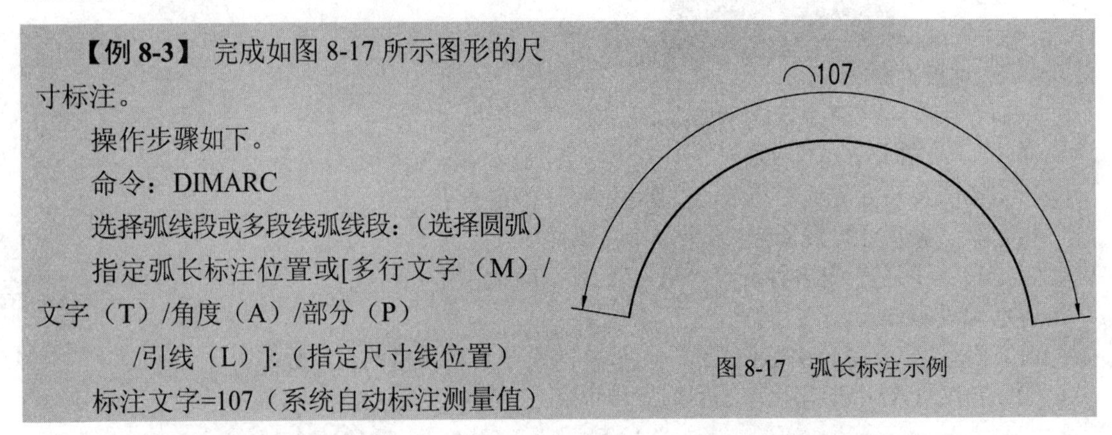

图 8-17 弧长标注示例

注意

弧长标注中，弧长符号的位置是由【标注样式管理器】/【修改】/【符号和箭头】选项卡的【弧长符号】选项组设定的，该例【弧长符号】选【标注文字的上方】。

四、半径标注

半径标注命令用于创建圆和圆弧的半径标注。调用该命令有以下四种方式。

◎ 下拉菜单：【标注】→【半径】。

◎ 工具栏：【标注】工具栏中的按钮。

◎ 命令行：DIMRADIUS↙。

◎ 选项板：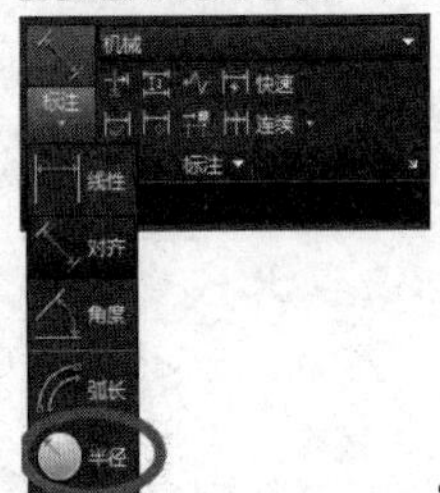

。

该命令执行后，命令行提示如下。

命令：DIMRADIUS

选择圆弧或圆：（选择圆或圆弧）

标注文字=20（系统自动标注测量值）

指定尺寸线位置或[多行文字（M）/文字（T）/角度（A）]：（在屏幕上指定标注位置）

说明

各选项含义同【线性】标注。

【例 8-4】 完成如图 8-18 所示图形的尺寸标注。

操作步骤如下。

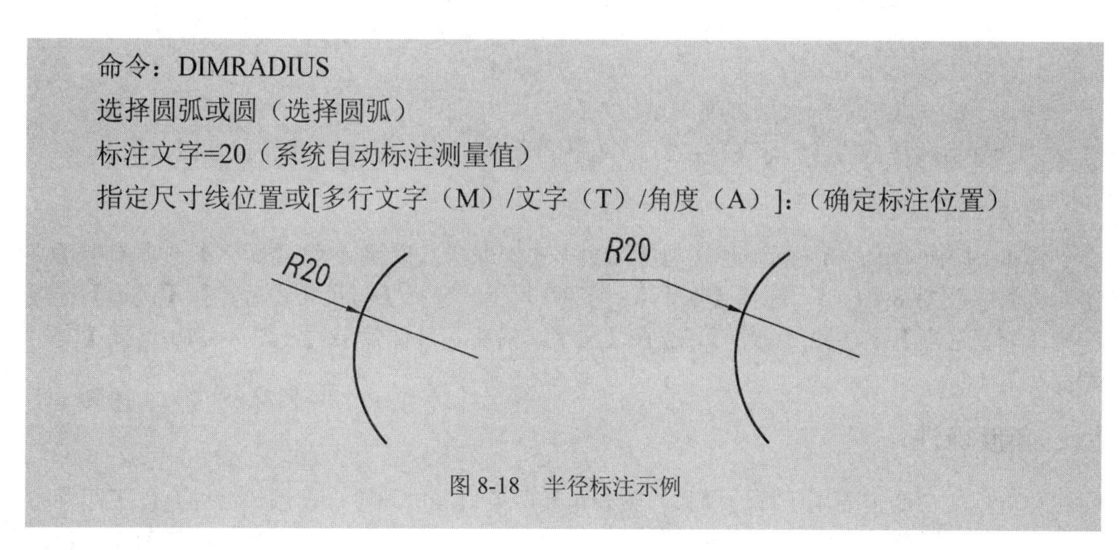

命令：DIMRADIUS

选择圆弧或圆（选择圆弧）

标注文字=20（系统自动标注测量值）

指定尺寸线位置或[多行文字（M）/文字（T）/角度（A）]：（确定标注位置）

图 8-18　半径标注示例

五、直径标注

直径标注命令用创建圆和圆弧的直径标注。调用该命令有以下四种方式。

◎ 下拉菜单：【标注】→【直径】。

◎ 工具栏：【标注】工具栏中的按钮。

◎ 命令行：DIMDIAMETER↙。

◎ 选项板：

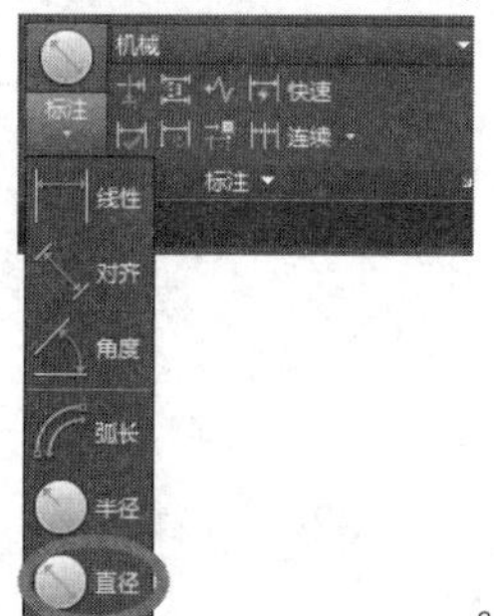

。

该命令执行后，命令行提示如下。

命令：DIMDIAMETER

选择圆弧或圆：（选择圆或圆弧）

标注文字=10（系统自动标注测量值）

指定尺寸线位置或[多行文字（M）/文字（T）/角度（A）]：

【例 8-5】 完成如图 8-19 所示图形的尺寸标注。

操作步骤如下。

命令：DIMDIAMETER（调用直径标注命令）

选择圆弧或圆：[选择图 8-19（a）所示小圆弧]

标注文字=10（系统自动标注测量值）

指定尺寸线位置或[多行文字（M）/文字（T）/角度（A）]：（指定尺寸线位置）

（a）　（b）

图 8-19　直径标注示例

改变尺寸标注样式：

命令：DIMDIAMETER（调用直径标注命令）

选择圆弧或圆：[选择图 8-19（b）所示大圆弧]
标注文字=20（系统自动标注测量值）
指定尺寸线位置或[多行文字（M）/文字（T）/角度（A）]：（指定尺寸线位置）

说明

图 8-19 中（a）、（b）标注形式与【标注样式管理器】设置有关：【文字】选项卡中【文字对齐】区，图 8-19（a）选择【水平】，图 8-19（b）选择【与尺寸线对齐】；【调整】选项卡中【调整选项】区，图 8-19（a）选择【文字或箭头（最佳效果）】，图 8-19(b)选择【文字和箭头】。

六、角度标注

角度标注命令主要用于标注圆弧的圆心角及两条直线的角度。调用该命令有以下四种方式。

◎ 下拉菜单：【标注】→【角度】。

◎ 工具栏：【标注】工具栏中的按钮。

◎ 命令行：DIMANGULAR↙。

◎ 选项板：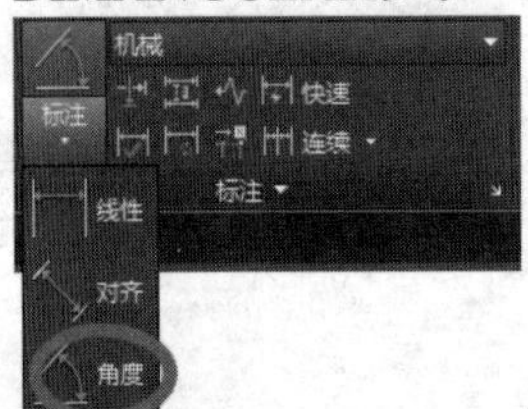

。

该命令执行后，命令行提示如下。

命令：DIMANGULAR

选择圆弧、圆、直线或（指定顶点）：

系统根据选择标注对象不同，给出不同的提示：如图 8-20（a）所示，在“选择圆弧、直线或<指定顶点>：”提示下选择直线，则系统下一步提示：

选择第二条直线：（选择另一条直线）

指定尺寸线位置或[多行文字（M）/文字（T）/角度（A）/象限点（Q）]：（指定尺寸线位置）

如图 8-20（b）所示，在“选择圆弧、圆、直线或〈指定顶点〉”：提示下，选择圆弧，则系统下一步提示：

指定尺寸线位置或[多行文字（M）/文字（T）/角度（A）/象限点（Q）]：（指定尺寸线位置）

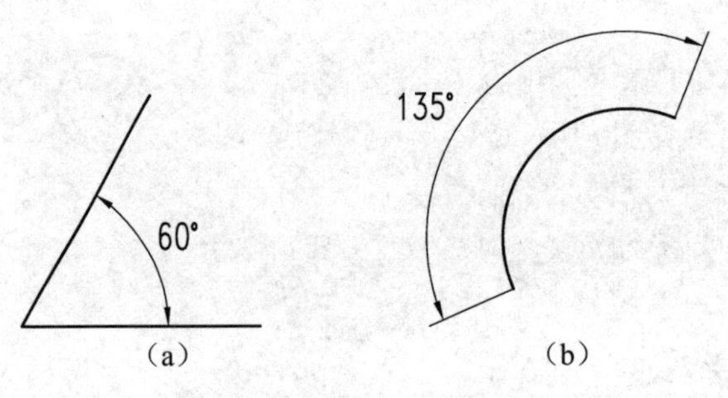

图 8-20　角度标注示例

说明

① 对于角度标注，尺寸标注样式【文字】选项卡中的【文字对齐】方式选【水平】。

② 对于直径、半径和角度标注，如果手动输入尺寸文字（即不按测量值自动输入），输入直径符号时，应输入“%%c”代替符号“*Φ*”；输入角度符号时，应输入“%%d”代替符号“°”；半径符号输入“*R*”。

七、基线标注

基线标注命令用来快速标注具有一个共同标注基准点的若干个相互平行的线性尺寸或角度尺寸。调用该命令有以下四种方式。

◎ 下拉菜单：【标注】→【基线】。

◎ 工具栏：【标注】工具栏中的 按钮。

◎ 命令行：DIMBASELINE↙。

◎ 选项板：。

该命令执行后，命令行提示如下。

命令：DIMBASELINE

选择基线标注：（选择已有的尺寸标注）

指定第二条尺寸界限原点或[放弃（U）/选择（S）]<选择>：

说明

① 在进行基线标注之前，首先要创建一个线性尺寸或角度尺寸作为基准。

② 基线标注中，两条平行尺寸线间的距离由【标注样式管理器】/【修改】/【线】/【尺寸线】选项区的【基线间距】项设定。

③ 当命令行提示【指定第二条尺寸界线原点或[放弃（U）/选择（S）]<选择>：】时，直接回车或键入“S↙”，可以选择新的基准进行标注。

【例 8-6】 完成如图 8-21 所示图形的尺寸标注。

操作步骤如下。

命令: DIMLINEAR（调用线性标注命令）

指定第一条尺寸界线原点或，<选择对象>：（捕捉 *A* 点）

指定第二条尺寸界线原点：（捕捉 *B* 点）

指定尺寸线位置或[多行文字（M）/文字（T）/角度（A）/水平（H）/垂直（V）/旋转（R）]：（指定尺寸线位置）

标注文字=20（系统自动标注测量值）

命令: DIMBASELINE（调用基线标注命令）

指定第一条尺寸界线原点或[放弃（U）/选择（S）]<（选择）：（捕捉 *C* 点）

标注文字=35（系统自动标注测量值）

指定第二条尺寸界线原点或[放弃（U）/选择（S）]<（选择）：（捕捉 *D* 点）

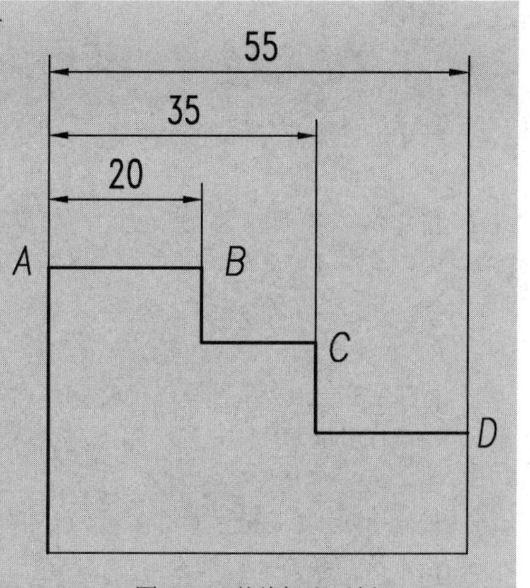

图 8-21　基线标注示例

标注文字=55（系统自动标注测量值）

指定第二条尺寸界线原点或[放弃（U）/选择（S）]<（选择）：↙

选择基线标注：↙

八、连续标注

连续标注命令用于快速标注尺寸线首尾相连的线性尺寸或角度尺寸。调用该命令有以下四种方式。

◎ 下拉菜单：【标注】/【连续】。

◎ 工具栏：【标注】工具栏中的按钮。

◎ 命令行：DIMCONTINUE↙。

◎ 选项板：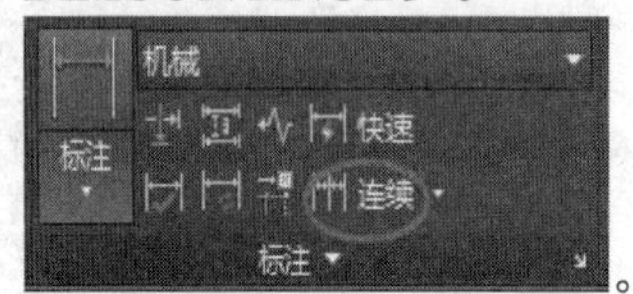

。

该命令执行后，命令行提示如下。

命令：DIMCONTINUE

选择连续标注：（选择已有的尺寸标注）

指定第二条尺寸界线原点或[放弃（U）/选择（S）]<选择>：

说明

① 在进行连续标注之前，首先创建一个线性尺寸或角度尺寸作为基准。

② 当命令行提示“指定第二条尺寸界线原点或[放弃（U）/选择（S）]<选择>：”时，直接回车或键入“S↙”，可以选择新的基准进行标注。

【例 8-7】 完成如图 8-22 所示图形的尺寸标注。

操作步骤如下。

命令: DIMLINEAR（调用线性标注命令）

指定第一条尺寸界线原点或，<选择对象>：（捕捉 *A* 点）

指定第二条尺寸界线原点：（捕捉 *B* 点）

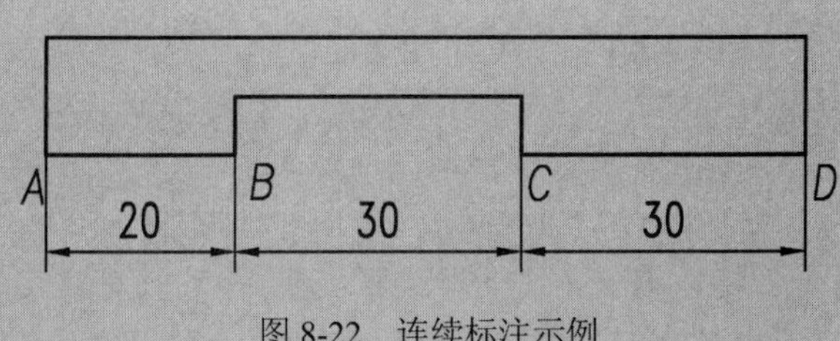

图 8-22 连续标注示例

指定尺寸线位置或[多行文字（M）/文字（T）/角度（A）/水平（H）/垂直（V）/旋转（R）]：（指定尺寸线位置）

标注文字=20（系统自动标注测量值）

命令: DIMCONTINUE（调用连续标注命令）

指定第二条尺寸界线原点或[放弃（U）/选择（S）]<选择>：（捕捉 *C* 点）

标注文字=30（系统自动标注测量值）

指定第二条尺寸界线原点或[放弃（U）/选择（S）]<选择>：（捕捉 *D* 点）

标注文字=30（系统自动标注测量值）

指定第二条尺寸界线原点或[放弃（U）/选择（S）]<选择>：↙

第三节　尺寸标注的编辑

AutoCAD 提供两种方式，可以对已有的尺寸标注进行编辑、修改：①修改标注样式，但此方法会修改所有应用此样式的标注；②通过尺寸标注编辑命令，可以单独修改某一处尺寸标注。本节将详细介绍尺寸标注的编辑命令。

一、利用【编辑标注】命令编辑尺寸文字和尺寸界线

编辑标注命令用于将尺寸文字替换成新的文字、调整尺寸文字到缺省位置、旋转尺寸文字以及修改尺寸界线相对于尺寸线的倾斜角度。该命令影响标注文字和尺寸界线。调用【编辑标注】命令有以下三种方法。

◎ 菜单栏：【标注】→【倾斜】。

◎ 工具栏：【标注】工具栏中的按钮。

◎ 命令行：DIMEDIT↙。

该命令执行后，命令行提示如下。

命令：DIMEDIT

输入标注编辑类型[默认（H）/新建（N）/旋转（R）/倾斜（O）]<默认>：

说明

① 默认（H）：移动标注文字到默认位置。

② 新建（N）：使用多行文字编辑器修改标注文字。

③ 旋转（R）：旋转标注文字。

④ 倾斜（O）：调整线性标注尺寸界线的倾斜角度。

【例 8-8】 修改如图 8-23（a）所示的尺寸文字。

操作步骤如下。

命令：DIMEDIT

输入标注编辑类型[默认（H）/新建（N）/旋转（R）/倾斜（O）]<默认>：N↙(弹出如图 8-24 所示【文字格式】对话框，输入%%c40，单击确定按钮)

选择对象：找到 1 个（选择标注 40）

选择对象：↙

结果如图 8-23（b）所示。

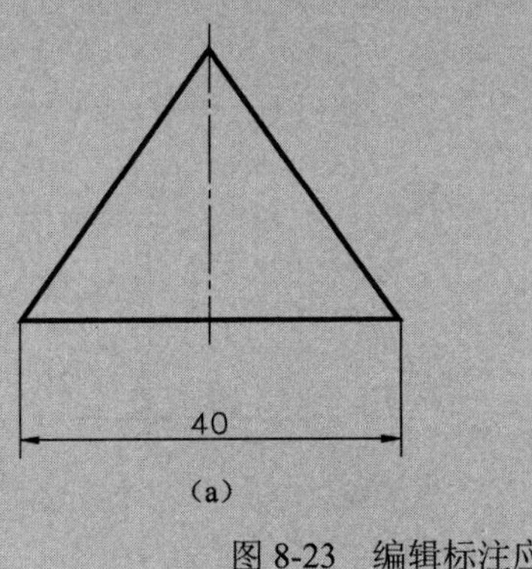

（a）

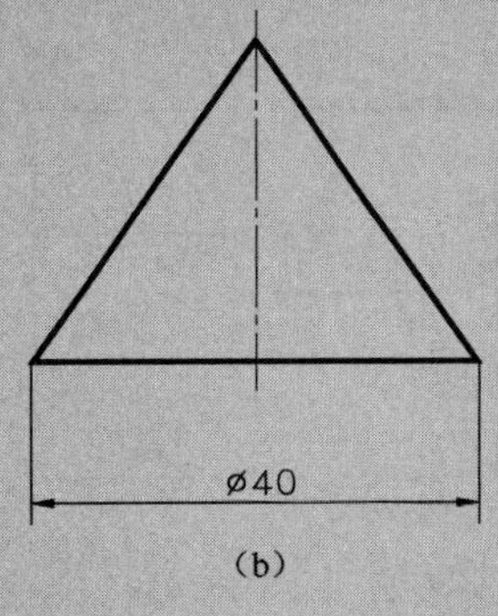

（b）

图 8-23　编辑标注应用示例（一）

图 8-24　编辑标注应用示例（二）

二、利用【编辑标注文字】命令调整标注文本的位置

编辑标注文字命令用于沿尺寸线修改尺寸文字的位置。调用该命令有以下两种方式。

◎ 工具栏：【标注】工具栏中的按钮。

◎ 命令行：DIMEDIT↙。

该命令执行后，命令行提示如下。

命令：DIMEDIT

选择标注：（选择要编辑的尺寸）

指定标注文字的新位置或[左（L）/右（R）/中心（C）/默认（H）/角度（A）]:（指定新位置）

说明

① 左（L）：将标注文字移动到靠近左边的尺寸界线处。该选项适用于线性、半径和直径标注。

② 右（R）：将标注文字移动到靠近右边的尺寸界线处。

③ 中心（C）：将标注文字移动到尺寸界线中心处。

④ 默认（H）：将标注文字移动到默认位置。

⑤ 角度（A）：将标注文字旋转至用户指定的角度。

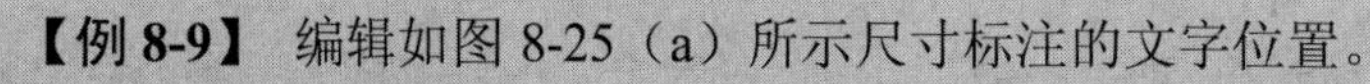

【例 8-9】 编辑如图 8-25（a）所示尺寸标注的文字位置。

操作步骤如下。

命令：DIMEDIT

选择标注：（选择尺寸 6）

指定标注文字的新位置或[左（L）/右（R）/中心（C）/默认（H）/角度（A）]:（指定新位置）

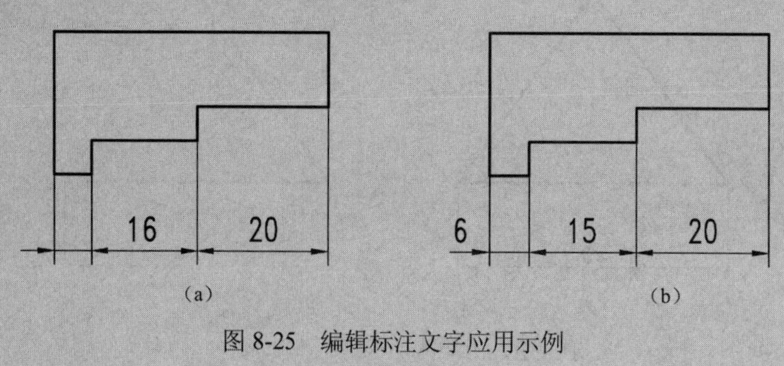

图 8-25　编辑标注文字应用示例

三、利用【标注间距】命令调整尺寸线之间的间距

标注间距命令用于调整图形中的重叠或间距不等的线性标注或角度标注尺寸线之间的距离。调用该命令有以下四种方式。

◎ 下拉菜单：【标注】/【标注间距】。

◎ 工具栏：【标注】工具栏中的按钮。

◎ 命令行：DIMSPACE↙。

◎ 选项板：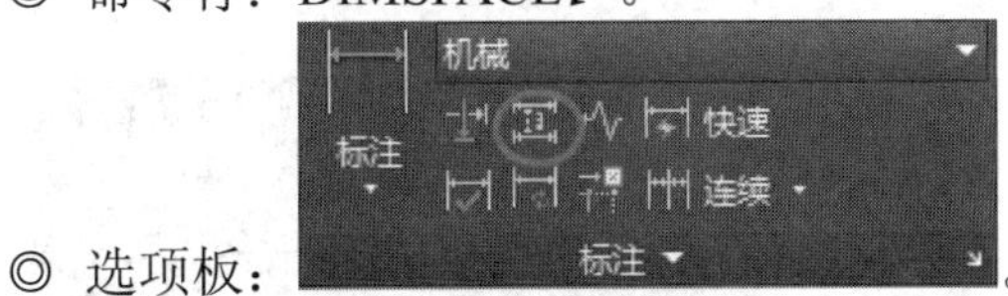

。

命令：DIMSPACE

选择基准标注：（选择基准尺寸）

选择要产生间距的标注：（选择要修改的尺寸）

选择要产生间距的标注：↙

输入值或[自动（A）]<自动>：0（间距 0，则成串行尺寸）

【例 8-10】 修改如图 8-26（a）所示尺寸标注中尺寸线的位置，使尺寸 6 与尺寸 15 串行，尺寸 41 与尺寸 6 并行，间距 10，结果如图 8-26（b）所示。

操作步骤如下。

命令：DIMSPACE

选择基准标注：（选择尺寸标注 15）

选择要产生间距的标注：（选择尺寸标注 6）

选择要产生间距的标注：↙

输入值或[自动（A）]<自动>：0（间距 0，则成串行尺寸）

命令：DIMSPACE↙（重复【标注间距】命令）

选择基准标注：（选择尺寸标注 6）

选择要产生间距的标注：（选择尺寸标注 41）

选择要产生间距的标注：↙

输入值或[自动（A）]<自动>：0（间距 0，则成串行尺寸）

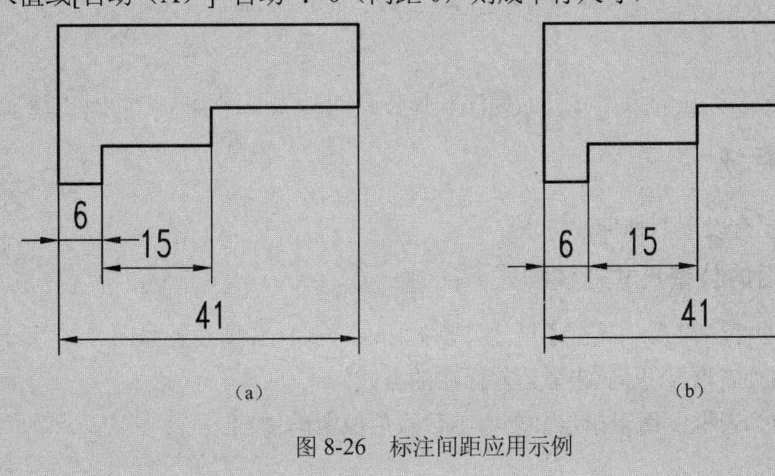

（a）　　　　（b）

图 8-26　标注间距应用示例

四、利用对象【特性】对话框修改属性

使用对象【特性】对话框，可以编辑尺寸标注各部分属性。

如图 8-27 所示，将圆柱尺寸 30 改为ϕ30。

操作步骤如下。

选择该标注单击右键，在弹出的快捷菜单中选择【特性】项，弹出【特性】对话框，如图 8-28 所示。

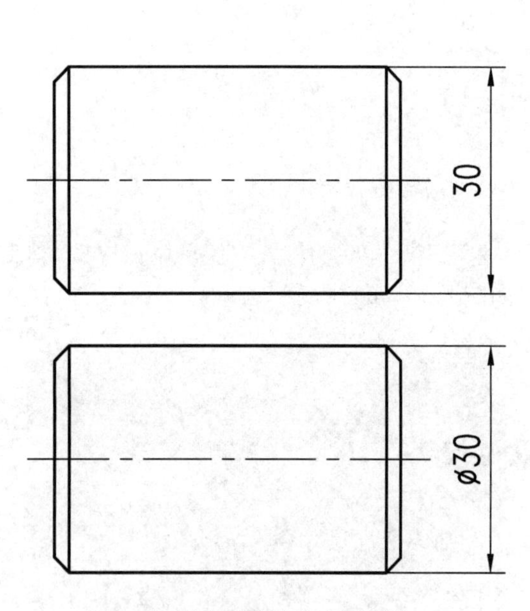

图 8-27 编辑对象特性应用示例

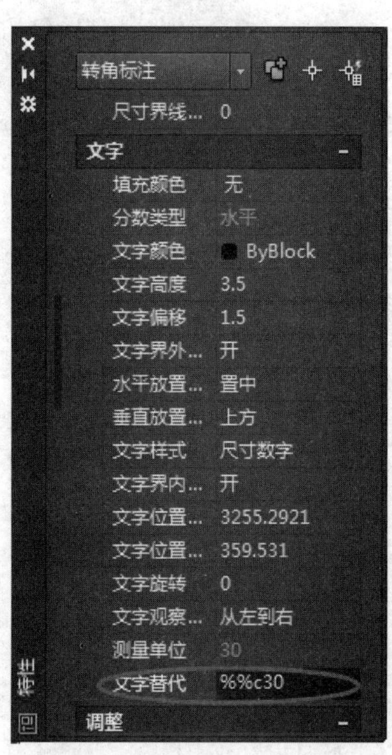

图 8-28 【特性】对话框

第四节 公 差 标 注

机械图中，公差标注分为尺寸公差标注和形位公差标注两种形式，如图 8-29 所示。

一、尺寸公差标注

尺寸公差主要有以下两种标注方法。

1. 使用专门的公差尺寸标注样式

（1）新建尺寸标注样式　新建【尺寸公差】标注样式，各项设置如图 8-30 所示。

【方式】下拉列表框 ：用于选择公差标注的方式。

【精度】下拉列表框：用于指定公差值小数点后保留的位数。

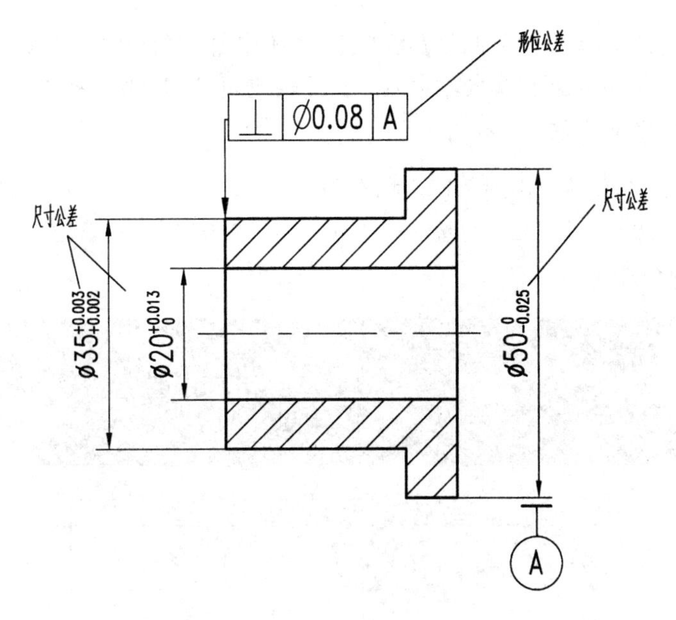

图 8-29　尺寸公差和形位公差

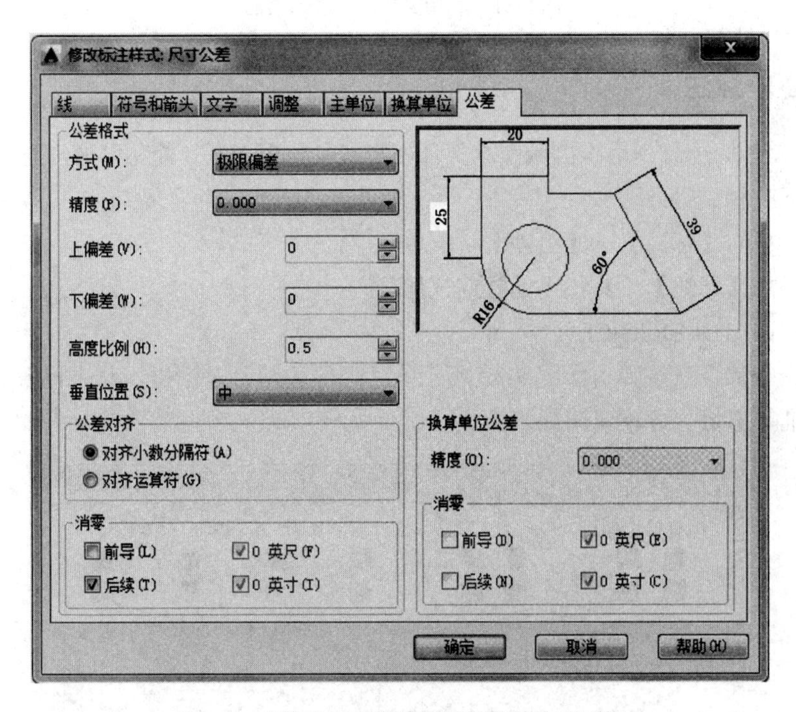

图 8-30 【修改标注样式：尺寸公差】对话框

【上偏差】用于设置最大公差或上偏差值。

【下偏差】用于设置最小公差或下偏差。

【高度比例】用来确定公差文字相对尺寸的高度比例因子，一般设为 0.5。

（2）进行公差标注　将【尺寸公差】样式设置为当前，用【线性】标注等命令进行公差标注。

（3）编辑标注公差值　如果图样中有多个尺寸公差，且公差值不同，利用【特性】对话框中【公差】选项板，对【公差下偏差】和【公差上偏差】进行修改，改变公差值，如图 8-29 中“ϕ35”的【公差下偏差】和【公差上偏差】分别改为“−0.002”和“0.027”。

2. 利用文字堆叠功能

利用【标注】工具栏中的按钮，输入 N↙，弹出【文字格式】对话框，如图 8-31 所示。输入“%%c35+0. 027^+0. 002”，选中 “+0. 027^+0. 002”，按按钮，单击【确定】，再选择要修改的对象即可。

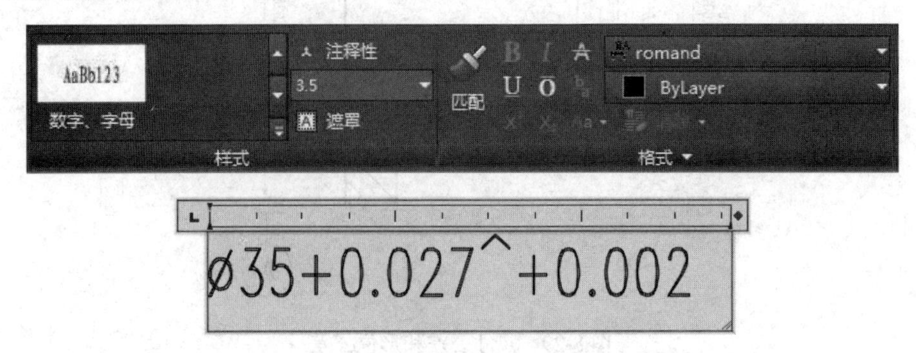

图 8-31 利用文字堆叠修改标注

二、形位公差标注

【形位公差】标注命令用于机械图零部件中形状和位置公差（简称“形位公差”）的标注。该命令有以下三种调用方法。

◎ 下拉菜单：【标注】→【公差】。

◎ 工具栏：【标注】工具栏中的按钮。

◎ 命令行：TOLERANCE↙。

激活该命令后，系统弹出如图 8-32 所示的【形位公差】对话框，从中设置公差的符号、公差值及基准等参数。各项说明如下。

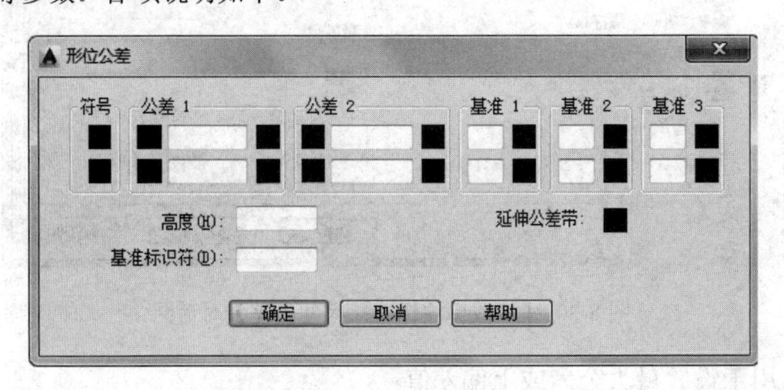

图 8-32 【形位公差】对话框

（1）【符号】区 单击该列的■框，弹出如图 8-33 所示的【特征符号】对话框，从中选择所需的几何特征符号。

（2）【公差 1】和【公差 2】选项区 单击该列前面的■框，将插入一个直径符号；单击该列后面的■框，打开【附加符号】对话框，如图 8-34 所示，在其中可以为公差选择包容条件符号；单击该列中间的编辑框，可以输入公差值。

（3）【基准 1】、【基准 2】和【基准 3】选项区　基准列左边的编辑框，可输入基准字母，基准列右边的编辑框，可为公差基准设置相应的包容条件。

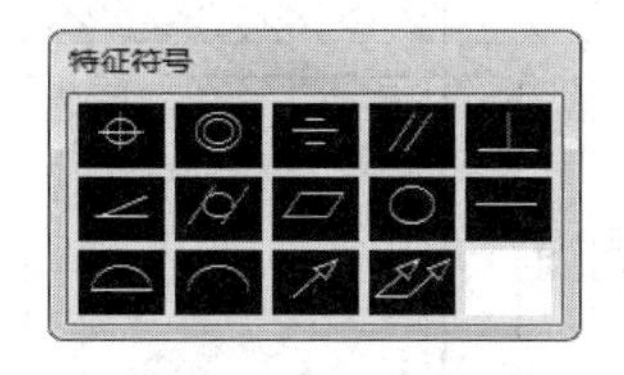

图 8-33　公差特征符号

图 8-34　【附加符号】对话框

（4）【高度】文本框。用于设置投影公差带的值。投影公差带控制固定垂直部分延伸区的高度变化，并以位置公差控制公差精度。

（5）【延伸公差带】选项。单击■框，可在延伸公差带值的后面插入延伸公差带符号。

（6）【基准标识符】文本框。　创建由参照字母组成的基准标识符号。参数设置结果如图 8-35 所示。

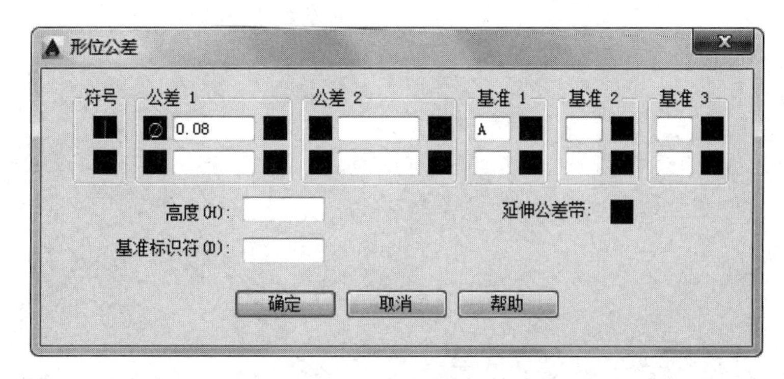

图 8-35　公差标准参数设置

【习题与操作】

按 1∶1 比例绘制图 8-36～图 8-39。

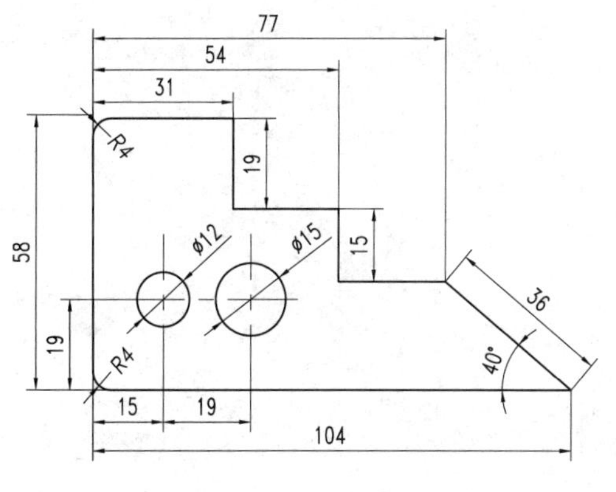

图 8-36　绘图练习（一）

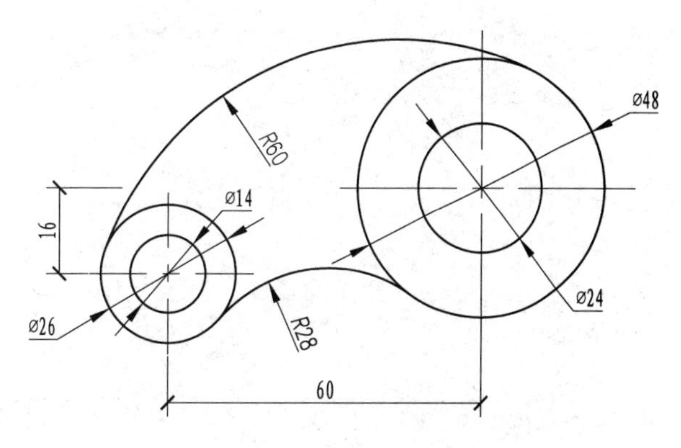

图 8-37　绘图练习（二）

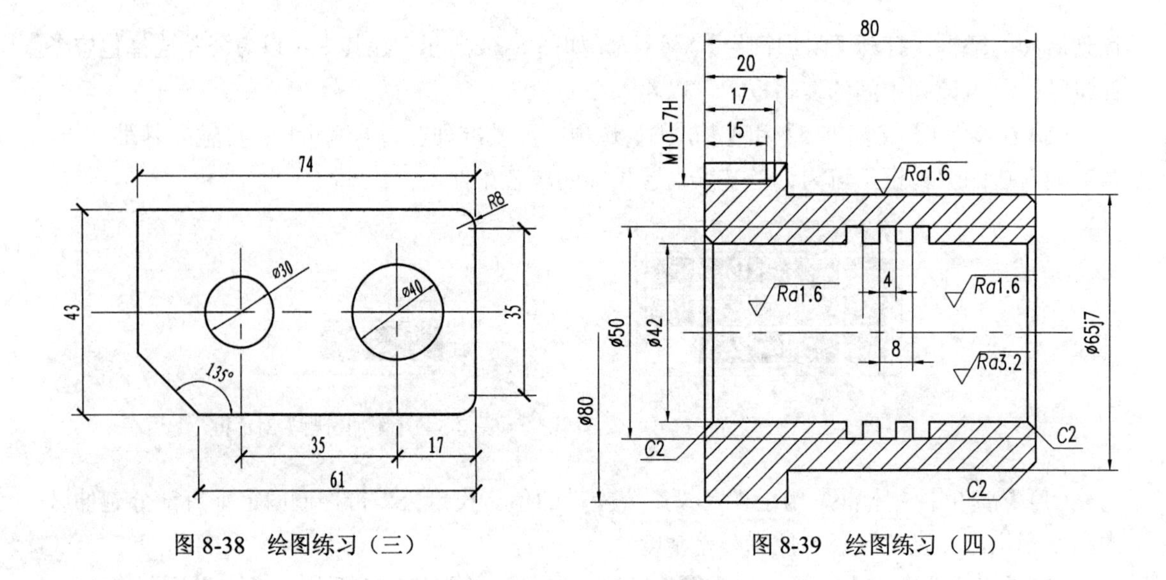

图 8-38 绘图练习（三）

图 8-39 绘图练习（四）

第九章

图块及设计中心

块是由多个图形元素组成的一个整体，在绘制图形过程中，可以把图块以任意比例和旋转角度插入到图中的任意位置，这样不仅避免了大量重复工作，提高绘图速度和工作效率，并且可大大节省磁盘空间。本章介绍了有关创建、保存、插入及编辑图块命令的主要操作。

第一节　创建与使用图块

图块也称为块，它是由一组图形对象组合的集合，一组对象一旦被定义为图块，它们将成为一个整体，拾取图块中的任意一个图形对象即可选中构成图像的所有对象。AutoCAD 把一个图块作为一个对象进行编辑、修改等操作，可根据绘图需要把图块插入到图中任意指定位置，而且在插入时还可以指定不同的缩放比例和旋转角度。如果需要对组成图块的单个图形对象进行修改，还可以利用 EXPLODE 命令把图块分解成若干个对象。

一、创建图块

每个图块定义都包括块名、一个或多个对象、用于插入块的基点坐标值和所有相关的属性数据。

该命令有以下三种调用方式。

◎ 下拉菜单：【绘图】→【块】→【创建】。

◎ 工具栏：【绘图】中的 (创建块)按钮。

◎ 命令行：BLOCK（B）或 BMAKE（B）。

该命令执行后，系统将弹出【块定义】对话框，如图 9-1 所示。其中各选项的意义如下所述。

参数说明如下。

① 【名称】列表框：输入要定义块的名称，在定义图块名称时，应充分考虑对象的用途命名，以便于将来调用。单击右侧的下三角按钮，可以列出当前图形中的所有块的名称。

② 【基点】选项区：指定基点。可以输入基点的坐标，也可以单击【拾取点】按钮 回到图形窗口，在图上直接拾取。创建块时的基准点将成为以后插入块时的插入点，同时它也是块被插入时旋转或缩放的基准点。一般情况下，应选用图形上的特征点作为基点。

③ 【对象】指定新块中要包含的对象，以及创建块之后如何处理这些对象，是保留还

是删除选定的对象或者是将它们转换成块实例。

图 9-1　块定义对话框

a．选择对象(T)：点击后返回绘图屏幕，要求用户选择屏幕上的图形作为块中包含对象。

b．：点击后会弹出【快速选择】对话框。用户可以通过快速选择对话框来设定块包含的对象。

c．保留：保留未选择的对象不变，即不变成块。

d．转换为块：在选择了组成块的对象后，将被选择的对象转换成块。该项为缺省设置。

④ 删除：在选择了一组成块的对象后，将被选择的对象删除。但所做块依然存在。

⑤ 【方式】指定块的行为。

a．注释性：指定块为注释性。单击信息图表以了解有关注释性对象的详细信息。

b．使块方向与布局匹配：指定在图纸空间视口中块参照的方向与布局的方向匹配。

c．按统一比例缩放：指定是否使块参照不按统一比例缩放。

d．允许分解：指定块参照是否可以被分解。

⑥ 【设置】指定块的设置。

a．块单位：指定块参照插入单位。

b．超链接：打开【插入超链接】对话框，可以使用该对话框将某个超链接与块定义关联。

⑦ 【说明】对创建的块进行简要的说明。

⑧ 【在块编辑器中打开】单击【确定】后，在块编辑器中打开当前的块定义。

【例 9-1】 创建窗图块。

操作步骤如下。

① 利用矩形命令绘制边长为 100 的正方形，如图 9-2（a）所示。

② 利用等分和直线命令绘制窗分格线，如图 9-2（b）所示。

③ 单击【创建块】按钮，在弹出【块定义】对话框中，输入图块的名称为“窗”；单击【对象】选择框中的【选择对象】按钮，在绘图窗口中选择窗图形，按【Enter】键确认，返回【块定义】对话框，选择【转换为块】选项；单击【基点】选择组中的【拾取点】按钮，在绘图窗口中选择 *A* 点作为图块的插入点，如图 9-2（c）所示；单击【确定】按钮，即完成窗图块的创建。

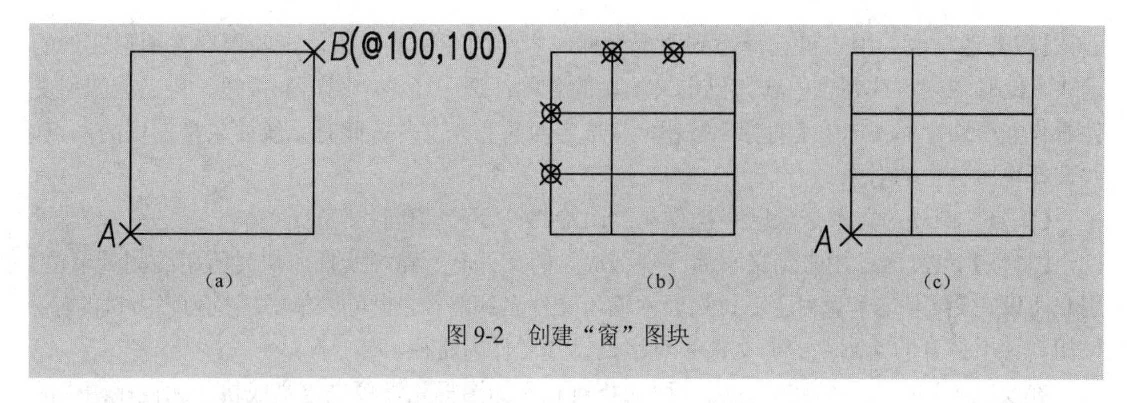

图 9-2　创建“窗”图块

二、重新定义图块

【块定义】对话框中，如果给出块的名称在当前图形中已经存在，AutoCAD 弹出如图 9-3 所示对话框，询问是否重新定义块。如果重新定义块，则与该块重名的块将被重新定义，且图形中所有使用该名称的块都将被这个新定义的块替换。如果不重新定义块，那么 AutoCAD 将取消块重新定义。

图 9-3　块-重定义对话框

三、创建外部图块

1. 利用“WBLOCK”命令定义图块

用户使用 BLOCK 命令定义的图块称为内部块，一般只在当前图形中使用。利用“WBLOCK”命令定义的块，可以将该块单独存储为一个 dwg 文件，该图形文件作为“外部块”可方便被其他图形文件引用。

WBLOCK 命令可通过在命令行输入“WBLOCK”或“W”来调用，命令执行后，系统将弹出【写块】对话框，如图 9-4 所示。其中各选项的含义如下。

图 9-4　【写块】对话框

【源】选项区：用户可选择写到图形文件内容中的【块】按钮，指明要存入图形文件的是块，此时用户可从列表中选择已定义的块的名称；选中【整个图形】按钮，将当前图形文件看作一个块存储；选中【对象】按钮，将选定对象存入文件，此时系统要求指定块的基点，并选择块所包含的对象。

【基点】或【对象】选项区：操作与“BLOCK”命令相同。

【目标】选项区：用来定义存储“外部块”的文件名、路径及插入块时所用的测量单位。用户可以在【文件名和路径】下拉列表中输入文件名和路径，也可以单击下拉列表右边的...按钮，使用打开的【浏览图形文件】对话框设置文件的路径。

在绘制工程图时，常将一些常用而又相对独立的图形元素预先定义成块（如机械图中的表面粗糙度符号，建筑图中的门、窗图例，标高符号，轴线编号等），存储为“外部块”，需要时插入到图形中，这样可以减少重复绘制同类图形，提高绘图效率。

2. 设置当前图形的插入基点（BASE）

BASE 命令通过改变系统变量 INSBASE 的值，改变当前图形的插入基点。

BASE 命令通过以下方式来调用。

◎ 下拉菜单:【绘图】→【块】→【基点】。

◎ 命令行：BASE(B)。

可以输入基点的坐标值或在屏幕上用鼠标指定基点。向其他图形插入当前图形或将当前图形作为其他图形的外部参照时，此基点将被用作插入基点。

四、在图形文件中插入图块

在使用块或图形文件过程中，这些块或图形文件均是作为单个的对象放置在图形中。

1. 插入单个块（INSERT）

该命令有以下三种调用方式。

◎ 下拉菜单:【插入】→【块】。

◎ 工具栏:【绘图】中的（插入块）按钮。

◎ 命令行：INSERT（或 L）

命令执行后，系统将弹出【插入】对话框，如图 9-5 所示。其中各选项的含义如下。

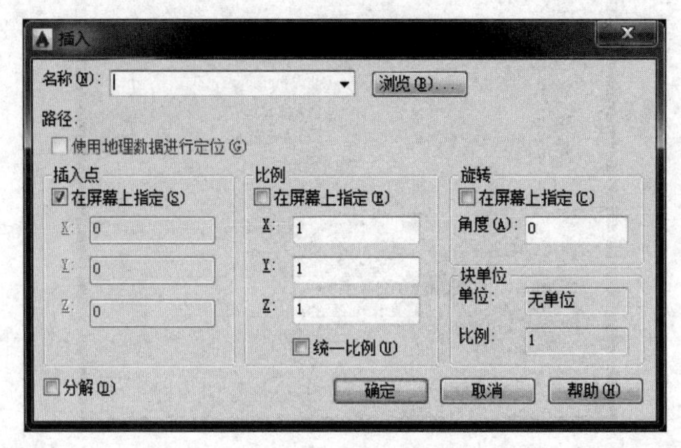

图 9-5 【插入】对话框

参数说明如下。

①【名称】列表框：指定要插入块的名称，或指定要作为块插入的图形文件名。从下拉列表中可选用当前图形文件中已定义的块名；单击【浏览】按钮可选择作为“外部块”插入的图形文件名。

②【插入点】选项区：用于指定插入点的位置。选中【在屏幕上指定】复选框，可直接在屏幕上用鼠标指定插入点；否则需输入插入点坐标。

③【比例】选项区：指定块在插入时 *X*、*Y*、*Z* 方向的缩放比例，可在屏幕上使用鼠标指定或直接输入缩放比例；选中【统一比例】复选框，可等比缩放，即 *X*、*Y*、*Z* 三个方向上的比例因子相同。比例系数大于 1，放大输入；比例系数在 0 和 1 之间，缩小输入；比例系数为负值，镜像插入。

④【旋转】选项区：可在屏幕上指定块的旋转角度或直接输入块的旋转角度。

⑤【块单位】选项区：显示有关块单位的信息。【单位】文本框用于指定插入块的 INSUNITS 值（自动缩放所用的图形单位值）；【比例】文本框显示单位比例因子，该比例因子是根据块的 INSUNITS 值和图形单位计算的。

⑥【分解】复选框：决定插入块时，是作为单个对象还是分成若干对象。如勾选该复选框，只能指定统一比例因子。

【例 9-2】 将图 9-2 创建的窗图块以不同的缩放比例和旋转角度插入图形中，如图 9-6 所示。

【操作步骤】

插入块时，参数设置如下：

图 9-6（a）*X* 方向比例为 1，*Y* 方向比例为 1，旋转角度为 0°；

图 9-6（b）*X* 方向比例为 0.5，*Y* 方向比例为 1，旋转角度为 0°；

图 9-6（c）*X* 方向比例为－1，*Y* 方向比例为 1，旋转角度为 0°；

图 9-6（d）*X* 方向比例为 1，*Y* 方向比例为 1，旋转角度为 90°。

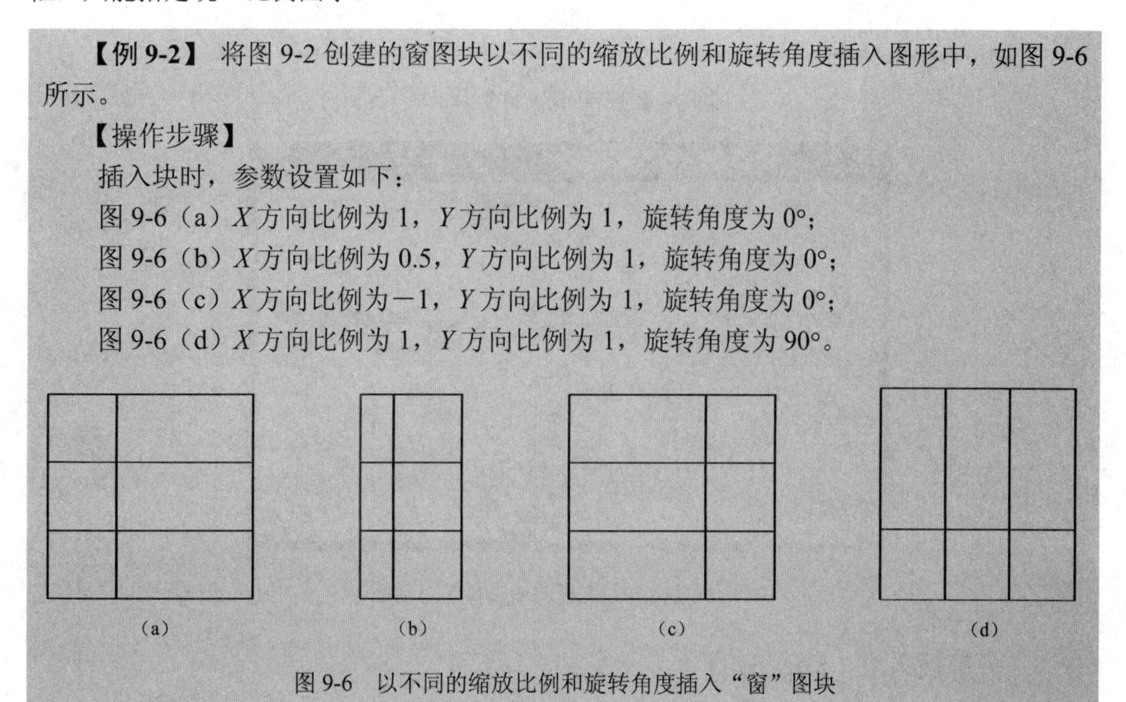

图 9-6　以不同的缩放比例和旋转角度插入“窗”图块

2. 在当前图形文件中插入【外部块】

在 AutoCAD 中，可以用块的形式将一个图形插入到另外一个图形之中。其操作过程为：在打开的图形文件中，使用插入块命令，在图 9-5 所示【插入】对话框中创建块，点击【名称】列表框右边的 浏览(B)... 按钮，弹出【选择图形文件】对话框，如图 9-7 所示。

根据需要在【选择图形文件】对话框中选取要插入的图形文件后，单击 打开(O) 按钮，系统弹出如图 9-8 所示的【插入】对话框，该对话框与图 9-5 的区别在于需标明所插入文件的路径。在【插入】对话框内设置图块的缩放比例、旋转角等，单击 确定 按钮，在屏幕上指定插入点即可完成图形的调入。

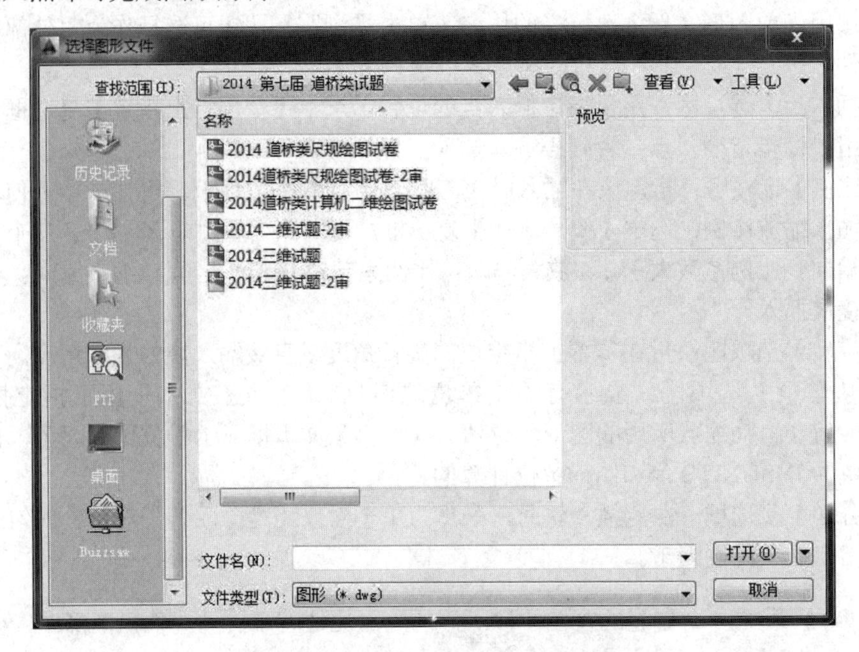

图 9-7 【选择图形文件】对话框

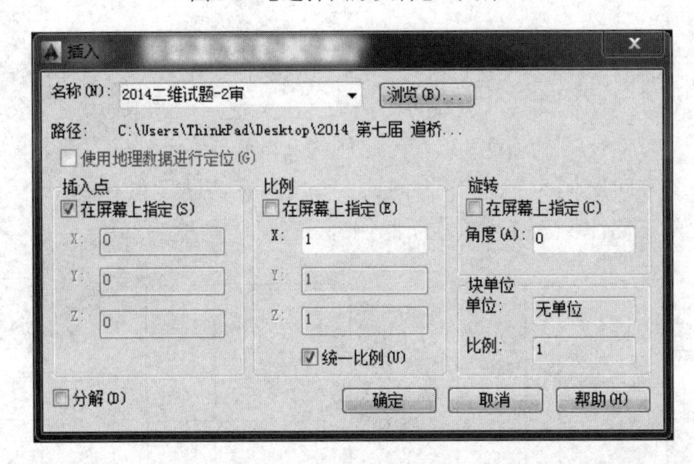

图 9-8 【插入】选择图形文件的对话框

3. 多重插入块（MINSERT）

在 AutoCAD 中，可以用 MINSERT 命令插入块，该命令类似于将阵列命令 ARRAY 和块插入命令 INSERT 组合起来，操作过程也类似这两个命令。但 ARRAY 命令产生的每个目标都是单一对象，而 MINSERT 产生的多个块则是一个整体。

【例 9-3】 多重插入图块“窗”，如图 9-9 所示。

操作步骤如下。

命令: MINSERT ↙

输入块名或 [?] <窗>:↙

单位: 英寸　　转换:　　1.0000
指定插入点或 [基点(B)/比例(S)/X/Y/Z/旋转(R)]:(在屏幕上指定点)
输入 X 比例因子，指定对角点，或 [角点(C)/XYZ(XYZ)] <1>:↙
输入 Y 比例因子或 <使用 X 比例因子>:↙
指定旋转角度 <0>:↙
输入行数 (---) <1>: 2↙
输入列数 (|||) <1>: 3↙
输入行间距或指定单位单元 (---): 150↙
指定列间距 (|||):200↙

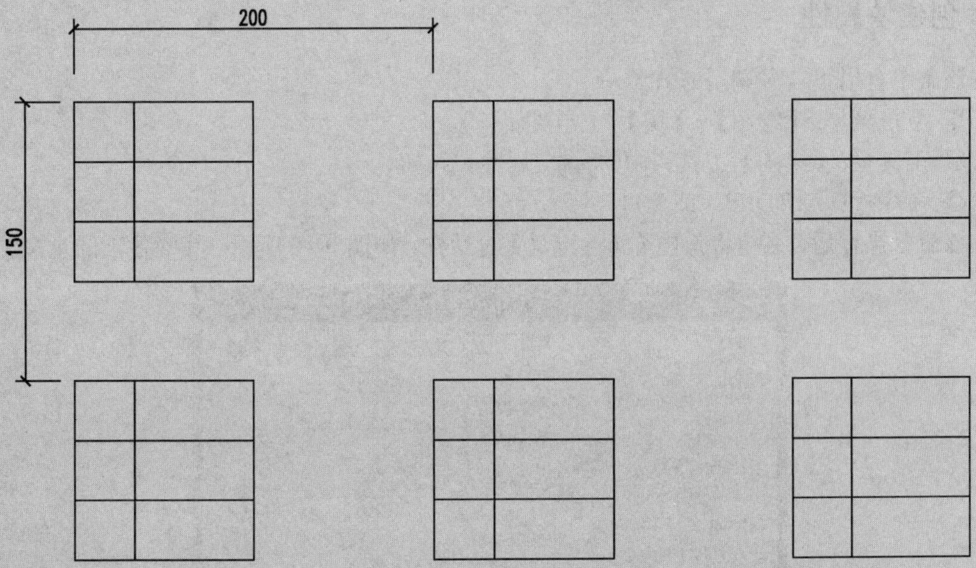

200
150

图 9-9　多重插入图块

4. 分解图块

当在图形文件中使用图块时，AutoCAD 将图块作为单个对象处理，只能对整个块进行编辑。如果用户需要编辑组成这个块的某个对象时，需要将块的组成对象分解为单一个体。

将图块分解，有以下两种方法。

① 插入图块时，在【插入】对话框中，选择 ☑分解(D) 复选框，插入的图形仍保持原来的形状，但可以对其中某个对象进行单独编辑。

② 在插入图块后，使用【分解】命令，将图块分解为多个对象，分解后的对象将还原为原始的图层属性设置状态。如果分解带有属性的块，属性值将丢失，并重新显示属性标记。

用户可以通过以下方式来调用分解命令。

◎ 下拉菜单:【修改】/【分解】。

◎ 工具栏:【修改】工具栏中的 按钮。

◎ 命令行：EXPLODE↙ 。

命令执行后，命令行提示选择要分解的对象。

命令:EXPLODE
选择对象:

第二节　块的属性及属性编辑

图块属性是用来表示图形性质的包含在图块定义中的文本，是图块的一个组成部分，也是块的非图形的附加信息。在定义图块时属性同构成图块的图形实体一样必须先定义，后选择。属性在图块插入的过程中可以赋予不同的属性值。

要建立带有属性的块，应先绘制作为块元素的图形，然后定义块的属性，最后同时选中图形及属性，将其统一定义为块或保存为块文件。

一、创建块属性

该命令有以下三种调用方式。

◎ 下拉菜单:【绘图】/【块】/【定义属性】。

◎ 工具栏:【绘图】工具栏中的（属性）按钮。

◎ 命令行：ATTDEF（或 L）。

该命令执行后，系统将弹出【属性定义】对话框，如图 9-10 所示。其中各项的意义如下。

图 9-10 【属性定义】对话框

参数说明如下。

①【模式】选项区:【不可见】复选框确定在插入块时，属性值是否可见;【固定】复选框，确定在插入块时是否提示并改变属性值;【验证】复选框，确定插入块时检验输入的属性值（提供再次修改的机会）;【预置】复选框，确定是否将定义属性时指定的默认值自动赋予该属性（相当于用 TEXT 命令注写文字）;【锁定位置】选项区：确定属性是否可以相对于块的其余部分移动;【多行】选项区：确定属性是单线属性还是多线属性。

②【属性】选项区:【标记】编辑框用于给出属性的标识符;【提示】编辑框用于在插入一个带有属性定义的块参照时显示的提示信息;【默认】编辑框用于给出属性缺省值，可置空，也可以单击按钮，插入字段。

③【插入点】选项区：用于确定属性的插入点，可以在屏幕上指定或直接输入坐标值。

④【文字设置】选项区：用于设置属性文本的对正、文字样式、字高及旋转角度。

⑤【在上一个属性定义下对齐】复选框：如果选中该复选框，则允许将属性标识直接置于上一个属性的下面。

【例 9-4】 创建表面粗糙度属性块

（1）绘制图形　打开极轴捕捉模式，设置极轴增量角为 30°。绘制如图 9-11（a）所示表面粗糙度符号，尺寸如图 9-11（b）所示。

（2）定义属性

命令：ATTDEF↙

打开【属性定义】对话框（图 9-10）。在【模式】选项组选中【验证】选项；在【属性】选项组中的【标记】框中输入“粗糙度”，【提示】框中输入“粗糙度值”，【默认】框中输入“Ra1.6”；在【文字设置】选项中，【对正】框中选择“中心”，【文字样式】选择已设置好的文字样式“数字”，【文字高度】框中输入文字高度为 3；在【插入点】选项组中选择【在屏幕上指定】复选框；其他选项取默认值，完成属性定义如图 9-11（c）所示。

（3）创建属性块　单击【创建块】按钮，在【块（b)】中输入块名为“粗糙度”，【选择对象】选取图 9-11（c）所示粗糙度图形及属性标记，指定 *A* 点为基点，完成属性块的创建。

（4）插入属性块　用 INSERT 命令插入带属性的块或图形文件时，其提示和插入一个不带属性的块完全相同，只是在指定插入点后，命令行增加了属性输入提示。用户可在提示下输入属性值或接受默认值。

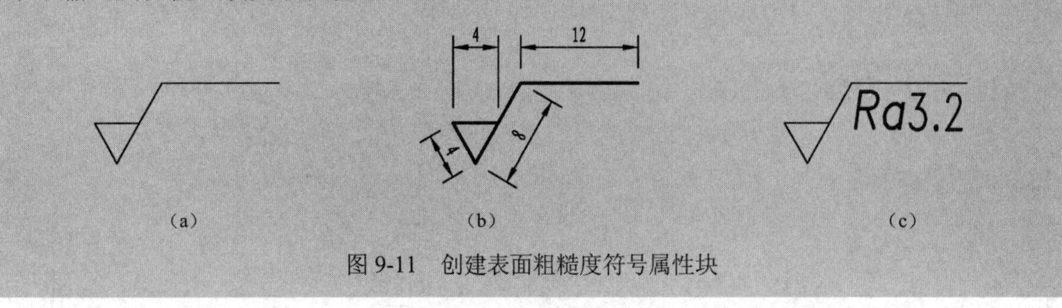

图 9-11　创建表面粗糙度符号属性块

注意

在插入带属性的块时，属性和块不能分解。若选中【插入】对话框中的【分解】选项，则在插入块时，将不再提示输入属性值。此时的属性值将被属性标记所代替。

【例 9-5】 完成图 9-12（a）所示图形中表面粗糙度符号的标注，结果如图 9-12（b）所示。

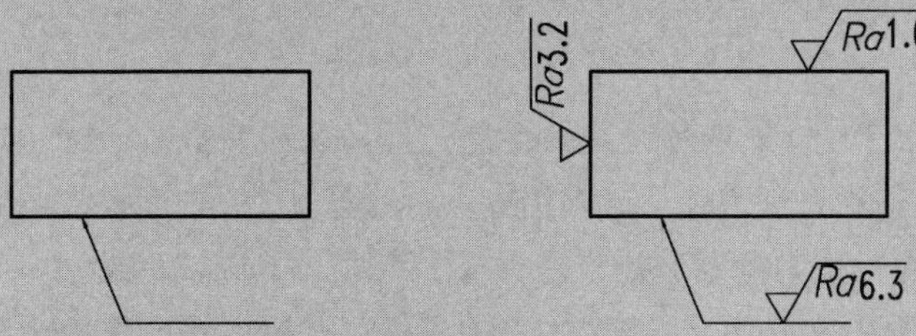

Ra3.2　Ra1.6　Ra6.3

（a）　（b）

图 9-12　在图形中插入表面粗糙度符号

命令：INSERT↙

打开【插入】块对话框，在其中输入参数如图 9-13 所示。然后单击【确定】按钮，系统提示如下。

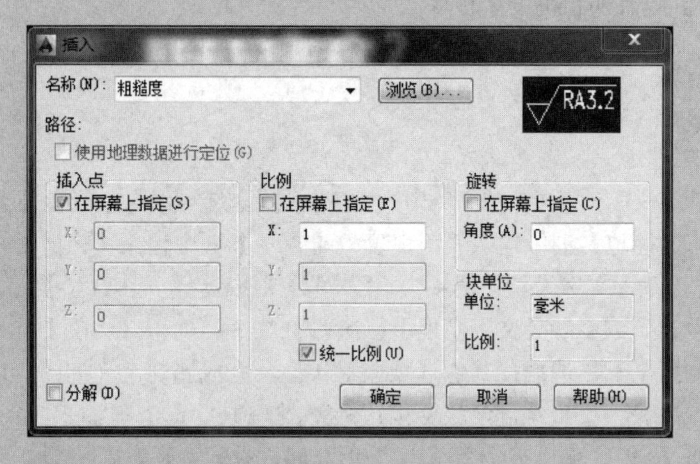

图 9-13 插入表面粗糙度符号参数设置

指定插入点或[基点（B）/比例（S）/X/Y/Z/旋转（R)：（选取矩形线框上边线的一点）

属性值:*Ra*1.6↙（输入属性值，完成矩形框上部表面粗糙度符号的绘制）

其他表面粗糙度符号请读者参照完成。

【例 9-6】 创建如图 9-14 所示具有多个属性的标高图块。

（1）绘制方法 打开极轴捕捉模式，设置极轴增量角为 45°。绘制如图 9-14（a）所示表面粗糙度符号，尺寸如图 9-14（b）所示。

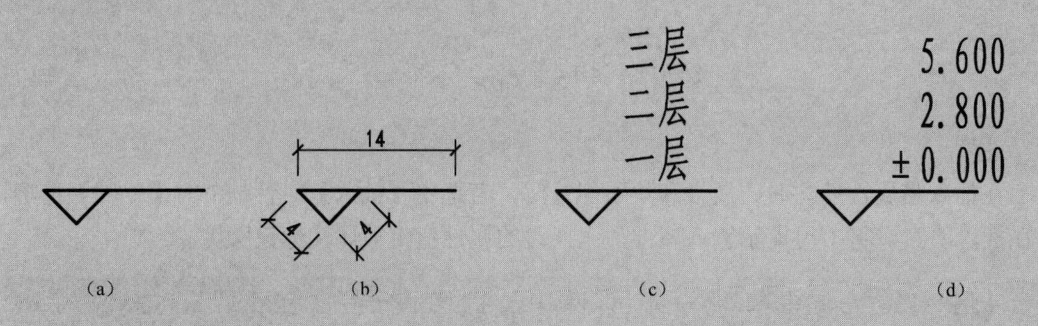

图 9-14 创建多个属性的属性快

（2）定义属性

建立属性一： 在【模式】选项组选中【验证】选项；在【属性】选项组中的【标记】框中输入“一层”，【提示】框中输入“一层标高”，【默认】框中输入“±0.000”；在【文字设置】选项组中，【对正】框中选择“左”，【文字样式】选择已设置好的文字样式“工程字”，【文字高度】框中输入文字高度为 3；在【插入点】选项组中选择【在屏幕上指定】复选框；其他选项取默认值。

建立属性二：在【模式】选项组选中【验证】选项；在【属性】选项组中的【标记】

框中输入“二层”,【提示】框中输入“二层标高”,【默认】框中输入“2.800”；其他选项同属性一。

建立属性三：在【模式】选项组选中【验证】选项；在【属性】选项组中的【标记】框中输入“三层”,【提示】框中输入“三层标高”,【默认】框中输入“5.600”；其他选项同属性一。

（3）创建属性块　单击【创建块】按钮，在【块（b)】中输入块名为“标高符号”,【选择对象】选取图 9-14（c）所示标高符号及三个属性标记，指定标高符号下面交点作为图块的插入点，即完成属性块的创建。

（4）插入属性快

命令：INSERT↙

打开【插入】块对话框，在其中输入参数如图 9-15 所示。然后单击【确定】按钮，系统提示如下。

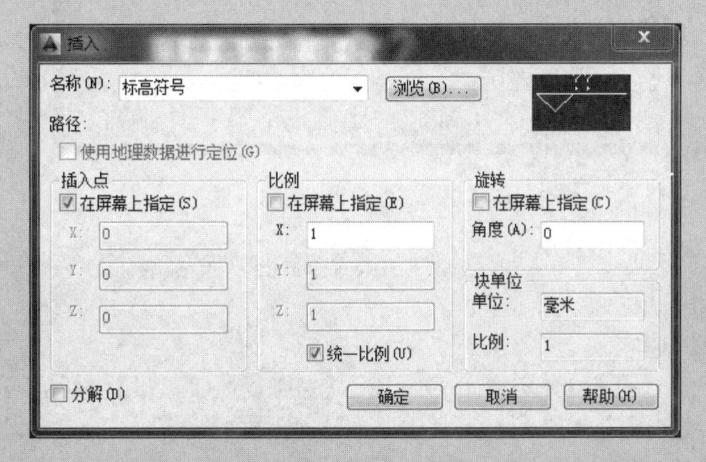

图 9-15　插入标高符号属性块参数设置

指定插入点或[基点（B）/比例（S）/X/Y/Z/旋转（R）]:（在屏幕上指定一点）

输入属性值

三层地面标高<6.000>:5.600↙

二层地面标高<3.000>:2.800↙

一层地面标高<±0.000>：↙

验证属性值

三层地面标高<5.600>：↙

二层地面标高<2.800>：↙

一层地面标高<±0.000>：↙

完成图形如图 9-14（d）所示。

二、属性的编辑

1. EATTEDIT 命令

该命令有以下三种调用方式。

◎ 下拉菜单:【修改】/【对象】/【属性】/【单个】。

◎ 工具栏:【块】中的按钮。

◎ 命令行:EATTEDIT↙。

该命令执行后,命令行提示选择对象,用鼠标选取要编辑的属性块后回车,系统将弹出【增强属性编辑器】对话框如图 9-16 所示。在此可以修改块的属性值、文字选项、属性所在图层及属性的颜色、线性和线宽等特性。

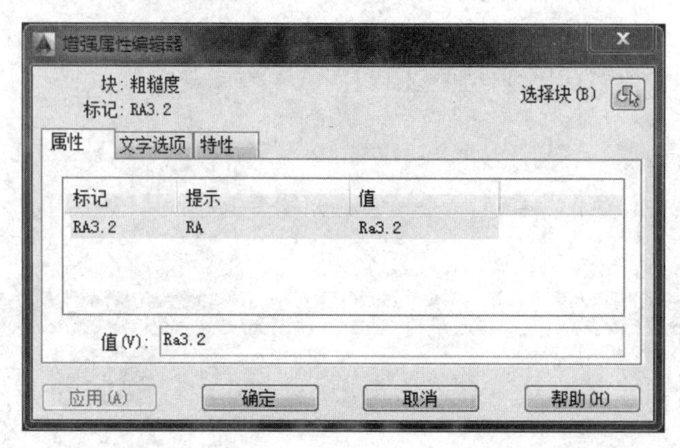

图 9-16 【增强属性编辑器】对话框(一)

【例 9-7】 修改"表面粗糙度"属性值的文字的字型和高度。

操作步骤如下。

命令:EATTEDIT

该命令执行后,系统将弹出如图 9-16 所示【增强属性编辑器】对话框。在其中选择【文字选项】,则系统显示图 9-17 所示对话框,在该对话框的文字样式编辑栏中选择文字样式为"数字";修改文字高度为 4.8。修改前后对照见图 9-18。

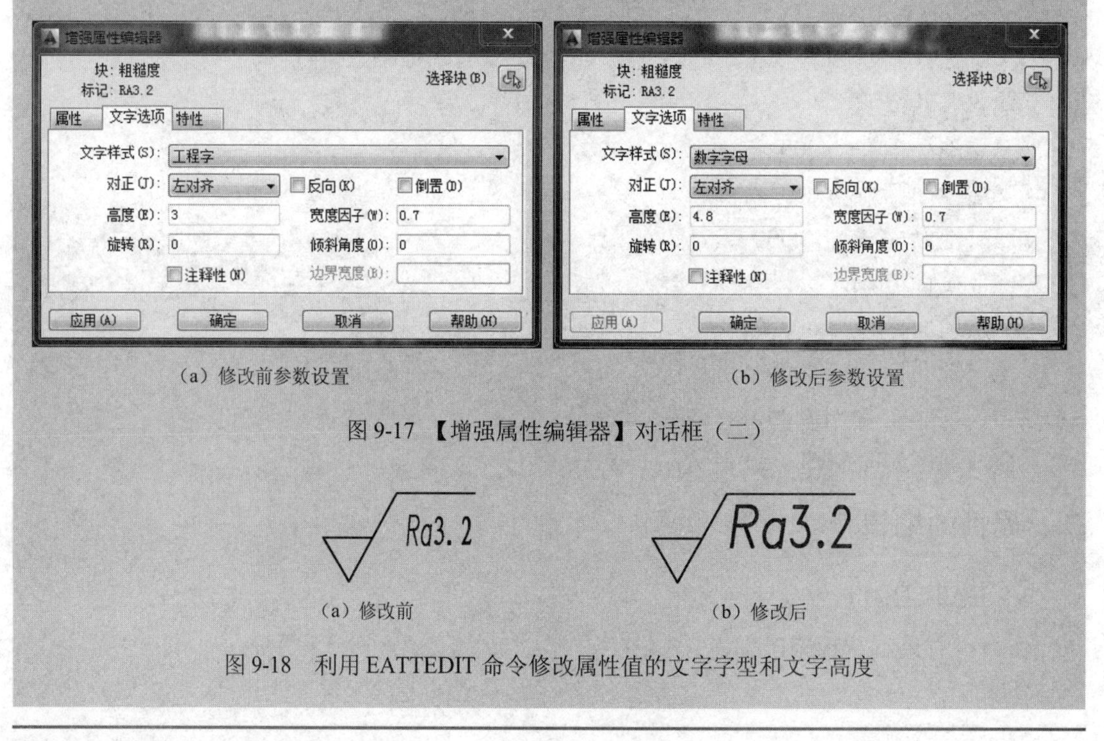

(a)修改前参数设置　　(b)修改后参数设置

图 9-17 【增强属性编辑器】对话框(二)

(a)修改前　　(b)修改后

图 9-18 利用 EATTEDIT 命令修改属性值的文字字型和文字高度

2. ATTEDIT 命令

该命令有以下三种调用方式。

◎ 下拉菜单：【修改】/【对象】/【属性】/【全局】。

◎ 工具栏：【块】中的按钮。

◎ 命令行：ATTEDIT↙。

该命令执行后，命令行提示：

命令：ATTEDIT

是否一次编辑一个属性？[是(Y)/否(N)]　<Y>:

输入块名定义<*>:

输入属性标记定义<*>:

输入属性值定义<*>:

选择属性：

用鼠标选取要编辑的属性块后回车，命令行提示：

输入选项[值(V)/位置(P)/高度(H)/角度（A）/样式（S）/图层(L)/颜色(C)/下一个(N)]<下一个>：

ATTEDIT 命令与 EATTEDIT 命令比较，除了能够修改块的属性值、文字选项、属性所在图层及属性的颜色、线性和线宽等特性外，还可以改变属性在图块中的位置及旋转角度。

【例 9-8】 修改“粗糙度”属性块中属性值的位置。

操作步骤如下。

命令：ATTEDIT

是否一次编辑一个属性？[是(Y)/否(N)]　<Y>:

输入块名定义<*>:↙

输入属性标记定义<*>:↙

输入属性值定义<*>:↙

选择属性：找到 1 个

选择属性：↙

已选择 1 个属性。

输入选项[值(V)/位置(P)/高度(H)/角度（A）/样式（S）/图层(L)/颜色(C)/下一个(N)]<下一个>：P↙

指定新的文字插入点<不修改>:　　(将属性值向下方移动)

输入选项[值（V）/位置（P）/高度（H）/角度（A）/样式（S）/图层（L）/颜色（C）/下一个（N）]<下一个>:H

指定新高度<3.0>：4↙

输入选项[值（V）/位置（P）/高度（H）/角度（A）/样式（S）/图层（L）/颜色（C）/下一个（N）]<下一个>:↙

修改前后图形变化如图 9-19 所示。

（a）修改前　　（b）修改后

图 9-19　利用 ATTEDIT 命令修改属性值位置

3. BATTMAN 命令

该命令有以下三种调用方式。

◎ 下拉菜单:【修改】/【对象】/【属性】/【块属性管理器】。

◎ 工具栏:【块】中的按钮。

◎ 命令行:**BATTMAN**↙。

该命令执行后，系统将弹出【块属性管理器】对话框如图 9-20 所示。块属性管理器用于管理当前图形中块的属性定义。可以在块中编辑属性定义、从块中删除属性，以及更改插入块时系统提示用户输入属性值的顺序。

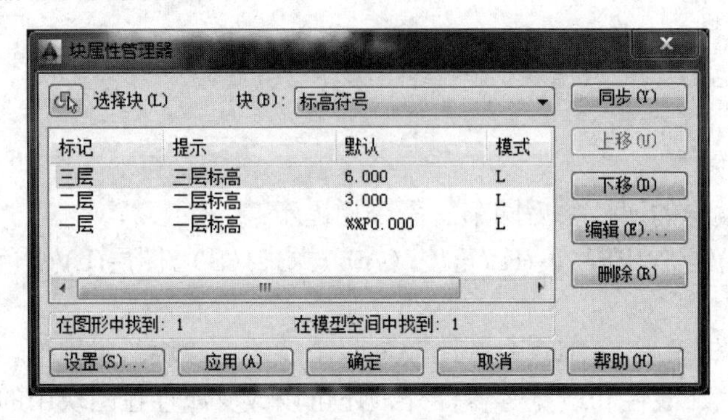

图 9-20 【块属性管理器】对话框

① 利用【块】下拉列表可以选择要编辑的块。

② 单击【同步】按钮，更新具有当前定义的属性特性的选定块的全部实例。此操作不会影响每个块中赋给属性的值。

③ 在属性列表中选择属性后，单击【上移】或【下移】按钮，可以移动属性在列表中的位置。

④ 单击【设置】按钮，打开【块属性设置】对话框，如图 9- 21 所示。从中可以自定义【块属性管理器】中属性信息的列出方式。

⑤ 在图 9-20【块属性管理器】对话框属性列表中选择某属性后，单击【编辑】按钮，可以打开【编辑属性】对话框，如图 9-22 所示。在该对话框中，可以修改属性模式、标记、提示与默认值，属性的文字选项、属性所在图层，以及属性的线型、颜色和线宽。

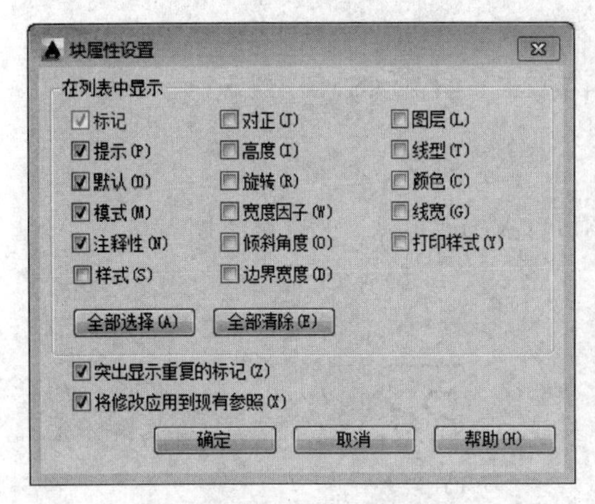

图 9-21 【块属性设置】对话框

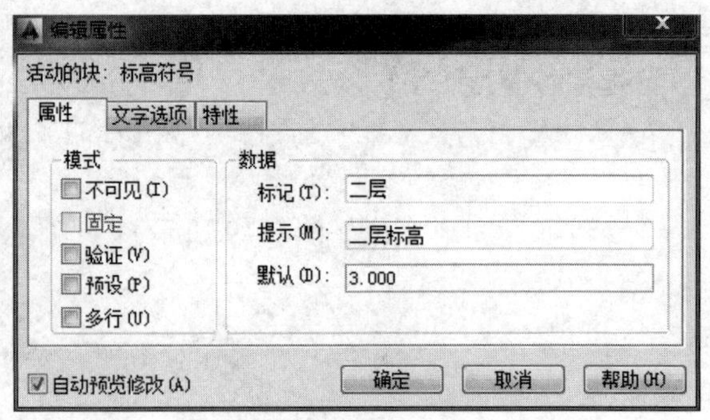

图 9-22 【编辑属性】对话框

⑥ 在图 9-20【块属性管理器】对话框中，单击【删除】按钮，从块定义中删除选定的属性。如果在选择【删除】之前已选择了【块属性设置】对话框中的【将修改应用到现有参照】复选框，将删除当前图形中全部块实例的属性。对于仅具有一个属性的块，【删除】按钮不可使用。

⑦ 在图 9-20【块属性管理器】对话框中，单击【应用】按钮，应用所做的更改，但不关闭对话框。单击【确定】按钮，关闭对话框，确定所做的修改。

第三节　动　态　块

一、动态块概述

动态块是一种特殊的块。除集合图形外，动态块中通常还包含一个或多个参数和动作，它具有灵活性和智能性。动态块允许用户在操作时通过自定义夹点或自定义特性来操作几何图形。这使得用户可以根据需要调整块参照。例如，如果在图形中插入一个“门”块参照，在编辑图形时可能需要改变门的大小、门的开启方向或在倾斜任意角度的墙上面插入门图块等。这种情况下，就可将门图块定义为动态的，如图 9-23 所示的“门”动态块就可以实现多种动态调整功能。

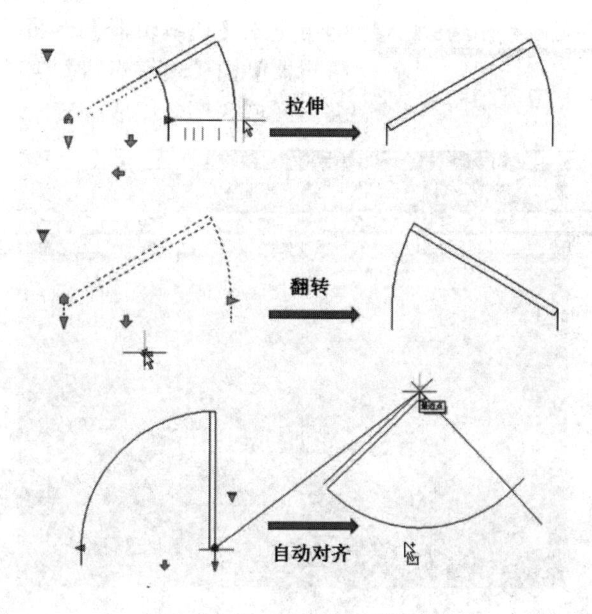

图 9-23　门动态块的效果示意

动态块包括两个基本特性——参数和动作。要使图块成为动态块，除几何图形外，必须至少有一个参数以及一个与该参数关联的动作。“参数”是指通过指定块中几何图形的位置、距离和角度来定义动态块的自定义特性；“动作”是用于定义修改块时的动态块的几何图形如何移动和修改。向动态块定义中添加动作后，必须将这些动作与对应的参数相关联，并指定动作将影响的图形集。当然，动态块的定义也是通过动态块的参数和动作实现的。只能通过【块编辑器】实现。因此，定义动态块的操作步骤如下。

① 使用块定义的方法定义一个普通的块。

② 使用块编辑器在普通块中添加参数。

③ 使用块编辑器在普通块中添加动作。

二、块编辑器

该命令有以下三种调用方式。

◎ 下拉菜单：【工具】/【块编辑器】。

◎ 工具栏：【标准】中的 (块编辑器)按钮。

◎ 命令行：BEDIT↙。

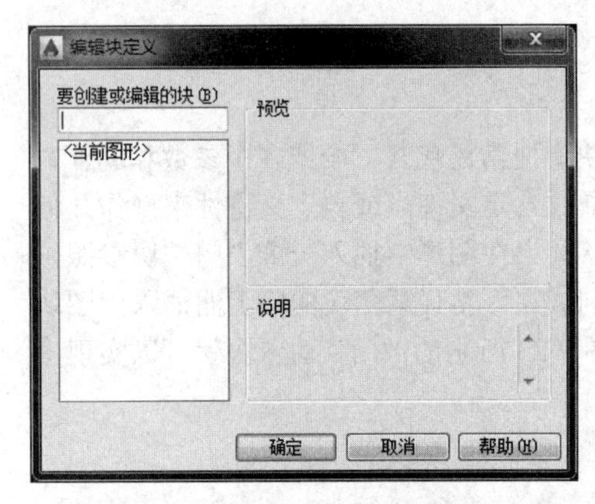

图 9-24 【编辑块定义】对话框

该命令执行后，系统将弹出如图 9-24 所示【编辑块定义】对话框。在【要创建或编辑的块】文本框中可以选择已经定义的块，也可以选择<当前图形>，当前图形将在块编辑器中打开，在图形中添加动作元素后，可以保存图形并将其作为动态块插入到另一个图形文件中，同时可以在【预览】窗口查看选择的块，在【说明】窗口将显示关于该块的一些信息。

单击【编辑块定义】对话框的【确定】按钮，即可进入【块编辑器】界面，如图 9-25 所示。【块编辑器】由【块编辑器】工具栏、块编写选项板和编写区域 3 部分组成。

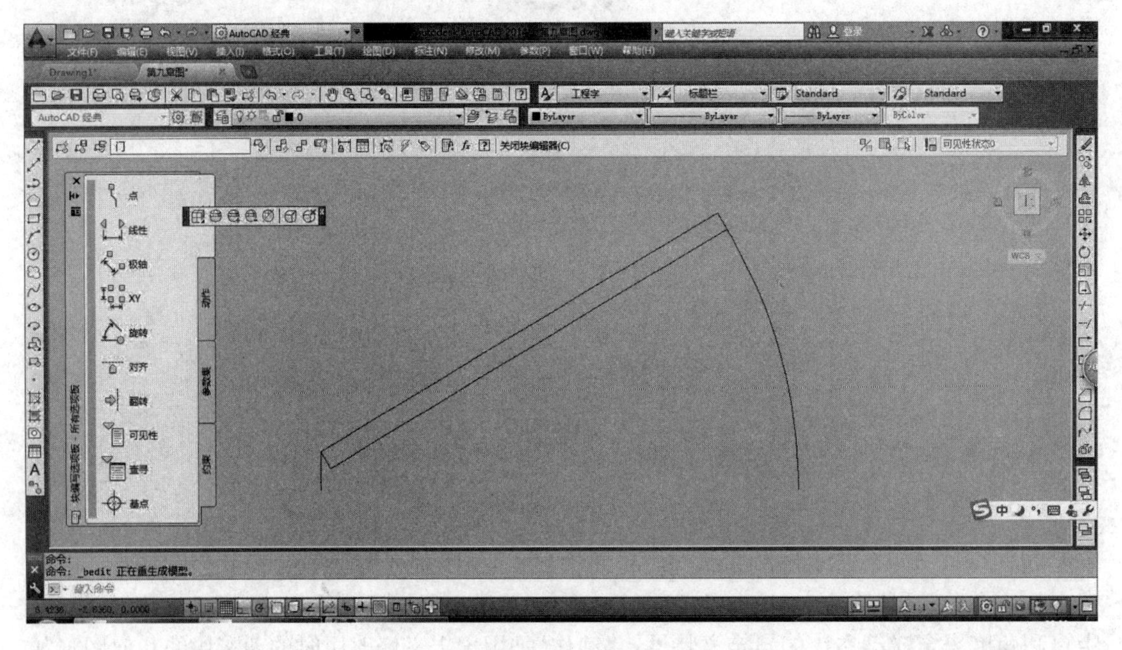

图 9-25 【块编辑器】

1. 【块编辑器】工具栏

【块编辑器】工具栏位于整个编辑区的正上方，提供了用于创建动态块以及设置可见性状态的工具，如 9-26 所示。

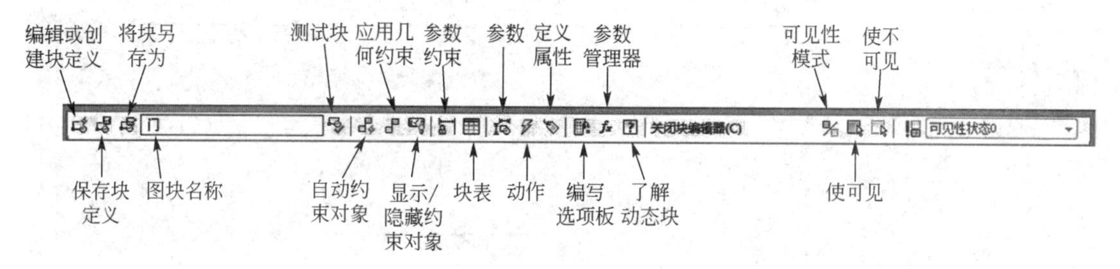

图 9-26 【块编辑器】工具栏

2. 块编辑器选项板

块编辑器的选项板专门用于创建动态块，包括“参数”“动作”“参数集”和“约束”4 个选项板，如图 9-27 所示。

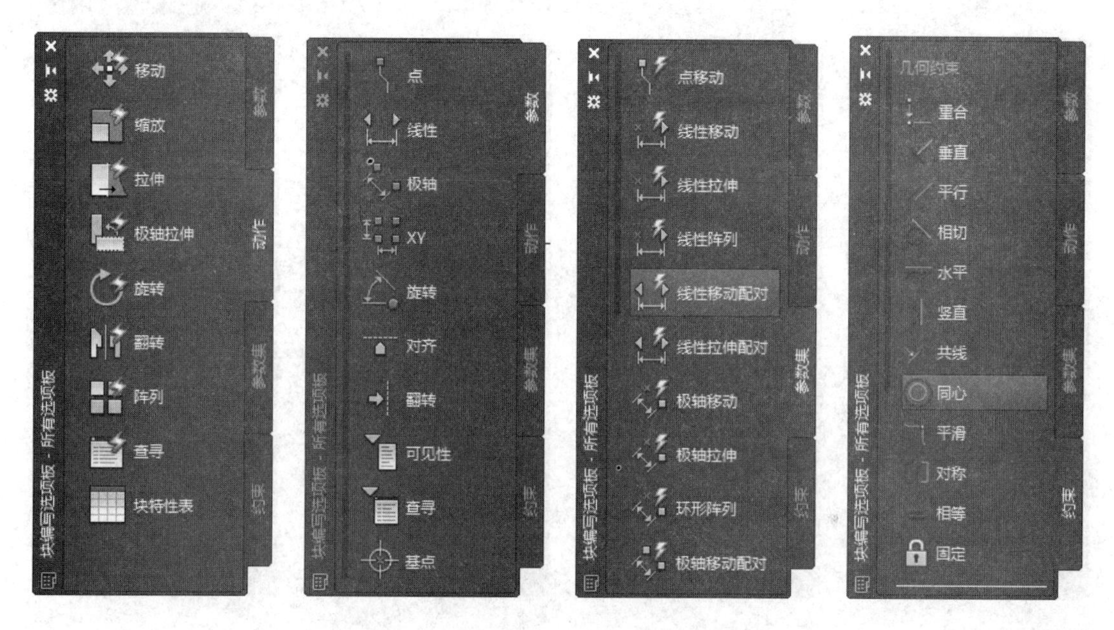

图 9-27 【块编辑器】中的选项板

3. 编写区域

块编辑器在编写区域所编辑的块，此时显示为各个组成块的单独对象，可以添加和删除对象，像编辑图形那样编辑块中的组成对象。块编辑器中的坐标原点为块的基点。

【例 9-9】 创建“标高”动态图块。

操作步骤如下。

① 参照图 9-14 的操作步骤，建立带属性的“标高”属性块，如图 9-28 所示。

② 单击工具栏上【标准】中的 (块编辑器) 按钮；打开【编辑块定义】对话框，选择第一步中创建“标高”图块后，单击【确定】按钮，进入【块编辑器】界面，如图 9-29 所示。

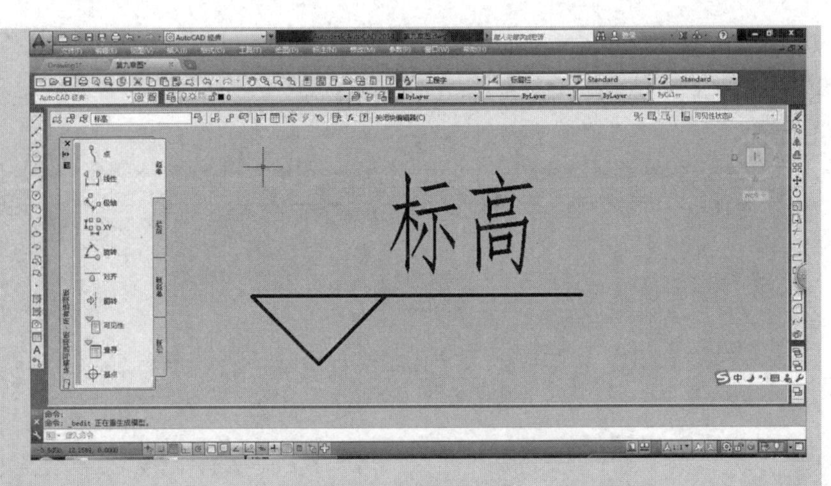

图 9-28　创建标高属性快　　　　图 9-29　编辑“标高”动态块

③ 在【块编辑器】界面中，选择【参数】选项卡上的【翻转】参数，在编写区域选择三角形下顶点并拉出一条水平线为投影线，如图 9-30 所示。命令行提示如下。

命令:BPARAMETER

指定投影线的基点或 [名称(N)/标签(L)/说明(D)/选项板(P)]:设置投影线的基点

指定投影线的端点:设置另一端点

指定标签位置:设置夹点位置

④ 选择【动作】选项卡上的【翻转】动作，然后选择“翻转状态 1”，在“选择对象”提示下选取全部对象和翻转夹点，再确定标签位置在三角形下顶点，如图 9-31 所示。命令行提示如下。

命令：BACTIONTOOL

选择参数：(选择翻转状态 1)

指定动作的选择集

选择对象：指定对角点：找到 6 个（选择翻转对象）

选择对象：↙

⑤ 同样方法，可以竖直线为翻转基准线设置翻转【参数】和翻转【动作】，如图 9-32 所示。

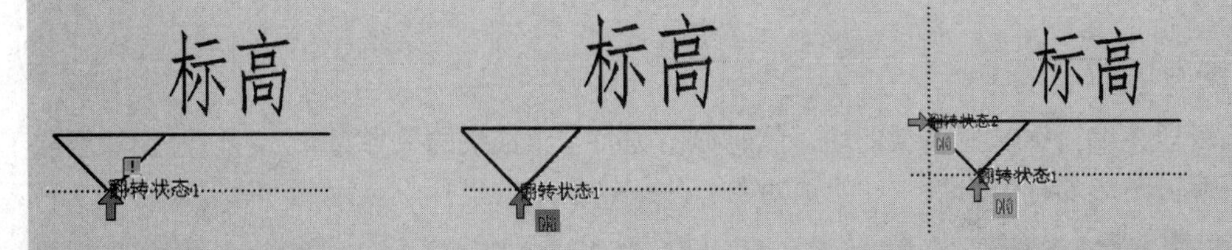

图 9-30　添加“翻转”参数　　图 9-31　添加翻转动作　图 9-32　添加以竖直线为翻转基准线的翻转动作

⑥ 单击按钮，保存当前块定义。然后单击关闭块编辑器(C)按钮，关闭【块编辑器】回到绘图区域。

⑦ 单击（插入块）按钮，系统弹出【插入】对话框，在【名称】下拉列表中选择“标高”图块，单击【确定】按钮，在水平线上插入“标高”图块，并设置其属性值为 5.600，

如图 9-33 所示。

⑧ 翻转修改“标高”图块。在命令行没有输入任何命令的状态下，选择激活“标高”动态块，点击“标高”三角形下顶点处的翻转夹点，得到图 9-34（a）的上下翻转效果。单击“标高”三角形左顶点处的翻转夹点，得到图 9-34（b）的左右翻转效果。

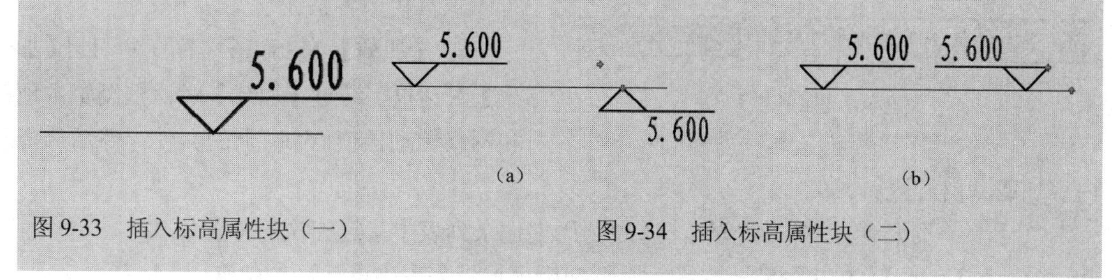

图 9-33 插入标高属性块（一）　　图 9-34 插入标高属性块（二）

第四节　AutoCAD 2015 设计中心

AutoCAD 2015 为用户提供了一个直观、高效的设计中心控制面板。通过设计中心，用户可以组织对图形、块、图案填充、打印样式、图层和其他图形内容的访问；可以将源图形中的任何内容拖动到当前图形中；还可以将图形、块和填充拖动到工具选项板上；源图形可以位于用户的计算机上、网络位置或网站上。另外，如果打开了多个图形，则可以通过设计中心，在图形之间复制和粘贴其他内容（如图层定义、布局和文字样式）来简化绘图过程。

一、设计中心主界面

用户可通过以下三种命令方式来打开设计中心窗口。

◎ 下拉菜单：【工具】/【选项板】/【设计中心】。

◎ 工具栏：![]。

◎ 命令行：ADCENTER↙。

该命令执行后，系统将弹出如图 9-35 所示设计中心主界面。

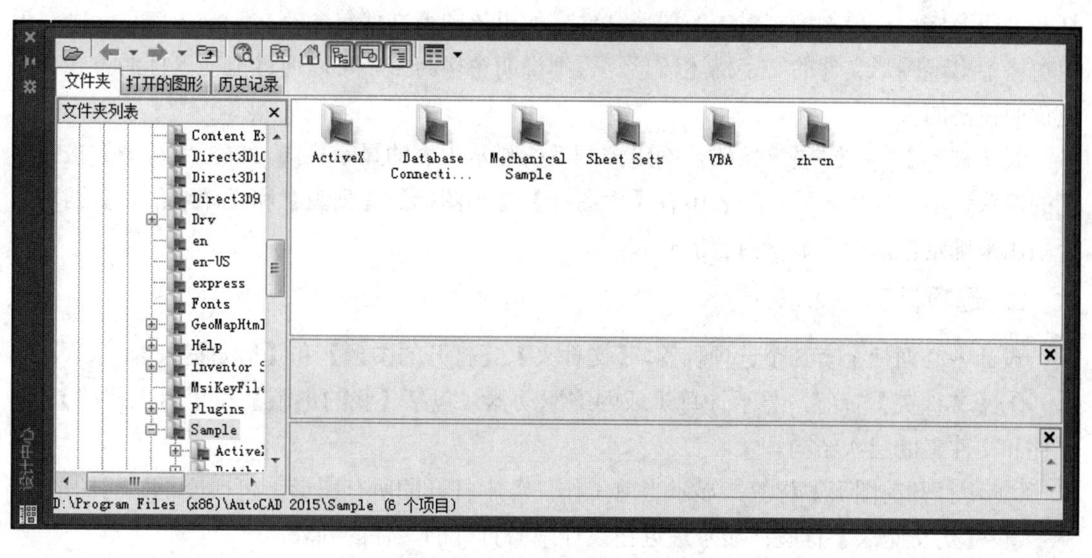

图 9-35 【设计中心】主界面

AutoCAD 2015 设计中心主要由工具栏、树状图、项目列表、预览区和说明窗口组成。

1. 工具栏

工具栏中包含有常用的工具命令按钮，如图 9-36 所示。

图 9-36 【工具栏】

工具栏中各按钮含义如下。

①【加载】：单击按钮，将打开【加载】对话框，通过【加载】对话框浏览本地和网络驱动器或 Web 上的文件，然后选择内容加载到内容区域。

②【上一页】：单击按钮，返回到历史记录列表中最近一次的位置。

③【下一页】：单击按钮，返回到历史记录列表中下一次的位置。

④【上一级】：单击按钮，返回到上一级目录。

⑤【搜索】：单击按钮，将打开【搜索】对话框，用户从中可以指定搜索条件以便在图形中查找图形、块和非图形对象。

⑥【收藏夹】：单击按钮，在内容区域中显示【收藏夹】文件夹的内容。

⑦【主页】：单击按钮，显示设计中心主页中的内容。

⑧【树状图切换】：单击按钮，显示和隐藏树状视图。如果绘图区域需要更多的空间，需隐藏树状图，树状图隐藏后，可以使用内容区域浏览器并加载内容。

⑨【注意】：单击按钮，在树状图中使用【历史记录】列表时，【树状图切换】按钮不可用。

⑩【预览】：单击按钮，该按钮用于实现预览窗格打开或关闭的切换，以确定是否显示预览图像。打开预览窗格后，单击控制板中的图形文件，如果该图形文件包含预览的图像，则在预览窗格中显示该图像，否则预览窗格为空。可以通过拖动鼠标的方式改变预览窗格的大小。

⑪【说明】：单击按钮，实现打开或关闭说明窗格的切换，以确定是否显示说明内容，打开说明窗格后，单击控制板中的图形文件，如果该图形文件包含有文字描述信息，则在说明窗格中出现图形文件的文字描述信息。否则说明窗格为空。可以通过拖动鼠标的方式来改变说明窗格的大小。

⑫【视图】：单击按钮，确定控制板所显示内容的显示格式。单击【视图】按钮右侧的箭头弹出下拉列表，该列表中有【大图标】、【小图标】、【列表】和【详细信息】四项，分别用来确定控制板上显示内容的格式。

2. 选项标签

设计中心面板上有 3 个选项标签，【文件夹】、【打开的图形】和【历史记录】。

①【文件夹】标签：显示计算机或网络驱动器（包括【我的电脑】和【网上邻居】）中文件和文件夹的层次结构。

②【打开的图形】标签：显示当前工作任务中打开的所有图形，包括最小化的图形。

③【历史记录】标签：显示最近在设计中心打开的文件的列表。

3. 树状图

树状图显示用户计算机和网络驱动器上的文件和文件夹的层次结构、打开图形的列表、自定义内容以及上次访问过的位置的历史记录，如图 9-35 所示。选择树状图中的选项以便在内容区域中显示其内容。

4. 控制板

设计中心左侧的控制板包括有 3 个控制按钮：【特性】、【自动隐藏】和【关闭】。

①【特性】：单击按钮，弹出设计中心【特性】菜单，如图 9-37 所示。可以进行移动、缩放、隐藏设计中心选项板。

②【自动隐藏】：单击按钮，可以控制设计中心选项板的显示或隐藏。

③【关闭】：单击按钮，将关闭设计中心选项板。

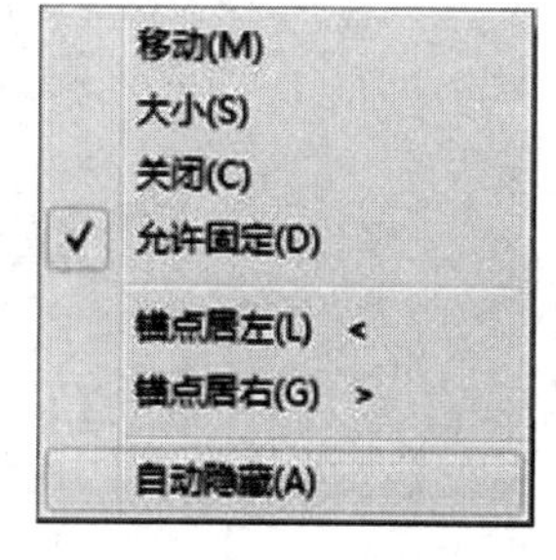

图 9-37 【特性】菜单

二、利用设计中心制图

1. 查找所需图形文件

在设计中心选项板中，可以将项目列表框或者【查找】对话框中的内容直接拖放到打开的图形中，还可以将内容复制到剪贴板上，然后再粘贴到图形中。根据插入内容的类型，还可以选择不同的方法。

单击【设计中心】上按钮，将打开【搜索】对话框，在该对话框的【搜索】下拉列表中，可选择需要查找的目标对象，默认情况下选择的是“图形”选项。搜索的内容不同，下面搜索内容部分的显示也会有所不同。搜索的内容包括图形、图层、标注样式、文字样式等。

在图形选项卡中，【搜索文字】文本框中用于输入诸如图形名称或作者等文字信息以确定要查找什么。“位于字段”下拉列表框用于选择一个要查找的区域类型，包括文件名、标题、主题、作者及关键字等。在设置完成后单击“立即搜索”按钮，系统将自动在所选择的路径下搜索与用户的名称相对应的所有内容，在下方的搜索结构中将列出搜索结构，如图 9-38 所示。

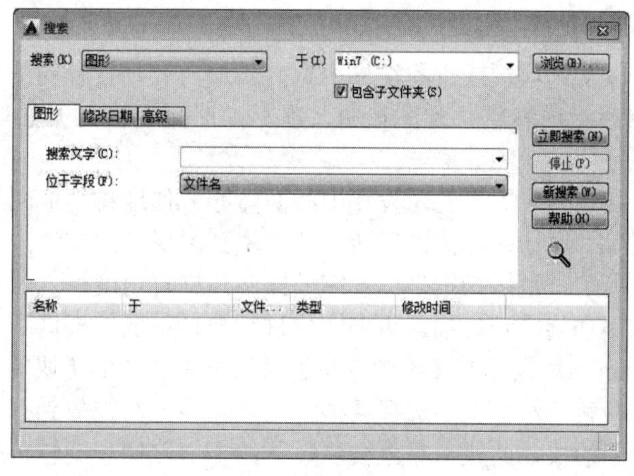

图 9-38 【图形】选项卡搜索文件

【修改日期】选项卡用于指定要查找的图形文件的编辑日期，如图 9-39 所示。

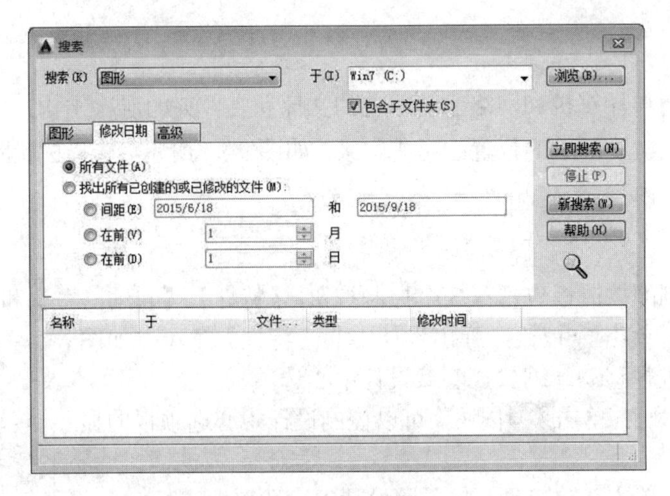

图 9-39 【修改日期】选项卡搜索文件

【高级】选项卡用于指定额外的参数来查找文件。如图 9-40 所示。

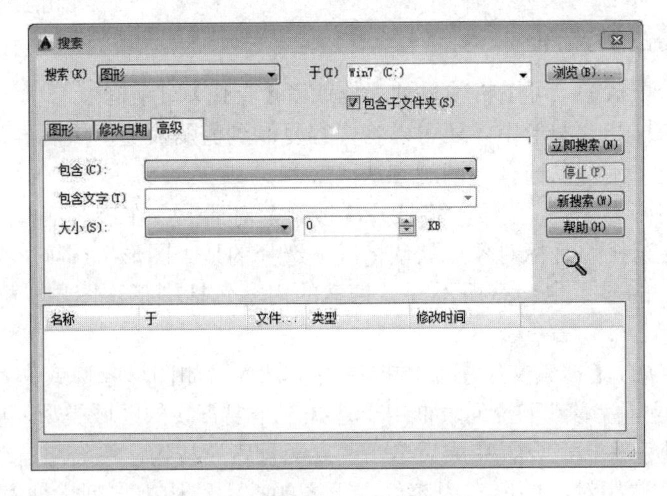

图 9-40 【高级】选项卡搜索文件

2. 向图形添加内容

通过设计中心可以从选项板或查找结果中直接添加内容到打开的图形文件中，或将内容复制到粘贴板上，然后将内容粘贴到图形中。在粘贴时采用哪种方法取决于所添加的内容类型。

（1）图块　利用 AutoCAD 里的【设计中心】能够方便地将其他图纸里的“块”图形插入到正在设计的图纸里。设计中心提供了两种插入块到图形中的方法：一种是按默认缩放比例和旋转角度插入，另一种是按指定坐标、缩放比例和旋转角度插入。

若按默认缩放比例和旋转角度插入可多图块进行自动缩放，根据两者之间的比例插入图块。当插入块时，AutoCAD 根据在【绘图单位】对话框中设置的【块的绘图单位】对其进行换算。从选项板或“搜索”对话框中选择要插入的块，并把它拖放到打开的图形文件中。在指定的位置上松开拖动的块，此块对象就会以默认的缩放比例和旋转角度插入到当前图形文件中。

若按指定坐标、缩放比例和旋转角度插入，就要定义插入块的各种参数。从选项板或【搜索】对话框中选择要插入的块，右击从快捷菜单中选择“插入块”命令，打开【插入】对话框，如图 9-41 所示。利用该对话框，设置块的插入点坐标、缩放比例和旋转角度值，单击确定按钮，则被选择的块就以设定的参数插入到图形中。

（2）插入自定义的内容　通过设计中心，可将原有图形中用户自定义的图层、线型、标注样式、文字样式、表格样式等添加到当前图形中，其操作简单方便。将某个项目拖动到某个图形的图形区，按照默认设置（如果有）将其插入。也可在内容区中的某个选项上单击鼠标右键，将显示包含选项的快捷菜单，如图 9-42 所示。

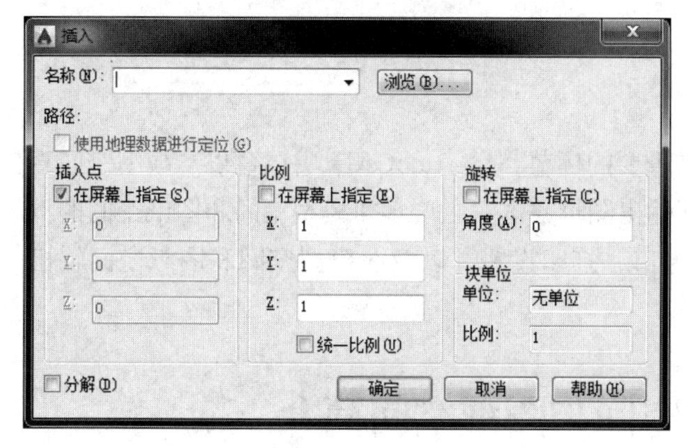

图 9-41　【插入】对话框

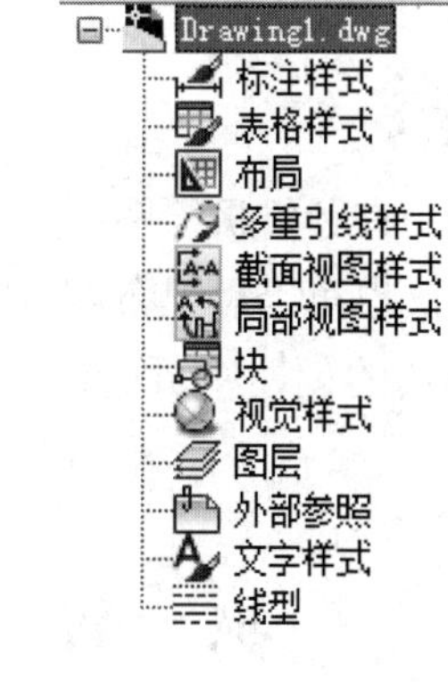

图 9-42　利用设计中心插入用户自定义项目

【习题与操作】

1．将单扇门定义成图块，命名为“单扇门”，并给“单扇门”图块附加属性，如“M900”，效果如图 9-43 所示。

2．将“单扇门”图块创建成动态块，可控制门的位置、大小和翻转状态，如图 9-44 所示。

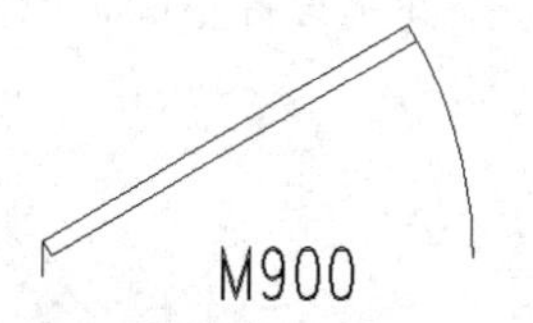

图 9-43　带属性的“单扇门”图块

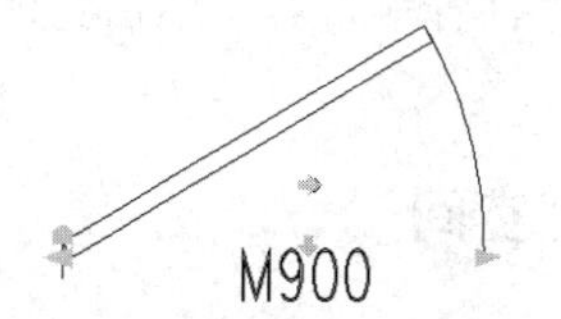

图 9-44　“单扇门”动态块

3．创建“标高符号”附加属性的动态块，并绘制图 9-45。

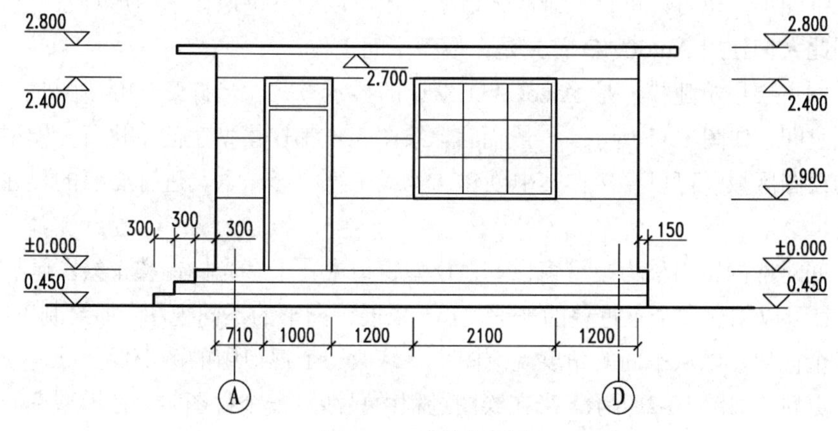

图 9-45　建筑立面图

第十章

布局的创建与图形的打印输出

图形输出在计算机绘图中是一个非常重要的环节。在 AutoCAD 中，可以从模型空间直接输出图形，也可以设置布局从图纸空间输出图形。本章主要学习模型空间和图纸空间的概念、图形布局的创建、页面设置、辅导窗口、打印设置，以及在模型空间和图纸空间输出图形。

第一节　模型空间与图纸空间简介

在 AutoCAD 中有两种绘图工作空间，一种是模型空间（Model Space），另一种是图纸空间（Paper Space）。通常在模型空间 1∶1 进行设计绘图；为了与其他设计人员交流、进行产品生产加工，或者工程施工，需要输出图纸，这就需要在图纸空间进行排版，即规划视图的位置和大小，将不同比例的视图安排在一张图纸上并对它们标注尺寸，给图纸加上图框、标题栏、文字注释等内容，然后打印输出。可以这么说，模型空间是设计空间，而图纸空间是表现空间。

一、模型空间

模型空间中的“模型”是指在 AutoCAD 中用绘制与编辑命令生成的代表现实世界物体的对象，而模型空间是建立模型所处的 AutoCAD 环境，可以按照物体的实际尺寸绘制、编辑二维或三维图形，也可以进行三维实体造型，还可以全方位地显示图形对象，它是一个三维环境。因此人们使用 AutoCAD 首先是在模型空间工作。

模型空间主要用于建模，是 AutoCAD 默认的显示方式。当打开一幅新图时，系统将自动进入模型空间，如图 10-1 所示。一般而言，绘图工作都在模型空间中进行。模型空间是一个无限大的绘图区域，可以直接在其中创建二维或三维图形，以及进行必要的尺寸标注和文字说明。

模型空间对应的窗口称为模型窗口。在模型窗口中，十字光标在整个绘图区域都处于激活状态，并且可以创建多个不重叠的平铺视口，以展示图形的不同视图，如绘制三维图形时，可以创建多个视口，以从不同的角度观测图形。修改一个视口中的图形后，其他视口中的图形也会随之更新，如图 10-2 所示。当在绘图过程中只涉及一个视图时，在模型空间即可完成图形的绘制、打印等操作。

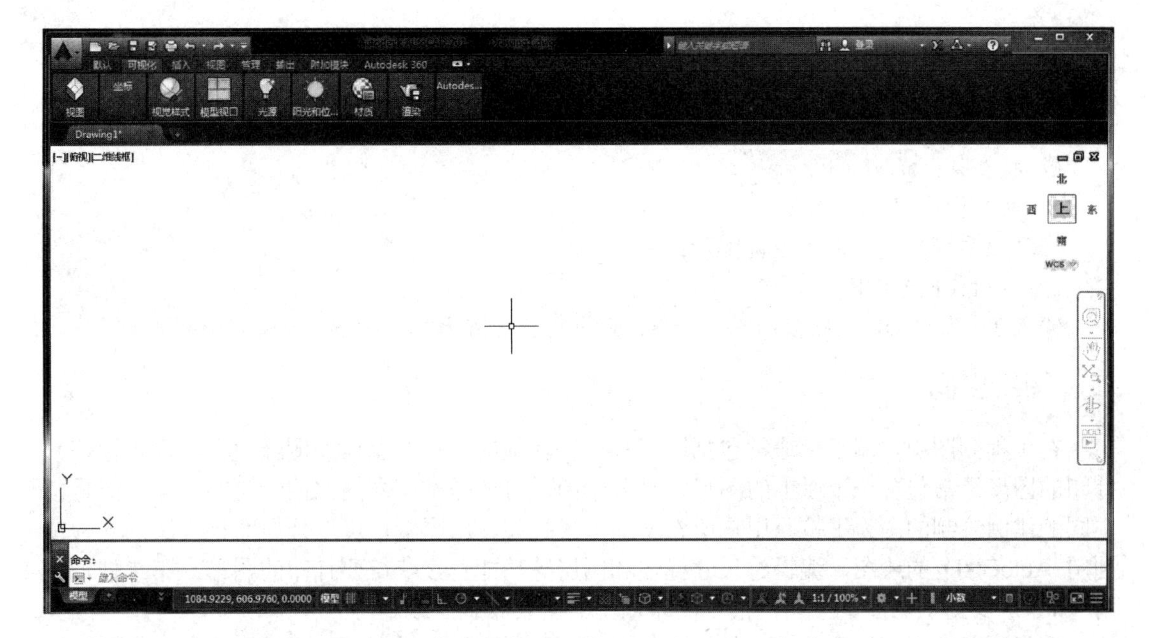

图 10-1　模型空间

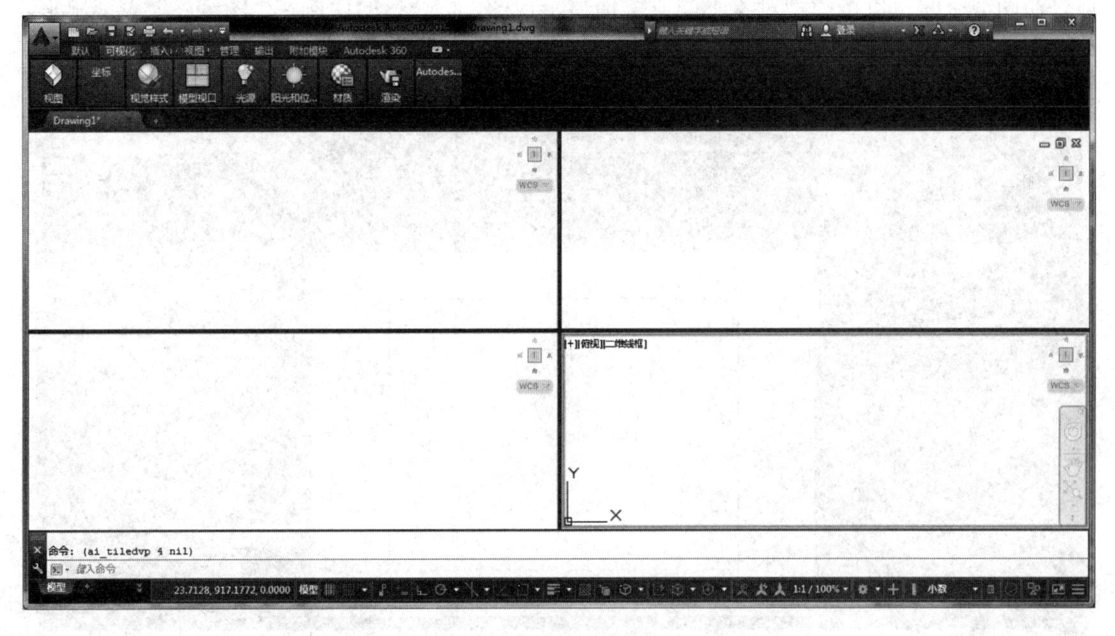

图 10-2　模型空间的视口

模型空间中视口的特征如下所述。

① 在模型空间中，可以绘制全比例的二维图形和三维模型，并带有尺寸标注。

② 在模型空间中，最多可以同时显示 4 个视口，但在某一时刻只有一个视口处于激活状态，每个视口都包含对象的一个视图。

③ 视口是矩形平铺的，它们不能重叠，总是彼此相邻。

④ 十字光标只能出现在一个视口中，并且也只能编辑该活动的视口（平移、缩放等）。

⑤ 只能打印活动的视口，即被激活的视口。如果 USC 图标设置为 ON，该图标会同时出现在每个视口中。

⑥ 可用 VPORTS 命令创建视口（视口的形状只能是矩形）和视口设置（只能按 AutoCAD 给定的格式），并且可以保存起来，以备以后用到。

启用【模型空间】有以下两种方式。

◎ 状态条：模型 布局1 布局2。

◎ 命令行：TILEMODE↙。

启动该系统变量后，命令行提示：

命令：TILEMODE↙

输入 TILEMODE 的新值<1>：（当 TILEMODE 设置为 1，系统处于模型空间）

二、图纸空间

在工程制图中，图纸上通常包括图形和一些其他的附加信息（如图纸边框、标题栏等）。打印的图形经常包含一个以上的图形，且各个图形可能是按相同的比例绘制的，也可能是按不同的比例绘制的。为了按照用户所希望的方式打印输出图纸，可以采用两种方法：一种是利用 AutoCAD 的绘图、编辑、尺寸标注和图层等功能直接获得要打印的图形；第二种是利用 AutoCAD 提供的图纸空间，根据打印输出的需要布置图纸。

图纸空间的“图纸”与真实的图纸相对应，图纸空间是设置、管理视图的 AutoCAD 环境。在图纸空间可以按模型对象不同方位地显示视图，按合适的比例在“图纸”上表现出来，还可以定义图纸的大小、生成图框和标题栏，如图 10-3 所示。模型空间中的三维对象在图纸空间中是用二维平面上的投影来表示的，因此它是一个二维环境。

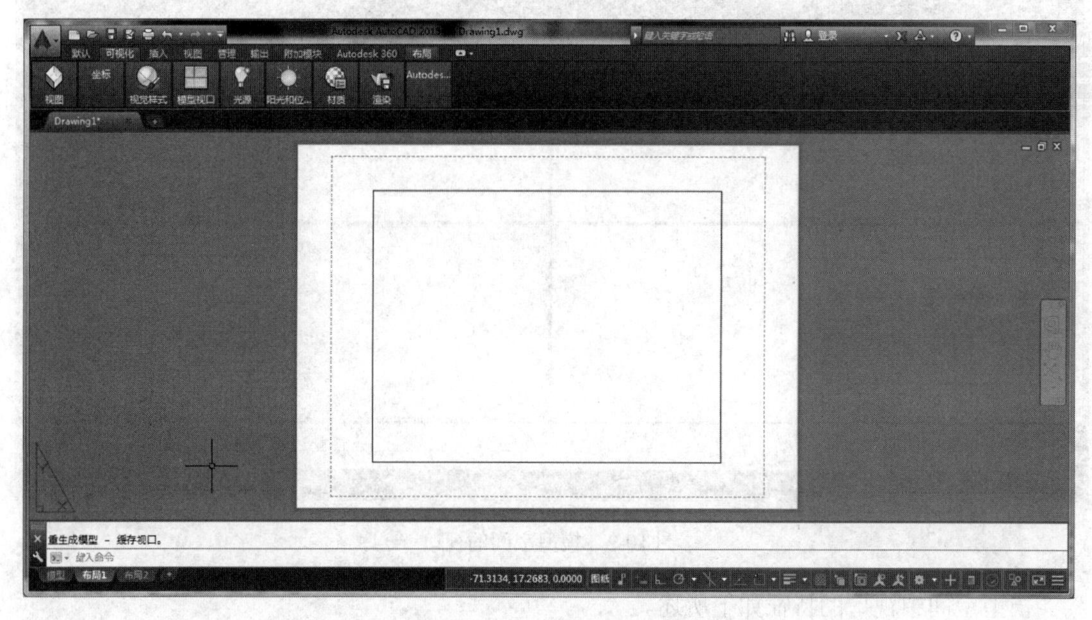

图 10-3　布局空间

图纸空间完全模拟图纸页面，又称布局图，主要用于安排图形的输出布局。在图纸空间中，窗口最外侧轮廓线表示当前配置的图纸边界，虚线表示图纸可打印区域的边界，中间矩形表示浮动视口边界。在图纸空间里，用户所要考虑的是图形在整张图纸中如何布局，如图形排列、绘制立体图的三视图、局部放大图等。当同一图形有不同比例，或同一幅图纸中不同比例的图形，或一幅图纸中同时打印立体图和三视图时，都需要借助于图纸空间。

尽管模型空间只有一个，但用户可以根据需要创建多个布局，如布局 1、布局 2、布局 3

等，以便在不同的图纸中分别打印图形的不同部分。

图纸空间中视口（即浮动视口）的特征如下。

① 在图纸空间中，可以完成类似模型空间工作，如绘制全比例或缩小比例的二维图形和三维模型，并进行尺寸标注。

② 在图纸空间中，通过系统变量 MAXACTVP，可以设置布局中可同时激活的浮动视口的数目，最大数目为 64 个。

③ 浮动视口不是平铺的，可以用各种方式将它们重叠、分离。

④ 十字光标可以不断延伸，穿过整个图形屏幕，与每个浮动视口无关。

⑤ 可以同时打印多个浮动视口、每个浮动视口都在创建它的图层上，视口边界的线型总为实线，且与层的颜色相同。出图时如不想打印视口，可将其单独置于一个图层上，冻结即可。不同的浮动窗口可以显示不同的 USC 图标。

⑥ 可以通过 MVIEW 命令创建并控制布局视口（任何闭合的造型都可以当作视口的边界范围），SOLVIEW 命令可以使用正交投影法创建布局视口，未生成三维实体及形体对象的多面视图与剖视图创建视口，或用 VPORTS 命令恢复在模型空间中保存的视口。

⑦ 浮动视口的边界是实体，可删除、移动、缩放和拉伸等，视口的形状也没有限制，可以是矩形、圆形或多边形。

启用【图纸空间】有以下两种方法。

◎ 状态条：模型 布局1 布局2。

◎ 命令行：TILEMODE↙。

启动该系统变量后，命令行提示：

命令：TILEMODE↙

输入 TILEMODE 的新值<1>：0↙（当 TILEMODE 设置为 0，系统处于图纸空间）

空间管理操作方法如下。

右击绘图窗口下【模型】或者【布局】选项卡，在弹出的快捷菜单中选择相应的命令，可以对布局进行删除、新建、重命令、移动、复制、页面设置等操作，如图 10-4 所示。

在实际工作中，常常需要在图纸空间与模型空间之间作相互切换。方法很简单，单击绘图区左下角的“布局空间”选项卡，即“布局 1”或“布局 2”进入布局空间，设置图样打印输出的布局效果，如图 10-5 所示。设置完成后，单击“模型”选项卡即可返回模型空间。

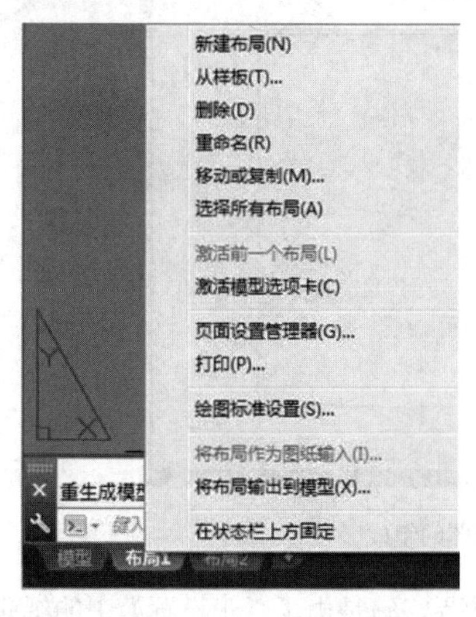

图 10-4 通过【布局】选项卡新建布局

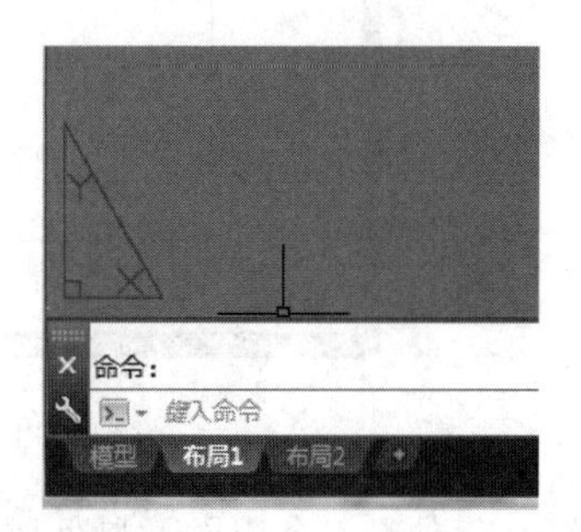

图 10-5 空间切换

第二节　布局的创建与管理

上一节介绍了模型空间和图纸空间，本节将介绍布局的创建与管理。模型空间主要用于绘制模型，图纸空间主要用于设置打印输出。但是，绘制与编辑图形的大部分命令在图纸空间中都可以使用。

一、使用布局命令创建布局

【新建布局】命令用于新建一个布局，但不做任何设置。默认情况下，每个模型允许创建 225 个布局。选择该选项后，将在命令行提示中指定布局的名称，输入布局名称后即创建完成。如图 10-6 所示。用户可以创建多个布局来显示不同的视图，每个视图可包含不同的绘图样式（绘图比例和图纸大小）。

图 10-6　使用布局命令创建布局

创建布局有多种方式。

◎ 使用【页面设置】对话框。

◎ 使用布局向导。

◎ 使用新布局。

二、使用布局向导创建布局

该命令有以下两种调用方式。

◎ 下拉菜单：【工具】/【向导】/【创建布局】。

◎ 右击绘图窗口下的【模型】或【布局】选项卡，在弹出的快捷菜单中，选择【新建布局】。

该命令执行后，系统将弹出一个如图 10-7 所示的【创建布局-开始】对话框。通过布局向导创建的布局，在其创建过程中可以进行页面大小的设置。

图 10-7 布局图的组成

布局图中存在着 3 个边界。最外层是纸张边界，它是由【纸张设置】中的纸张类型和打印方向确定的。靠内的一个虚线框是打印边界，其作用就如 Word 文档中的页边距一样，只有位于打印边界内部才会被打印出来，位于图形对象周围的实线线框为视口边界，边界内部的图形就是模型空间中的模型。同时，视口边界的大小是可调的。

第三节　视口的创建与编辑

在构造布局时，我们可以将浮动视口视为图纸空间的图形对象，可通过夹点对其进行移动和调整大小等操作。在图纸空间中无法编辑模型空间中的对象，如果要编辑模型，必须激活浮动视口，进入浮动模型空间。

一、创建视口

创建浮动视口时，只需要切换到布局窗口，然后执行【可视化】菜单中的【视口模型】子菜单下的相应命令即可，如图 10-8 所示。

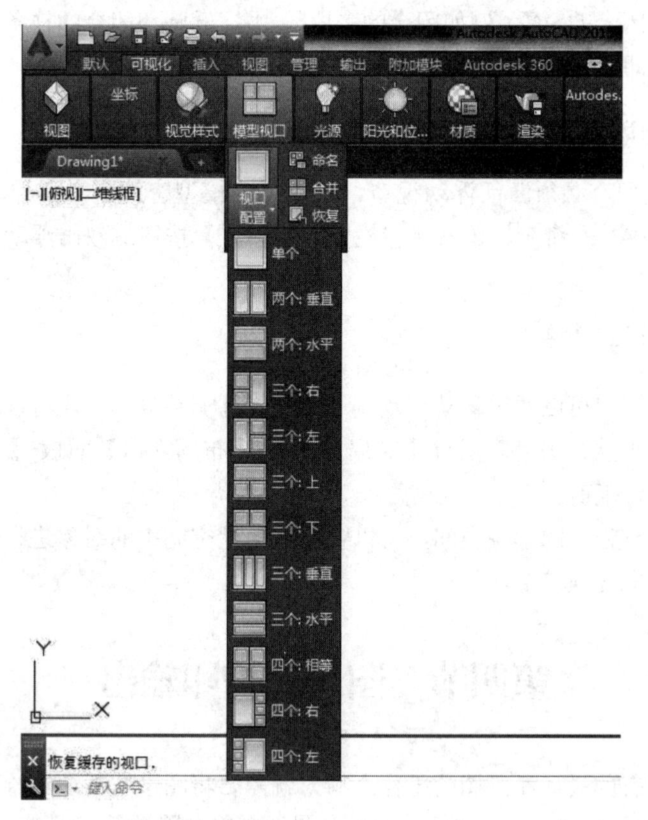

图 10-8　创建视口

该命令调用方式如下所述。

◎下拉菜单：【可视化】/【视口模型】，在命令行提示下选择【右（R）】选项后，就可以创建视口。

在布局窗口，浮动视口被视为对象。选择浮动视口的边框后，将显示其夹点，拉伸其夹点，即可对视口的大小进行调整，如要是删除浮动视口，按照删除对象的方法即可，例如，选择视口后按【Delete】键。

二、创建特殊形状的浮动视口

除了矩形视口，还可以创建特殊形状的浮动视口，这些不规则的视口只能在布局窗口创建，而不能在模式窗口创建，一般有以下两种方式创建非矩形特殊形状的浮动视口。

◎ 经典模式。

选择菜单栏中的【视图】/【视口】/【多边形视口】命令。其命令提示与绘制多段线时相同，但最后如果多段线不闭合，系统会自动闭合，这种方法一般用于创建多边形的视口。

◎ 命令行：MVIEW↙

该命令执行后，命令行提示：

指定视口的角点或【开（ON）/关（OFF）/布满（F）/着色打印（S）/锁定（L）/对象（O）/多边形（P）/恢复（R）/图层（LA）/2/3/4】<布满>：/【输入“O”选择“对象（O）”选项】

选择要剪切视口的对象：

此时选择一个闭合的对象，例如闭合的多段线、圆、椭圆和闭合的样条曲线等，按【Enter】键或单击鼠标右键即可完成创建视口。

三、浮动视口的激活

如果要编辑模型，必须激活浮动视口，进入浮动模型空间。激活浮动视口的方法有很多，如可执行 MSPACE 命令、单击状态栏上的【图纸】按钮或双击浮动视口区域中的任意位置。

四、视口的编辑与调整

创建好的浮动视口可以通过移动、复制等命令进行调整复制，还可以通过编辑视口的夹点调整视口的大小形状，另外，通过【布局】标签/【布局视口】面板/【剪裁】按钮，还可以对视口的边界进行裁剪。

如果双击进入到视口的模型空间，可以直接对模型空间中的对象进行修改，修改将反映在所有显示修改对象的视口中。

第四节　图形的打印输出

在逐步完成所有的设计和制图的工作之后，就需要将图形文件通过绘图仪或打印机输出为图样，在绘制过程中，AutoCAD 可以为单个图形对象设置颜色、线型、线宽等属性，且这些样式都可以在屏幕上直接显示出来。

一、图形的设置

1. 设置图纸的尺寸

打印机在打印图样时，会默认保留一定的页边距，而不会完全布满整张图样，纸张上除了页边距之外的部分叫做“可打印区域”，如图 10-9 所示。图纸边框是按照标准图纸尺寸绘制的，所以在打印时必须将页边距设置为 0，可将打印区域放大到布满整张纸面，这样打印出的图样才不会出边，如图 10-10 所示。

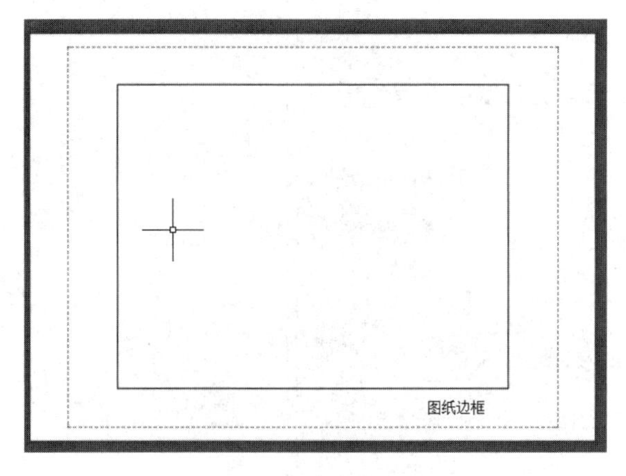

图 10-9 有页边距打印

图 10-10 无页边距打印

2. 设置打印区域

AutoCAD 的绘图空间是可以无限缩放的空间，打印出图时，只需要打印指定的部分，不必在一个很大的范围内打印很小的图形而留下过多的空白空间，或将很多图形内容混乱地打印在一起，这就需要设置打印区域。在【页面设置】对话框中，可以使用“打印区域”部分的【窗口】按钮。

3. 设置打印位置

打印位置是指选择打印区域打印在纸张上的位置，在 AutoCAD 中，【打印】对话框和【页面设置】对话框的“打印偏移”区域，其作用主要是指定打印区域偏移图样左下角的 X 方向和 Y 方向的偏移值，默认情况下，都要求出图填充整个图样。所以 X 和 Y 的偏移值均为 0，通过设置偏移量可以精确的确定打印位置。

通常情况下打印的图形和纸张大小一致，不需要修改设置。选中【居中打印】复选框，则图形居中打印。这个“居中”是指在所选纸张大小 A1、A2 等尺寸的基础上居中，也就是四个方向上各留空白，而不是卷筒纸的横向居中。

二、页面设置

页面设置选项区域保存了打印时的具体设置，可以将设置好的打印方式保存在页面设置的文件中，供打印时调用，在模型空间中打印时，没有一个与之关联的页面设置文件，而每一个布局都有自己专门的页面设置文件。

在此对话框中做好设置后，单击【添加】按钮，给出名字，就可以将当前的打印设置保存到命名的页面设置中。

页面设置在【页面设置管理器】的对话框中进行，调用该命令在命令行输入 PAGESETUP↙。

该命令执行后，系统将弹出如图 10-11 所示的【页面设置管理器】对话框，其中显示了已存在的所有页面设置列表。通过右击选项设置，或单击右边的工具按钮，可以对页面设置进行新建、修改、删除、重命名和当前页面设置等操作。

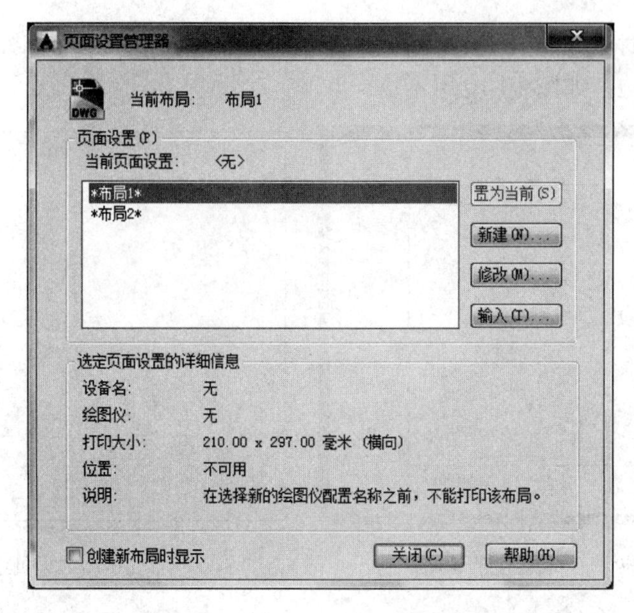

图 10-11 【页面设置管理器】对话框

单击对话框右边的【新建】按钮，新建一个页面，或选中某个页面设置后单击【修改】按钮，打开【页面设置-模型】对话框，当修改选项为其他名称时，如【布局 1】，对话框为【页面设置-布局 1】对话框。在该对话框中，可以设置打印设备、图样、打印区域、比例等选项，如图 10-12 所示。

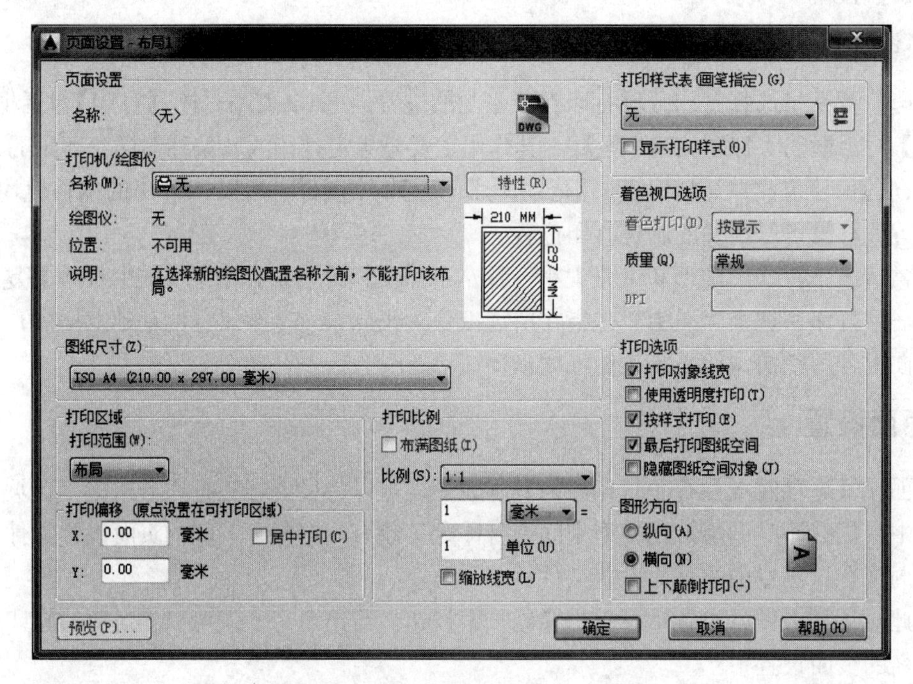

图 10-12 【页面设置-布局 1】对话框

要打印图形时，可在【打印】对话框上方的【页面设置】下拉菜单中，选择现有的页面设置，如图 10-13 所示。选择页面设置后，则按照设置好的区域、大小、打印机等参数进行打印。

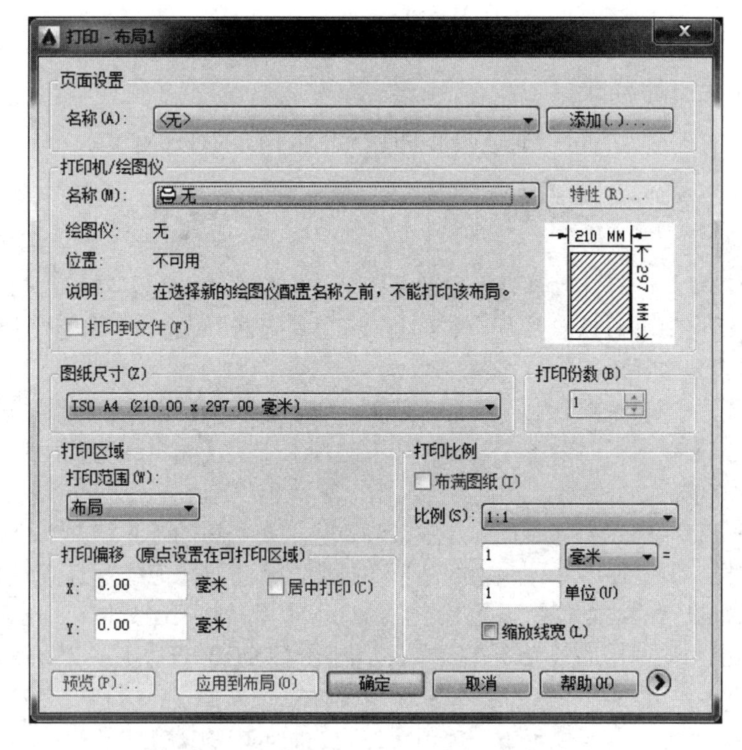

图 10-13　应用页面设置

三、打印样式

打印样式主要是用于打印时修改图形的外观，每种打印样式都有其样式特点，包括泵点、连接、填充图案以及抖动、灰度、笔指定和淡显等打印效果。打印样式特定的定义都以打印样式表文件的形式保存在 AutoCAD 的支持文件搜索路径下。

1. 打印样式的类型

AutoCAD 中有两种类型的打印样式：颜色相关样式（CTB）和命名样式（STB）。

颜色相关样式（CTB）以 225 种颜色为基础，通过设置与图形对象颜色对应的打印样式，使得所具有该颜色的图形对象都具有相同的打印效果。例如，可以所有用红色绘制的图形设置相同的打印笔宽、打印线形和填充样式等特性。CTB 打印样式列表文件的后缀名为“*.ctb”。

命名样式（STB）和线型、颜色、线宽一样，是图形对象的一个普通属性。可以在【图层特性管理器】中为某个图层指定打印样式，也可以在“特性”选项板中为单独的图形对象设置打印样式属性。STB 打印样式表文件的后缀名是“*.stb”。

2. 打印样式的设置

在同一个 AutoCAD 图形文件中，不允许同时使用两种不同打印样式类型，但允许使用同一类型的多个打印样式。例如，若当前文档使用 CTB 打印样式时，【图形特性管理器】中的【打印样式】属性项是不可用的，因为该属性只用于设置 STB 打印样式。

在【打印样式管理器】界面下，可以创建或修改打印样式。单击【菜单浏览器】按钮，在打开的按钮菜单中，单击【打印】/【管理打印样式】命令，系统将打开一个窗口，该界面是所有 CTB 和 STB 打印样式表文件的存放路径。

3. 添加颜色打印样式

使用“颜色打印样式”可以通过图形的颜色设置不同的打印宽度。

【例 10-1】 添加颜色打印样式。

操作步骤如下。

首先，双击【打印样式管理器】中的【添加打印样式表向导】图标，在【添加打印样式表-开始】对话框中，勾选【使用现有打印样式表】复选框。新建一个名为“以线宽打印.ctb”的颜色打印样式表文件。

其次，在【添加打印样式表-开始】对话框中单击【打印样式表编辑器】按钮，打开【打印样式表编辑器】对话框。单击【表格视图】选项卡中的【编辑线宽】按钮，可以设置线宽值和线宽值的单位。

然后，在【打印样式】列表框中选中某种颜色；在右边的【线宽】下拉列表中选择需要的笔宽。这样，所有使用这种颜色的图形在打印时都将以相应的笔宽值出图，而不管这些图形对象原来设置的线宽值。设置完毕后，单击【保存并关闭】按钮退出对话框。

最后，如果当前使用的是命令打印样式，使用 CONVERTPSTYLES 命令，设置打印样式类型为 CTB 类型。

出图时，在【输出】选项卡中，单击【打印】面板中的【打印】按钮，在【打印】对话框中的【打印样式表（笔指定）】下拉列表框中选择【以笔宽打印.ctb】文件。这样，不同的颜色将被赋予不同的笔宽，在图样上体现相应的粗细效果。

注意

黑白打印机常用灰度区分不同的颜色，使得图样比较模糊。可以在【打印样式编辑器】对话框中的【颜色】下拉列表中将所有颜色的打印样式设置为【黑色】，以得到清晰的出图效果。

四、图形打印

在完成设置之后，发送到打印机之前，可以对要打印的图形进行预览，以便发现和更正错误。进入预览窗口预览打印图样，在预览状态下不能编辑图形或修改页面设置，但可以进行缩放、平移和使用搜索、通信中心、收藏夹。

该命令有以下四种调用方式。

◎ 下拉菜单：【文件】/【打印】。

◎ 工具栏：【输出】/【打印】。

◎ 命令行：PLOT↙。

◎ 组合键：【Ctrl】+P。

该命令执行后，系统将弹出【打印】对话框，该对话框与【页面设置】对话框相似，可以进行出图前的最后设置。但最简单的方法是在【页面设置】选项组中的【名称】下拉列表中直接选择已定义好的页面格式，这样就不用反复设置对话框中的其他项了。

五、发布 DWF 文件

DWF 文件即 Design Web Format 文件，是一种二维矢量文件。在 Web 或 Intranet 网络上

发布图形时，使用 DWF 文件可提高传输速度，节省下载时间。每个 DWF 文件可一张或多张图纸，它完整地保留了打印输出属性和超链接信息，支持实时平移和缩放，还可以控制图层和命名视图的显示，并且在进行局部放大时，基本能保持图形的准确性。

DWF 文件的输出可通过两种途径。

① 打开【打印】对话框，在【打印机/绘图仪】选项组的【名称】下拉列表框中选择“DWF6 ePlot.pc3”选项，然后打印即可。

② 经典模式：选项菜单栏中的【文件】→【输出】命令，在弹出的【输出三维 DWF】对话框中的【文件类型】下拉列表框中选择【三维 DWF】格式，然后选择路径保存即可。但这种方式只支持在【模型】选项卡输出。

【习题与操作】

1．直接在模型空间输出图 10-14 所示的涵洞三视图。

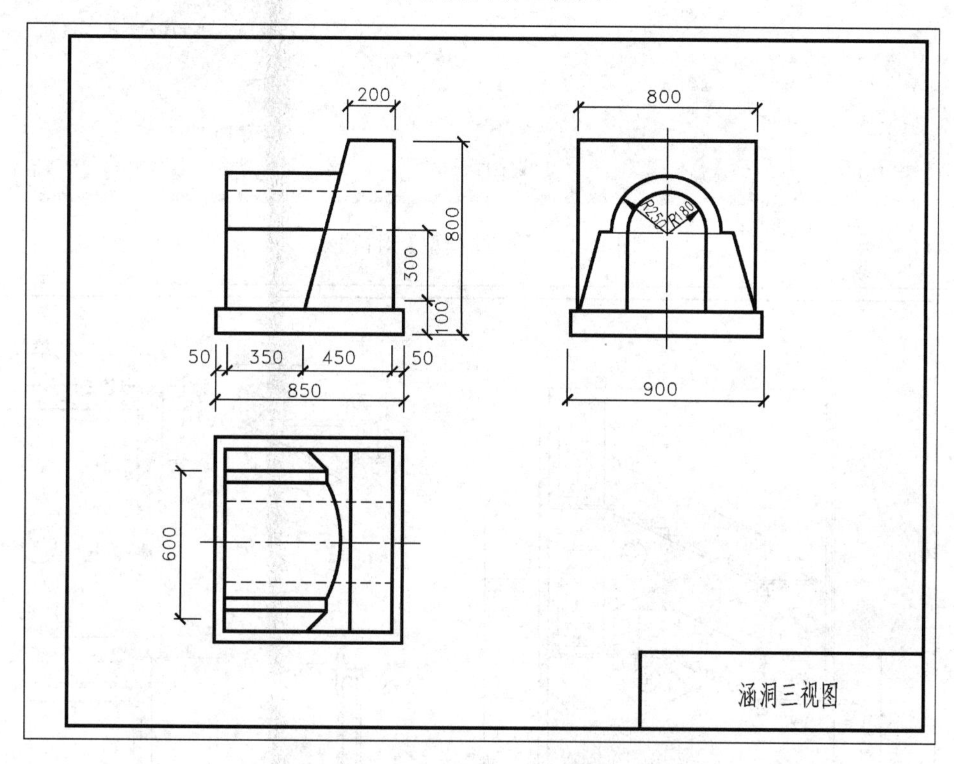

图 10-14　涵洞三视图

二维图形一般是在模型空间绘制图形，直接进行标注完成之后打印输出。图 10-14 所示按实际尺寸绘制的涵洞三视图，要求采用 A3 图幅 1∶10 打印。打开如图 10-15 所示的【打印-模型】对话框，设置打印机的型号、图纸尺寸 ISO A3（420×297 毫米）、打印比例 1∶10、打印范围（窗口，通过窗口方式拾取图纸外框的两个对角点）、图纸方向（横向），单击【特性】按钮弹出【绘图仪配置编辑器】对话框，从中修改 ISO A3 图纸的可打印区域，点击【预览】直接输出即可。

2．在图纸空间进行布置，以不同的比例输出图 10-16 所示楼梯剖面详图。

首先在模型空间按 1∶1 实际尺寸绘制图形部分，然后在图纸空间进行布置，再设置线型比例、填充图案、注写文字等，最后在选定的标注样式中，在【标注特征比例】选择区中选择【将标注缩放到布局】，进行尺寸标注。完成后，在图纸空间按 1∶1 比例输出图形。

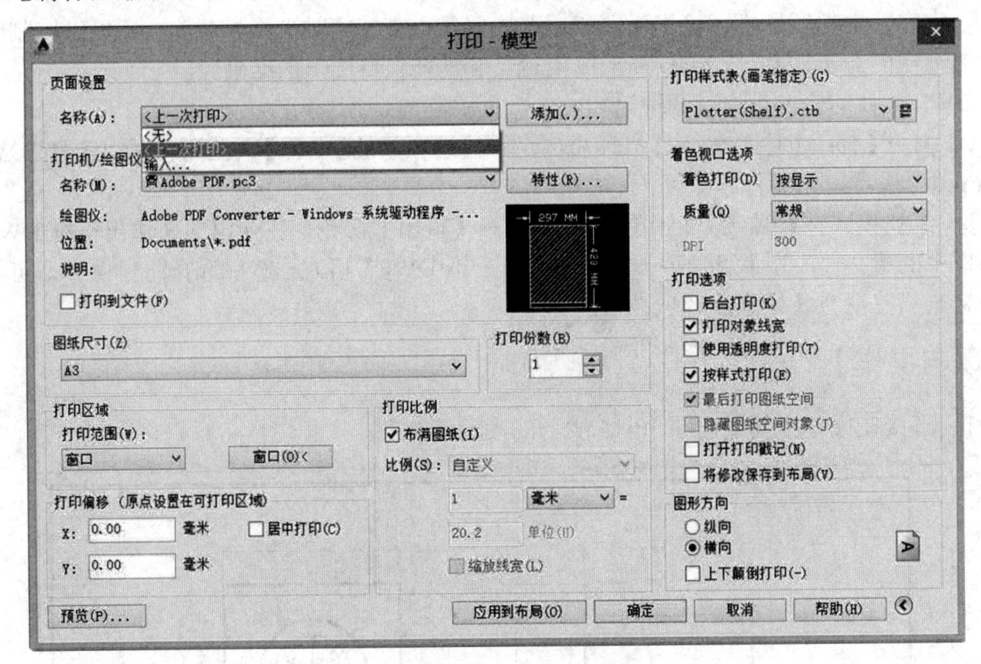

图 10-15 【打印-模型】对话框

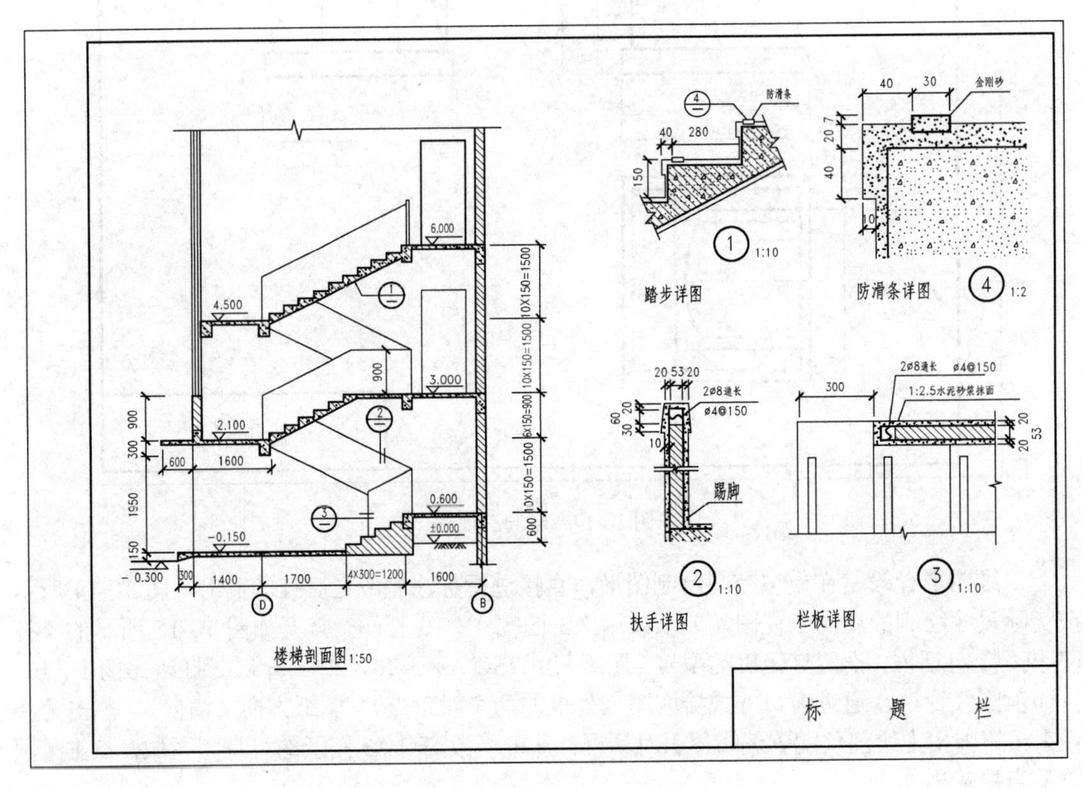

图 10-16 楼梯剖面图及节点详图

操作步骤如下。

① 在模型空间，按照实际尺寸绘制图 10-17 所示各图形。

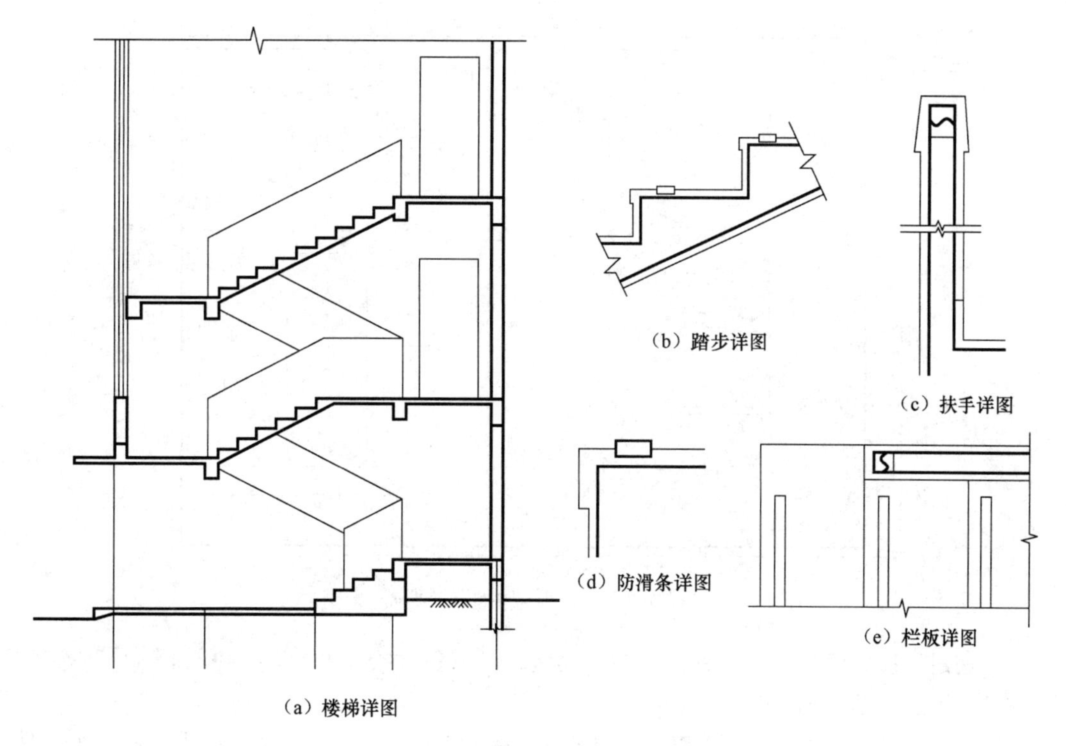

图 10-17　在模型空间绘制各图

② 单击状态条中的【布局 1】，绘制或插入横放 A3 标准图纸（带标题栏）。

③ 使用 MVIEW 命令，通过指定视口的两个对角点，分别设置如图 10-18 所示的 5 个矩形视口。

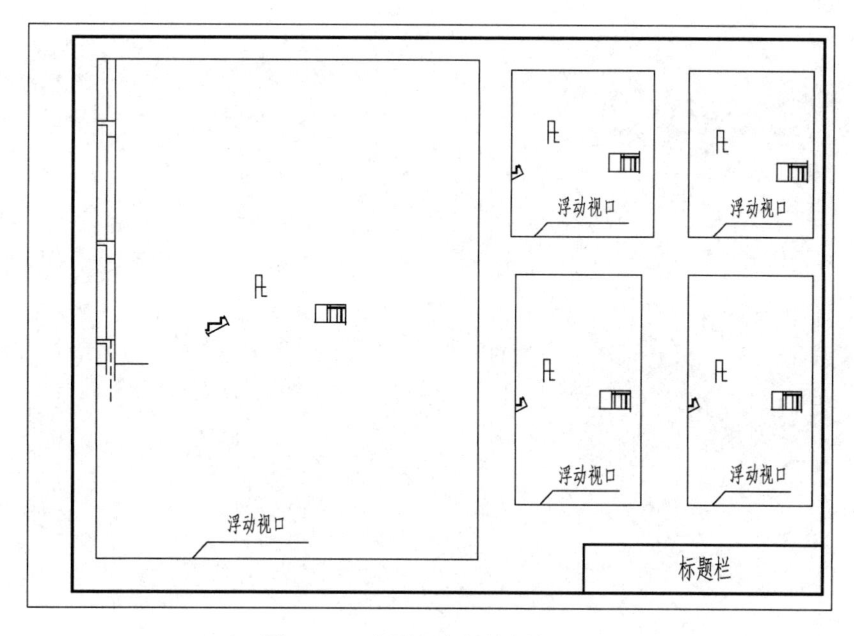

图 10-18　在图纸空间绘制各视口

④ 通过【视口】工具栏，激活各视口，调整各视口的比例、大小及位置，如图 10-19 所示。

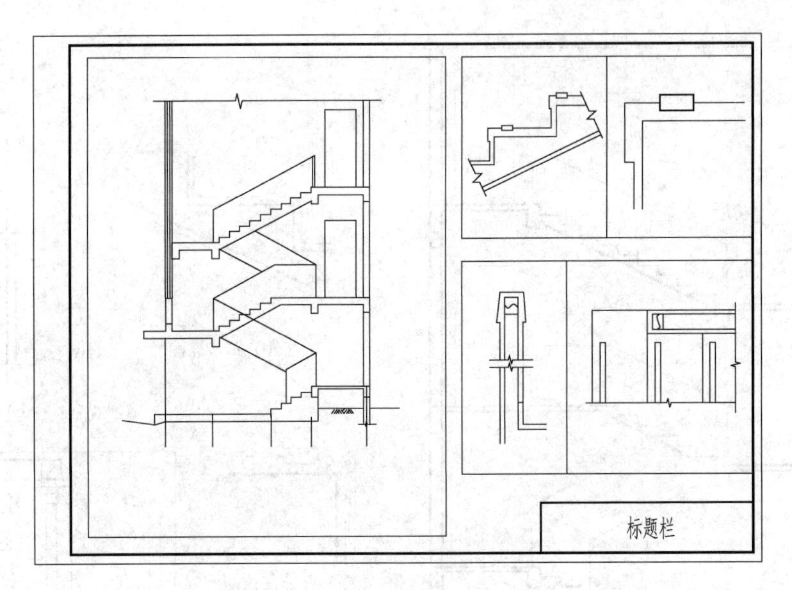

图 10-19　视口比例设置及调整

⑤ 通过 LTSCALE 命令设置全局线型比例，调整图案类型及比例，在【浮动模型空间】填充图案（也可直接在模型空间完成）。

⑥ 按 1∶1 创建尺寸标注样式，其中【标注样式】/【修改】/【调整】/【标注特征比例】选项区中要选择【将标注缩放到布局】，然后在图纸空间标注尺寸、注写文字等，最后将浮动视口边界线放置到“Defpoints”层。

⑦ 进行相应的设置后打印【布局 1】，结果如图 10-16 所示。

第十一章

工程制图基础

第一节　创建样板图文件

为了提高绘图效率和绘图质量，减少对作图环境的重复设置，保持图形设置的一致性，绘制工程图时，应首先创建样板图文件。本节以 A3 图幅 1∶1 比例绘图为例，说明样板图文件的建立步骤。

一、设置绘图环境

1．设置绘图单位和精度（详见本书第二章）。

2．设置图形界限，A3 图幅尺寸为 420×297。

二、创建并设置图层

图层可参照图 11-1 所示设置。由于不同专业对图线和线型要求不同，绘制图形时可视具体要求而定。

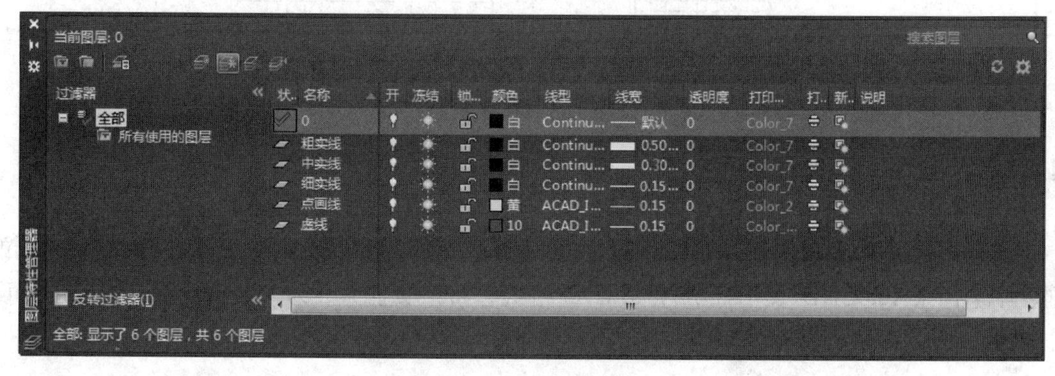

图 11-1　图层设置

三、设置文字样式

根据相关国家标准规定，各专业图应至少设置两种文字样式，见表 11-1 所示。

表 11-1　文字样式设置

样 式 名	字 体 名	字 高	宽 度 系 数	倾 斜 角 度	备　注
数字、字母	Romans.shx	0	0.7	0	标注数字及字母
汉字	仿宋_GB2312	0	0.8	0	注写汉字

四、设置尺寸标注样式

不同专业对尺寸标注有不同要求，应严格按照相关国家标准，建立符合各专业图要求的尺寸标注样式。建筑图尺寸标注样式可参照表 11-2。

表 11-2　建筑图尺寸标注样式设置

样　式	线	符号和箭头	文　字	主单位
线性	【基线间距】：7 【超出尺寸线】：2 【起点偏移量】：2	【箭头】：建筑标记 【箭头大小】：2	【文字样式】：数字、字母 【文字字高】：2.5 【文字对齐】：与尺寸线对齐	【小数分隔符】采用“.”
圆弧	同上	【箭头】：实心闭合 大小为 4~6	同上	同上
角度	同上	【箭头】：实心闭合	【文字对齐】：水平	同上

五、绘制 A3 图框及标题栏

绘制标题栏的方法和步骤详见本书第七章。

A3 图幅格式如图 11-2（a）所示，图纸幅面 420×297；左侧装订边尺寸为 25；上、下、右侧周边尺寸为 5；标题栏内容和尺寸见图 11-2（b）。

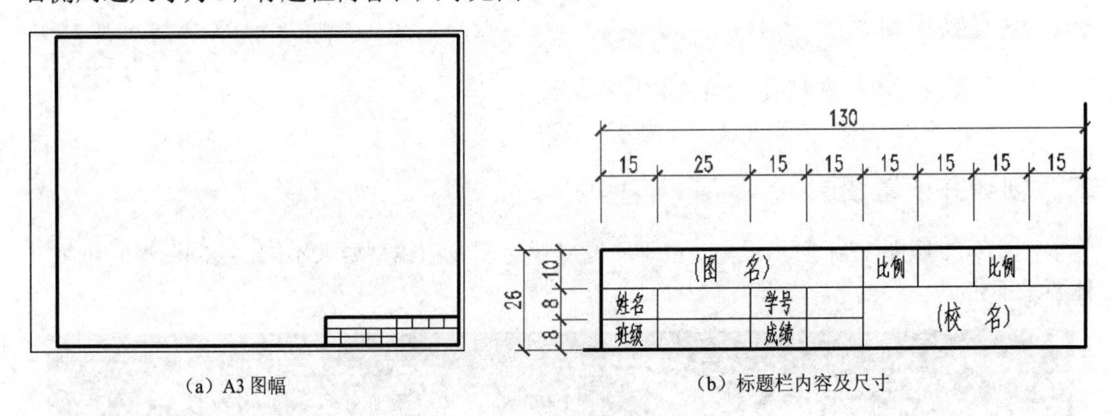

（a）A3 图幅　　（b）标题栏内容及尺寸

图 11-2　A3 图框和标题栏

六、保存为样板图文件

选择下拉菜单【文件】→【保存】，弹出【图形另存为】对话框，在【文件类型】下拉列表中选择【AutoCAD 图形样板（*.dwt）】格式，将该文件命名为“A3 图纸”存入个人工作目录。

第二节　平面图形的绘制

绘制如图 11-3 所示图形，并将其命名为“图 11-3”保存。

一、选择样图文件创建新的图形文件

单击 ▢ 按钮，在【选择样板】对话框【名称】列表中选择【A3 图纸】打开。

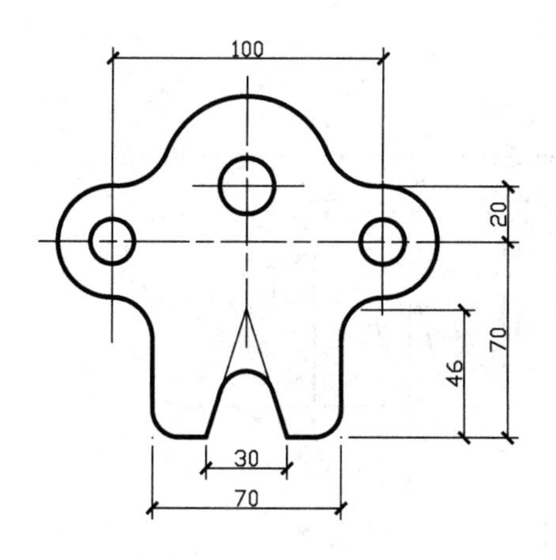

图 11-3　平面图形练习

二、作图步骤

1. 点击点画线图层，将其设置为当前图层

调用直线命令，绘制长度为 200（可自行选取恰当长度值）的水平直线 L_1。此时屏幕中出现一条长度为 200 的水平点画线。调用偏移命令，偏移距离设置为 20，在该直线下方绘制一条与其平行的点画线 L_2。重新调用直线命令，在水平线左侧绘制一条长度为 60（可自行选取恰当长度值）的竖向点画线 L_3，并向右偏移 100，得到竖向点画线 L_4。在 L_3 和 L_4 中间中心位置绘制一条长度为 140（可自行选取恰当长度值）的竖向点画线（为寻找 L_3 和 L_4 中间位置，可先在 L_3 和 L_4 之间画一条水平线，利用绘制直线时的中点捕捉功能，找出 L_5 位置）。绘制结果如图 11-4 所示的轴线网格图。

2. 将粗实线图层设为当前图层

调用绘制圆命令，以 L_5 和 L_1 交点为圆心，绘制半径分别为 32 和 10 的圆。以 L_3 与 L_2 和 L_4 与 L_2 的交点为圆心，绘制半径分别为 20 和 8 的圆。调用直线命令，在 L_2 下距离为 70 处绘制水平线 L_6（可自行选取恰当长度值）。再在中心线 L_5 左侧，距离为 35 处绘制垂直线 L_7。调用偏移命令将 L_7 向右偏移 70，得到垂直线 L_8。在直线 L_6 与 L_5 交点左侧距离为 15 处绘制一条垂直直线，确定点 D_1，类似方法确定点 D_2，调用直线命令，连接 D_1 和 D_2，得到直线 L_9。调用镜像命令，以 L_5 为镜像线，将直线 L_9 镜像至 L_5 右侧，得到直线 L_{10}。将绘图过程中所有辅助线删除，得到如图 11-5 所示图形雏形。

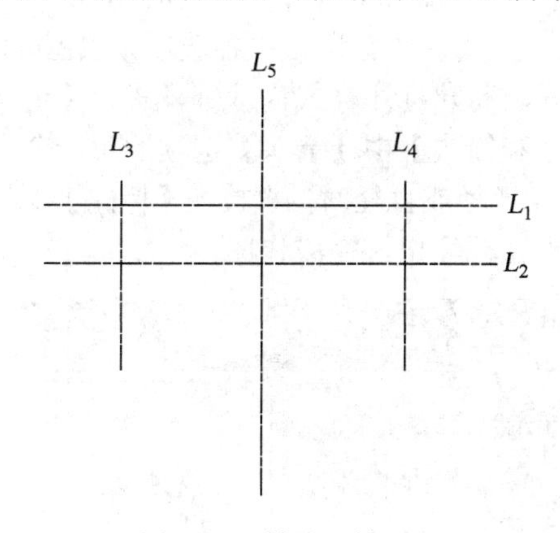

图 11-4　轴线网格图

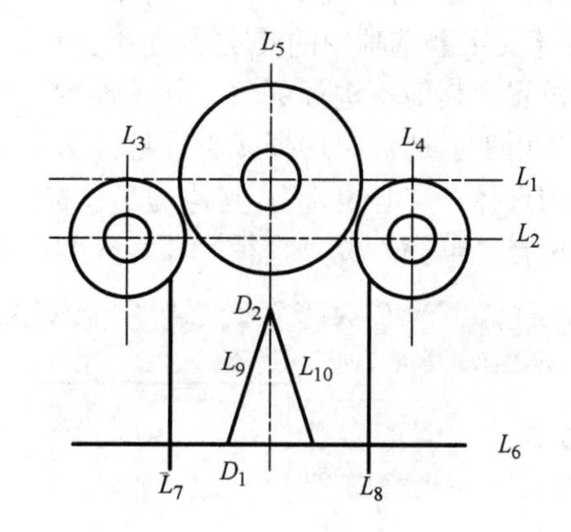

图 11-5　图形雏形

3. 根据已知尺寸，绘制连接圆弧

开启绘制圆中的【相切半径】功能，绘制与半径为 32 和 20 的圆都相切的半径为 20 的圆，如图 11-6（a）所示。调用修剪工具，选择半径为 20、20 和 32 的圆为对象，确定后，将不需要的圆弧段删除，如图 11-6（b）所示。同法绘制其他圆弧，最后整理文字和图线，完成图形绘制，如图 11-7 所示。

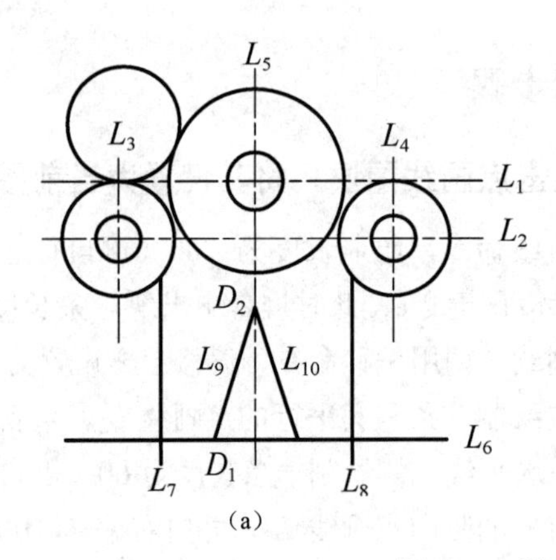

(a)

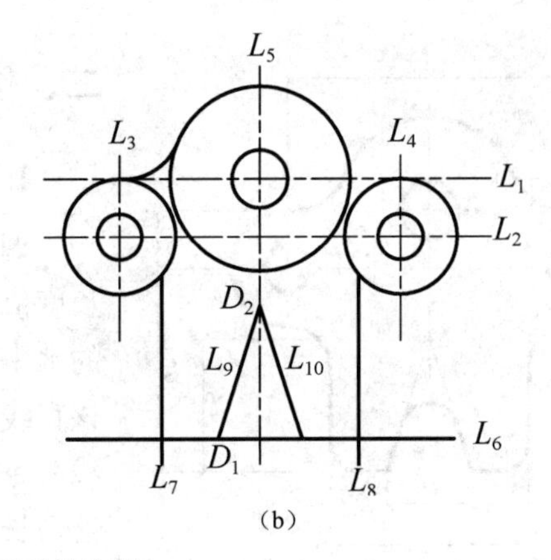

(b)

图 11-6　图形中圆弧的绘制

4. 在标注层进行图形尺寸标注

将【标注样式】对话框打开，新建一个样式名称为【土木标注】的标注样式，将【线】选项中的各选项按照图 11-8（a）所示选择，【符号和箭头】选项中各选项按照图 11-8（b）所示选择，【文字】和【调整】选项中各选项按照图 11-8（c）和图 11-8（d）所示选择，【调整】选项中的“全局比例”设置为 1.5，【主单位】选项中“精度”设置为整数。设置完标注样式，调用标注工具栏中的线性标注，将所有线段长度标注出，如图 11-3 所示。

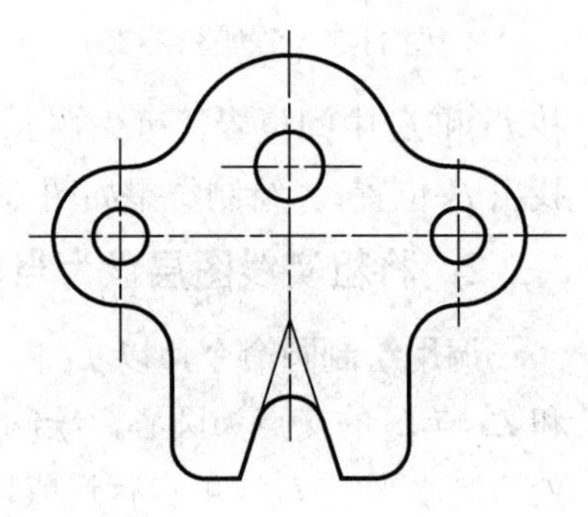

图 11-7　完成图形绘制

5. 设置半径和直径标注样式

打开【标注样式】对话框，新建一个半径标注样式，其基础样式选择【土木标注】，用于半径标注，如图 11-9 所示。将【符号和箭头】选项中【箭头】选择为“实心闭合”，大小为 5；【文字】选项中的【文字对齐】方式选择“水平”；【调整】选项中各选项按照图 11-10 所示设置，其他不进行更改，同法设置直径标注样式。新建标注样式，基础样式为【土木标注】，【用于】选项中选择【直径标注】，继续，【符号和箭头】中【箭头】选项的第一个和第二个均选择“实心闭合”，其他与半径标注一样。标注半径或直径时，直接在【标注】下拉菜单中选择“半径”或“直径”即可。将所有直径和半径标注出，完成作图。

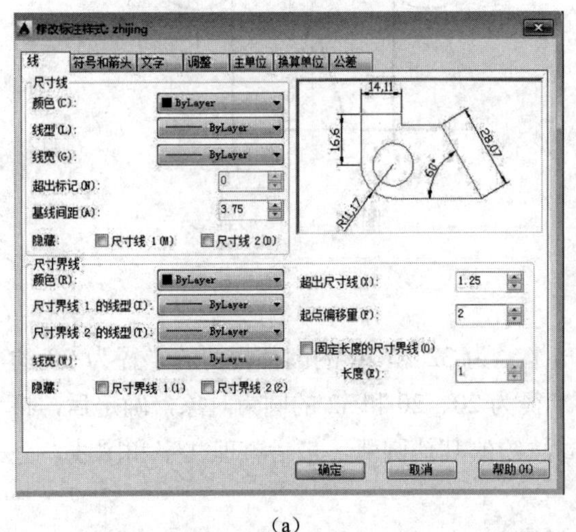

(a)

(b)

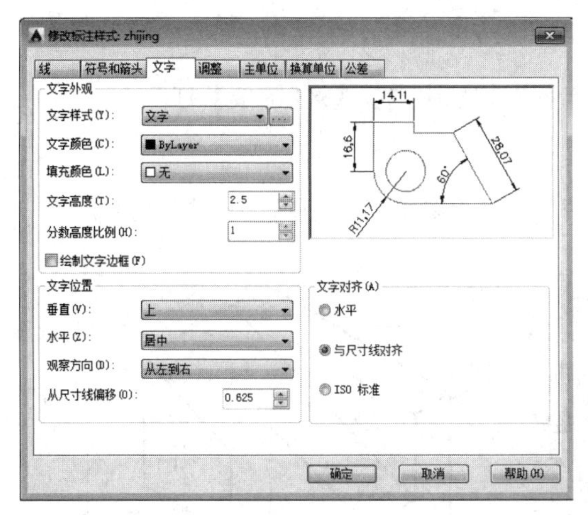

(c)

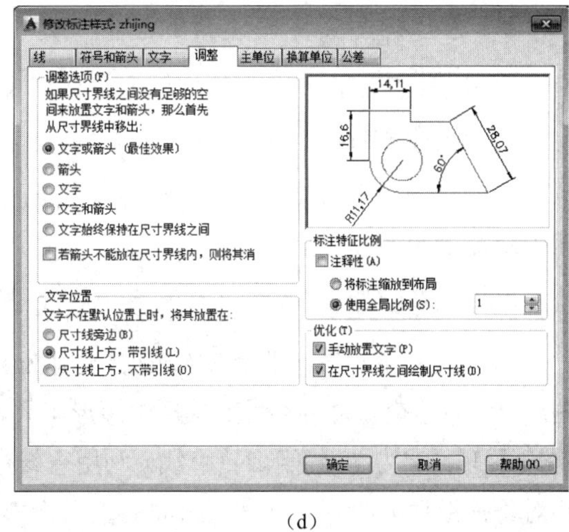

(d)

图 11-8　标注样式设置

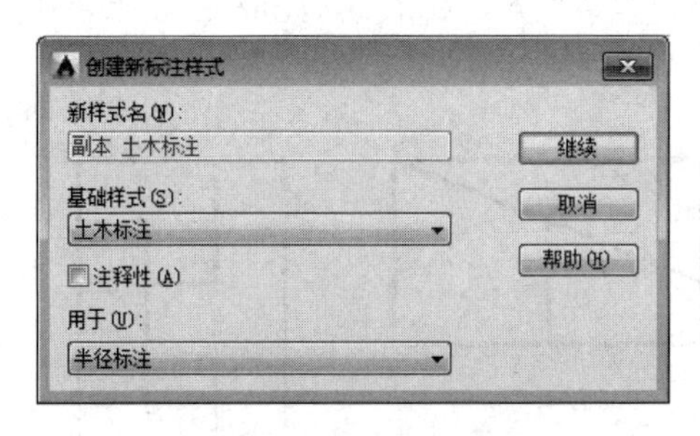

图 11-9　半径标注样式设置

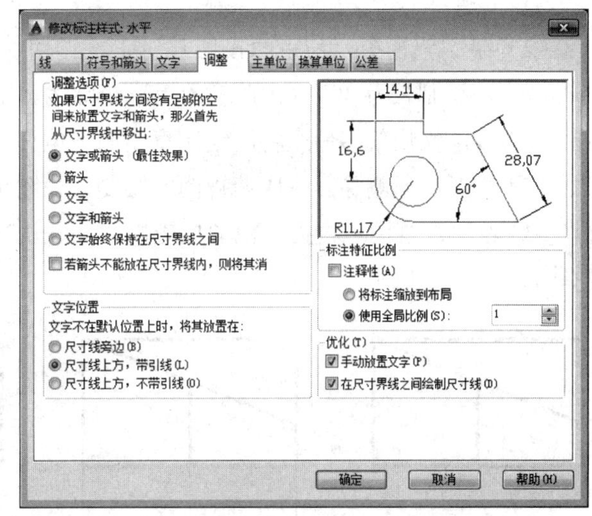

图 11-10 【半径标注】中“调整”选项

6. 点击另存为

以“图 11-3”命名图形文件，保存。

第三节　组合体三视图的绘制

一、切割型组合体三视图绘制

绘制如图 11-11 所示组合体的三视图，并将其命名为“图 11-11”保存。

1. 选择样图文件创建新的图形文件

单击 按钮，在【选择样板】对话框【名称】列表中选择【A3 图纸】打开。

2. 作图分析

如图 11-11 所示组合体，该组合体是将四棱柱沿一个斜面和三个垂直面进行切割所得，属于较简单的切割型组合体。

3. 作图步骤

（1）绘制主视图　将粗实线图层设置为当前图层，开启正交。调用绘图工具栏中矩形工具，绘制长为 30，宽为 17 的矩形轮廓线。利用直线命令和对象捕捉功能绘制组合体倾斜面的正面投影。以下边线中心为起点，向上绘制垂直直线，用修剪命令将不需要图线删除，完成主视图的绘制，如图 11-12（a）所示。

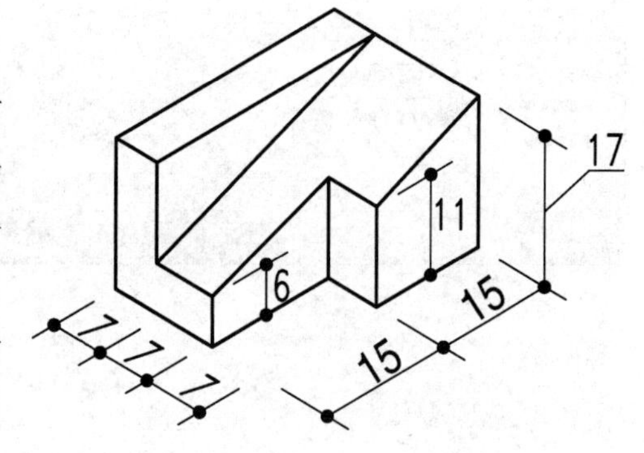

图 11-11　切割型组合体三视图绘制

（2）绘制俯视图　与正面投影长对正，调用矩形命令，绘制长为 30，宽为 21 的矩形轮廓线。用直线命令在距离上边线向下 7 的位置绘制一条直线。采用偏移命令将所绘制直线向下偏移 7，并以下边线中点为起点，向上绘制直线。将不需要线段删除。完成俯视图的绘制，如图 11-12（b）所示。

（3）绘制左视图　根据三视图投影规律——长对正、高平齐、宽相等，完成左视图绘制，如图 11-12（c）所示。

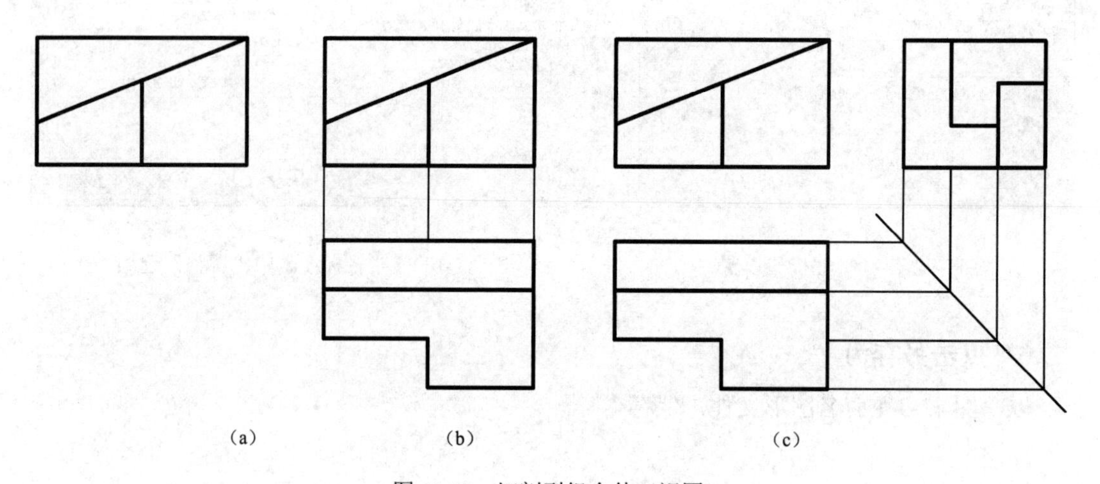

图 11-12　切割型组合体三视图

4. 标注尺寸

标注尺寸的方法如图 11-13 所示。

5. 点击另存为

点击另存为，以“图 11-11”命名图形文件并保存。

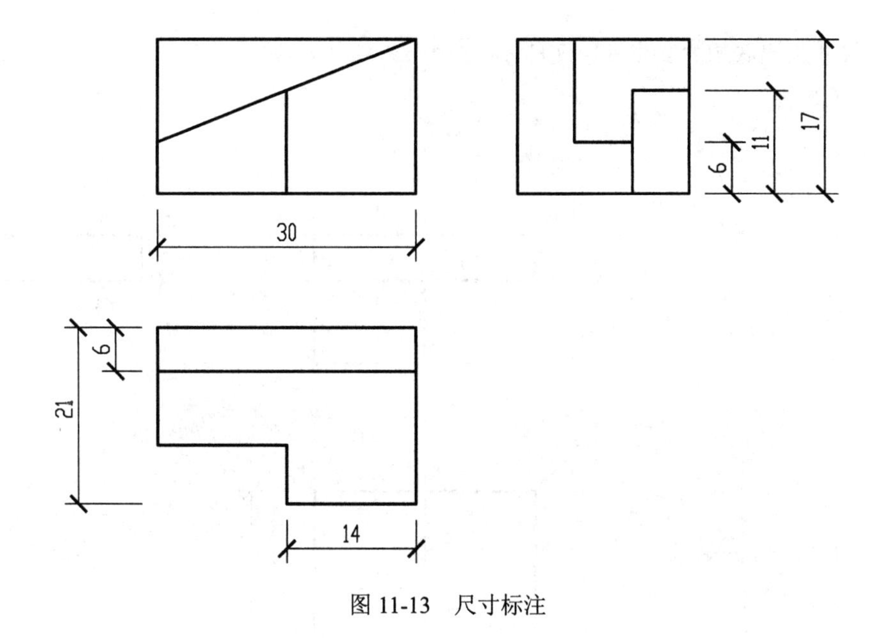

图 11-13　尺寸标注

二、叠加型组合体三视图绘制

绘制如图 11-14 所示组合体的三视图，并将其命名为“图 11-14”保存。

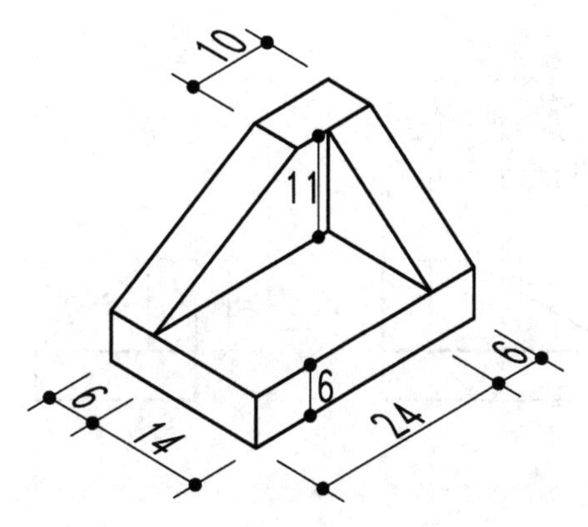

图 11-14　叠加型组合体三视图

1. 选择样图文件创建新的图形文件

单击按钮，在【选择样板】对话框【名称】列表中选择【A3 图纸】打开。

2. 作图分析

如图 11-14 所示组合体，该组合体由三个基本形体组成：底板是一个长方体[图 11-15（a）]；底板之上，靠后面的挡板是被切割掉一角的长板[图 11-15（b）]；底板之上，靠右侧的肋板是一个立起的三棱柱[图 11-15（c）]。

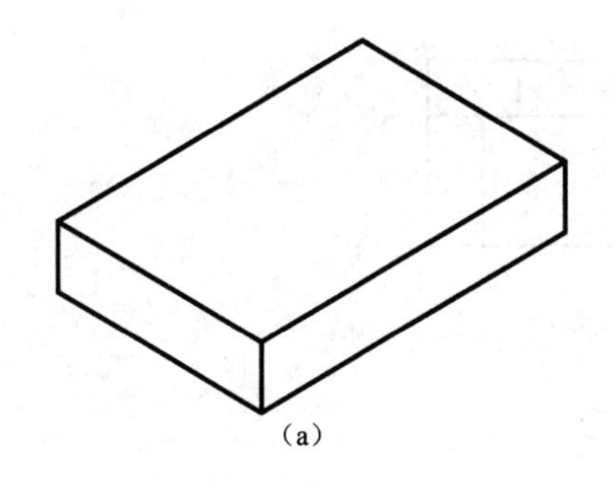

（a）

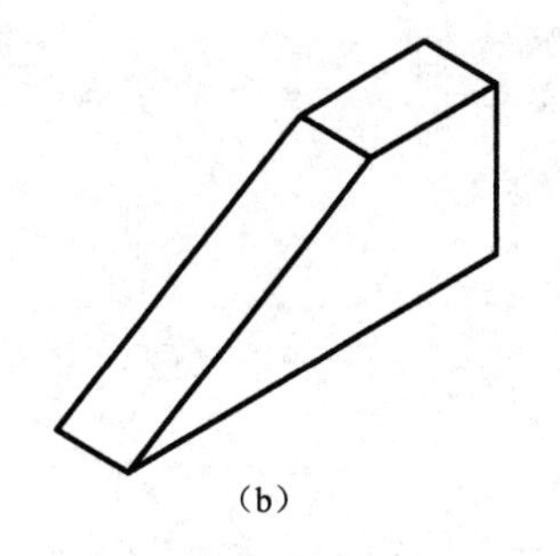

（b）

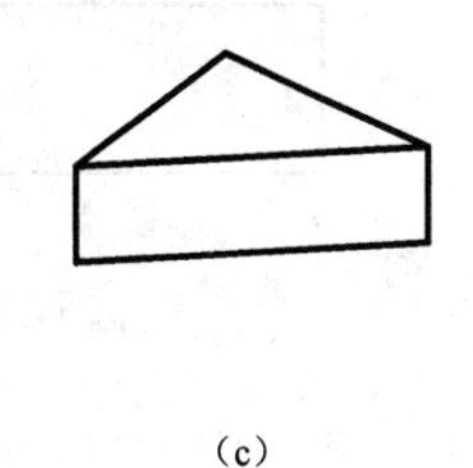

（c）

图 11-15　组合体形体分析

3. 作图步骤

① 画出中心线，如图 11-16 所示。

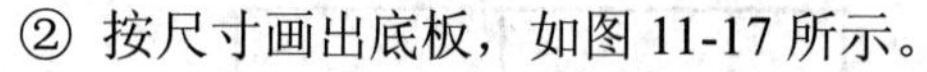

② 按尺寸画出底板，如图 11-17 所示。

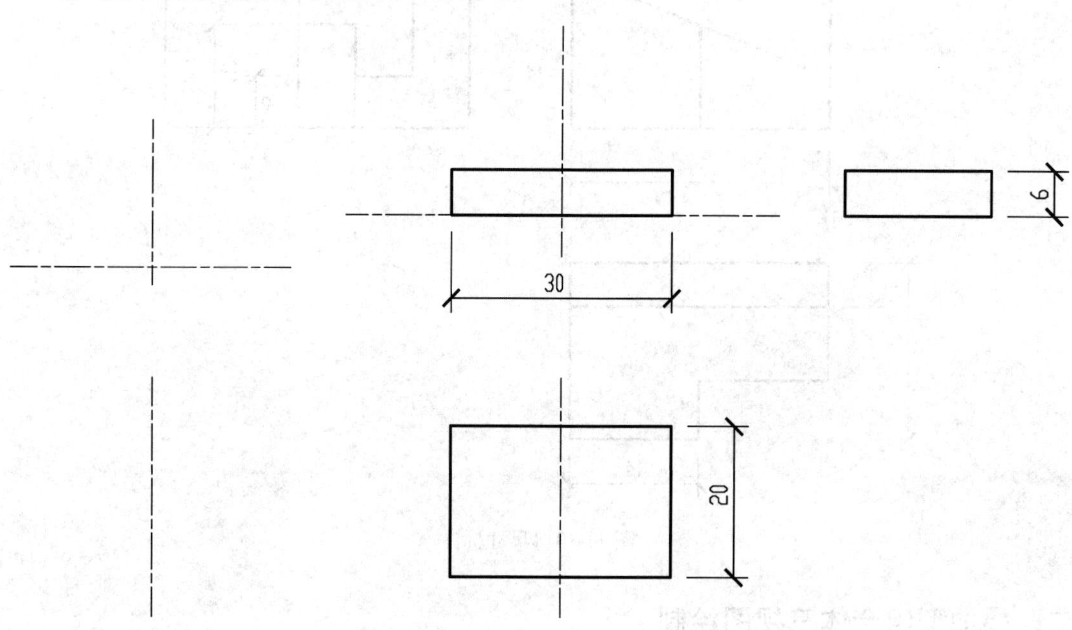

图 11-16　绘制中心线　　　　图 11-17　绘制底板

③ 画出挡板，如图 11-18 所示。

④ 画出肋板，如图 11-19 所示。

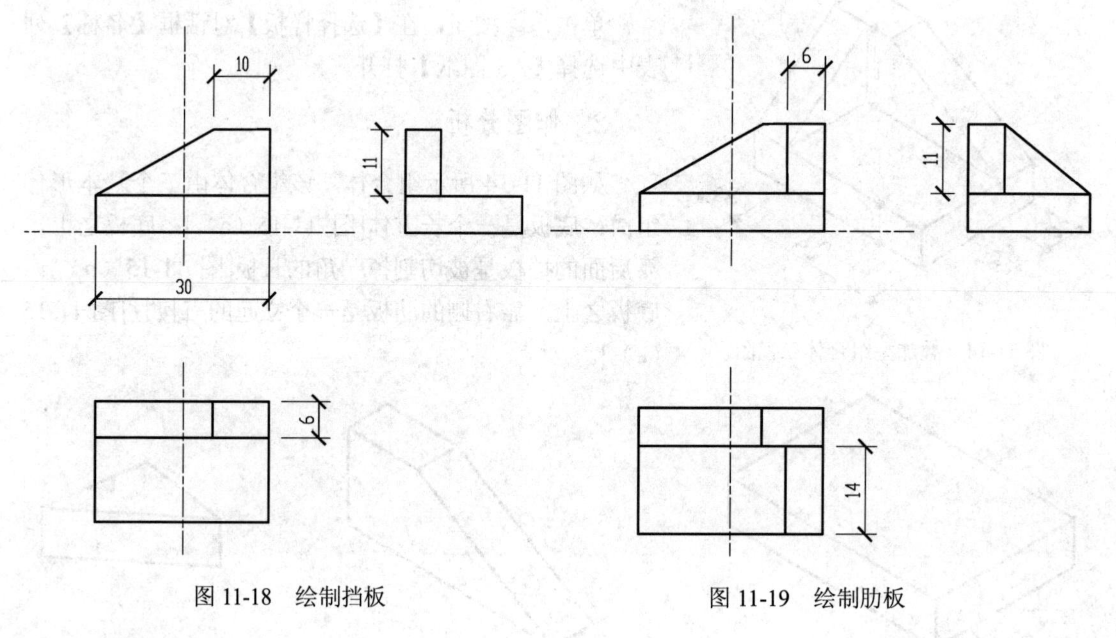

图 11-18　绘制挡板　　　　图 11-19　绘制肋板

⑤ 标注尺寸，如图 11-20。

⑥ 点击另存为，以“图 11-14”命名图形文件保存。

三、综合型组合体三视图绘制

绘制如图 11-21 所示组合体的三视图，并将其命名为“图 11-21”保存。

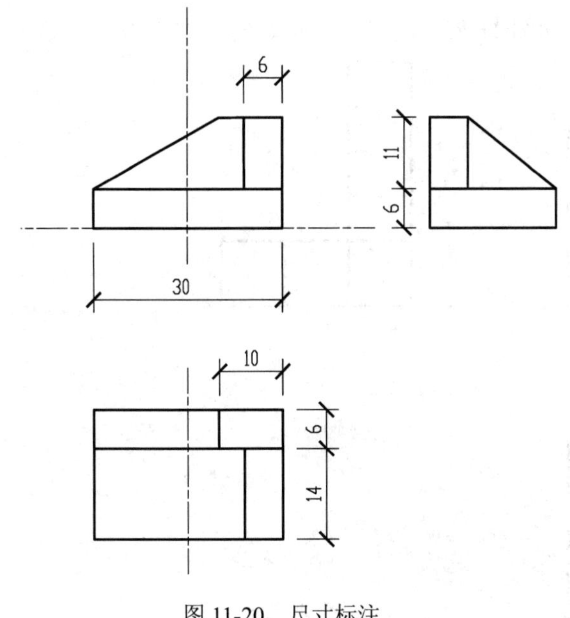

图 11-20 尺寸标注

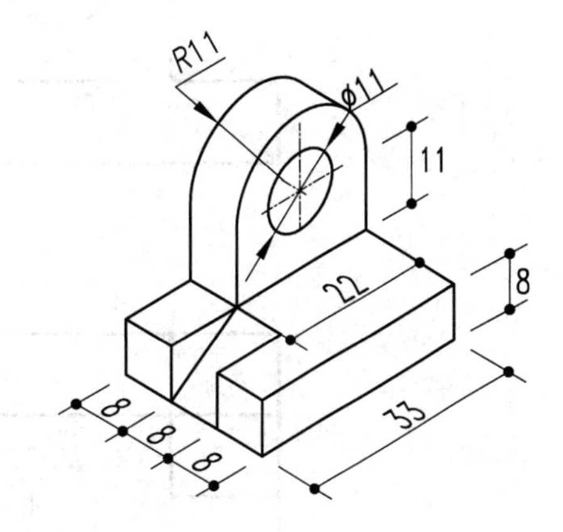

图 11-21 综合型组合体

1. 选择样图文件创建新的图形文件

单击 按钮，在【选择样板】对话框【名称】列表中选择【A3 图纸】打开。

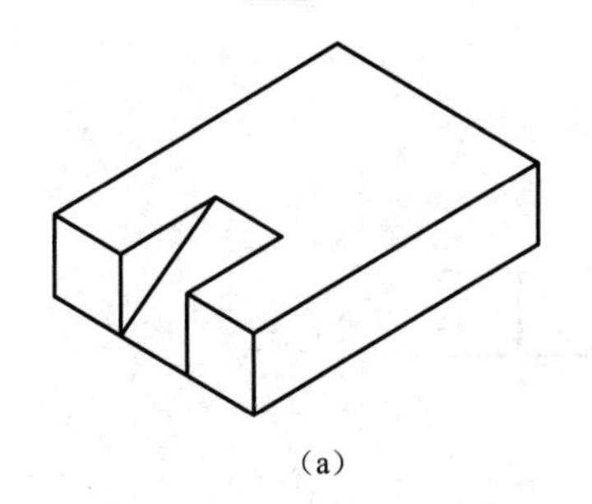

（a）

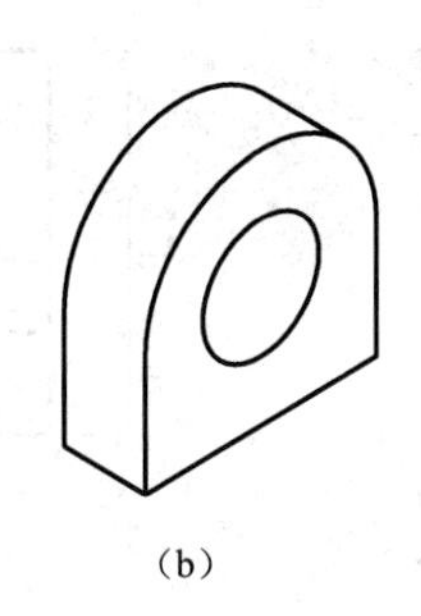

（b）

图 11-22 组合体形体分析

2. 作图分析

如图 11-21 所示组合体，该组合体由两个基本形体组成：底板是一个被切割后的长方体[图 11-22（a）]；底板之上，靠右后侧的挡板是开了一个圆柱孔的舌形体[图 11-22（b）]。

3. 作图步骤

① 画出中心线，如图 11-23 所示。

② 按尺寸画出底板，如图 11-24 所示。

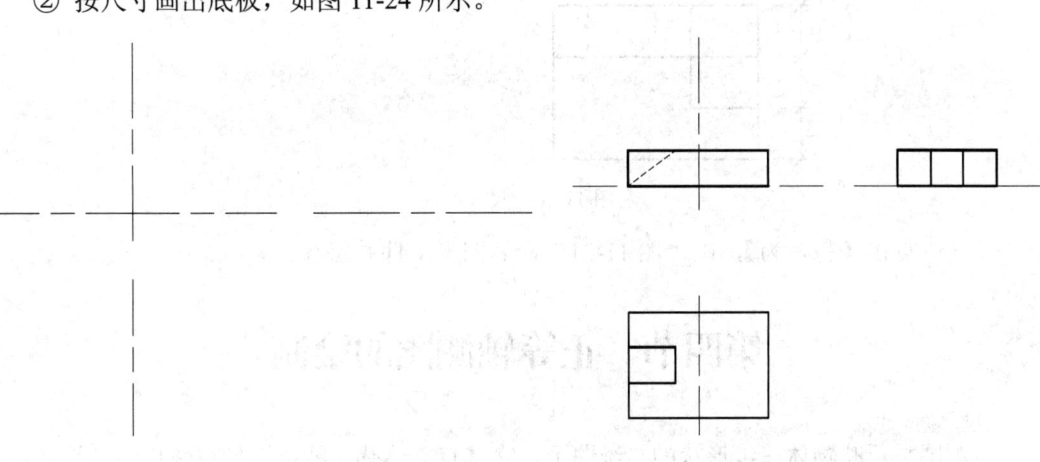

图 11-23 绘制中心线

图 11-24 绘制底板

③ 画出挡板，并删除多余的辅助线，如图 11-25 所示。

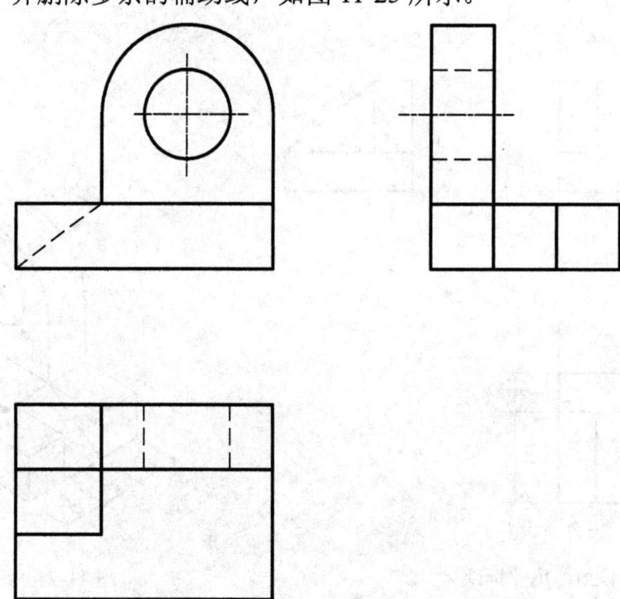

图 11-25　绘制挡板

④ 标注尺寸，如图 11-26 所示。

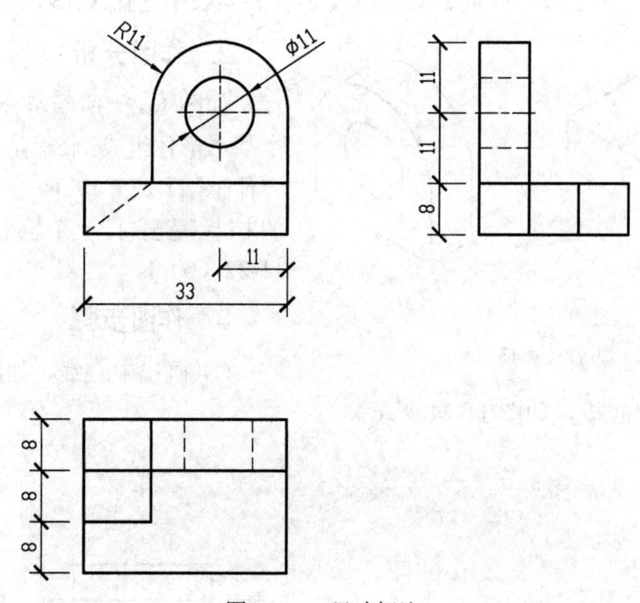

图 11-26　尺寸标注

⑤ 点击【另存为】，以“图 11-21”命名图形文件并保存。

第四节　正等轴测图的绘制

轴测图是反映物体三维形状的二维图形，它富有立体感，能帮人们更快更清楚地认识形体结构。绘制轴测图在二维平面中完成，相对三维图形更简洁方便。

一、设置正等轴测作图模式

【工具】→【绘图设置】→【捕捉和栅格】→【捕捉类型】→【等轴测捕捉】，点击【确定】。

【提示】在绘图过程中，按【F5】键可以切换不同的轴测方向，以便于在不同的方位绘制视图。为了等轴测图的作图方便，可以在【草图设置】中的【对象捕捉】选项卡中选择几个固定的对象捕捉模式，如图 11-27 所示。

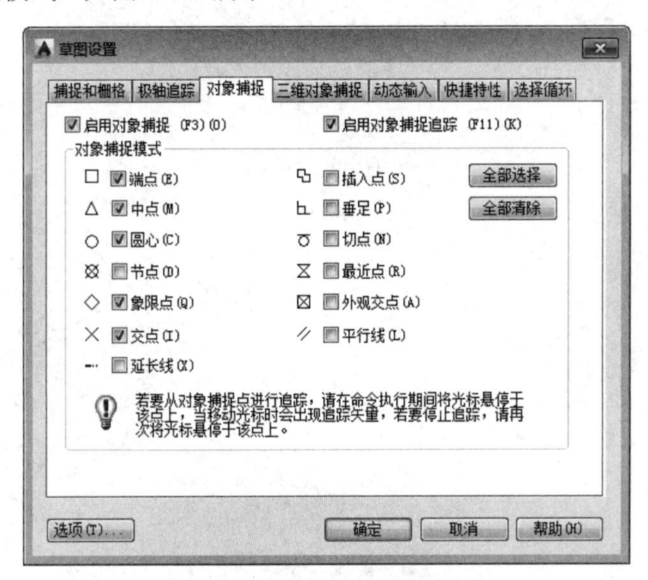

图 11-27　对象捕捉设置

二、在正等轴测作图模式下画直线

启动正交模式，绘制与三个轴测轴平行的直线。绘制图形中不与轴测轴平行的直线，则必须先找出线段两个端点，然后连线端点。

三、圆的轴测投影

圆的轴测投影是椭圆，当圆位于不同的轴测面时，投影椭圆长、短轴的位置是不相同的。

注意

① 绘制圆之前一定要利用面转换工具，切换到与圆所在的平面对应的轴测面。

② 在轴测图中经常要画线与线间的圆滑过渡，如倒圆角，此时过渡圆弧也得变为椭圆弧。

【例 11-1】 绘制平行于三个投影面的圆的轴测图，如图 11-28 所示。

操作步骤如下。

将绘图界面切换至轴测图绘制模式，打开正交。

绘制边长为 100 的正方体的轴测图，如图 11-29（a）所示。

命令：L↙（在 *XOY* 面绘制边长为 100 的正方形）

指定第一点：　　（指定一起点）

指定下一点或 [放弃(U)]: 100↙

指定下一点或 [放弃(U)]: 100↙

指定下一点或 [放弃(U)]: 100↙

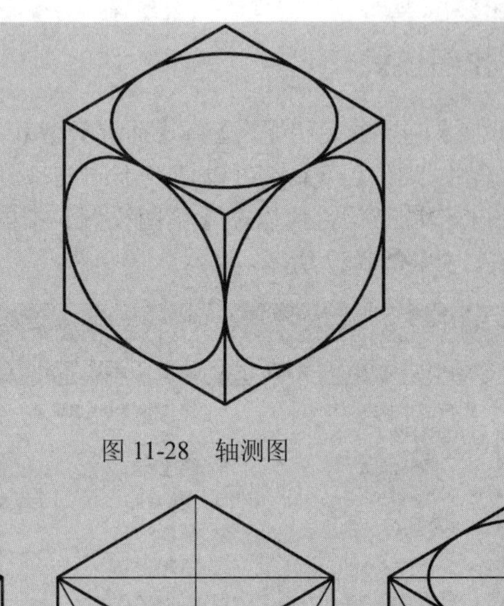

图 11-28 轴测图

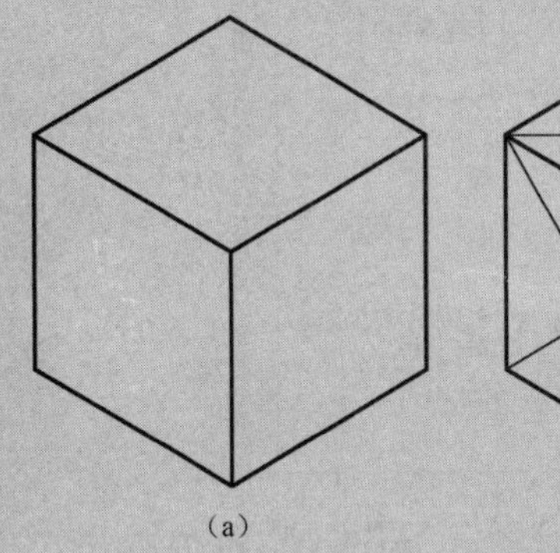
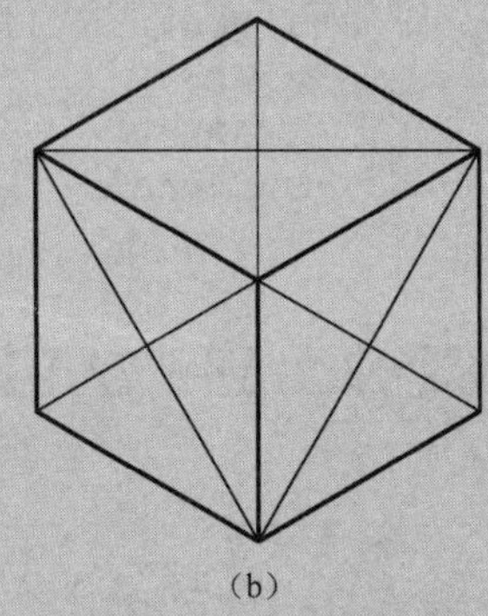

（a）（b）（c）

图 11-29 轴测图的绘制

指定下一点或 [放弃(U)]: C↙（利用【F5】切换方向，采用直线命令补全正方体轴测图）

绘制各平面内的轴测圆。

将各平面内正方形对角线连接，如图 11-29（b）所示。

命令：EL↙

指定椭圆轴的端点或 [圆弧(A)/中心点(C)/等轴测圆(I)]: I↙

指定等轴测圆的圆心：（点击对角线交点）

指定等轴测圆的半径或 [直径(D)]: 点击边长中点。[利用【F5】切换不同平面的椭圆，同理绘制其他平面内等轴测圆。结果如图 11-29（c）所示。]

【例 11-2】 利用轴测圆绘制如图 11-30 所示圆柱体。

将绘图界面切换至轴测图绘制模式，打开正交。绘制如图 11-31（a）所示圆柱体。

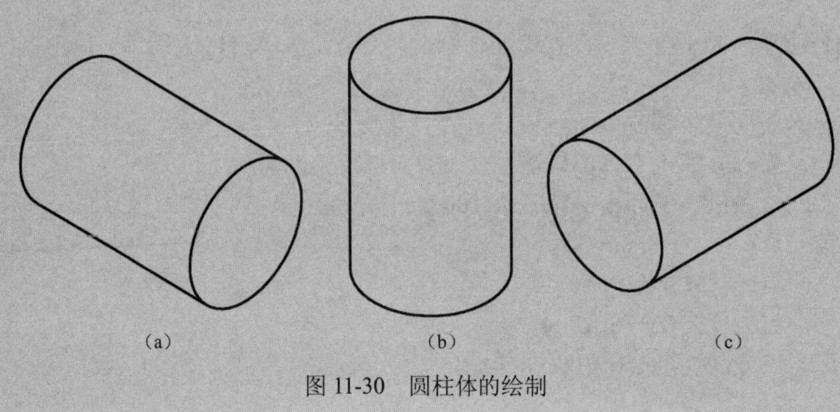

（a）（b）（c）

图 11-30 圆柱体的绘制

在 *XOZ* 平面绘制边长为 50 的正方形

命令：L↙

指定第一点：（指定一起点）

指定下一点或 [放弃(U)]: 100↙

指定下一点或 [放弃(U)]: 100↙

指定下一点或 [放弃(U)]: 100↙

指定下一点或 [放弃(U)]: C↙[如图 11-31（a）所示]

绘制平面内的轴测圆。

连接对角线。

命令：EL↙

指定椭圆轴的端点或 [圆弧(A)/中心点(C)/等轴测圆(I)]: I↙

指定等轴测圆的圆心：（点击对角线交点）

指定等轴测圆的半径或 [直径(D)]:[如图 11-31（b）所示]

绘制圆柱体。

命令：CO↙（将 *XOZ* 平面内轴测圆向 *Y* 轴正方向复制，距离为 100）

选择对象：（选择轴测圆）↙

指定基点或 [位移(D)/模式(O)] <位移>：（指定圆心）

指定第二个点或 [阵列(A)] <使用第一个点作为位移>:　100↙

指定第二个点或 [阵列(A)/退出(E)/放弃(U)] <退出>:↙

命令：L↙

指定第一个点：（指定椭圆长轴一端点）

指定下一点或 [放弃(U)]：（指定另一椭圆长轴对应端点）↙

命令：CO↙

选择对象：（选择椭圆端点连线）↙

指定基点或 [位移(D)/模式(O)] <位移>：（指定一个端点）

指定第二个点或 [阵列(A)] <使用第一个点作为位移>：（指定另一个端点）↙[如图 11-31（c）所示]

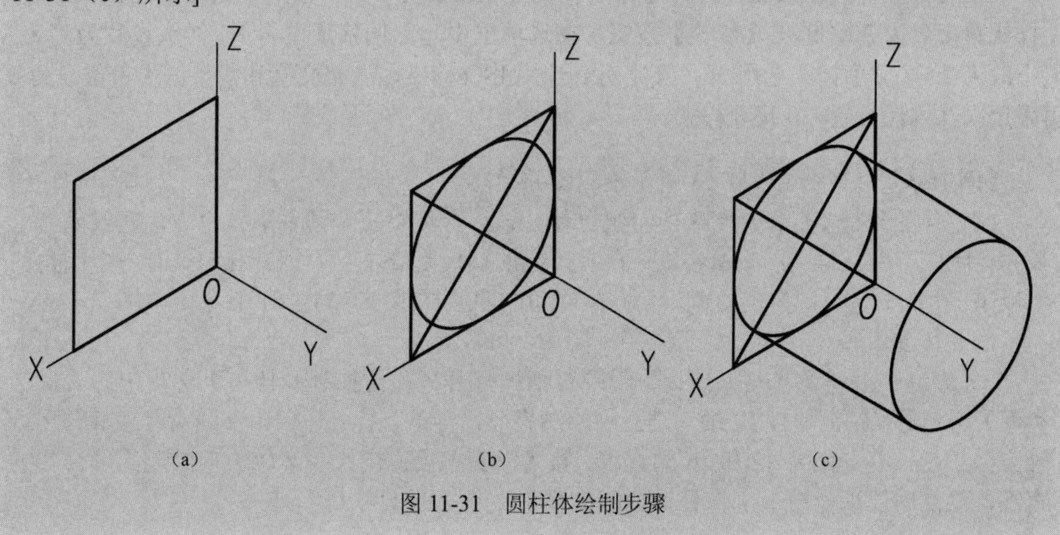

图 11-31　圆柱体绘制步骤

修剪掉多余线段，完成如图 11-30（a）所示圆柱体。同理可绘制图 11-30（b）和图 11-30（c）所示圆柱体。

四、轴测图尺寸标注

正等轴测图尺寸标注的文本，必须根据各轴测面的位置特点将文字倾斜某个角度值，与轴测图相互协调，增强立体感。

1. 文字样式设置

选择【格式】→【文字样式】→【新建】，命名为 30，在【字体】选项组中选择 gbeitc,shx，【大小】选项组中【高度】设置为 3.5，【效果】选项组中的【倾斜角度】设置为 30，如图 11-32 所示。再采用同样方法设置倾斜角度为–30 的文字样式。

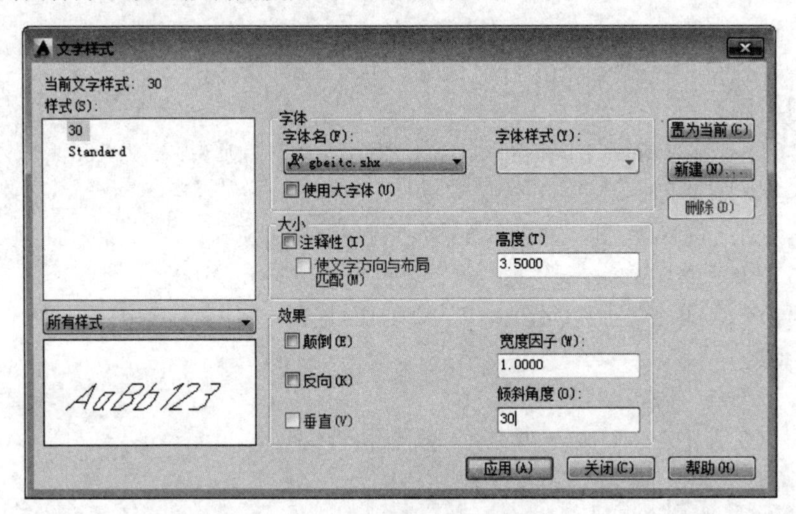

图 11-32 【文字样式】对话框

2. 尺寸样式设置

单击【标注样式】按钮，打开【标注样式管理器】对话框，然后单击【新建】按钮，标注样式重命名为 30，单击【修改】按钮，在选项框中起点偏移量设为 1，箭头设置为“•”，大小改为 2.5，文字样式选用 30，文字对齐选用 ISO 标准，调整文字和箭头，主单位设为 0。再采用同样方法设置–30 尺寸样式。

【例 11-3】 绘制如图 11-33 所示轴测图并标注。

（1）作图分析　如图 11-33 所示组合体，该组合体由三个基本形体组成，底板是一个长方体[图 11-34（a）]；底板之上，靠右后侧的挡板是开了一个圆柱孔和具有一个圆角的厚板[图 11-34（b）]；右侧肋板为切割掉一角的四棱梯[图 11-34（c）]。

（2）作图步骤

① 绘制底板。将【对象捕捉】设置对话框打开，在【捕捉和栅格】选项中的【捕捉类型】选择【等轴测捕捉】。进入轴测图绘制界面，将正交打开。调用直线命令在 X 轴和 Y 轴方向绘制长度分别为 45 和 26 的直线。按【F5】切换方向，在 Z 轴方向绘制高度为 7 的直线，绘制底板顶面矩形，将看不到的棱线删除。如图 11-35 所示。

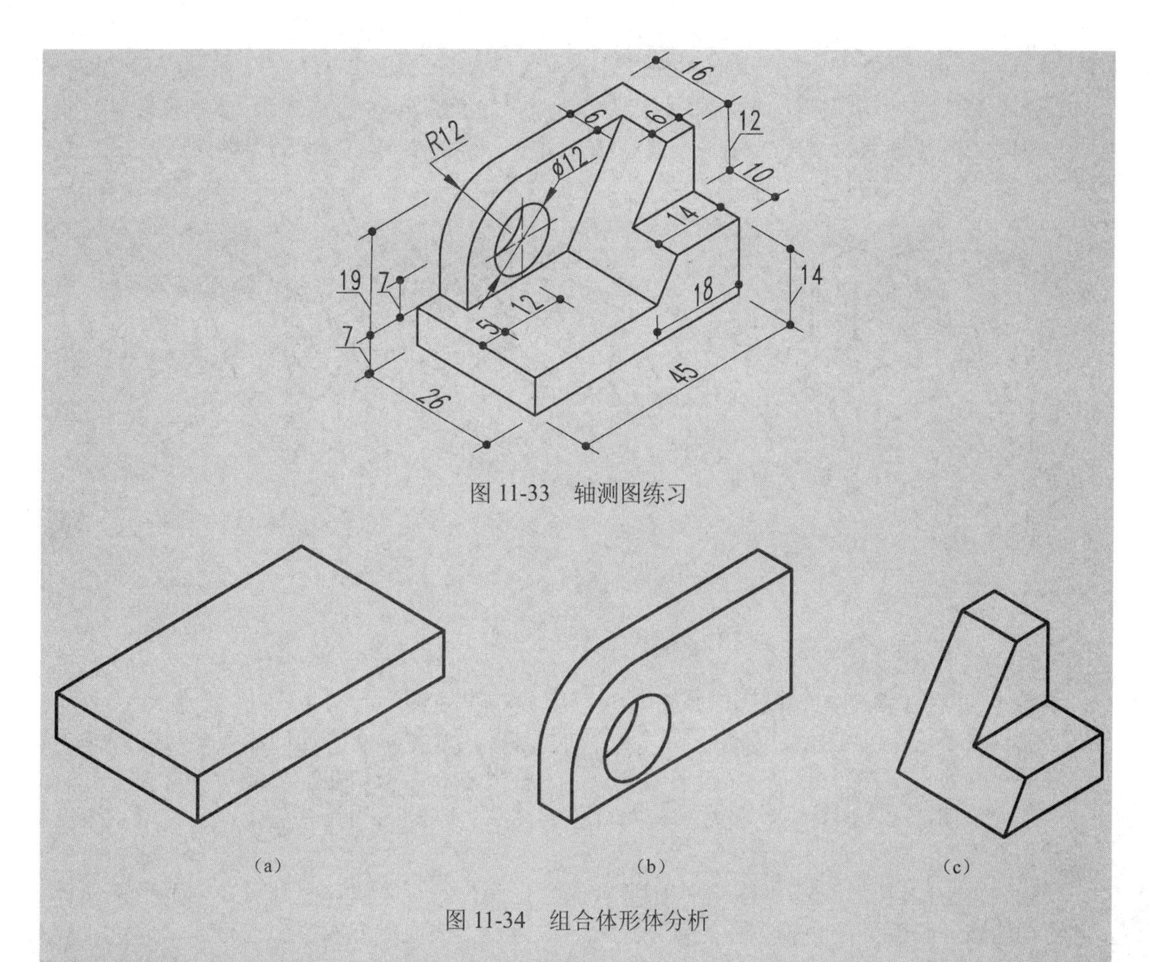

图 11-33　轴测图练习

图 11-34　组合体形体分析

② 绘制立板。参照步骤①绘制图形立板，如图 11-36 所示。

③ 绘制肋板。以 a 为顶点沿 ab 方向绘制一条直线 ac，长度为 22；以 c 点为顶点绘制一条平行于 Y 轴的直线 cd；以点 e 为顶点绘制一条长为 16 的平行于 Y 轴的线段 eg，继续以 g 为顶点绘制与 X 轴平行的，长度为 6 的线段 gh，通过 h 绘制与 Y 轴平行的线段 hf；再绘制平行于 Z 轴的线段 gi，长度为 12。ij 平行于 Y 轴，长度为 10；kj 平行于 X 轴，长度为 14，$kl//ij$，$jk//ij$，分别连接 fc 和 hl，如图 11-37 所示。

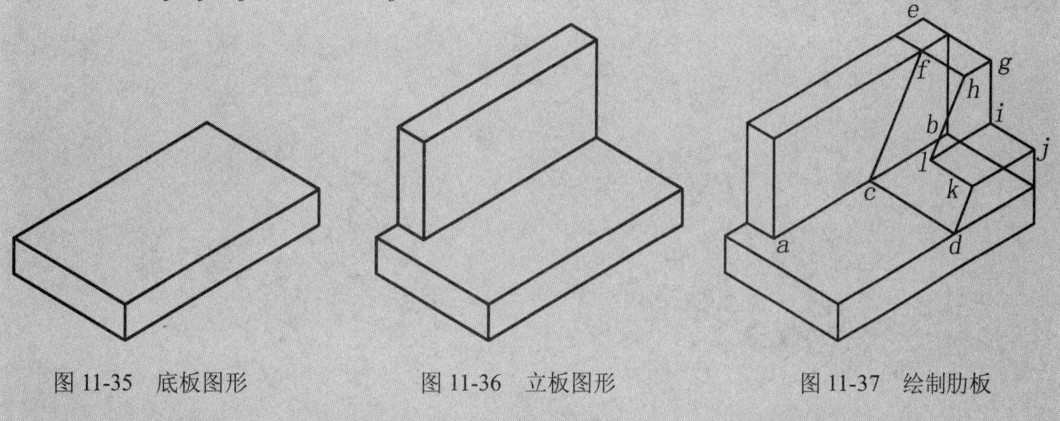

图 11-35　底板图形　　图 11-36　立板图形　　图 11-37　绘制肋板

④ 绘制立板上的圆孔与圆角，修剪标注完成作图。在立板前表面确定圆心位置，用椭圆工具绘制轴测圆，半径为 6。以圆心为拾取点复制椭圆，沿 Y 轴负方向移动 6，如图

11-38（a）所示。圆角部分则是，取距离挡板左前顶点 X 和 Z 轴方向分别为 12 的点为圆心，以半径为 12 绘制一个完整的椭圆，并将该椭圆向 Y 轴负方向移动 6，使用修剪工具剪除多余的线段，将直角倒为圆角。如图 11-38（b）所示。整理图形，将不需要图线删除，完成图形绘制。如图 11-38（c）所示。

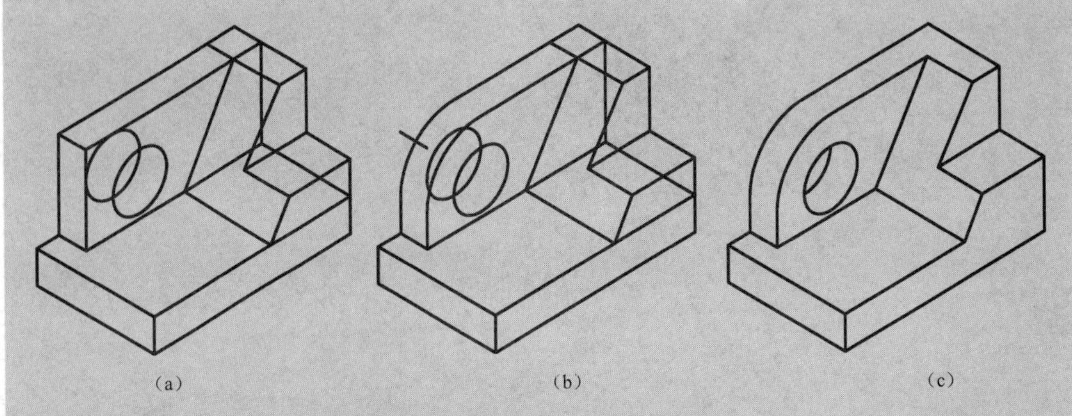

图 11-38　绘制立板上的圆孔与圆角

⑤ 尺寸标注原则。轴测图的线性尺寸，应标注在各自所在的坐标面内。尺寸线应与被标注长度平行；尺寸界线应平行于相应的轴测轴；尺寸数字的方向应平行于尺寸线并标注在尺寸线的上方，当出现字头向下倾斜时，应将尺寸线断开，在尺寸线断开处水平方向注写尺寸数字，或引出标注，将数字按水平位置注写；轴测图的尺寸起止符号宜用小圆点或实心箭头。

轴测图中的圆径尺寸，应标注在圆所在的坐标面内。尺寸线与尺寸界线分别平行于各自的轴测轴。圆弧半径和较小圆的直径尺寸，也可从（或通过）圆心引出标注，但尺寸数字的横线应平行于轴测轴。

⑥ 进行尺寸标注。首先将“30”标注样式置为当前利用【对齐标注】依次选取尺寸界限进行标注。此时为默认标注样式，如图 11-39 所示。

编辑尺寸。点击功能面板上“倾斜”按钮，选取尺寸 26 和 14 根据命令行提示输入 30，结果如图 11-40 所示；点击功能面板上“倾斜”按钮，选取尺寸 7 和 45，根据命令行提示输入–30，结果如图 11-41 所示；点击功能面板上“倾斜”按钮，选取尺寸 18，根据命令行提示输入 90，结果如图 11-42 所示。

⑦ 尺寸标注细部处理。半径标注处理：采用引线标注方法标注，要求引线与相应的轴测轴平行。可用【分解】、【单行文字】等命令直接修改。补全其他尺寸，完成作图。

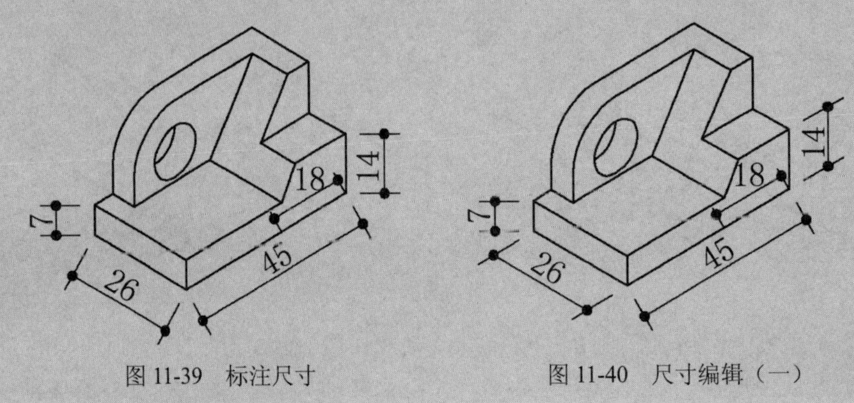

图 11-39　标注尺寸　　　　图 11-40　尺寸编辑（一）

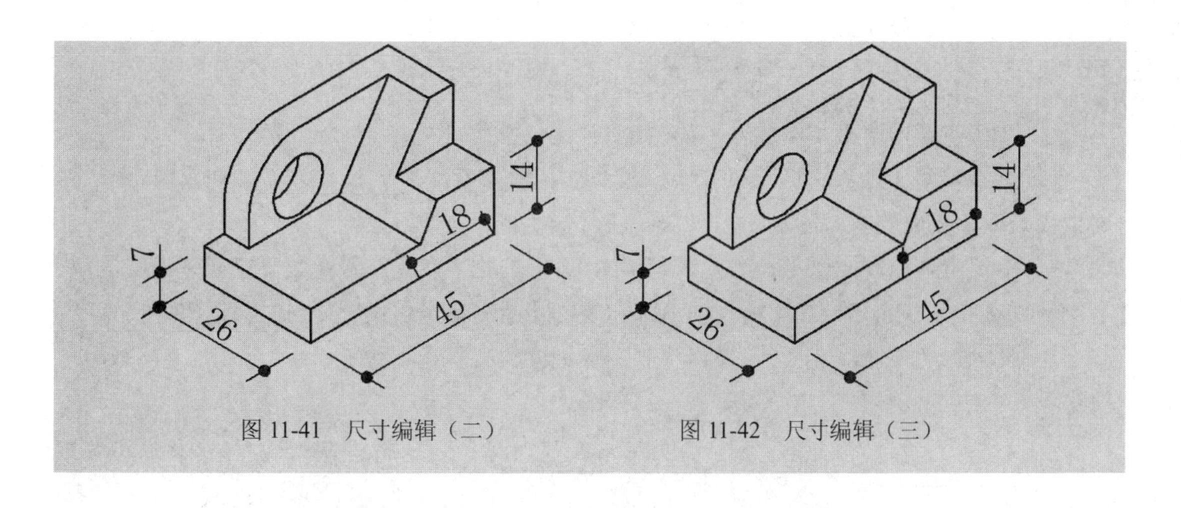

图 11-41　尺寸编辑（二）　　图 11-42　尺寸编辑（三）

第五节　正面斜二测轴测图的绘制

绘制正面斜二测的方法与正等测相似，由于形体正面（坐标面 XOZ 的平行面）形状不变，因此，应将物体较为复杂的一面作为正面。同时还要根据形体的结构特点，适当地选择 O_1Y_1 轴的方向。

【例 11-4】 绘制如图 11-43 所示组合体的正面斜二测。

（1）作图分析　如图 11-43 所示，该组合体由三块板组成，且右侧竖板平行于侧面，因此，选择轴间角 $\angle X_1O_1Y_1$ 为 135° 作图。

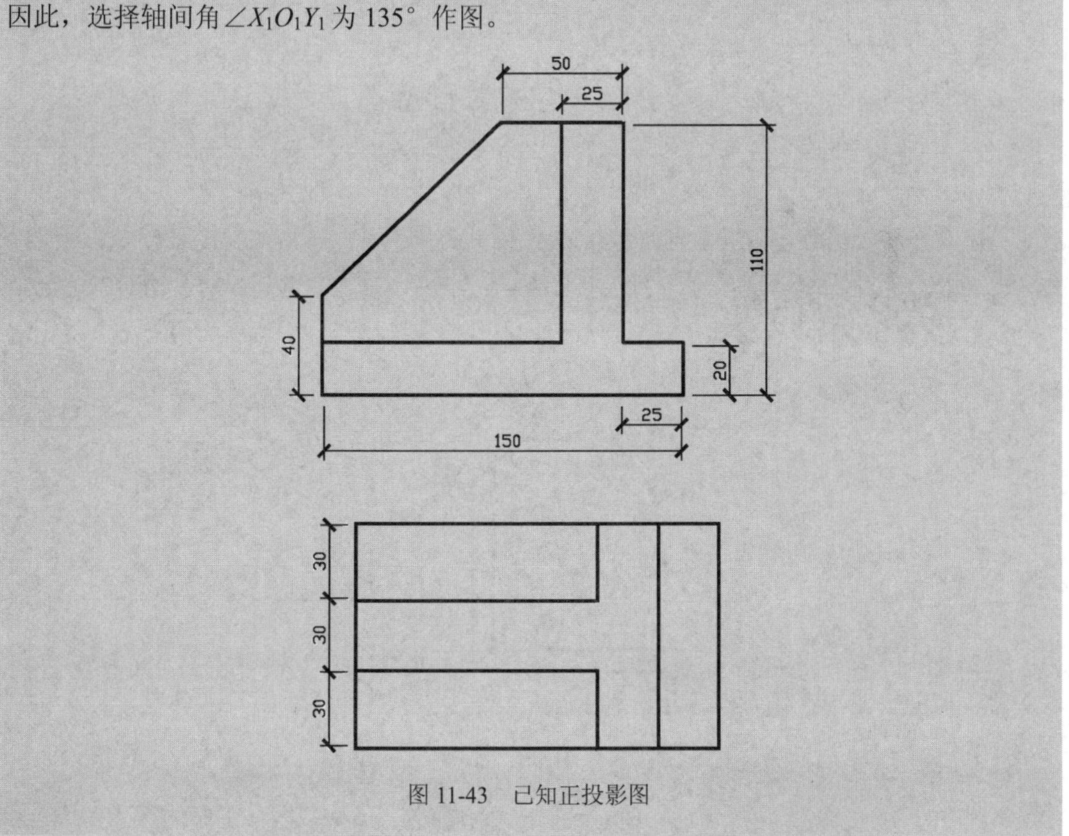

图 11-43　已知正投影图

（2）作图步骤

① 在正投影面中确定坐标轴，如图 11-44（a）所示。

② 选择轴间角$\angle X_1O_1Y_1$为 135°，绘制轴测轴 O_1X_1、O_1Y_1、O_1Z_1，并作出组合体的底板、竖板前端面的斜二测，如图 11-44（b）所示。

③ 沿组合体前端面可见棱线角点作一组 O_1Y_1 轴的平行线，并量取正投影图中底板和右侧竖板宽度尺寸的一半（利用极轴追踪和复制功能，增量角设置为 45°），将各端点连线，用修剪命令将多余线段修剪掉，绘制完成底板和右侧竖版的斜二测，如图 11-44（c）所示。

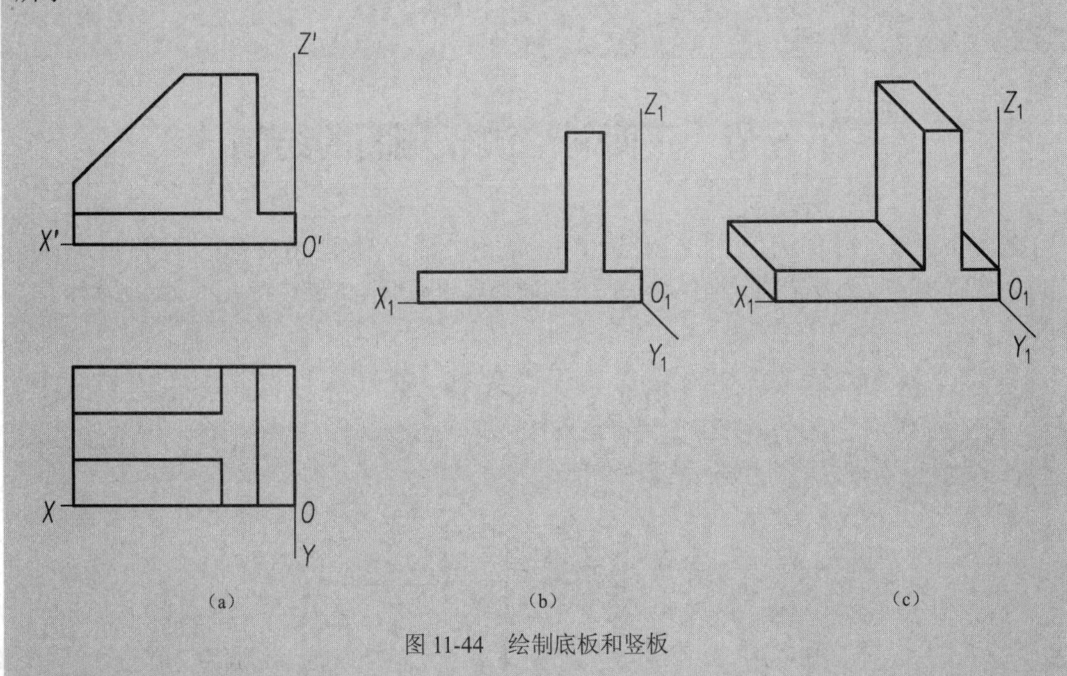

图 11-44　绘制底板和竖板

④ 作平行正面的支撑板，仍要注意 O_1Y_1 轴方向的定形尺寸和定位尺寸必须量取原投影图中宽度尺寸的一半，并注意支撑板和底板的上端面以及与右侧竖板的左端面不可绘制分界线，支撑板也可以根据其相对位置假想先按四棱柱绘制，再用切割法切去左上角。结果如图 11-45 所示。

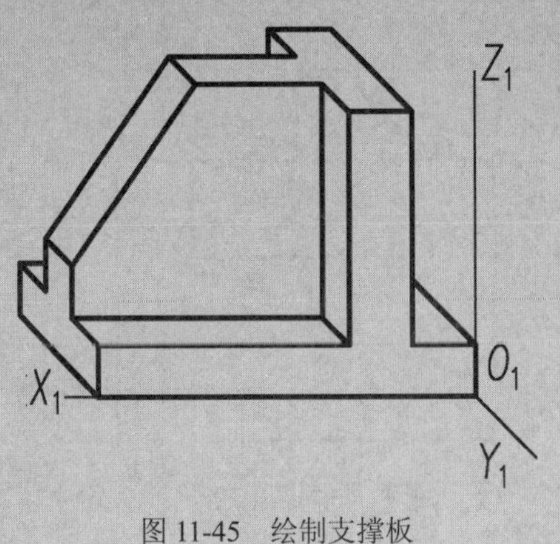

图 11-45　绘制支撑板

【习题与操作】

1．绘制如图 11-46 和图 11-47 所示图形。

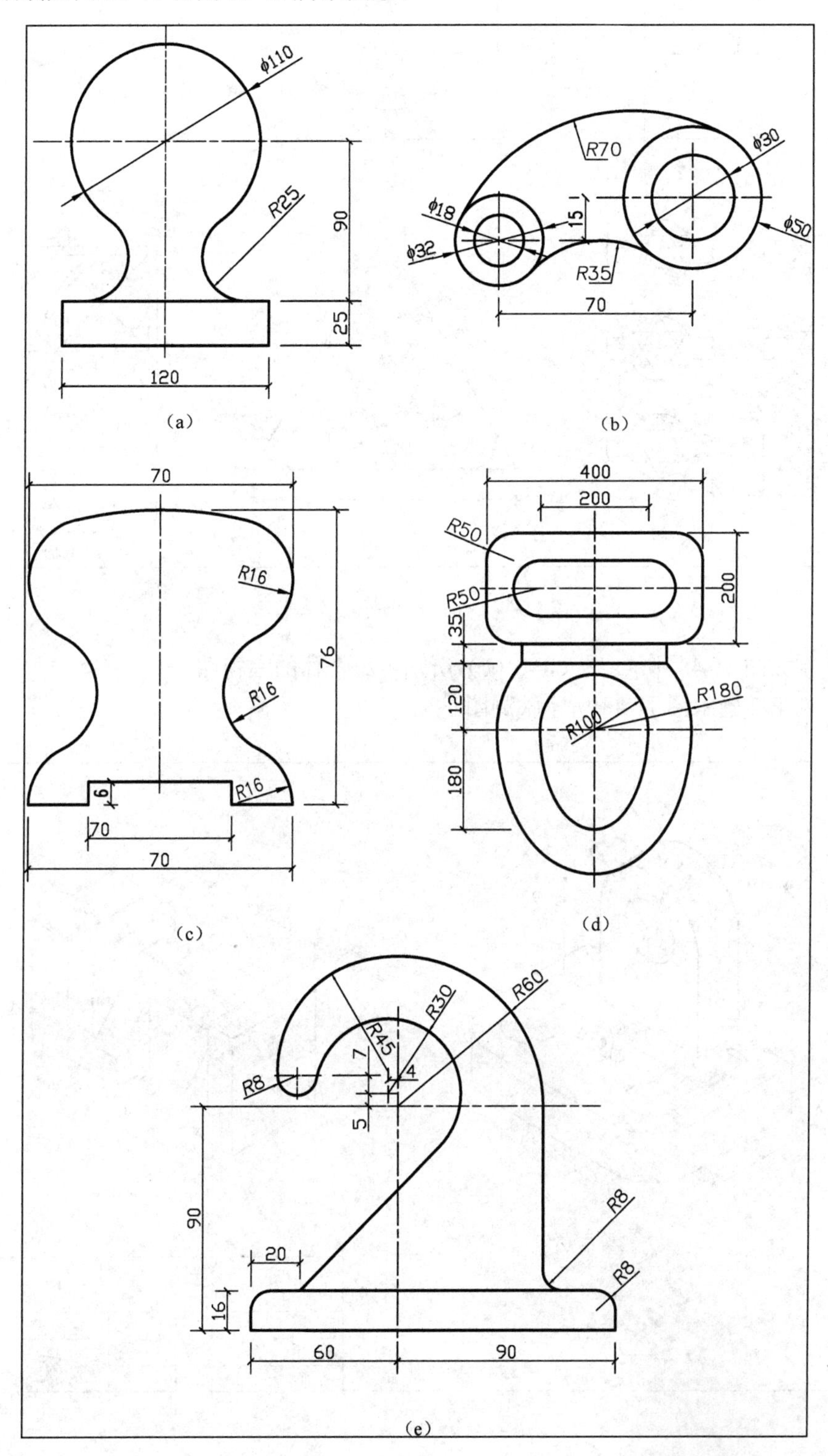

图 11-46　平面图形练习（一）

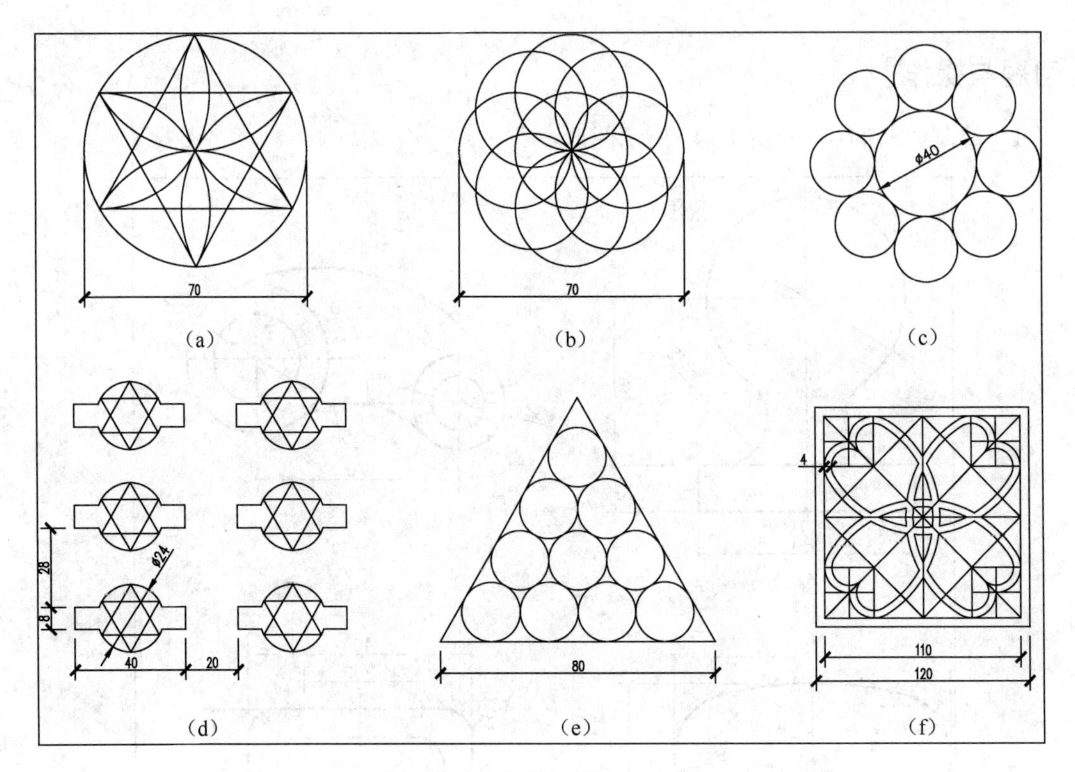

图 11-47　平面图形练习（二）

2．绘制如图 11-48 中（a）、（b）、（c）所示各组合体的三视图。

3．绘制第 2 题中图 11-48 所示轴测图。

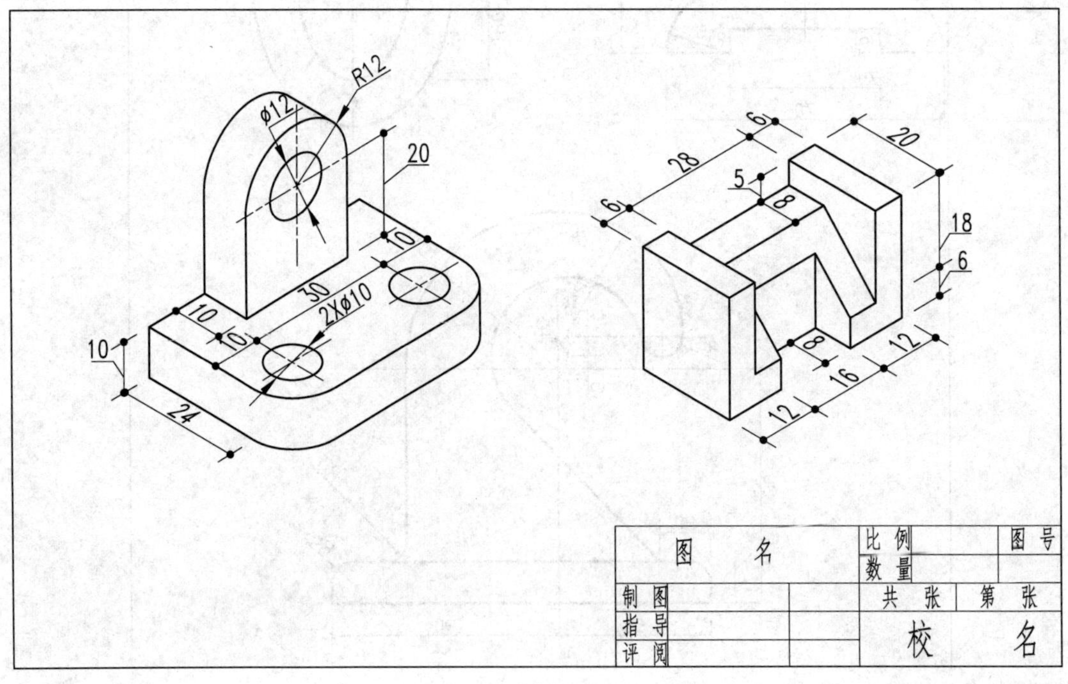

（a）

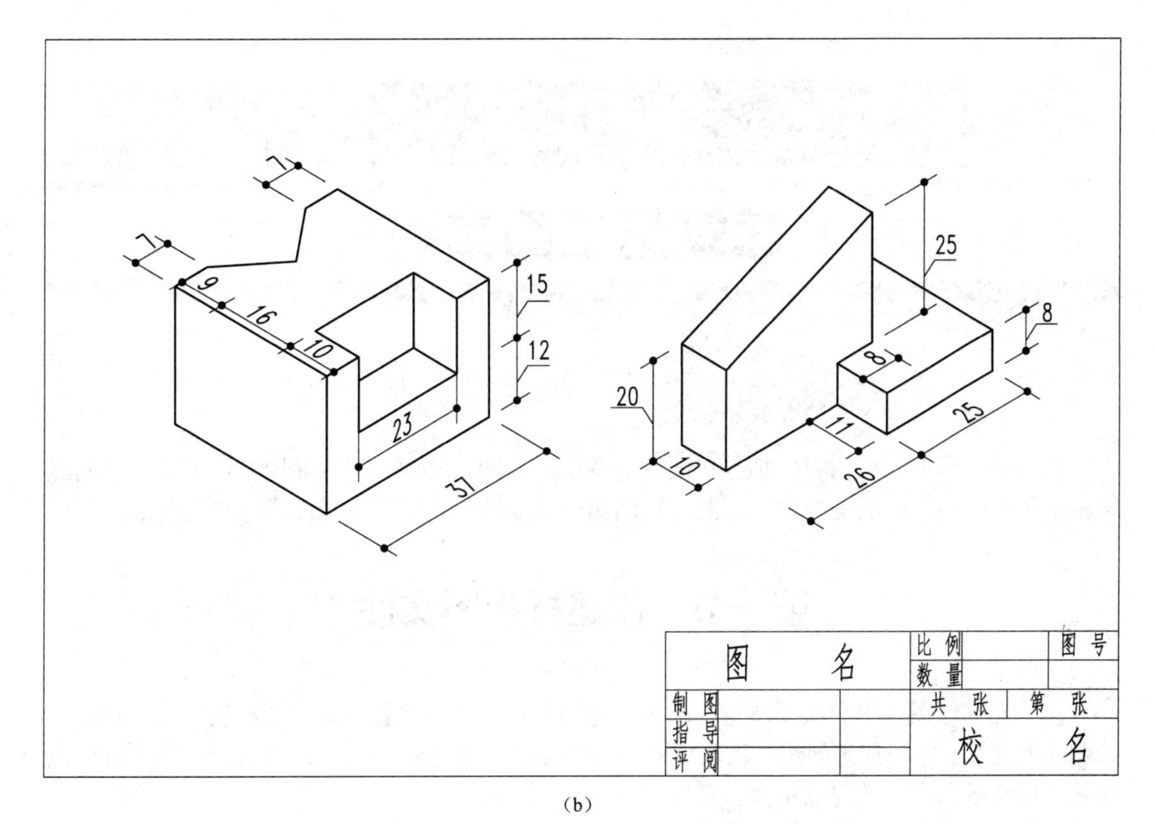

(b)

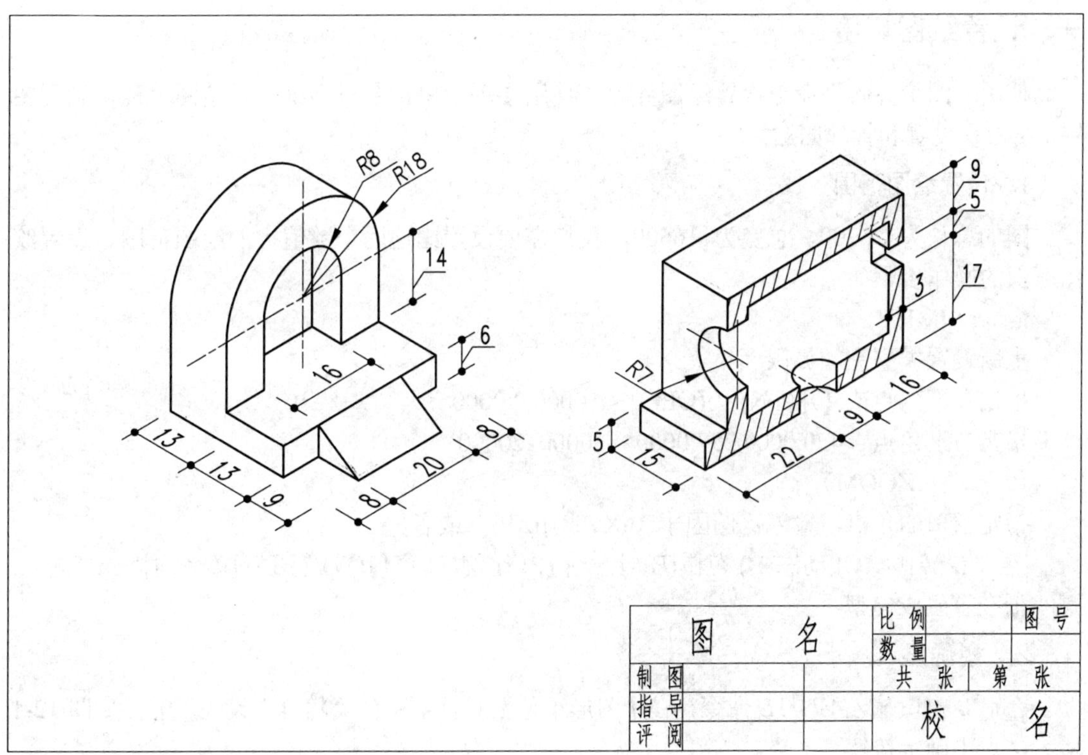

(c)

图 11-48　组合体三视图

第十二章

建筑施工图实训

建筑施工图的主要内容包括总平面图、各层平面图、立面图、剖面图及详图等。绘制建筑施工图的顺序，一般是按总平面图→平面图→立面图→剖面图→详图顺序来进行的。

第一节　创建样板图文件

为了提高绘图效率和绘图质量，减少对作图环境的重复设置，保持图形设置的一致性，绘制各专业图时，应首先创建样板图文件。本节绘制的建筑施工图以 1∶1 比例为例，说明建筑施工图样板图文件的建立步骤。

一、设置绘图环境

使用“图形界限”命令设置绘图界限，使用【图形单位】对话框设置绘图单位，利用图层 LA 命令设置和管理图层。

1. 设置绘图范围

图的总长为 25200，总宽为 16500，我们需要设置比这两个数值大的绘图范围，设置绘图范围的操作步骤如下。

命令: LIMITS

重新设置模型空间界限:

指定左下角点或 [开(ON)/关(OFF)] <0.0000,0.0000>:

指定右上角点 <420.0000,297.0000>: 30000 ,20000

命令:Z （ZOOM）

指定窗口的角点，输入比例因子 (nX 或 nXP)，或者

[全部(A)/中心(C)/动态(D)/范围(E)/上一个(P)/比例(S)/窗口(W)/对象(O)] <实时>: a

正在重生成模型。

2. 精确度

在命令窗口输入 UNITS 命令，在【图形单位】对话框中的“精度”设为“0”，如图 12-1 所示，点击确定按钮。

二、设置图层

在命令提示行中输入 LAYER 命令，在此命令作用下弹出【图层特性管理器】对话框，

在对话框内进行设置，如图 12-2 所示，也可以按绘制图形的线型和线宽设置。

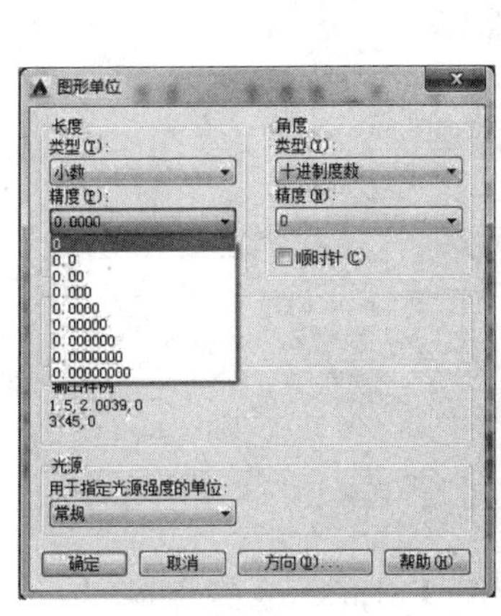

图 12-1　图形单位设定

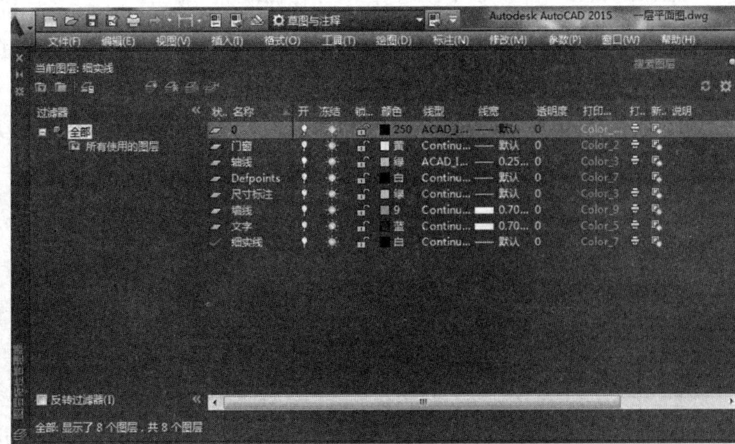

图 12-2　设置图层

三、设置文字样式

【新建文字样式】→【格式】→【文字样式】，字体选用仿宋 GB2312，宽度因子设为 0.7，如图 12-3 所示。

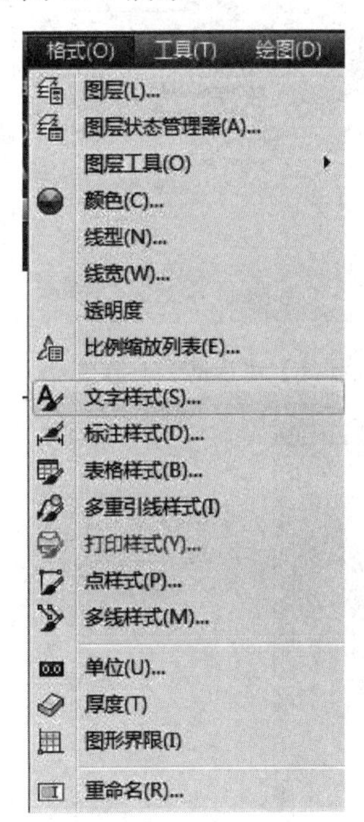

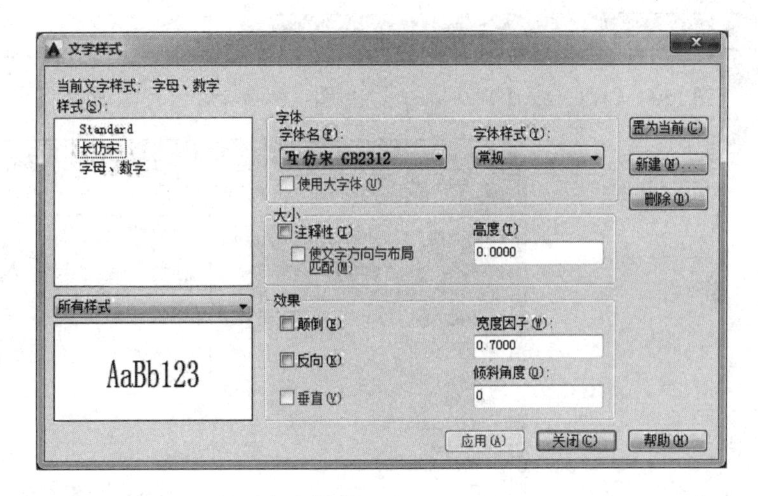

图 12-3　设置文字样式

四、设置标注样式

点击下拉菜单“【格式】→【标注样式】”，在弹出的【标注样式】对话框中新建一个“建筑标记”标注样式，其余设置分别如图 12-4～图 12-8 所示。

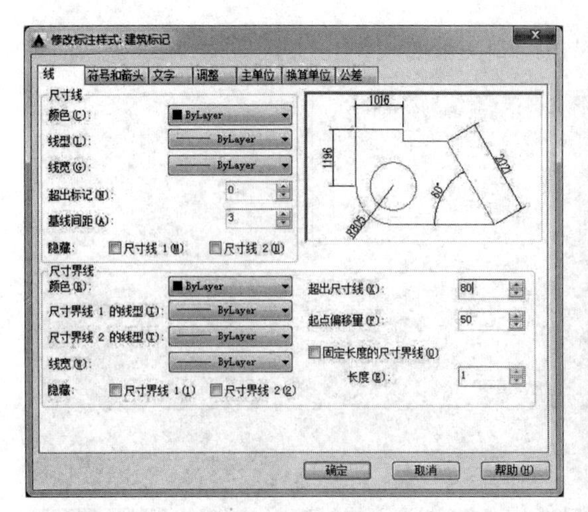

图 12-4 【标注样式】对话框——线

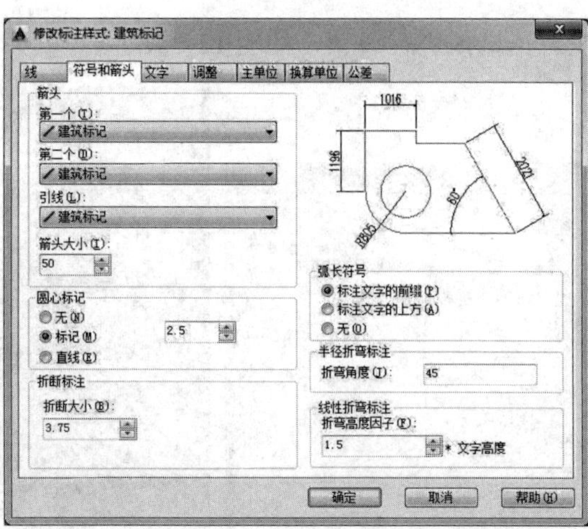

图 12-5 【标注样式】对话框——符号和箭头

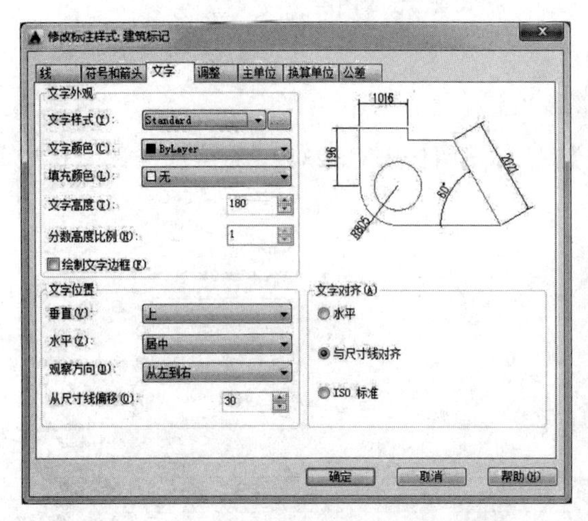

图 12-6 【标注样式】对话框——文字图

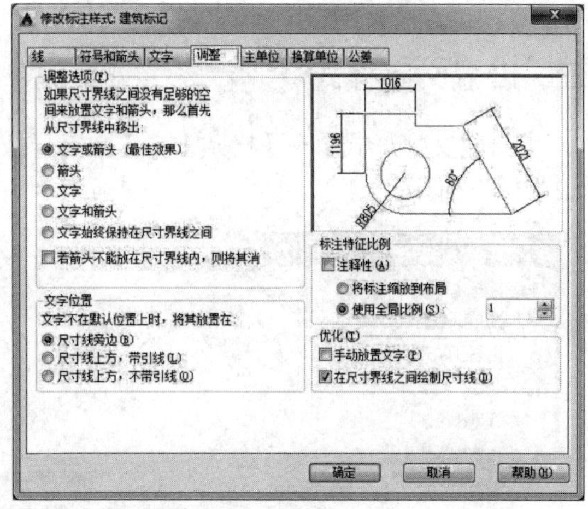

图 12-7 【标注样式】对话框——调整

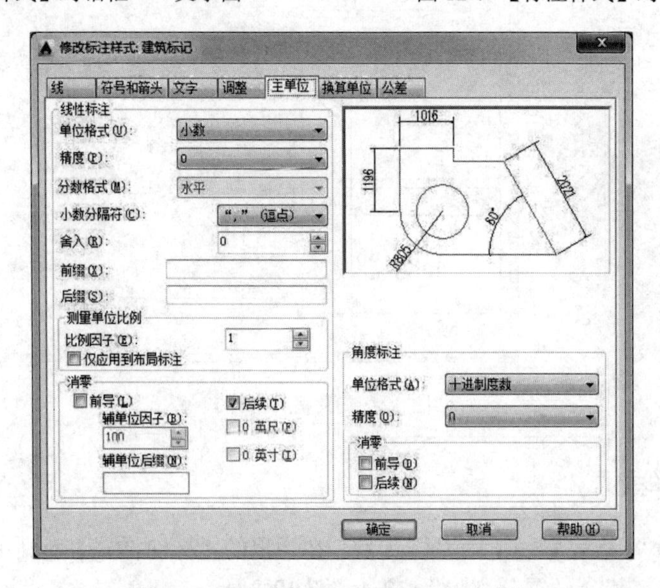

图 12-8 【标注样式】对话框——主单位

五、创建图块

建筑施工图中有很多常用的图例符号，在绘图过程中经常使用，为了提高绘图效率，节省空间，方便图形修改，可以将它们定义成块。创建块的具体作图方法详见本书第九章。本节中所创建的图块中所注尺寸均为出图时的参考尺寸，使用时应按照出图比例进行换算,在建筑施工图中常用建筑图图块见图 12-9 所示。

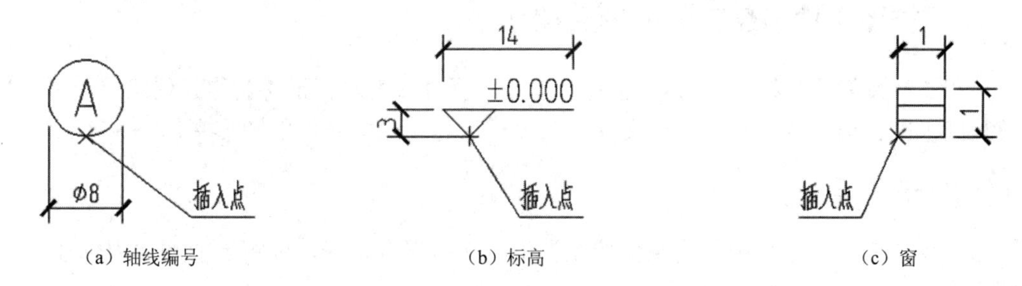

图 12-9　建筑施工图中常用图块

① 线编号。如图 12-9（a）所示。图中“A”定义为属性，在文字选项中设置高度为 5，对正方式为正中对齐。属性的插入点为圆心。

② 标高。如图 12-9（b）所示。图中“±0.000”定义为属性，高为 3.5。

③ 窗。如图 12-9（c）所示。

六、绘制图幅

绘制标题栏的方法和步骤详见本书第七章。

A3 图幅格式如图 12-10（a）所示，图纸幅面 420×297；左侧装订边尺寸为 25；上、下、右侧周边尺寸为 5；标题栏内容和尺寸见图 12-10（b）。由于 1∶100 比例出图。上述尺寸均需放大 100 倍。

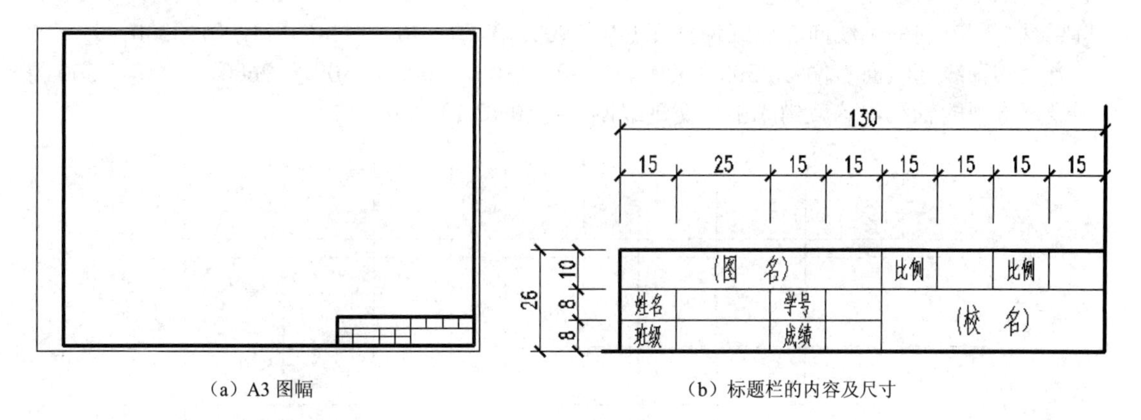

图 12-10　A3 图框和标题栏

七、保存为样板图文件

选择下拉菜单【文件】→【保存】，弹出【图形另存为】对话框，在【文件类型】下拉列表中选择“AutoCAD 图形样板（*.dwt）”格式，文件名称命名为建筑施工图 A3，将该文件存入个人工作目录。

用同样方法创建 A0、A1、A2、A4 样板图文件，并存入个人工作目录。

第二节　绘制建筑施工图

一、选择样图文件创建新的图形文件

单击【标准】工具栏中的 按钮，在【选择样板】对话框【名称】列表中选择 A3 图幅建筑施工图样板文件，建立一个文件名为“一层建筑平面图”的图形文件。

二、轴网的绘制

（1）单击图层工具栏中的【图层控制】下拉按钮选取轴线，使得当前图层为轴线图层，如图 12-11 所示。

（2）单击【绘图】工具栏中的直线命令，在正交模式下绘制一条水平和垂直的基准线。

注意调整线型比例，输出的图纸中，点画线的划长应在 15～20 之间。线型比例的调整方法详见第二章。

（3）单击【修改】工具栏中的偏移命令按钮 ，如图 12-12 所示。

图 12-11　图层工具栏

图 12-12 修改工具栏

将水平轴线连续向上偏移 600，600，3000，1900，2900，600，得到水平方向的轴线。将竖直南侧方向的轴线向右连续偏移 3300，3900，3150，3600，2850，3900，3300；竖直北侧方向的轴线连续向右偏移 3300，3000，2600，1800，2600，1800， 2600，3000，3300 得到竖直方向的轴线，这就构成了正交轴线网，如图 12-13 所示。

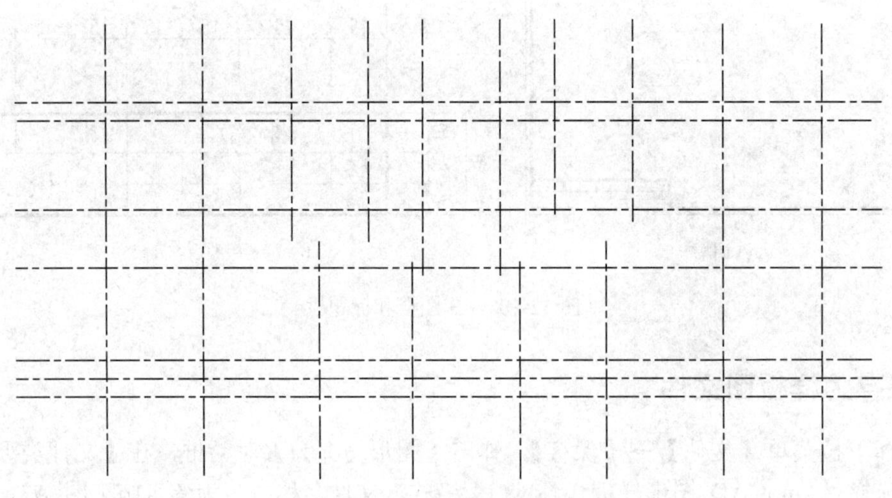

图 12-13　利用偏移命令生成轴线

三、墙体的绘制

反复用偏移命令或者多线命令生成 49 墙、37 墙和 24 墙。

在上述生成墙线的过程中，最为重要的就是要熟练掌握“偏移”和“修剪”命令，这样可以加快画图的速度；如果使用多线命令绘制墙体，需要设置多线样式，多线参数的设置如图 12-14 所示。

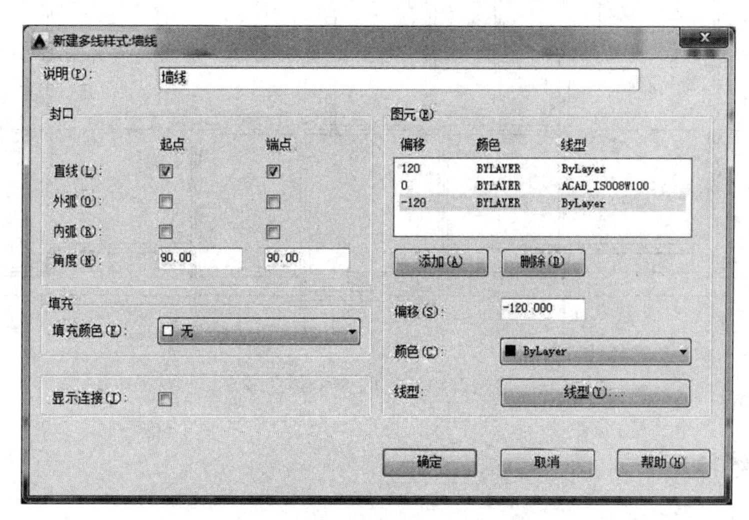

图 12-14　绘制墙的多线样式设置

多线样式设置后进行绘制墙体，如图 12-15 所示。

命令： MLINE↙

当前设置：对正 ＝ 无，比例 ＝1.00，样式 ＝24 墙↙

指定起点或 [对正(J)/比例(S)/样式(ST)]:

指定下一点:

指定下一点或 [放弃(U)]:

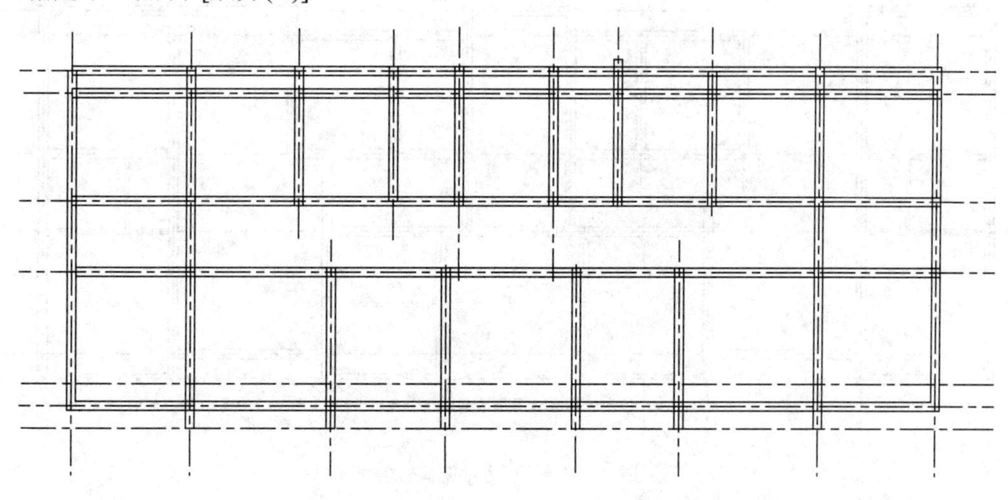

图 12-15　利用多线绘制主墙体

利用多线命令绘制完墙线后，利用多线编辑命令修改各个墙角，保证图形正确。为使图面清晰，所有轴线保留必要的长度，或者利用打断或修剪命令将墙体交叉处多余的线条修剪掉，使得墙体连贯，墙体结果如图 12-16 所示。

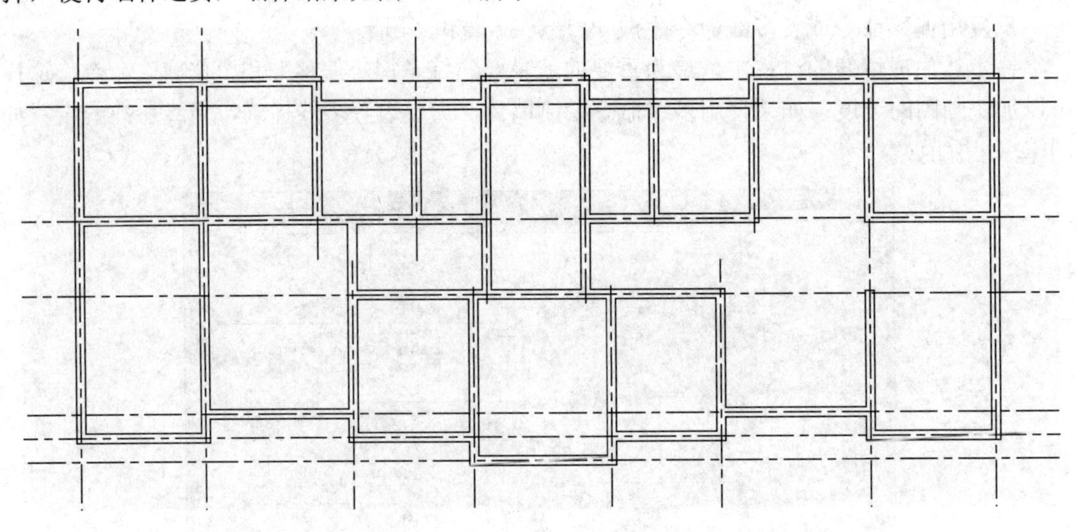

图 12-16　主墙体绘制完成

四、门窗的绘制

1. 开门窗洞口

（1）单击【绘图】工具栏中的【直线】命令按钮，根据门窗的具体位置，在对应的墙上绘制出这些门窗的一边。

（2）单击【修改】工具栏中的【偏移】命令按钮，根据各个门窗的具体大小，将前面绘制的门窗边界偏移对应的距离，就能得到门窗洞口在图上的具体位置，如图 12-17 所示。

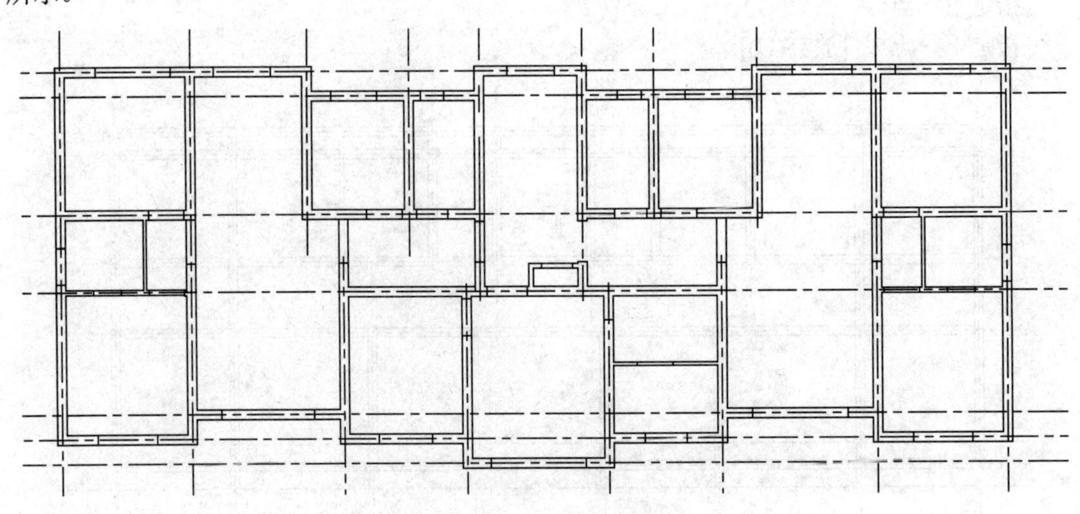

图 12-17　绘制门窗洞口线

（3）单击【修改】工具栏中的【修剪】命令 修剪，将各个门窗洞口修剪出来，就能得到全部的门窗洞口，绘制结果如图 12-18 所示。

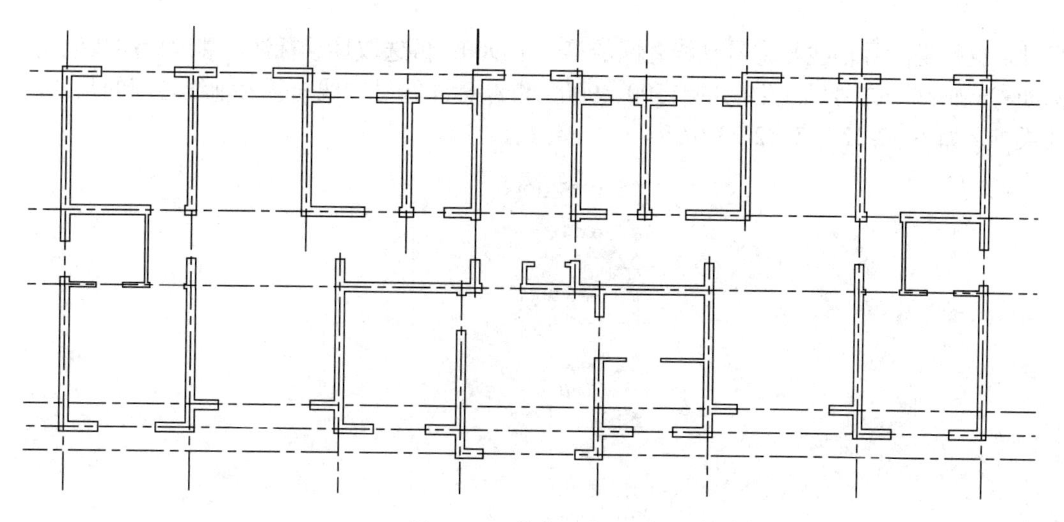

图 12-18　修剪门窗洞口

2. 绘制门窗

在门窗图层绘制门、窗、台阶，建议采用的绘图方法：门窗尺寸有很多种，以窗的宽度尺寸 1500 为例，可使用创建的窗的图块与插入块，其参数设置如图 12-19、图 12-20 所示。在本书第九章有详细介绍，这里不再赘述。

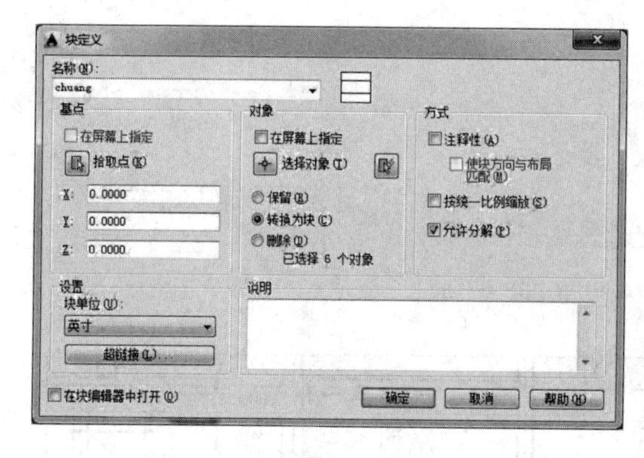

图 12-19　窗图块的创建

图 12-20　窗图块的插入

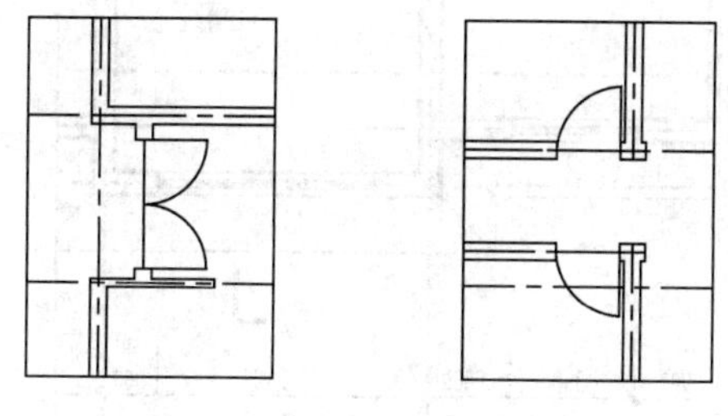

图 12-21　双扇门与单扇门的绘制

如果门窗较少也可以直接在图中绘制。

（1）单击【图层】工具栏中的下拉菜单，选取门窗的图层，使得当前图层为门窗。

（2）单击【绘图】工具栏中的【直线】命令按钮绘制门，注意绘制时要在墙体的轴线上绘制。

（3）单击【绘图】工具栏中【圆弧】命令按钮，绘制圆弧表示门的开启方向，就能得到门的图例，如图 12-21 所示。

继续采用相同的方法绘制出所有的门窗，这里不再赘述。

五、尺寸标注

把“尺寸标注”图层置为当前图层，打开标注菜单标注栏，选取线性标注，标注第一个尺寸，也就是①号轴线与②号轴线之间的第一个 900；再选取连续标注，继续标注其他尺寸，例如①号轴线与②号轴线之间的 1500、900；继续标注②号轴线与④号轴线之间的尺寸，以此类推，如图 12-22、图 12-23 所示。

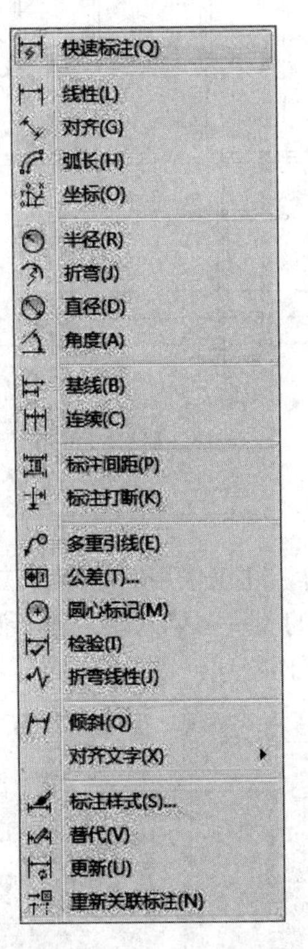

图 12-22 尺寸标注菜单栏

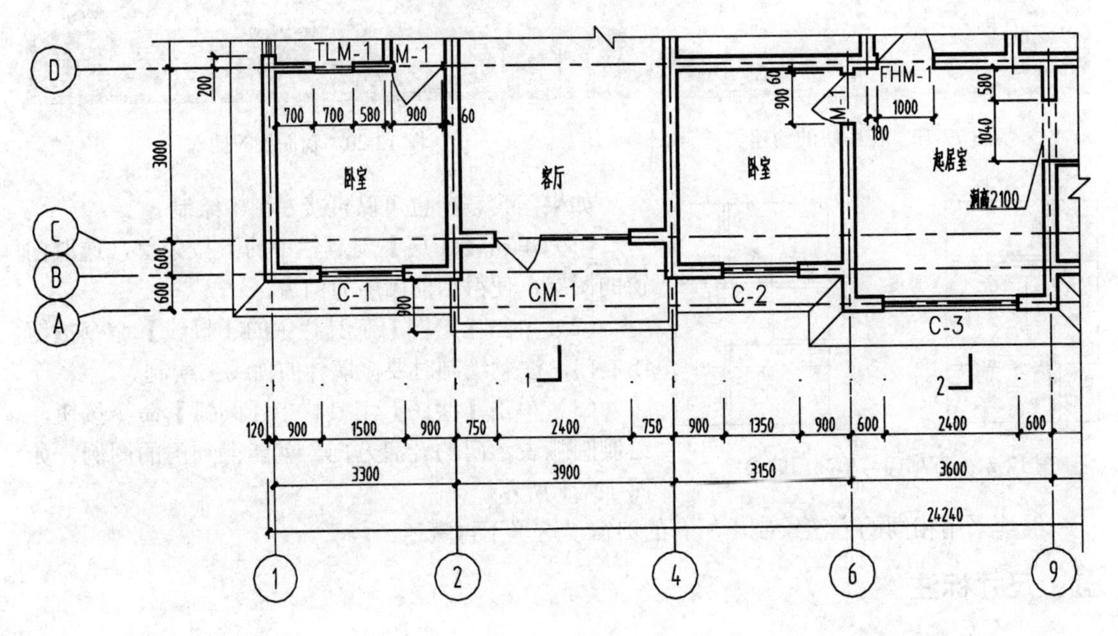

图 12-23 尺寸标注

六、其他图例的绘制

厨具、家具、洁具等一般用细实线绘制，根据设计规范中尺寸，绘制的尺寸可根据需要而变化。也可以将厨具、洁具、家具等先定义为块，然后插入，以洁具为例，如图 12-24 所示。

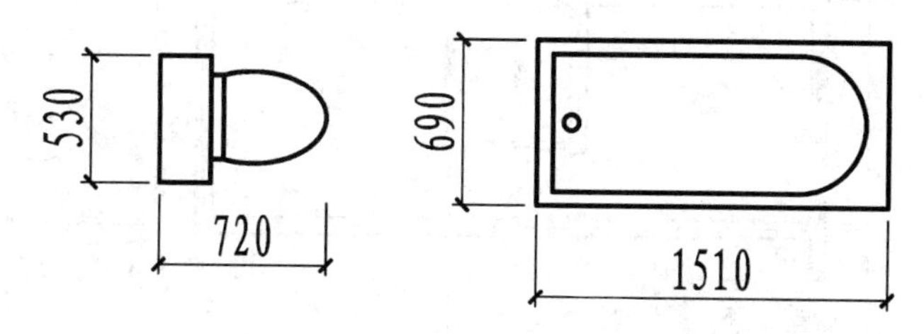

图 12-24　洁具尺寸画法

七、轴号、标高、材料图例、指北针、文字等的绘制

将尺寸图层设为当前层，对图形进行轴号、尺寸、标高、材料图例、指北针、文字等的绘制和注写。其中的轴号、标高等可设属性、定义成块，然后再插入，在第九章有详细叙述，这里不再赘述，在样图文件中已经定义成块，在这直接插入即可。如图 12-25 所示。

第三节　建筑立面图的绘制

一、选择样图文件创建新的图形文件

单击【标准】工具栏中的按钮，在【选择样板】对话框【名称】列表中选择 A3 图幅建筑施工图样板文件，另存文件名为“建筑立面图”的图形文件。

以图 12-34 为例，说明建筑立面图的画法。

二、绘制立面图步骤

1. 绘制轴线

① 打开图层特性管理器，将“轴线”图层置为当前，使得当前图层为【轴线】；按【F8】键将正交打开。

② 单击【绘图】工具栏中的【直线】命令按钮，作一条水平线和一条垂直线作为绘图的十字基准线。

注意调整线型比例，输出的图纸中，点画线的划长应在 15～20 之间。线型比例的调整方法详见第二章。

③ 单击【修改】工具栏中的【偏移】命令按钮，将竖直轴线连续向右偏移 3300，3000，2600，1800，2600，1800，2600，3000，3300；将水平轴线向上连续偏移 1000，900，1500，1400，1500，1400，1500，1400，1500，1400，它和水平轴线一起构成正交的轴线网，从而确定了立面图窗的高度位置，如图 12-26 所示。

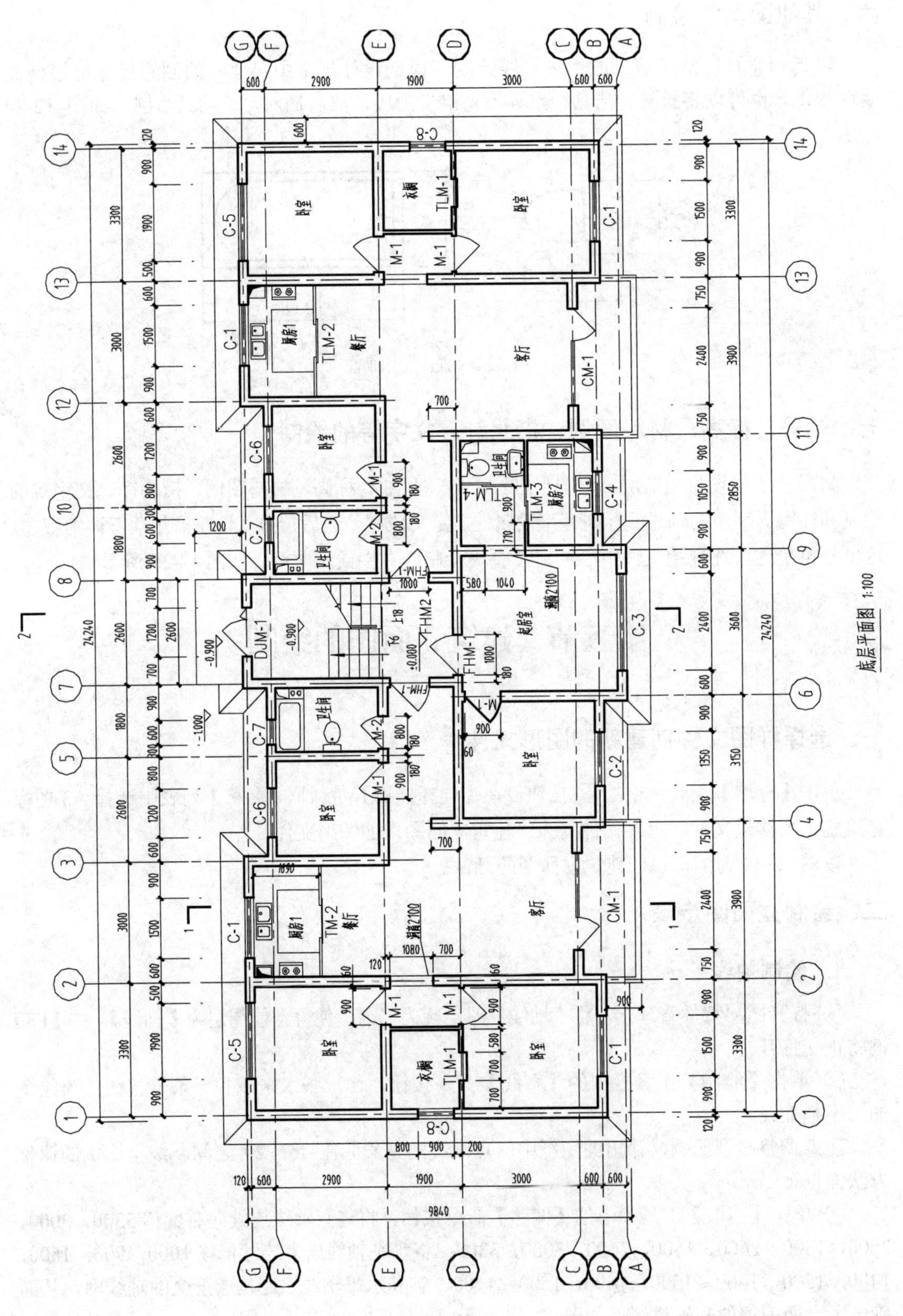

图 12-25　一层平面图　　1∶100

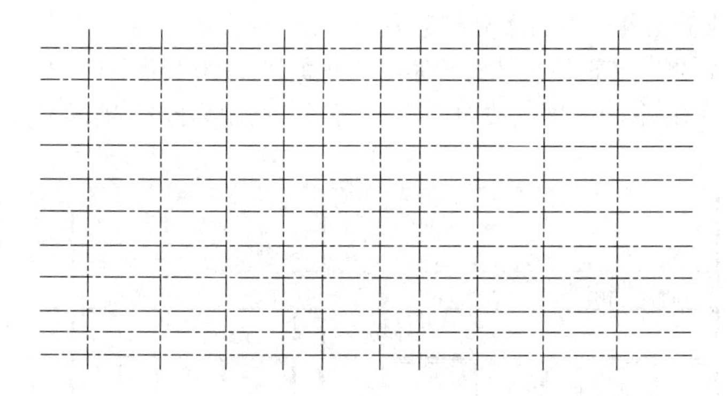

图 12-26　绘制辅助线网格

2. 绘制墙线

单击【修改】工具栏中的【偏移】命令按钮，将⑭、⑧、③号轴线向左偏移 120，⑫、⑦、①号轴线向右偏移 120，绘制出立面图的外墙轮廓，如图 12-27 所示。

3. 绘制门窗

① 单击【图层】工具栏中的【图层】控制下拉菜单按钮，选取门窗图层，并置为当前图层。

② 单击【绘图】工具栏的【直线】命令按钮,绘制出立面图中门和规格不同的窗，门的尺寸如图 12-28 所示，窗尺寸如图 12-29 所示。

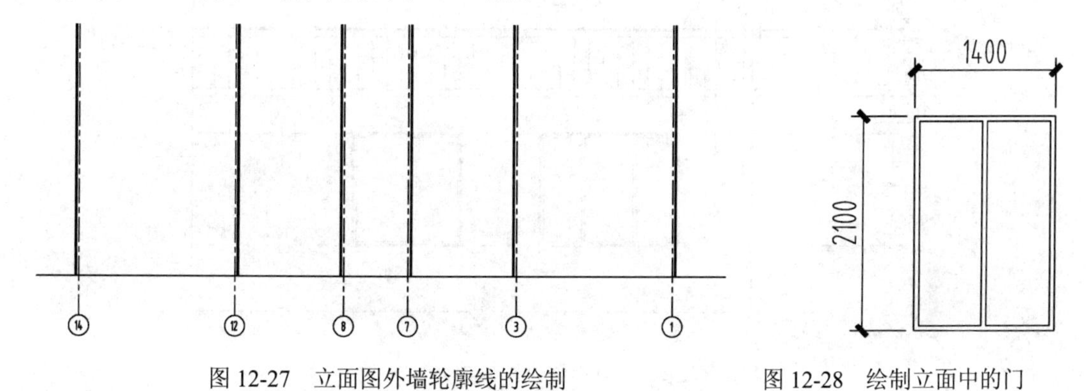

图 12-27　立面图外墙轮廓线的绘制

图 12-28　绘制立面中的门

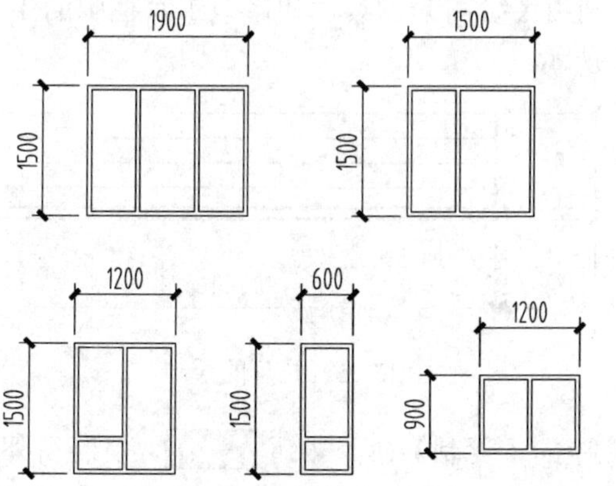

图 12-29　绘制不同尺寸的窗

③ 单击【修改】工具栏中的【复制】命令按钮，复制窗户到立面图中，复制的基点选择窗户的左下角，距离⑭号轴线尺寸为 900，窗间距为 1100,1500,1100,1600；窗高度尺寸为 900，如图 12-30 所示；窗的高度距地面 1900，窗高之间距离分别为 1400，如图 12-30 所示。

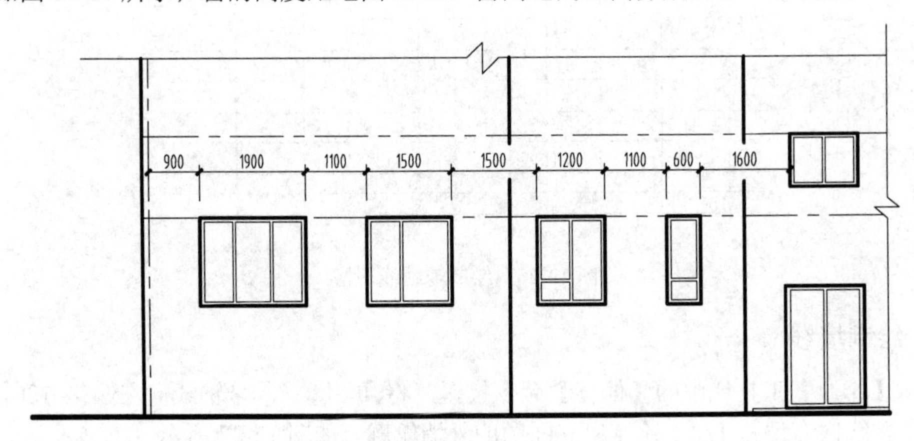

图 12-30 复制窗的结果

④ 绘制屋顶。利用【绘图】工具栏和修改工具栏中的【直线】、【偏移】等命令绘制屋顶，将顶层最上窗框线向上偏移 500，100,700,100；屋顶装饰条宽度为 200，如图 12-31 所示。

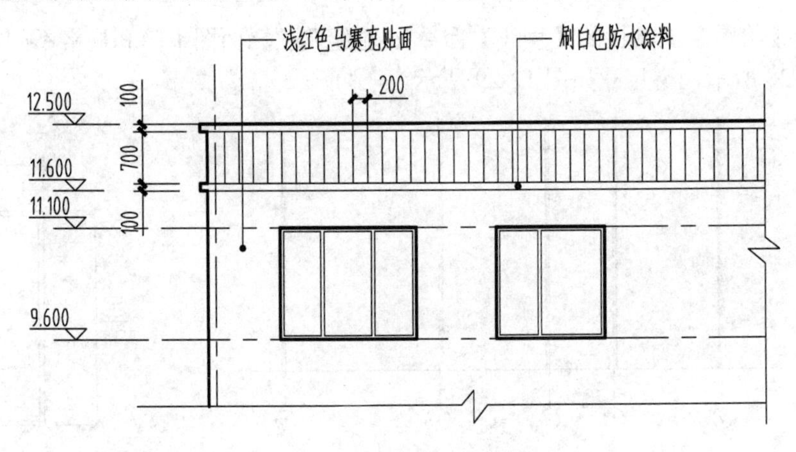

图 12-31 绘制屋顶部分

⑤ 绘制窗外栏杆。利用【绘图】工具栏和修改工具栏中的【直线】、【偏移】等命令绘制窗外栏杆，如图 12-32 所示。

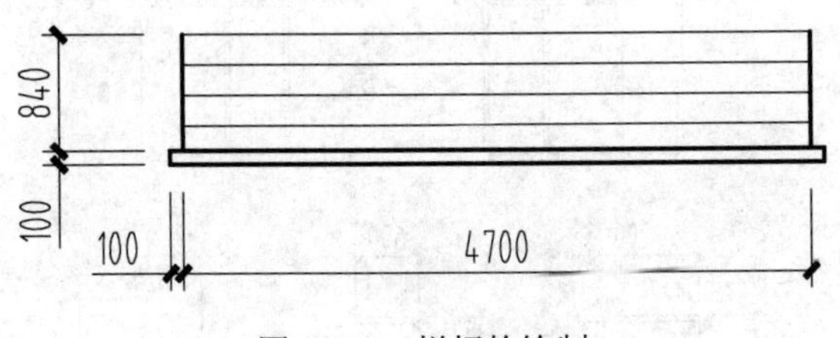

图 12-32 栏杆的绘制

单击【修改】工具栏中的【复制】命令按钮 复制，复制窗外栏杆到立面图中，可以将栏杆的左侧边缘向内偏移 100，此处作为复制栏杆的基点位置，如图 12-33 所示。

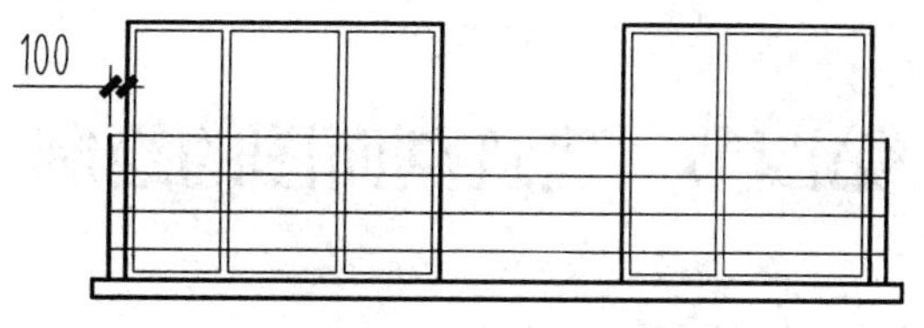

图 12-33　绘制窗外栏杆

⑥ 点击【绘图】工具栏中的【图案填充】命令按钮，选择图案进行填充，尺寸标注，书写字体，将整个立面图完成，如图 12-34 所示。

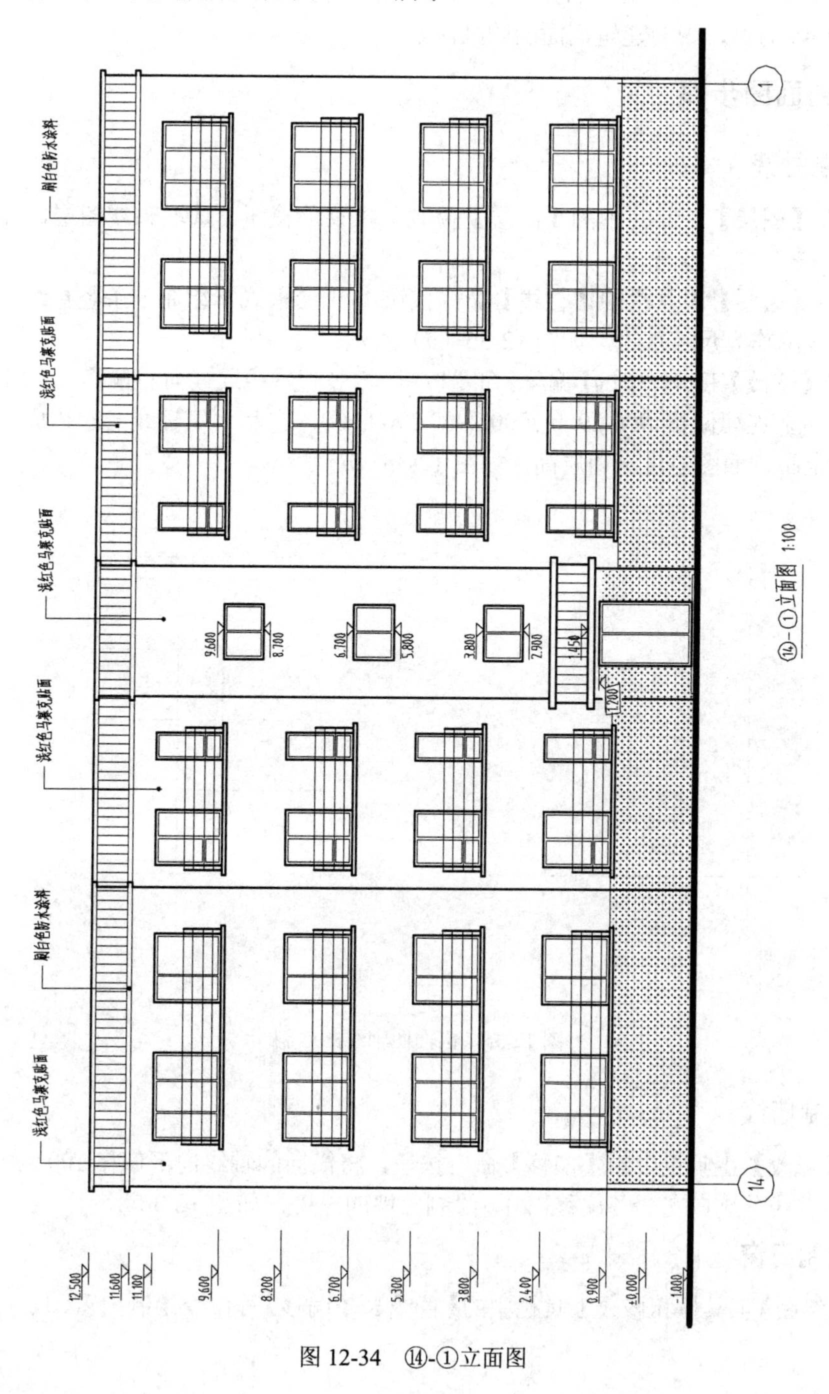

图 12-34　⑭-①立面图

第四节　建筑剖面图的绘制

一、选择样图文件创建新的图形文件

单击【标准】工具栏中的按钮，在【选择样板】对话框【名称】列表中选择 A3 图幅建筑施工图样板文件，另存文件名为“建筑剖面图”的图形文件。

以图 12-45 为例，说明建筑剖面图的画法。

二、绘制剖面图步骤

1. 绘制轴线

① 单击【图层】工具栏中的【图层】控制下拉菜单按钮，选取轴线图层，并置为当前图层。

② 单击【绘图】工具栏的【直线】命令按钮,在正交模式下绘制一条竖直线和水平线，组成十字轴线网作为尺寸基线，如图 12-35（a）所示。

③ 单击【修改】工具栏中的【偏移】命令按钮，将竖直轴线连续向右偏移 4200,1900,3500；将水平轴线向上连续偏移 900,2900,2900,2900,2900,900，它和水平轴线一起构成正交的轴线网，从而确定了剖面图的进深和层高，如图 12-35（b）所示。

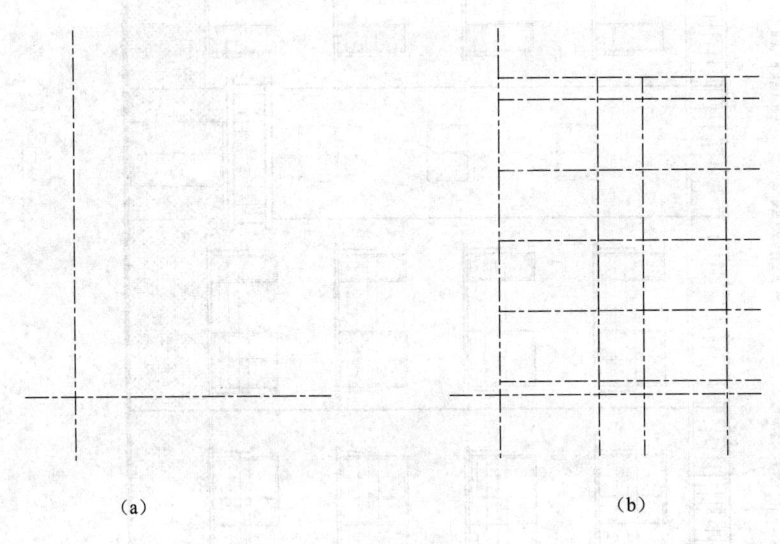

图 12-35　剖面图轴线的绘制

2. 绘制墙线

单击【修改】工具栏中的【偏移】命令按钮，将横向的轴线向下偏移 100 绘制出楼板的厚度，竖向轴线分别向左右各偏移 120，绘制出墙的厚度，如图 12-36 所示。

3. 绘制门窗

利用【绘图】工具栏和修改工具栏中的【直线】、【偏移】等命令绘制门窗，尺寸如图 12-37 所示。

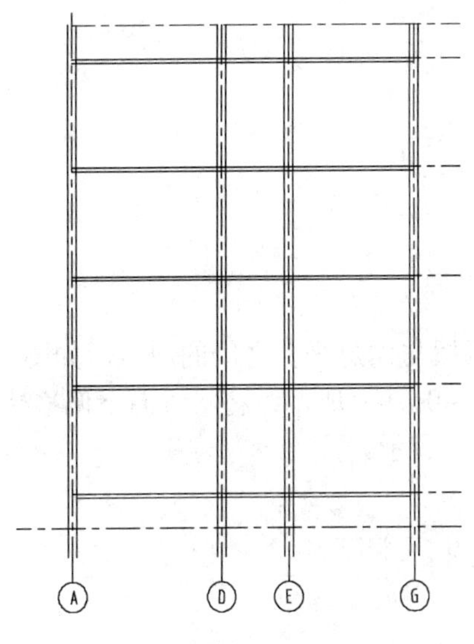

图 12-36　墙线及楼板线的绘制

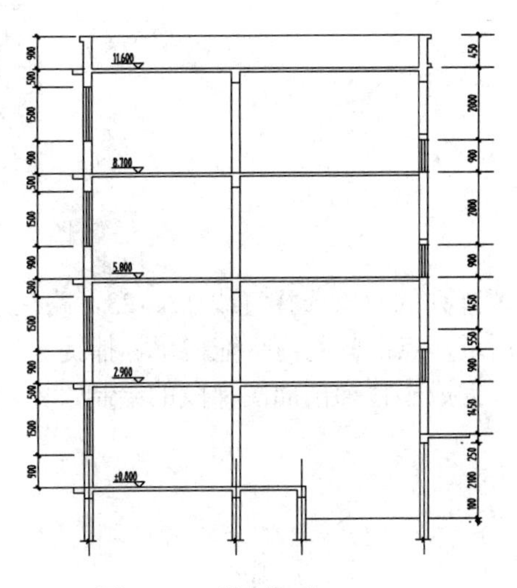

图 12-37　绘制门窗

4. 绘制楼梯的梯段

在建筑剖面图中，楼梯剖面是一个关键图形对象，也是绘制中较为复杂的一部分，楼梯一般分为楼梯段、楼梯平台、楼梯梯井、栏杆扶手几部分来绘制。

① 楼梯踏步：单击【图层】工具栏中的【图层】控制下拉菜单按钮，选取楼梯图层，并置为当前图层。

② 单击【绘图】工具栏的【直线】命令按钮,绘制楼梯踏步，楼梯的踏步尺寸如图 12-38（a）所示。用直线连接 1、3 点并延长至楼梯休息平台，如图 12-38 中（b）、（c）所示。

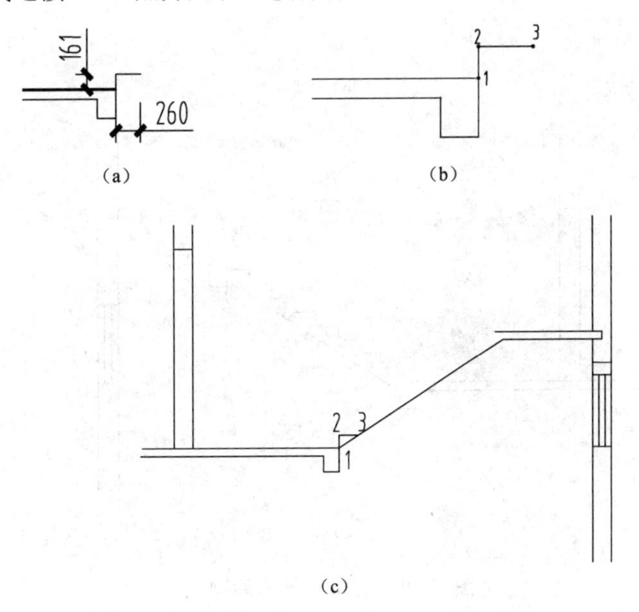

图 12-38　绘制楼梯踏步

③ 单击【修改】工具栏的【阵列】命令后的下拉箭头 阵列，选择路径阵列，如图 12-39 所示。

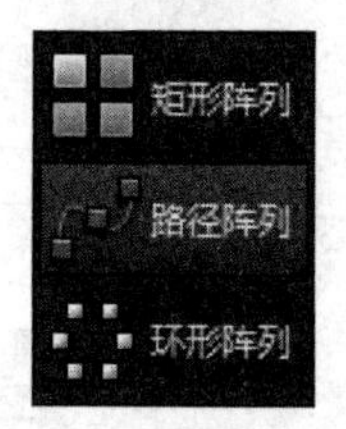

图 12-39　路径阵列

要阵列的对象选择直线 12、23，路径选择连接楼板与休息平台之间的斜线，如图 12-40（a）所示，点击蓝色箭头拖拽鼠标捕捉 3 点，如图 12-40（b）所示，将斜线向下偏移楼板的厚度，完成了楼梯剖面图梯段的绘制，如图 12-40（c）所示。

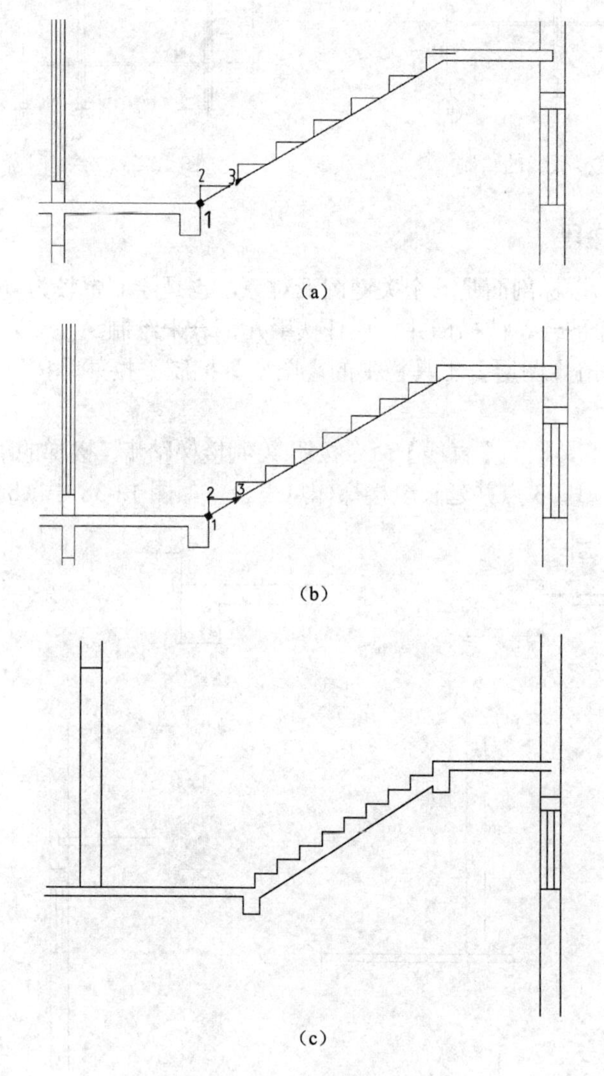

图 12-40　完成楼梯的绘制

④ 绘制楼梯扶手。利用【直线】命令绘制楼梯栏杆扶手，捕捉第一步和最后一步楼梯踏步的中心位置，如图 12-41（a）所示，利用【偏移】命令绘制出扶手的高度 1000，再向上偏移 35，绘制出楼梯扶手的宽度，如图 12-41（b）所示。

完成楼梯的绘制，如图 12-42 所示。

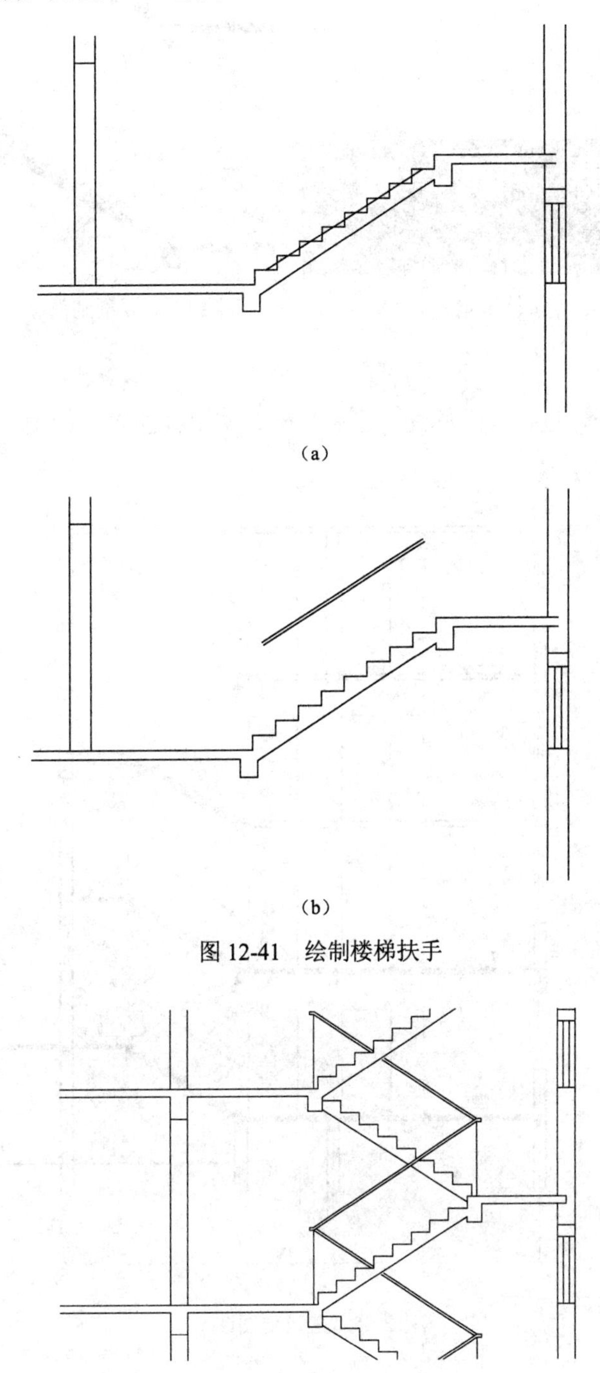

（a）

（b）

图 12-41　绘制楼梯扶手

图 12-42　完成楼梯的绘制

5. 绘制楼板

单击【绘图】工具栏中的【多段线】命令按钮，绘制剖切到的墙体，或者使用【图案填充】命令按钮，选择实体（SOLID）填充绘制楼板，如图 12-43 所示，填充结果如图 12-44 所示。

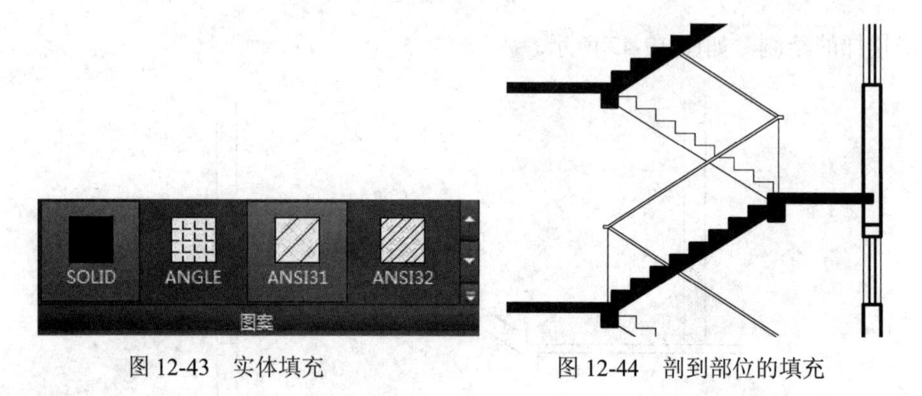

图 12-43　实体填充　　　　图 12-44　剖到部位的填充

6. 其他

完成其他作图部分，包括尺寸标注、层高标注、文字标注等，如图 12-45 所示。

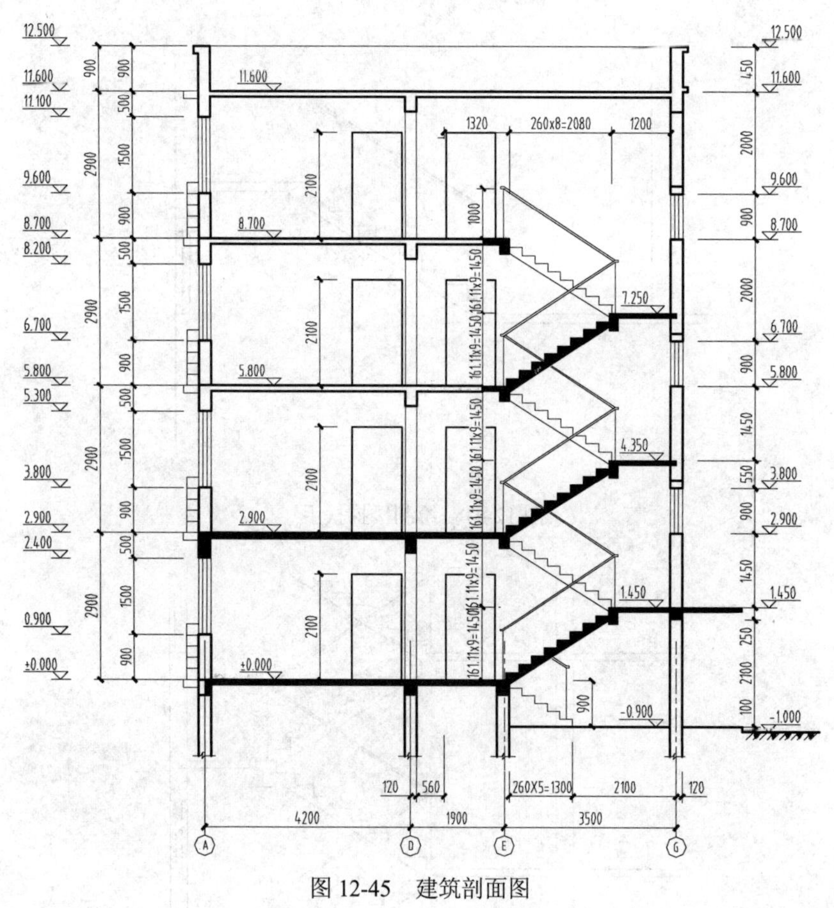

图 12-45　建筑剖面图

第五节　建筑详图的绘制

一、选择样图文件创建新的图形文件

单击【标准】工具栏中的 按钮，在【选择样板】对话框【名称】列表中选择 A3 图幅建筑施工图样板文件，另存文件名为“建筑详图”的图形文件。

也可以将之前画的建筑剖面图打开，另存文件名为“建筑详图”，在建筑剖面图当中继续细化，取图的一部分为建筑详图。

二、绘制详图步骤

1. 楼梯详图

楼梯平面图的绘制，与之前平面图中绘制类似，详见本章第二节，这里不再赘述，如图12-46所示。

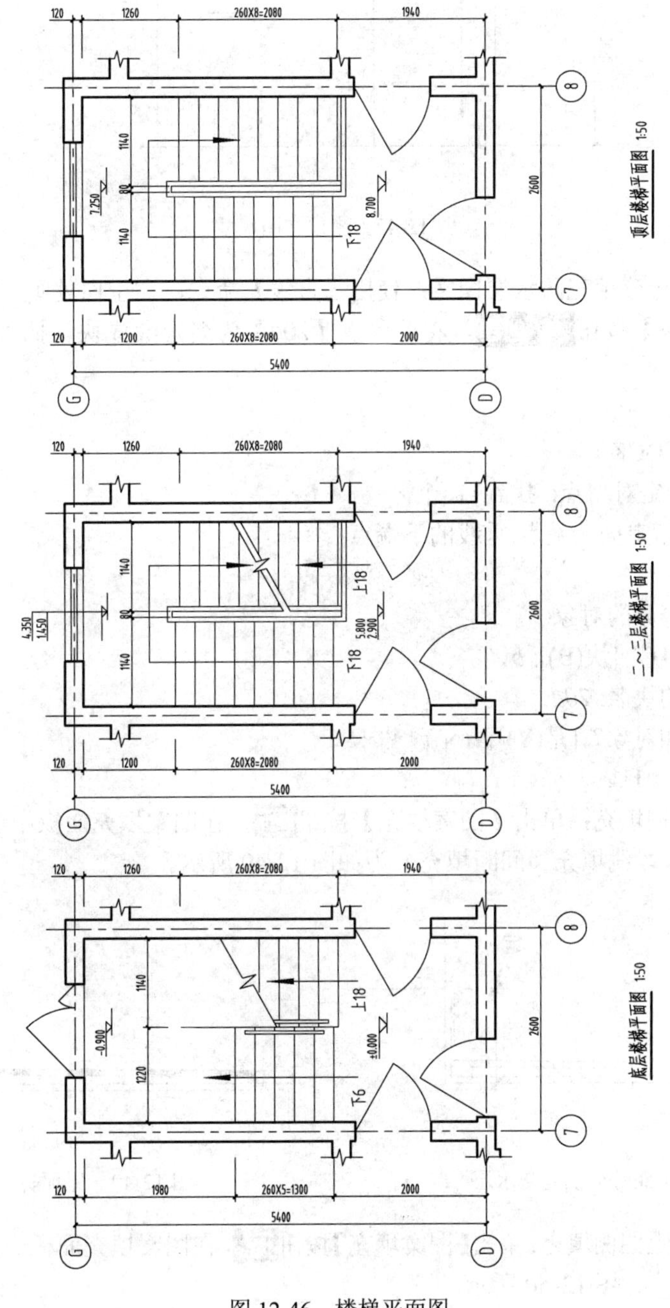

图 12-46 楼梯平面图

2. 外墙身详图

（1）屋顶详图

① 利用【直线】命令按照具体尺寸绘制屋顶详图，如图 12-47 所示。

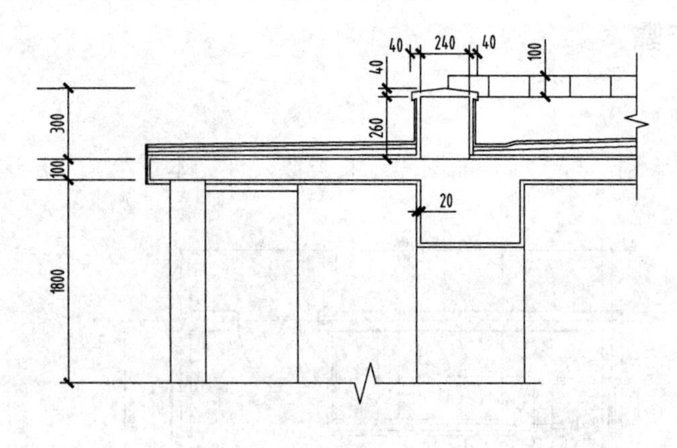

图 12-47　屋顶详图尺寸

② 利用定距等分填充防水层图案：使用【直线】命令，在空白处画一条长 20 的垂直线段，单击【创建块】按钮 创建，将此段以【20d】为名定义成块，插入点为下端点,如图 12-48 所示。

操作步骤如下。

命令: b （BLOCK）

选择对象: 指定对角点: 找到 1 个↙

选择对象:　指定插入基点:垂线的下端点

命令: _divide

选择要定数等分的对象:

输入线段数目或 [块(B)]: *b*↙

输入要插入的块名: *20d*↙

是否对齐块和对象？[是(Y)/否(N)] <Y>:↙

输入线段数目: 11↙

③ 防水层图例填充：单击【图案填充】按钮，在图案填充面板中选择【SOLID】图案，将等分后的多段线填充（间断填充）为如图 12-49 所示。

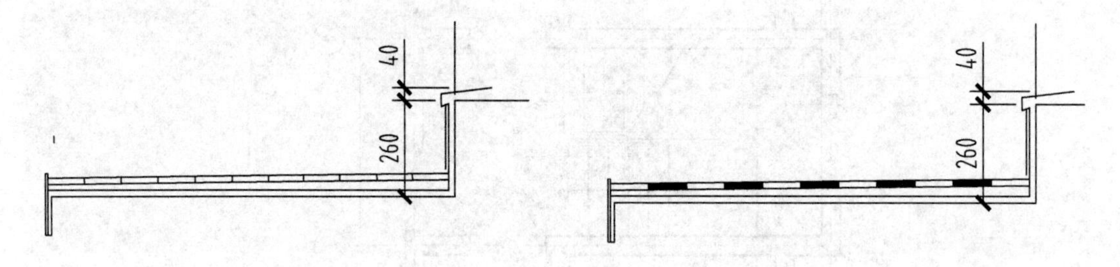

图 12-48　定距等分填充防水层　　　　图 12-49　屋顶防水层图案填充

④ 钢筋混凝土图例填充：单击【图案填充】按钮，在图案填充面板中选择【AR-CONC】图案，比例为 0.5，如图 12-50 所示。

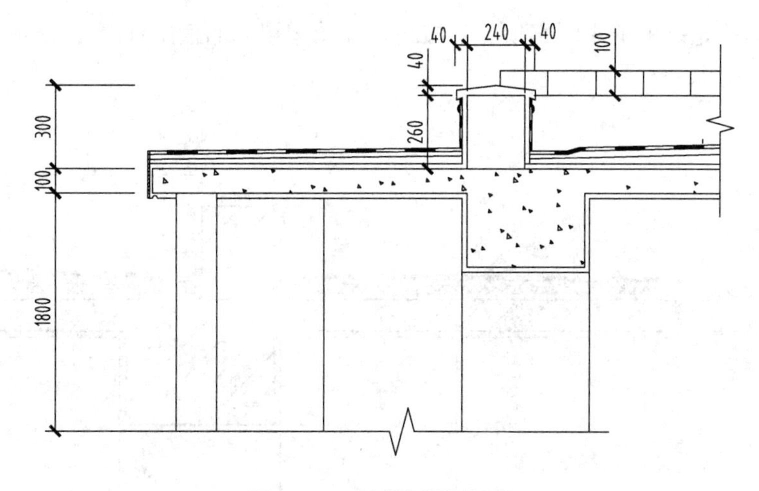

图 12-50　混凝土图例填充

填充第二层图案：再选择填充图案【LINE】，比例为 15，角度 45，选择区域进行填充，如图 12-51 所示。

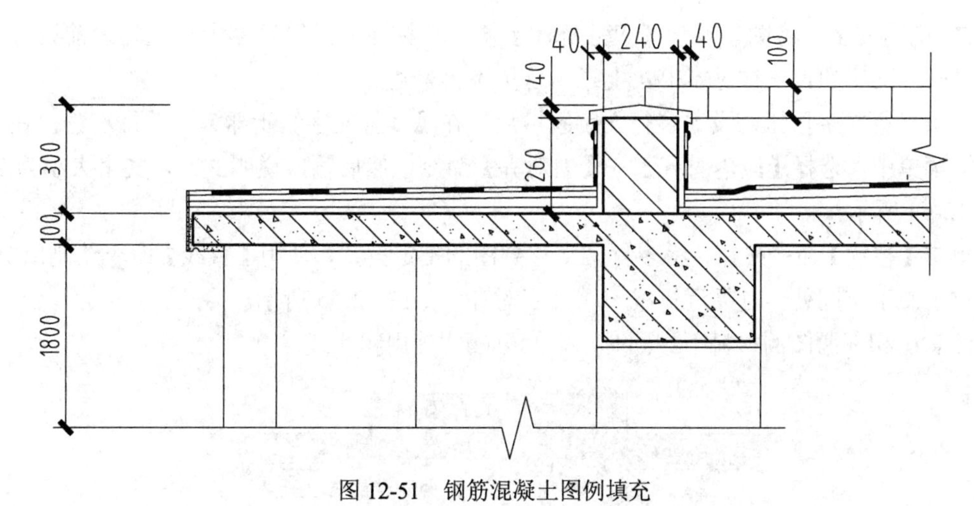

图 12-51　钢筋混凝土图例填充

⑤ 多孔材料图例填充：单击【图案填充】按钮，在图案填充面板中选择【NET】图案，比例为 5，角度为 45°，如图 12-52 所示。

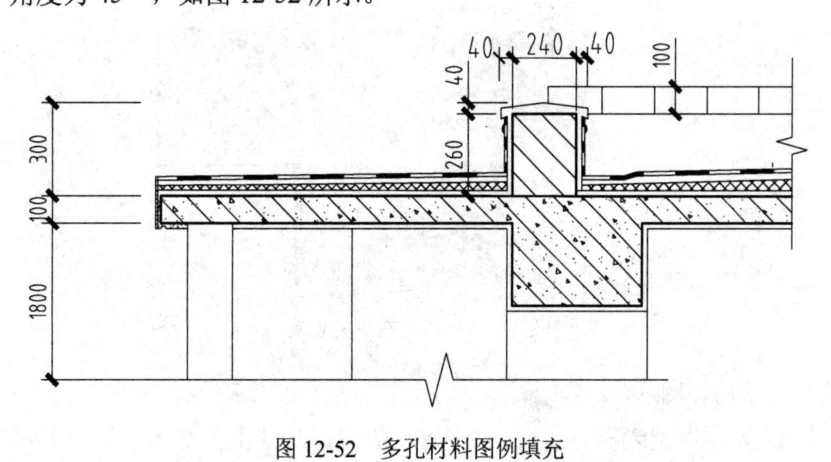

图 12-52　多孔材料图例填充

⑥ 砂图例填充：单击【图案填充】按钮，在图案填充面板中选择【AR-SAND】图案，比例为0.3，如图12-53所示。

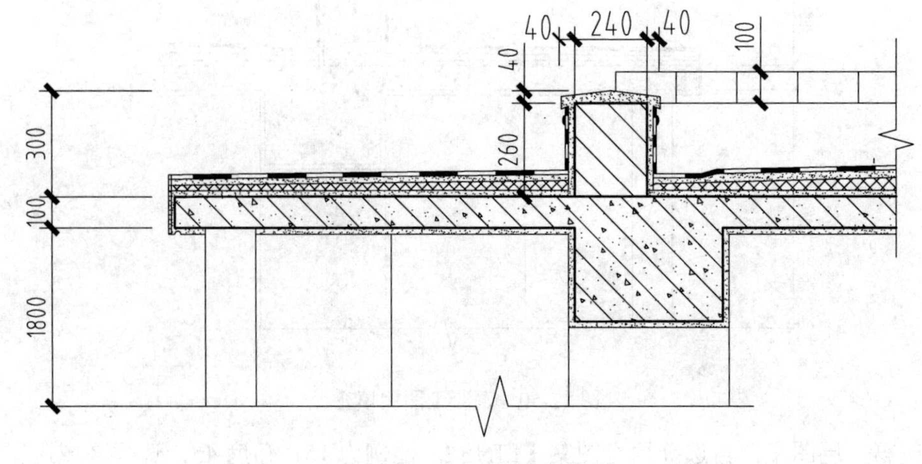

图12-53　砂土材料图例填充

⑦ 说明文字：将图层设为【尺寸标注】层，在标注样式管理器中，选择之前设置的工程字样式，文字的设置详见本书第七章，这里不再赘述。

单击多行文字按钮，设置多行文字区域后，在【多行文字编辑器】中单击右键，在弹出的快捷菜单中，选择【段落对齐】→【右对齐】命令，然后输入说明文字，文字大小为200，如图12-54所示。

单击【移动】命令按钮，将多行文字移到图的指定位置，使用【直线】命令绘制出折线，折线位于文字中间处，且靠近折线一端文字对齐，如图12-55所示。

注意：相邻两图例材料不相同时，中间分隔线使用粗实线。

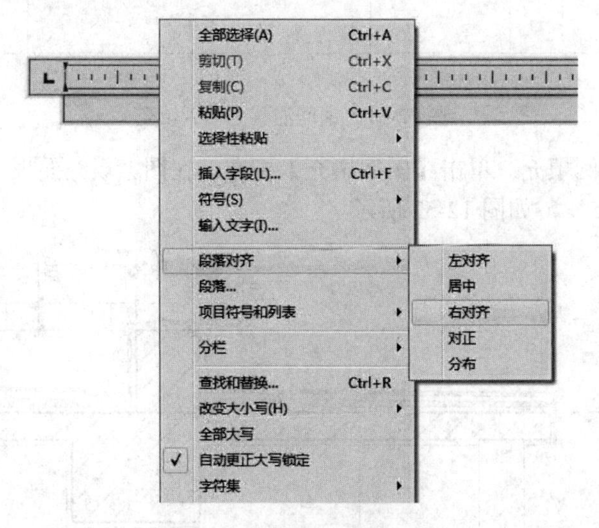

图12-54　多行文字的设置

（2）墙身、楼面详图

墙身、楼面详图绘制步骤与屋面绘制步骤相类似，此处不再赘述，如图12-56所示。

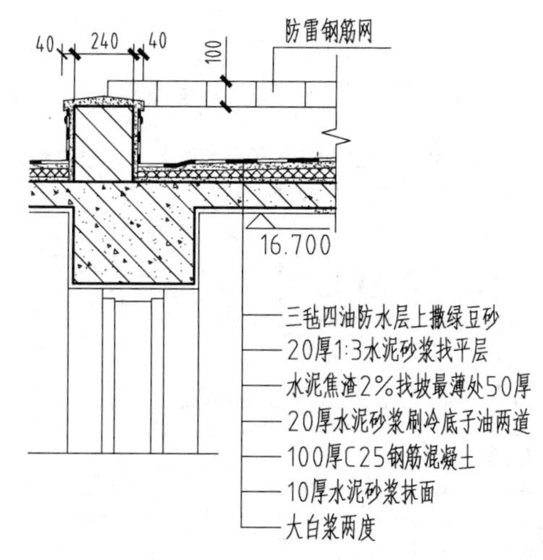

图 12-55　文字的标注

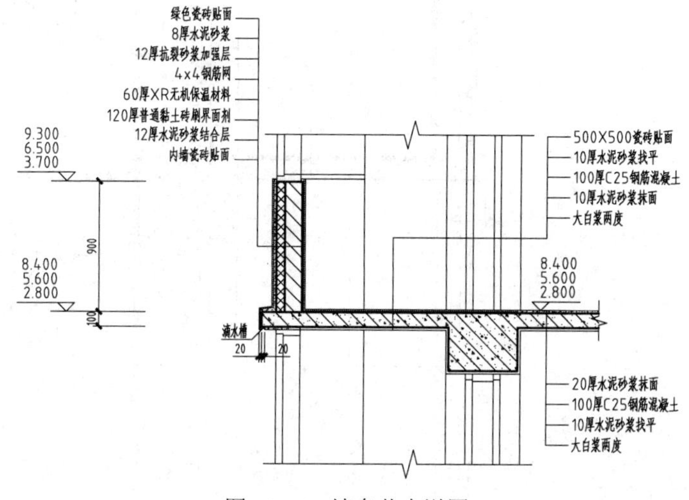

图 12-56　墙身节点详图

（3）一层地面、墙身详图

一层地面、墙身详图绘制步骤与屋面绘制步骤相类似，此处不再赘述，如图 12-57、图 12-58 所示。

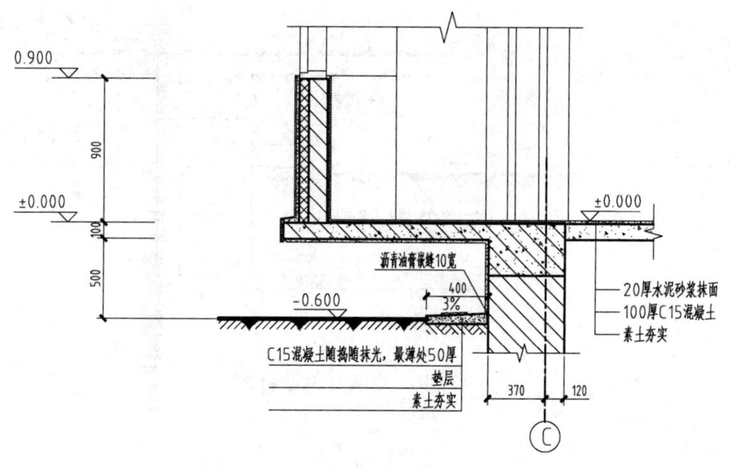

图 12-57　一层地面墙身详图

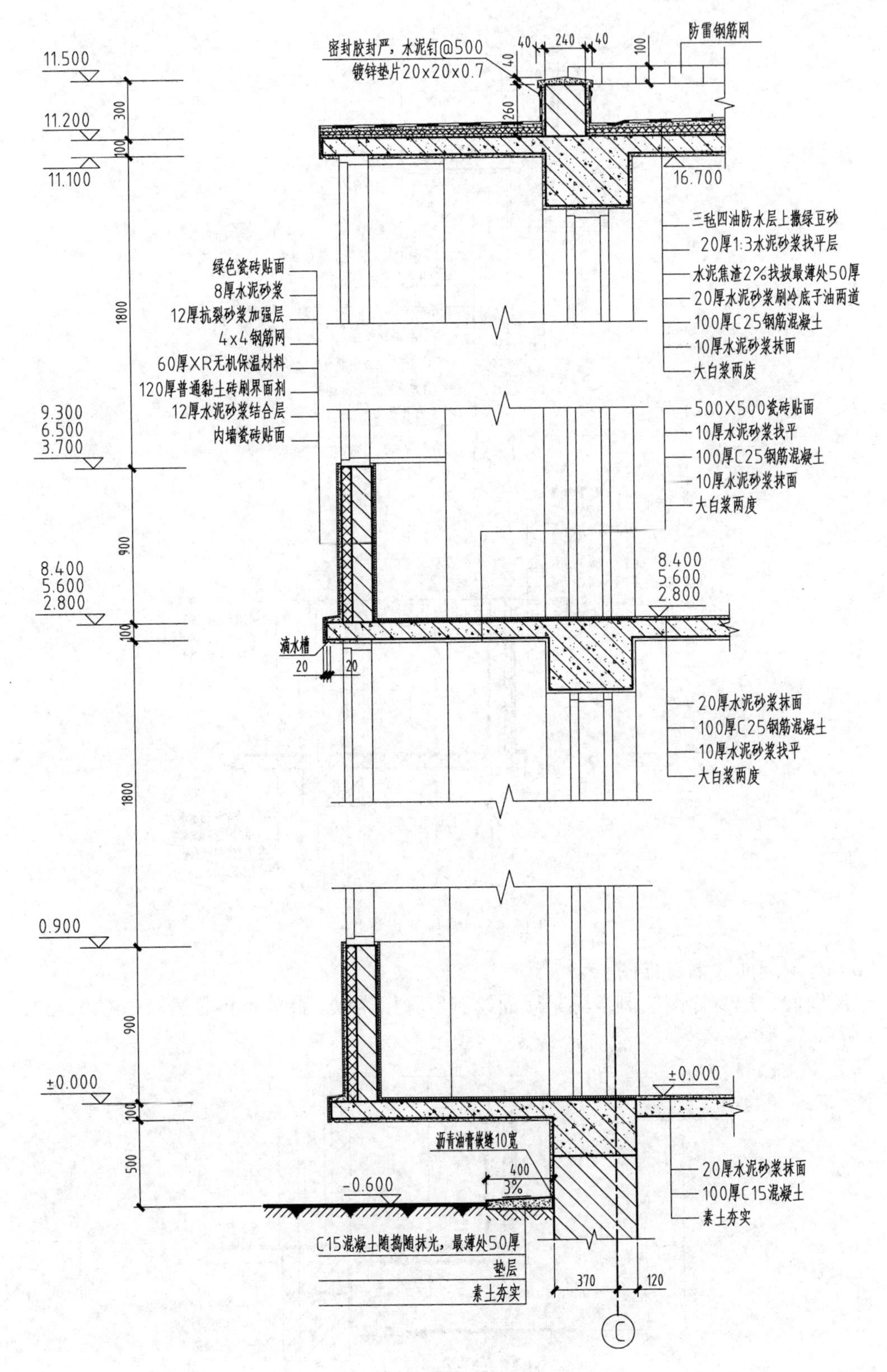

图 12-58　外墙身剖面详图

第十三章

结构施工图实训

钢筋混凝土构件是指建筑结构中经常采用的钢筋混凝土制成的梁、板、柱等构件。钢筋混凝土简支梁的构件详图，包括立面图、断面图、钢筋详图和钢筋用量表。本节重点介绍钢筋混凝土构件图的图示内容和读图方法。

第一节　创建样板图文件

结构施工图的图示方法与建筑图基本相同，其作图环境、文字样式、标注样式的设置及图框与标题栏部分与建筑图完全相同。创建结构施工图的样图文件可借助建筑图样图文件中的绘图环境的设置，在此基础上，设置结构施工图的图层，并创建结构施工图中的常用符号图块。

一、基本参数设定

打开建筑图的样图文件，保留其中作图环境、文字样式、标注样式的设置及图框与标题栏部分内容。

二、创建并设置图层

国家标准《建筑结构制图标准》(GB/T 50105—2010)中对结构施工图中的图线做了统一的规定，为了便于图形的绘制和修改，应将不同类型的对象分布在不同的图层上绘制。

操作过程如下：

下拉菜单→【格式】→【图层】，打开【图层特性管理器】对话框，在对话框内创建图层，并为每个图层设置相应的颜色、线型、线宽。如图 13-1 所示。

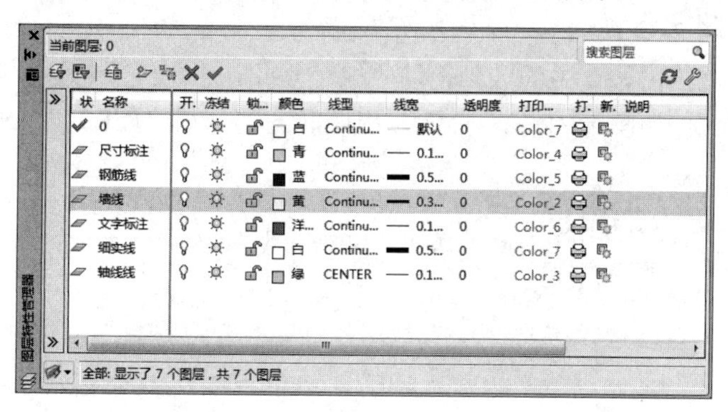

图 13-1　结构施工图图层设置

三、创建图块

结构施工图中有很多常用的图例符号，在绘图过程中经常使用，为了提高绘图效率，节省空间，方便图形修改，可以将它们定义成块。创建块的具体作图方法详见本书第九章。本节中创建图块中所注尺寸均为出图时的参考尺寸，使用时应按照出图比例进行换算，如图13-2所示。

1. 轴线编号和标高符号

图13-2　轴线编号和标高符号图块

创建轴线编号和标高符号图块的操作见第十二章建筑施工图实训图12-9。

2. 钢筋弯钩图块

钢筋的弯钩尺寸一般较小，在图中为了清楚地表达这部分的形状，常采用示意画法。半圆形弯钩钢筋端部的参考尺寸如图13-3（a）所示，带直钩钢筋端部的参考尺寸如图13-3（b）所示。

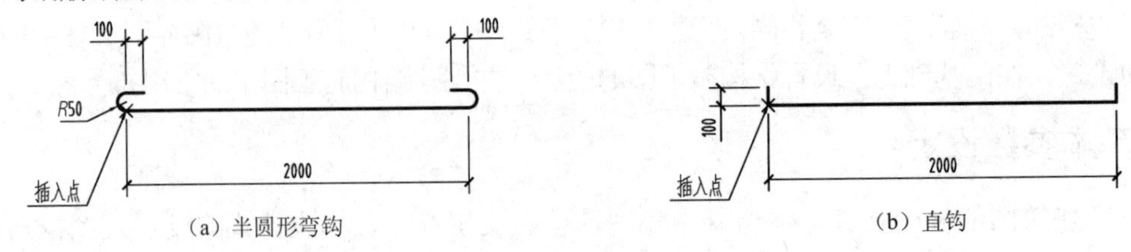

（a）半圆形弯钩　　（b）直钩

图13-3　两端带弯钩的钢筋图块

操作步骤如下。

（1）按图13-3所示尺寸，分别绘制图13-3（a）所示两端带半圆形弯钩钢筋图形和图13-3（b）所示两端带直钩钢筋图形。

（2）创建块，分别命名为“半圆形弯钩”、“直钩”，各图块插入点见图13-3。

（3）将“半圆形弯钩”、“直钩”图块创建为具有拉伸动作的动态块。

打开【块编辑器】对话框，设置【线性】参数和拉伸动作。

3. 钢筋编号图块

为便于识读和施工，构件中的各种钢筋应编号，并在引出线上标注出相应钢筋的代号、直径、数量、间距等，如图13-4（a）所示。出图时各部分尺寸如图13-4（b）所示。

（a）半圆形弯钩　　（b）直钩

图13-4　钢筋编号属性块

操作步骤如下。

（1）按图 13-4（b）所示尺寸画出图形。

（2）将细实线圆内标注的钢筋编号定义为属性 1，将指引线上方标注的钢筋的代号、直径、数量、间距等参数定义为属性 2。属性定义时设定文字样式为数字字母，文字高度为 3.5。

（3）创建块，命名为“钢筋编号”，插入点为水平指引线右端点。

四、保存为样板图文件

选择下拉菜单【文件】→【保存】，弹出【图形另存为】对话框，在【文件类型】下拉列表中选择“AutoCAD 图形样板（*.dwt）”格式，文件名称命名为“结构施工图 A3”，将该文件存入个人工作目录。

用同样方法创建 A0、A1、A2、A4 样板图文件，并存入个人工作目录。

第二节　钢筋混凝土简支梁的构件详图

如图 13-5 所示，钢筋混凝土简支梁的构件详图包括立面图、断面图、钢筋详图和钢筋用量表。

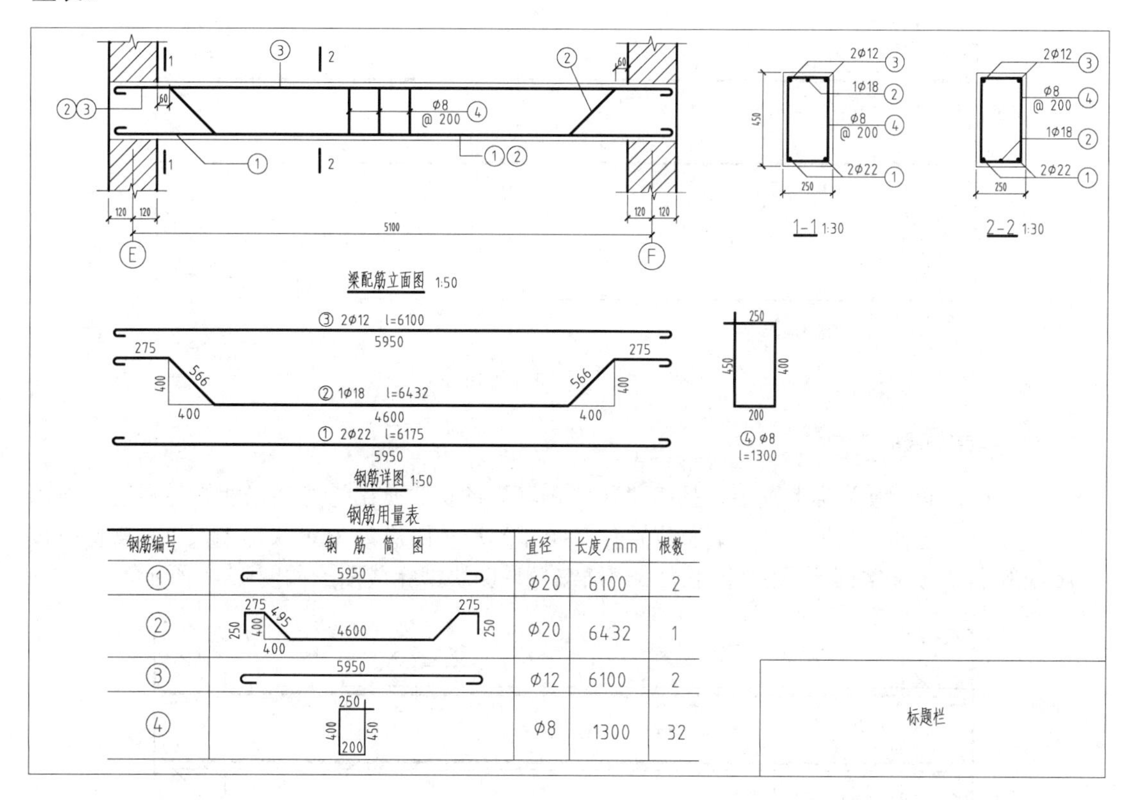

钢筋用量表

钢筋编号	钢筋简图	直径	长度/mm	根数
①	5950	φ20	6100	2
②	275 495 250 400 4600 400 275 250	φ20	6432	1
③	5950	φ12	6100	2
④	250 400 450 200	φ8	1300	32

图 13-5　钢筋混凝土简支梁构件详图

一、选择样图文件创建新的图形文件

单击【标准】工具栏中的 按钮，在【选择样板】对话框【名称】列表中选择 A3 图幅建筑施工图样板文件，建立新的图形文件，命名为“钢筋混凝土简支梁构件详图”。

二、绘制钢筋混凝土简支梁立面图

1. 绘制建筑墙体

（1）将点画线图层置为当前层，根据图 13-5 所注尺寸画出轴线；在细实线图层插入图轴线编号属性块，属性值分别为 E、F，完成图形如图 13-6 所示。

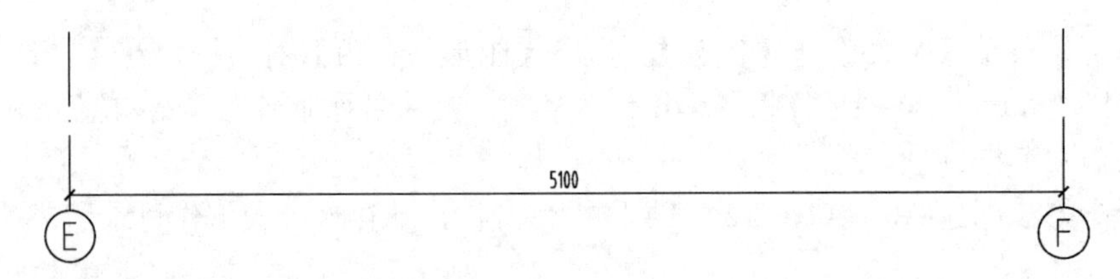

图 13-6　建立轴线

（2）将墙线图层置为当前层，利用画直线命令和偏移命令绘制左侧墙体各投影线；在细实线图层绘制折断线和填充剖面线；利用复制命令画出右侧墙体；利用画直线命令画出左右墙体之间的连接线，完成图形如图 13-7 所示。

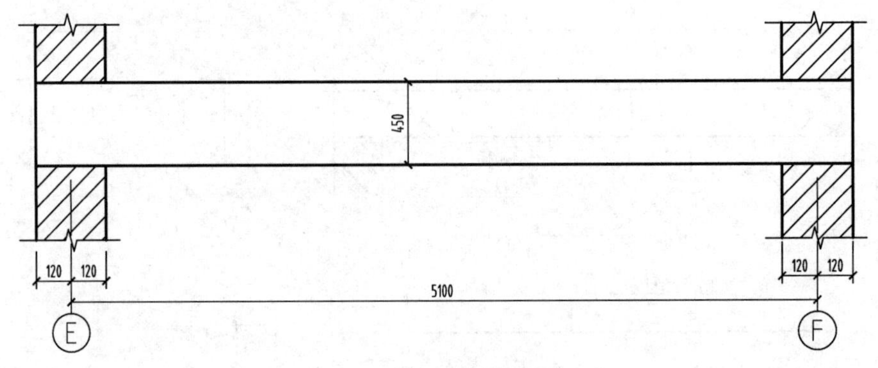

图 13-7　绘制墙体投影线

2. 绘制钢筋

（1）将钢筋图置为当前图层，插入“弯钩钢筋”图块，画出①号钢筋和③号钢筋，按图 13-5 所注尺寸拉伸其长度尺寸；调整位置使其距相邻墙体距离为 1mm（出图尺寸，操作时按出图比例换算）；在细实线图层上插入“钢筋编号”图块，完成图形如图 13-8 所示。

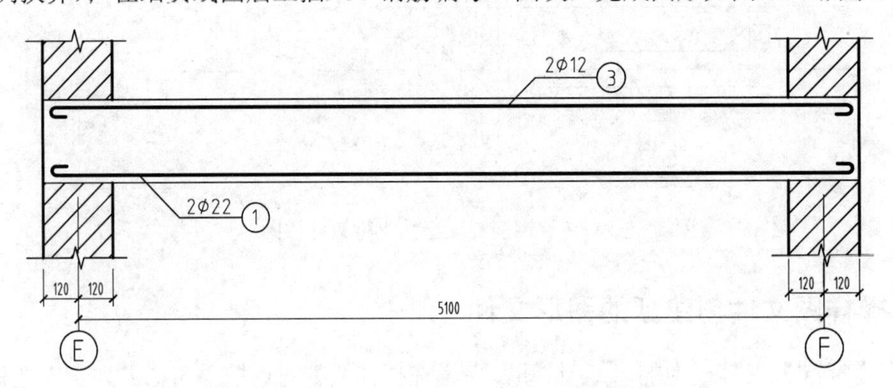

图 13-8　绘制①号钢筋和③号钢筋并标注钢筋编号

（2）在钢筋图层上，按图 13-5 所注尺寸，用画多段线命令画出②号钢筋和箍筋；在细实线图层上插入“钢筋编号”图块，完成图形如图 13-9 所示。

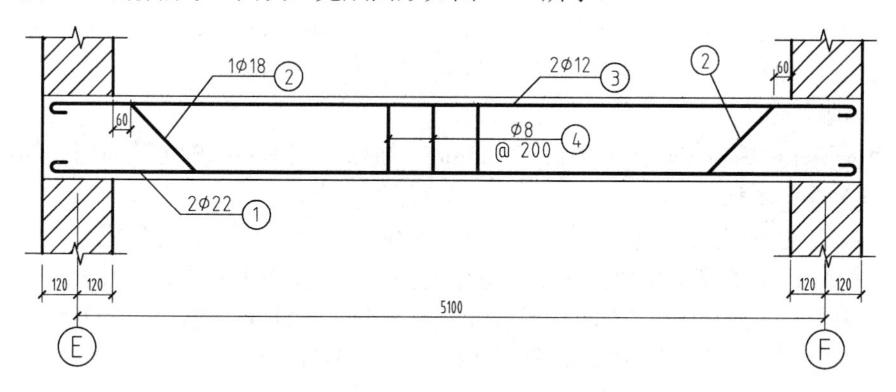

图 13-9　绘制②号钢筋和④号钢筋并标注钢筋编号

3. 标注剖切符号及图名

将文字标注图层置为当前层，用粗实线画出 1—1、2—2 断面图的剖切位置线及图名下方的图线，注写剖切面编号及图名、绘图和比例，如图 13-10 所示。

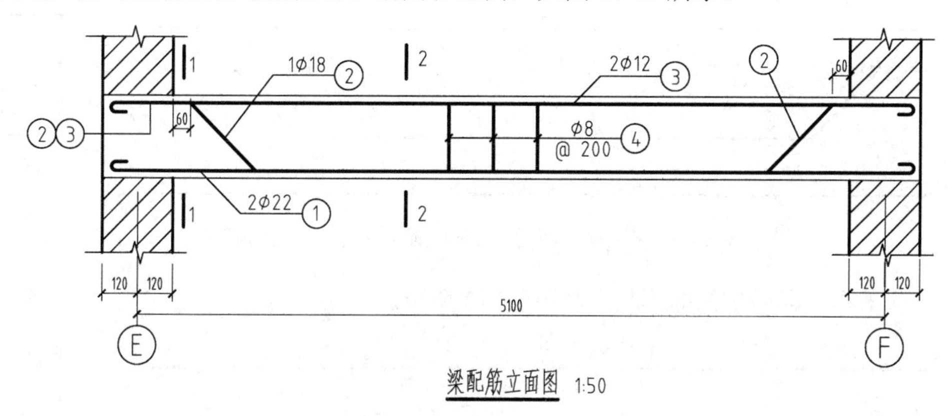

图 13-10　标注剖切符号及图名

三、绘制钢筋混凝土简支梁断面图

绘制 1—1 剖面图的作图步骤如图 13-11 所示。

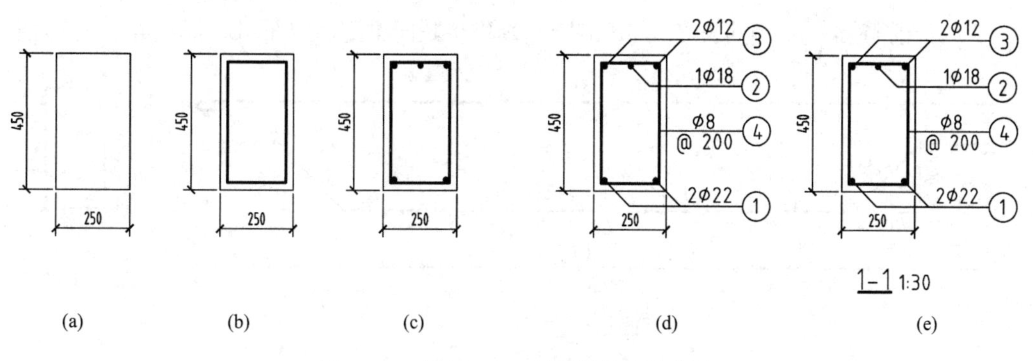

图 13-11　绘制 1—1 剖面图的作图步骤

（1）将墙线图层置为当前层，按图 13-5 所注尺寸，用画矩形命令画出梁外廓线，如图 13-11（a）所示；

（2）用偏移命令将矩形向内偏移 1mm（出图尺寸，操作时按出图比例换算，以下尺寸同此）画出箍筋；利用特性匹配命令将其匹配到钢筋图层，如图 13-11（b）所示；

（3）画钢筋断面

① 用偏移命令将箍筋矩形向内偏移 0.5mm，生成作图辅助线确定断面圆心的位置。如图 13-11（c）中虚线所示。

② 用画圆环命令绘制钢筋断面。设置圆环内径为 0，外径为 1，对象捕捉辅助线的端点和终点，画出 5 个实心圆。用删除命令擦除作图辅助线，如图 13-11（c）所示；

（4）用块插入命令标注各“钢筋编号”，操作步骤同梁配筋立面图。如图 13-11（d）所示；

（5）标注图名，操作步骤同梁配筋立面图。如图 13-11（e）所示。

2—2 断面图画法与 1—1 断面图相同，此处略。

四、绘制钢筋混凝土简支梁钢筋详图

（1）用复制命令从梁配筋立面图中复制①、②、③号钢筋，从 1—1 剖面图中复制④号钢筋，用移动命令将其分开，所得图形如图 13-12 所示。

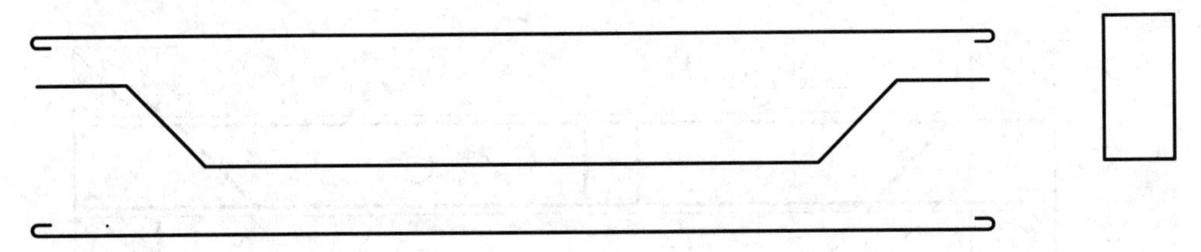

图 13-12　由梁配筋立面图和 1—1 剖面图复制生成钢筋详图

（2）修改②、④号钢筋的形状，如图 13-13 所示。

图 13-13　修改编辑②、④号钢筋

（3）标注钢筋编号、钢筋长度尺寸和图名，操作步骤同梁配筋立面图。结果如图 13-14 所示。

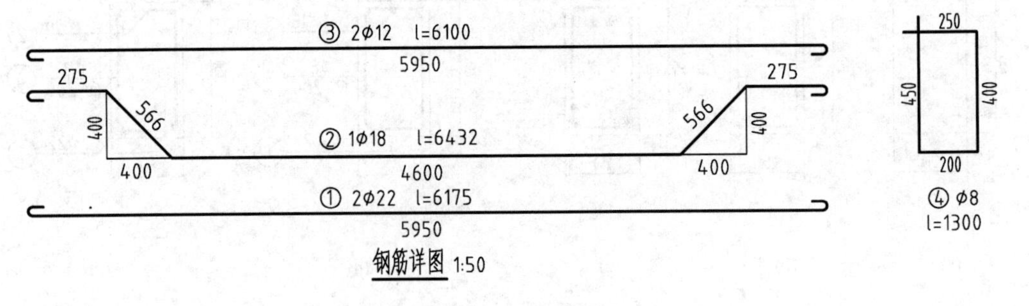

图 13-14　标注钢筋编号及图名

五、钢筋混凝土简支梁钢筋用量表

本章采用第七章介绍的插入表格的方法，绘制钢筋用量表。

1. 插入初始表格

单击【绘图】工具栏中 按钮，弹出【插入表格】对话框，设置如图 13-15 所示，单击 确定 按钮，在屏幕上适当位置单击鼠标左键，在弹出的界面中再次单击 确定 按钮，显示图 13-16 所示初始表格。

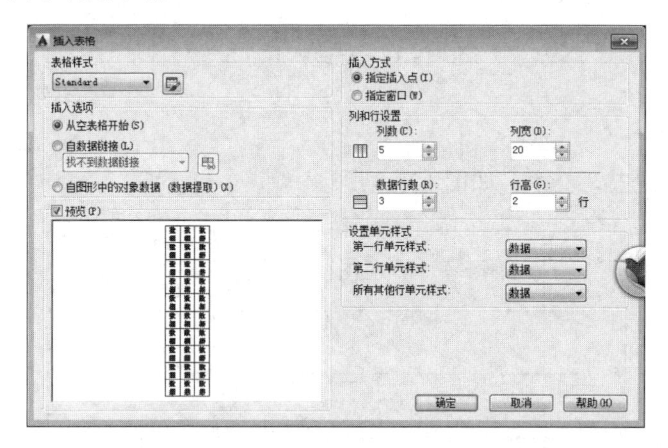

图 13-15　【插入表格】对话框的设置

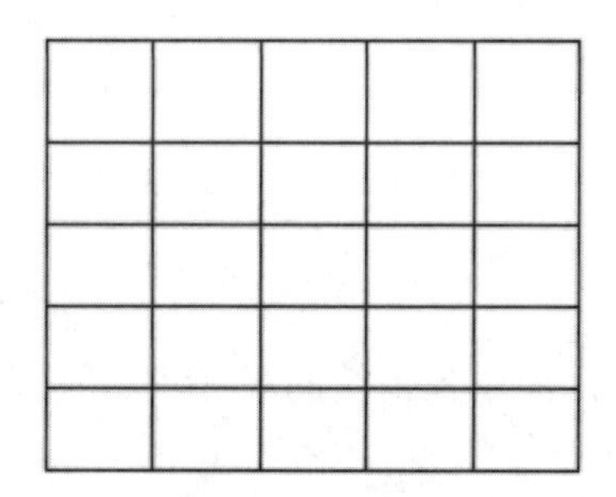

图 13-16　初始表格

2. 调整表格尺寸

根据所需条件，更改表格列宽。选中列 B 任意一个单元格，如图 13-17 所示。将其右边线向后移动两个单元格至列 D 右边线位置，重新确定列 B 的宽度。结果如图 13-18 所示。

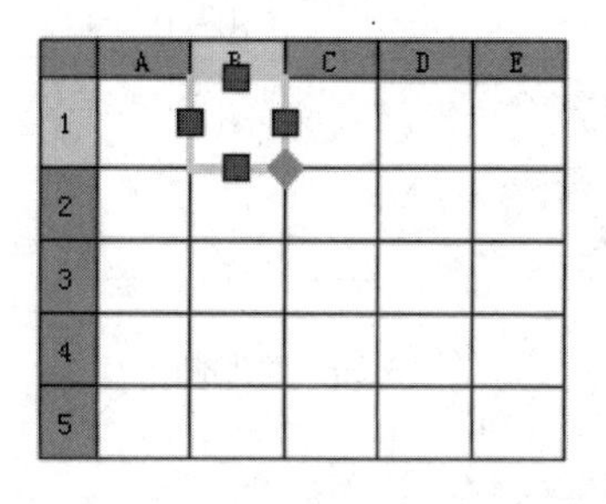

图 13-17　选择所需更改列宽单元格

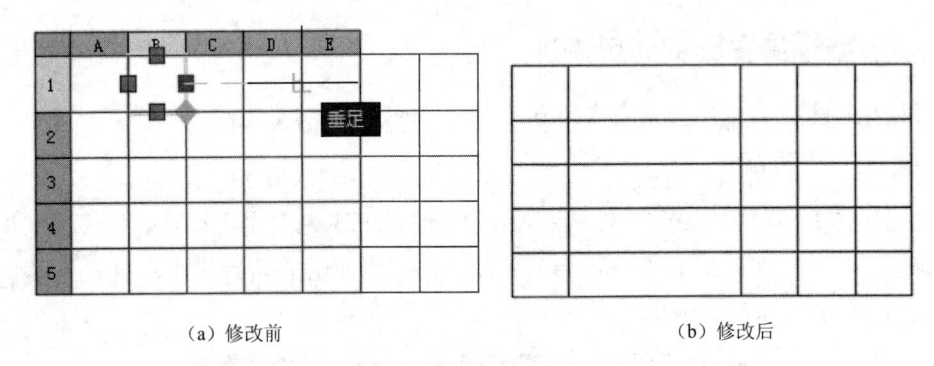

（a）修改前　　（b）修改后

图 13-18　更改列 B 宽度

3. 书写文字

在表格相应位置书写文字。如图 13-19 所示。

钢筋编号	钢　筋　简　图	直径	长度/mm	根数

图 13-19　文字书写

4. 在表格中插入图形

用缩放命令适当调整钢筋详图中各钢筋的尺寸，将其插入到表格中，结果如图 13-20 所示。

钢筋编号	钢　筋　简　图	直径	长度/mm	根数

图 13-20　绘制图形

第十四章

设备施工图实训

建筑设备工程主要包括：采暖通风工程、给水排水工程和建筑电气工程等，在国家标准《暖通空调制图标准》（GB/T 50114—2010)、《给水排水制图标准》（GB/T 50106—2010)、《建筑电气制图标准》（GB/T50786—2012）中对各专业图中的图线、图例符号等均做了统一的规定。本章主要介绍建筑设备工程图绘图方法和绘图流程。

第一节　创建样板图文件

所谓样板图文件就是包含有一定绘图环境和专业参数的设置，但并没有图形对象的空白文件。如果使用样板图来创建新的图形，则新的图形继承了样板图中的所有设置。这样就避免了大量的重复设置工作，而且也可以保证同一项目中所有图形文件的标准统一。

国家标准中规定了 A0、A1、A2、A3、A4 五种图纸幅面，每一种图纸有横放与竖放的区别，我们在绘图之前，可以根据需要建立各类图纸的样板图文件，方便我们在绘图时进行适时的调用，提高绘图效率。

本章仅就 A4 图纸样板图文件的建立来进行举例，其余样板图文件的创建，读者可以类似于 A4 图纸的建立自行完成。

一、基本参数设定

在样板图文件中一般应做好以下设置：

① 设置绘图单位和精度；

② 设置图形界限；

③ 设置文字样式；

④ 设置尺寸标注样式。

对于基本参数的设置要求及操作步骤，详见本书第十二章。

二、绘制 A3 图幅及标题栏

A3 图幅格式如图 14-1（a）所示，图纸幅面 420×297；左侧装订边尺寸为 25；上、下、右侧周边尺寸为 5；标题栏内容和尺寸见图 14-1（b）。以上尺寸为出图的实际尺寸，在绘制设备施工图时，应按出图比例进行换算。如按 1:100 比例出图，上述尺寸均需放大 100 倍。

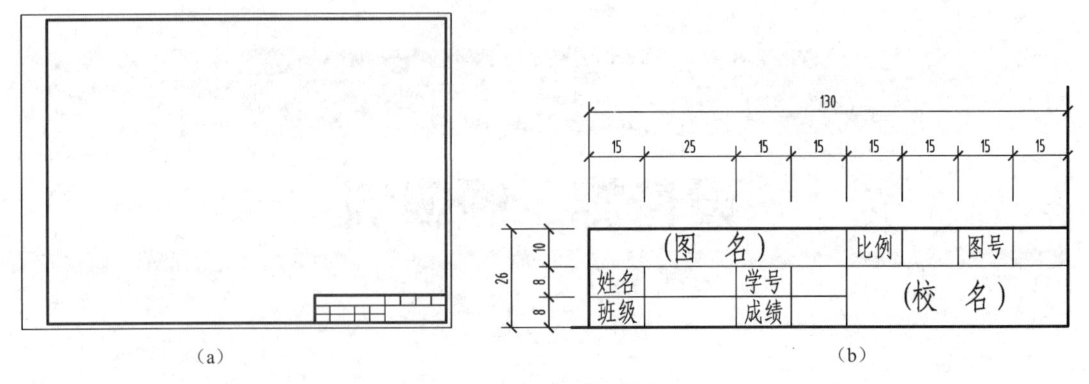

图 14-1　A3 图框和标题栏

注意

①图线要求：图纸幅面线用细实线绘制，图框线用粗实线绘制。标题栏的外框线用粗实线绘制，标题栏内分格线用细实线绘制。

②文字要求：标题栏中图名和校名字高设置为 7；其他字符高均为 5。

三、创建采暖施工图样图文件

作为采暖施工图的样板图，除需要设置作图的基本参数外，还应根据《暖通空调制图标准》（GB/T 50114—2010）国家标准中的对图线及图例符号的规定，设置图层的线型、线宽；创建采暖施工图常用图例的图块库。

1. 创建并设置图层

国家标准《暖通空调制图标准》（GB/T 50114—2010)中对采暖施工图中的图线做了统一的规定，为了便于图形的绘制和修改，应将不同类型的对象分布在不同的图层上绘制。

操作过程如下。

下拉菜单→【格式】→【图层】，打开【图层特性管理器】对话框，在对话框内创建图层，并为每个图层设置相应的颜色、线型、线宽。采暖施工图图层的设置见图 14-2。

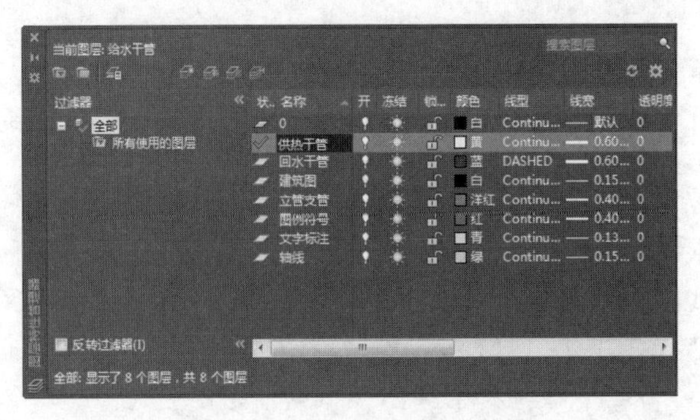

图 14-2　采暖施工图图层设置

2. 创建图块

建筑设备各专业图样中有很多图例符号，在绘图过程中经常使用，为了提高绘图效率，节省空间，方便图形修改，可以将它们定义成块。创建块的具体作图方法详见本书第九章。本节中所创建图块中所注尺寸均为出图时的参考尺寸，使用时应按照出图比例进行换算。采暖通风专业常用图块，如表 14-1 所示。

表 14-1　采暖施工图常用图块

块　名	图　例	属　性	说　明
散热器	插入点　插入点　1.5　1.5　10　6　5　4　10	数值“5”为属性字高为 3 对正方式为右对齐 属性插入横线右端点	平面图　系统图
立管编号	①　φ6	数值“±0.00”为属性字高为 3 对正方式为右对齐 属性插入横线右端点	
坡度符号	4　i=0.003　7°　12	数值“±0.00”为属性字高为 3 对正方式为右对齐 属性插入横线右端点	
截止阀	插入点　2　2　φ1.5	集气罐	插入点　5　2.5　3.5　插入点　3　2　8
变径接头	插入点　2.5　4	固定支架	插入点　3　45°

3. 保存为样板图文件

选择下拉菜单【文件】/【保存】，弹出【图形另存为】对话框，在【文件类型】下拉列表中选择“AutoCAD 图形样板（*.dwt）”格式，在【文件名】中键入“采暖施工图 HA3”，将该文件存入个人工作目录。

用同样方法创建 A0、A1、A2、A4 样板图文件，并存入个人工作目录备用。

四、创建给水排水施工图样图文件

给水排水施工图的样板图，应包括前面介绍的基本参数的设置，并根据《给水排水制图标准》（GB/T 50106—2010）国家标准中的对图线及图例符号的规定，设置图层的线型、线宽；创建给水排水施工图常用图例的图块库。

1. 创建并设置图层

国家标准《给水排水制图标准》（GB/T 50106—2010）中对给水排水施工图中的图线做了统一的规定，为了便于图形的绘制和修改，应将不同类型的对象分布在不同的图层上绘制。

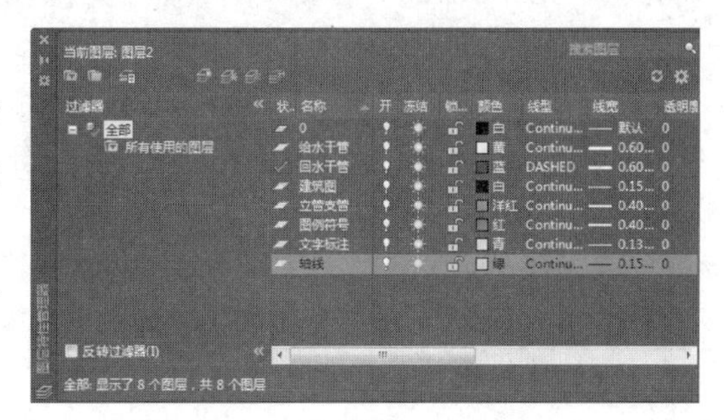

图 14-3　给水排水施工图图层设置

操作过程如下。

下拉菜单→【格式】→【图层】，打开【图层特性管理器】对话框，在对话框内创建图层，并为每个图层设置相应的颜色、线型、线宽。给水排水施工图图层的设置见图 14-3。

2. **创建图块**

给水排水施工图中常用图块见表 14-2。

表 14-2　给水排水施工图常用图块

块　名	图　例	块　名	图　例	块　名	图　例
截止阀	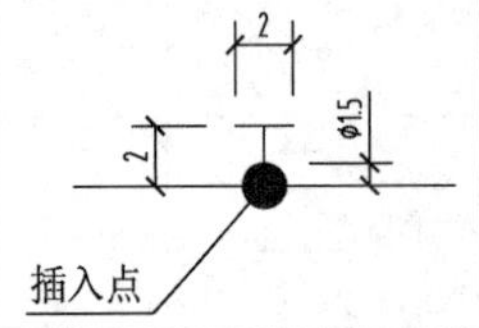2 2 ø15 插入点	闸阀	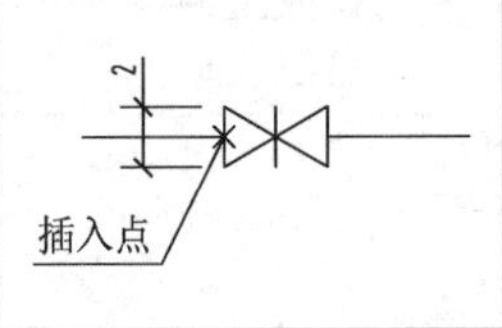2 插入点	水龙头	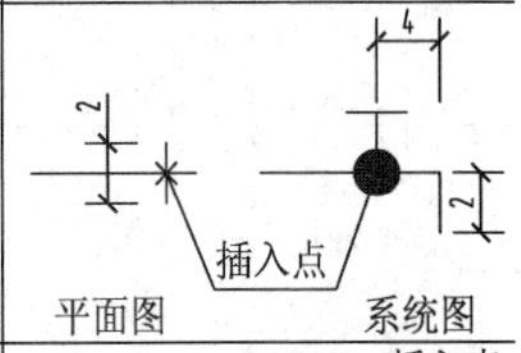4 2 2 插入点 平面图 系统图
变径接头	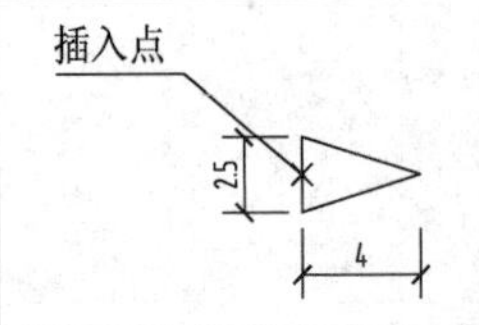插入点 2.5 4	固定支架	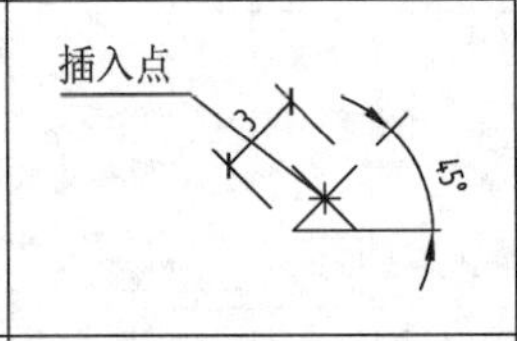插入点 3 45°	高位水箱	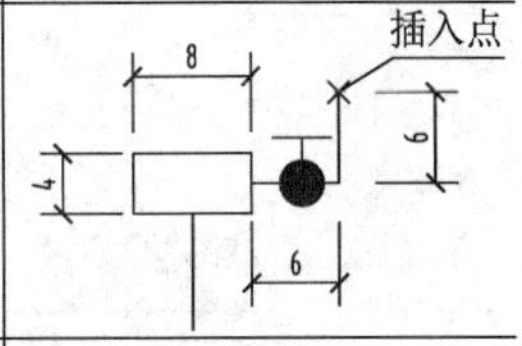插入点 8 4 6 6
淋浴喷头	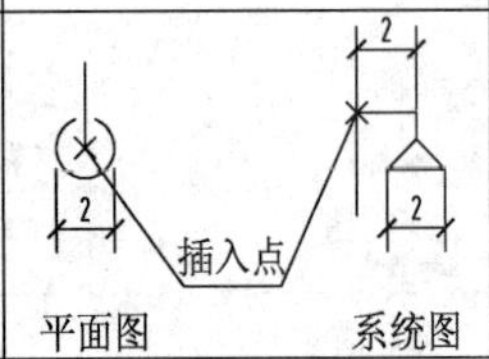2 2 2 插入点 平面图 系统图	消火栓	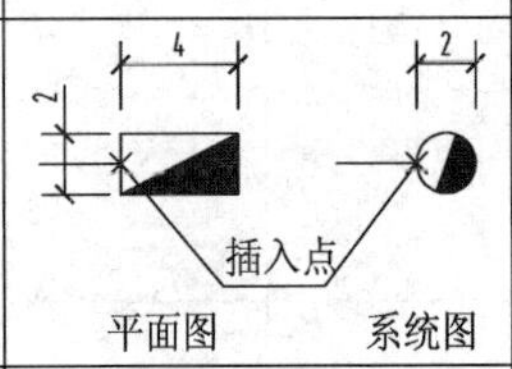4 2 2 插入点 平面图 系统图	通气帽	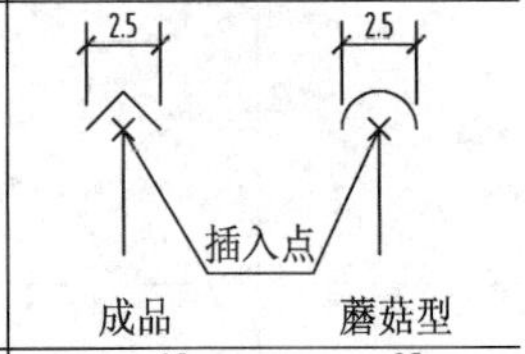2.5 2.5 插入点 成品 蘑菇型
存水弯	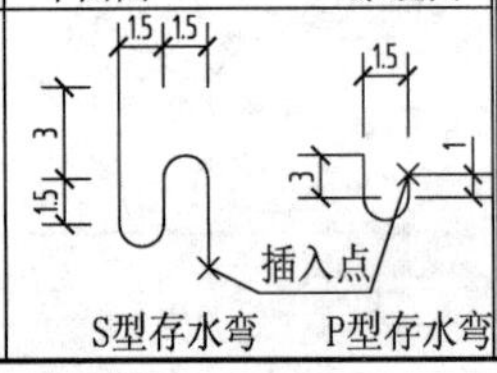1.5 1.5 1.5 3 1.5 3 1 插入点 S型存水弯 P型存水弯	圆形地漏	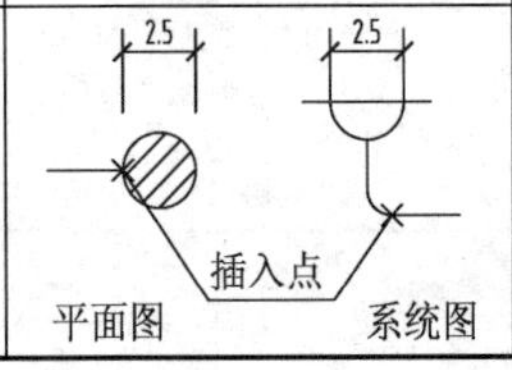2.5 2.5 插入点 平面图 系统图	清扫口	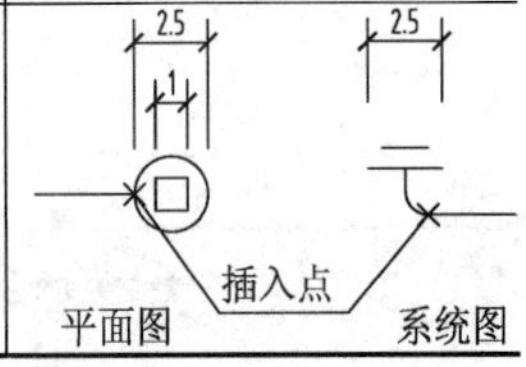2.5 1 2.5 插入点 平面图 系统图

3. **保存为样板图文件**

选择下拉菜单【文件】/【保存】，弹出【图形另存为】对话框，在【文件类型】下拉列表中选择“AutoCAD 图形样板（*.dwt）”格式，在【文件名】中键入“给水排水施工图 HA3”，将该文件存入个人工作目录。

用同样方法创建 A0、A1、A2、A4 样板图文件，并存入个人工作目录备用。

五、创建建筑电气施工图样图文件

建筑电气施工图的样板图，应包括前面介绍的基本参数的设置，并根据《建筑电气制图标准》（GB/T 50786—2012）国家标准中对图线及图例符号的规定，设置图层的线型、线宽；创建建筑施工图常用图例的图块库。

1. **创建并设置图层**

国家标准《建筑电气制图标准》（GB/T 50786—2012）中对建筑电气施工图中的图线做了统一的规定，为了便于图形的绘制和修改，应将不同类型的对象分布在不同的图层上绘制。

操作过程如下。

下拉菜单→【格式】→【图层】，打开【图层特性管理器】对话框，在对话框内创建图层，并为每个图层设置相应的颜色、线型、线宽。建筑电气施工图图层的设置见图 14-4。

2. **创建图块**

建筑电气施工图中常用图块见表 14-3。

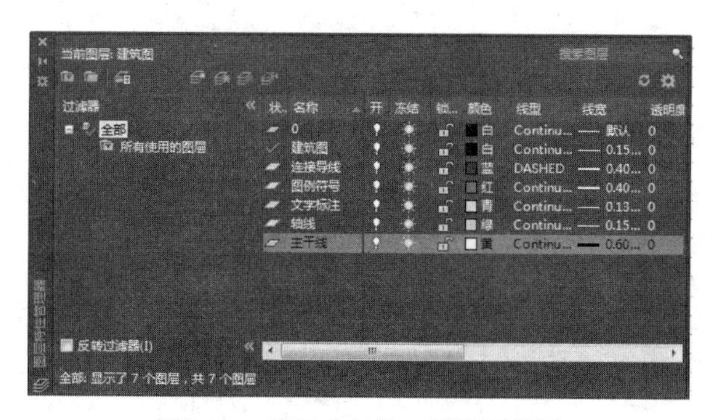

图 14-4　建筑电气施工图图层设置

表 14-3　建筑电气施工图常用图块

块　　名	图　　例	块　　名	图　　例	块　　名	图　　例
荧光灯	10　1	双管荧光灯	10　0.5　1.5	圆形荧光灯	φ4
防水灯头	φ4	花灯	φ4	声控灯	φ4　S
单极开关	5　1.3　60°　φ1.5 明装　暗装	双极开关	明装　暗装	单极拉线开关	3 明装　暗装
单相插座	4　2　0.5 明装　暗装	单相三孔插座	明装　暗装	防溅单极插座	
断路器	7　30°　φ1 断路器　漏电断路器	配电箱	6　2.4	电度表	7.5　7.5　Wh　4.5

3. 保存为样板图文件

选择下拉菜单【文件】/【保存】，弹出【图形另存为】对话框，在【文件类型】下拉列表中选择“AutoCAD 图形样板（*.dwt）”格式，在【文件名】中键入“建筑电气施工图 HA3”，将该文件存入个人工作目录。

用同样方法创建 A0、A1、A2、A4 样板图文件，并存入个人工作目录备用。

第二节　采暖施工图的绘制

采暖工程在运行过程中是热媒在管道、设备中按一定的方向循环流动的过程。如热水集中供暖系统，在锅炉中将冷水加热，经供热总立管、供热干管将热水分配到各立管、支管，最后进入散热器。热水在散热器放热后，冷却的水经回水支管、立管、干管重新回到锅炉加热。利用计算机绘制采暖工程图，应按照这一循环过程，将管道、设备分别绘制在指定的图层上。

下面以图 14-5 底层采暖平面图、图 14-6 顶层采暖平面图和图 14-7 采暖系统图为例，说明绘制采暖施工图的绘图方法和绘图流程。为保证图面布置合理、清晰、工整，本节给出了绘图时一些参考尺寸。

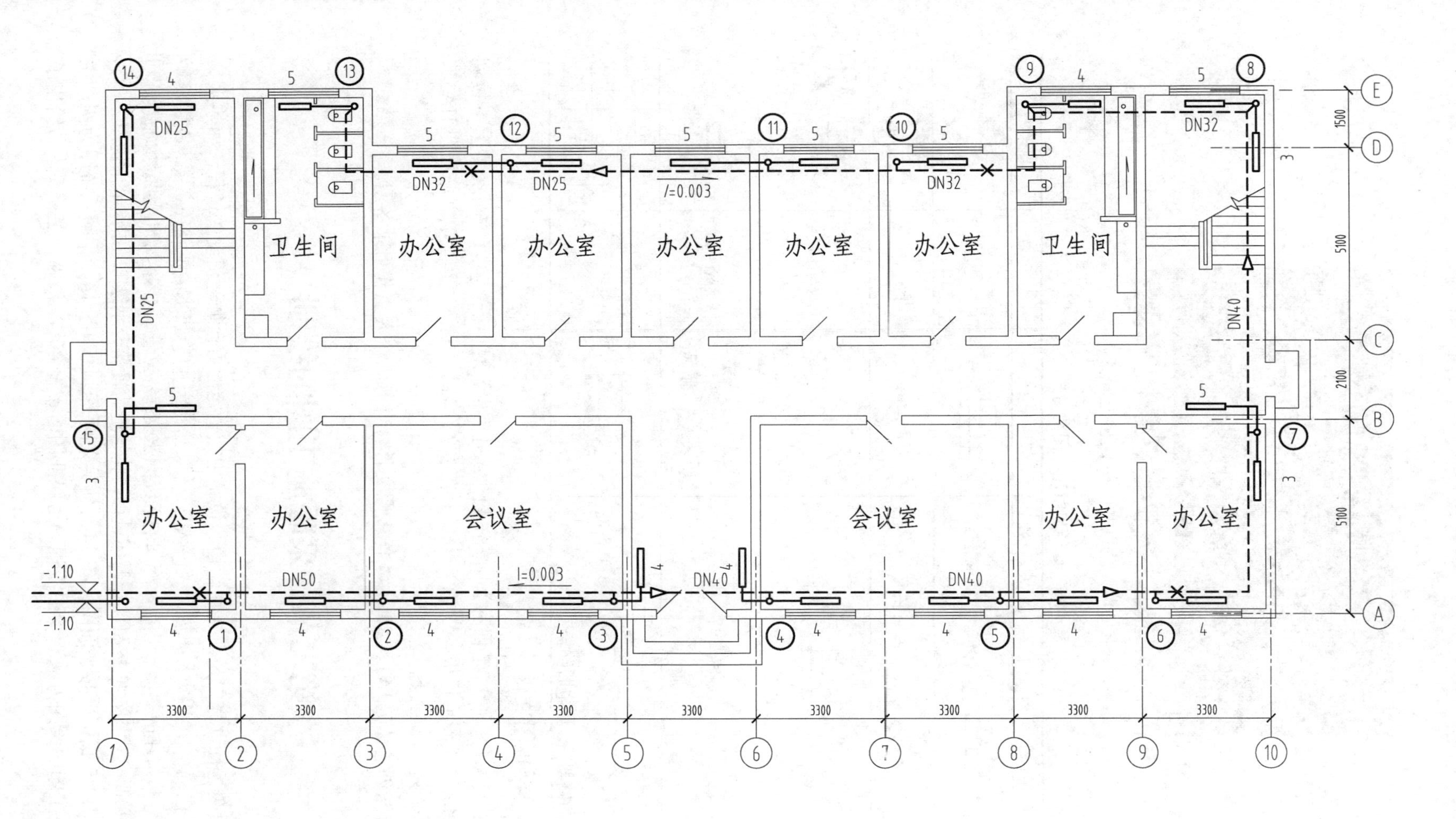

图 14-5　底层采暖平面图

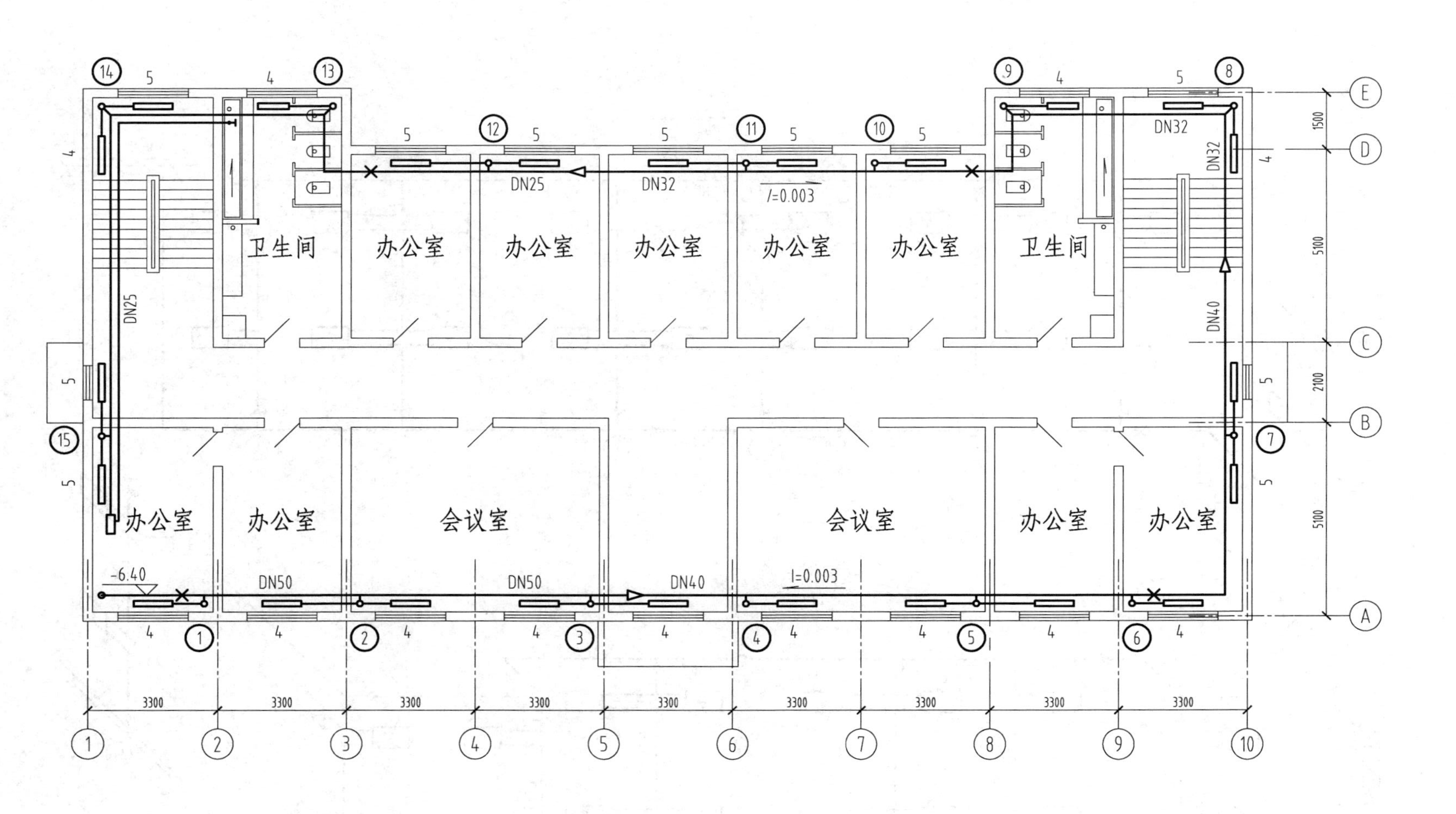

顶层采暖平面图 1:100

图 14-6 顶层采暖平面图

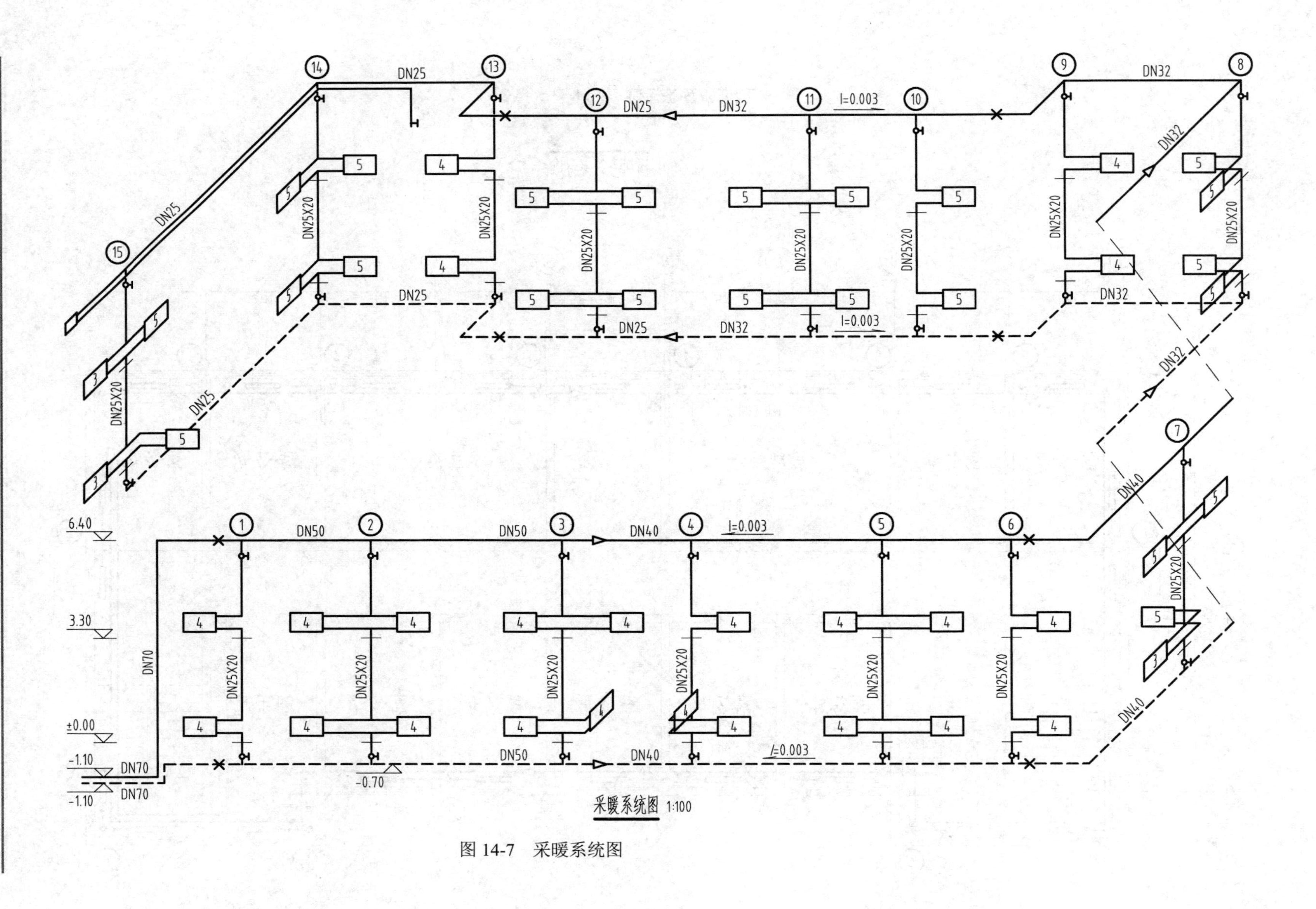
采暖系统图 1:100
DN70
DN50
DN40
DN32
DN25
DN25X20
i=0.003
6.40
3.30
±0.00
-0.70
-1.10

图 14-7　采暖系统图

一、绘制底层采暖平面图

1. 选择样图文件创建新的图形文件

单击【标准】工具栏中的按钮，在【选择样板】对话框【名称】列表中选择“采暖施工图 HA3”图样板文件，建立一个文件名为“底层采暖平面图”的图形文件。

2. 绘制建筑平面图

绘图要求：在轴线图层绘制轴线；在建筑图图层上绘制墙线、门、窗、台阶、楼梯及卫生间内结构。

绘图步骤如下。

（1）在轴线图层上绘制轴线　建议采用的绘图方法如下。

竖直轴线①～⑩采用阵列命令生成如下。

水平轴线Ⓐ～Ⓔ采用偏移命令生成。

轴线图层的线型为点画线。应注意调整线型比例，输出的图纸中，点画线的划长应在 15～20 之间。如图 14-8 所示。线型比例的调整方法详见第二章。

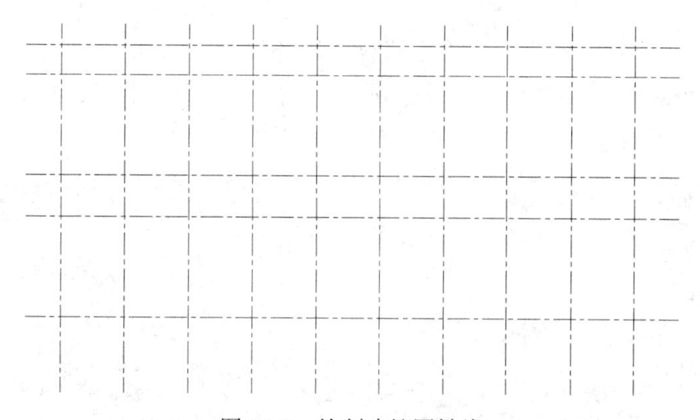

图 14-8　绘制建筑图轴线

（2）在墙线图层绘制墙线　建议采用的绘图方法如下。

采用多线命令绘制墙线，本例中内外墙厚均为 240，多线参数的设置如图 14-9 所示。

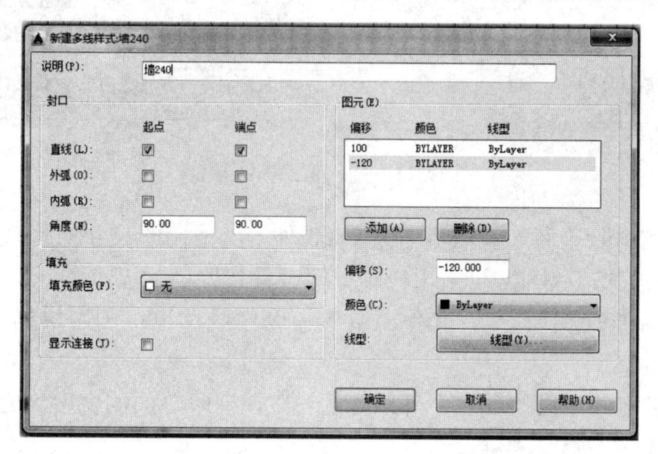

图 14-9　绘制墙的多线样式设置

墙线绘制完成后，利用多线编辑命令修改各个墙角，保证图形正确。为使图面清晰，按图 14-10 所示，所有轴线保留必要的长度，利用打断或修剪命令将墙体内部轴线删去。

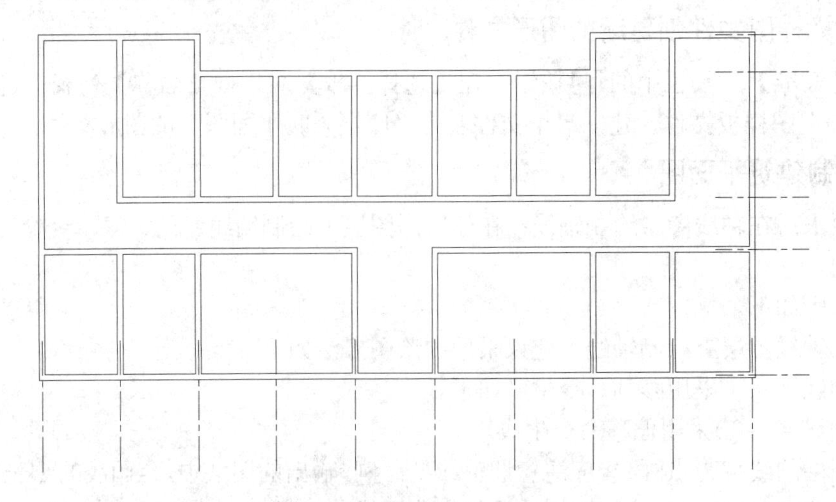

图 14-10　绘制并修改墙线

（3）在墙线图层绘制门、窗、台阶　建议采用的绘图方法如下。

① 画窗。本例中所有窗的尺寸均为 1800，可插入第十二章图 12-9 所创建的窗图块，其参数设置如图 14-11 所示。

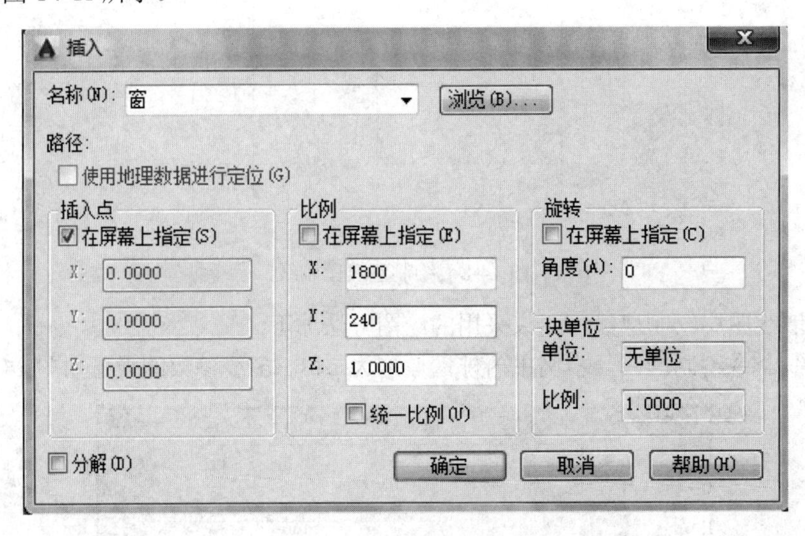

图 14-11　插入窗的参数设置

② 画门。本例中除正面入室门尺寸为 1800 外，其他门的尺寸均为 900。建筑平面图中门的开启线习惯画成 45° 斜线，可采用极轴捕捉工具按照门的大小和开启方向绘制门的开启线，对相同大小的门可绘制其一，其他用复制命令生成。也可利用块插入命令绘制门的开启线。

③ 画台阶。在墙线图层绘制三个外门处的台阶，台阶踏面的宽度均为 300，最上台面距外墙皮 600，其他尺寸按图示绘制。

完成图形如图 14-12 所示。

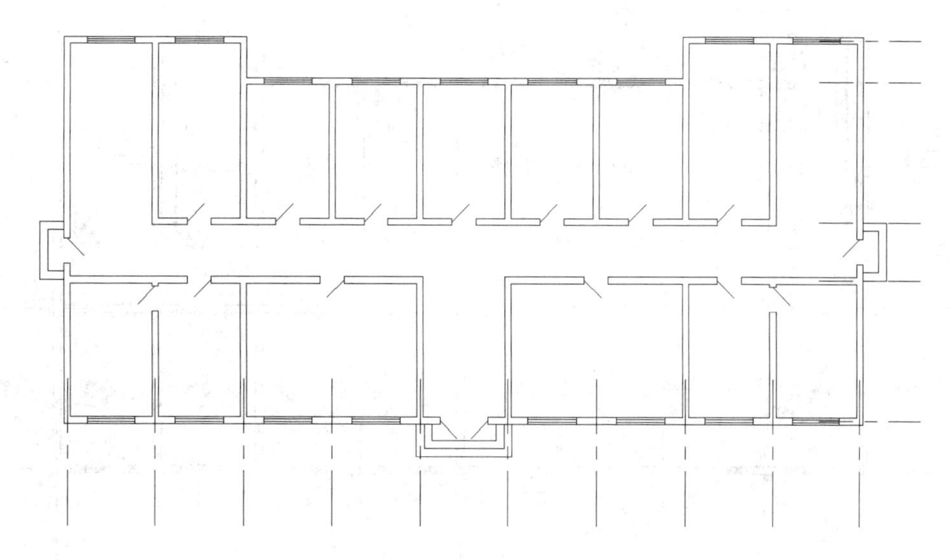

图 14-12　画门、窗、台阶

（4）画其他楼梯间和卫生间的细部结构　图中未给出楼梯间和卫生间的尺寸卫生，可按比例绘制，如图 14-13 所示。说明：按比例测量尺寸，可根据所画图形的大小确定栅格网的间距，如本例设置栅格网间距为 300（目测台阶的宽度），在图纸上以按比例画出网格线，即可近似地确定楼梯、卫生间中未给出的尺寸的大小。

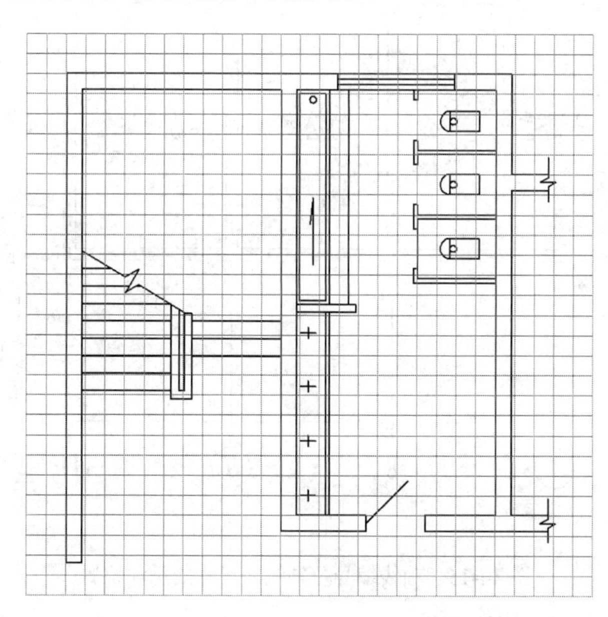

图 14-13　利用栅格确定尺寸画图

（5）标注轴线编号、轴线间尺寸及标注房间名称　国家标准规定，在采暖平面图中应标明各房间名称、相应定位轴线编号及轴线间的尺寸。一般在采暖平面图中只标注图形下侧和右侧的轴线编号，如图 14-14 所示。

绘制标注轴线编号及轴线间尺寸建议采用的绘图方法如下。

轴线编号可利用前面做过的属性块插入。轴线编号及轴线间尺寸的标注位置见图 14-15。

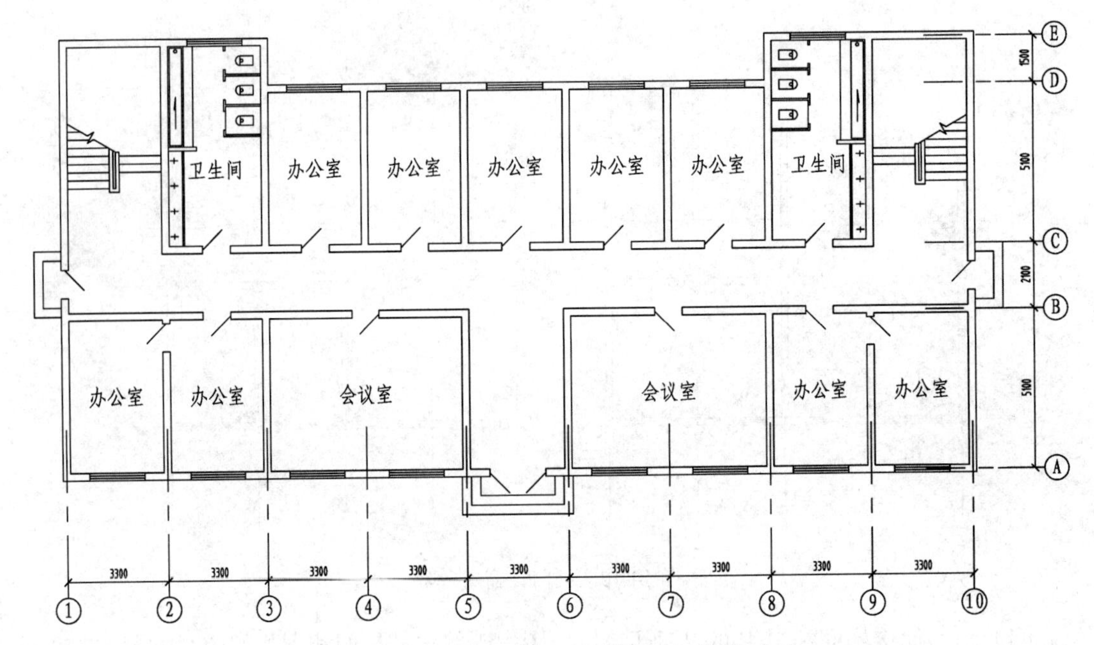

图 14-14　标注轴线编号、轴线间尺寸及房间名称

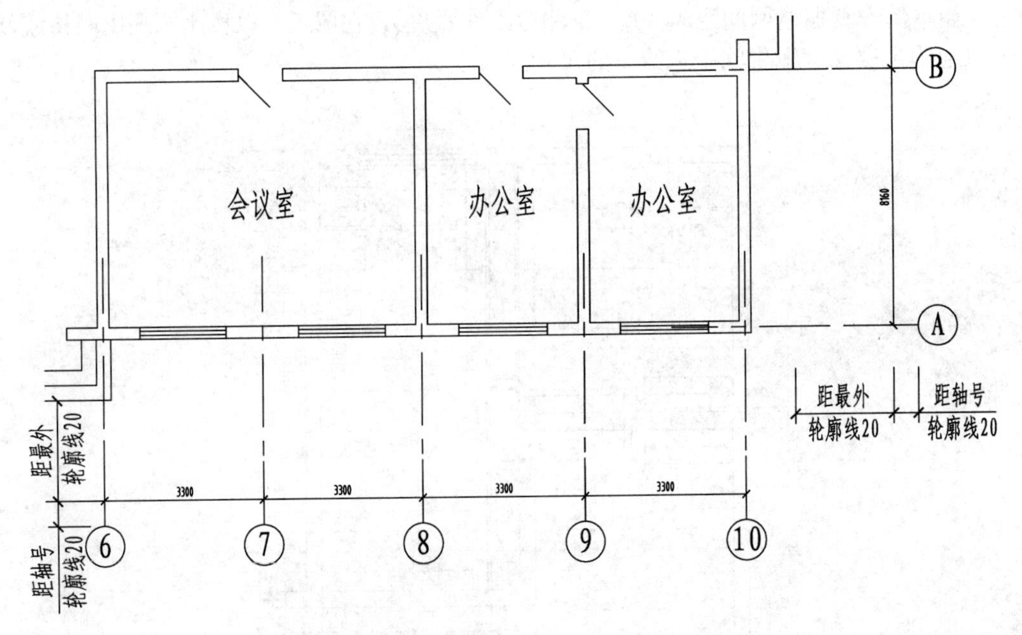

图 14-15　轴线编号及轴线间尺寸的标注位置

3. 绘制采暖管道和设备

绘图要求：回水干管应绘制在回水干管图层上，回水立管、支管和散热器绘制在图例符号图层上 。

绘图步骤如下。

① 绘制回水干管及其上的绘制变径接头、固定支架，如图 14-16 所示。

在回水干管图层上绘制回水干管，注意应调整线型比例，确保输出图形时，虚线每画长为 8。回水干管的位置应保证在输出的图形中距墙皮投影线尺寸为 4.5。

变径接头、固定支架利用块插入命令完成，因本例出图比例为 1∶100，所以插入块时应设定块插入比例为 100。

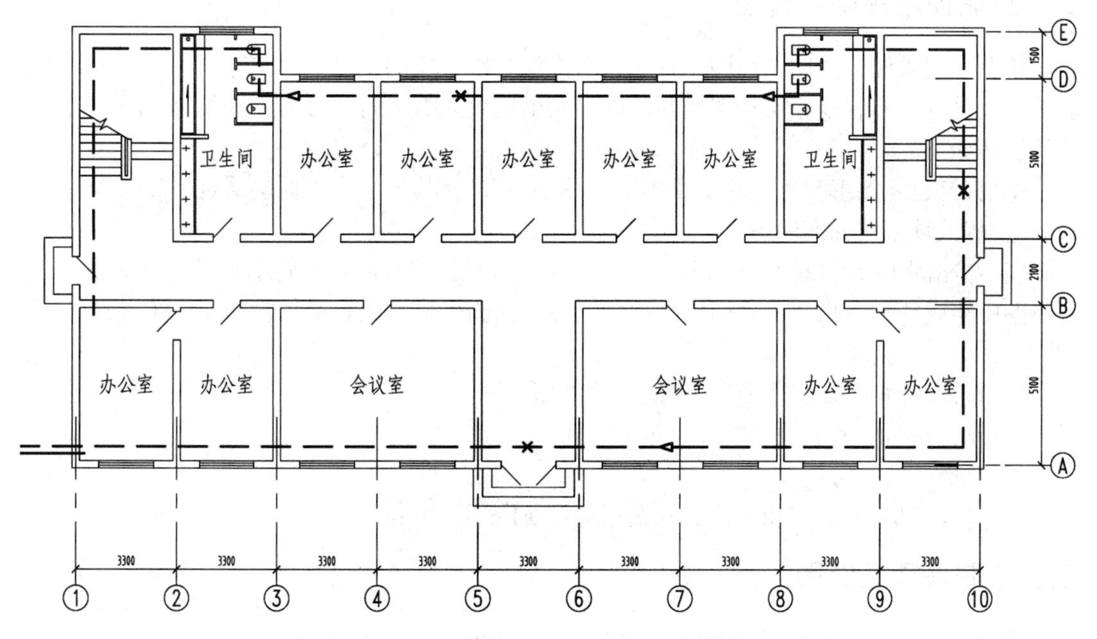

图 14-16　绘制回水干管及其上变径接头、固定支架

② 绘制散热器、立管、支管，如图 14-17 所示。

建议采用的绘图方法如下。

散热的安装位置在窗的正下方，分别插入属性块即可完成散热器绘制并标注散热器的规格。

立管与散热器之间用支管相连，支管应从散热器短边绘制并通过立管圆心。绘图时应保证立管距墙皮投影线之间有不小于 1mm 的空隙，并保证该尺寸全图统一。

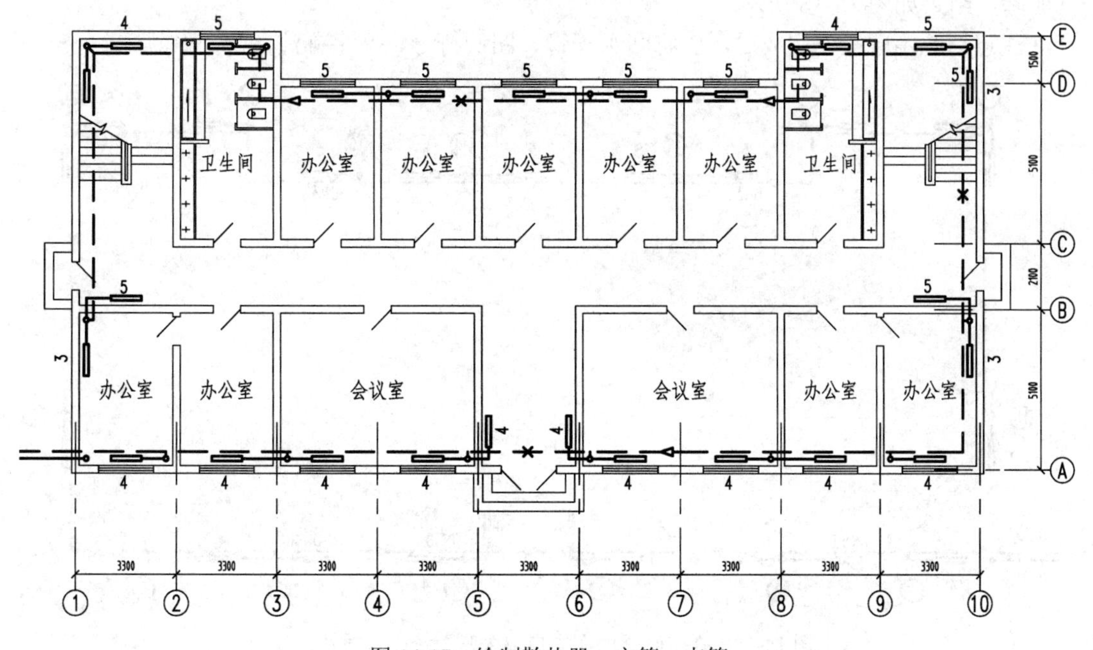

图 14-17　绘制散热器、立管、支管

③ 标注管径、立管编号、干管坡度、标高，即完成如图 14-5 所示底层采暖平面图。

二、绘制顶层采暖系统图

绘制顶层采暖平面图的绘图流程和绘图方法与绘制底层采暖平面图完全相同。由于顶层散热器及设备的布置以底层基本相同，则可利用底层采暖平面图修改生成顶层采暖平面图。具体步骤如下。

① 打开已绘图形文件“底层采暖平面图.dwg”，将其另存为“顶层采暖平面图”。

② 修改顶层楼梯间的图形。

③ 对比图 14-5 和图 14-6 可知，供热干管的敷设位置与回水干管的敷设位置基本相同，可将图中粗虚线移至供热干管图层。顶层采暖平面图不反映热力引入管和回水排出管，将其删除。

④ 按图 14-6 修改变径接头、固定支架的位置。

⑤ 画出集气罐和其排出管，引至卫生间。

⑥ 修改管径、坡度。

图中其他部分与底层相同，完成图形如图 14-6 所示。

三、绘制采暖系统图

下面以图 14-7 为例，说明绘制采暖系统图的绘图流程和绘图方法。

由于采暖系统图与采暖平面图采用相同的比例，故沿坐标轴 X、Y 方向敷设的管道及设备，应从平面图中量取尺寸绘制。采用计算机绘图，则可直接复制生成。作图步骤如下。

1. 在采暖平面图中提取采暖管道和设备

打开已绘图形文件“底层采暖平面图.dwg”，将其另存为“采暖系统图”。在图层特性管理器中，将回水干管、图例符号、文字标注图层“锁定”，用删除命令将其他图层上的内容全部删除，结果如图 14-18 所示。

注意：此步骤操作完成后，应将回水干管、图例符号、文字标注图层“解锁”。

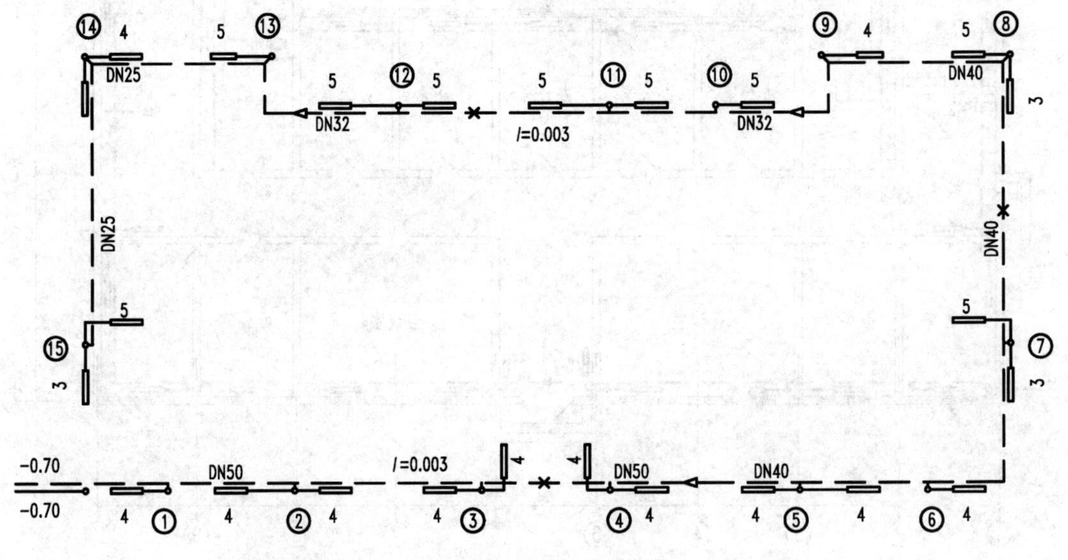

图 14-18　在采暖平面图中提取采暖系统中管道及设备

2. 按轴测图画法修改干管方向，绘制立管

将图 14-18 中平行于 Y 轴方向的管带连同其上设备旋转 45°，将管道系统向上复制生成供热干管，供热干管与回水干管间距为 6.40–（–0.70）=7.10m。从各连接点画出各供热立管。本例为表达清楚只画出系统图中供热立管⑪、⑫、⑬、⑭、⑮部分，其中立管⑬、⑭采用简化画法画出，如图 14-19 所示。

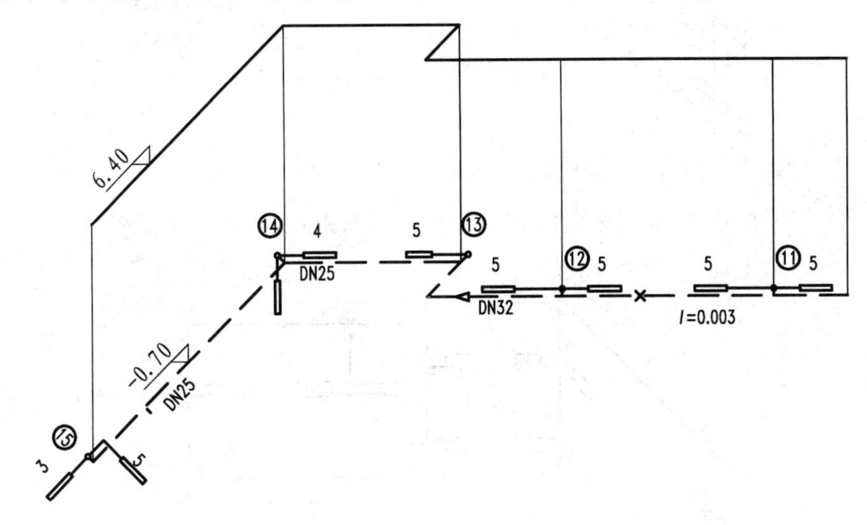

图 14-19　绘制供热干管、回水干管、立管

3. 绘制立管⑪、⑮上下截止阀及与其相连的支管散热器

绘制步骤如下。

（1）清理图面，将供热立管编号移至供热干管上方，采暖平面图中的散热器移至回水干管的下方。删除散热器的规格数量，其他如果管径、坡度的标注可移至其他合适位置。

（2）根据图 14-7 中标注的标高尺寸，画出楼层地面线。

（3）画出立管上下截止阀，上面安装截止阀距供热干管 500mm、下面安装截止阀距回水干管 250mm。

（4）确定散热器的位置，左右位置可由平面图中的散热器对齐绘制，上下位置由散热器的安装高度确定，本例散热器距楼层地面 200mm。绘制散热器可插入本章第一节中定义的属性块，插入比例为 100。

同样方法可画出立管⑮上下截止阀及与其相连的支管散热器等。注意位于立管左侧的散热器在一层及其连接支管方向与 X 轴平行，应将其旋转–45°与 X 轴侧方向一致。该散热器在二层与 Y 轴方向一致，具体尺寸由图 14-6 顶层采暖平面图中量取。

完成图形如图 14-20 所示。

4. 绘制其他立管及变径接头、固定支架、集气罐

立管⑫、⑬的绘制方法与立管⑪相同，也可复制立管⑪并修改相关的尺寸完成。立管⑭的绘制方法与立管⑮相同，也可复制立管⑮并修改相关的尺寸完成，此处略。

变径接头、固定支架、集气罐等位置从平面图中量取尺寸，插入表 14-1 中创建的图块，完成图形如图 14-21 所示。

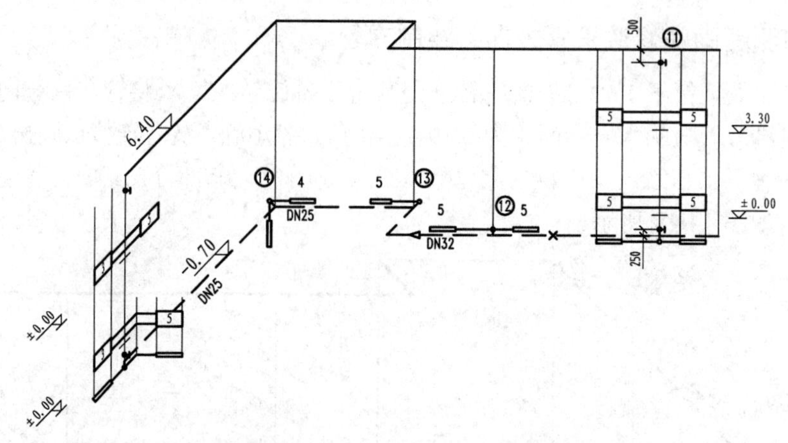

图 14-20　绘制立管⑪、⑮上下截止阀及与其相连的支管、散热器

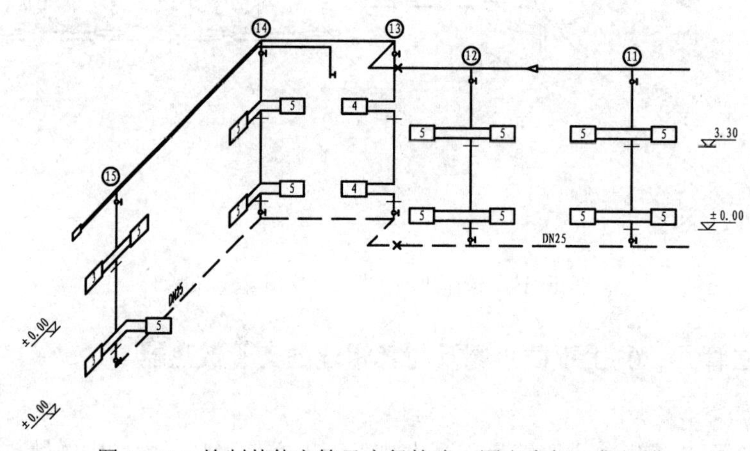

图 14-21　绘制其他立管及变径接头、固定支架、集气罐

5. 标注管径、立管编号、干管坡度、标高

根据采暖平面图对应标注出管径、立管编号、干管坡度等尺寸，并标注楼层地面标高尺寸，完成图形如图 14-22 所示。

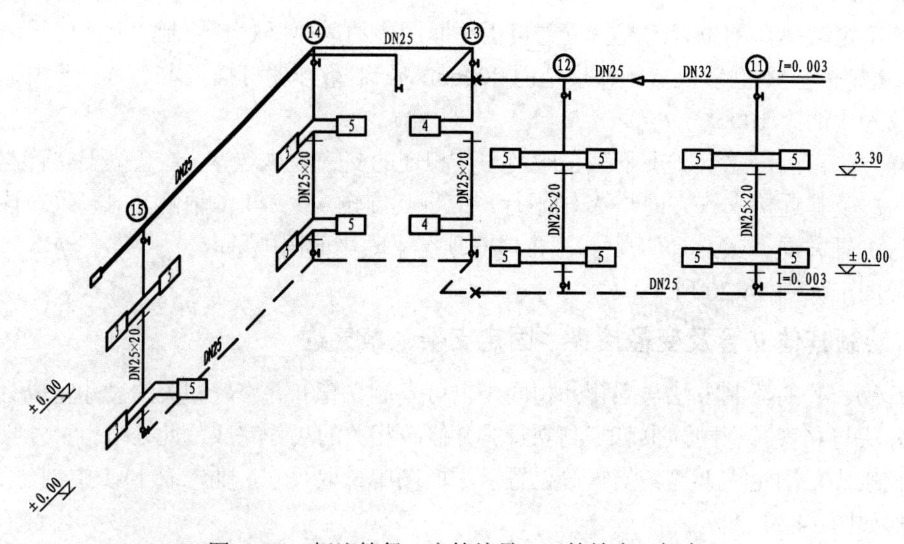

图 14-22　标注管径、立管编号、干管坡度、标高

同样方法可画出立管①～⑩及其上的采暖设备与附件，请读者自行完成图 14-7。

第三节 绘制给水排水施工图

本节仍以二层办公楼的给水排水施工图为例，说明给水排水施工图的绘制流程和绘图方法。图 14-23 为办公楼给水排水平面图，图 14-24 为给水管网系统图，图 14-25 为排水管网系统图。由于给水管网在平面图中布置密集，本例采用的绘图比例为 1∶50，为使图形清晰，图面布置合理、工整，给出了绘图时的部分参考尺寸。

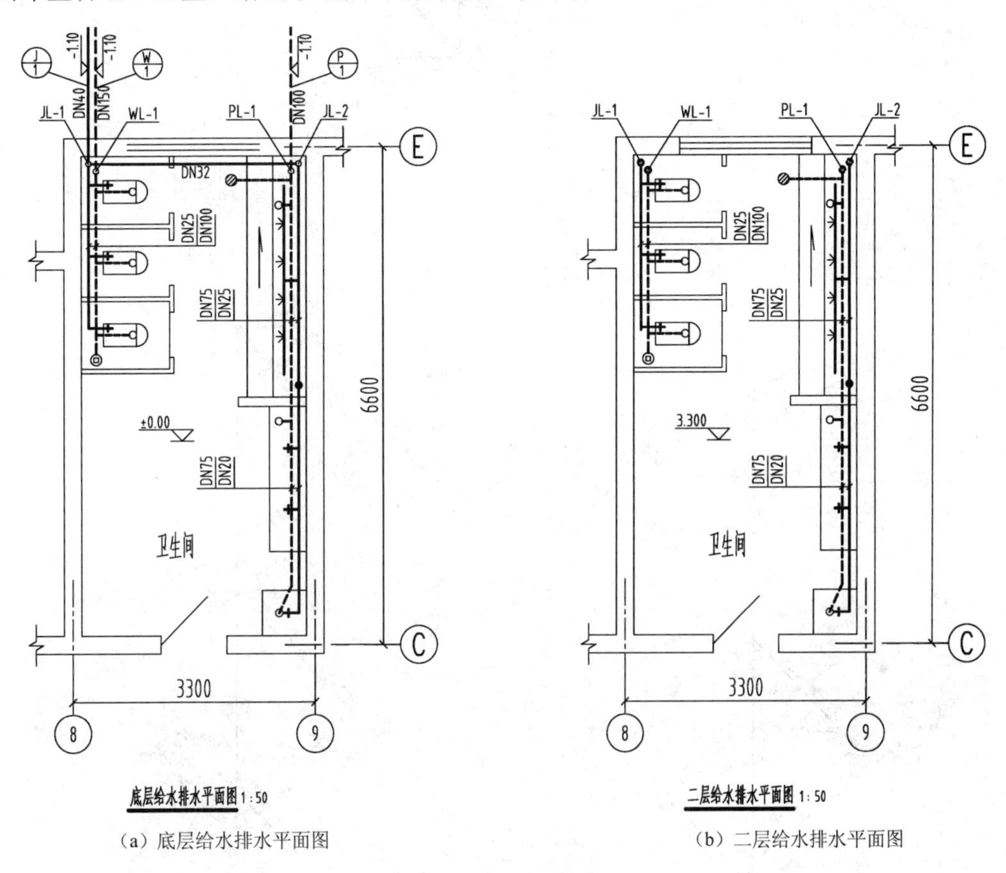

(a) 底层给水排水平面图

(b) 二层给水排水平面图

图 14-23 办公楼给水排水平面图

一、给水排水平面图

1. 选择样图文件创建新的图形文件

单击【标准】工具栏中的 按钮，在【选择样板】对话框【名称】列表中选择 HA3 图幅给水排水施工图样板文件，建立一个文件名为“给水排水平面图”的图形文件。

2. 绘制建筑平面图

建筑平面图的绘图方法，已在本章第二节详细介绍，此处略。所绘图形如图 14-26（a）所示。

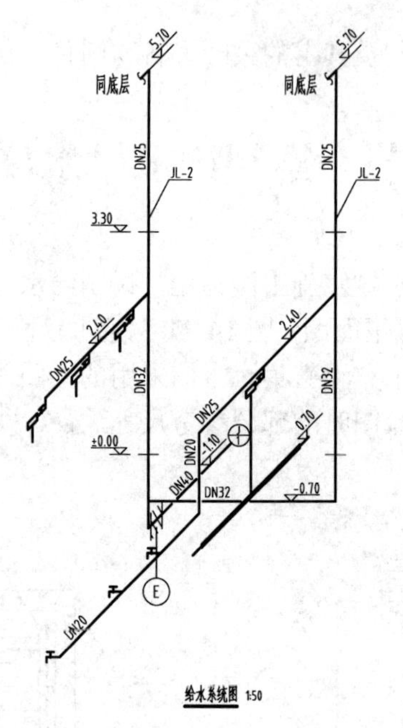

图 14-24　给水系统图

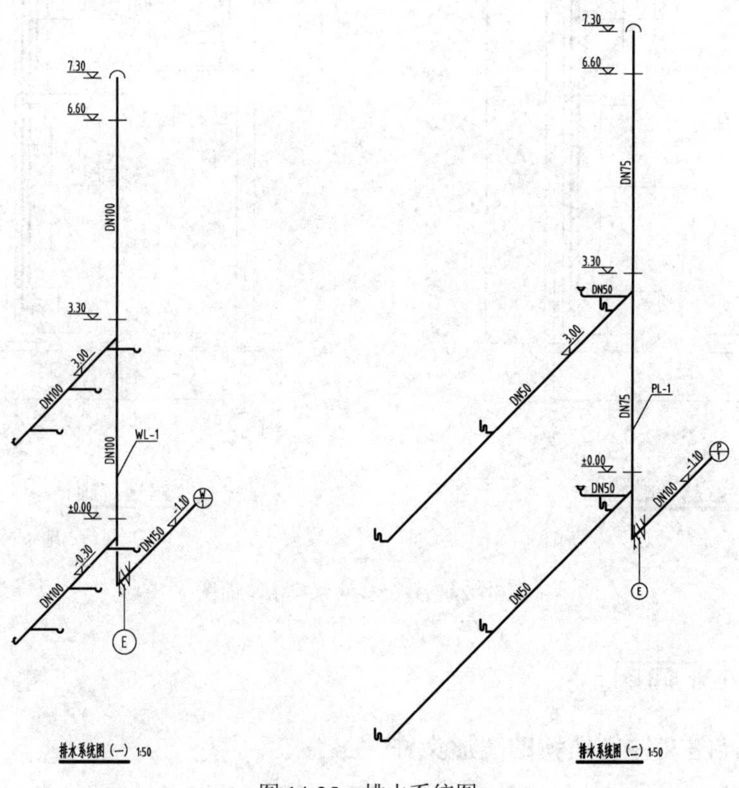

图 14-25　排水系统图

3. 绘制给水系统

（1）给水立管与支管，绘图参考尺寸如图 14-26（b）所示。

说明

由于本例采用的图形输出比例为 1∶50，所给尺寸为实际输出图形尺寸的 50 倍。

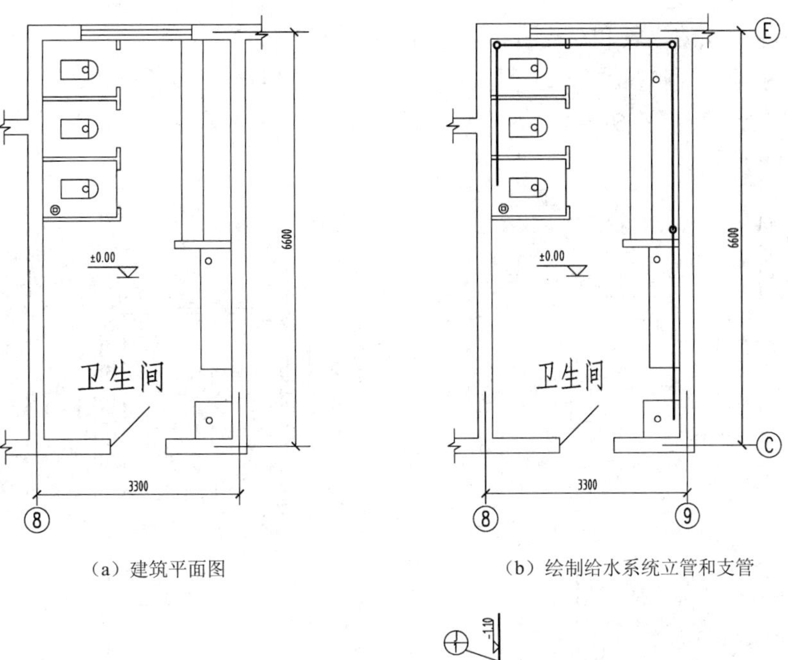

（a）建筑平面图　　（b）绘制给水系统立管和支管

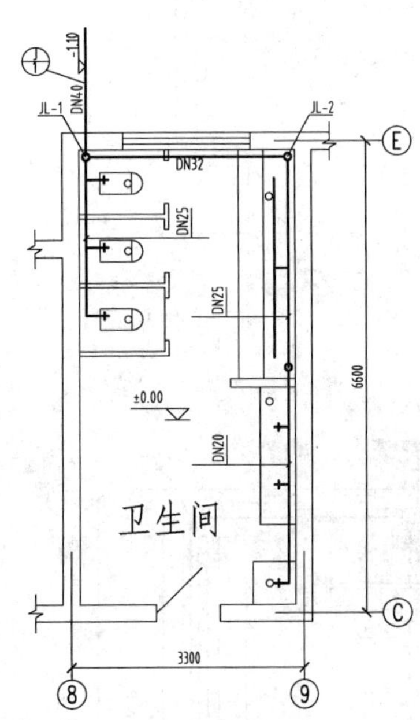

（c）绘制水嘴（水龙头）和小便器多孔冲水管　　（d）绘制给水系统引入管、标注文字

图 14-26　绘制给水系统平面图

（2）绘制水嘴（水龙头）和小便器多孔冲水管。其中水嘴（水龙头）可插入本章第一节所做的图块，小便器多孔冲水管可按比例绘制。完成图形如图 14-26（c）所示。

（3）绘制给水引入管，并标注管径、立管编号、给水系统编号，即完成室内给水平面图，如图 14-26（d）所示。

4. 绘制排水系统

由于本例给水排水系统较简单，故将其与给水管道系统合画在同一张图纸上，排水系统管道才用虚线绘制。如图 14-27 所示。

（1）用细实线画出清扫口、地漏，如图 14-27(a)所示。

（2）绘制排水系统立管和横支管，如图 14-27（b）所示。

（3）用中粗虚线连接排水横支管与卫生器具。如图 14-27（c）所示。

（4）绘制给水排出管，并标注管径、立管编号、排水系统编号，即完成室内排水平面图，如图 14-27（d）所示。

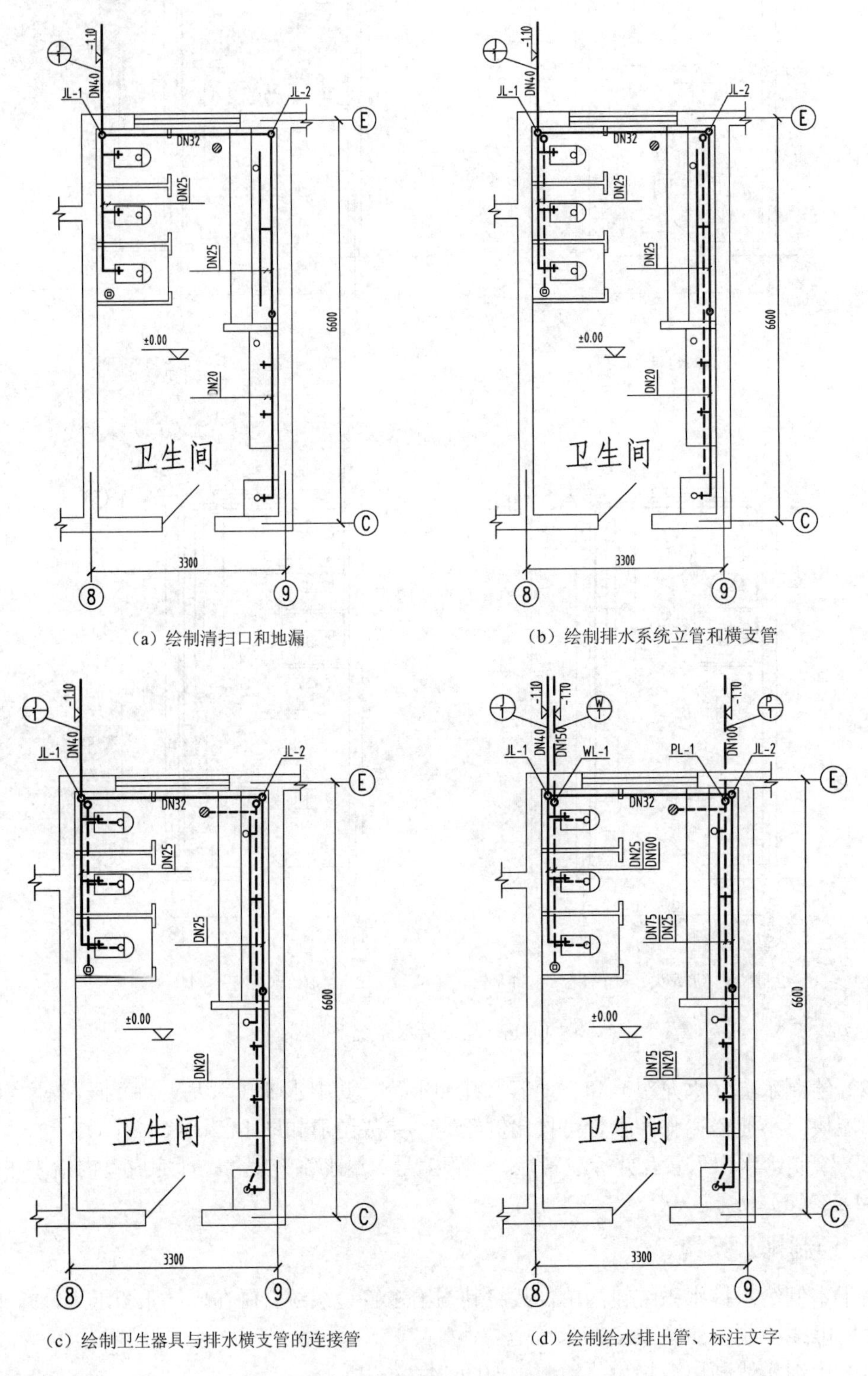

图 14-27　绘制排水系统平面图

5. 绘制二层给水排水平面图

在顶层给水排水平面图中，不反映给水引入管和排水排出管，其他管线及设备的布置与底层完全相同，故可复制底层给水排水平面图，删除给水引入管和排水排出管，即得二层给水排水平面图，如图 14-23（b）所示。

二、给水排水系统图

由于给水排水系统图与给水排水平面图采用相同的比例，故沿坐标轴 *X*、*Y* 方向敷设的管道及设备，应从平面图中量取尺寸绘制。采用计算机绘图，则可直接复制生成。作图步骤如下。

1. 在给水排水平面图中提取管道和设备

打开已绘图形文件“底层给水排水平面图.dwg”，删除顶层给水排水平面图，对底层给水排水平面图进行修改编辑。在图层特性管理器中，将给水干管、回水干管、图例符号、文字标注图层“锁定”，用删除命令将其他图层上的内容全部删除，结果如图 14-28 所示。

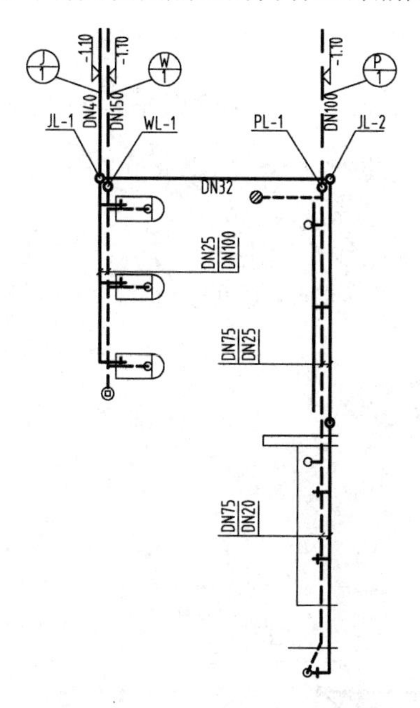

图 14-28　由给水排水平面图提取管道和设备（一）

将锁定图层“解锁”，利用移动命令，将图 14-28 拆分为给水系统平面布置和排水系统平面布置两个图，如图 14-29(a) 和图 14-29(b)所示。分别将其存盘为“给水系统图”、“排水系统图”两个文件。

2. 绘制给水系统图

（1）将平行于 *Y* 轴方向的管道分别绕给水立管 JL-1 和 JL-2 顺时针旋转 45°，如图 14-30（a）所示。

（2）根据图 14-25 中所注标高尺寸向下移动画出给水引入管（标高-1.01）、管径为 DN40 的给水横管（标高-0.70）、连接盥洗台和拖布池水龙头的给水支管（标高 1.20），并画出给水立管 JL-1、JL-2 及竖管，如图 14-30（b）所示。

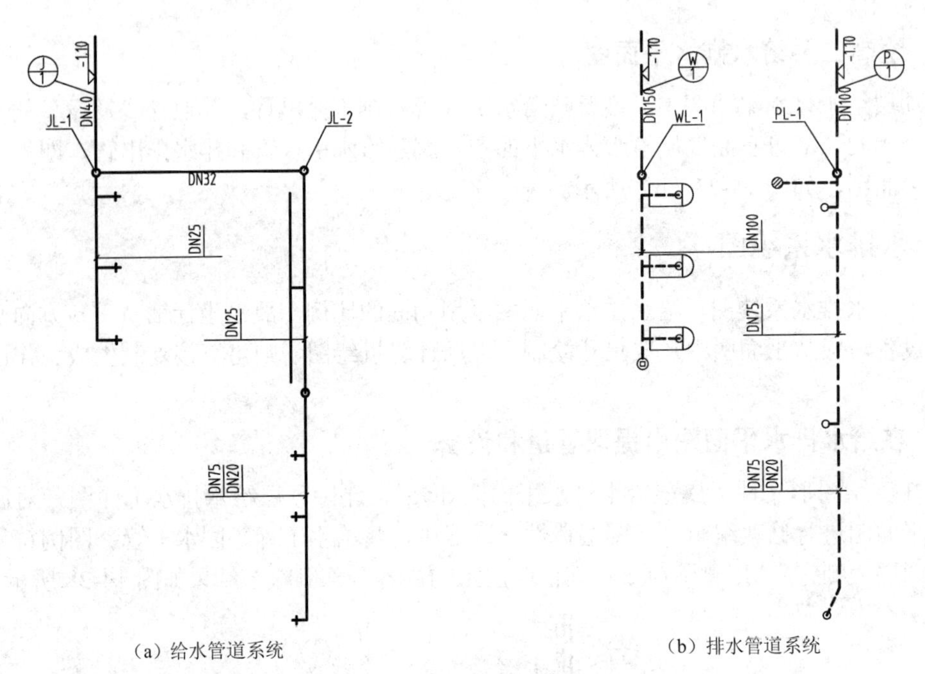

（a）给水管道系统　　　　（b）排水管道系统

图 14-29　由给水排水平面图提取管道和设备（二）

（3）插入本章第一节所绘制的水龙头、高位水箱图块，并绘制小便器多孔冲水管，如图 14-30（c）所示。

（4）清理图面，画出楼层地面线并标注其标高尺寸；画出给水引入管多穿外墙并标注外墙的轴线编号；对管道重叠处，在判断其可见性后，将不可见的管道断开，如图 14-30（d）所示。

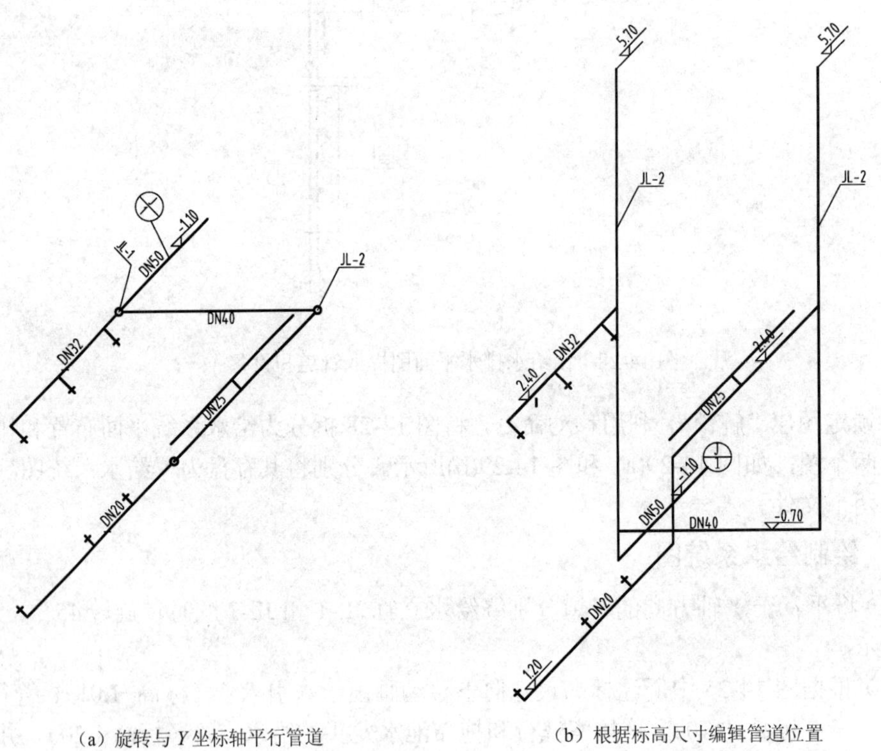

（a）旋转与 Y 坐标轴平行管道　　　　（b）根据标高尺寸编辑管道位置

图 14-30

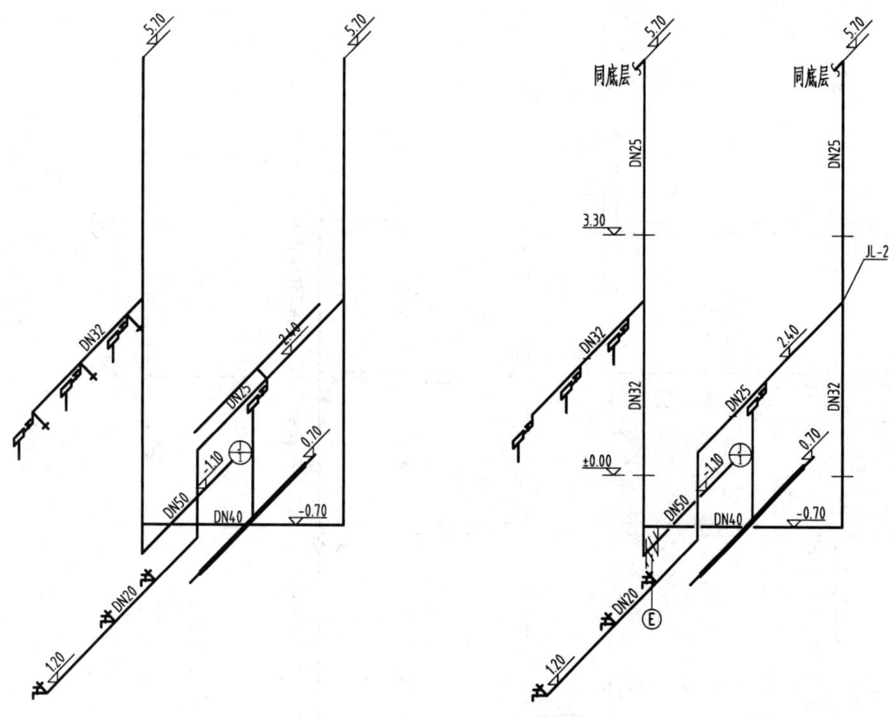

（c）绘制水龙头、高位水箱、小便器多孔冲水管　　（d）清理图面、标注地面线、外墙轴线

图 14-30　绘制给水系统图

3. 绘制排水系统图

图 14-25 所示排水系统图的绘图流程与绘图方法与给水系统图基本相同，读者可自行分析，此处略。

第四节　建筑电气施工图

本节仍以二层办公楼的建筑电气施工图为例，说明建筑电气施工图的绘制流程和绘图方法。图 14-31 为底层插座平面图，图 14-32 为底层照明平面图，图 14-33 为建筑电气系统图。由于给水管网在平面图中布置密集，本例采用的绘图比例为 1∶50，为使图形清晰，图面布置合理、工整，给出了绘图时的部分参考尺寸。

一、底层插座平面图

1. 选择样板图文件创建新的图形文件

单击【标准】工具栏中的按钮，在【选择样板】对话框【名称】列表中选择“建筑电气施工 HA3”图样板文件，建立一个文件名为“底层插座平面图”的图形文件。

2. 绘制建筑平面图

建筑平面图的绘图方法，已在本章第二节详细介绍，此处略。所绘图形如图 14-15 所示。

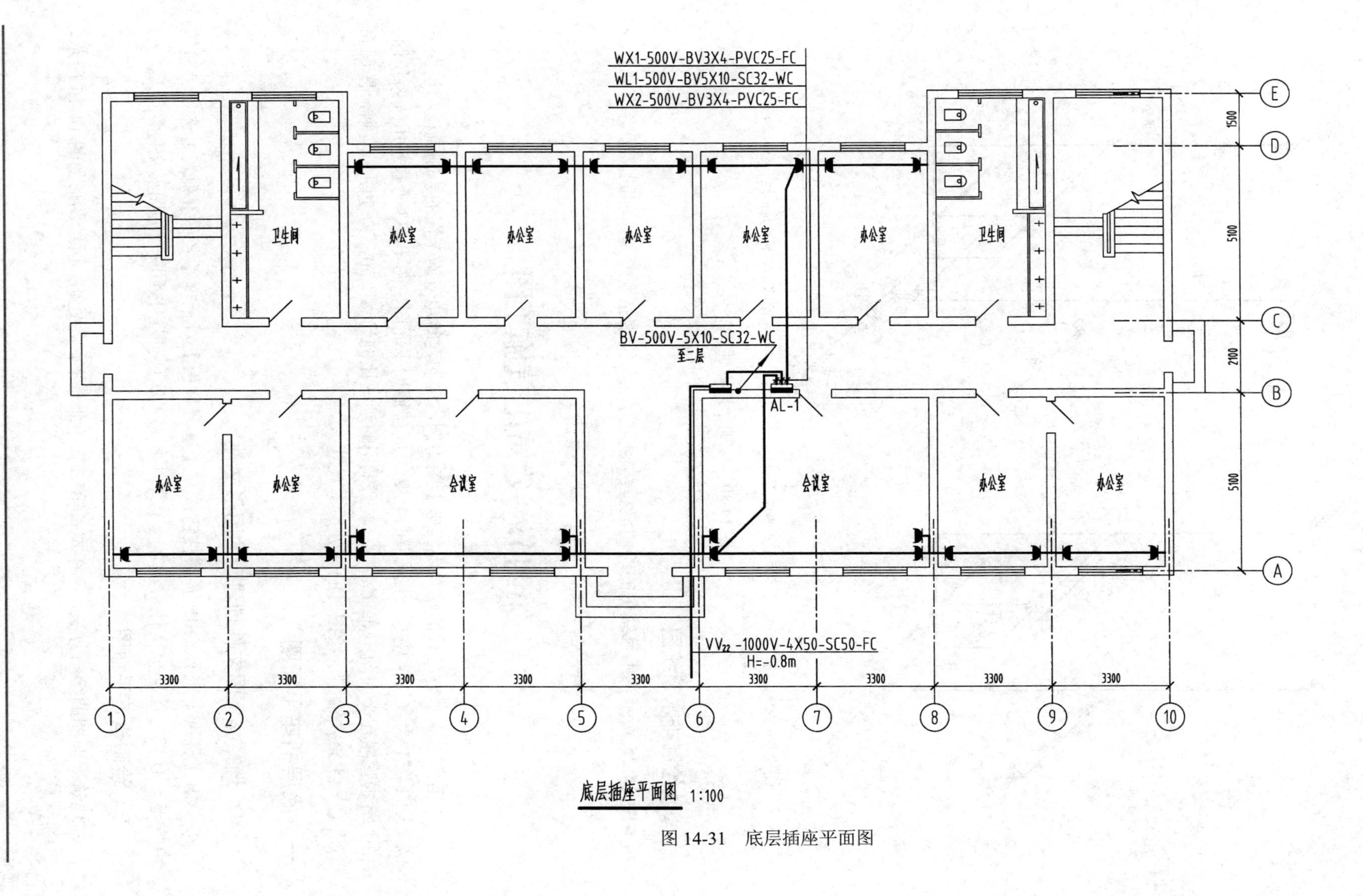

图 14-31 底层插座平面图

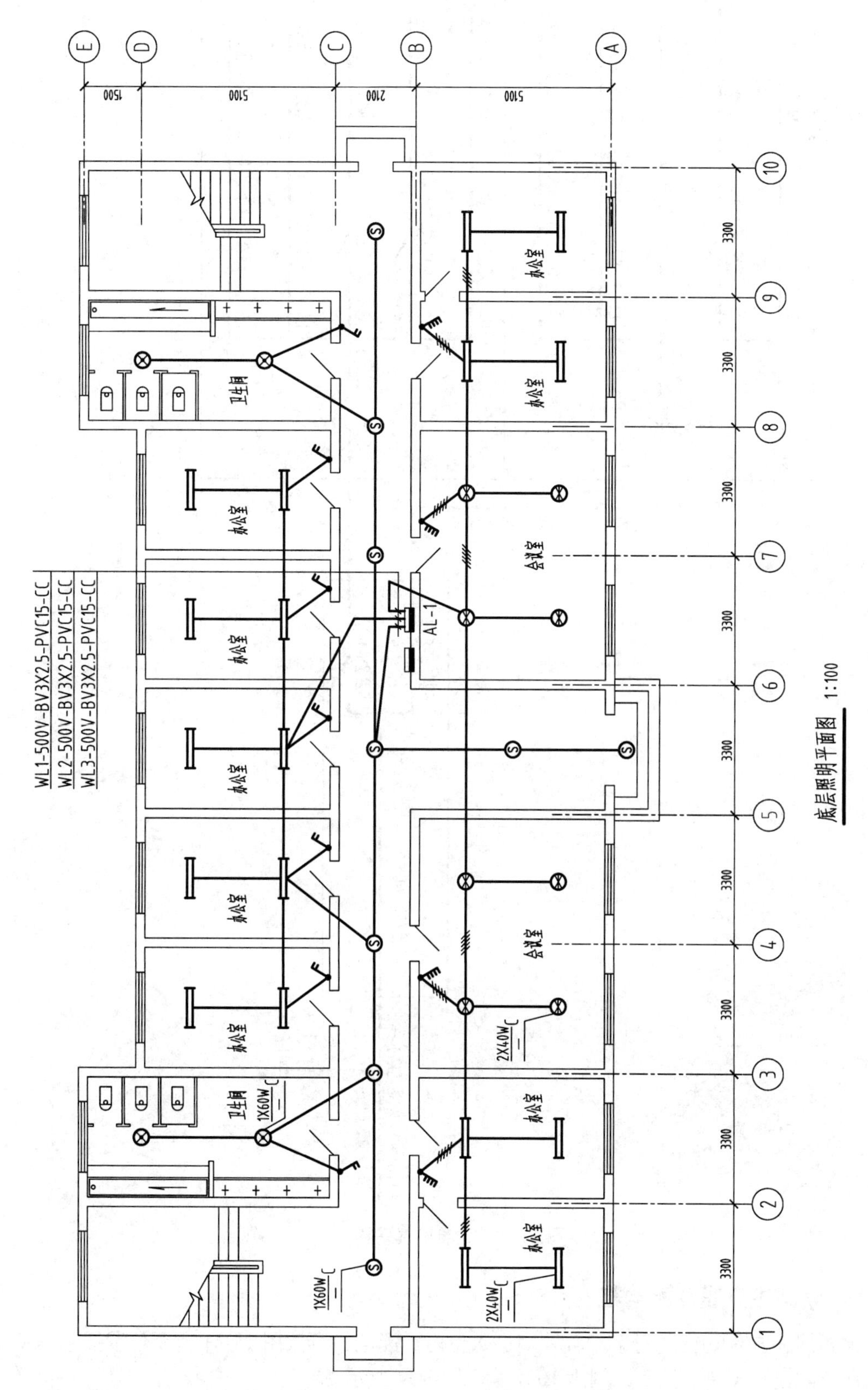

底层照明平面图 1:100

图 14-32 底层照明平面图

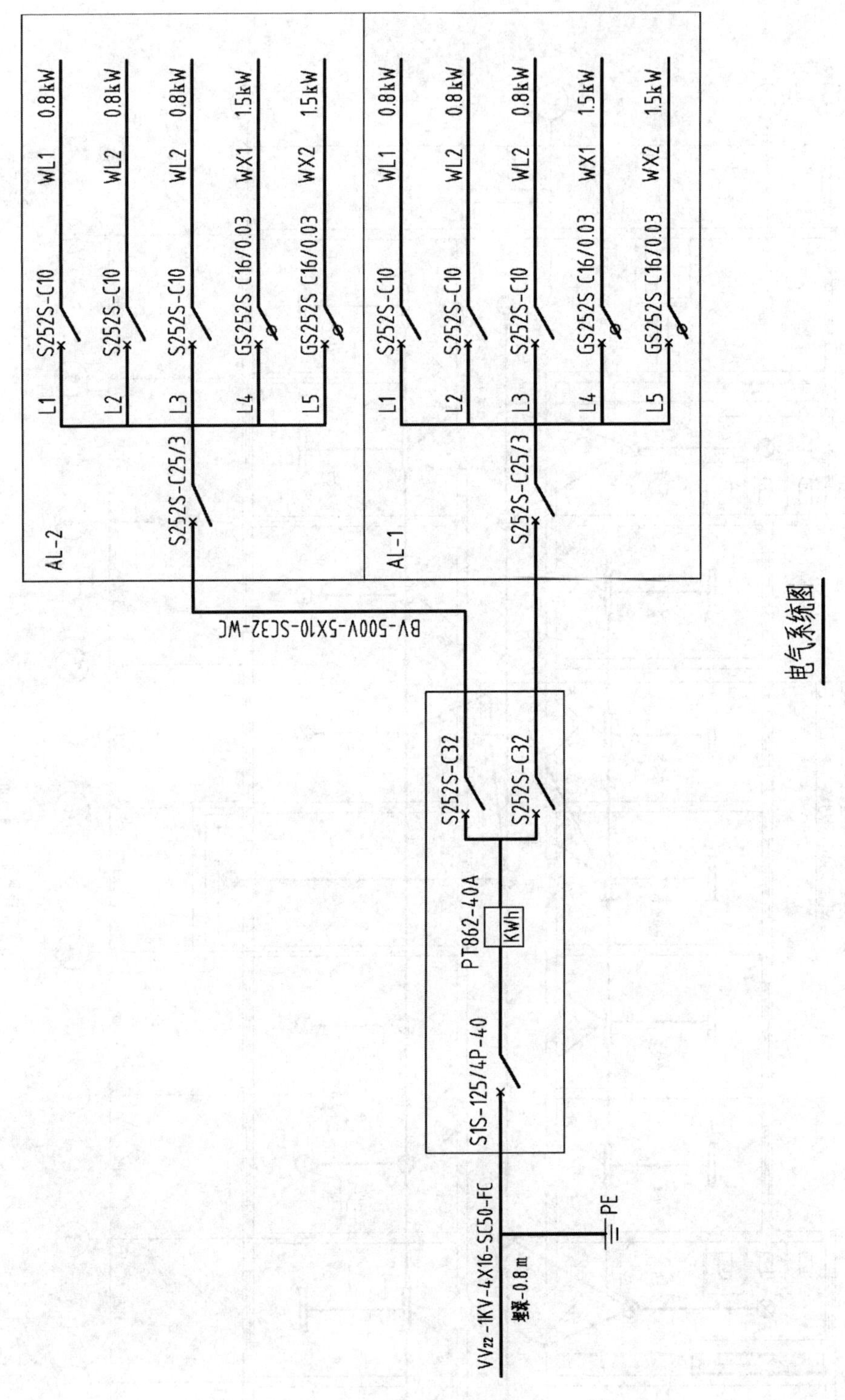

图 14-33　建筑电气系统图

3. 绘制进户线及配电箱

进户线在⑤～⑥轴之间穿Ⓐ轴外墙进入室内。配电箱可按图 14-31 所示位置插入本章第一节所绘配电箱图块，插入比例为 100，如图 14-34 所示。

4. 绘制插座图例符号

插座图例符号可按图 14-31 所示位置插入本章第一节所绘配电箱图块，插入比例为 100，如图 14-35 所示。

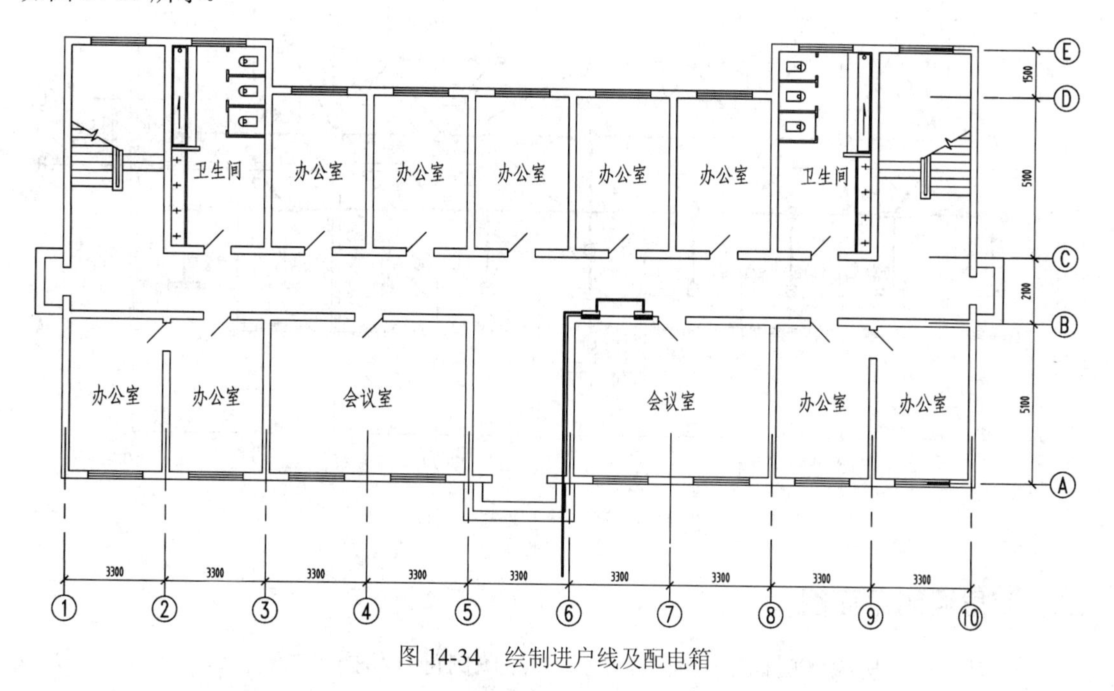

图 14-34　绘制进户线及配电箱

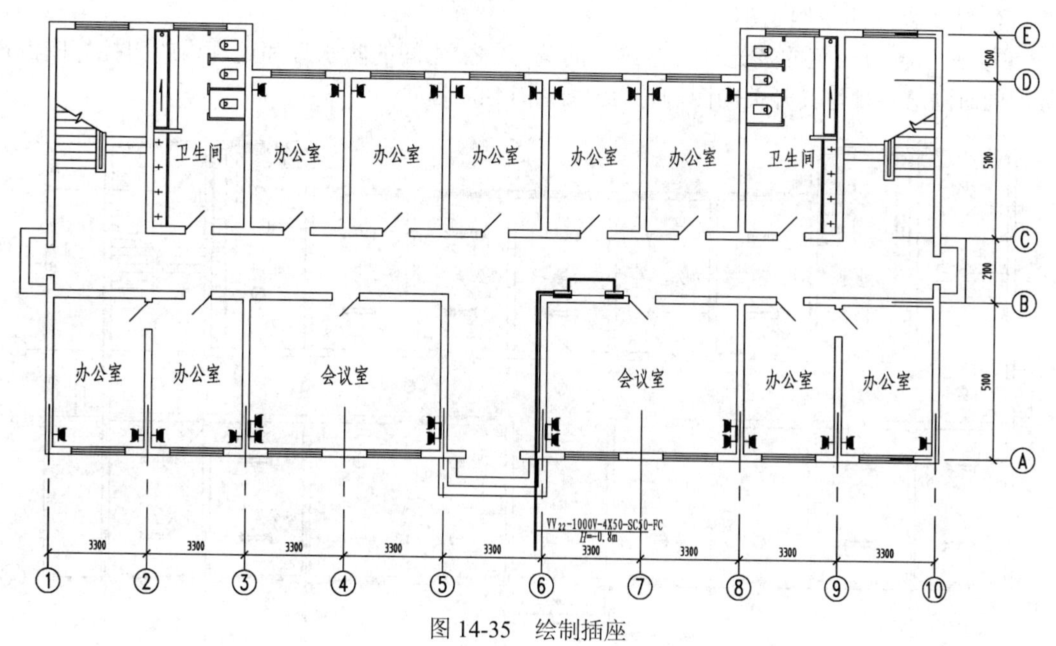

图 14-35　绘制插座

5. 画出连接导线

如图 14-36 所示。

6. 标注入户线及连接导线的文字符号

完成图形如图 14-31 所示。

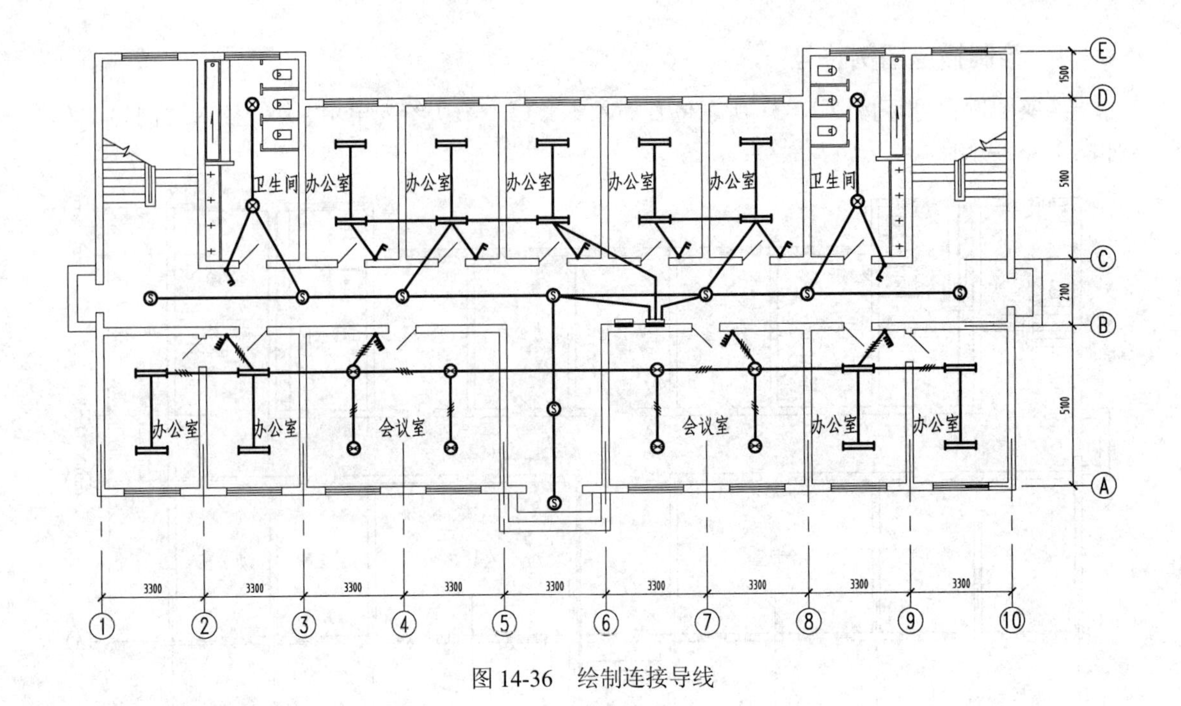

图 14-36　绘制连接导线

二、底层照明平面图

① 打开前面所绘底层插座平面图，删除插座图例符号和插座的连接线，并将改图形文件另存为“底层照明平面图”。

② 画出各办公室的荧光灯、会议室的花灯、卫生间的防水灯和走廊内的声控灯图例符号，同时画出各种灯具开关的图例符号。如图 14-37 所示。

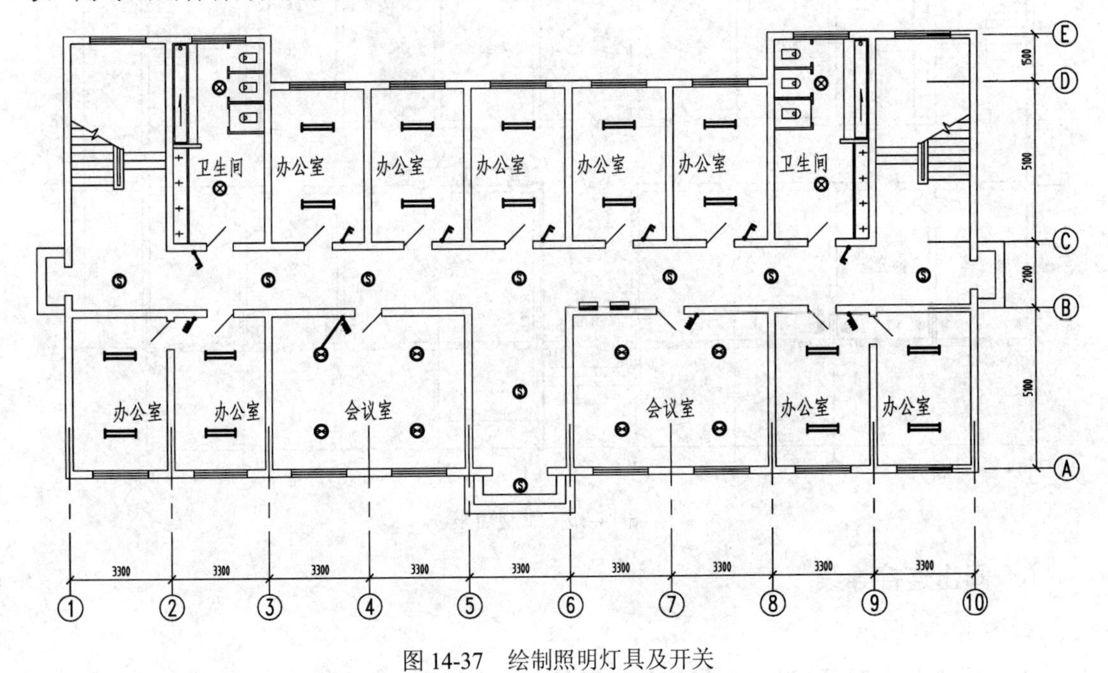

图 14-37　绘制照明灯具及开关

③ 按照图 14-32 所示位置，画出 3 根连接导线，完成图形如图 14-38 所示。

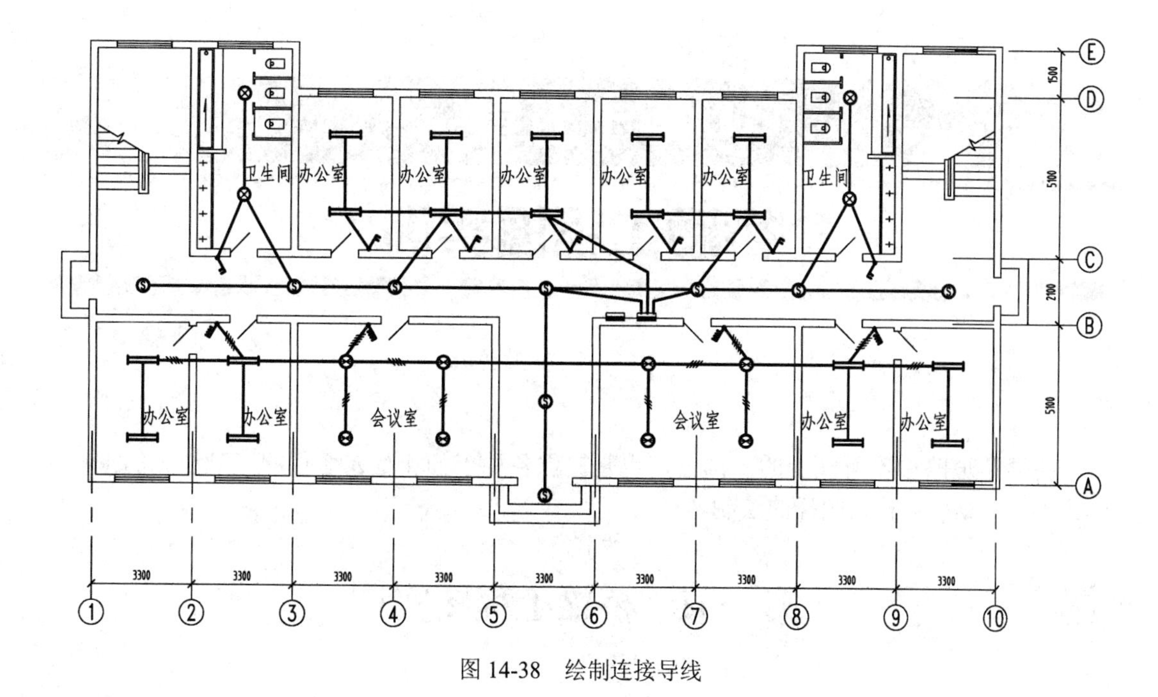

图 14-38　绘制连接导线

④ 标注灯具、导线的文字符号，完成图形如图 14-32 所示。

三、建筑电气系统图

建筑电气系统图是由各种电气图形符号用线条连接起来，并加注文字符号的一种简图，它不表明电气设施的具体安装位置，不是投影，不按比例绘制。本例可直接抄画图 14-33 建筑电气系统图。

抄图的顺序为：入户线→总配电箱→一层、二层配电箱→各层配电箱内引出线。

图 14-33 中三个矩形线框分别表示总配电箱、一层配电箱、二层配电箱内的组成部分。

第十五章

桥涵工程图实训

桥涵是道路中不可缺少的一部分，也是提供各种车辆和行人通行的基础设施的工程实体。本章介绍桥涵构造图样的绘制。

第一节　桥梁工程图实训

桥梁工程图应将桥梁的位置、整体形状、大小及各部分的结构、构造、施工方法和所用材料等详细、准确地表达出来。一般需要桥位平面图、桥位地质工程图、桥位布置图、构造图以及配筋图等设计图。

一、桥梁总平面布置图的绘制

1. 设置绘图环境

2. 布置和画出投影图的基线

根据所选定的比例及各个投影图的相对位置，把它们均匀地分布在图框内，布置时要注意空出图标、说明、投影图名称和标注尺寸的位置。当投影图位置确定之后，便可以画出各个投影图的基线，立面图是以桥面标高作为水平基线的，其余则以对称轴线作为基线。立面图和平面图对应的垂直中心要对齐，如图 15-1 所示。

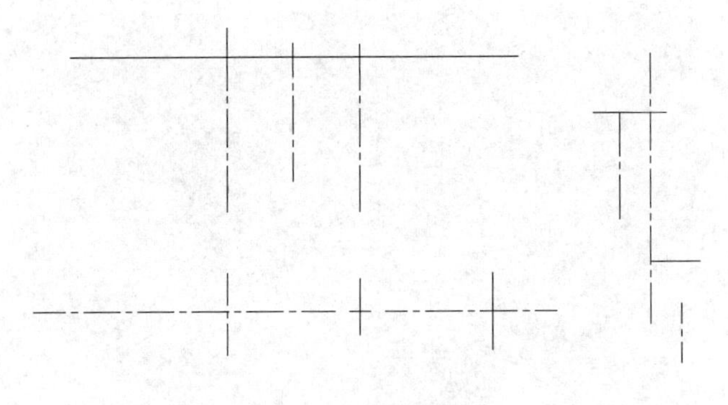

图 15-1　基线绘制

3. 画出各构件的主要轮廓线

以基线或中心线为起点，根据标高或构件的尺寸画出构件的主要轮廓，如图 15-2 所示。

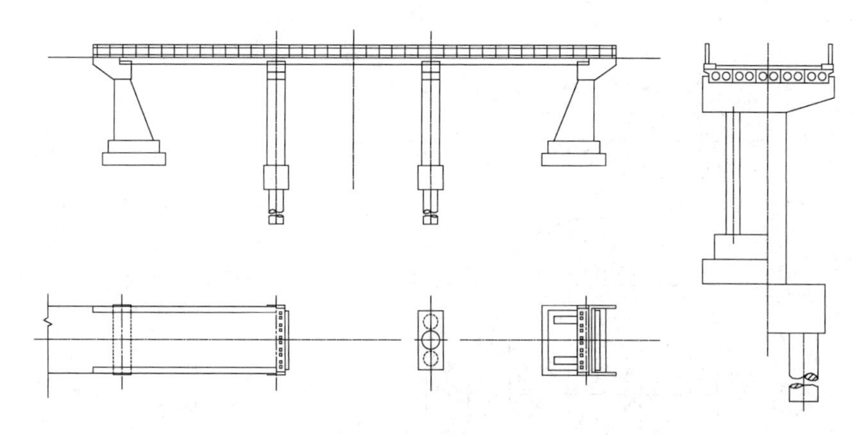

图 15-2　桥面轮廓线绘制

4. 画出各构件细部和资料表

根据主要轮廓线从大到小画全各构件的投影，画图的时候注意各投影图的对应线条要对齐，并将剖面填充，如图 15-3 所示。

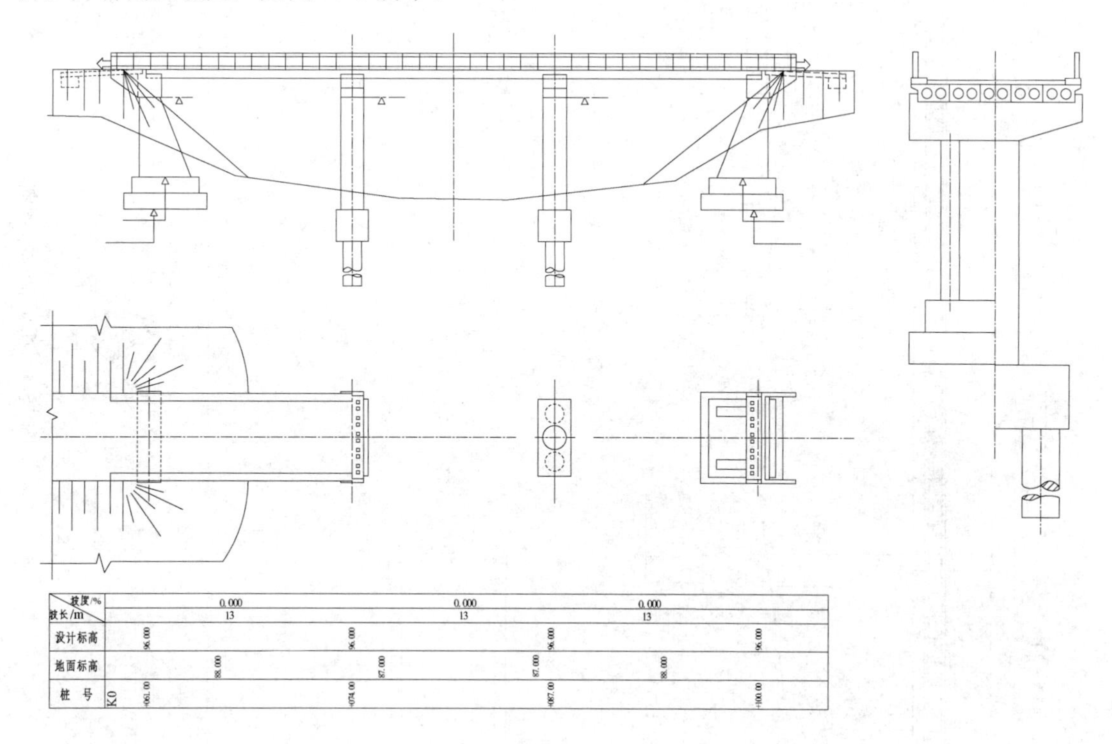

图 15-3　资料表和细部的绘制

5. 标注、书写文字

将剖面剖切位置、剖视方向、标高符号及尺寸、各相关部位尺寸等标注出来，注写资料表文字、图样文字说明等，如图 15-4 所示。

6. 检查

最后完成桥梁总体布置图。

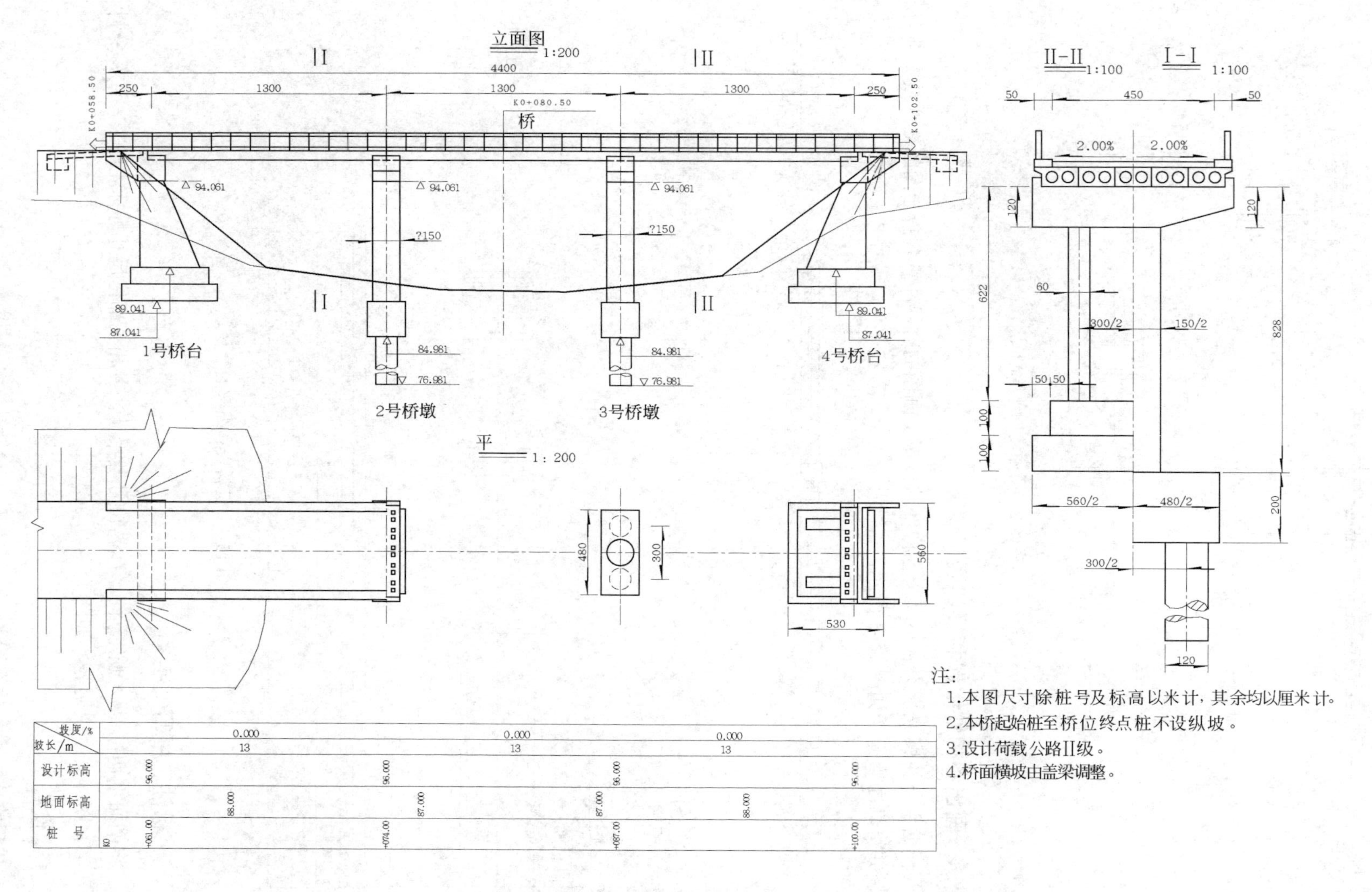

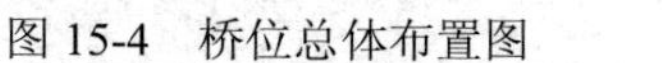

图 15-4 桥位总体布置图

二、桥台图

桥台指的是位于桥梁两端，与路基相连接的支承上部结构和承受桥头填土侧压力的构造物。其功能除传递桥梁上部结构的荷载到基础外，还具有抵挡桥台后的填土压力，稳定桥头路基，使桥头线路和桥上线路可靠而平稳地连接的作用。桥台一般是石砌或素混凝土结构，轻型桥台则采用钢筋混凝土结构。

1. 设置绘图环境

2. 布置和画出投影图的基线

根据所选定的比例及各个投影图的相对位置，把他们均匀地分布在图框内，布置时要注意空出图标、说明、投影图名称和标注尺寸的位置。当投影图位置确定之后，便可以画出各个投影图的基线，立面图是以桥台基础底面和柱的对称轴线作为基线的，其余则以对称轴线作为基线。立面图和平面图对应的垂直中心要对齐，如图 15-5 所示。

3. 画出各构件的主要轮廓线

以基线或中心线为起点，根据标高或构件的尺寸画出构件的主要轮廓，如图 15-6 所示。

4. 绘制资料表、标注和书写文字

将标高符号及尺寸、各相关部位尺寸等标注出来，注写资料表文字、图样文字说明等。

5. 检查

最后完成的桥台构造图，如图 15-7 所示。

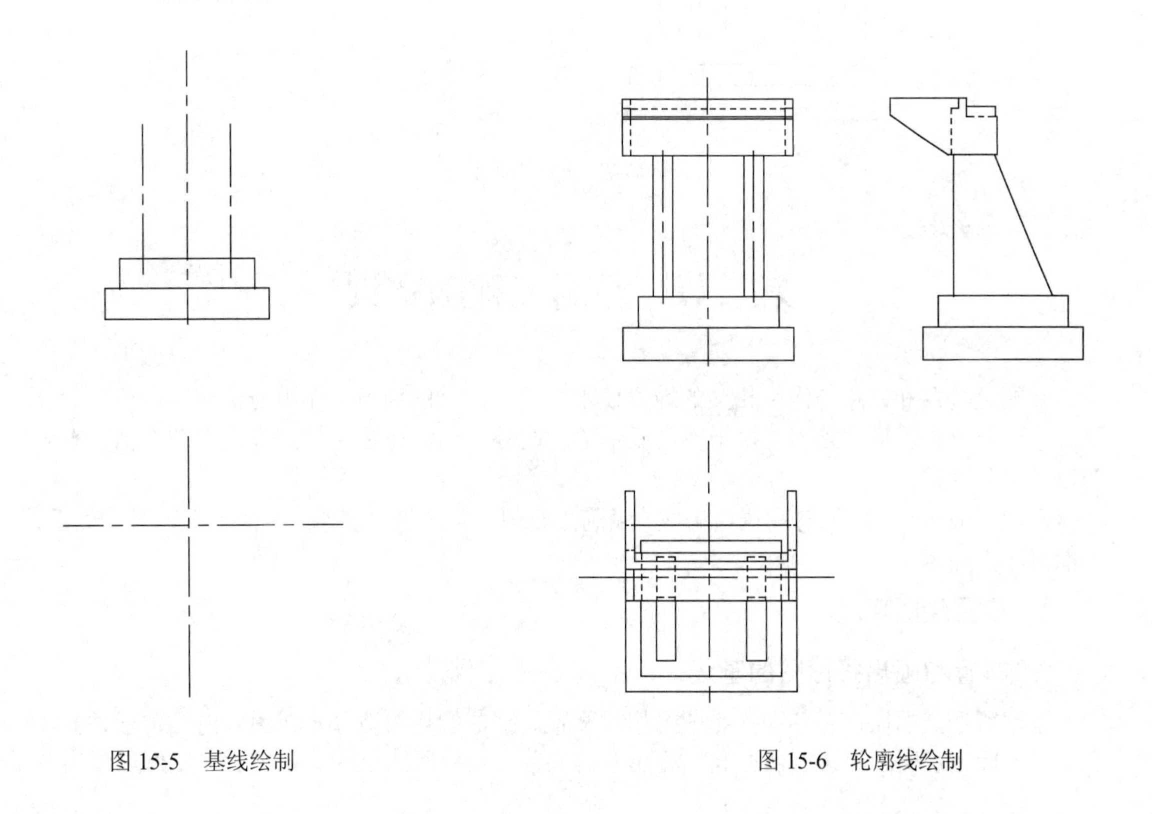

图 15-5　基线绘制　　　　图 15-6　轮廓线绘制

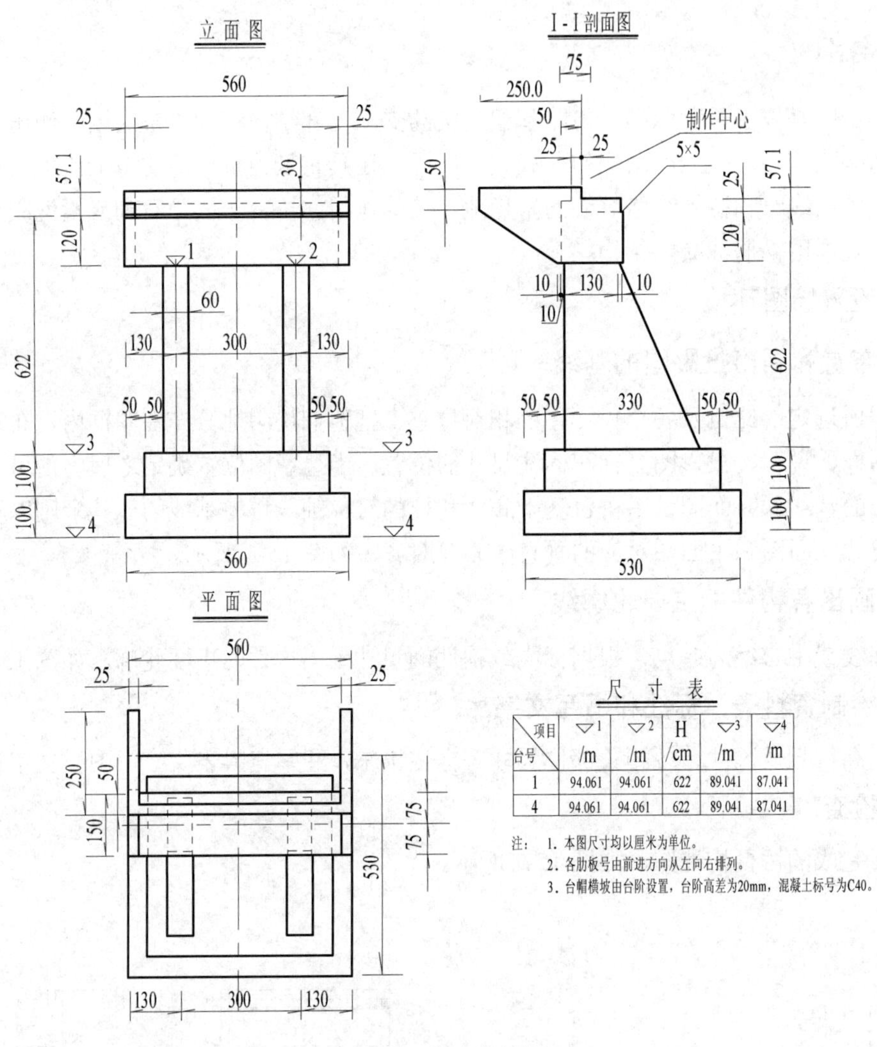

尺 寸 表

项目 台号	▽1 /m	▽2 /m	H /cm	▽3 /m	▽4 /m
1	94.061	94.061	622	89.041	87.041
4	94.061	94.061	622	89.041	87.041

图 15-7 桥台构造图

第二节 涵洞工程图实训

涵洞是公路和铁路与沟渠相交的地方使水从路下流过的通道，作用与桥相同，但一般孔径较小，形状有管形、箱型、拱形及盖板形等。此外，涵洞还是一种洞穴式水利设施，有闸门以及调节水量。

涵洞一般由基础、洞身和洞口组成。涵洞主要用一张图纸来表示，总图上主要有立面图、平面图和剖面图。

1. 设置绘图环境

2. 布置和画出投影图的基线

根据所选定的比例及各个投影图的相对位置，把他们均匀地分布在图框内，布置时要注意空出图标、说明、投影图名称和标注尺寸的位置。当投影图位置确定之后，便可以画出各个投影图的基线，如图 15-8 所示。立面图是以涵洞洞身中心标高作为水平基线的，其余则以对称轴线作为基线。立面图和平面图对应的垂直中心要对齐。

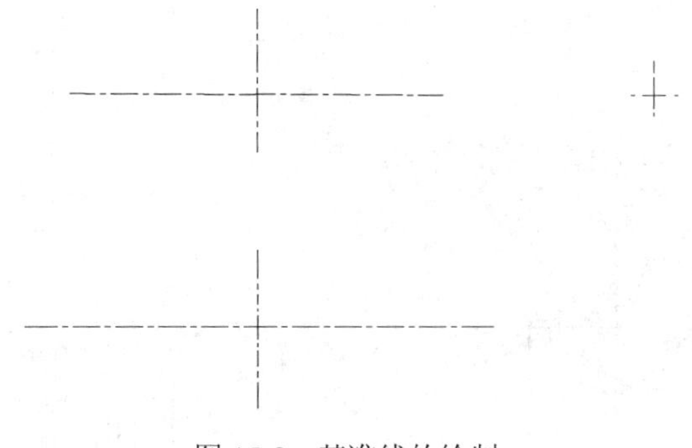

图 15-8 基准线的绘制

3. 画出各构件的主要轮廓线

以基线或中心线（定位线）为起点，根据标高或构件的尺寸画出构件的主要轮廓，如图 15-9 所示。

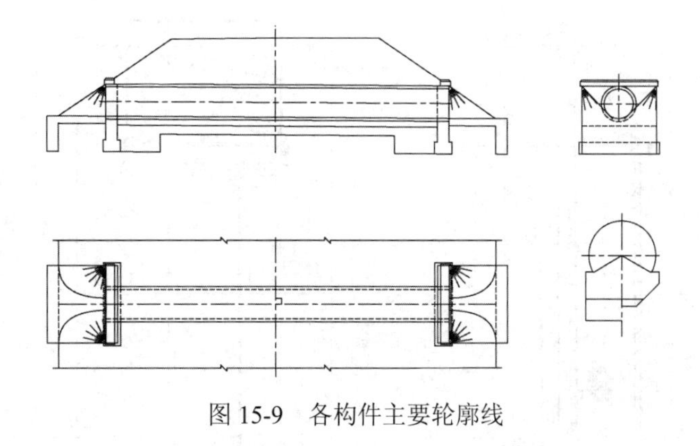

图 15-9 各构件主要轮廓线

4. 画出各构件细部和资料表

根据主要轮廓线从大到小画全各构件的投影，画图的时候注意各投影图的对应线条要对齐，并将剖面填充，如图 15-10 所示。

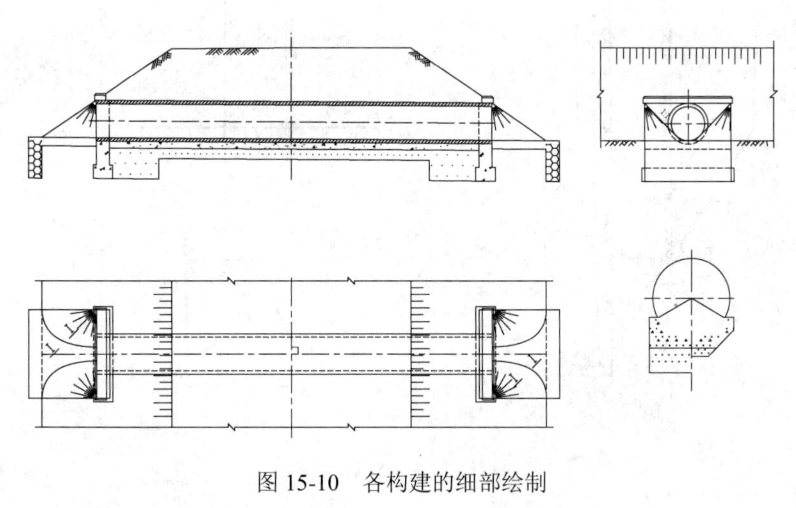

图 15-10 各构建的细部绘制

5. 标注、书写文字

将剖面剖切位置、剖视方向、标高符号及尺寸、各相关部位尺寸等标注出来，注写资料表文字、图样文字说明等，如图 15-11 所示。

6. 检查

最后完成涵洞工程图，如图 15-11 所示。

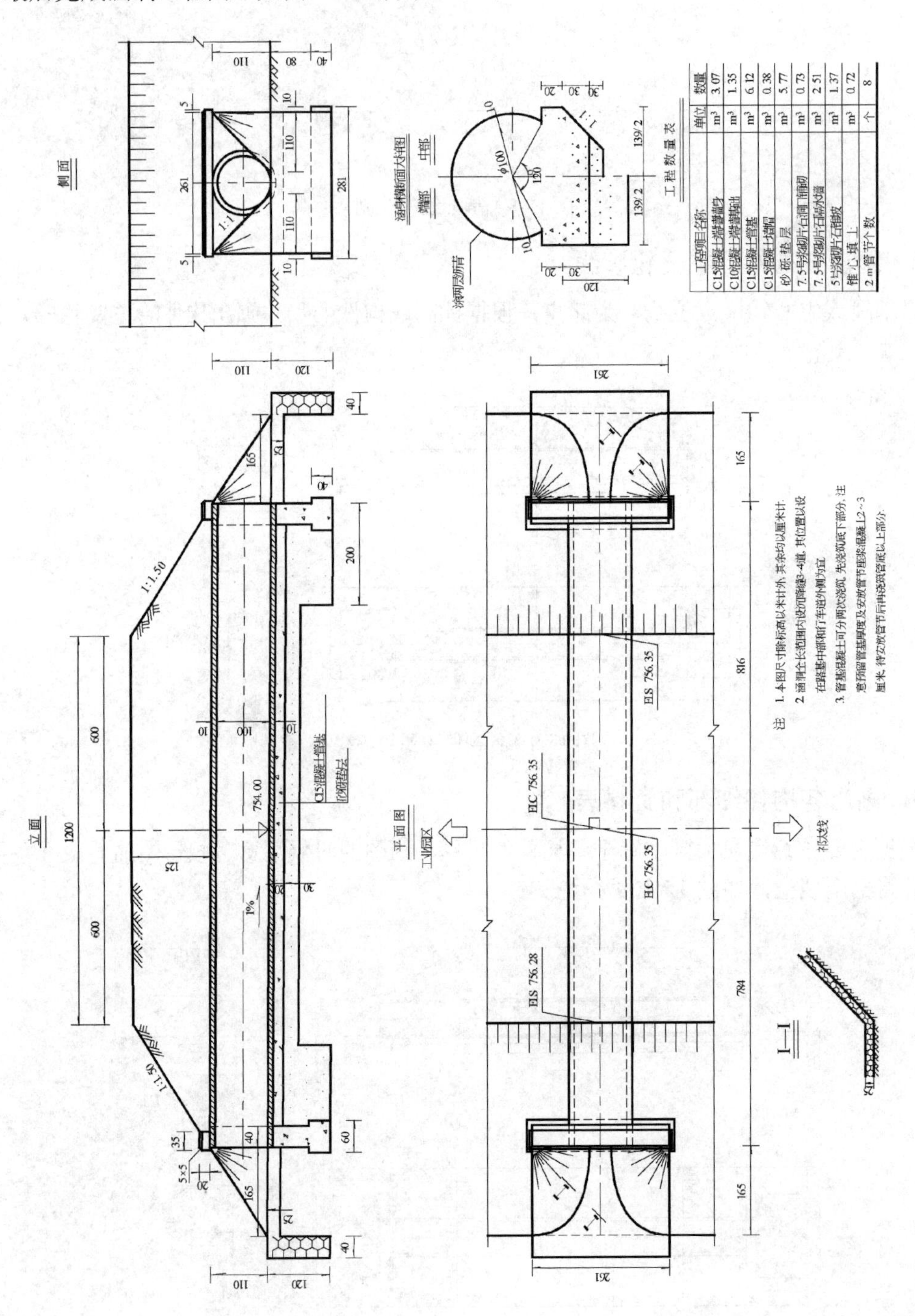

图 15-11　圆管涵洞工程图

第十六章

机械工程图实训

不同的行业、不同的领域利用 CAD 绘制的图形是千差万别，对绘图的具体要求也各不相同。但是，无论是什么专业的图形，要达到精确、高效的目的，都需要遵循一定的绘图流程。

本章主要介绍创建机械样板图文件；机械图的绘图步骤；机械图绘图技巧。

第一节　创建样板图文件

为了提高绘图效率和绘图质量，减少对作图环境的重复设置，保持图形设置的一致性，绘制各专业图时，应首先创建样板图文件。本节以 A3 图幅 1∶1 比例绘图为例，说明机械图样板图文件的建立步骤。

一、设置绘图环境

（1）设置绘图单位和精度。

（2）设置图形界限，A3 图幅尺寸为 297×420。

二、创建并设置图层

根据机械图要求，可参照图 16-1 所示设置图层。

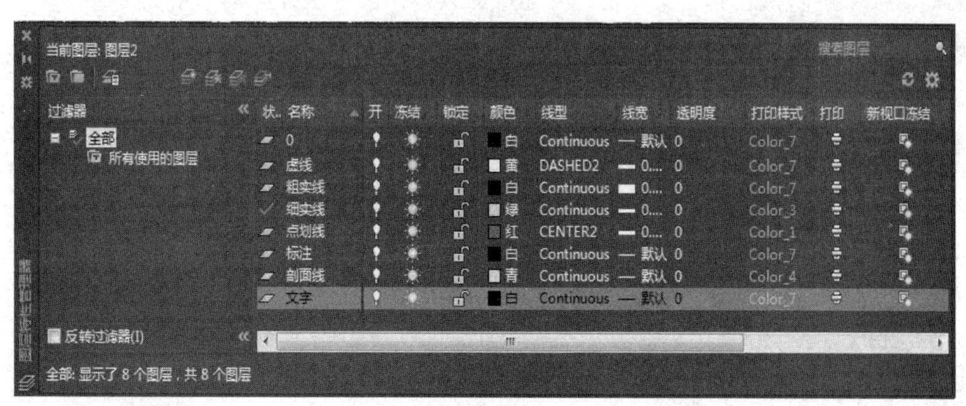

图 16-1　图层设置

三、设置文字样式

根据相关国家标准规定，机械图应至少设置两种文字样式，见表 16-1。

表 16-1　文 本 样 式 设 置

样式名	字体名	字　高	宽度系数	倾斜角度	备　　注
数字、字母	Romans.shx	0	0.7	0	标注数字及字母
汉字	仿宋_GB2312	0	0.8	0	注写汉字

四、设置尺寸标注样式

不同专业对尺寸标注有不同要求，应严格按照相关国家标准，建立符合机械图要求的尺寸标注样式。

机械图尺寸标注样式可参照表 16-2。

表 16-2　机械图尺寸标注样式设置

样　式	线	符号和箭头	文　字	调　整	主单位	公　差
线型	【基线间距】7； 【超出尺寸线】2； 【起点偏移量】：0	【箭头】：实心 【闭合】； 【大小】：4	【文字样式】：数字及字母； 【文字高度】：3.5 【文字对齐】：与尺寸线对齐	【调整】选项： 【文字或箭头】	【小数分隔符】采用"."	【方式】无
角度与圆外水平	【文字】选项对齐方式：水平，其余同线性					
尺寸公差	【主单位】选项前缀：%%C；【公差】选项方式：极限偏差，高度比例：0.5，其余同线性					
圆线性	【主单位】选项前缀：%%C，其余同线性					
圆内	【调整】选项选择【文字和箭头】，其余同线性					

五、创建常用图块

机械图样中有很多常用的符号，在绘图过程中经常使用，为了提高绘图效率，节省空间，方便图形修改，可以将它们定义成块。创建块的具体作图方法详见本书第七章。

机械专业常用图块，如图 16-2 所示。

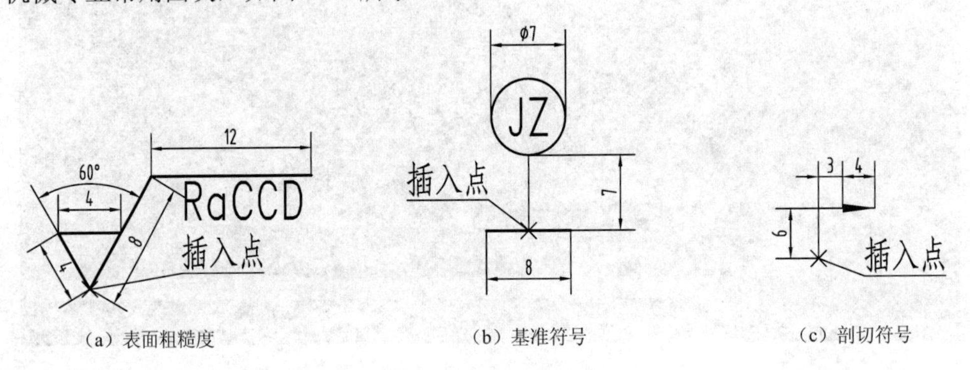

（a）表面粗糙度　（b）基准符号　（c）剖切符号

图 16-2　常用的机械图图块

六、绘制 A3 图框及标题栏

A3 图幅格式如图 16-3（a）所示，图纸幅面 420×297；左侧装订边尺寸为 25；上、下、右侧周边尺寸为 5；标题栏内容和尺寸见图 16-3（b）。

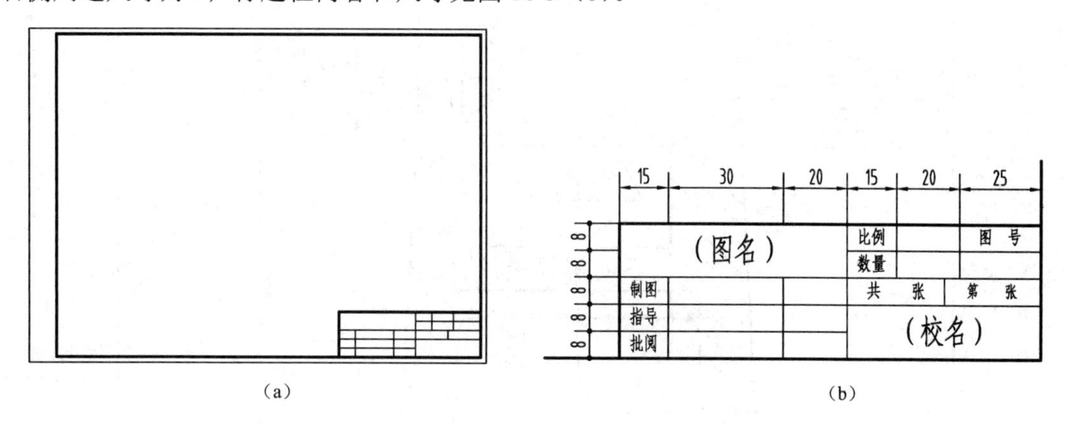

图 16-3　A3 图框及标题栏

七、保存为样板图文件

选择下拉菜单【文件】/【保存】，弹出【图形另存为】对话框，在【文件类型】下拉列表中选择“AutoCAD 图形样板（*.dwt）”格式，将该文件存入个人工作目录。用同样方法创建 A0、A1、A2、A4 样板图文件，并存入个人工作目录。

第二节　绘制零件图

用 AutoCAD 绘制零件图步骤如下：① 选择绘图样板；② 绘制图形；③ 标注尺寸及技术要求；④ 填写标题栏。

为了方便观察图形，下面所画图形仅显示相关内容，边框等省略。

一、绘制底座零件图

绘制如图 16-4 所示的底座零件图。

① 单击【标准】工具栏中的按钮，在【选择样板】对话框【名称】列表中选择 A3 图幅样板文件，建立一个文件名为“底座零件图”的图形文件。

② 分别在点画线和粗实线图层绘制作图基准线，如图 16-5（a）所示。

③ 在粗实线图层绘制图形左侧轮廓线，如图 16-5（b）所示。

④ 画铸造圆角。绘图时，为了便于标注尺寸，画圆角时应采用不修剪模式，然后利用【打断】命令打断对象，并将图 16-5（c）所示的放大图中的两条细实线切换到“标注”层，如图 16-5（c）所示。

⑤ 使用【镜像】命令生成右侧轮廓线。

⑥ 画剖面线，剖面线类型选择“用户定义”，并设角度为 45°，间距为 3，结果如图 16-5

（d）所示。

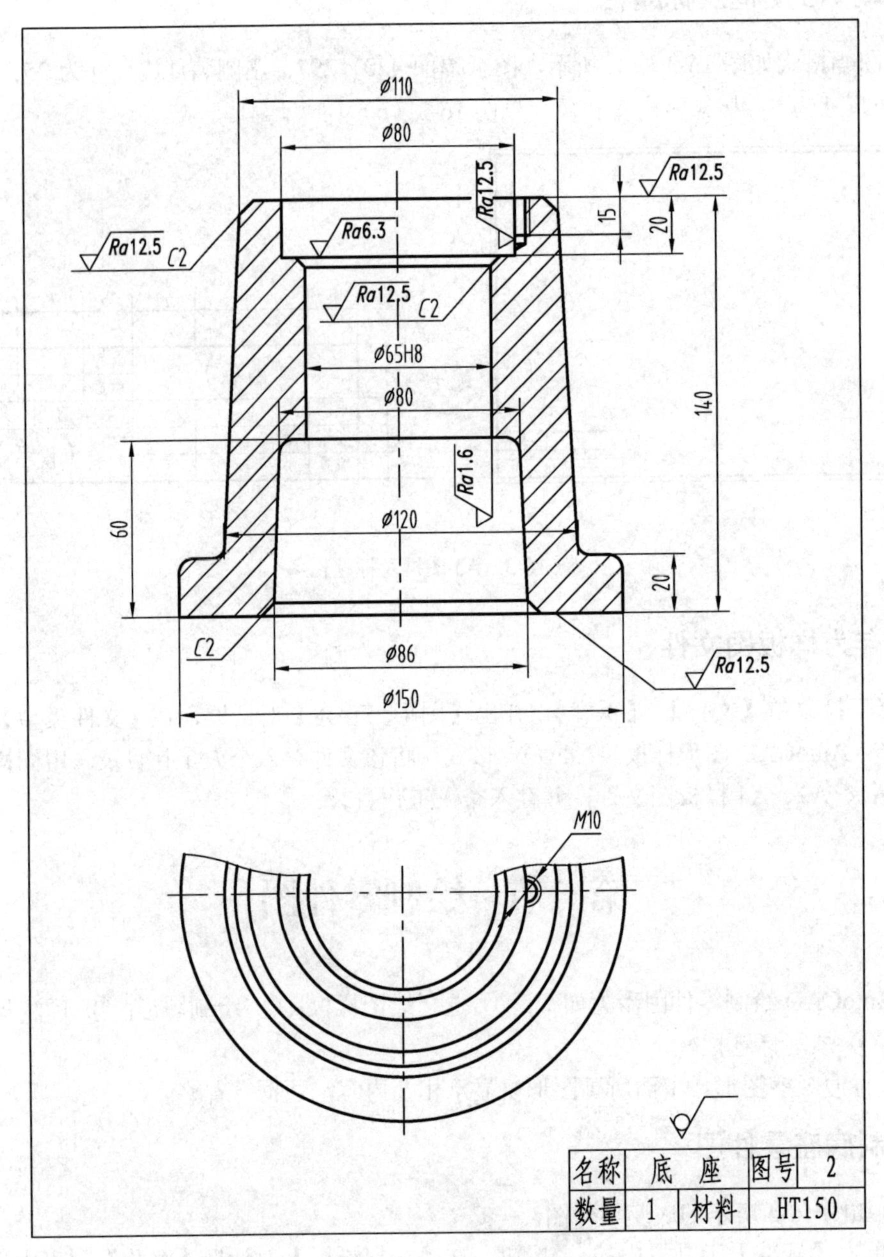

图 16-4　底座零件图

⑦ 标注尺寸及技术要求

a．底座尺寸 60、20、15、140 等采用线性标注样式。

b．ϕ150、ϕ114、ϕ86、ϕ120、ϕ80、ϕ100 等采用圆线性标注样式，且标注在理论交线处。

c．$\phi 60^{+0.046}_{0}$ 采用尺寸公差标注样式，操作步骤如下：下拉菜单/【格式】/【标注样式】，打开【标注样式管理器】对话框，在该对话框左侧【样式】列表窗口点“尺寸公差”样式，并点击【修改】按钮，在弹出的【修改标注样式】对话框中，点选【公差】选项卡，在其上设置公差数值，如图 16-6 所示。对于不同的尺寸公差值可以采用特性编辑方式修改。

d．图 16-6 所示倒角 *C*2 采用【多重引线】命令标注。读者可参照图 16-4 所示底座零件图上机操作练习。

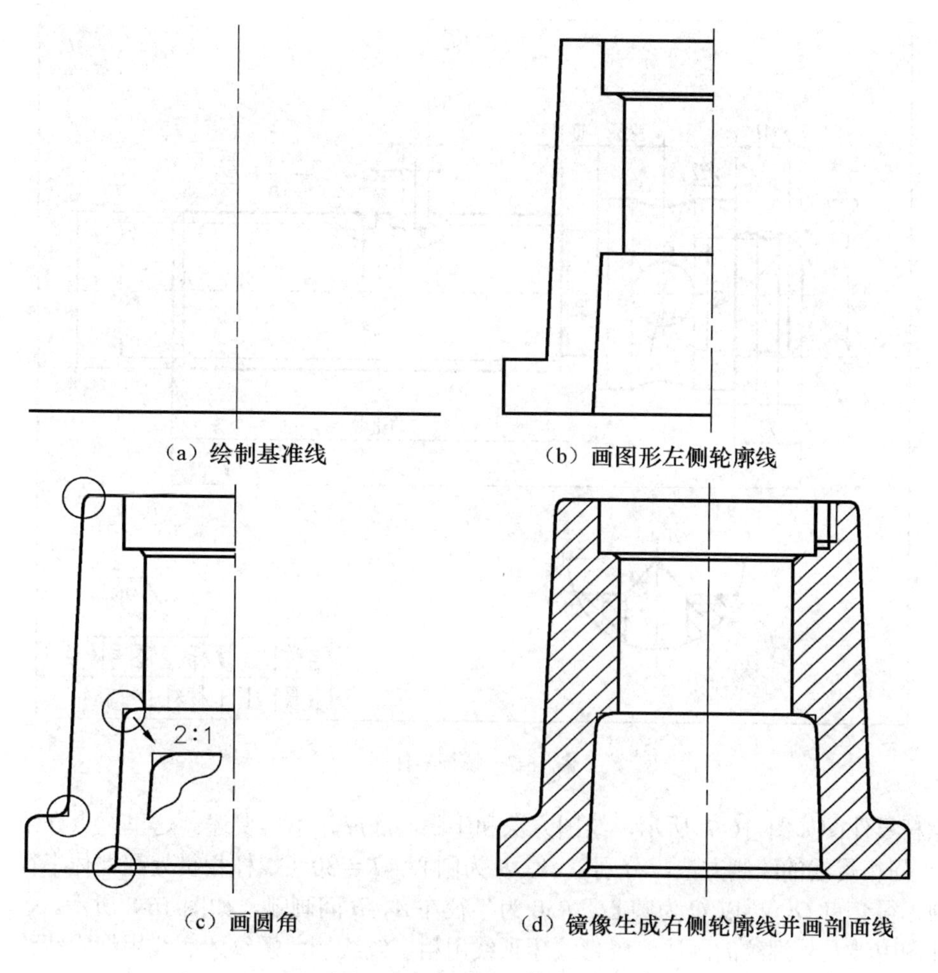

（a）绘制基准线　（b）画图形左侧轮廓线

（c）画圆角　（d）镜像生成右侧轮廓线并画剖面线

图 16-5　画底座零件图步骤

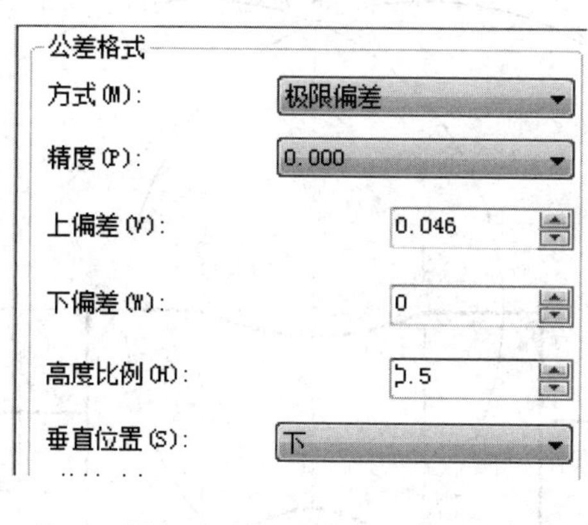

图 16-6 【公差格式】选项

e. 表面粗糙度的标注：插入第一节所创建的表面粗糙度属性图块，注意调整好表面粗糙度符号的位置。

二、绘制螺杆

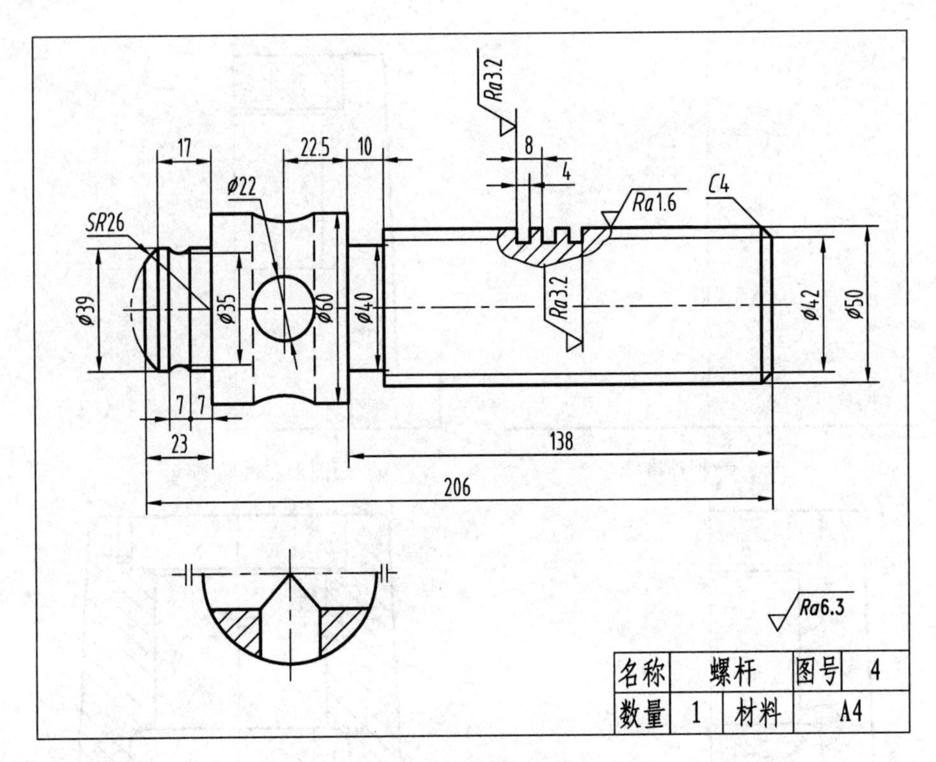

图 16-7　螺杆零件图

螺杆零件图如图 16-7 所示，绘图方法和步骤同底座，不再赘述。这里重点介绍螺杆上 *AB* 两点间相贯线的绘制方法：分别以 *A*、*B* 为圆心，$R=30$（螺杆相贯处圆柱体半径）为半径画圆，得交点 *O*，再以 *O* 为圆心，*R*30 为半径在 *A*、*B* 间画弧，如图 16-8 所示。

此图中涉及外螺纹的画法，外螺纹牙顶线用粗实线绘制，螺纹牙底线用细实线绘制。

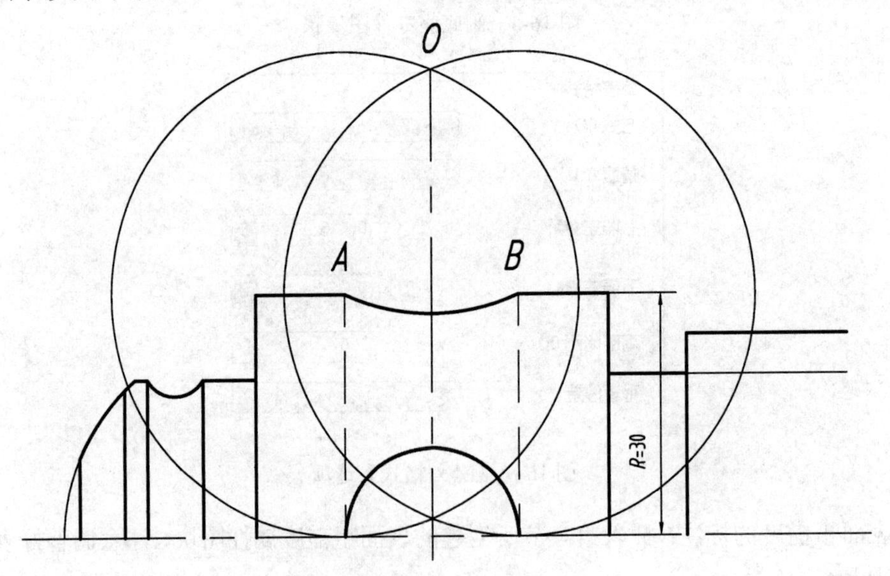

图 16-8　相贯线的简化画法

标注螺杆零件的尺寸时，需要对相应尺寸要素进行调整。

（1）尺寸数字与图线交叉的编辑。图 16-9 所示螺杆零件图（只画出了相关部分）中，各段轴径尺寸数字与轴线相交，可利用【打断】命令打断轴线，也可利用【编辑标注】DIMTEDIT 命令改变尺寸数字的位置。

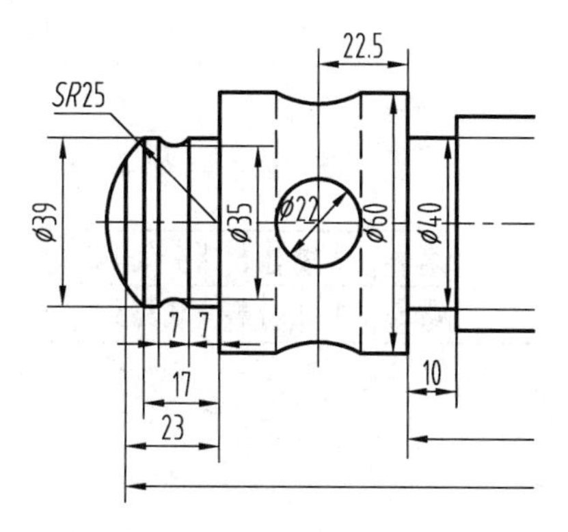

图 16-9　螺杆零件图尺寸标注的编辑

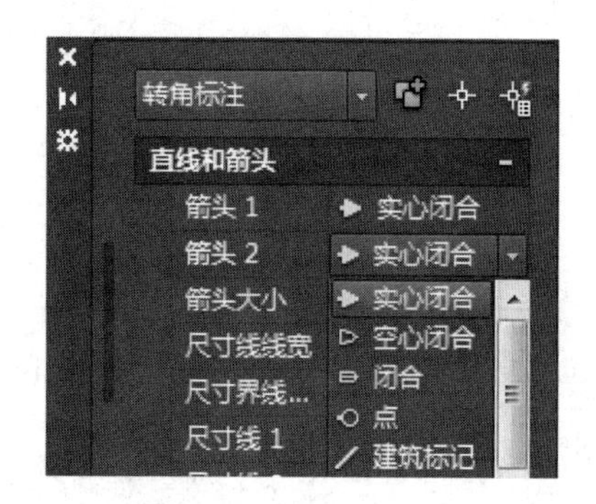

图 16-10　修改箭头

（2）尺寸起止符号的编辑。如图 16-9 所示，尺寸数字 7 一侧箭头形式采用点方式，修改方法如下：选中标注 7，点击右键，在下拉列表中选择【特性】，出现【特性】对话框，修改【直线和箭头】项，如左侧尺寸 7 的【箭头 2】在下拉列表中选“点”，如图 16-10 所示。同理修改右侧尺寸 7【箭头 1】为“点”形式。如果此类尺寸较多，可为该类尺寸单独建立尺寸标注样式。

三、绘制螺套、绞杠、顶垫零件图

螺套、绞杠、顶垫零件图如图 16-11～图 16-13 所示，作图方法和步骤与绘制底座零件图相同，请读者自行完成。

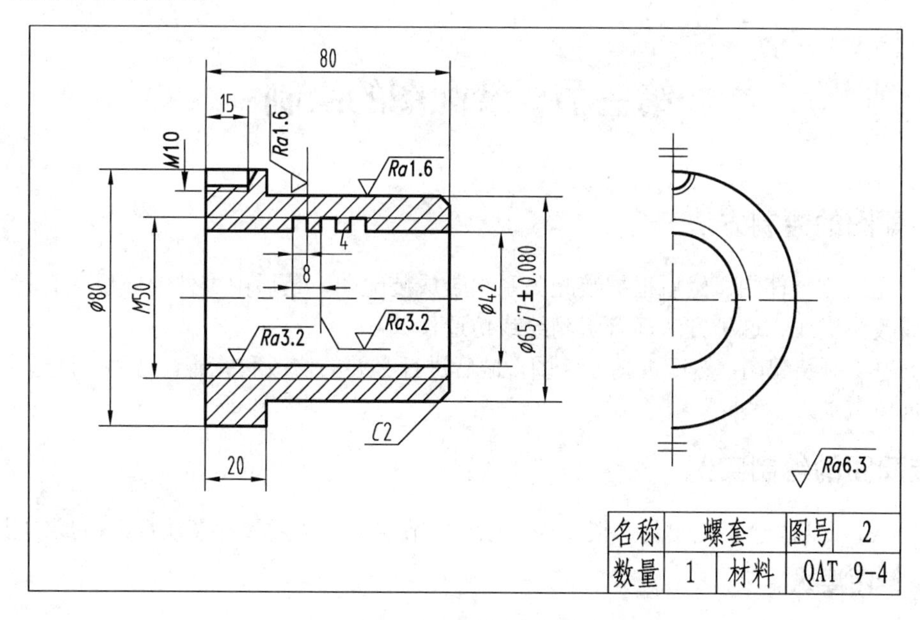

图 16-11　螺套零件图

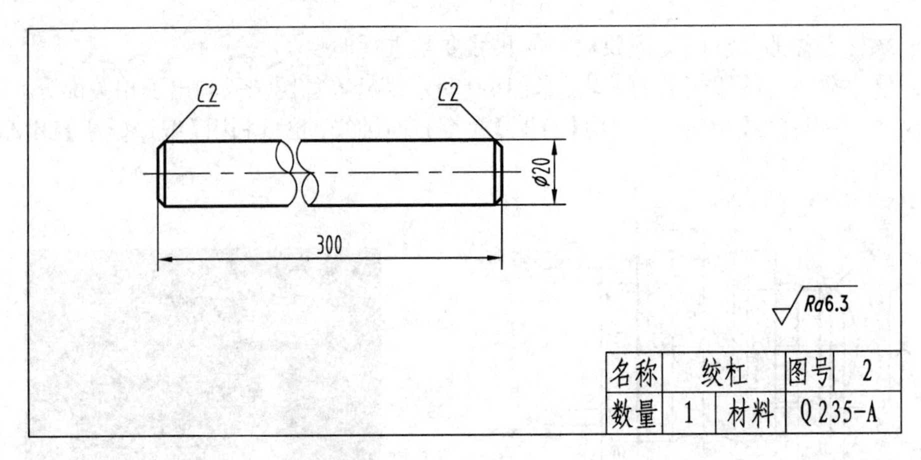

图 16-12　绞杠零件图

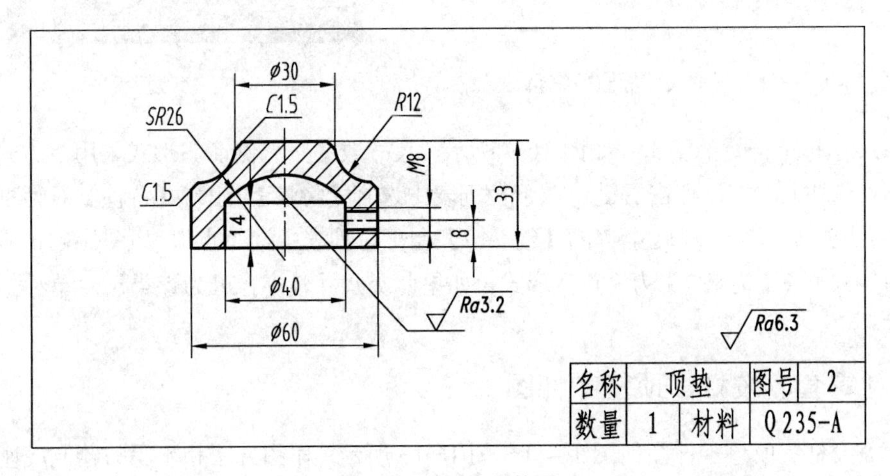

图 16-13　顶垫零件图

第三节　装配图的绘制

一、装配图的绘制方法

（1）先绘制零件图，然后根据装配关系组装成装配图，最后由零件的前后关系将隐藏线条删除或改为虚线。这种方法适合于测绘或仿造设计。

（2）先绘制装配图，然后再画零件图，最后进行必要的修改和完善。这种方法适合设计，是一种创新劳动。

二、装配图的绘制实例

利用 AutoCAD 绘制装配图有很多种方法，本节主要介绍用零件图块插入法绘制装配图。

1. 绘图要求

（1）图幅：A3；

（2）比例：1∶1；

（3）拼画全剖的主视图；

（4）主视图中用局部剖视图表明螺纹连接结构；

（5）标注必要的尺寸：性能尺寸（矩形螺纹的外径、内径）、总体尺寸（千斤顶的总长、总宽、总高）、配合尺寸；

（6）注写技术要求和零件序号，填写标题栏和明细表。

2. 绘图步骤

由零件图拼画装配图之前，首先根据图16-14所示装配图了解千斤顶的工作原理和装配关系，然后拼画装配图。

千斤顶图装配示意图

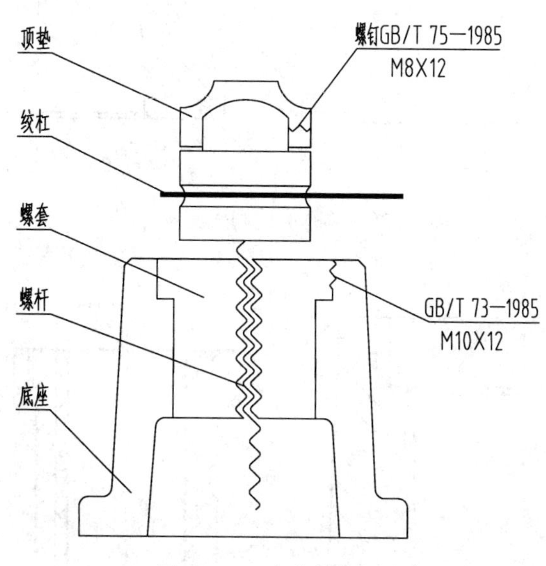

图16-14　千斤顶装配图

（1）创建文件

单击【标准】工具栏中的按钮，在【选择样板】对话框【名称】列表中选择A3图幅样板文件，建立一个文件名为“千斤顶装配图”的图形文件。

（2）绘制轴线

按照1∶1比例，先绘制装配图的轴线及基准线如图16-15(a)所示。

（3）确定位置

将之前绘制好的底座零件图通过【移动】命令，绘制在相应的位置上，如图16-15(b)所示。

（4）插入零件

同上，以底座为基础像搭积木一样逐个插入各零件。分别插入螺套、螺杆、绞杠、顶垫零件。

① 通过【图层特性管理器】关闭零件图中的文字和标注图层。

② 如图16-16所示，将螺套主视图［图16-16（b）］旋转-90°，螺杆主视图［图16-16（d）］旋转-90°。

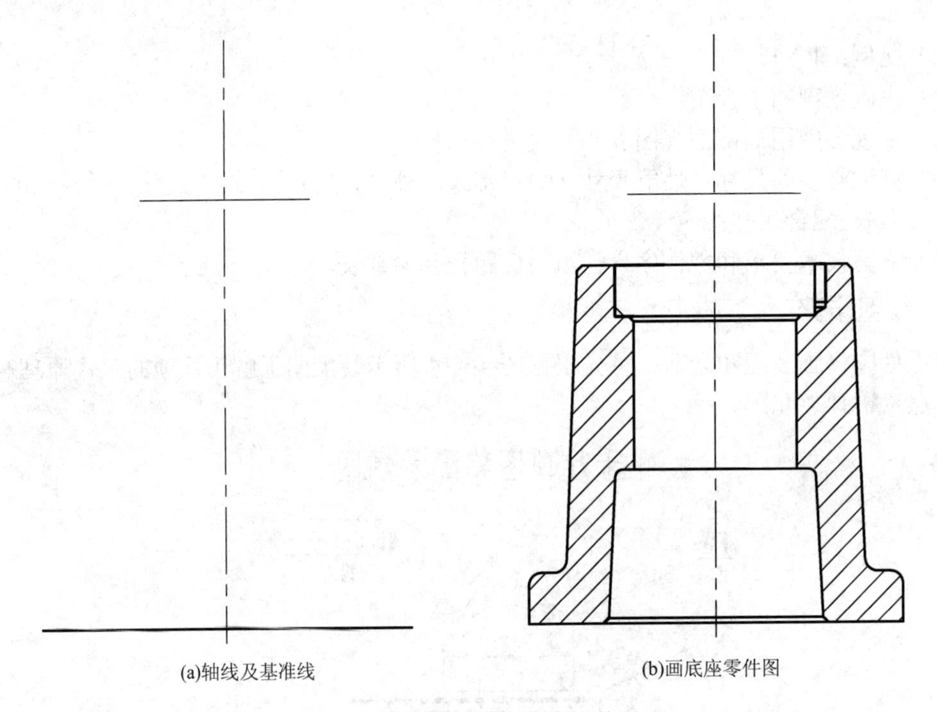

(a)轴线及基准线　　(b)画底座零件图

图 16-15　画基准线和底座零件图

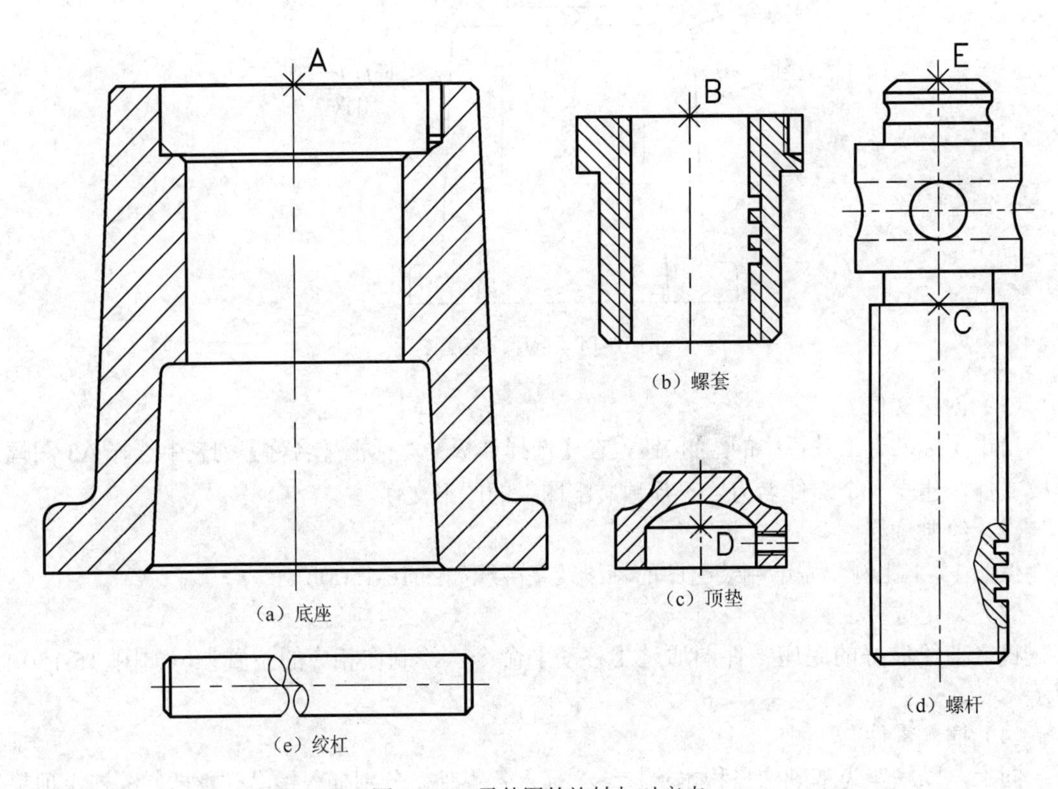

（a）底座　（b）螺套　（c）顶垫　（d）螺杆　（e）绞杠

图 16-16　零件图的旋转与对齐点

③ 使用【移动】命令将零件图拼画在一起。移动时应注意，使各零件上所设置的基准点对齐，如图 16-16 所示，螺套上的点 *B* 与底座上的点 *A* 对齐；螺杆上的点 *C* 与螺套上的点 *B* 对齐；顶垫上的点 *D* 与螺杆上的点 *E* 对齐；“绞杠”圆柱最下轮廓素线与“螺杆”上ϕ22

孔最下轮廓素线对齐。整理视图中被遮挡的图线，步骤如图 16-17 所示。

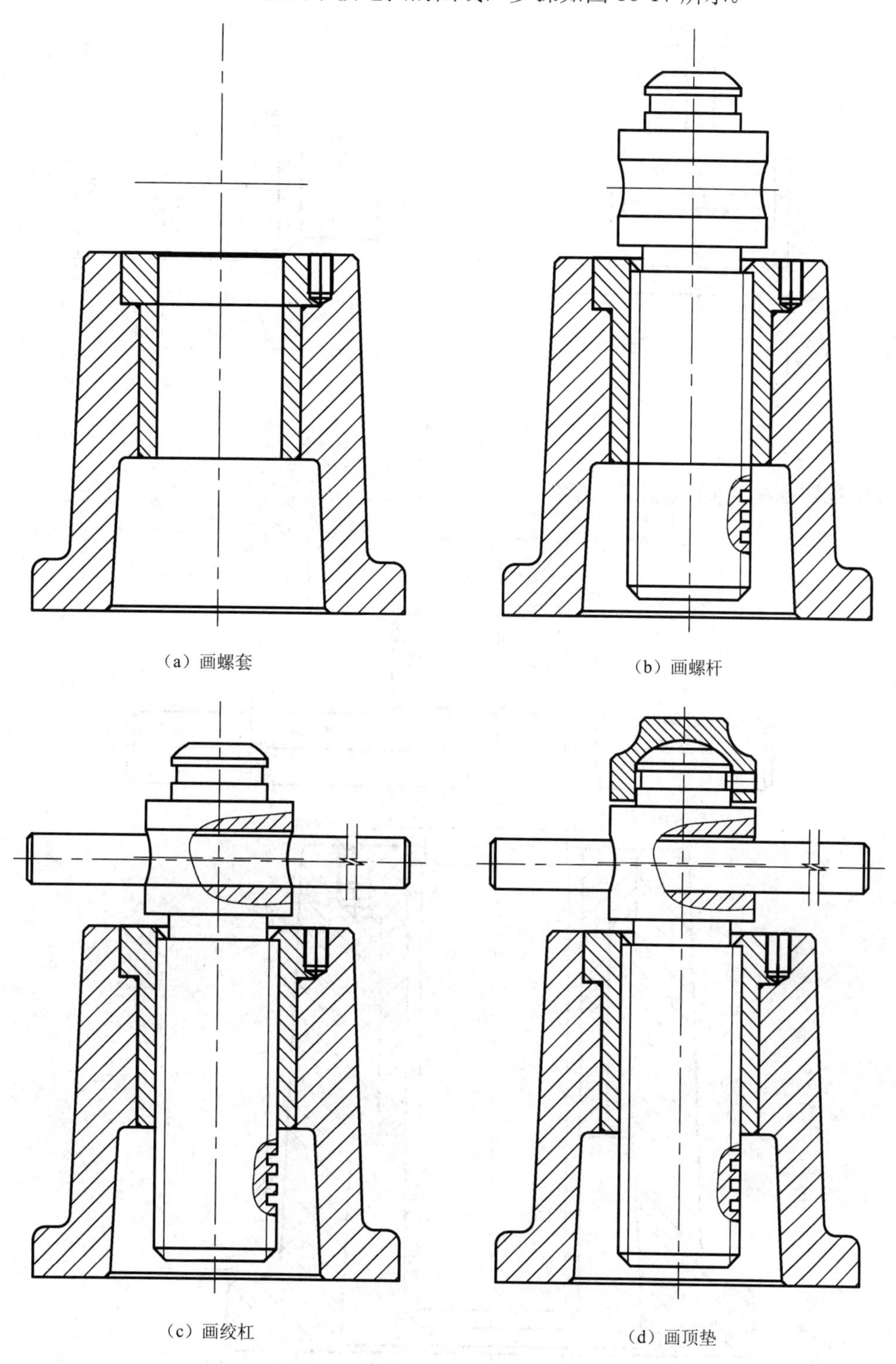

图 16-17　拼画装配图并整理装配图轮廓线

（5）在装配图中绘制标准件

螺钉规定标记：螺钉 GB/T 75—1985 M8X10 和螺钉 GB/T 73—1985 M10X12 查阅国家标

准《开槽平端紧定螺钉》和《开槽长圆柱紧定螺钉》，螺钉各部分尺寸如图 16-18 所示。

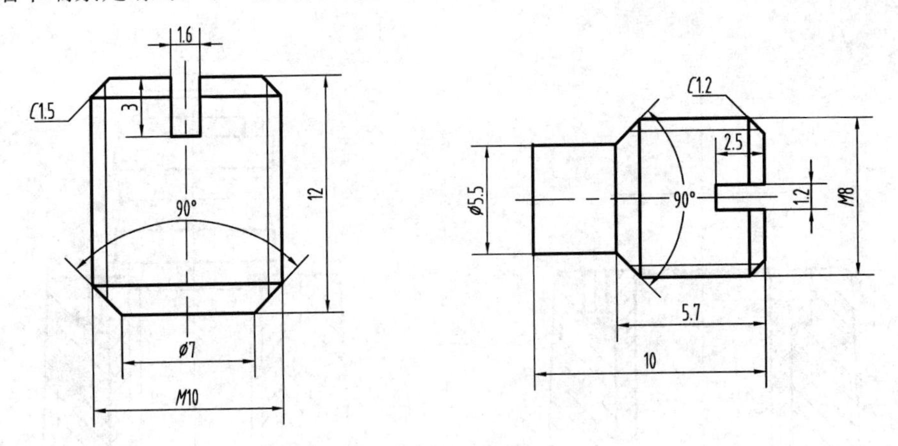

图 16-18　螺钉尺寸

在装配图中插入两个螺钉，如图 16-19 所示。

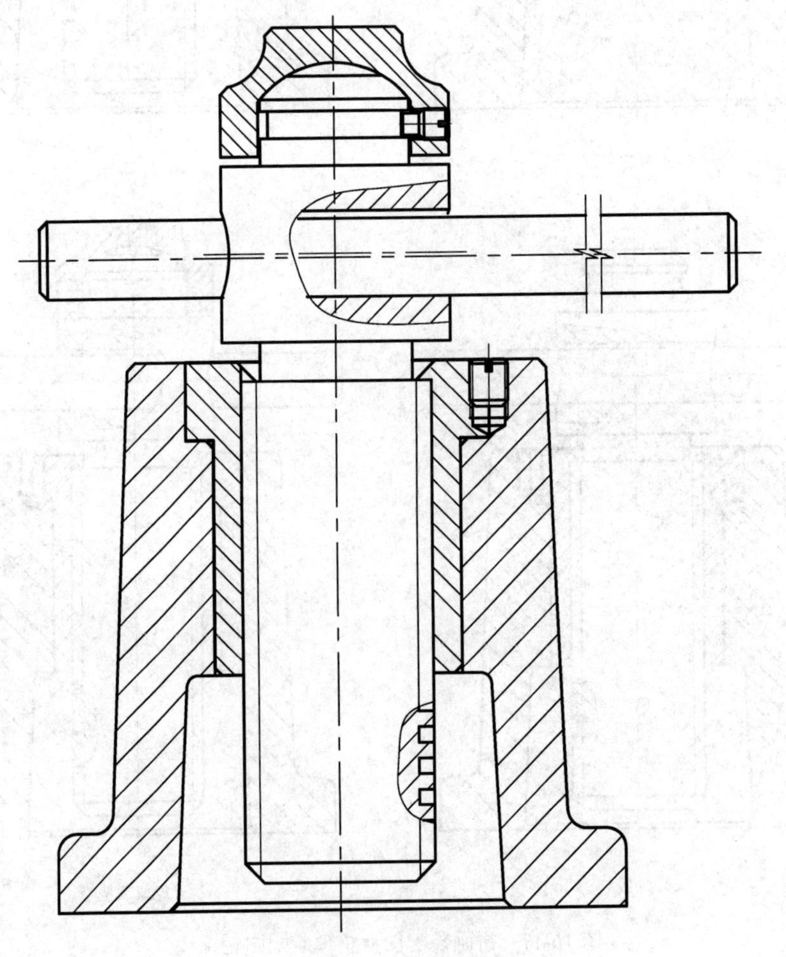

图 16-19　绘制标准件

图 16-20 为两个螺钉装配画法的放大图。

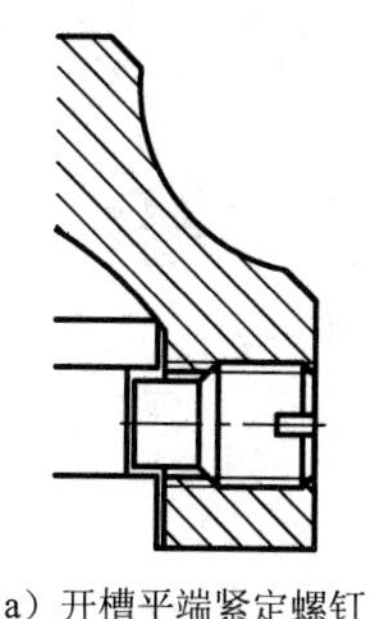

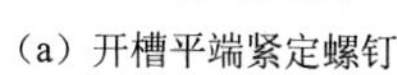

(a) 开槽平端紧定螺钉

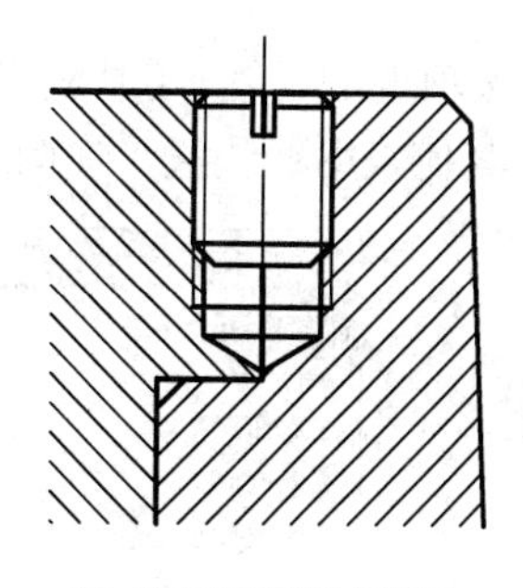

(b) 开槽长圆柱紧定螺钉

图 16-20　标准件装配画法放大图

（6）标注尺寸、编写零件序号、填写标题栏和明细表

① 标注尺寸。按照装配图中尺寸标注的要求，在装配图中标注必要的尺寸。尺寸标注的方法详见本书第五章。

② 编写零件序号。零件编号采用【多重引线】命令标注。

命令执行后，系统弹出如图 16-21 所示【多重引线样式管理器】对话框，在该对话框中选择【修改】按钮，在弹出的图 16-22 中的【修改多重引线样式】对话框中，修改多重引线样式的设置。

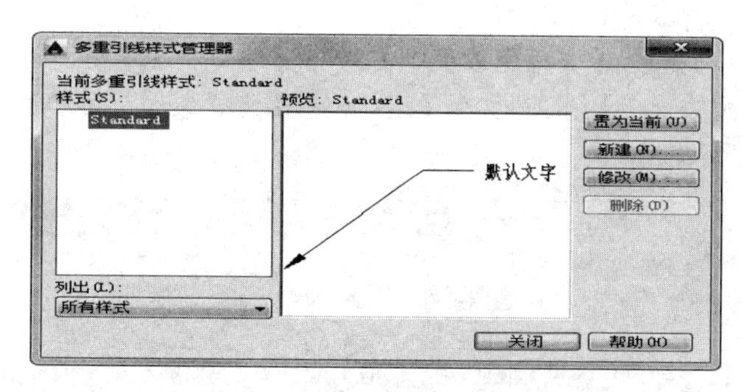

图 16-21　【多重引线样式管理器】对话框

【引线格式】选项卡的设置。【箭头】选项区：【符号】选“点”，【大小】设置为“1”，其他采用默认值，如图 16-22 所示。

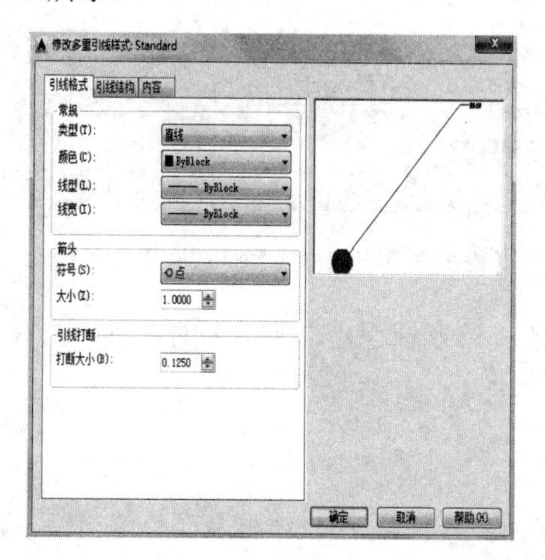

图 16-22　【修改多重引线样式】对话框【引线格式】选项卡的设置

【引线结构】选项卡的设置。【基线设置】选项区中，勾选【自动包含基线】项，【设置基线距离】为 1；其他采用默认值，如图 16-23 所示。

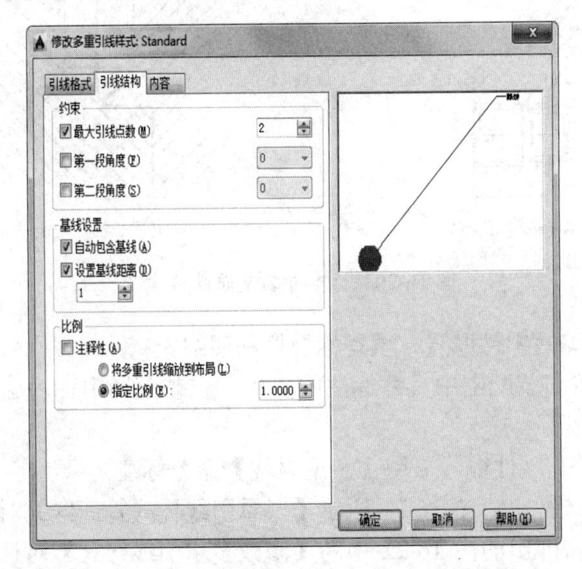

图 16-23 【修改多重引线样式】对话框【引线结构】选项卡的设置

【内容】选项卡的设置。【多重引线类型】为“多行文字”；【文字选项】选项区中，【文字高度】设为 5；【引线连接】选项区中，【连接位置】选“最后一行加下划线”，其他采用默认值，如图 16-24 所示。

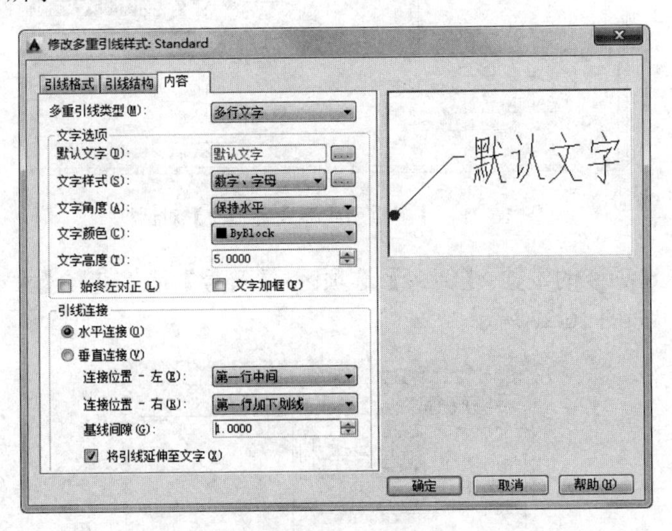

图 16-24 【修改多重引线样式】对话框【内容】选项卡的设置

③填写标题栏、明细表。绘制标题栏、明细表的方法详见本书第七章，结果如图 16-25 所示。

（7）检查存盘

注意

为了避免拼画装配图时的图层、线型、线框及颜色等出错，各个零件图的绘图环境必须一致，这样更有利于各图形文件的数据共享，提高绘图效率。

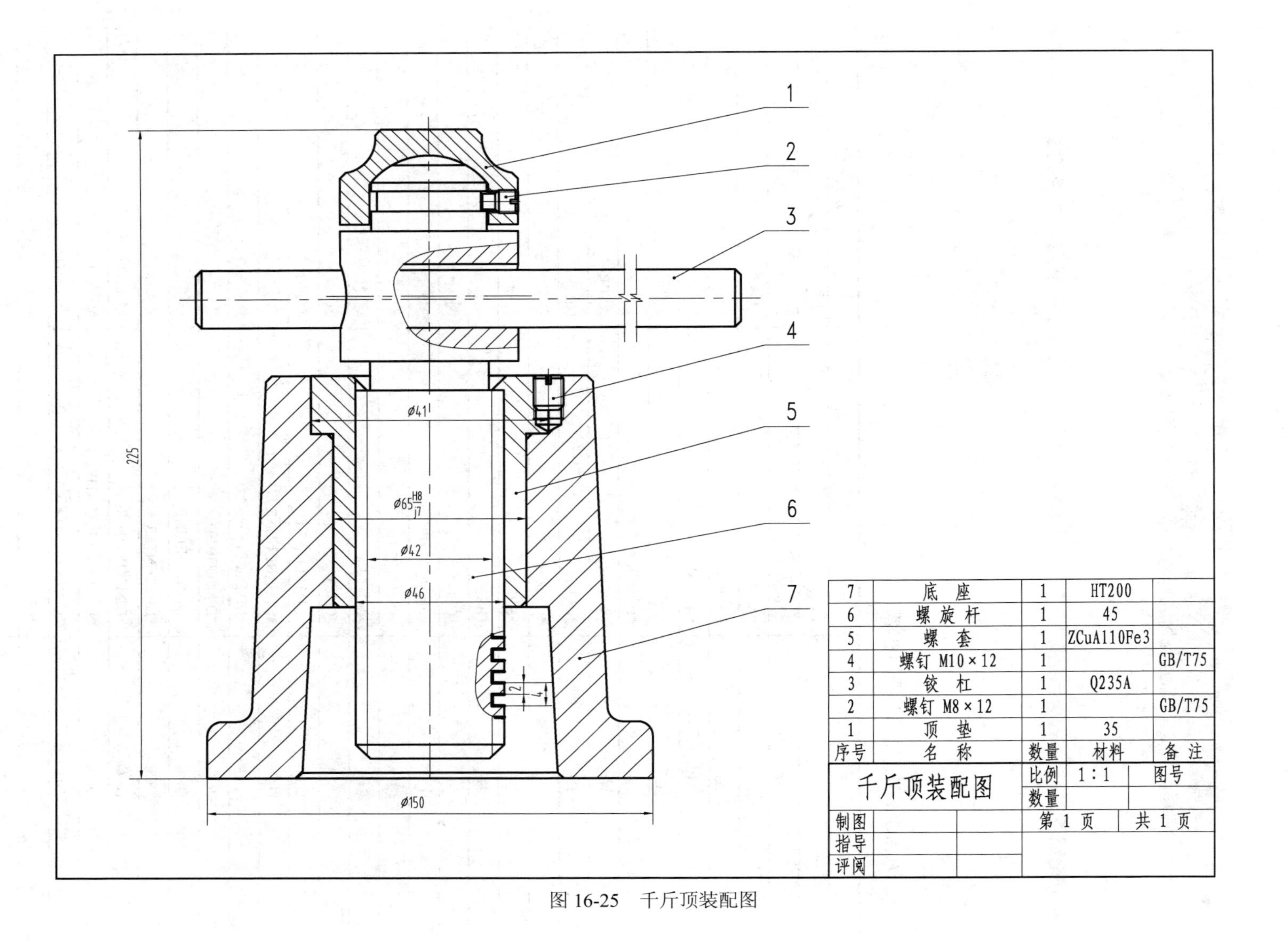

序号	名 称	数量	材料	备 注
7	底 座	1	HT200	
6	螺旋杆	1	45	
5	螺 套	1	ZCuAl10Fe3	
4	螺钉 M10×12	1		GB/T75
3	铰 杠	1	Q235A	
2	螺钉 M8×12	1		GB/T75
1	顶 垫	1	35	

千斤顶装配图			比例	1:1	图号
			数量		
制图			第 1 页		共 1 页
指导					
评阅					

图 16-25 千斤顶装配图

附 录

一、AutoCAD 2015 快捷键

快 捷 键	全 称	功 能
A	*ARC	圆弧
AA	*AREA	面积
AL	*ALIGN	对齐
AP	*APPLOAD	加载应用程序
AR	*ARRAY	阵列
ATT	*ATTDEF	属性定义
B	*BLOCK	定义块
BC	*BCLOSE	关闭块编辑
BE	*BEDIT	编辑定义块
BH	*HATCH	图案填充
BR	*BREAK	打断
BS	*BSAVE	块保存
C	*CIRCLE	圆
CH	*PROPERTIES	属性
CHA	*CHAMFER	倒角
COL	*COLOR	选择绘图颜色
CO；CP	*COPY	复制
DAL	*DIMALIGNED	对齐标注
DAN	*DIMANGULAR	角度标注
DAR	*DIMARC	弧长标注
JOG	*DIMJOGGED	折线标注半径
DBA	*DIMBASELINE	连续标注
DCE	*DIMCENTER	中心线
DCO	*DIMCONTINUE	连续标注
DDA	*DIMDISASSOCIATE	解除关联
DDI	*DIMDIAMETER	直径标注
DI	*DIST	测量
DIV	*DIVIDE	等分线段
DJL	*DIMJOGLINE	给标注添加折弯
DJO	*DIMJOGGED	折弯标注
DLI	*DIMLINEAR	线性标注
DOR	*DIMORDINATE	坐标标注

续表

快 捷 键	全 称	功 能
DRA	*DIMRADIUS	标注半径
DS	*DSETTINGS	草图设置对象捕捉
DST	*DIMSTYLE	标注样式管理器
DT	*TEXT	单行文字
E	*ERASE	删除
ED	*TEXTEDIT	编辑标注文字
EL	*ELLIPSE	绘制椭圆
F	*FILLET	倒圆角
FI	*FILTER	对象选择过滤器
G	*GROUP	建立组
GD	*GRADIENT	渐变颜色填充
GR	*DDGRIPS	选项选择集
H	*HATCH	填充图案
HE	*HATCHEDIT	编辑填充图案
I	*INSERT	插入图纸
QVD	*QVDRAWING	切换图纸
J	*JOIN	合并线段
L	*LINE	绘制直线
LA	*LAYER	图层管理器
LAS	*LAYERSTATE	图层状态管理器
LE	*QLEADER	多行引线标注
LEN	*LENGTHEN	延伸
LI	*LIST	特性查询
LMAN	*LAYERSTATE	图层状态管理器
LS	*LIST	特性查询
LT；LTYPE	*LINETYPE	线性管理器
LTS	*LTSCALE	线性比例因子
LW	*LWEIGHT	线宽设置
M	*MOVE	移动
MA	*MATCHPROP	属性匹配
ME	*MEASURE	指定长度等分
MEA	*MEASUREGEOM	测量
MI	*MIRROR	镜像
ML	*MLINE	双线绘制
MLA	*MLEADERALIGN	对齐多重引线
MLC	*MLEADERCOLLECT	包含块的多重引线
MLD	*MLEADER	引线标注
MLE	*MLEADEREDIT	多重引线添加箭头
MLS	*MLEADERSTYLE	引线样式管理器
MO	*PROPERTIES	属性
MT	*MTEXT	多行文字
O	*OFFSET	偏移
OP	*OPTIONS	选项
OS	*OSNAP	草图设置

续表

快 捷 键	全 称	功 能
P	*PAN	移动
PA	*PASTESPEC	选择性粘贴
PE	*PEDIT	编辑多段线
PL	*PLINE	多段线
PO	*POINT	绘制点
POL	*POLYGON	绘制多边形
PR	*PROPERTIES	属性
PU	*PURGE	清理对象
QC	*QUICKCALC	计算器
QP	*QUICKPROPERTIES	快速查询
RE	*REGEN	刷新显示
REC	*RECTANG	绘制矩形
REG	*REGION	创建面域
REN	*RENAME	重命名
RO	*ROTATE	旋转
S	*STRETCH	拉伸图形
SC	*SCALE	比例放缩
SE	*DSETTINGS	草图设置
SN	*SNAP	捕捉间距
SPL	*SPLINE	样条线
ST	*STYLE	文字样式
T	*MTEXT	多行文字
TA	*TEXTALIGN	文字对齐
TB	*TABLE	插入表格
TEDIT	*TEXTEDIT	文字编辑
TO	*TOOLBAR	自定义工具栏
TOL	*TOLERANCE	公差
TR	*TRIM	修剪
TS	*TABLESTYLE	表格样式
UC	*UCSMAN	UCS 坐标系
UN	*UNITS	图形单位
VP	*VPOINT	视点预设
W	*WBLOCK	块输出
X	*EXPLODE	分解对象
XL	*XLINE	构造线
Z	*ZOOM	缩放

二、常用功能键

F1：获取帮助

F2：实现作图窗和文本窗口的切换

F3：控制是否实现对象自动捕捉

F4：数字化仪控制

F5：等轴测平面切换

F6: 控制状态行上坐标的显示方式
F7: 栅格显示模式控制
F8: 正交模式控制
F9: 栅格捕捉模式控制
F10: 极轴模式控制
F11: 对象追踪模式控制

三、常用 Ctrl 组合快捷键

Alt+TK 快速选择
Alt+NL 线性标注 Alt+VV4 快速创建四个视口
Alt+MUP 提取轮廓
Ctrl+B: 栅格捕捉模式控制（F9）
Ctrl+C: 将选择的对象复制到剪切板上
Ctrl+F: 控制是否实现对象自动捕捉（F3）
Ctrl+G: 栅格显示模式控制（F7）
Ctrl+J: 重复执行上一步命令
Ctrl+K: 超级链接
Ctrl+N: 新建图形文件
Ctrl+M: 打开选项对话框
Ctrl+O：打开图像文件
Ctrl+P：打开打印对话框
Ctrl+S：保存文件
Ctrl+U：极轴模式控制（F10）
Ctrl+v：粘贴剪贴板上的内容
Ctrl+W：对象追踪式控制（F11）
Ctrl+X：剪切所选择的内容
Ctrl+Y：重做
Ctrl+Z：取消前一步的操作
Ctrl+1：打开特性对话框
Ctrl+2：打开设计中心
Ctrl+3：打开工具选项板
Ctrl+6：打开图像数据原子
Ctrl+8 或 QC：快速计算器

参考文献

[1] 于春艳. AutoCAD从基础到应用. 北京：高等教育出版社，2012.

[2] 周佳新. AutoCAD制图技术. 北京：化学工业出版社，2014.

[3] 麓山文化. AutoCAD 2013 建筑设计与施工图绘制. 北京：机械工业出版社，2012.